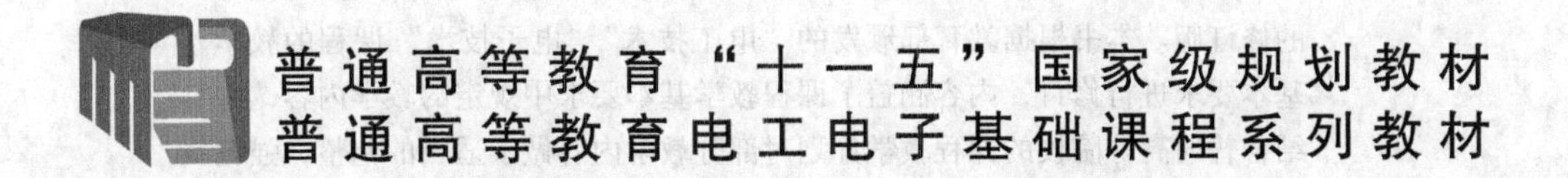

电路与电子技术

第2版

主　编　董　毅
参　编　李　旸　张　文　赵　静

机　械　工　业　出　版　社

本书是普通高等教育“十一五”国家级规划教材《电路与电子技术》的修订版。本书根据教育部颁发的“电工技术”“电子技术”课程的教学基本要求进行修订，内容涵盖了课程教学基本要求中规定的教学内容，并结合普通高等院校的课程教学计划对部分教学内容做了适当的调整，强调教学内容的工程性和适用性，并且注重基础知识的讲解和应用。

本书适用于普通高等院校工科非电类专业电工与电子技术基础课程的教学，内容包括直流电路、正弦交流电路、三相电路、一阶电路的暂态分析、二极管及整流电路、晶体管及放大电路、反馈电路、集成运算放大电路、组合逻辑电路与时序逻辑电路、电动机与继电-接触控制系统。教材中带*号的内容可以由授课教师根据具体授课学时选择讲授。本书亦可供其他工科专业选用，并可供相关领域工程技术人员参考。

本书配有免费电子课件，欢迎选用本书作教材的教师登录 www.cmpedu.com 注册下载。

图书在版编目(CIP)数据

电路与电子技术/董毅主编. —2版. —北京：机械工业出版社，2017.1 (2024.6重印)

普通高等教育“十一五”国家级规划教材 普通高等教育电工电子基础课程系列教材

ISBN 978-7-111-57878-9

Ⅰ.①电… Ⅱ.①董… Ⅲ.①电路理论-高等学校-教材②电子技术-高等学校-教材 Ⅳ.①TM13②TN01

中国版本图书馆 CIP 数据核字(2017)第213576号

机械工业出版社（北京市百万庄大街22号 邮政编码100037）
策划编辑：徐 凡 责任编辑：徐 凡 路乙达
责任校对：刘志文 封面设计：张 静
责任印制：邓 博
北京中科印刷有限公司印刷
2024年6月第2版第7次印刷
184mm×260mm · 20.25印张 · 493千字
标准书号：ISBN 978-7-111-57878-9
定价：45.00元

电话服务	网络服务
客服电话：010-88361066	机 工 官 网：www.cmpbook.com
010-88379833	机 工 官 博：weibo.com/cmp1952
010-68326294	金 书 网：www.golden-book.com
封底无防伪标均为盗版	机工教育服务网：www.cmpedu.com

第 2 版前言

本书第 1 版是普通高等教育“十一五”国家级规划教材，自出版以来一直服务于普通高等院校工科非电类专业电工与电子技术课程的教学。为了适应电工电子课程的教学改革，在参考课程教学的基本要求和征求对第 1 版修改意见的基础上对其内容进行了全面的修订。

本书保持了第 1 版的特色，注重对电工与电子技术的基本概念、基本理论和基本分析方法的介绍，强调电工电子理论的基础性、系统性与应用性，注重讲解基础理论与工程应用之间的关系，重点培养学生的自学能力和实际动手解决问题的能力，并对第 1 版在使用过程中发现的问题进行了改正。

本次修订，调整了部分教学内容的编排、深度以及书中的部分例题与习题，增加了数/模转换的内容，增强了电工电子理论应用方面的介绍，改进了教学内容的讲述方式，以加强学生对基础理论的理解，帮助学生更好地掌握电工电子理论的应用。

本次修订由北京印刷学院董毅负责第 1、2、7、8、12、13 章的修订，李旸负责第 5、6、9 章的修订，西安科技大学张文负责第 3、4 章的修订，成都大学赵静负责第 10、11 章的修订，书中的习题由董毅、李旸、张文、赵静编写，董毅任主编并负责全书的统稿。

本书由西安交通大学吴宁教授进行了认真的审阅，并提出了许多宝贵的修改意见。在此向吴宁教授和对本书第 1 版提出修改意见的教师们致以衷心的感谢。希望使用本书的师生和其他读者积极提出批评和改进意见，以便今后修改提高。

本书配有免费电子课件，欢迎选用本书作教材的教师登录 www. cmpedu. com 注册下载。

编　者

第1版前言

本书作为服务于普通高等院校非电类专业的基础课程教材，以国家颁布的高等学校工科本科基础课程“电工技术（电工学Ⅰ）课程教学基本要求”和“电子技术（电工学Ⅱ）课程教学基本要求”作为编写依据，在满足课程教学基本要求的前提下，根据非电类专业的特点，有针对性地筛选内容进行编写。在教材编写中注重电路理论的基本概念、系统性和实际应用，注重培养学生动手解决实际问题的能力。教材在保证基础理论扎实的前提下，强调了知识的运用，力求处理好电路理论的基础性与应用性之间的关系。

“电工技术”“电子技术”课程的教学内容涵盖了电路分析、电机及控制电路、模拟电子技术与数字电子技术4大部分，由于目前普通高等院校“电路与电子技术”课程的授课学时数均较少，一般在70~90学时，所以本书在保证基础教学要求的基础上，对部分授课内容进行了精简。在课程讲授时以电路分析与模拟电子技术为重点讲授内容，数字电子技术与电机及控制电路部分的内容可以根据具体的授课学时选讲，本书内容包含电路分析、模拟电子技术、数字电子技术与电机及控制电路4个部分，全书内容划分为13章。

为加强基础理论教学，在电路分析部分，本书详细介绍了电路的基本概念、基本定律，强调了基础理论的严谨性与系统性，在正弦交流电路中加强了相量运算方法的介绍，删去了二阶电路与非正弦周期电路的内容。在模拟电子技术部分，对电子电路的基础知识、放大电路的动态分析、电子电路中的反馈等内容做了详细的介绍，部分小节作为选讲内容以*号标注。在数字电子技术部分，删去了分立元器件电路，直接介绍集成电路模块的使用。在电机与控制电路部分，主要讲解了三相异步电动机与继电-接触控制系统，教材内容的安排对少学时非电类专业的授课更为适用。

本书由北京印刷学院董毅编写第1、2、7、8、12、13章，王平编写第10、11章及绘出12、13章的部分图稿，李旸编写第5、6、9章，西安科技大学张文编写第3、4章，书中的习题由董毅、李旸、王平、蔡睿直编写，董毅任主编负责全书的统稿。教材编写过程中还吸收了很多教师在长期教学工作中的优秀经验和成果。

本书由西安交通大学闫相国教授、北京信息科技大学李邓化教授担任主审，他们以科学、严谨的态度和高度负责任的精神，仔细、认真地审阅了书稿，提出了许多宝贵的修改意见，对提高教材的质量有很大帮助，谨在此对他们的辛勤劳动表示衷心的感谢。

本书在编写过程中得到了北京印刷学院教务处、信息与机电工程学院及电路教研室的许多教师的关心与支持，在此一并向他们表示诚挚的谢意。

由于编者的学识与能力有限，书中难免存在疏漏，部分内容的编排亦可能不够妥善，望使用本书的广大师生、读者不吝赐教，多提宝贵意见，以便今后修订提高。

本书配有电子课件，请选用本书授课的教师访问出版社教育服务网 www. cmpedu. com 注册后下载。

编　者

目　录

本书常用符号表

符号	含义
$I(i)$	直流（交流）电流
I_S	电流源发出电流、场效应晶体管源极电流
I_l	三相电路线电流
I_φ	三相电路相电流
I_{FM}	二极管最大整流电流
I_R	二极管反向漏电流
$I_{D(AV)}$	整流二极管正向平均电流
I_B	晶体管基极电流
I_C	晶体管集电极电流
I_E	晶体管发射极电流
I_Z	稳压管稳定电流
I_{CBO}	晶体管集－基极间反向漏电流
I_{CEO}	晶体管集－射极间反向漏电流
$i_i(i_o)$	放大电路输入（输出）电流瞬时值
$I_i(I_o)$	输入（输出）电流有效值
I_{IO}	集成运放输入失调电流
$I_I(I_O)$	直流输入（输出）电流值
I_{SC}	二端网络短路电流
I_{DSS}	场效应晶体管漏极饱和电流
I_D	场效应晶体管漏极电流
I_0	电流初始值
I_{st}	电动机起动电流
I_N	额定电流
$E(e)$	直流（交流）电动势
$U(u)$	直流（交流）电压
U_l	三相电路线电压
U_φ	三相电路相电压
$U_{0'0}$	三相电路零点漂移电压
U_0	二端网络开路电压
$U_i(U_o)$	输入（输出）电压有效值
U_j	PN 结电压
U_{DRM}	二极管最大反向工作电压
U_{BR}	二极管反向击穿电压
$U_{O(AV)}$	整流二极管输出电压平均值
U_Z	稳压管稳定电压
U_{CC}	晶体管集电极电源电压
U_{EE}	晶体管发射极电源电压
U_{BE}	晶体管基－射极电压
U_{CE}	晶体管集－射极电压
$U_{CEO(BR)}$	晶体管集－射极反向击穿电压
U_B	晶体管基极电位
U_C	晶体管集电极电位
U_{DD}	场效应晶体管漏极电源电压
U_{th}	增强型场效应晶体管开启电压
U_{off}	耗尽型场效应晶体管夹断电压
$U_{DS(BR)}$	场效应晶体管漏－源击穿电压
$u_i(u_o)$	放大电路输入（输出）电压瞬时值
u_{id}	差模输入电压
u_{ic}	共模输入电压
u_+	集成运算放大器同相输入端电位
u_-	集成运算放大器反相输入端电位
U_{IO}	集成运放输入失调电压
U_T	阈值电压
U_{OH}	输出高电平
U_{OL}	输出低电平
U_{ON}	开门电平
U_{OFF}	关门电平
p	瞬时功率、极对数
P	平均功率
Q	无功功率、品质因数
$\cos\varphi$	功率因数
S	复功率、脉动系数
s	视在功率、电容器极板面积、转差率
P_Z	稳压管额定功耗
P_{CM}	晶体管最大耗散功耗
P_N	额定功率
R	电阻元件、电阻值
R_2	电动机转子线圈内阻
RP	电位器
R_0	网络入端电阻
R_C	晶体管集电极电阻
R_E	发射极电阻
R_L	放大电路负载电阻
R_B	晶体管基极电阻
R_f	反馈电阻
R'_L	放大电路等效负载电阻
R_s	信号源内阻
r_i	放大电路等效输入电阻
r_o	放大电路等效输出电阻
r_{be}	晶体管等效输入电阻

符号	含义
r_{ce}	晶体管等效输出电阻
r_Z	稳压管动态电阻
G	电导元件、电导值
G_{11}	节点 1 的本导
G_{12}	节点 1、2 之间的互导
L	电感元件、电感值
M	互感、计数器的模（计数长度）
C	电容元件、电容值
C_j	PN 结电容
C_1、C_2	耦合电容
C_E	旁路电容
C_0	导线分布电容
C_b	势垒电容
C_d	扩散电容
C_f	反馈电容
X	电抗
X_L	感抗
X_C	容抗
Z	复阻抗
z	阻抗
φ	阻抗角
f	频率
Δf	通频带宽度
f_H	通频带上限截止频率
f_L	通频带下限截止频率
f_0	谐振频率
ω	角频率
t	时间
τ	时间常数
T	周期、绝对温度
$\overline{T}_d$	平均传输延迟时间
T_{don}	导通延迟时间
T_{doff}	截止延迟时间
T_N	额定转矩
T_{max}	最大转矩
T_{st}	起动转矩
T_C	阻转矩
t_w	脉冲宽度
t_{p1}	多谐振荡器的放电时间
t_{p2}	多谐振荡器的充电时间
β	晶体管共射极电流放大倍数
g_m	场效应晶体管跨导
$\dot{F}$	反馈系数
$\dot{A}$	开环放大倍数
$\dot{A}_f$	闭环放大倍数
$\dot{A}_u$	电压放大倍数
$\dot{A}_{us}$	考虑信号源内阻的电压放大倍数
$\dot{A}_{uf}$	闭环电压放大倍数
$\dot{A}_i$	电流放大倍数
A_d	差模放大倍数
A_c	共模放大倍数
α	稳压管电压温度系数
q	电子电量、矩形脉冲信号的占空比
l	导线长度、线圈长度
$\varepsilon(t)$	阶跃函数
k	玻尔兹曼常数
ε	介质介电系数
μ	介质磁导率
d	电容器极板间距
n	转速
n_0	同步转速
n_N	额定转速
λ	过载系数
η	效率
K_{CMRR}	共模抑制比
S_r	稳压管稳压系数
S	开关
KM	接触器
KT	时间继电器
SB	按钮开关
SQ	行程开关
M	电动机
Q	刀闸开关　组合开关
KA	继电器
T_S	变压器
VD	二极管
HA	蜂鸣器
VT	晶体管
LED	发光二极管
G	逻辑门
VF	场效应晶体管
OC	集电极开路门
IC	集成电路
RSFF	RS 触发器

TTL	双极性晶体管逻辑电路
FR	热继电器
FF	触发器
FU	熔断器
DFF	D触发器
JKFF	JK触发器
CP	时钟脉冲
TFF	T触发器
N	线圈匝数、集成电路闲置管脚
N_0	扇出系数
↑	时钟脉冲信号的上升沿
↓	时钟脉冲信号的下降沿
Q^{n+1}	触发器的次态
Q^n	触发器的现态
×	触发器的任意状态
$\overline{LD}$	触发器的预置端
$\overline{R}_D$	触发器置0控制端
$\overline{S}_D$	触发器置1控制端

第 1 章　电路的基本概念与基本定律

电路分析是现代电工电子理论的基础知识，只有掌握了电路的基本概念，才能对电工电子电路进行分析与运算。本章重点介绍电路的结构、电路的基本物理量及电路的基本定律，这些知识是电路分析与计算的基础，后面章节的理论分析均建立在本章的基础知识上。

1.1　电路与电路图

电路是电工设备的总体，通俗地讲，电路就是电流的通路，将电路元件按照一定的方式连接起来构成电流流动的路径，这就是电路。电路有两个作用：第一，电路能够进行能量的传输和转换，电路可以将发电机提供的电能输送给用户并转换为其他形式的能量使用，这是电路的工业供电及生活用电工作方式；第二，电路能够进行信号的传递及信号的处理，原始信号采集后输入给电子电路进行信号的处理，处理后的信号通过相应的转换器还原为原始信息，这就是电子电路的工作方式。

电路的组成包括三个部分：电源、负载及中间设备。在电路中电源的作用是提供用电器所需的电能，常见的电源有发电机与蓄电池。电路中的负载将电源输送来的能量转换为其他形式的能量，也就是说电路中的负载是取用电能的设备，例如日光灯、电动机、电炉这样的负载就可以将从电路中取来的电能分别转换为光能、机械能和热能。电路的中间设备是指电路中的连接线及开关、继电器等控制器件，中间设备连接着电路中的电源与负载，其作用是在电路中进行电能的输送与分配，上述三个部分就构成了电路的整体。

如图 1-1 所示为照明灯（例如手电筒）的等效电路模型，图中的 E 与 R_0 的组合是普通电源（例如电池）的电路符号，分别表示电压源和电压源的内阻，导线及开关 S 是中间设备，灯泡 H 是负载。电路接通后，灯泡将电源提供的电能转换为光能，而导线与开关则控制着电能的传输。图 1-1 中的电路画出了电源、开关与负载的电路符号，这些符号代表着电路中出现的不同元件。实际电路中使用的元件与画在电路图中的电路元件不一样，画在电路图中的电路元件均为理想电路元件，理想电路元件是指仅包含一种电参数的元件。

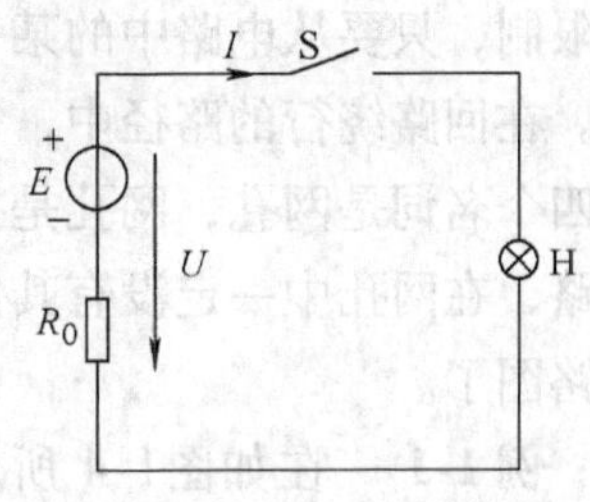

图 1-1　照明灯的电路模型

在实际的电路中，由于制造工艺的原因，使得实际元件在使用时出现的等效电参数不止一种，而当电路中出现多种电参数时，电路的分析就不容易进行了。如图 1-2a 所示为一个实际的电感线圈，这样一个线圈是用导线绕制而成的，其目的是为了获得足够的电感量。但是绕制线圈的导线是有电阻的，密绕线圈的每匝之间也存在着等效电容，所以一个实际用导线绕制成的电感线圈就具有三种不同的电路参数：线圈电感 L、线圈内阻 R 及线圈的匝间等效电容 C，如图 1-2b 所示。

实际元件中存在的多个电参数对电路的影响并不相同，有些电参数对电路的影响非常小，在进行电路分析时这些影响很小的电参数可以忽略不计。所以，在进行电路分析时一般只保留实际元件的主要电特性，而将元件中对电路分析影响很小的次要特性忽略不计，这一过程称为元件的理想化过程。对于图 1-2a 中的实际电感线圈，当线圈匝数比较多时，线圈的内阻 R 就不能忽略，在电路作图时应该将线圈内阻 R 用理想电阻元件表示，而线圈的匝间等效电容 C 则是一个很微小的参数，它对电路的影响很小，在电感线圈理想化时可以忽略不计。图1-2c画出了一个实际电感线圈理想化后由理想元件构成的电路模型，其中 R 代表线圈的内阻，L 代表线圈的电感。

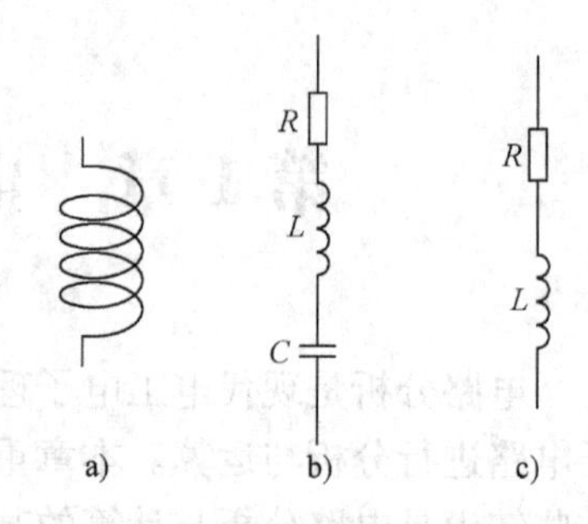

图 1-2 电感线圈的理想化

a）实际线圈 b）线圈等效模型 c）理想化后的电路模型

由理想电路元件连接成的平面或立体图形称为电路图，电路图中包含电路构成的三个要素：电源、负载及导线。出现在电路图中的所有电路元件均应使用规定的图形符号来表示，如图 1-1 中的电阻 R_0 和电压源 E。在电路图中，导线的连接和跨接如图 1-3 所示，两线的交点处标出黑点，表示两条导线在交点处连接在一起。两线相交而又没有标出黑点，表示这两条导线在交点处是跨接状态。

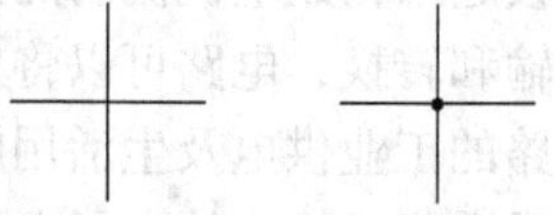

图 1-3 导线连接和跨接的表示方式

在电路读图时应当使用专用名词。第一个名词是支路，支路就是无分支的一段电路，支路中连接的元件个数没有限制，多个元件在支路中首尾相连，流过每个元件中的电流数值相同。按照支路中是否连接有电源，支路分为无源支路与含源支路两种类型。第二个名词是节点，节点是指三条或三条以上支路的连接点。注意，两条支路的连接点只是同一根导线的拐点，而不是电路的节点。第三个名词是回路，回路是由几条支路构成的闭合通路。在回路的定义中对构成回路的支路数没有限制，只要从电路中的某一点出发，沿几条支路绕行一周能够回到出发点，就构成一个回路。在回路绕行的路径中，每次加入一条新的支路，这样的回路就称为电路中的独立回路。第四个名词是网孔，网孔是指中间不包含其他支路的回路，也可以说网孔是具有特殊条件的回路，在网孔中一定没有其他支路从中间穿过。建立了这些基本概念后，就可以正确地解读电路图了。

例 1-1 在如图1-4 所示电路中，判断电路中的支路数、节点数、回路数及网孔数。

解：按照支路、节点、网孔的定义，可以确定电路图中有六条支路、四个节点和三个网孔，三个网孔均是回路，其中网孔 1 与网孔 2 可以构成第四个回路，网孔 1 与网孔 3 可以构成第五个回路，网孔 2 与网孔 3 可以构成第六个回路，第七个回路是由外围支路构成的大回路。由此可见，电路中的网孔数容易确定，但电路中的回路数不容易确定。

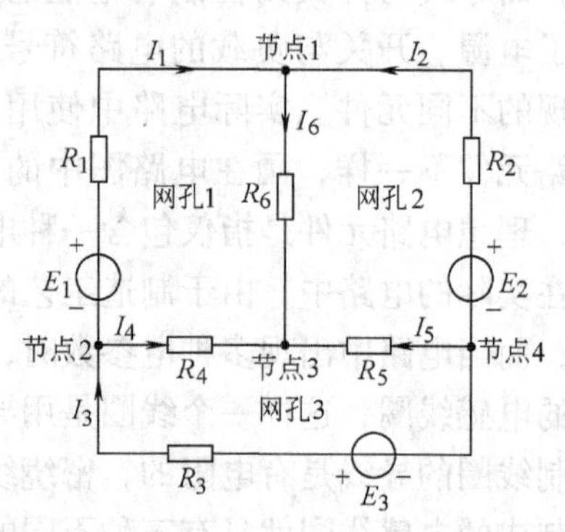

图 1-4 例 1-1 电路

1.2　电路的基本物理量

电路有一些基本物理量，这些物理量虽然在物理课程的教学中做过解释，但对于工程电学的应用来说不够全面，在进行电路分析前需要对这些物理量做出详细的介绍。

1.2.1　电流

电流是单位时间内通过导体截面的电量。电流的方向规定为正电荷移动的方向，电流的表示字母为 $I(i)$，电流的定义式为

$$i=\lim_{\Delta t\to 0}\frac{\Delta q}{\Delta t}=\frac{\mathrm{d}q}{\mathrm{d}t}\qquad I=\frac{Q}{t}$$

电路的基本物理量均有相应的表示字母，不同的字母代表不同的物理量，这些字母有大、小写之分。在电路分析规范中约定：若电路物理量的数值不随时间而变，就使用大写字母表示；若电路物理量的数值随时间的变化而变化，就使用小写字母表示。按照这个约定，若电路中的电流数值恒定与时间变化没有关系，就使用大写字母 I 表示；若电路中的电流数值随时间变化而变化，就使用小写字母 i 表示。

在大部分情况下，电路中电流的实际方向是不知道的，而且也很难判定，所以在电路分析中实际使用的是电流的参考方向。参考方向是指假设的电参量的正方向，引入了参考方向的概念后，电路的物理量就从算术量扩展成为代数量，电路的运算也由算术运算扩展成为代数运算，运算后得到的电参数将有正数与负数之分。如果电路运算后得到的电流数值大于零，是正数，表示电流的实际方向与假设的参考方向一致；如果电路运算后得到的电流数值小于零，是负数，则表示电流的实际方向与假设的参考方向相反。

在进行电路分析前，应当将电参量的参考方向标注在电路图中。电流参考方向的标注有箭标与双下标两种表示方法，图 1-5 所示为电流参考方向的标注方法，其中图 a 与图 b 是箭标表示法，

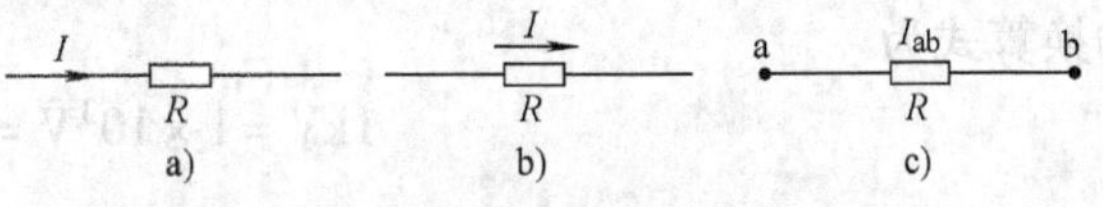

图 1-5　电流参考方向的标注方法

a）箭标 1　b）箭标 2　c）双下标

表示电流参考方向的箭头可以标注在该支路的导线上，也可以标注在元件旁。图 1-5c 所示的标注方法是双下标表示法，使用双下标表示法时，应在该支路的相应位置上标出字母，同时对电流 I 字母加注下脚标，电流的参考方向即为下脚标中前一个字母指向后一个字母的方向。在使用双下标表示法时应注意，如果改换了电流下脚标字母的顺序，即表示改换了电流的参考方向，这样在电路中存在关系式

$$I_{\mathrm{ab}}=-I_{\mathrm{ba}}$$

电流的单位是安培（A），经常使用的辅助单位有毫安（mA）、微安（μA）、纳安（nA），它们之间的换算式为

$$1\mathrm{A}=1\times 10^{3}\mathrm{mA}=1\times 10^{6}\mu\mathrm{A}=1\times 10^{9}\mathrm{nA}$$

1.2.2　电压

电压是电场力在外电路把单位正电荷从一点移到另一点所做的功，电压的表示字母为

$U(u)$，电压的方向规定为电场力做功的方向。由于电场力在外电路沿路径 l 所作的功 w 为

$$w = \int_l \boldsymbol{F} \cdot \mathrm{d}\boldsymbol{l} = \int_l q\boldsymbol{\varepsilon} \cdot \mathrm{d}\boldsymbol{l} = q\int_l \boldsymbol{\varepsilon} \cdot \mathrm{d}\boldsymbol{l}$$

所以该段路径电压 u_l 的定义式为

$$u_l = \frac{w}{q} = \int_l \boldsymbol{\varepsilon} \cdot \mathrm{d}\boldsymbol{l}$$

同电流一样，电压也需要标注参考方向，电压参考方向的标注方法有：箭标、正负号与双下标标注法，如图1-6所示。使用箭标标注时，表示电压参考方向的箭头应标注在元件的旁边。使用正负号标注时，正号与负号分别表示该元件上电压的始端和末端。图1-6c为电压的双下标表示法。在参考方向确定后，电压也由算术量扩展为代数量，当某个元件上的电压数值大于零时，表示该元件电压的实际方向与参考方向一致；当元件上的电压数值小于零时，则表示该元件电压的实际方向与参考方向相反。

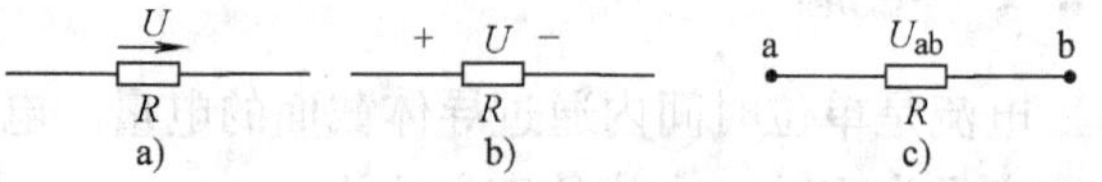

U R a)　+ U − R b)　a U_{ab} b R c)

图1-6　电压参考方向的标注方法
a）箭标　b）正负号　c）双下标

在引入了参考方向的概念后，当电路运算结果表示电压、电流的实际方向与参考方向不一致时，在电压与电流的数值前将出现负号，为了使电路运算结果中出现的负号不要太多，在电路分析时经常采用关联参考方向标注法。关联参考方向标注是指在标注电压与电流的参考方向时遵循下述原则：负载上的电压与电流标同方向，电源上的电压与电流标反方向。由于使用关联参考方向标注法标注的电压、电流参考方向与负载和电源上的电压、电流的实际方向一致，所以采用关联参考方向标注法可以使电路运算中出现的负号较少。

电压的单位是伏特（V），经常使用的辅助单位有千伏（kV）和毫伏（mV），它们之间的换算式为

$$1\mathrm{kV} = 1 \times 10^3\mathrm{V} = 1 \times 10^6\mathrm{mV}$$

1.2.3　电位

电位是电路中任意一点到电位参考点之间的电压，也就是说电位是具有特殊条件的电压。在计算电路中某点的电位前，应先设定电路的电位参考点。电位参考点是在电路中任意选择的点，电路中的电位参考点用接地符号⊥来标注，并令电位参考点的电位数值为零，所以电位参考点也叫零电位点。

电路中某点的电位实际上就是该点到电位参考点之间的电压，所以电位的表示字母也为 $U(u)$，与电压不同的是电位采用单下标表示方法。按照电位的定义，电路中A点电位的定义式为

$$u_{\mathrm{A}} = \int_{\mathrm{A}}^{0} \boldsymbol{\varepsilon} \cdot \mathrm{d}\boldsymbol{l}$$

电位也是代数量，若电路运算后某点的电位数值大于零，表示该点电位的参考方向与实际方向一致，即该点的电位高于电位参考点的电位；若电路运算后某点的电位数值小于零，则表示该点电位的参考方向与实际方向不一致，该点电位实际上是低于电位参考点的电位。电路中的电位具有多值性，当电位参考点的位置不同时，电路中各点的电位数值就不同；若

电位参考点的位置不确定，电路中各点的电位数值也就不能确定，只有当电位参考点的位置确定后，电路中各点的电位数值才是唯一的。

有了电位的概念，电路中的电压也可以用电位来表示。在电路中 A、B 两点之间的电压表示式为

$$u_{AB}=\int_A^B \boldsymbol{\varepsilon}\cdot d\boldsymbol{l}=\int_A^0 \boldsymbol{\varepsilon}\cdot d\boldsymbol{l}+\int_0^B \boldsymbol{\varepsilon}\cdot d\boldsymbol{l}=\int_A^0 \boldsymbol{\varepsilon}\cdot d\boldsymbol{l}-\int_B^0 \boldsymbol{\varepsilon}\cdot d\boldsymbol{l}=u_A-u_B$$

上式表示，电路中 A、B 两点之间的电压就等于该两点之间的电位差。电位的单位与电压的单位相同，也是伏特（V）。

1.2.4　电动势

电动势是电源力在电源内部把单位正电荷从电源的低电位端移到高电位端所做的功。电源力仅存在于电源内部，电源力包含由电磁感应形成的感应电场的场力及由热电、光电、电化学等原因形成的局外场的场力。由于电源力是在电源内部将单位正电荷从电源的负极板移向电源的正极板，所以电动势的方向为在电源内部由低电位端指向高电位端。电动势的表示字母为 $E(e)$，电动势的单位也是伏特（V）。

电源的电动势仅存在于电源内部，由于理想电压源两端的电位差数值恒定，所以理想电压源的外电压与电压源的电动势在数值上完全相等，存在 $|E|=|U|$ 这样的关系式，如图 1-7 所示。电源的外电压与电源的电动势在概念上是有区别的，首先电源的外电压作用于电源以外的电路，而电源的电动势则作用于电源的内部；其次电源外电压的方向是指向电位降的方向，而电源电动势的方向是指向电位升的方向。按照电压与电动势的定义，理想电压源的外电压与电源的电动势方向相反，数值相等。

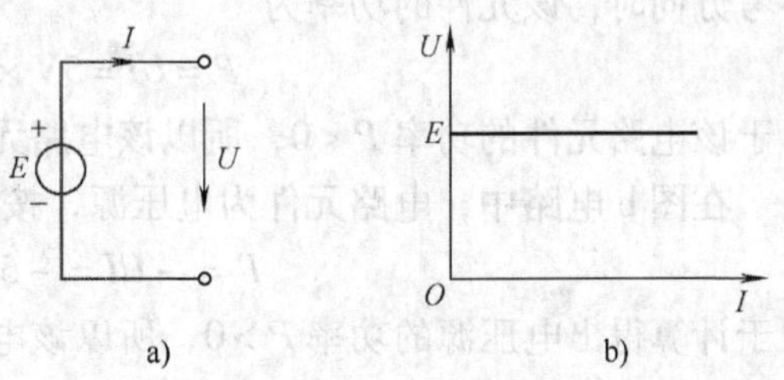

图 1-7　理想电压源

a) 电路　b) 输出特性

1.2.5　电能与电功率

电能是电场力把正电荷从电路的一点移到另一点所做的功，这也是该段电路消耗的电能，电能的表示字母是 W。由电压与电流的定义式可以得出，电路中电能的表示式为

$$W=qU=ItU=IUt \qquad w=qu=iut$$

电能的单位是焦耳（J）。

电功率是单位时间内电路各部分所转换的电能，或者说是电路中能量的转换率，电功率也简称为功率，功率的表示字母为 $P(p)$。根据功率的定义，可以写出功率的表示式

$$P=\frac{W}{t}=\frac{IUt}{t}=IU \qquad p=iu$$

由于电路中的电压与电流均为代数量，所以考虑了电压与电流的参考方向后，功率的计算公式为

$$\left.\begin{aligned}P&=\pm IU\\ p&=\pm iu\end{aligned}\right\} \tag{1-1}$$

在式（1-1）中，正、负号的规定为：当元件上的电压与电流参考方向一致时，IU 乘积前应当取正号；当元件上的电压与电流的参考方向相反时，IU 乘积前应当取负号。这表示在电路中功率也是代数量，按照式（1-1）运算后，电路功率的数值也有正、负之分。若运算后某段电路的功率大于零，表示该段电路在吸收功率，电路元件将电源送来的电能转换为其他形式的能量消耗掉了；若运算后某段电路的功率小于零，则表示该段电路在发出功率，即电路元件在对外提供电能。根据电路元件功率的正、负即可判断出该电路元件是电源还是负载。功率的单位是瓦特（W），经常使用的辅助单位有千瓦（kW）、毫瓦（mW），它们之间的换算关系为

$$1\text{kW} = 1 \times 10^3\text{W} = 1 \times 10^6\text{mW}$$

例 1-2 电路如图 1-8 所示，已知电路元件的电压 $U = 5\text{V}$、$I = -2\text{A}$，计算电路元件的功率，并说明该元件是电源还是负载？

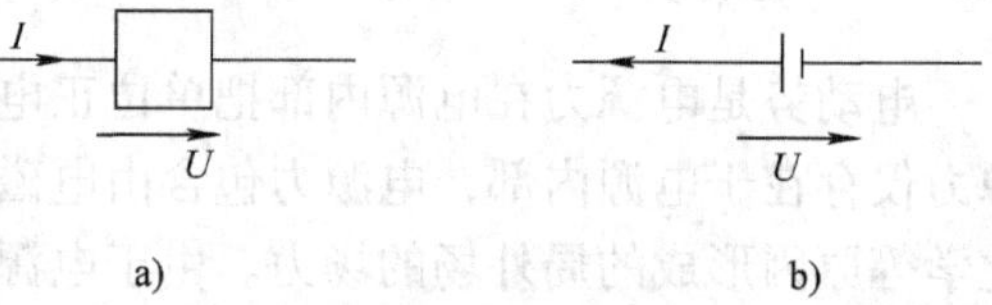

图 1-8 例 1-2 电路

解：在图 a 电路中并未画出电路元件的类型，在已知该元件上电压、电流的数值和参考方向时，该元件的功率为

$$P = UI = 5\text{V} \times (-2\text{A}) = -10\text{W}$$

由于该电路元件的功率 $P < 0$，所以该电路元件是电源。

在图 b 电路中，电路元件为电压源，按照功率的计算方法，可以计算出电压源的功率为

$$P = -UI = -5\text{V} \times (-2\text{A}) = 10\text{W}$$

由于计算得出电压源的功率 $P > 0$，所以该电压源工作在负载状态，电压源在充电。

1.3 电路元件

工程电路中应用着各种类型的电路元件，只有认识并了解电路元件的特性才能更好地进行电路的分析，本小节介绍几种常见的电路元件。

1.3.1 电阻与电导

电阻元件是消耗电能的理想元件，电阻元件将电源传输给它的电能转换为热能散发掉，常见的电阻元件有灯泡、电炉、加热器等。电阻元件的表示字母是 R。

按照电阻元件的伏－安特性，可以将电阻元件分为两类：线性电阻与非线性电阻。如图 1-9a 所示为线性电阻的图形符号及特性曲线。线性电阻的伏－安特性为一条直线，这表示在电路中，线性电阻上的电压与电流成正比例关系，同时线性电阻的阻值是一个确定的数值，与电阻两端的电压及电阻中流过的电流的大小没有关系。如图 1-9b 所示为非线性电阻的图形符号和伏－安特性曲线。非线性电阻的伏－安特性是一条曲线，这表示在电路中，非线性电阻中流过的电流随电阻两端电压的变化按曲线

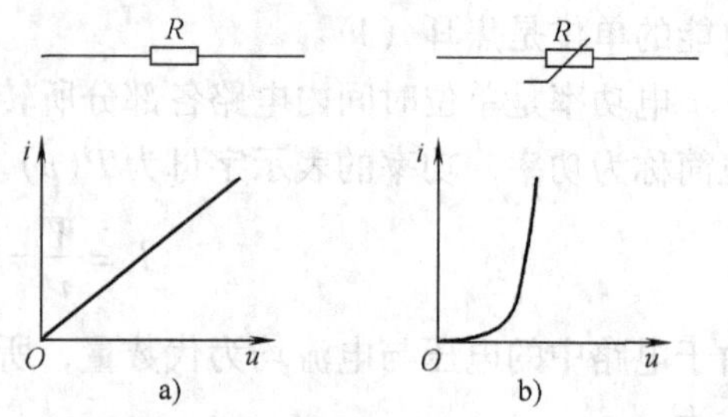

图 1-9 电阻的图形符号及特性曲线
a）线性电阻 b）非线性电阻

规律变化，即非线性电阻的阻值是一个不确定的数值。非线性电阻的阻值大小是由非线性电阻两端的电压与在此电压作用下流过非线性电阻中的电流数值的大小来决定的，当非线性电阻两端的电压及流过非线性电阻中的电流发生变化时，非线性电阻的阻值随即发生变化。

在电路中，电阻元件消耗能量的表示式为

$$w = \int_0^t iu\mathrm{d}t = \int_0^t i^2 R\mathrm{d}t$$

电阻的单位是欧姆（Ω），经常使用的辅助单位有千欧姆（kΩ）和兆欧姆（MΩ），它们之间的换算关系为

$$1\mathrm{M\Omega} = 1\times10^3\mathrm{k\Omega} = 1\times10^6\Omega$$

电路中的电导元件定义为电阻的倒数，与电阻元件相同，电导元件也是消耗电能的理想元件。电导元件的电路符号与电阻元件的电路符号相同。电导元件的表示字母是 G。根据电导的定义，电导元件的电导值与该元件的电阻值之间存在关系式

$$G = \frac{1}{R}$$

电导的单位是西门子（S），作为电路元件的一种，电导概念的引入使得电路分析多了一种分析方法。

1.3.2　电感元件

电感元件是储存磁场能量的元件，电感元件是由导线绕制而成的，电感线圈的匝数用字母 N 表示，按照线圈中有无铁心，电感线圈分为空心线圈与铁心线圈两种类型。由于空心线圈中的介质是空气，空气的磁导率是常数，所以空心线圈产生的电感量是定值，空心线圈产生的电感属于线性电感；而铁心线圈中的介质是铁磁体，铁磁体的磁导率是非线性参数，所以铁心线圈产生的电感是非线性电感，本节介绍由空心线圈构成的线性理想电感元件。

当线圈内阻的数值很小可以忽略时，一个实际的电感线圈就可以看作是理想电感元件，如图1-10所示。当在电感线圈两端连接外加电压 u 时，线圈中将有电流 i 流过，根据右手螺旋定则，如果四指指向电流的方向，大拇指所指方向即为线圈中磁通 ϕ 的方向。变动的外加电压 u 产生变动的励磁电流 i，变动的励磁电流 i 产生线圈中变动的磁场，磁场中的磁通 ϕ 将会使线圈产生感应电动势 e_L。同样由右手螺旋定则，如果大拇指指向磁通的方向，四指所指方向即为感应电动势的方向，由此可以确定线圈中感应电动势 e_L 的方向与线圈中励磁电流 i 的方向一致。根据电磁感应定律，单匝线圈中的感应电动势为

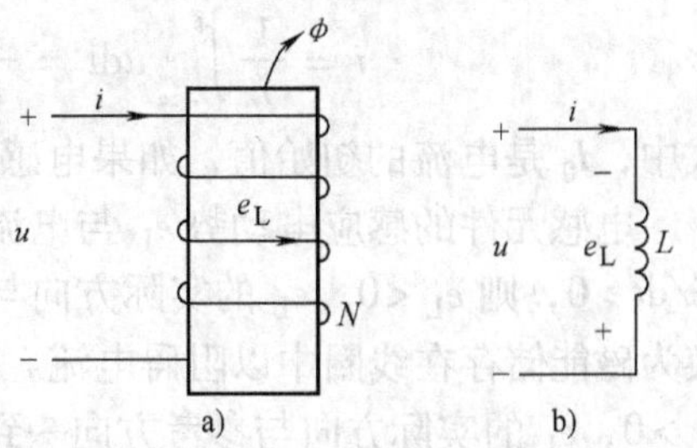

图1-10　电感元件的图形符号及表示字母
a）实际电感线圈　b）理想电感元件

$$e_L = -\frac{\mathrm{d}\phi}{\mathrm{d}t}$$

当线圈的匝数为 N 时，N 匝线圈的感应电动势为

$$e_L = -N\frac{\mathrm{d}\phi}{\mathrm{d}t} = -\frac{\mathrm{d}\psi}{\mathrm{d}t}$$

式中，ψ 是磁通链，$\psi = N\phi$。

由于线圈中磁通 ϕ 的大小与励磁电流 i 的数值有关，所以线圈的感应电动势可以改写为

$$e_L = -N\frac{d\phi}{dt} = -N\frac{d\phi}{dt}\frac{di}{di} = -N\frac{d\phi}{di}\frac{di}{dt} = -L\frac{di}{dt}$$

式中，L 为电感，$L = N\frac{d\phi}{di}$。由于空心线圈中介质的磁导率是常数，所以线圈中磁通对励磁电流的变化率亦为常数，即 $d\phi/di$ 是常数，当空心线圈绕制完成后，线圈的电感量 L 即为定值。电感线圈的电感量也与线圈的结构参数有关，电感量 L 正比于线圈匝数 N 的二次方，正比于线圈截面 s，正比于线圈中介质的磁导率 μ，反比于线圈的长度 l，线圈电感量的结构式为

$$L = \frac{\mu s N^2}{l}$$

电感的单位是亨利（H），经常使用的辅助单位有毫亨（mH），两者之间的换算关系为

$$1\text{H} = 1\times10^3\text{mH}$$

线圈的电感分为自感与互感，如果线圈中的电感量是由线圈自身流过的电流产生的，定义其为线圈的自感电感量，用字母 L 表示；如果线圈中的电感量是由其他线圈中流过的电流产生的，定义其为线圈的互感电感量，用字母 M 表示。

图 1-10 中标出了电感线圈的电压 u、励磁电流 i、磁通 ϕ 及感应电动势 e_L 的方向，由图 1-10b 可以看出，在电感的电压 u 与感应电动势 e_L 之间有

$$u + e_L = 0$$

整理上式可以得到电感元件中电压与电流之间的关系式

$$u = -e_L = L\frac{di}{dt} \tag{1-2}$$

式（1-2）表示电感元件的电压与电流之间是一阶微分关系。如果已知电感电压，由式（1-2）可以计算出电感元件中的电流为

$$i = \frac{1}{L}\int_{-\infty}^{t} u\text{d}t = \frac{1}{L}\int_{-\infty}^{0} u\text{d}t + \frac{1}{L}\int_{0}^{t} u\text{d}t = I_0 + \frac{1}{L}\int_{0}^{t} u\text{d}t$$

式中，I_0 是电流的初始值，如果电感元件原本没有储能，则电流的初始值 $I_0 = 0$。

电感元件的感应电动势 e_L 与电流的变化率 di/dt 有关，当电流 i 增大时，电流的变化率 $di/dt > 0$，则 $e_L < 0$，e_L 的实际方向与参考方向相反，这时感应电动势 e_L 将电路中的电能转换为磁能储存在线圈中以阻碍电流 i 的增加；当电流 i 减小时，电流的变化率 $di/dt < 0$，则 $e_L > 0$，e_L 的实际方向与参考方向一致，感应电动势 e_L 将储存在线圈中的磁能转换为电能补充到电路中以阻碍电流 i 的减小。由此可以看出，感应电动势 e_L 始终在阻碍电流 i 的变化。如果电感元件中流过的电流为直流电流，即 $i = I$，这时电流的变化率 $dI/dt = 0$，感应电动势 $e_L = 0$，电感电压 $u = 0$，也就是说电感元件在直流电路中相当于短路。

设电感电流的初始值 $I_0 = 0$，则电感元件中储存的能量为

$$w_L = \int_0^t ui\text{d}t = \int_0^t L\frac{di}{dt}i\text{d}t = \int_0^i Li\text{d}i = \frac{1}{2}Li^2 \tag{1-3}$$

由式（1-3）可以看出，电感元件中储存的磁场能量与电感电流的二次方成正比，即 $w_L \propto i^2$。

1.3.3 电容元件

电容元件是储存电场能量的元件，电容元件的图形符号及电路如图 1-11 所示。电容元

件分为极性电容与无极性电容。大多数电容器是无极性电容，如空气电容、云母电容、纸介与瓷介电容等。无极性电容的两个极板没有正、负极板之分，在电路连接时电容器的两根引线可以任意连接。电解电容器是极性电容，极性电容的两个极板有正、负极板之分，图 b 中极性电容的正极板上标注有 + 号，在电路连接时应当将电解电容器的正极板连接到电路中的高电位端，如果极性电容器接线错误，将会损坏电容元件。

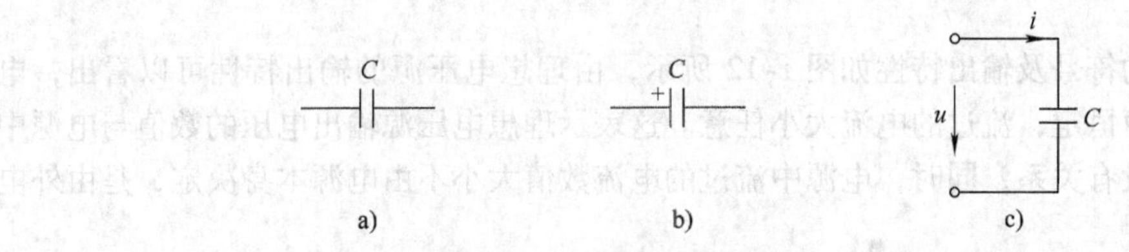

图 1-11　电容器的图形符号及电容电路

a）无极性电容　b）极性电容　c）电容电路

定义电容元件的电容量为电容器极板上的电荷量与极板两端电压的比值，即

$$C=\frac{q}{u}$$

与电感元件一样，电容元件的电容量也与电容器的结构参数有关，电容器的电容量 C 正比于电容器的极板面积 s，正比于电容器极板间介质的介电系数 ε，反比于两极板之间的间距 d，电容器电容量的结构式为

$$C=\frac{\varepsilon s}{d}$$

当电容元件两端连接电压 u 时，在变动电压的作用下，流过电容元件的电流为

$$i=\frac{\mathrm{d}q}{\mathrm{d}t}=\frac{\mathrm{d}(Cu)}{\mathrm{d}t}=C\frac{\mathrm{d}u}{\mathrm{d}t} \tag{1-4}$$

式（1-4）表示电容元件中的电压与电流之间是一阶微分关系。如果电容电流 i 已知，则电容电压的表示式为

$$u=\frac{1}{C}\int_{-\infty}^{t} i\mathrm{d}t=\frac{1}{C}\int_{-\infty}^{0} i\mathrm{d}t+\frac{1}{C}\int_{0}^{t} i\mathrm{d}t=U_0+\frac{1}{C}\int_{0}^{t} i\mathrm{d}t$$

式中，U_0 为电容电压的初始值，如果电容器原本没有储能，则电容电压的初始值 $U_0=0$。

由式（1-4）可以看出，电容电压 u 对时间 t 的变化率影响电容电流 i 的数值。当电容两端的电压 u 增大时，电压的变化率 $\mathrm{d}u/\mathrm{d}t>0$，则电流 $i>0$，这时电流的实际方向与参考方向相同，电容器处于充电状态，电容元件将电路中的电能转换为电场能量储存在电容元件中；当电容两端的电压 u 减小时，电压的变化率 $\mathrm{d}u/\mathrm{d}t<0$，则电流 $i<0$，这时电流的实际方向与参考方向相反，电容器处于放电状态，电容元件将储存在其中的电场能量转换为电能还给电路；当电容两端的电压是直流电压 U 时，电压的变化率 $\mathrm{d}U/\mathrm{d}t=0$，则电流 $I=0$，这表示在直流电路中电容元件相当于断路，即电容元件具有隔断直流、导通交流的作用。

设电容电压的初始值 $U_0=0$，电容元件中储存的电场能量为

$$w_{\mathrm{C}}=\int_0^t ui\mathrm{d}t=\int_0^t uC\frac{\mathrm{d}u}{\mathrm{d}t}\mathrm{d}t=\int_0^u C u\mathrm{d}u=\frac{1}{2}Cu^2 \tag{1-5}$$

由式（1-5）可以看出，电容元件中储存的电场能量与电容电压的二次方成正比，即 $w_{\mathrm{C}}\propto u^2$。

1.3.4 电压源

两端输出的电压按照某给定规律变化而与其中流过的电流无关的电源称为理想电压源。电压源定义中所说的给定规律是由电源的制造工艺决定的，如发电机的给定规律为正弦交流，而蓄电池的给定规律为恒定直流，输出电压为数值恒定的理想电压源也称为恒压源，本章介绍直流电源。

理想电压源的符号及输出特性如图 1-12 所示，由理想电压源的输出特性可以看出，电源输出电压的数值恒定，流过的电流大小任意。这表示理想电压源输出电压的数值与电源中流过的电流大小没有关系，同时，电源中流过的电流数值大小不由电源本身决定，是由外电路的参数决定的。

与理想电压源不同，实际电压源的内阻不能忽略，实际电压源可以用一个理想电压源与电源内阻串联的结构来表示，如图 1-13a 所示。由于电源内阻 R_0 的分压作用，实际电压源的输出电压 U 与电源中流过的电流 I 有关，电源的输出电压应为电源电动势减去电源内阻上的压降损耗，即

$$U = E - IR_0 \tag{1-6}$$

式（1-6）表示，当实际电压源输出的电流数值增大时，电源内阻上的压降损耗增大，电源的端电压数值将出现下降，电源输出的电流数值越大，电源两端的电压下降的就越多。当实际电压源开路时，电源输出的电流 $I=0$，电源的内阻上也就没有压降损耗，这时实际电压源的端电压 U 将与理想电压源的电动势 E 数值相等。对实际电压源来说，电源内阻 R_0 的数值越小，内阻上的压降损耗就越小，当电源输出电流 I 增大时，电源输出电压 U 的数值下降得就越少，这时实际电压源的输出特性就越接近理想电压源。

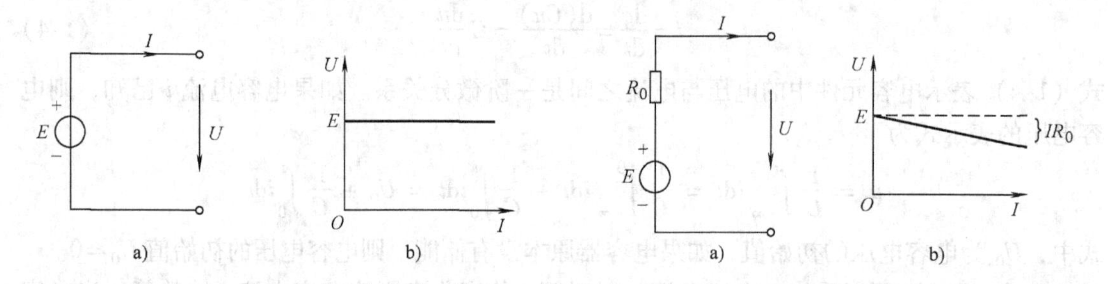

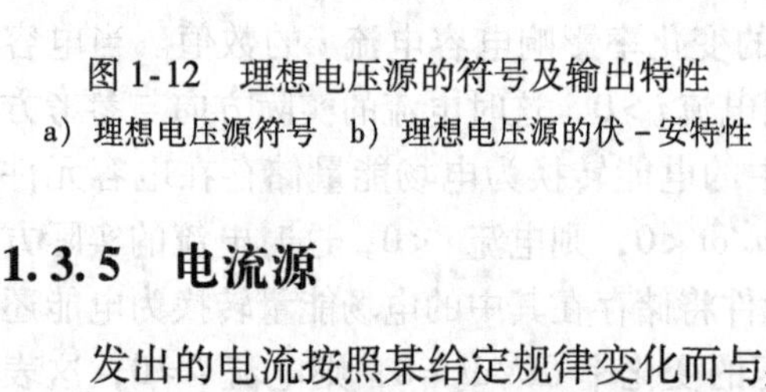

图 1-12 理想电压源的符号及输出特性
a）理想电压源符号 b）理想电压源的伏－安特性

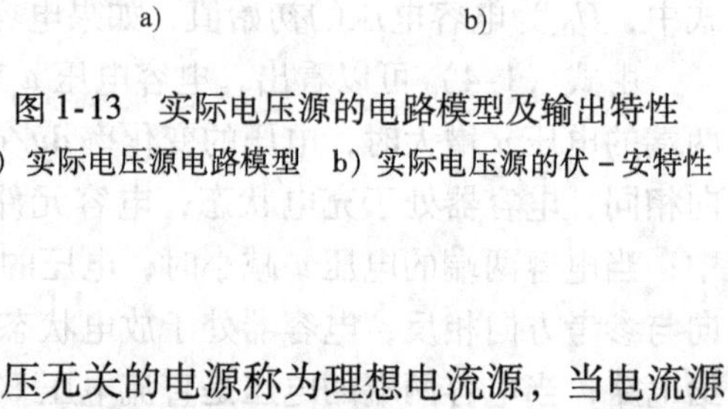

图 1-13 实际电压源的电路模型及输出特性
a）实际电压源电路模型 b）实际电压源的伏－安特性

1.3.5 电流源

发出的电流按照某给定规律变化而与其两端电压无关的电源称为理想电流源，当电流源输出电流为恒定数值时，也称其为恒流源。如图 1-14 所示为理想电流源的图形符号及输出特性，由理想电流源的输出特性可以看出，电流源输出的电流 I_S 数值恒定，I_S 数值的大小与电源两端的电压 U 没有关系，电源两端电压 U 的大小是由外电路参数决定。

考虑电源内阻的影响，实际电流源可以用一个理想电流源 I_S 与内阻 R_0 并联的结构来表示，如图 1-15 所示。由于电源内阻 R_0 的分流作用，实际电流源输出的电流 I 与电源两端的

电压 U 有关，实际电流源的输出电流为

$$I=I_S-\frac{U}{R_0} \tag{1-7}$$

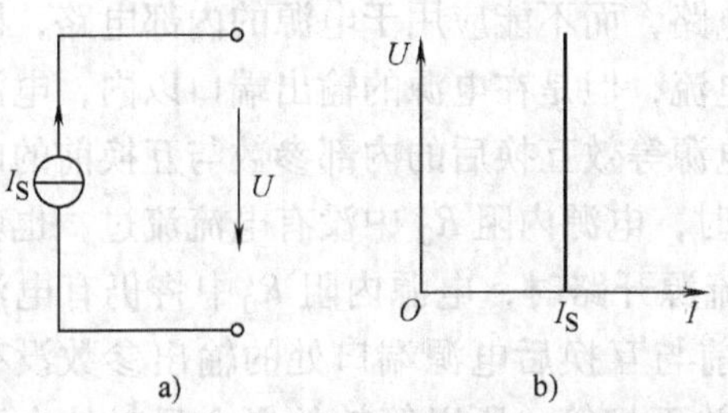

图1-14　理想电流源的图形符号与输出特性

a）理想电流源的图形符号　b）理想电流源的伏－安特性

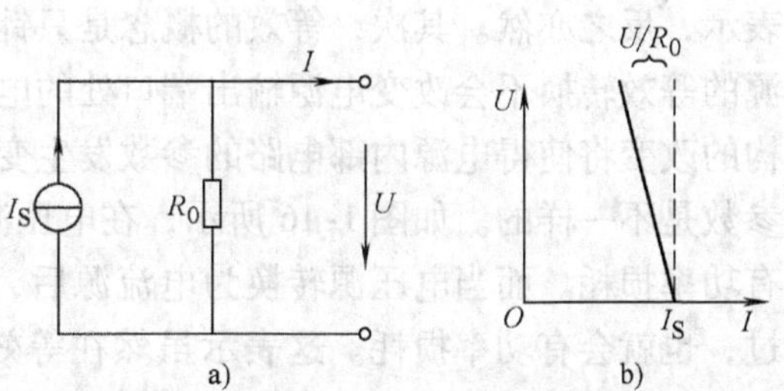

图1-15　实际电流源的电路模型与输出特性

a）实际电流源电路模型　b）实际电流源的伏－安特性

由式（1-7）可以看出，当实际电流源的端电压 U 增大时，电源内阻 R_0 上分走的电流数值 U/R_0 也增大，电源输出的电流 I 将减小。对实际电流源来说，内阻 R_0 的数值越大，电流源输出电流 I 就越接近理想电流源的电流 I_S。

1.3.6　电源的等效互换

在电路中电压源与电流源这两种电源模型可以相互转换，只是转换时必须满足等效的条件。电源的等效互换是指在电源模型互换前后，电源端口处对外输出的电压 U 及电流 I 均不发生改变，这也就是说，在保证电源对外电路输出参数不变的条件下可以将电压源模型转换为电流源模型，或将电流源模型转换为电压源模型。电源等效互换时改变了电源模型的结构，如果将电流源转换为电压源，那么转换后的电路结构将比转换前的电路结构减少了一个网孔，有了这样的特点，利用电源的等效互换可以将比较复杂的电路结构转换为简单电路，使电路参数的求解更加简便。

按照等效互换的定义，互换前后电源对外输出的电压 U 与电流 I 应当不变，图1-16中电压源与电流源的输出特性分别为

$$U=E-IR_0$$

$$I=I_S-\frac{U}{R_0'}$$

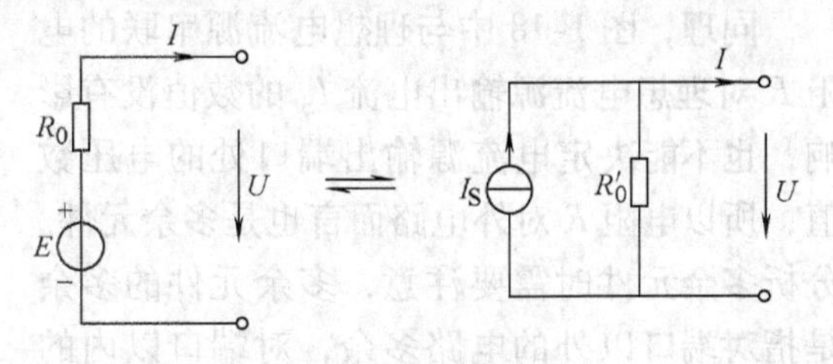

图1-16　电源的等效互换

电压源输出特性的表示式可以改写为

$$I=\frac{E}{R_0}-\frac{U}{R_0}$$

比较电压源与电流源的输出特性，可以看出在保证电源输出电压 U 与输出电流 I 不变时，电源等效互换的条件为

$$\left.\begin{aligned}\frac{E}{R_0}&=I_S\\R_0&=R_0'\end{aligned}\right\} \tag{1-8}$$

在满足式（1-8）的条件下，两种电源模型可以相互转换，并且对外电路而言转换前与转换

后电源的输出的电压 U 及输出电流 I 不会发生变化。

在电源的等效互换时应当注意，首先，电源的等效互换是在实际电源模型中进行的，理想电源之间不能进行等效互换，因为理想电压源的输出参数不能用理想电流源的输出参数来表示，反之亦然。其次，等效的概念是只针对外电路，而不能应用于电源的内部电路，即电源的等效转换不会改变电源输出端口处的电压与电流，但是在电源的输出端口以内，电源结构的改变将使得电源内部电路的参数发生变化，电源等效互换后的内部参数与互换前的内部参数是不一样的。如图1-16所示，在电压源开路时，电源内阻 R_0 中没有电流流过，也就没有功率损耗。而当电压源转换为电流源后，在电流源开路时，电源内阻 R_0' 中将仍有电流流过，也就会有功率损耗。这表示虽然在等效互换前与互换后电源端口处的输出参数没有变化，但是电源端口以内的参数在互换前与互换后并不相等，所以等效的概念只对外电路成立，对内电路不成立。了解了等效电路的概念后，在求解电路参数时，被求参数支路将不参与电路的等效变换。

电路中有一些元件，它们与理想电源连接，但对理想电源的输出参数没有任何影响，这样的元件称为多余元件。由于多余元件不影响电源的输出特性，在进行电路分析时，多余元件可以直接去掉，去除多余元件并不影响电路参数的求解。例如在图1-17a中，电阻 R 与理想电压源并联，并联的电阻不会改变理想电压源的输出电压 U，电路端口处输出的电流等于理想电压源输出的数值未知的电流减去电阻 R 中的定值电流 U/R，则电源端口处的输出电流 I 仍是未知数。这样对外电路而言，在电路端口处的电压 U 与电流 I 与图1-17b中理想电压源的输出电压与电流相同，电阻 R 对外电路而言是多余元件。

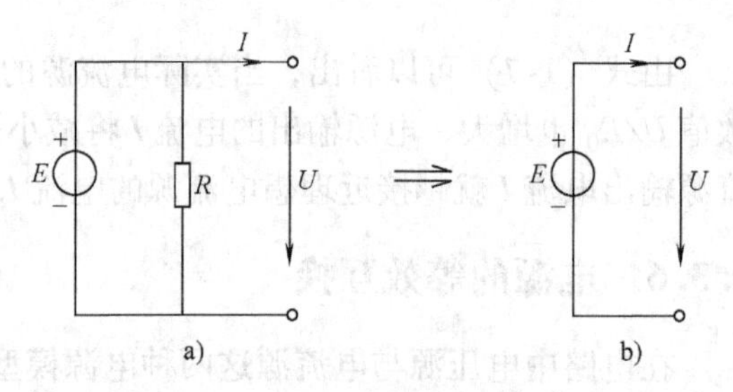

图1-17　去除与理想电压源并联的电阻
a）原电路　b）等效电路

同理，图1-18中与理想电流源串联的电阻 R 对理想电流源输出电流 I_S 的数值没有影响，也不能决定电流源输出端口处的电压数值，所以电阻 R 对外电路而言也是多余元件。分析多余元件时需要注意，多余元件的多余是指对端口以外的电路多余，对端口以内的电路并不多余。在求解外电路的参数时，多余元件对外电路参数的求解没有影响，电路中带有多余元件与电路中去除多余元件的电路分析结果是一样的。但是若被求参数在电路的端口以内，例如被求参数是理想电源的功率时，与理想电源连接的元件就不是多余元件，电路分析时不能将其去除，否则电路的计算就会出现失误。这也就是说，多余元件到底是多余还是不多余，取决于被求参数在外电路还是在内电路，多余的概念是对外不对内。电路的多余元件可以是电阻、电源及电路中的部分网络。

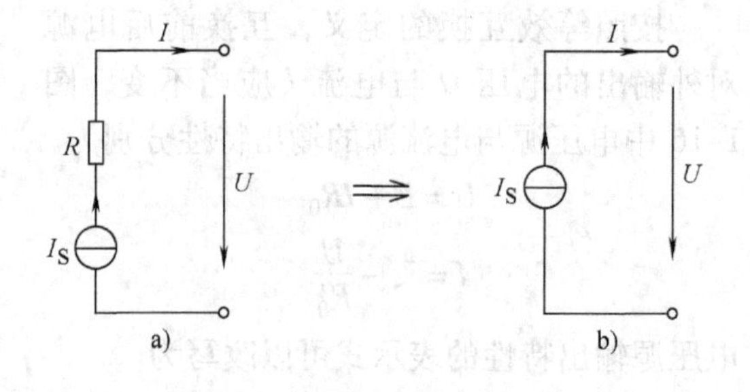

图1-18　去除与理想电流源串联的电阻
a）原电路　b）等效电路

例 1-3　在图 1-19a 所示电路中，已知 $I_S = 2A$，$R = 4\Omega$，将电流源模型转换为电压源模型。

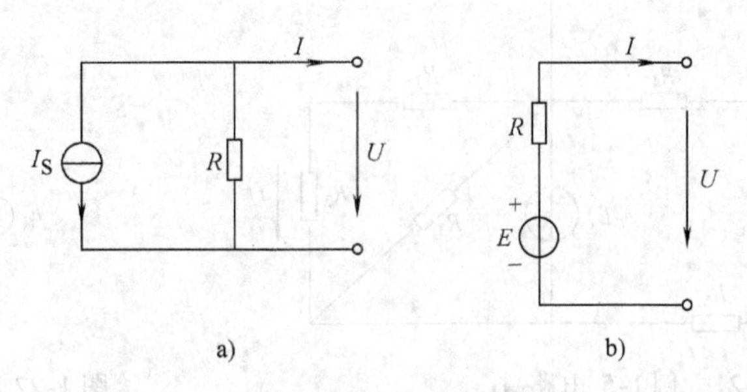

图 1-19　例 1-3 电路
a）原电路　b）等效电路

解：按照电源等效互换的公式，转换后，电压源的内阻 $R = 4\Omega$，电压源的电动势

$$E = -I_S R_0 = -2A \times 4\Omega = -8V$$

等效互换后的电路如图 1-19b 所示。

例 1-4　在图 1-20 所示电路中，已知 $E = 5V$，$I_S = 1A$，$R = 2\Omega$，求图 a 的端电压 U 与图 b 的电流 I。

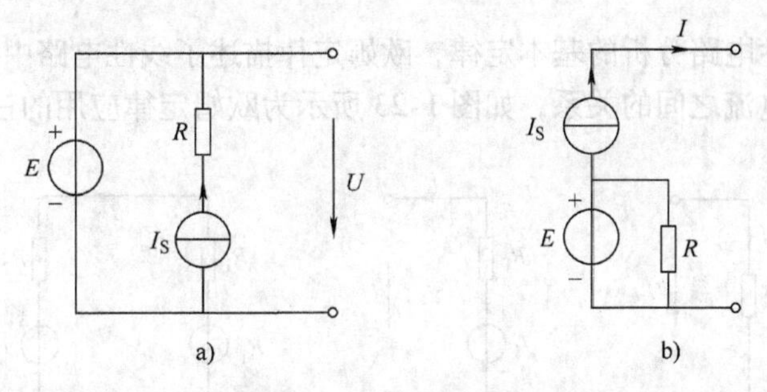

图 1-20　例 1-4 电路

解：在图 a 中，理想电流源与电阻串联的支路是与理想电压源并联，并联的电流源支路不影响电压源输出的端口电压，对外电路而言，电流源支路为多余元件，则电路的端口电压

$$U = E = 5V$$

同理，在图 b 中与电流源串联的电压源和电阻并联的部分也是多余元件，则电路端口处输出的电流

$$I = I_S = 1A$$

例 1-5　在图 1-21 所示电路中，已知 $R_1 = 20\Omega$、$R_2 = 80\Omega$、$R_3 = 60\Omega$、$R_4 = 10\Omega$、$R_5 = 40\Omega$、$R_6 = 10\Omega$、$R_7 = 20\Omega$、$E_1 = 100V$、$E_2 = 15V$、$E_3 = 48V$、$I_S = 1A$、求 R_2 电阻上的电压 U。

解：被求参数是 R_2 电阻两端的电压，将 R_2 电阻支路置于外电路，不参与电路的等效变换，其余元件均在内电路。内电路的结构看似复杂，但是理想电压源 E_1 支路的端电压 100V 是恒定数值，其左边的网络与右边的 R_3 电阻与 E_1 并联，对外电路而言这两部分电路均为多余元件，去除多余元件后的等效电路如图 1-22 所示。在等效电路中，$R_1 + R_2 = 20\Omega + 80\Omega = 100\Omega$，电源电压是 100V，则 R_2 电阻上可以分得 80V 电压，即

$$U = 80V$$

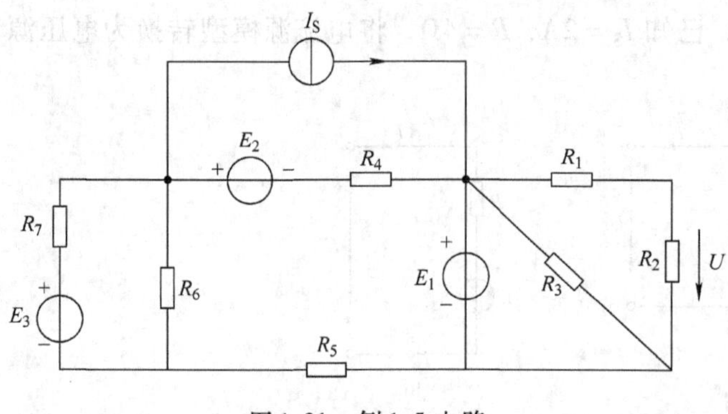

图 1-21　例 1-5 电路

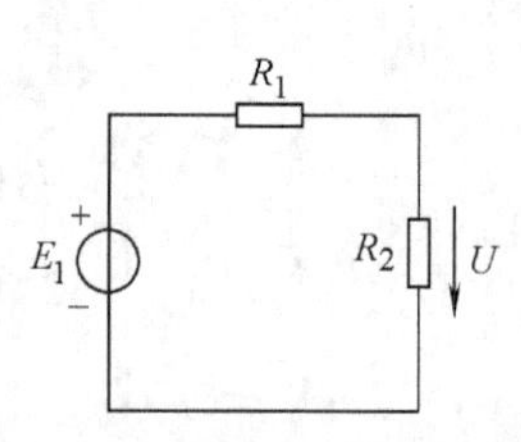

图 1-22　例 1-5 电路的等效电路

1.4　电路的基本定律

电路的基本定律包括欧姆定律与基尔霍夫定律，这两个定律广泛应用于电路的分析，需要注意的是当电路参数扩展为代数量后，电路的分析也将按代数运算规律进行。

1.4.1　欧姆定律

欧姆定律是线性电路分析的基本定律，欧姆定律描述了线性电路中电阻元件两端的电压与流过电阻元件的电流之间的关系，如图 1-23 所示为欧姆定律应用的三种电路结构。

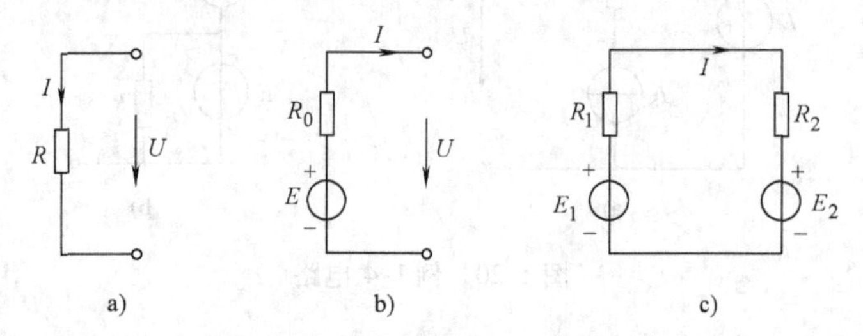

图 1-23　欧姆定律应用电路
a）无源支路　b）含源支路　c）单网孔回路

若电路是无源支路，支路中只有电阻元件，电阻元件上电压与电流的参考方向如图 1-23a所示，无源支路欧姆定律的表示式为

$$I=\frac{\pm U}{R} \tag{1-9}$$

式中，电压 U 前的正、负号由电阻元件的电压 U 与电流 I 的参考方向来决定，当电阻元件的电压与电流的参考方向一致时，电压 U 前应取正号；当电阻元件的电压与电流的参考方向相反时，电压 U 前应取负号。按照式（1-9）计算出的电流 I 的数值是有正数与负数之分的，电流的正、负表示电流的实际方向与参考方向是否一致。

当电路为含源支路且电压与电流的参考方向如图 1-23b 所示时，含源支路欧姆定律的表示式为

$$I=\frac{\pm E \pm U}{R} \tag{1-10}$$

式中，电压 U 和电动势 E 前的正、负号由含源支路的端电压 U、电源电动势 E 与支路电流 I 的参考方向来决定，当 U、E 的方向与 I 的方向一致时，在公式中 U 和 E 前应取正号；当 U、E 的方向与 I 的方向相反时，在公式中 U 和 E 前应取负号。同样运算后电流 I 的正、负号表示电流的实际方向与参考方向是否一致。

若电路为单网孔回路且电流的参考方向如图 1-23c 所示，回路欧姆定律的表示式为

$$I=\frac{\sum E}{\sum R} \tag{1-11}$$

式中，分子项电动势 E 的求和是代数求和，求和时的正、负号由电动势 E 的方向与回路电流 I 的方向来决定，当 E 的方向与 I 的方向一致时，E 前应取正号；当 E 的方向与 I 的方向相反时，E 前应取负号。公式中分母项电阻的求和是算术求和，计算时将回路中的电阻值全部加起来即可。在使用回路欧姆定律进行电路的分析时，应当注意回路欧姆定律仅能应用于单网孔回路，不能应用在两网孔及两网孔以上电路。同时应当注意电动势 E 的求和是代数求和，一定要正确列写电动势 E 前的正、负号。

例 1-6　在图 1-24 所示电路中，已知 $R=5\Omega$，$U=10\text{V}$，求解电路中的电流 I

a)　　b)

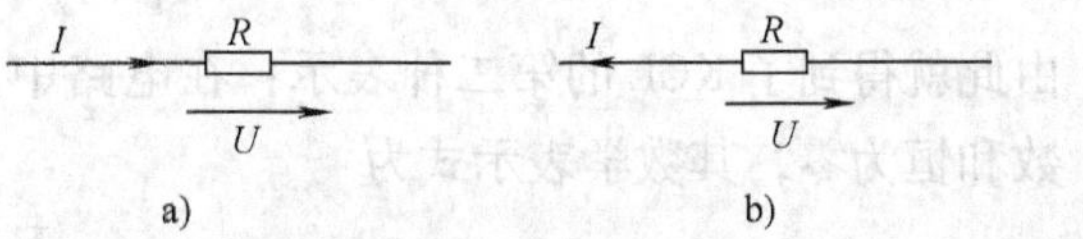

图 1-24　例 1-6 电路

解：根据无源支路的欧姆定律可以解出图 a 电路中的电流为

$$I=\frac{U}{R}=\frac{10\text{V}}{5\Omega}=2\text{A}$$

图 b 电路中的电流为

$$I=\frac{-U}{R}=\frac{-(10\text{V})}{5\Omega}=-2\text{A}$$

由计算结果可知，图 a 中电流的参考方向与实际方向一致，图 b 中电流的参考方向与实际方向不一致。

例 1-7　在图 1-25 所示电路中，已知 $R=2\Omega$，$E=5\text{V}$，$U=11\text{V}$，求解电路中的电流 I。

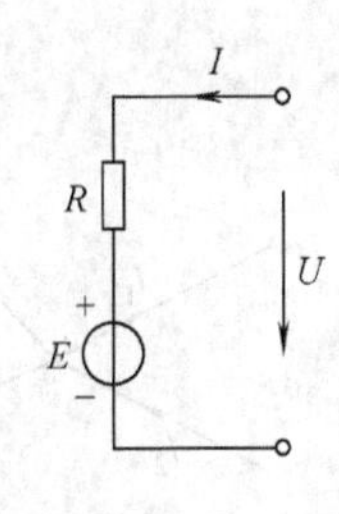

图 1-25　例 1-7 电路

解：根据含源支路的欧姆定律可以解出图中的电流为

$$I=\frac{U-E}{R}=\frac{11\text{V}-5\text{V}}{2\Omega}=3\text{A}$$

由计算结果可知，电流 I 为正数，表示电流的参考方向与其实际方向一致，电压源 E 此时工作在负载状态。

例 1-8　在图 1-26 所示电路中，已知 $E_1=10\text{V}$，$E_2=5\text{V}$，$R_1=8\Omega$，$R_2=2\Omega$，计算电路中的电流 I。

解：由回路欧姆定律可以解出电路中的电流为

$$I=\frac{\sum E}{\sum R}=\frac{E_1-E_2}{R_1+R_2}=\frac{10\text{V}-5\text{V}}{8\Omega+2\Omega}=0.5\text{A}$$

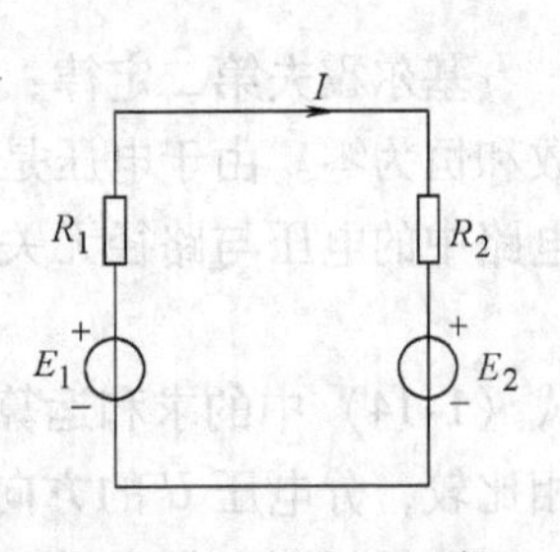

图 1-26　例 1-8 电路

1.4.2　基尔霍夫定律

基尔霍夫定律是电路分析的第二大定律，基尔霍夫定律广泛地应用在线性与非线性电路、时变与时不变电路的电路分析中。

基尔霍夫定律由两个定律组成：基尔霍夫第一定律——节点电流定律，简写为 KCL；基尔霍夫第二定律——回路电压定律，简写为 KVL。

基尔霍夫第一定律：在电路中，任一时刻、任一节点，流入该节点电流的总和必定等于流出该节点电流的总和。KCL 反映的是电路中电荷的连续性，在电路的节点处，电荷既不能产生，也不能堆积或消失，所以流入节点的电流必定等于流出节点的电流，KCL 的数学表示式为

$$\sum I_{\text{in}} = \sum I_{\text{out}} \tag{1-12}$$

由于式（1-12）中将流入节点的电流与流出节点的电流分别列写在等号两侧，所以式（1-12）中的求和运算是算术求和，流入节点的电流与流出节点的电流分别相加即可。

图 1-27 中的节点连接有四条支路，根据 KCL 可以列写出该节点的节点电流方程

$$I_1 + I_2 = I_3 + I_4$$

整理方程可以得到

$$I_1 + I_2 - I_3 - I_4 = 0$$

由此就得到了 KCL 的第二种表示：在电路中，任一时刻、任一节点，流过该节点电流的代数和恒为零，其数学表示式为

$$\sum I = 0 \tag{1-13}$$

式（1-13）中的求和运算是代数求和，计算时各支路电流的正、负号由电流的参考方向决定，通常令流入节点的电流取正号，流出节点的电流取负号。KCL 的应用对象是电路中的节点，也可以将 KCL 的应用扩展到闭合电路，如图 1-28 所示为一个闭合电路，根据 KCL，流过该闭合电路电流的代数和也必定为零，即在该电路中存在

$$I_1 + I_2 + I_3 = 0$$

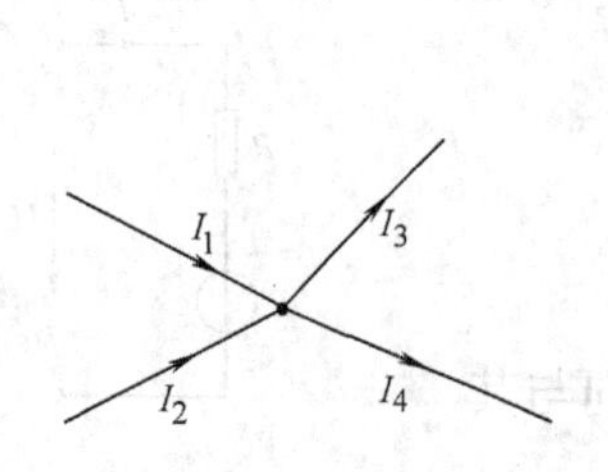

图 1-27　KCL 应用于节点

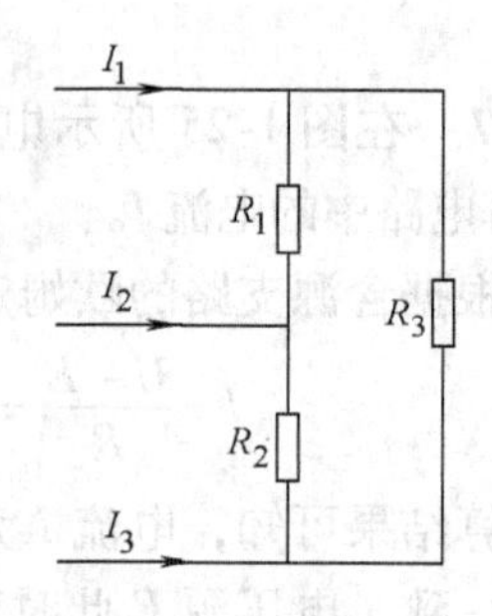

图 1-28　KCL 应用于闭合电路

基尔霍夫第二定律：在电路中，任一时刻、任一回路，沿回路循行一周，各段电压的代数和恒为零。由于电压是由电场力做功形成的，而场力做功与路径无关，所以 KVL 反映了电路中的电压与路径无关而只与电压的起点与终点有关这一特性，KVL 的数学表示式为

$$\sum U = 0 \tag{1-14}$$

式（1-14）中的求和运算为代数求和，将回路中各段电压 U 的参考方向与回路的循行方向相比较，分电压 U 的方向与回路循行方向一致时，分电压 U 前应取正号；分电压 U 的方向与回路循行方向相反时，则应取负号。

图 1-29 电路标出了回路的循行方向及各支路电流的参考方向，根据 KVL 可以对左侧网孔列出网孔的回路电压方程

$$U_{R1} - U_{R2} + U_{S2} - U_{S1} = 0$$

将上式中的电阻电压 U_R 与电源电压 U_S 分别用电流 I、电阻 R 与电动势 E 来替换，上式可以改写为

$$I_1R_1 - I_2R_2 + E_2 - E_1 = 0$$

整理方程，可以得到

$$I_1R_1 - I_2R_2 = E_1 - E_2$$

由此得出 KVL 的第二种表示：在电路中，任一时刻、任一回路，沿回路循行一周，在循行方向上的电位升之和必定等于电位降之和，其数学表示式为

$$\sum IR = \sum E \tag{1-15}$$

式（1-15）中的求和运算也是代数求和，将回路中电动势 E 的方向及各支路电流 I 的方向与回路循行方向相比较，E 或 I 的方向与回路循行方向一致时，该参数前应取正号；E 或 I 的方向与回路循行方向相反时，该参数前应取负号。按照上述规则可以直接列写出图 1-29 右侧网孔的回路电压方程

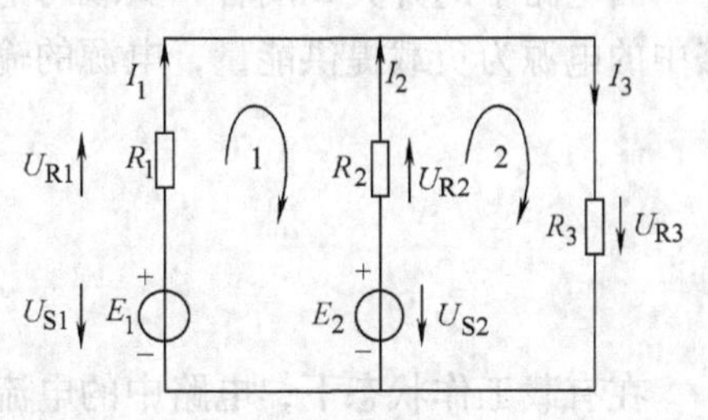

图　1-29

$$I_2R_2 + I_3R_3 = E_2$$

例 1-9　在图 1-30 所示电路中，已知 $R_1 = R_2 = 5\Omega$，$R_3 = 4\Omega$，$E_1 = E_2 = E_3 = 5V$，$E_4 = 8V$，求解电路中的 U 及 I。

解：根据 KCL，将流入节点的电流和流出节点的电流列写在等号两侧，有

$$I = I_1 + I_2 = \frac{U_{E1} + U_{E2}}{R_1} + \frac{U_{E3} + U_{E2}}{R_2} = \frac{5V + 5V}{5\Omega} + \frac{5V + 5V}{5\Omega} = 4A$$

根据 KVL，电压与路径无关，沿 E_1、E_3 路径可得

$$U = U_{E1} - U_{E3} = 5V - 5V = 0V$$

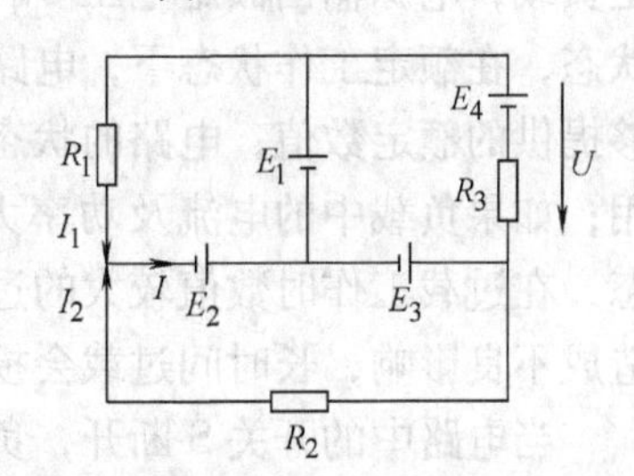

图 1-30　例 1-9 电路

例 1-10　在图 1-31 所示电路中，已知 $U_S = 8V$、$I_{S1} = 1A$、$I_{S2} = 2A$，计算电流源 I_{S1} 的功率。

解：根据 KCL，电路中的电流 I 为

$$I = I_{S1} - I_{S2} = 1A - 2A = -1A$$

根据 KVL，电流源 I_{S1} 两端的电压 U_1 为

$$U_1 = (2\Omega + 2\Omega) \times I + 8V = (2\Omega + 2\Omega) \times (-1A) + 8 = 4V$$

则电流源 I_{S1} 的功率为

$$P = -I_{S1}U_1 = -1A \times 4V = -4W$$

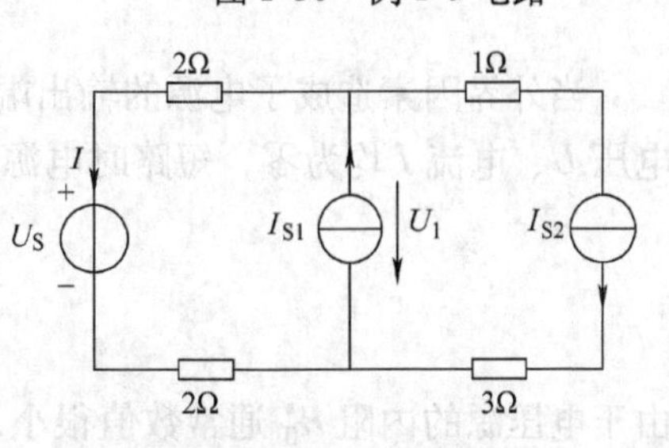

图 1-31　例 1-10 电路

1.5　电路的工作状态

在电路中，负载和电源之间通过导线和开关相连接，当开关的位置不同时，电路也就具有不同的工作状态，以单网孔电路为例，图 1-32 画出了电路的几种工作状态。

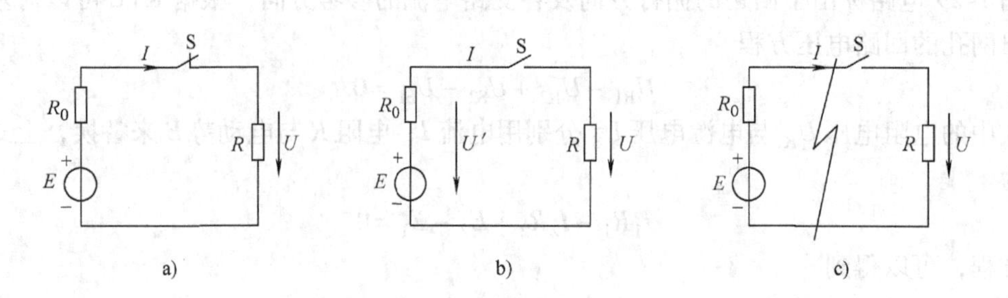

图1-32　电路的工作状态
a）有载工作状态　b）空载工作状态　c）短路状态

当电路中的开关S闭合，负载与电源相连接时，电路的状态称为有载工作状态。这时电路中的电源为负载提供能量，电源的输出电压 U、输出电流 I 与输出功率 P 的表示式分别为

$$I=\frac{E}{R_0+R} \tag{1-16}$$

$$U=IR=E-IR_0 \tag{1-17}$$

$$P=IU=I^2R \tag{1-18}$$

在有载工作状态下，电路中的电流 I 不为零，负载由电源取用电能。当电路的负载为额定负载，电源输出额定电压 U_N、额定电流 I_N、额定功率 P_N 时，电路的状态称为额定工作状态，在额定工作状态下，电路能够安全、长期运行。如果负载中的电流及功率小于电源能够提供的额定数值，电路的状态称为欠载工作状态，在欠载工作时电源的能量没有被充分利用；如果负载中的电流及功率大于电源能够提供的额定数值，电路的状态称为过载工作状态，在过载工作时数值较大的过载电流将会在电源中引起热量积累，造成电源过热，对电路造成不良影响，长时间过载会损坏电路中的电源和设备。

当电路中的开关S断开，负载与电源之间没有通路时，电路的状态称为空载工作状态，空载时电源输出的电流 I 与功率 P 均为零，电源的端电压将等于理想电压源的电动势，即

$$U'=E$$

当外界因素造成了电源的输出端短路时，电路的状态就称为短路状态，短路时负载上的电压 U、电流 I 均为零，短路时电源的短路电流及电源内阻上的功率损耗分别为

$$I_d=\frac{E}{R_0}$$

$$\Delta P_E=I_d^2R_0$$

由于电压源的内阻 R_0 通常数值很小，当电压源短路时，流过电压源的短路电流 I_d 的数值就会很大，数值很大的短路电流在电源内部产生的功率损耗 ΔP_E 将会使电源瞬间烧毁。所以电源短路是严重的故障状态，在正常用电时，绝不允许将电压源短路。

例1-11　一个额定电压 $U_N=220V$，额定功率 $P_N=1kW$ 的电热器，如果将其连接到输出电压为110V的电源上，电热器的功率是多少？

解：根据已知参数可以计算出电热器的电阻值为

$$R=\frac{U^2}{P}=\frac{(220V)^2}{1000W}=48.4\Omega$$

当电热器连接到额定电压为110V的电源上时，电热器的功率为

$$P=\frac{U^2}{R}=\frac{(110\text{V})^2}{48.4\Omega}=250\text{W}$$

这时电热器的功率明显小于其额定功率，电热器不能正常工作。

1.6　元件的串联与并联

1.6.1　电阻的串联与并联

电路中有两个或两个以上的电阻顺序相连接就称为电阻的串联，如图1-33a所示。串联的电阻中流过的电流数值相同，串联电阻的总电压等于各个电阻上的分电压之和，按照KVL，可以写出

$$U=U_1+U_2+\cdots=IR_1+IR_2+\cdots=I(R_1+R_2+\cdots)=IR_{串}$$

则串联等效电阻为

$$R_{串}=R_1+R_2+\cdots \tag{1-19}$$

串联电阻应用于电路中的分压和限流。在两个电阻串联的电路中，如果已知串联电路的总电压U，串联电阻上分电压U_1、U_2的计算公式分别为

$$\left.\begin{aligned}U_1=IR_1=\frac{U}{R_1+R_2}R_1=\frac{R_1}{R_1+R_2}U\\U_2=IR_2=\frac{U}{R_1+R_2}R_2=\frac{R_2}{R_1+R_2}U\end{aligned}\right\} \tag{1-20}$$

式（1-20）也称为分压公式，公式中总电压U前的电阻比值称为分压比。由分压公式可以看出，在电阻串联电路中，如果电路的总电压数值一定，串联电阻上的分电压正比于该电阻的阻值，电阻的阻值越大，分到的电压就越多，而电阻的阻值越小，分到的电压就越少。

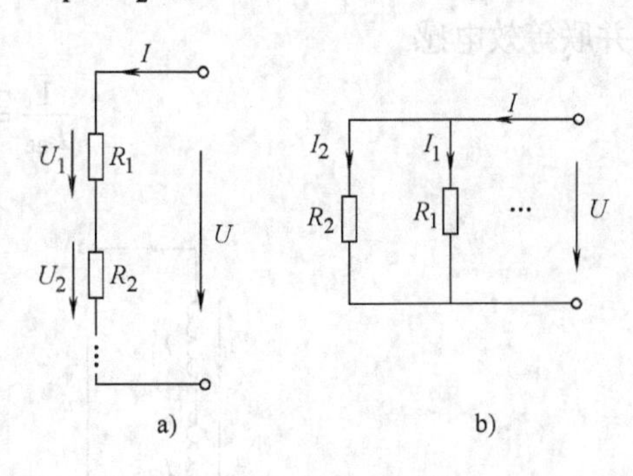

图1-33　电阻元件的串联与并联
a）电阻的串联　b）电阻的并联

电路中有两个或两个以上电阻连接在两个公共节点之间就称为电阻的并联，如图1-33b所示。并联电路的电压数值相同，并联电路的总电流等于各个电阻中流过电流之和，按照KCL，可以写出

$$I_{并}=I_1+I_2+\cdots=\frac{U}{R_1}+\frac{U}{R_2}+\cdots=\left(\frac{1}{R_1}+\frac{1}{R_2}+\cdots\right)U=\frac{U}{R_{并}}$$

则并联等效电阻为

$$\frac{1}{R_{并}}=\frac{1}{R_1}+\frac{1}{R_2}+\cdots \tag{1-21}$$

在电阻并联电路中，并联等效电阻的阻值小于并联电阻中阻值最小的那个电阻的阻值。如果将电阻改用电导来表示，并联等效电导为

$$G_{并} = G_1 + G_2 + \cdots \tag{1-22}$$

并联电阻应用于电路中的分流，在两个电阻并联的电路中，如果并联电路的总电流 I 已知，并联电阻上的分电流 I_1 与 I_2 的表示式为

$$\left.\begin{aligned} I_1 &= \frac{U}{R_1} = \frac{1}{R_1}\frac{R_1R_2}{R_1+R_2}I = \frac{R_2}{R_1+R_2}I \\ I_2 &= \frac{U}{R_2} = \frac{1}{R_2}\frac{R_1R_2}{R_1+R_2}I = \frac{R_1}{R_1+R_2}I \end{aligned}\right\} \tag{1-23}$$

式（1-23）也称为分流公式，公式中总电流 I 前面的电阻比值称为分流比。由分流公式可以看出，在电阻并联电路中，如果电路的总电流数值一定，分电流反比于该支路的电阻阻值，电阻的阻值越大，该支路分到的电流就越小，电阻的阻值越小，该支路分到的电流就越大。

1.6.2 电感的串联与并联

图1-34所示为电感元件的串联与并联，当电感元件串联时，由KVL可以写出串联电路的电压表示式

$$u = u_1 + u_2 + \cdots = L_1\frac{\mathrm{d}i}{\mathrm{d}t} + L_2\frac{\mathrm{d}i}{\mathrm{d}t} + \cdots = (L_1 + L_2 + \cdots)\frac{\mathrm{d}i}{\mathrm{d}t} = L_{串}\frac{\mathrm{d}i}{\mathrm{d}t}$$

则串联等效电感为

$$L_{串} = L_1 + L_2 + \cdots \tag{1-24}$$

在电感并联电路中，电路的总电流为

$$i = i_1 + i_2 + \cdots = \frac{1}{L_1}\int u\mathrm{d}t + \frac{1}{L_2}\int u\mathrm{d}t + \cdots = \left(\frac{1}{L_1} + \frac{1}{L_2} + \cdots\right)\int u\mathrm{d}t = \frac{1}{L_{并}}\int u\mathrm{d}t$$

则并联等效电感

$$\frac{1}{L_{并}} = \frac{1}{L_1} + \frac{1}{L_2} + \cdots \tag{1-25}$$

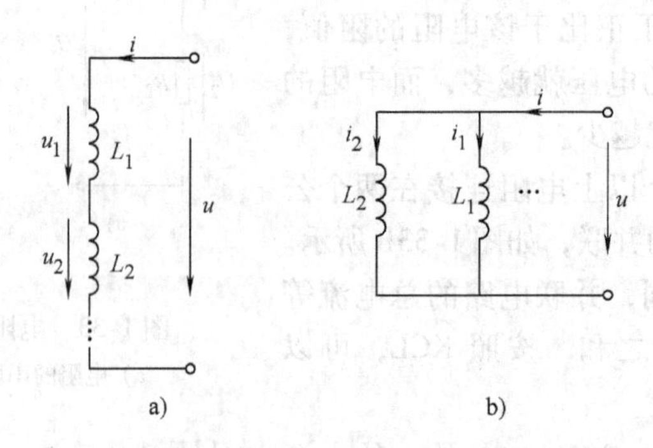

图1-34 电感元件的串联与并联

a）电感的串联 b）电感的并联

1.6.3 电容的串联与并联

图1-35所示为电容元件的串联与并联，当电容元件串联时，由KVL可以写出串联电路电压的表示式

$$u = u_1 + u_2 + \cdots = \frac{1}{C_1}\int i\mathrm{d}t + \frac{1}{C_2}\int i\mathrm{d}t + \cdots = \left(\frac{1}{C_1} + \frac{1}{C_2} + \cdots\right)\int i\mathrm{d}t = \frac{1}{C_{串}}\int i\mathrm{d}t$$

则串联等效电容为

$$\frac{1}{C_{串}} = \frac{1}{C_1} + \frac{1}{C_2} + \cdots \tag{1-26}$$

当电容元件并联时，由 KCL 可以写出并联电路的电流为

$$i = i_1 + i_2 + \cdots = C_1\frac{\mathrm{d}u}{\mathrm{d}t} + C_2\frac{\mathrm{d}u}{\mathrm{d}t} + \cdots = (C_1 + C_2 + \cdots)\frac{\mathrm{d}u}{\mathrm{d}t} = C_{并}\frac{\mathrm{d}u}{\mathrm{d}t}$$

则并联等效电容

$$C_{并} = C_1 + C_2 + \cdots \tag{1-27}$$

电路中的负载元件按照上述方式就可以进行串联或并联等效参数的计算，如果电路元件是理想电源时，则应注意理想电源的特点。理想电压源的输出特性是输出电压恒定、流过的电流任意，当理想电压源串联时，串联等效电源的输出电压为各个串联电源输出电压的代数和。由于理想电压源的端电压数值恒定，所以除非理想电压源端电压的极性与数值均一致，否则理想电压源不能并联。

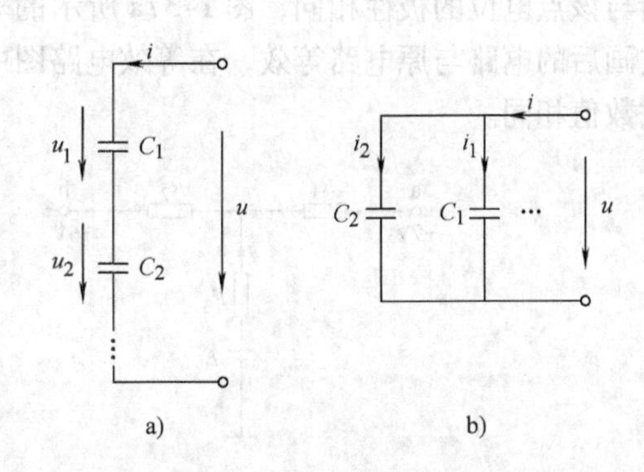

图 1-35　电容元件的串联与并联
a）电容的串联　b）电容的并联

理想电流源的输出特性是输出电流恒定、两端电压任意，当理想电流源并联时，并联等效电源的输出电流为各个并联电源输出电流的代数和。同样，由于理想电流源输出电流数值恒定，所以除非理想电流源输出电流的极性与数值均一致，否则理想电流源不能串联。

例 1-12　在图 1-36 所示电路中，已知图 a 中 $U = 100\text{V}$、$R_1 = 30\Omega$、$R_2 = 45\Omega$；图 b 中 $I = 4\text{A}$、$R_1 = 10\Omega$、$R_2 = 30\Omega$，求解图 a 中的分电压 U_2 和图 b 中的分电流 I_1。

解：在图 a 中，利用分压公式可以解出

$$U_2 = \frac{R_2}{R_1 + R_2}U = \frac{45\Omega}{30\Omega + 45\Omega} \times 100\text{V} = 60\text{V}$$

在图 b 中，利用分流公式可以得到

$$I_1 = \frac{R_2}{R_1 + R_2}I = \frac{30\Omega}{10\Omega + 30\Omega} \times 4\text{A} = 3\text{A}$$

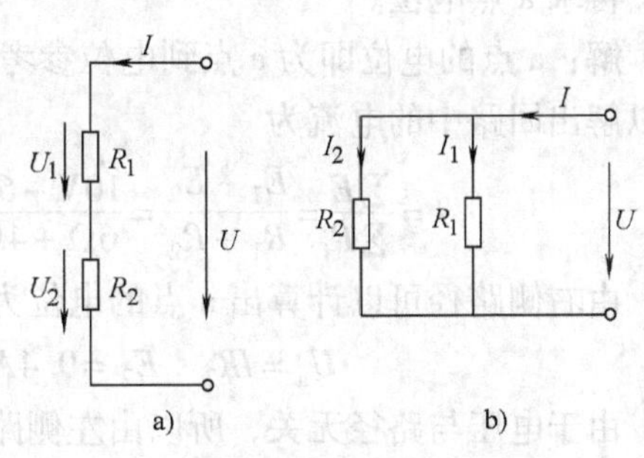

图 1-36　例 1-12 电路

1.7　电位的计算

电位是具有特殊条件的电压，电路中某点的电位就是该点到电位参考点之间的电压，因此在计算电位时，首先要确定电位参考点，只有当电位参考点确定后，电路中的电位才有意义。

如果已知电路结构及电路参数，那么在确定了电位参考点之后，就可以求解电路中某点的电位。求解电位时，先利用欧姆定律和基尔霍夫定律求解电路各元件上的电压，然后再计算该点的电位。

如果电路的结构不是闭合电路，电路中的电位已知，求解电路的其他参数，如图1-37a所示。为方便电路的求解，在保证电路中已知电位点原有电位数值不变的条件下，可以将非闭合电路等效改画为闭合电路。作等效电路图时，在已知电位点到电位参考点之间可以用理想电压源来等效替代，理想电压源的数值应当与该点的电位数值相等，理想电压源的极性应当与该点电位的极性相同，图1-37a所示的非闭合电路改画后的等效电路如图1-37b所示，改画后的电路与原电路等效，在等效电路图中求解的电参数数值与在原电路图中求解的电参数数值相同。

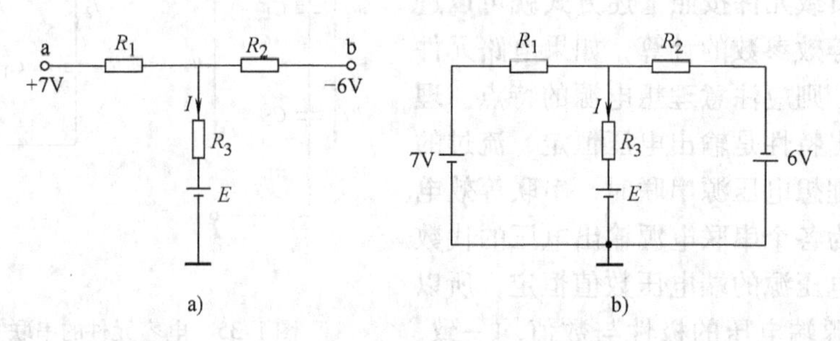

图1-37　已知各点电位的非闭合电路转换为等效电路

a）原电路　b）等效电路

例1-13　电路如图1-38所示，已知 $R_1=6\Omega$，$R_2=4\Omega$，$E_1=10\text{V}$，$E_2=6\text{V}$，求a点电位。如果将电位参考点改换到b点，再求a点电位。

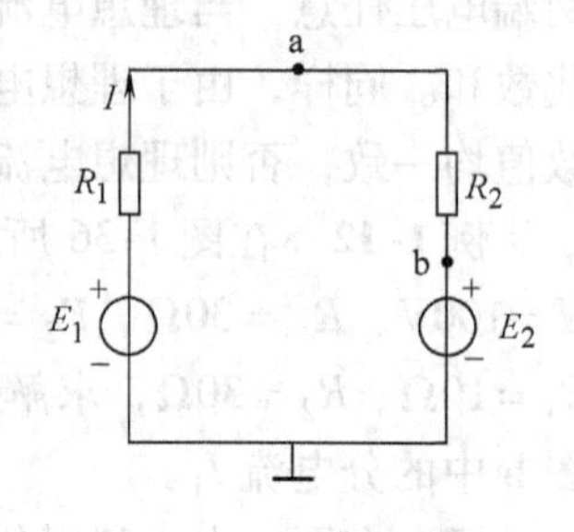

图1-38　例1-13电路

解：a点的电位即为a点到电位参考点的电压，由欧姆定律可以解出回路中的电流为

$$I=\frac{\sum E}{\sum R}=\frac{E_1-E_2}{R_1+R_2}=\frac{10\text{V}-6\text{V}}{6\Omega+4\Omega}=0.4\text{A}$$

由右侧路径可以计算出a点的电位为

$$U_{\text{a}}=IR_2+E_2=0.4\text{A}\times4\Omega+6\text{V}=1.6\text{V}+6\text{V}=7.6\text{V}$$

由于电压与路径无关，所以由左侧路径也可以计算出a点的电位为

$$U_{\text{a}}=-IR_1+E_1=-0.4\text{A}\times6\Omega+10\text{V}=-2.4\text{V}+10\text{V}=7.6\text{V}$$

如果将电位参考点改换到b点，由于电路中各元件的参数没有改变，回路中电流的数值也没有改变，则a点的电位改变为

$$U'_{\text{a}}=IR_2=0.4\text{A}\times4\Omega=1.6\text{V}$$

例1-14　电路如图1-39a所示，开关S原本闭合，当开关S断开后，求解电路中的电流 I 和b点的电位 U_{b}。

解：图1-39a所示电路为非闭合电路，按照等效的概念可以将原电路转换为图1-39b所示电路，在等效转换后的电路中可以方便地进行电路的运算，电路中的电流 I 和b点的电位 U_{b} 分别为

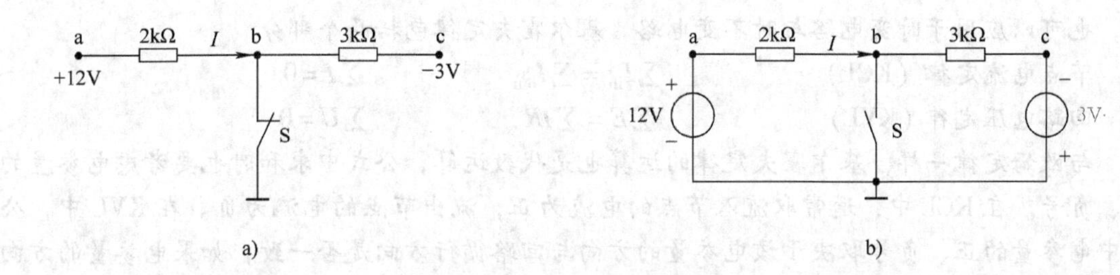

图1-39　例1-14电路

a）原电路　b）等效电路

$$I=\frac{12V+3V}{2k\Omega+3k\Omega}=\frac{15V}{5k\Omega}=3mA$$

$$U_b=U_{bc}-3V=3mA\times3k\Omega-3V=6V$$

本章小结

本章内容为电路分析的基础知识，重点介绍了电路的基本物理量与电路的基本定律。与普通物理中介绍的电学知识不同，本章中电路的电压、电流及电位增加了参考方向的概念，有了参考方向，上述物理量就扩展成为代数量。如果电路的基本物理量扩展为代数量，电路的运算就变成了代数运算，运算后的电压、电流、电位及功率的数值可以是正数，也可以是负数。其中电压、电流及电位数值的正、负反映了该电参量的实际方向与参考方向是否一致。而功率数值的正、负则反映了该电路元件在电路中是吸收功率还是发出功率。当电路元件的功率采用正、负数表示后，电源的电源工作状态与负载工作状态就好理解了，电源在电路中并不总是对外电路提供电能，当电源工作在负载状态时，电源将从外电路吸收能量，这时按照式（1-1）计算的功率将会大于零。在电路中，所有元件功率的代数和一定是零，即电路中存在$\sum P=0$，这点称为电路的功率平衡。

电路分析的第一定律是欧姆定律，由于电路中引入了参考方向的概念，并且电路的基本参数扩展成为代数量，针对不同的电路结构，欧姆定律的表示式分别为

无源支路的欧姆定律　$I=\frac{\pm U}{R}$

含源支路的欧姆定律　$I=\frac{\pm U\pm E}{R}$

单网孔回路的欧姆定律　$I=\frac{\sum E}{\sum R}$

在上述三个表示式中，等号右侧电参量的正、负号由该电参量的参考方向与等号左侧电流的参考方向是否一致决定，等号右侧电参量的参考方向与电流的参考方向一致，在欧姆定律表示式中该电参量前面应当取正号，反之则取负号。使用欧姆定律时应当注意，第一，欧姆定律仅能应用于线性电路，对非线性电路欧姆定律不成立；第二，欧姆定律的应用范围是支路与单网孔电路，如果电路的结构为两网孔或两网孔以上电路，仅使用欧姆定律无法求解电路的参数。

电路分析的第二定律是基尔霍夫定律，基尔霍夫定律可以应用于线性电路与非线性电

路，也可以应用于时变电路与时不变电路。基尔霍夫定律包括两个部分

节点电流定律（KCL） $\sum I_{in}=\sum I_{out}$ $\sum I=0$

回路电压定律（KVL） $\sum E=\sum IR$ $\sum U=0$

与欧姆定律一样，基尔霍夫定律的运算也是代数运算，公式中求和时也要考虑电参量的正、负号。在KCL中，通常取流入节点的电流为正，流出节点的电流为负。在KVL中，公式中电参量的正、负号取决于该电参量的方向与回路循行方向是否一致，如果电参量的方向与回路循行方向一致，进行电路运算时该电参量前面应当取正号，反之则取负号。

在电路元件中，本章重点介绍了电源及其等效互换。在学习电学知识的初期，电压源的概念已经建立了，而电流源的概念是初次引入，电流源模型常见于电子线路中，部分半导体器件的等效电路模型可以等效为电流源模型。在学习电流源特性时可以与电压源的特性相对照，这样对理解电流源的概念及输出特性有比较大的帮助。在电路分析时，电压源与电流源这两种电源模型可以等效互换，在将电流源转变为电压源的结构时，可以减少电路中的一个网孔，所以电源的等效互换实际上也是电路化简的一种方法。在电源等效互换时应注意，理想电源之间不能进行互换。

习 题 1

1.1 如图1-40所示电路中，已知 $U=12\text{V}$、$I=-2\text{A}$，计算元件的功率并判断元件是负载还是电源。

1.2 已知两个电阻的标称阻值及额定功率为 $R_1=500\Omega$，0.5W与 $R_2=360\Omega$，1W，计算：（1）两个电阻中允许流过的最大电流及可以施加的最大电压数值；（2）当两个电阻串联时，电路允许流过的最大电流是多少？每个电阻的功率是多少？（3）当两个电阻并联时，并联电路允许施加的最大电压是多少？每个电阻的功率是多少？

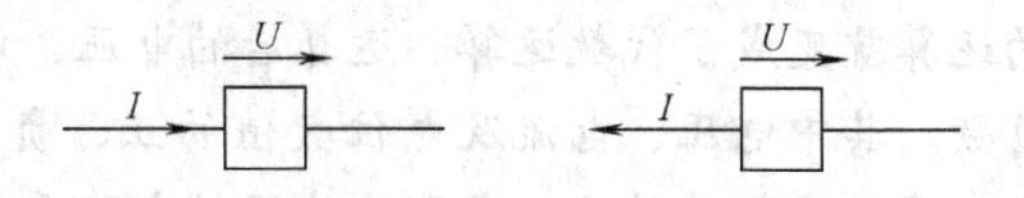

图1-40 题1.1电路图

1.3 一个6V，0.5W的指示灯使用于电源电压12V的电路，使指示灯正常工作需要串联阻值多大的电阻？电阻的功率应为多少？

1.4 如图1-41所示电路，已知 $R_1=100\Omega$、$R_2=200\Omega$、$E_1=80\text{V}$、$E_2=20\text{V}$，求流过电感元件的电流 I_L 及电容元件两端的电压 U_C。

1.5 如图1-42所示的电路为一个测量实际电压源参数的电路，图中 R 阻值适当，当开关断开时，电压表的读数为10V，当开关闭合时，电流表的读数为0.25A，电压表的读数为8V，电表内阻的影响可以忽略不计，计算电压源的电动势与内阻的数值。

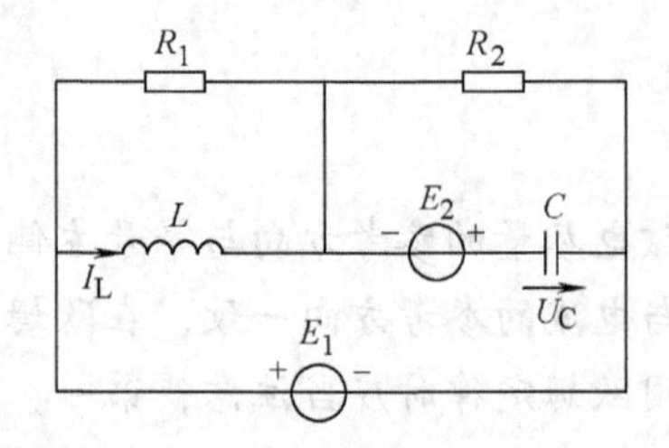

图1-41 习题1.4电路

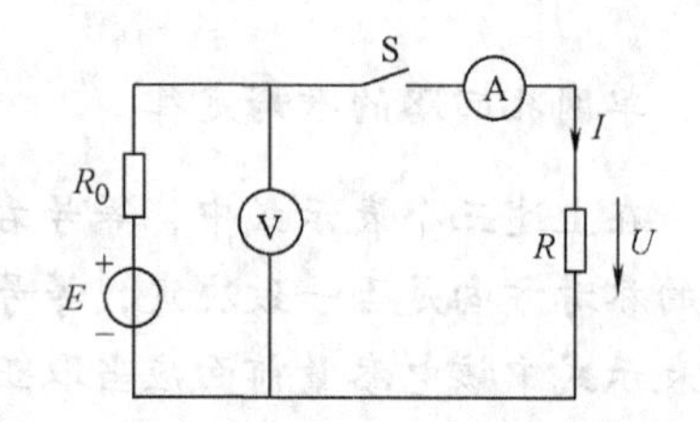

图1-42 习题1.5电路

1.6 电路如图1-43所示，计算图a电路中的电压 U 和图b电路中的电流 I。

1.7 如图1-44所示电路，已知 $R_1=4\Omega$，$R_2=3\Omega$，$I_S=3\text{A}$，$U_S=8\text{V}$，计算电路各元件的功率，验证

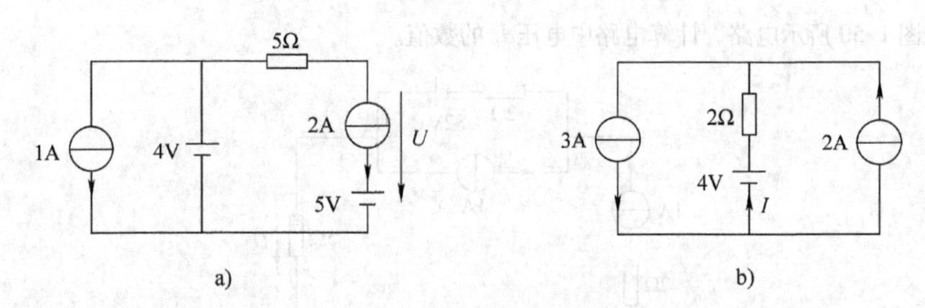

图 1-43　习题 1.6 电路

电路的功率是否平衡，并说明电源的工作状态（是电源状态还是负载状态）。

1.8　如图 1-45 所示电路，已知 $U_S=10V$，$I_S=1A$，$R_1=3\Omega$，$R_2=5\Omega$，计算各元件的功率，说明电源的工作状态，验证电路的功率平衡。

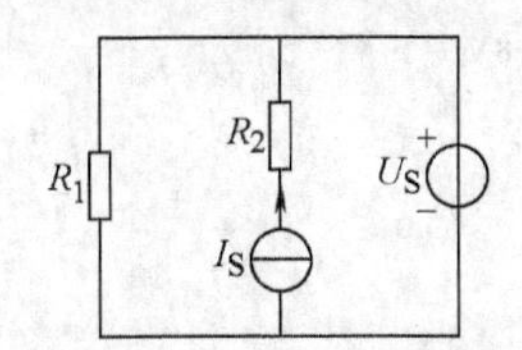

图 1-44　习题 1.7 电路

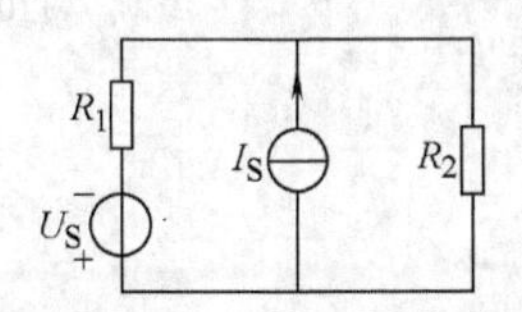

图 1-45　习题 1.8 电路

1.9　如图 1-46 所示电路，已知 $R_1=R_3=8\Omega$、$R_2=6\Omega$、$R_4=R_5=10\Omega$，计算 a、b 两端的等效电阻。

1.10　如图 1-47 所示电路，已知 $R_1=10\Omega$、$R_2=1\Omega$、$R_3=R_4=4\Omega$、$R_5=6\Omega$，当 $U=18V$ 时，计算 R_3 电阻中的电流 I_3 的数值。

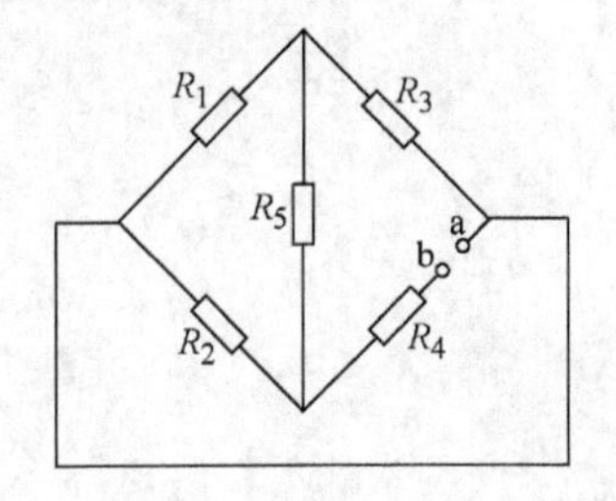

图 1-46　习题 1.9 电路

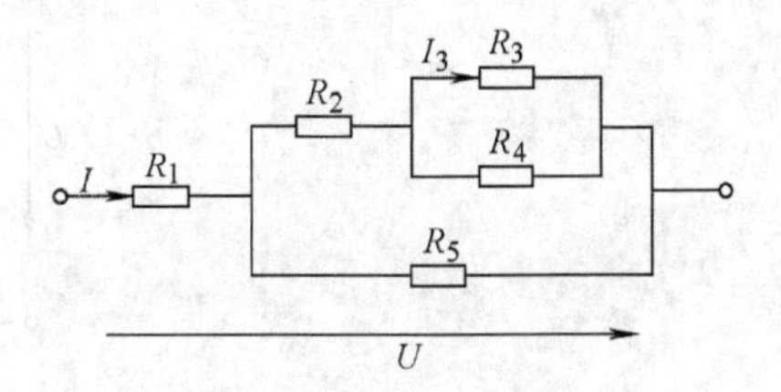

图 1-47　习题 1.10 电路

1.11　如图 1-48 所示电路，已知 $R_1=10\Omega$，$R_2=8\Omega$，$R_3=R_4=3\Omega$，$R_5=2\Omega$，当电源电压 $U=10V$ 时，计算电阻 R_2 中的电流 I 及电阻 R_3 上的电压 U_{R_3}。

1.12　如图 1-49 所示电路，已知 $R_1=20\Omega$、$R_2=30\Omega$、$R_3=15\Omega$、$E=30V$，求电路中各支路的电流及电压 U 的数值。

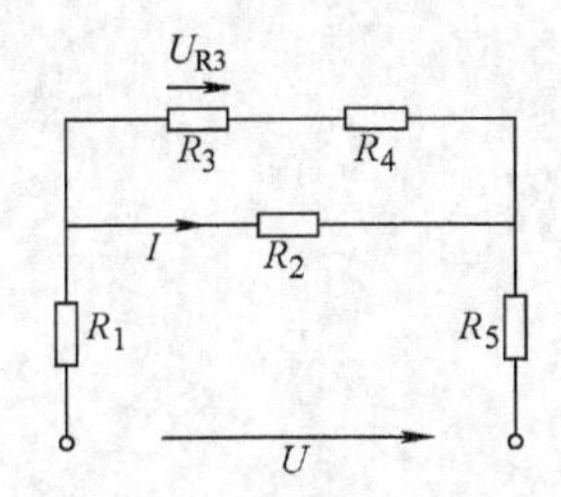

图 1-48　习题 1.11 电路

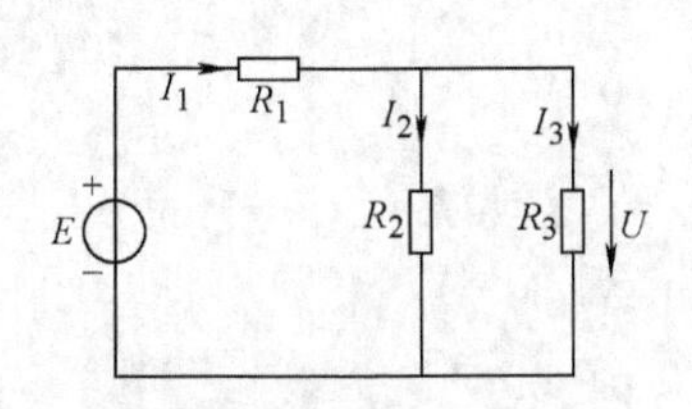

图 1-49　习题 1.12 电路

1.13　如图1-50所示电路，计算电路中电压 U 的数值。

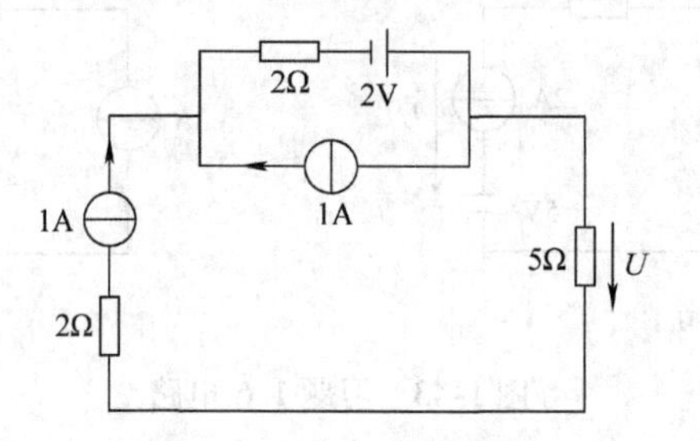

图1-50　习题1.13电路

1.14　如图1-51所示电路，已知 $E=5\text{V}$，$R_1=10\Omega$，$R_2=12\Omega$，$R_3=8\Omega$，求电流 I 的数值。

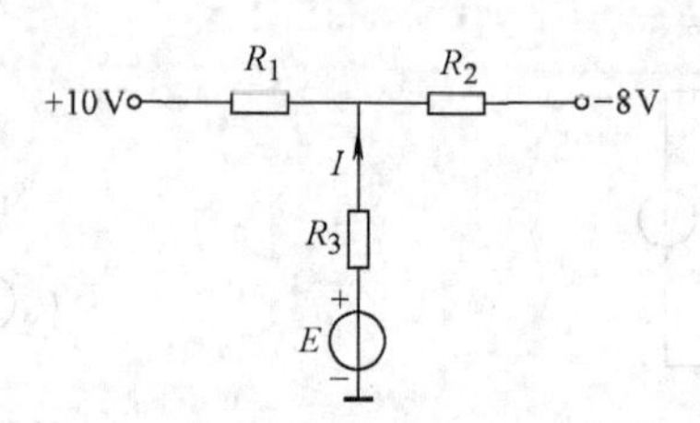

图1-51　习题1.14电路

1.15　如图1-52所示电路，已知 $U=24\text{V}$、$R_1=R_3=2\text{k}\Omega$、$R_2=1\text{k}\Omega$，令电路中的c点为电位参考点，分别求a点及b点的电位，如果在b、c两点之间连接 $R_\text{L}=2\text{k}\Omega$，这时的b点电位又是多少？

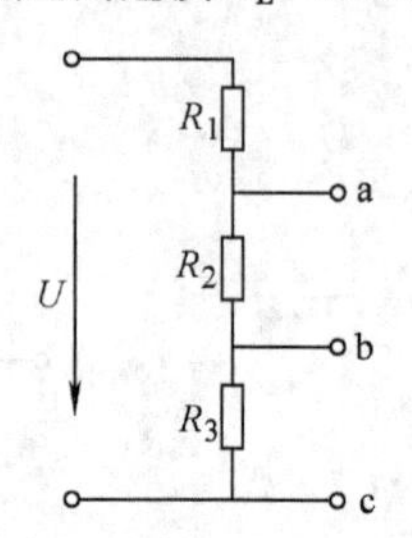

图1-52　习题1.15电路

第 2 章　电路的分析方法

电路分析就是利用电路的基本定律来分析已知结构的电路中的电压与电流等参数，从而了解电路的性能。最简单的电路结构就是单网孔回路，使用欧姆定律就可以进行单网孔电路的电路分析。但是在大多数情况下，电路中的网孔数不止一个，电路中的元件数也较多，这样的多网孔电路称为复杂电路，复杂电路的电路分析需要同时使用基尔霍夫定律和欧姆定律。本章根据不同的电路结构，重点讨论几种常用的电路分析方法，以使电路分析的过程简便、易行。

2.1　支路电流法

支路电流法是电路分析最基本的方法，支路电流法是以各支路电流为未知数，利用基尔霍夫的两个定律列出电路的解题方程，求解出各支路电流数值的方法。使用支路电流法进行电路分析前应在电路图中先标出各支路电流的参考方向及回路电压的绕行方向，如果在标定电压、电流参考方向时选用了关联参考方向标注法，则支路电流标出后可以不标出电阻元件上的电压；如果不使用关联参考方向标注法，则应当标出每个电路元件上电压的参考方向。

如图 2-1 所示为一个两网孔电路，该电路中有三条支路，两个节点，支路电流 I_1、I_2、I_3 的参考方向及回路电压的绕行方向均标在图中，根据 KCL 可以对节点 1 和节点 2 分别列出电路的节点电流方程

对节点 1 有　　　$I_1 + I_2 = I_3$

对节点 2 有　　　$I_3 = I_1 + I_2$

比较两个方程可以看出，在对两节点电路的两个节点均列出 KCL 方程时，两个方程实际上是同一个方程，也就是说，两个方程中有一个是非独立方程，而含有非独立方程的方程组是无解方程组，因此在使用 KCL 列写电路的节点电流方程时，必须去除非独立方程，仅保留独立方程，即节点电流方程是有个数限制的，KCL 独立方程数 = 节点数 - 1。对如图 2-1 所示的两节点电路，KCL 的独立方程数 = 2 - 1 = 1 个，该电路只能列写出一个 KCL 方程。

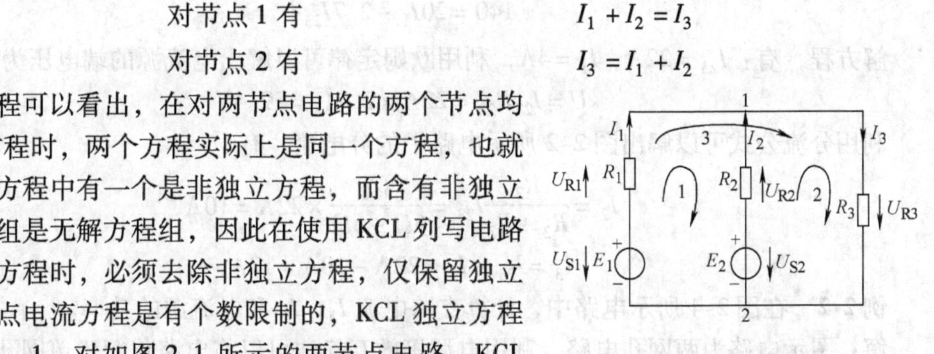

图 2-1　两网孔电路

电路的未知电流数是三个，一个 KCL 方程不能解出三个未知数，所以在电路分析中还需要使用基尔霍夫的回路电压定律。如图 2-1 所示电路有三个回路，根据 KVL 可以对这三个回路分别列出回路电压方程：

对回路 1 有　　　$E_1 - E_2 = I_1R_1 - I_2R_2$　　　(2-1)

对回路 2 有　　　$E_2 = I_2R_2 + I_3R_3$　　　(2-2)

对回路 3 有　　　$E_1 = I_1R_1 + I_3R_3$　　　(2-3)

用式（2-3）减去式（2-2）得到的结果与式（2-1）相同，由此可见，在电路的三个KVL方程中也包含有非独立方程。与节点电流方程的列写方法一样，在列写回路电压方程时也要删去非独立方程，电路的KVL独立方程数=网孔数。如图2-1所示电路有三个回路、两个网孔，KVL允许列写出的方程数只有两个。按照支路电流法解题时能够列写的解题方程数=KCL方程数+KVL方程数=支路数，也就是说电路解题需要的方程数应当与电路的未知支路电流数相等，这就是支路电流法的解题步骤。

例2-1　在图2-2所示电路中，已知 $E=140\text{V}$，$I_S=18\text{A}$，$R_1=20\Omega$，$R_2=6\Omega$，$R_3=5\Omega$，求各支路电流及电流源端电压。

解：先将并联的电阻 R_2 与 R_3 合并为并联等效电阻，有 $R_{23}=R_2//R_3=5\Omega//6\Omega=2.7\Omega$，这样可以将三网孔电路化简为两网孔电路，可以减少支路电流法解题时的KVL方程数，化简后的电路如图2-3所示。再使用支路电流法列写出电路的解题方程，有

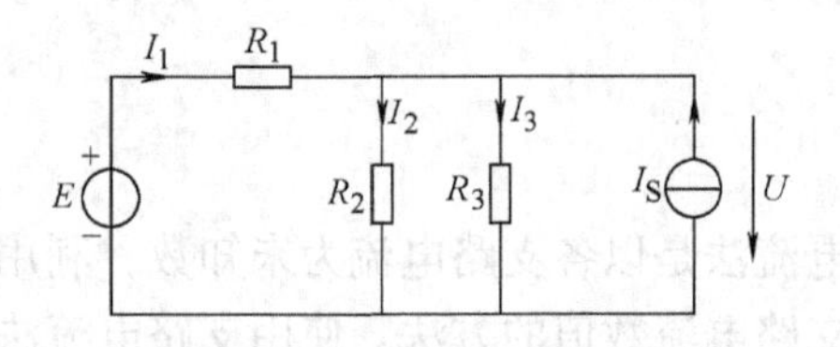

图2-2　例2-1电路

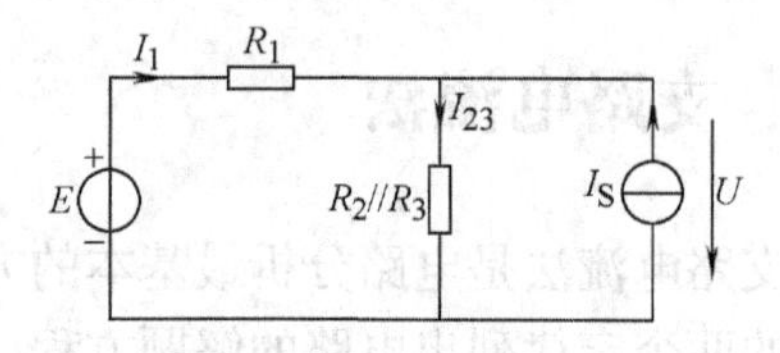

图2-3　电路的化简图

$$\left.\begin{aligned}I_1+I_S&=I_{23}\\E&=I_1R_1+I_{23}R_{23}\end{aligned}\right\}$$

代入已知参数，有

$$\left.\begin{aligned}I_1+18&=I_{23}\\140&=20I_1+2.7I_{23}\end{aligned}\right\}$$

解方程，有：$I_{23}=22\text{A}$、$I_1=4\text{A}$，利用欧姆定律可以解出电流源的端电压为

$$U=I_{23}R_{23}=22\text{A}\times2.7\Omega=59.4\text{V}$$

利用分流公式可以解出图2-2所示电路中的分电流，有

$$I_2=\frac{R_3}{R_2+R_3}I_{23}=\frac{5\Omega}{6\Omega+5\Omega}\times22\text{A}=10\text{A}$$

$$I_3=I_{23}-I_2=22\text{A}-10\text{A}=12\text{A}$$

例2-2　在图2-4所示电路中，计算支路电流 I_1、I_2 和电流源的功率。

解：图示电路为两网孔电路，利用电源等效互换法可以将电路化简为单网孔电路，如图2-5所示，在等效电路中使用欧姆定律就可以求解出支路电流 I_2 和电流源的端电压 U，有

$$I_2=\frac{\sum E}{\sum R}=\frac{4\text{V}+8\text{V}}{1\Omega+3\Omega}=3\text{A}$$

$$U=-8\text{V}+3\Omega\times I_2=-8\text{V}+3\Omega\times3\text{A}=1\text{V}$$

解出电流 I_2 和电流源的端电压 U 后，返回到图2-4所示的电路中，就可以解出支路电流 I_1 和电流源的功率分别为

$$I_1=4\text{A}-I_2=4\text{A}-3\text{A}=1\text{A}$$

$$P=-UI=-1\text{V}\times4\text{A}=-4\text{W}$$

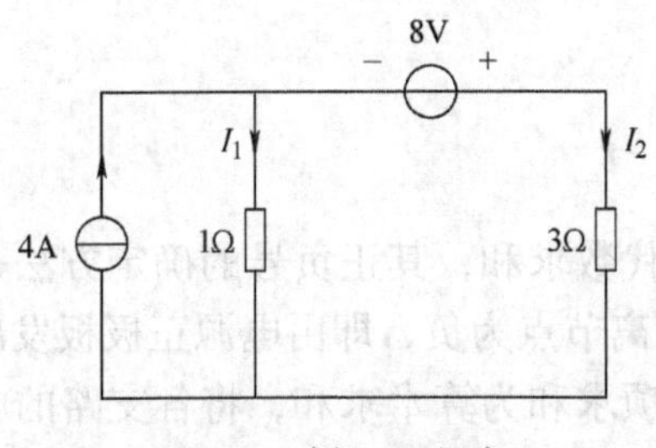

图2-4　例2-2电路

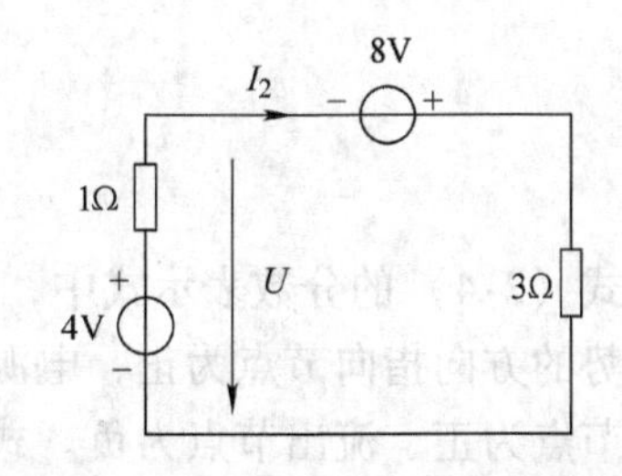

图2-5　例2-2电路的等效电路

2.2　节点电位法

节点电位法是以电路中各节点的电位为未知量，使用节点电位方程求解出电路中各节点的电位，然后再利用欧姆定律求解出电路中其他电参量的解题方法。节点电位法解题仅使用了基尔霍夫定律的KCL方程，由于电路中的节点数恒少于支路数，并且n节点的电路允许列出的KCL方程数为$n-1$，所以节点电位法解题的方程数少于支路电流法解题的方程数。节点电位法应用于支路数较多而节点数较少的电路。

2.2.1　两节点电路

在两节点电路中，电路的各条支路连接在两个公共节点之间，如图2-6所示，各支路电流的参考方向也标在图中，设0节点作为电位参考点，则1节点电位U_{10}的方向如图所示。由于电路中只有两个节点，所以1节点的电位U_{10}也就是两节点之间的电压。由KCL可以列写出1节点的节点电流方程

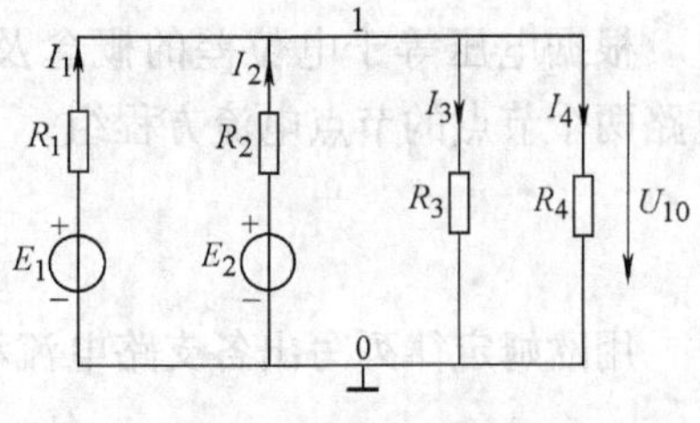

$$I_1+I_2-I_3-I_4=0$$

图2-6　两节点电路

利用欧姆定律列写出各支路电流与1节点电位之间的关系式，有

$$I_1=\frac{E_1-U_{10}}{R_1}\qquad I_2=\frac{E_2-U_{10}}{R_2}\qquad I_3=\frac{U_{10}}{R_3}\qquad I_4=\frac{U_{10}}{R_4}$$

将各支路电流的表示式代入1节点的KCL方程中，有

$$\frac{E_1-U_{10}}{R_1}+\frac{E_2-U_{10}}{R_2}-\frac{U_{10}}{R_3}-\frac{U_{10}}{R_4}=0$$

整理方程，可以得到1节点电位U_{10}的计算公式

$$U_{10}=\frac{\dfrac{E_1}{R_1}+\dfrac{E_2}{R_2}}{\dfrac{1}{R_1}+\dfrac{1}{R_2}+\dfrac{1}{R_3}+\dfrac{1}{R_4}}$$

求解出1节点的电位U_{10}后，利用欧姆定律就可以求解各支路的电流。U_{10}的求解公式仅是图2-6所示电路的节点电位计算公式，推广到任意两节点电路，节点电位法解题公式的通式为

$$U_{10}=\frac{\Sigma\dfrac{E}{R}}{\Sigma\dfrac{1}{R}} \tag{2-4}$$

在式（2-4）的分数表示式中，分子项的求和为代数求和，其正负号的确定方法是：电源电动势的方向指向节点为正，电源电动势的方向背离节点为负，即由电源正极板发出的电流流入节点为正、流出节点为负。式（2-4）的分母项求和为算术求和，将各支路的电阻取倒数相加即可。

在使用节点电位公式时应注意：第一，电路中的多余元件不能出现在节点电位的计算公式中；第二，式（2-4）中的 R 为支路的等效电阻，如果一条支路中连接有多个电阻时，应先将这多个电阻转变为支路的等效电阻，再写入式（2-4）中。

*2.2.2　三节点及三节点以上电路

在三节点电路中，KCL 允许列出的方程数为两个，所以三节点电路的节点电位方程与两节点电路的节点电位公式有较大的不同。如图 2-7 所示为一个三节点电路，电路中各支路的电流参考方向及电位参考点均标在电路图中，这时电路中的 U_{10} 和 U_{20} 仅表示 1 节点与 2 节点的电位。

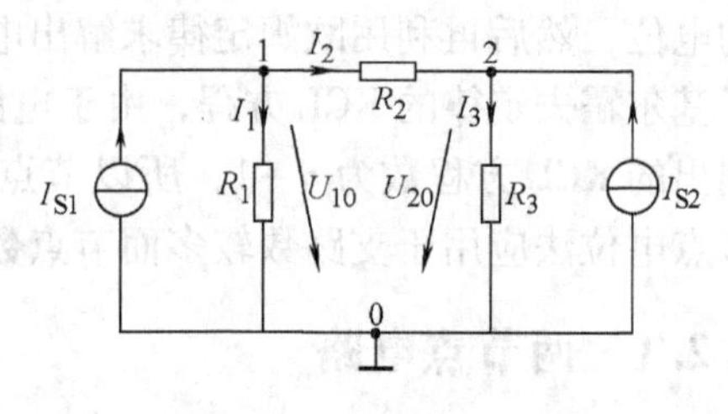

图 2-7　三节点电路

根据电压等于电位差的概念及 KCL 可以列写出电路两个节点的节点电流方程组

$$I_{S1}=I_1+I_2$$
$$I_2+I_{S2}=I_3$$

用欧姆定律列写出各支路电流和节点电位之间的关系式，为

$$I_1=\frac{U_{10}}{R_1}\qquad I_2=\frac{U_{10}-U_{20}}{R_2}\qquad I_3=\frac{U_{20}}{R_3}$$

将各支路电流的表示式代入 KCL 方程组中，有

$$I_{S1}=\frac{U_{10}}{R_1}+\frac{U_{10}-U_{20}}{R_2}$$
$$\frac{U_{10}-U_{20}}{R_2}+I_{S2}=\frac{U_{20}}{R_3}$$

整理方程组得

$$\left(\frac{1}{R_1}+\frac{1}{R_2}\right)U_{10}-\frac{1}{R_2}U_{20}=I_{S1}$$
$$-\frac{1}{R_2}U_{10}+\left(\frac{1}{R_2}+\frac{1}{R_3}\right)U_{20}=I_{S2}$$

上述方程组即为图 2-7 所示电路的节点电位方程组，求解方程组可以得到电路中两个节点的电位 U_{10} 与 U_{20}，再使用欧姆定律就可以计算出各支路的电流。在节点电位法解题时，对解题方程中的参数做出规定：

本导（G_{11}、G_{22}）——与节点相连接的所有电导称为节点的本导，G_{11} 表示 1 节点的本导，G_{22}表示2节点的本导。在电路中所有的本导均为正数。

互导（G_{12}、G_{21}）——两节点之间连接的所有电导称为互导，G_{12}表示1节点与2节点之间的互导，G_{21}表示2节点与1节点之间的互导，由于两节点之间的电导数值相同，所以互导G_{12}与G_{21}的数值也相同。在电路中所有的互导均为负数。

$\sum I_{S11}$、$\sum I_{S22}$——$\sum I_{S11}$与$\sum I_{S22}$分别表示流过1节点与流过2节点的电源发出电流的代数和，在列写节点电位方程时，对与节点相连接的电源发出的电流取流入节点为正，流出节点为负。

做了上述规定后，三节点电路节点电位方程的通式为

$$\left.\begin{aligned}G_{11}U_{10}+G_{12}U_{20}&=\sum I_{S11}\\G_{21}U_{10}+G_{22}U_{20}&=\sum I_{S22}\end{aligned}\right\}\tag{2-5}$$

以此类推，可以列写出四节点电路节点电位方程的通式为

$$\left.\begin{aligned}G_{11}U_{10}+G_{12}U_{20}+G_{13}U_{30}&=\sum I_{S11}\\G_{21}U_{10}+G_{22}U_{20}+G_{23}U_{30}&=\sum I_{S22}\\G_{31}U_{10}+G_{32}U_{20}+G_{33}U_{30}&=\sum I_{S33}\end{aligned}\right\}$$

同样，两节点电路的节点电位的通式也可以改写为

$$G_{11}U_{10}=\sum I_{S11}$$

有了节点电位方程的通式，就可以直接利用通式列写出图2-7所示电路的节点电位方程，其中电路的

本导　$G_{11}=\dfrac{1}{R_1}+\dfrac{1}{R_2}$　$G_{22}=\dfrac{1}{R_2}+\dfrac{1}{R_3}$

互导　$G_{12}=-\dfrac{1}{R_2}$　$G_{21}=-\dfrac{1}{R_2}$

电源发出电流的代数和　$\sum I_{S11}=I_{S1}$　$\sum I_{S22}=I_{S2}$

将上述各项参数代入三节点电路的节点电位通式，可以直接得到图2-7所示电路的节点电位方程组，有

$$\left(\frac{1}{R_1}+\frac{1}{R_2}\right)U_{10}-\frac{1}{R_2}U_{20}=I_{S1}$$

$$-\frac{1}{R_2}U_{10}+\left(\frac{1}{R_2}+\frac{1}{R_3}\right)U_{20}=I_{S2}$$

例2-3　电路如图2-8所示，求解5Ω电阻中的电流。

解：电路为两节点电路，令电路结构的下方节点为参考节点，电路的节点电位公式为

$$U_{10}=\frac{\dfrac{20\text{V}}{4\Omega}+6\text{A}}{\dfrac{1}{4\Omega}+\dfrac{1}{2\Omega}+\dfrac{1}{1\Omega+5\Omega}}=12\text{V}$$

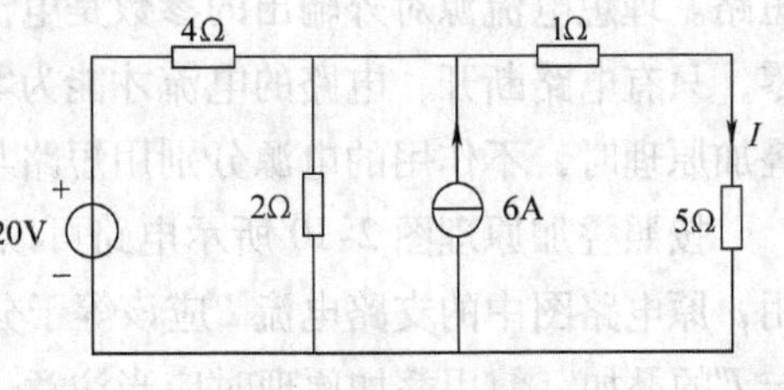

图2-8　例2-3电路

5Ω电阻中的电流为

$$I=\frac{U_{10}}{1\Omega+5\Omega}=\frac{12\text{V}}{1\Omega+5\Omega}=2\text{A}$$

例 2-4　列出如图 2-9 所示电路的节点电位方程。

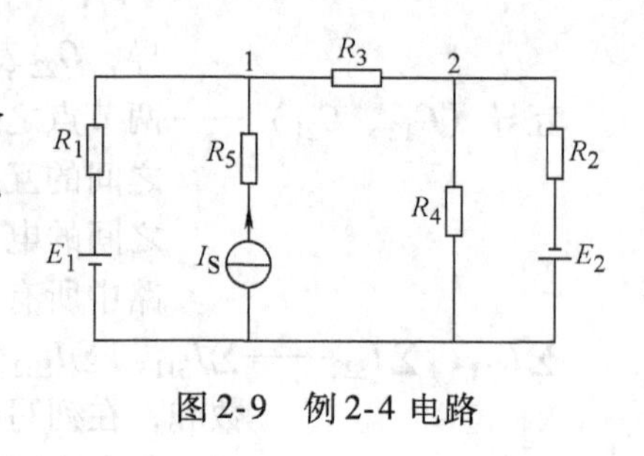

图 2-9　例 2-4 电路

解：在图示电路中与电流源串联的电阻 R_5 是多余元件，列写节点电位方程时应当去除。图示三节点电路的节点电位方程为

$$\left(\frac{1}{R_1}+\frac{1}{R_3}\right)U_{10}-\frac{1}{R_3}U_{20}=\frac{E_1}{R_1}+I_S$$

$$-\frac{1}{R_3}U_{10}+\left(\frac{1}{R_2}+\frac{1}{R_3}+\frac{1}{R_4}\right)U_{20}=-\frac{E_2}{R_2}$$

2.3　叠加原理

在线性电路中，当电路中有多个电源共同作用时，任意一条支路的电流都可以看作是由单个电源单独作用而其他电源均不作用时在该支路所产生的电流的代数和，线性电路的这一特性称为叠加原理。叠加原理可以用图 2-10 来表示，其中图 a 为有多个电源作用的原电路，图 b 与图 c 为原电路的叠加原理分解图，在每个分解图中只保留了一个电源，其他电源使其不作用。这样，利用叠加原理就可以将一个多网孔的复杂电路拆分为多个单一电源作用的简单电路。对于单一电源作用的简单电路，利用电阻的串并联公式、欧姆定律、分压公式和分流公式可以很快地求解出电路的电压与电流。叠加原理简化了电路的分析过程。

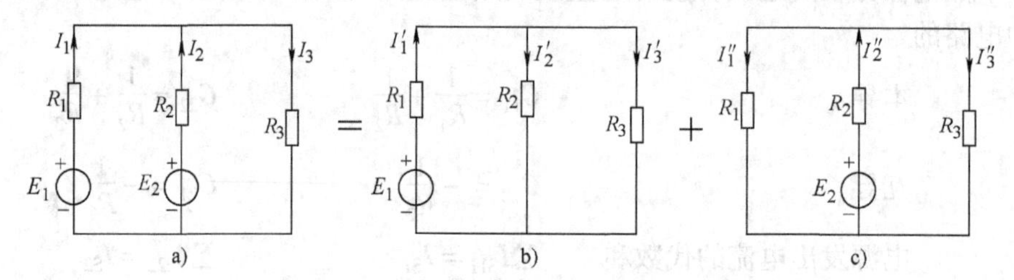

图 2-10　叠加原理示意图

a）原电路图　b）E_1 单独作用　c）E_2 单独作用

叠加原理中的电源不作用是指电源对电路的影响为零，具体讲就是电源对外电路输出的参数等于零。理想电压源对外输出的参数是电压源的端电压 U_S，如果要求电压源对外输出电压 U_S 为零，即要求电压源的正、负极板等电位，由此得到理想电压源不作用是将电压源短路。理想电流源对外输出的参数是电流源发出的电流 I_S，如果要求电流源对外输出电流为零，只有电路断开，电路的电流才能为零，所以理想电流源不作用是将电流源断路。在应用叠加原理时，不作用的电源分别用短路与断路来替代，但是电源的内阻均应保留。

按照叠加原理图 2-10 所示电路可以拆分为两个分解图，每个分解图中只有一个电源作用，原电路图中的支路电流 I 应该等于分解图中电源单独作用时在该支路产生的电流分量 I' 与 I'' 的叠加。使用叠加原理时应当注意，各分量的叠加求和是代数求和，当分量的方向与原电路图中电参量的方向一致时，该分量应取正号；分量的方向与原电路图中电参量的方向相反时，该分量应取负号。图 2-10 所示电路的叠加公式为

$$I_1 = I_1' - I_1''$$
$$I_2 = -I_2' + I_2''$$
$$I_3 = I_3' + I_3''$$

叠加原理表示了线性电路的叠加性，在非线性电路中，叠加原理不成立。叠加原理可以应用于电路中电压、电流的求解，但是电路中的功率不能使用叠加原理求解，因为功率等于电流的二次方与电阻的乘积，如果直接由分解图求解功率的分量再叠加将会得到错误的答案，即

$$P = I^2R = (I' + I'')^2R = (I'^2 + 2I'I'' + I''^2)R \neq I'^2R + I''^2R$$

例 2-5　电路如图 2-11 所示，已知 $E_1 = 8\text{V}$，$E_2 = 2\text{V}$，$I_S = 1\text{A}$，$R_1 = 6\Omega$，$R_2 = 2\Omega$，$R_3 = 4\Omega$ 应用叠加原理求解各支路电流。

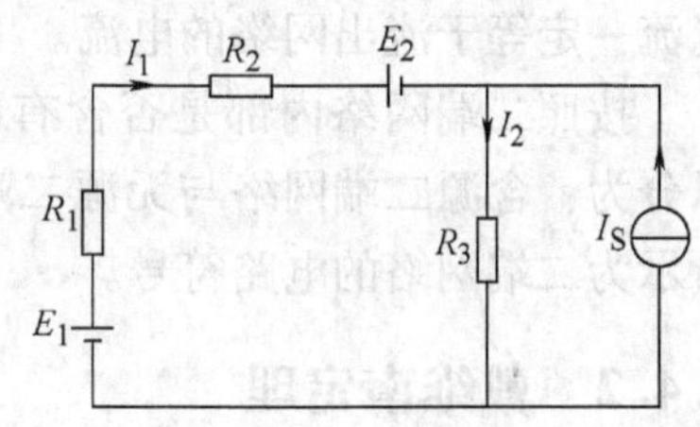

图 2-11　例 2-5 电路

解：按照叠加原理，原电路可以拆分为单个电源作用时的电路图，如图 2-12b、c 所示，每个分解图中只包含一个电源，在图 b 中有

$$I_1' = I_2' = \frac{E_1 - E_2}{R_1 + R_2 + R_3} = \frac{8\text{V} - 2\text{V}}{6\Omega + 2\Omega + 4\Omega} = 0.5\text{A}$$

在图 c 中有

$$I_1'' = \frac{R_3}{R_1 + R_2 + R_3}I_S = \frac{4\Omega}{6\Omega + 2\Omega + 4\Omega} \times 1\text{A} = 0.33\text{A}$$

$$I_2'' = \frac{R_1 + R_2}{R_1 + R_2 + R_3}I_S = \frac{6\Omega + 2\Omega}{6\Omega + 2\Omega + 4\Omega} \times 1\text{A} = 0.67\text{A}$$

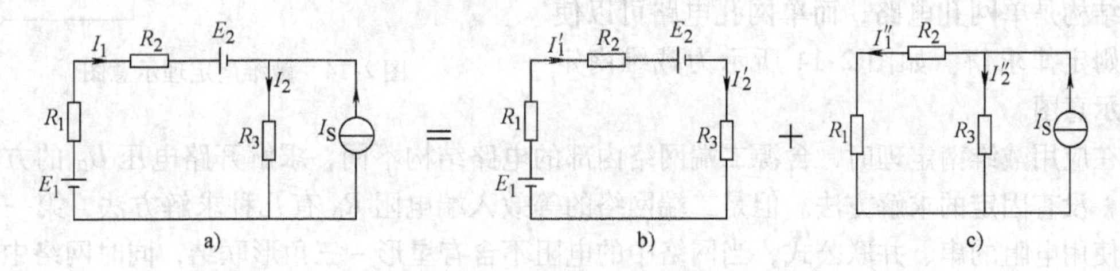

图 2-12　叠加原理等效电路

a) 原电路图　b) E_1、E_2 作用　c) I_S 作用

当求解得到电流的两个分量后，可以按照叠加原理计算电流

$$I_1 = I_1' - I_1'' = 0.5\text{A} - 0.33\text{A} = 0.17\text{A}$$
$$I_2 = I_2' + I_2'' = 0.5\text{A} + 0.67\text{A} = 1.17\text{A}$$

2.4　等效电源定理

等效电源定理包含了两个定理：戴维南定理与诺顿定理，不论是戴维南定理还是诺顿定理，都是应用于复杂电路的等效化简。由于等效化简后的电路模型均为实际电源模型，所以戴维南定理与诺顿定理通称为等效电源定理。

2.4.1　二端网络

等效电源定理应用的对象是二端网络，具有两个输出端与外电路相连接，不论其内部结构如何，均称为二端网络。由于二端网络的两个输出端构成了一个端口，所以二端网络也称为一端口网络。二端网络的定义不涉及网络的内部结构，所以二端网络可以是含有多个电阻与电源的复杂电路，也可以是元件数较少的简单电路，最简单的二端网络中只包含一个电阻元件。不管网络内部结构如何，网络一定有两个接线端与外电路相联，而且在网络端口处流入网络的电流一定等于流出网络的电流。

按照二端网络内部是否含有电源，二端网络可以分为：含源二端网络与无源二端网络，如图2-13所示为二端网络的电路符号。

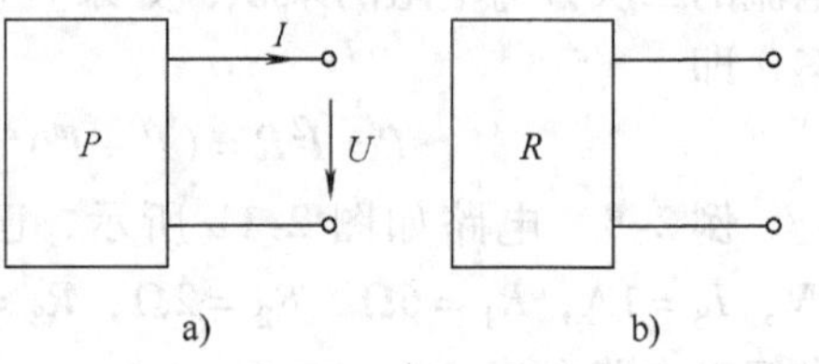

图2-13　二端网络的电路符号
a）含源二端网络　b）无源二端网络

2.4.2　戴维南定理

戴维南定理：任何一个线性含源二端网络，对外电路而言均可以用一个含源支路等效替代，该含源支路的电压源电动势等于含源二端网络端口处的开路电压 U_0，该含源支路串联的电阻等于将含源二端网络转换为无源二端网络后，在网络端口处的等效入端电阻 R_0。戴维南定理实际上描述了一种线性电路的等效化简方法，其可以将任何一个复杂的线性电路等效化简为一个含源支路，该含源支路与外电路连接的结构是单网孔电路，而单网孔电路可以使用欧姆定律求解。如图2-14所示为戴维南定理的示意图。

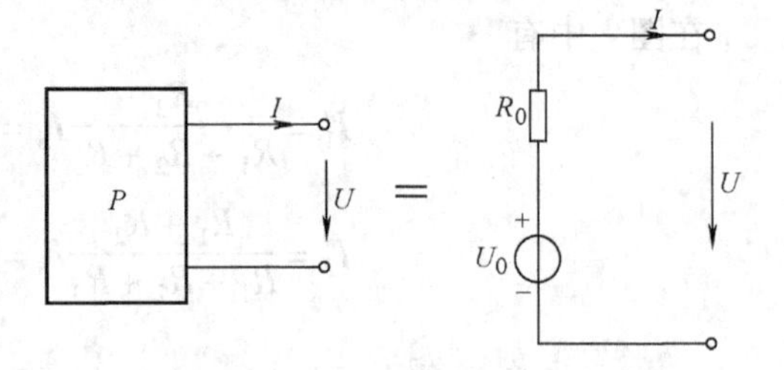

图2-14　戴维南定理示意图

在应用戴维南定理时，含源二端网络内部的电路结构不同，求解开路电压 U_0 的方法就不同，没有固定的求解方法。但是二端网络的等效入端电阻 R_0 有几种求解方法，第一种方法是使用电阻的串、并联公式，当网络中的电阻不含有星形－三角形联结，同时网络中没有受控源时，电阻的串、并联公式可以很快求解出网络的等效入端电阻。第二种方法是外加电压法，当网络中的电阻含有星形－三角形联结，或网络中含有受控源时，可以在网络端口处假设一个外加电压 U，在外加电压 U 作用下，网络端口处有电流 I 流入，利用基尔霍夫定律，写出网络端口处电压－电流的关系式（KVL方程），则网络的入端电阻 R_0 就等于网络端口处的外加电压与外加电压作用下流入网络端口处电流的比值，即

$$R_0=\frac{U}{I} \tag{2-6}$$

第三种方法是在已知含源二端网络的开路电压 U_0 及含源二端网络的短路电流 I_{SC} 时，网络的等效入端电阻 R_0 等于开路电压 U_0 与短路电流 I_{SC} 的比值，即

$$R_0=\frac{U_0}{I_{SC}} \tag{2-7}$$

在进行电路的等效化简时，应注意等效是对外不对内。等效对外的含义是指化简前与化

简后的电路对外电路而言效应完全相同，等效不对内的含义是指化简前与化简后的二端网络内部电路结构并不相同，不能使用化简后的电路计算化简前二端网络内部电路的参数。这也就是说电路中的被求参数应当位于二端网络的外电路，需要求解哪个元件上的电参数，就把哪个元件放在二端网络的外电路，这个元件所在的支路保持原状，不参与任何等效变换。在保持被求参数支路不变后，电路的其余部分则可以应用戴维南定理进行等效化简，化简后的电路对被求参数支路来说是完全等效的。

例 2-6　在如图 2-15 所示电路中，已知，$E_1=10\text{V}$，$E_2=2\text{V}$，$E_3=4\text{V}$，$E_4=2\text{V}$，$I_{S1}=2\text{A}$，$I_{S2}=1\text{A}$，$I_{S3}=3\text{A}$，$R_1=4\Omega$，$R_2=2\Omega$，$R_3=R_4=1\Omega$，$R_5=8\Omega$，使用戴维南定理求解电路中的电流 I。

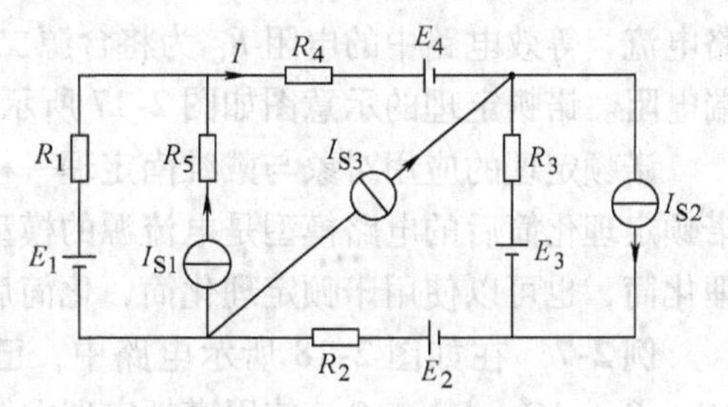

图 2-15　例 2-6 电路

解：首先将被求参数支路断开（实际求解时可以用 × 标出支路断开的位置），去除被求参数支路的含源一端口网络，如图 2-16a 所示，由于图中的 a、b 两点之间是断开状态，所以左侧的单网孔回路与右侧的两网孔回路分别独立，电路的开路电压为

$$
\begin{aligned}
U_0 &= I_{S1}R_1 + E_1 - I_{S3}R_2 + E_2 - E_3 - (I_{S3} - I_{S2})R_3 \\
&= 2\text{A}\times 4\Omega + 10\text{V} - 3\text{A}\times 2\Omega + 2\text{V} - 4\text{V} - (3\text{A} - 1\text{A})\times 1\Omega = 8\text{V}
\end{aligned}
$$

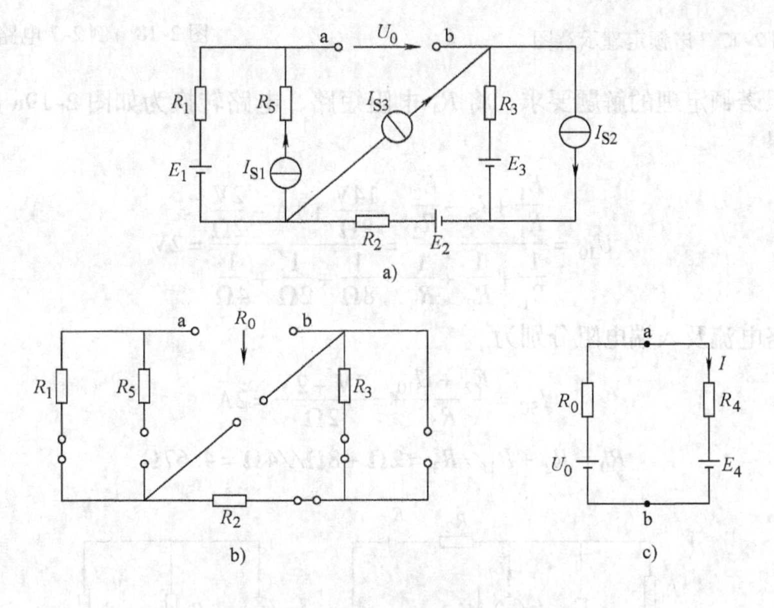

图 2-16　戴维南定理解题分解图

a）开路电压求解图　b）入端电阻求解图　c）戴维南等效电路图

使图 a 所示电路中的电源不作用，无源二端网络的电路结构如图 b 所示，电路的入端电阻为

$$R_0 = R_1 + R_2 + R_3 = 4\Omega + 2\Omega + 1\Omega = 7\Omega$$

根据求解得到的开路电压 U_0 与入端电阻 R_0 可以画出原电路的戴维南等效电路，如图 c 所示，电路中的电流为

$$I=\frac{U_0-E_4}{R_0+R_4}=\frac{8\text{V}-2\text{V}}{7\Omega+1\Omega}=0.75\text{A}$$

*2.4.3 诺顿定理

诺顿定理：任何一个线性含源二端网络均可以用一个发出电流为 I_{SC} 的理想电流源与一个阻值是 R_0 的电阻的并联模型来等效替代，等效电路中的 I_{SC} 为含源二端网络在端口处的短路电流，等效电路中的电阻 R_0 为将含源二端网络转换为无源网络后在网络端口处的等效入端电阻。诺顿定理的示意图如图 2-17 所示。

诺顿定理的应用对象与戴维南定理一样是含源二端网络，与戴维南定理不同的是，使用诺顿定理化简后的电路模型是电流源的模型。任何一个线性含源二端网络可以使用戴维南定理化简，也可以使用诺顿定理化简，化简后的两种电路模型对外电路而言均为等效电路。

例 2-7 在如图 2-18 所示电路中，已知 $E_1=14\text{V}$，$E_2=2\text{V}$，$I_S=1\text{A}$，$R_1=8\Omega$，$R_2=2\Omega$，$R_3=4\Omega$，$R_4=1\Omega$，使用诺顿定理求解电流 I。

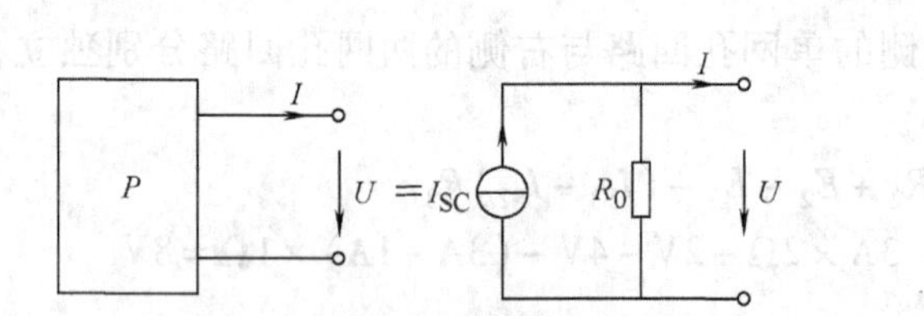

图 2-17 诺顿定理示意图

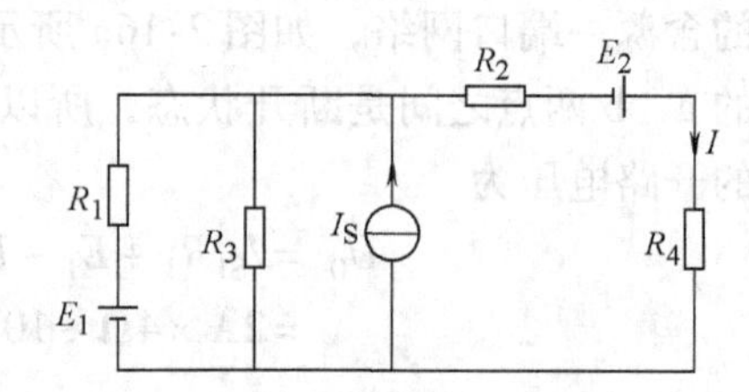

图 2-18 例 2-7 电路

解：按照诺顿定理的解题要求，将 R_4 电阻短路，电路转换为如图 2-19a 所示，由节点电位公式可得

$$U_{10}=\frac{\frac{E_1}{R_1}+I_S-\frac{E_2}{R_2}}{\frac{1}{R_1}+\frac{1}{R_2}+\frac{1}{R_3}}=\frac{\frac{14\text{V}}{8\Omega}+1\text{A}-\frac{2\text{V}}{2\Omega}}{\frac{1}{8\Omega}+\frac{1}{2\Omega}+\frac{1}{4\Omega}}=2\text{V}$$

则电路的短路电流及入端电阻分别为

$$I_{SC}=\frac{E_2+U_{10}}{R_2}=\frac{2\text{V}+2\text{V}}{2\Omega}=2\text{A}$$

$$R_0=R_2+R_1//R_3=2\Omega+8\Omega//4\Omega=4.67\Omega$$

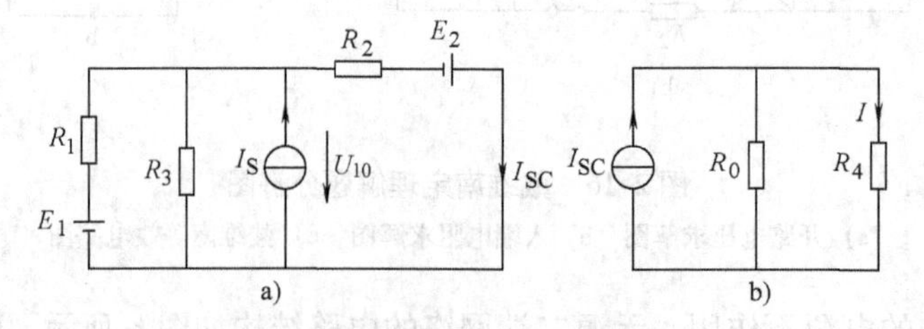

图 2-19 应用诺顿定理化简电路

a）短路电流求解图 b）诺顿定理等效电路图

求解出短路电流 I_{SC} 及入端电阻 R_0 后，诺顿等效电路如图2-19b所示，使用分流公式可以解出

$$I=\frac{R_0}{R_0+R_4}I_{SC}=\frac{4.67\Omega}{4.67\Omega+1\Omega}\times 2A=1.65A$$

*2.5　含受控源电路的分析

电源的输出参数仅由电源的制造工艺决定，与电源所在电路没有关系，这种电源称为独立源；电源的输出参数不仅与制造工艺有关还受电路中其他支路电参数的控制，这种电源称为受控源。根据受控源的定义可知，受控源输出的电压或电流不仅与受控源的制造工艺有关，同时还受电路中其他支路的电压或电流的控制。

受控源的电路符号是菱形符号，如图2-20所示，控制受控源输出的电路参数称为受控源的控制量，由于受控源有受控电压源和受控电流源两种，控制量也有电压与电流两种，所以按照电源类型和控制量的种类可以将受控源分为四类，分别是电压控制电压源（VCVS）、电压控制电流源（VCCS）、电流控制电压源（CCVS）和电流控制电流源（CCCS）。如图2-21所示为这四种受控源的电路符号，其中受控源输出参数中的 μ 和 β 为电压放大倍数与电流放大倍数，μ 参数和 β 参数本身无单位；g 为转移电导，单位是西门子（S）；r 为转移电阻，单位是欧姆（Ω），这几个参数均为常数项，其数值大小由受控源的制造工艺决定。

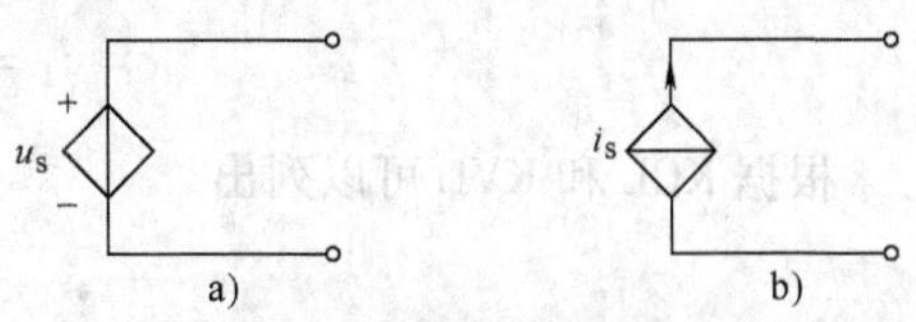

图2-20　受控源的电路符号

a）受控电压源　b）受控电流源

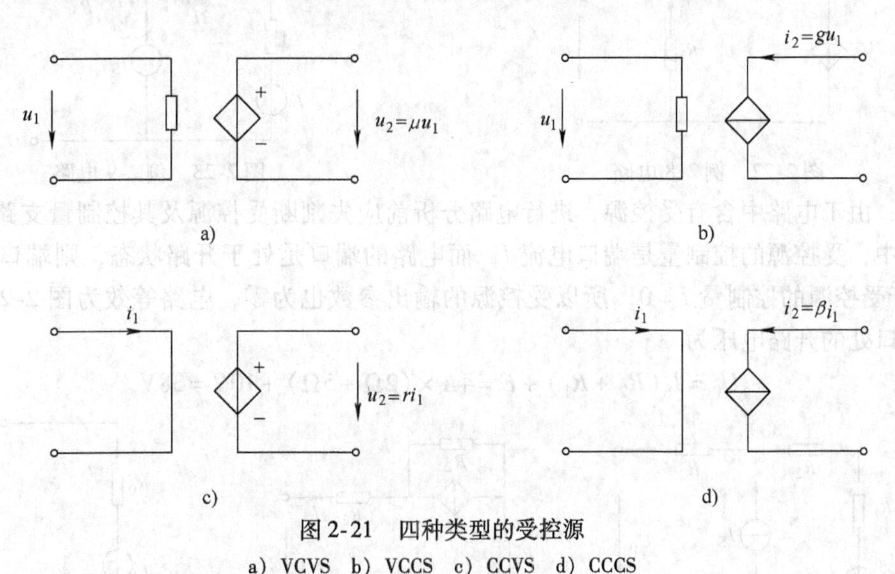

图2-21　四种类型的受控源

a）VCVS　b）VCCS　c）CCVS　d）CCCS

受控源的输出参数受控制量的控制，当控制量的数值增大时，受控源的输出量也随之增大；当控制量的数值减小时，受控源的输出量也随之减小；当控制量为零时，受控源的输出量也为零；当控制量改换方向时，受控源输出量的方向也随之改换。受控源与控制量之间的关系表示，在电路中只要受控源的控制量存在，受控源就必定存在，如果受控源的控制量消

失，受控源将随之消失。由于受控源的这一特性，在进行电路化简时，应当保留受控源的控制量支路，即受控源的控制量支路不参与电路的等效化简。由于受控源的输出参数受电路中控制量的控制，所以当电路中的电源不作用时，独立源可以消除，受控源应当保留，进行电路分析时不能简单地将受控源短路或断路，只有当受控源的控制量为零时，受控源对电路的影响才能消除。

受控源也是电源，同样也能对外输出电能。受控源也可以进行电源的等效互换，受控电压源可以等效转换为受控电流源，受控电流源也可以等效转换为受控电压源，在进行电路的分析时，受控源与独立源按照相同方式对待。

例 2-8 如图 2-22 所示电路，已知 $R_1=10\Omega$，$R_2=11\Omega$，$U_S=5I_1$，$U=10V$，试求网络端口处的电流 I。

解：由于电阻 R_1 与端电压 U 并联，所以有

$$I_1=\frac{U}{R_1}=\frac{10V}{10\Omega}=1A$$

根据 KCL 和 KVL 可以列出

$$I=I_1+I_2$$

$$U=I_2R_2+U_S=11\Omega\times I_2+5\Omega\times I_1$$

代入 $I_1=1A$、$U=10V$，可以解出 $I_2=0.45A$、$I=1.45A$。

例 2-9 如图 2-23 所示电路，已知 $E=10V$，$I_S=4A$，$R_1=5\Omega$，$R_2=2\Omega$，$R_3=3\Omega$，求解电路的戴维南等效电路。

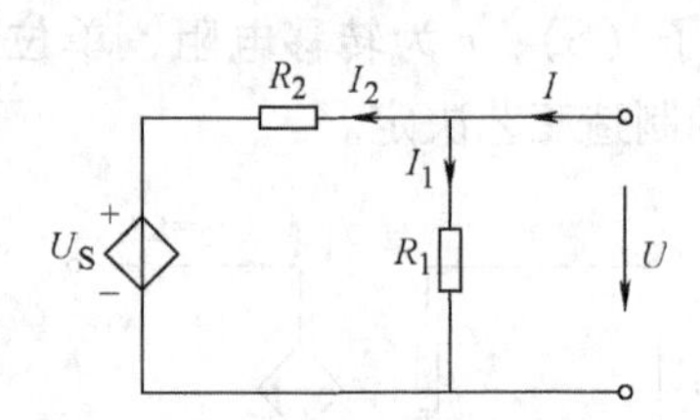

图 2-22 例 2-8 电路

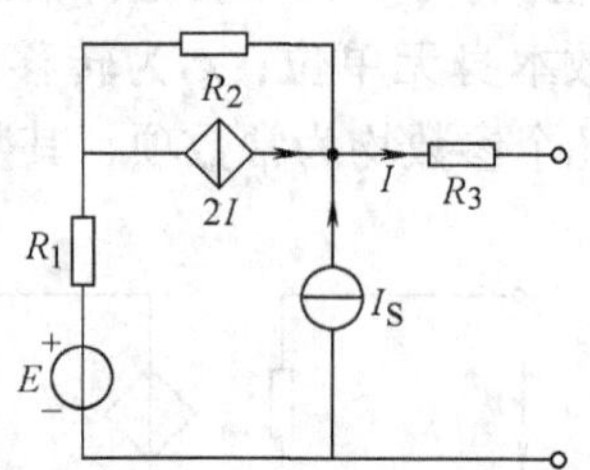

图 2-23 例 2-9 电路

解：由于电路中含有受控源，进行电路分析前应先判断受控源及其控制量支路的状态。在电路中，受控源的控制量是端口电流 I，而电路的端口是处于开路状态，则端口电流 $I=0$。由于受控源的控制量 $I=0$，所以受控源的输出参数也为零，电路等效为图 2-24a 所示，电路端口处的开路电压为

$$U_0=I_S(R_2+R_1)+E=4A\times(2\Omega+5\Omega)+10V=38V$$

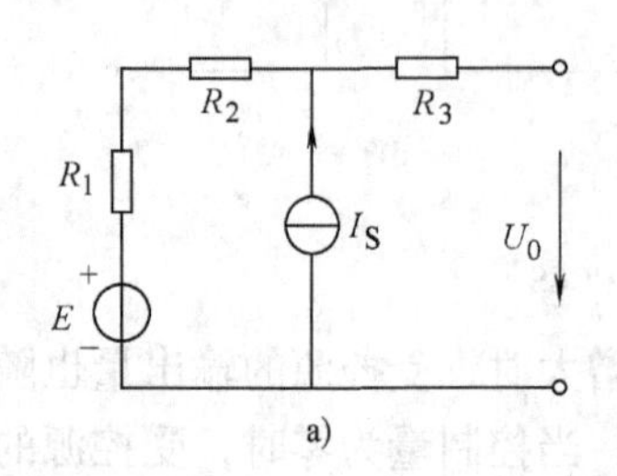

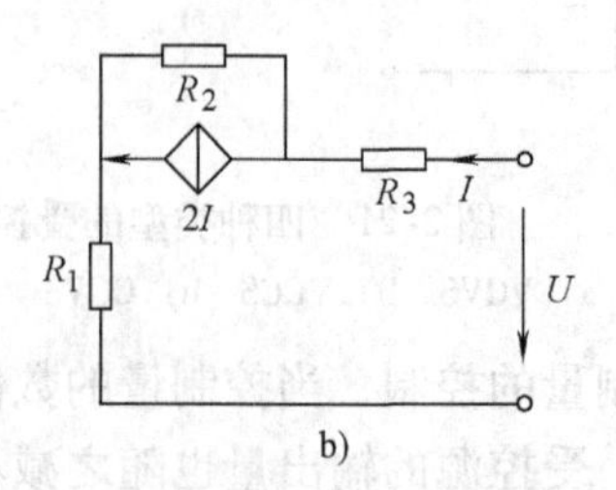

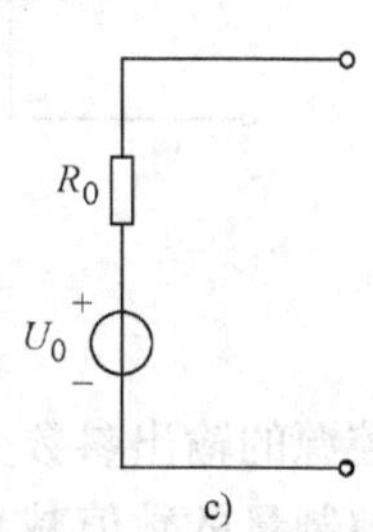

图 2-24 戴维南等效化简过程

a）开路电压求解图 b）入端电阻求解图 c）戴维南等效电路图

在计算电路的等效入端电阻时，电路中的独立源 E 短路，I_S 开路，受控源保留，电路如图 2-24b 所示。由于电路中存在受控源，所以不能使用电阻的串并联公式求解网络的入端电阻，通常使用的求解方法是外加电压法。设在图 b 的端口处施加外加电压 U，在外加电压 U 的作用下，流入端口的电流为 I。电路端口的电流 I 也是受控源的控制量，图 b 所示的端口电流与原电路图中的端口电流方向相反，则电路中受控源输出参数的方向也将跟随控制量方向的改变而改变，这样电路的 KVL 方程为

$$U = IR_3 - IR_2 + IR_1 = I(3-2+5) = 6I$$

电路的入端电阻为

$$R_0 = \frac{U}{I} = \frac{6I}{I} = 6\Omega$$

原电路的戴维南等效电路如图 2-24c 所示。

*2.6　非线性电阻电路

含有非线性电阻元件的电路就称为非线性电阻电路。非线性电阻的阻值是不定值，其阻值大小是由该电阻两端所施加的电压与电阻中流过电流的数值大小来决定的，只要非线性电阻上的电压与其中流过的电流发生变化，非线性电阻的阻值就同时发生变化。由于非线性电阻的特殊性，使得欧姆定律在非线性电阻电路中不成立，所以非线性电阻电路的分析方法为图解法。

非线性电阻在电路中不仅受自身伏 - 安特性的约束，同时也受基尔霍夫定律的约束，用作图的方式将非线性电阻电路的回路电压方程叠画在非线性电阻的伏 - 安特性曲线上。非线性电阻既要满足自身的伏 - 安特性，又要满足 KVL 方程，这表示非线性电阻的电压与电流既在其伏 - 安特性上，又在电路的 KVL 直线上，则这两条线的交点处即为非线性电阻的工作点。由非线性电阻的工作点分别向特性曲线的电压轴与电流轴投影，就可以确定非线性电阻上的电压与流过非线性电阻中的电流数值，这就是图解法分析非线性电阻电路的分析步骤。

例 2-10　如图 2-25 所示电路，已知电路的结构及非线性电阻的伏 - 安特性，求解非线性电阻中的电流 I。

解：在图示电路中，非线性电阻 R 上的电压为

$$U = E - IR_0$$

上式也是非线性电阻电路的回路电压方程，非线性电阻 R 在电路中必须满足这个方程，用两点式作图方式将 KVL 方程叠画在非线性电阻的伏 - 安特性曲线中。

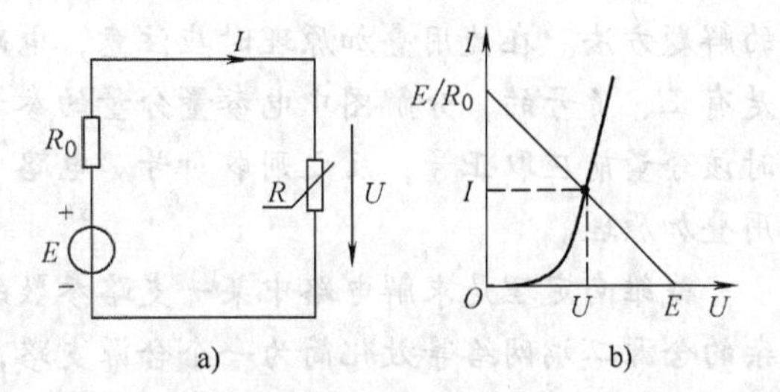

图 2-25　例 2-10 电路
a）电路结构　b）非线性电阻的伏 - 安特性

令 $I=0$　由 KVL 方程得：$U=E$　　电路的空载点坐标（E、0）

令 $U=0$　由 KVL 方程得：$I=\frac{E}{R_0}$　电路的短路点坐标（0、$\frac{E}{R_0}$）

根据上述两点坐标可以将KVL方程叠画在非线性电阻的特性曲线上，图中两线的交点处即为非线性电阻的工作点，由工作点分别向两个坐标轴投影，就可以得到非线性电阻 R 上的电压 U 与非线性电阻中流过的电流 I 的数值。

本章小结

本章介绍了几种常见的电路分析方法，在所有的电路分析方法中，支路电流法是最基本的解题方法。支路电流法是直接应用基尔霍夫的两个定律，列写出电路的KCL和KVL解题方程组，求解出电路各支路的电流。支路电流法简单、直观，方程的列写比较容易掌握。在使用支路电流法解题时应注意，KCL方程数=节点数-1，KVL方程数=网孔数，而支路电流方程组中的方程数=支路数，在列写解题方程组时，需要注意相应方程的个数。虽然支路电流法易于掌握，但是当电路中支路数比较多的时候，解题所需方程组中的方程数就比较多，这样的方程组求解就比较容易出错，这时支路电流法就不是该电路的最简解题方法。当电路中包含有电流源时，由于电流源发出的电流是已知数，所以含电流源的支路电流就也成为已知数，则电路中电流源的个数越多，已知的支路电流数就越多，解题方程组中的方程数就越少，这时使用支路电流法解题速度比较快。若电路中含有受控源，由于含受控源电路的分析相对复杂，并且在解题时常常需要附加方程，这时使用支路电流法解题也是一个比较合适的选择。

节点电位法解题实际上是公式法解题，在两节点电路中，使用节点电位公式和欧姆定律可以比较快地求解出电路中的电压与电流。但是在三节点或三节点以上的电路分析中，节点电位法需要列写出电路的节点电位方程组，电路的节点数越多，方程组中的方程数也就越多，所以当电路中的节点数较多时，节点电位法解题并不一定是最简解题方法。在应用节点电位法解题时需要注意，在节点电位方程中不能列入多余元件，凡是与理想电压源并联的电阻、与理想电流源串联的电阻均应删除。

叠加原理可以将多个电源共同作用的复杂电路简化为单个电源作用的简单电路，简化后电路的求解不需要求解方程组，使用欧姆定律与分压、分流公式即可，所以叠加原理是常用的解题方法。在使用叠加原理时应注意，电路参数的叠加是代数叠加，各电参量分量的前面是有正、负号的，分解图中电参量分量的参考方向与原图中的电参量的参考方向一致，叠加时该分量前应取正号，反之则取负号。电路中的功率参数不是线性参数，功率的计算不能使用叠加原理。

戴维南定理是求解电路中某一支路参数的常用解题方法，戴维南定理可以将任何一个复杂的含源二端网络等效化简为一个含源支路，化简后的含源支路与被求参数支路构成了一个单网孔回路（也称为戴维南等效电路），这时电路求解使用的解题方法是欧姆定律。在使用戴维南定理时应注意，电路的等效是指对外电路等效，对内电路并不等效，所以被求参数支路应放在外电路，被求参数支路不能参与电路的等效变换。如果电路结构使得电路的开路电压求解比较困难，戴维南定理就不是最简解题方法。含受控源电路的分析方法与独立源电路的分析方法是一样的，受控源电压源与受控电流源可以相互转换，受控源可以单独作用于电路，在电源不作用时，不能直接令受控源不作用，受控源是否不作用取决于受控源的控制量是否为零。

在本章介绍的电路分析方法中，支路电流法、节点电位法、叠加原理可以用来求解电路各支路电流，而戴维南定理、诺顿定理与电源等效互换法是求解电路中某一条支路参数的解题方法，在进行电路分析时可以根据电路的具体结构及解题要求选择合适的解题方法。

习　题　2

2.1　如图2-26所示电路，已知$R_1=60\Omega$、$R_2=20\Omega$、$R_3=40\Omega$、$E_1=80\text{V}$、$E_2=40\text{V}$、$E_3=20\text{V}$，求解R_2电阻两端的电压U。

2.2　如图2-27所示电路，已知$E=4\text{V}$，$I_S=2\text{A}$，$R_1=R_2=4\Omega$，$R_3=6\Omega$，$R_4=2\Omega$，用电源等效变换方法求解电路中的电流I。

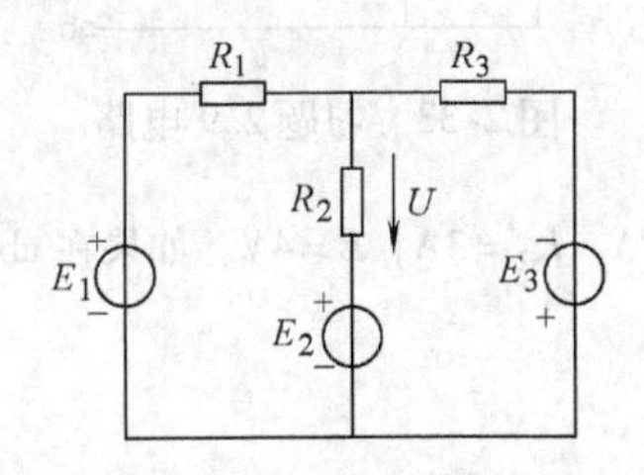

图2-26　习题2.1

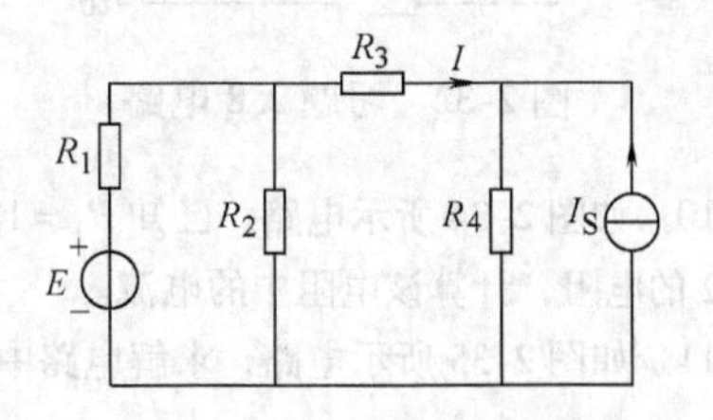

图2-27　习题2.2电路

2.3　如图2-28所示电路，求解电路中的电流I。

2.4　如图2-29所示电路，已知$R_1=10\Omega$、$R_2=5\Omega$、$R_3=15\Omega$、$E_1=12\text{V}$、$E_2=5\text{V}$，利用节点电位公式求解各支路电流。

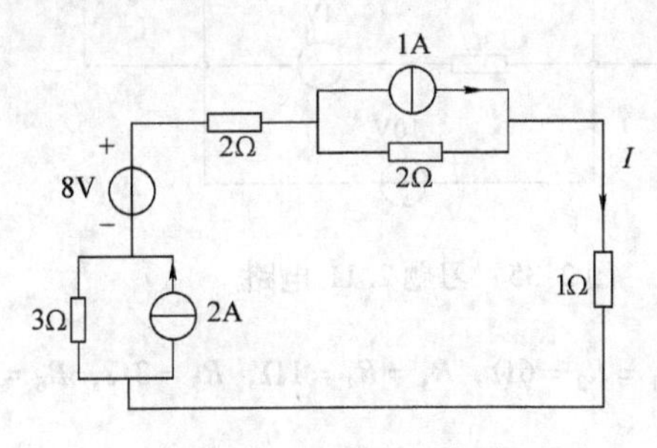

图2-28　习题2.3电路

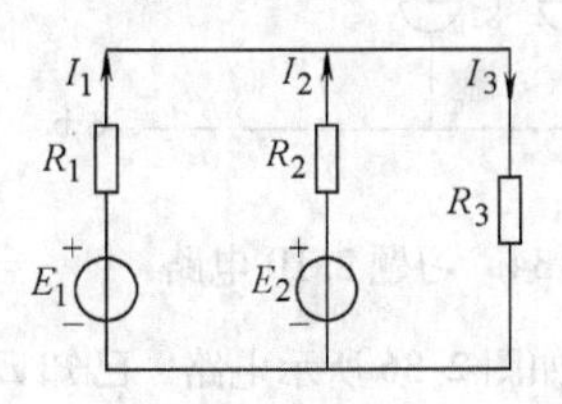

图2-29　习题2.4电路

2.5　如图2-30所示电路，已知$R_1=20\Omega$，$R_2=10\Omega$，$R_3=40\Omega$，电源$E_1=40\text{V}$，$E_2=20\text{V}$，$E_3=10\text{V}$，利用叠加原理求解电流I。

2.6　利用叠加原理求解如图2-27所示电路中的电流I。

2.7　如图2-31所示电路，已知$R_1=20\Omega$，$R_2=40\Omega$，$R_3=30\Omega$，$R_4=10\Omega$，电源电压$U=60\text{V}$，求电压U_{ab}的数值。

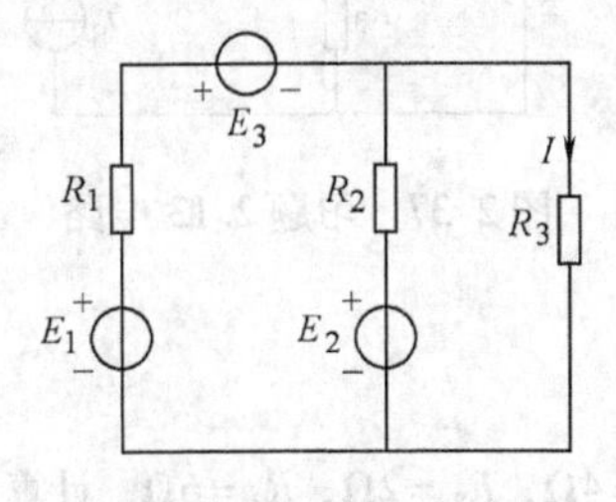

图2-30　习题2.5电路

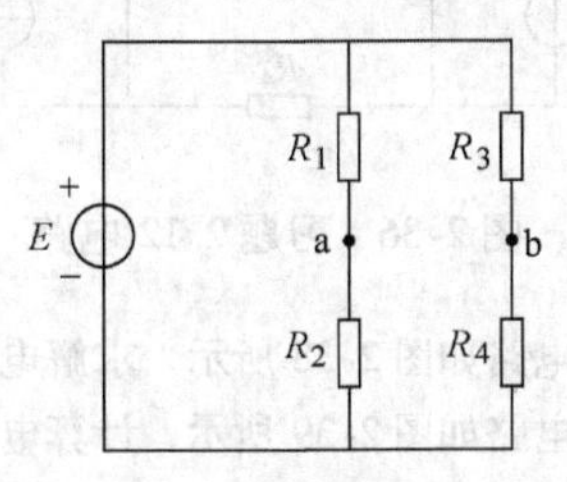

图2-31　习题2.7电路

2.8 如图2-32所示电路，已知 $R_1=20\Omega$，$R_2=8\Omega$，$R_3=40\Omega$，$E=10\text{V}$，$I_S=1\text{A}$，利用戴维南定理化简电路。

2.9 如图2-33所示电路，已知 $R_1=4\Omega$，$R_2=4\Omega$，$E=10\text{V}$，$I_{S1}=2\text{A}$，$I_{S2}=1\text{A}$，求解出该电路的戴维南等效电路及诺顿等效电路。

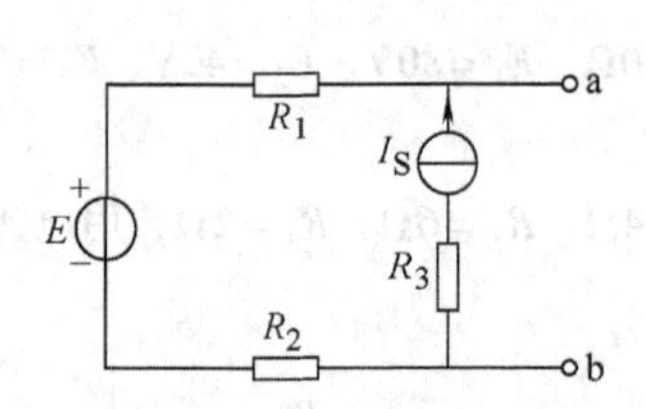

图2-32 习题2.8电路

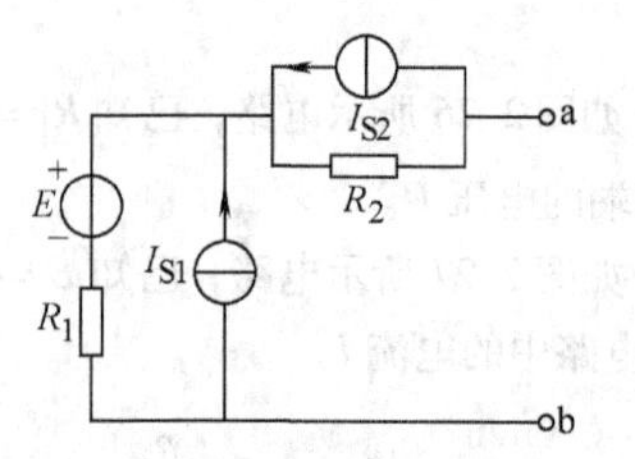

图2-33 习题2.9电路

2.10 如图2-34所示电路，已知 $R_1=10\Omega$，$R_2=2\Omega$，$I_{S1}=1\text{A}$，$I_{S2}=3\text{A}$，$E=4\text{V}$，如果在ab两端连接 $R_L=4\Omega$ 的电阻，计算该电阻中的电流。

2.11 如图2-35所示电路，求解电路中电压 U 的数值。

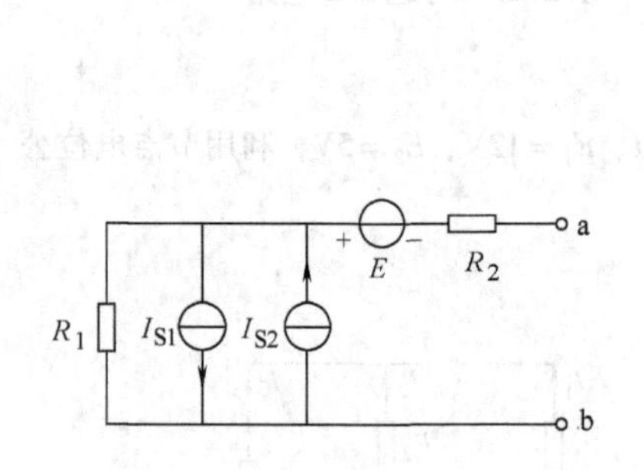

图2-34 习题2.10电路

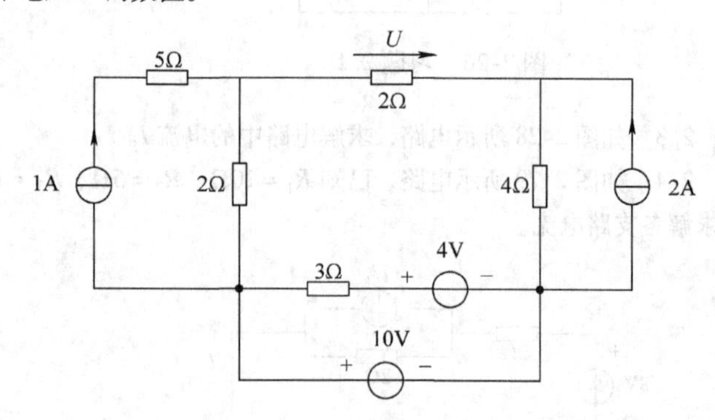

图2-35 习题2.11电路

2.12 如图2-36所示电路，已知 $E=16\text{V}$，$I_S=2\text{A}$，$R_1=R_2=6\Omega$，$R_3=R_4=1\Omega$，$R_5=3\Omega$，$R_6=8\Omega$，计算电路中的电流 I。

2.13 如图2-37所示电路，已知 $E=10\text{V}$，$I_S=1\text{A}$，$R_1=R_5=1\Omega$，$R_2=4\Omega$，$R_3=2\Omega$，$R_4=3\Omega$，计算电流 I 的数值。

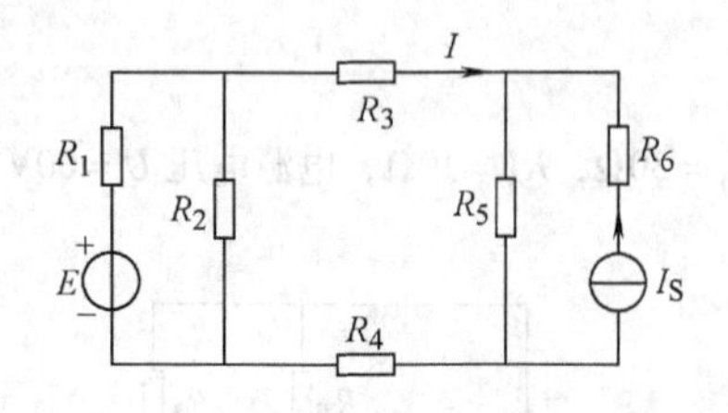

图2-36 习题2.12电路

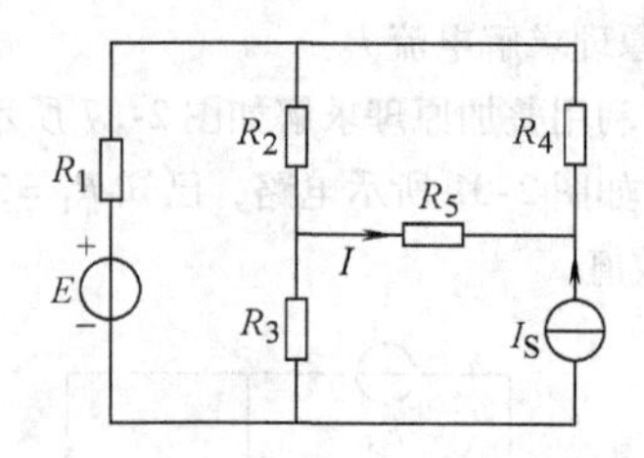

图2-37 习题2.13电路

2.14 电路如图2-38所示，求解电路中电压 U 的数值。

2.15 电路如图2-39所示，计算电路中电流 I 的数值。

2.16 如图2-40所示电路，已知 $E=14\text{V}$，$I_S=2\text{A}$，$R_1=R_4=4\Omega$，$R_3=2\Omega$，$R_2=6\Omega$，计算电流 I 的数值。

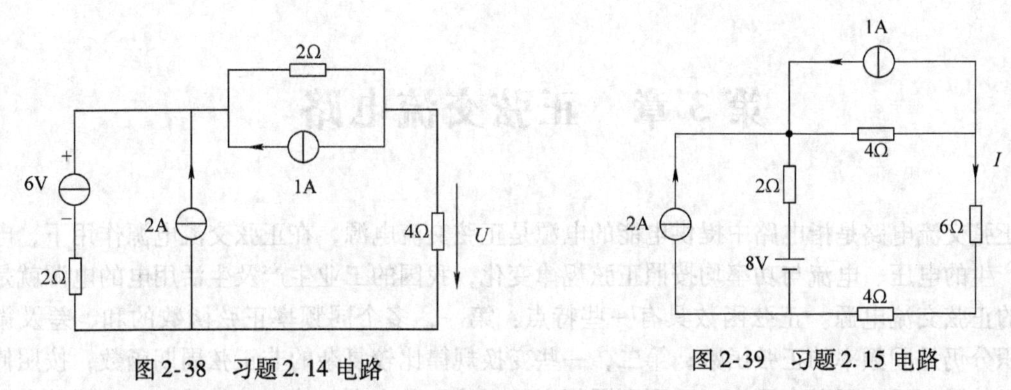

图 2-38　习题 2.14 电路　　　　　　　　　　图 2-39　习题 2.15 电路

2.17　如图 2-41 所示电路，已知 $E=14\text{V}$，$R_1=3\Omega$，$R_2=10\Omega$，计算电路中的电流 I。

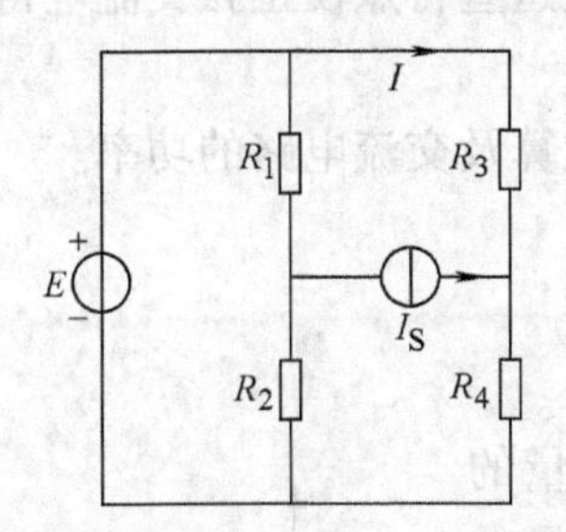

图 2-40　习题 2.16 电路

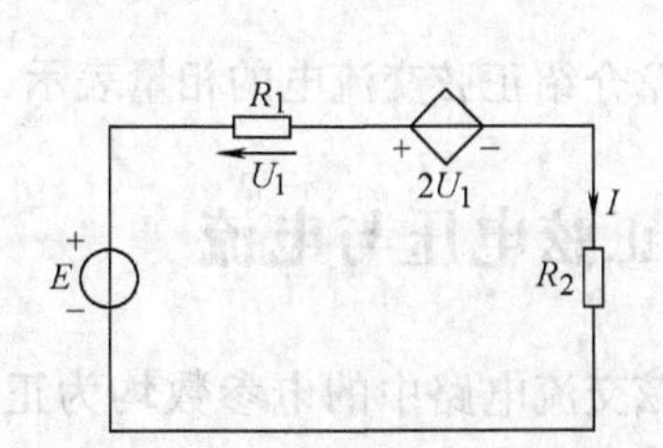

图 2-41　习题 2.17 电路

2.18　如图 2-42 所示电路，已知 $E=6\text{V}$，$R_0=3\text{k}\Omega$，用图解法求解电路中的电流 I。

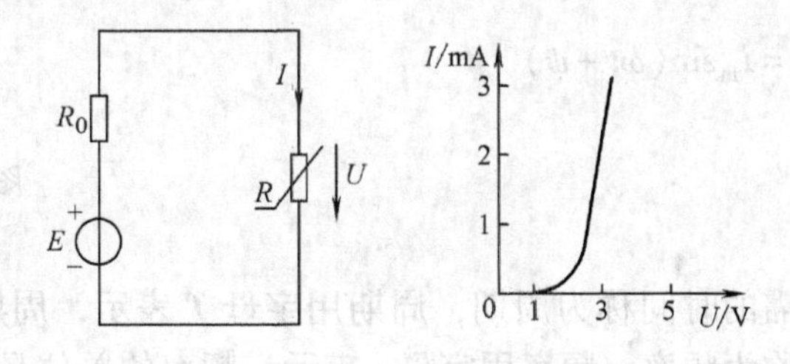

图 2-42　习题 2.18 电路

第 3 章　正弦交流电路

正弦交流电路是指电路中提供电能的电源是正弦交流电源，在正弦交流电源作用下，电路中产生的电压、电流与功率均按照正弦规律变化，我国的工业生产及生活用电的电源就是这样的正弦交流电源。正弦函数具有一些特点：第一，多个同频率正弦函数的和、差及微分、积分仍是同频率的正弦函数；第二，一些变换规律比较复杂的非正弦周期函数，按照傅里叶级数展开后，可以表示为一系列不同频率的正弦函数之和；第三，借助于变压器的电压变换功能可以方便地将正弦电压的数值升高或降低，正是这些特点使正弦交流电得到了广泛的应用。

本章介绍正弦交流电的相量表示、正弦交流电路的运算及交流电路的功率。

3.1　正弦电压与电流

正弦交流电路中的电参数均为正弦函数，一个正弦量的数值大小、变换快慢及在时间 $t=0$ 时的状态可以由正弦量的频率、幅值及初相位这 3 个要素来决定，当正弦量的这三个要素确定后，一个正弦函数就可以用数学表示式表示出来，如

$$i=I_{\mathrm{m}}\sin(\omega t+\psi)$$

其波形如图 3-1 所示。

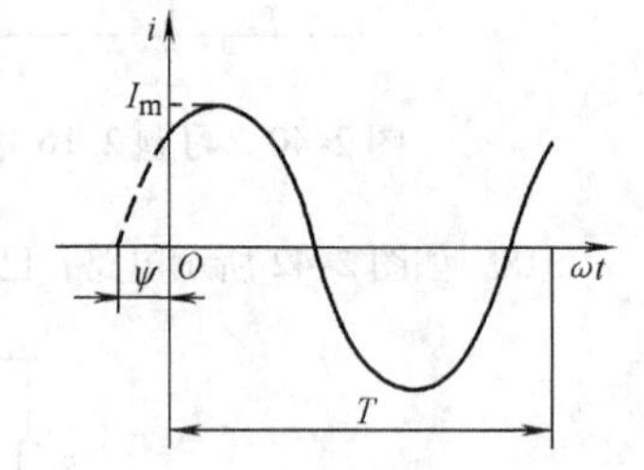

图 3-1　正弦电流波形

3.1.1　频率与周期

正弦量变换一周所需的时间称为周期，周期用字母 T 表示，周期的单位为秒（s）。每秒钟正弦量变化的次数称为频率，频率用字母 f 表示，频率的单位是赫兹（Hz）。每秒钟正弦量变化的弧度数称为角频率，角频率用字母 ω 表示，角频率的单位是弧度/秒（rad/s）。我国采用 50Hz 作为供电系统的工作频率，通常说的工频电源指的就是频率为 50Hz 的正弦交流电源。

正弦量的周期 T 与频率 f 的关系是互为倒数，并且与角频率 ω 之间有

$$f=\frac{1}{T} \tag{3-1}$$

$$\omega=2\pi f=\frac{2\pi}{T} \tag{3-2}$$

在 T、f、ω 这 3 个参数中，只要知道其中一个参数，就可以根据上述公式求解出另外两个参数。

3.1.2　幅值与有效值

正弦量在任一瞬时的值称为瞬时值，瞬时值是随时间而变的参数，时间 t 不确定，瞬时值的大小也就不确定，瞬时值用小写字母表示，如 u、i。正弦量瞬时值中数值最大的值称为最大值，最大值也叫幅值，幅值用大写字母加下标 m 表示，如 U_m、I_m。正弦量在时间 $t=0$ 时的数值称为初始值，初始值与计时起点有关，当计时起点不同时，正弦量的初始值也就不同，初始值用 $u(0)$、$i(0)$ 表示。由于交流电表测量的数据是正弦量有效值，所以有效值广泛地应用在正弦交流电路中。正弦量的有效值是由电流的热效应定义的，即周期电流的有效值就是在热效应方面与其相等的直流电流的数值，按照数学定义式有效值也称为方均根值，正弦量的有效值用大写字母表示，如 U、I。

在有效值的定义中，电流热效应相等是指：一个周期电流 i 流过一个定值电阻 R，在一个周期时间内电流 i 产生的热量与一个直流电流 I 流过同样数值的电阻，在相同的时间内产生的热量相等，那么这个直流电流的数值就是周期电流的有效值。根据有效值的定义可以写出电流有效值的定义式为

$$\int_0^T i^2 R\mathrm{d}t = I^2 RT$$

整理上式可以得到

$$I = \sqrt{\frac{1}{T}\int_0^T i^2 \mathrm{d}t}$$

将正弦电流 $i = I_m \sin\omega t$ 代入有效值的定义式，有

$$I = \sqrt{\frac{1}{T}\int_0^T i^2 \mathrm{d}t} = \sqrt{\frac{1}{T}\int_0^T I_m^2 \sin^2\omega t \mathrm{d}\omega t} = \sqrt{\frac{I_m^2}{T}\frac{T}{2}} = \frac{I_m}{\sqrt{2}}$$

由此得出正弦量的有效值与幅值之间的关系式为

$$I = \frac{I_m}{\sqrt{2}} \tag{3-3}$$

有了式（3-3），正弦电流瞬时值的表示式可以写作

$$i = I_m \sin(\omega t + \psi) = \sqrt{2} I \sin(\omega t + \psi)$$

3.1.3　相位与相位差

正弦量变化的状态叫做相，决定正弦量状态的角度（$\omega t+\psi$）叫做相位角，通常也将相位角简称为相位，正弦量相位 $\omega t+\psi$ 的数值将决定正弦量瞬时值的大小。当 $t=0$ 时，正弦量的相位 $\omega t+\psi=\psi$ 称为初相位，初相位 ψ 的数值将决定正弦量初始值的大小。任意两个同频率正弦量的相位角之差称为相位差，相位差用 φ 字母表示，当两个正弦量的频率相同时，有

$$\varphi = (\omega t + \psi_1) - (\omega t + \psi_2) = \psi_1 - \psi_2$$

由上式可以看出，两个同频率正弦量的相位差 φ 就是两个正弦量的初相位之差。需要注意的是，若两个正弦量的频率不相同，相位差 φ 将变成时间 t 的函数。

上述几个表示正弦量状态的名词与高等数学中的定义是一样的，但是在电路分析中有工程电学自己的规定。首先，在电路分析中正弦量初相位的取值范围为 $|\psi| \leqslant \pi$，即 $-\pi \leqslant \psi \leqslant$

$+\pi$，ψ 的数值就有了正、负之分。如图 3-2 所示为两个初相位不同的正弦函数波形，在图 a 所示的正弦量波形中，其初相位 $\psi>0$，为正数；在图 b 所示的正弦量波形中，其初相位 $\psi<0$，为负数。

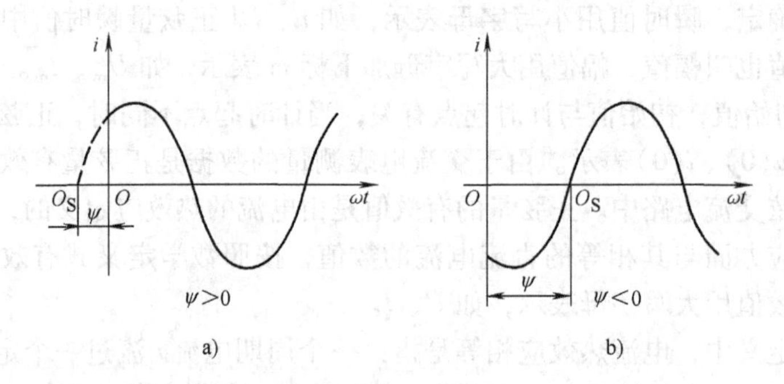

图 3-2　正弦量的初相位

正弦量初相位的正、负可以由正弦量过零点向正方向增大的点 O_S 点与坐标原点 O 点的相对位置来决定，如果由 O_S 点指向 O 点的方向与时间轴的正方向一致，则初相位 $\psi>0$，这时的 O_S 点位于 O 点的左边，如图 3-2a 所示。如果由 O_S 点指向 O 点的方向与时间轴正方向相反，则初相位 $\psi<0$，这时的 O_S 点位于 O 点的右边，如图 3-2b 所示。

其次，在高等数学中正弦量的相位差是指任意两个同频率正弦量的初相位之差，而在工程电学中，相位差是指电压的初相位减去电流的初相位，即

$$\varphi=\psi_u-\psi_i \tag{3-4}$$

由式（3-4）可知，当相位差 $\varphi>0$ 时，电路中的电压波形超前于电流波形；当相位差 $\varphi<0$ 时，电压波形滞后于电流波形；当相位差 $\varphi=0$ 时，电压波形与电流波形同相；当相位差 $\varphi=\pi$ 时，电压波形与电流波形反相；当相位差 $\varphi=\pi/2$ 时，电压波形与电流波形正交，如图 3-3 所示为这几种相位差的正弦波形。

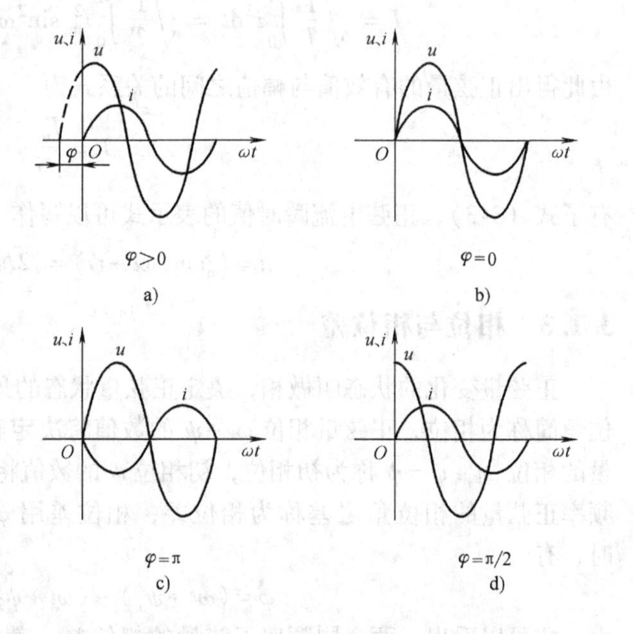

图 3-3　正弦电压 u 与电流 i 在 φ 角不同时的波形

3.2　正弦量的相量表示法

表示正弦量可以使用正弦波形与正弦函数式，这两种表示方法都能够直观、准确地表示出一个正弦量。但是在电路分析中，不论是正弦波形还是正弦函数式都难以进行正弦量的加、减、乘、除运算，因此在交流电路分析时，需要一种即可以表示出一个正弦量的特征又能够方便地进行电路运算的正弦量表示方法，这就是正弦量的相量表示法。

正弦量不能直接转换为相量表示式，在正弦量与相量之间起桥梁作用的是旋转矢量，借助于旋转矢量可以将正弦量由正弦波形转换为坐标轴中的有向线段，然后再转换为相量。

3.2.1　旋转矢量的建立

将矢量 $\boldsymbol{A}$ 放入坐标轴中，令矢量 $\boldsymbol{A}$ 的长度等于正弦量的幅值，矢量 $\boldsymbol{A}$ 与 x 轴正方向的夹角等于正弦量的初相位，矢量 $\boldsymbol{A}$ 按照逆时针方向旋转的角速度等于正弦量的角频率，在满足上述三个条件后，这个旋转矢量 $\boldsymbol{A}$ 在任一时刻在坐标轴 y 轴上的投影就等于该正弦量的瞬时值，如图3-4所示。建立了旋转矢量的表示方式后，一个正弦量就可以由一个在坐标轴中旋转的有向线段来表示，如果已知一个旋转矢量的长度、旋转的角速度及矢量和 x 轴正方向之间的夹角，就可以对应地写出一个正弦函数表示式。

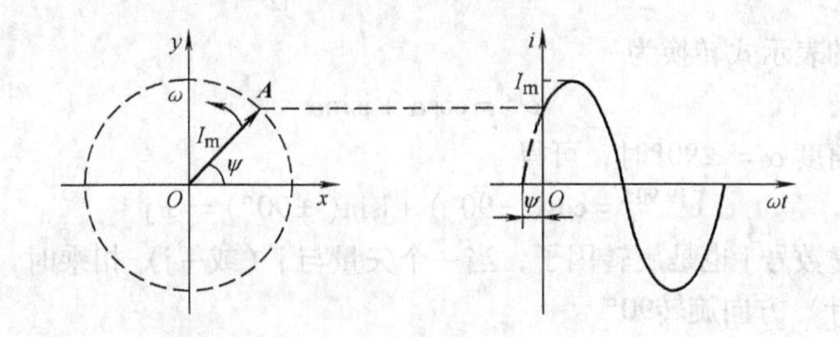

图3-4　表示正弦量的旋转矢量

由于旋转矢量在坐标轴 y 轴上的投影表示的是正弦量的瞬时值，而瞬时值矢量不方便进行电路运算，在电路分析中使用的是正弦量的有效值。若将旋转矢量的长度改换为正弦量的有效值，这时的矢量即为有效值矢量，有效值矢量在任一瞬时在坐标轴 y 轴上的投影不等于正弦量的瞬时值，但是有效值矢量能够更方便地进行电路运算。

由几个表示同频率正弦量的矢量构成的几何图形称为矢量图，矢量图中的各矢量均满足旋转矢量建立的条件，当矢量图中各矢量以相同的方向和角速度旋转时，各矢量在图中的相对位置就固定不变，同时矢量图中各矢量之间的关系满足平行四边形法则，也就是说矢量图中的矢量在进行运算时可以使用图解求解方式。

3.2.2　矢量的复数表示

将旋转矢量放在复平面中，矢量就可以按照复数的表示规则来表示，如图3-5所示。复平面中的矢量有四种表示方式，即代数式、三角函数式、指数式和极坐标式（简称为极标式）。

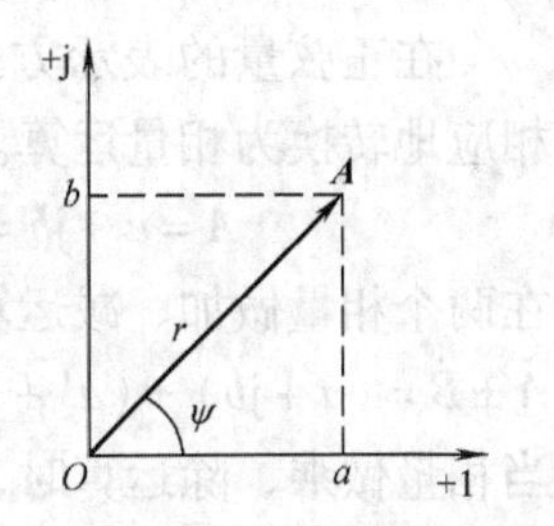

图3-5　复平面中的矢量表示

将一个模长为 r、角度为 ψ 的矢量 $\boldsymbol{A}$ 放在复平面中，让矢量 $\boldsymbol{A}$ 分别向实数轴和虚数轴投影，得到矢量 $\boldsymbol{A}$ 的实部 a 与虚部 b，这样矢量 $\boldsymbol{A}$ 可以用下述方式表示：

代数式　$\boldsymbol{A} = a + \mathrm{j}b$

三角函数式　$\boldsymbol{A} = r\cos\psi + \mathrm{j}r\sin\psi$

指数式　$\boldsymbol{A} = r\mathrm{e}^{\mathrm{j}\psi}$

极标式　$\boldsymbol{A} = r\angle\psi$

与高等数学中的复数表示方法不同的是，电路分析中复数的虚数号用字母 j 表示，并且虚数符号 j 应当写在虚部数值的前面，不能写在虚部数值的后面。

在正弦量的表示中将 $e^{j\alpha}$ 称为旋转因子，设矢量 $\boldsymbol{A}=re^{j\psi}$，若矢量 $\boldsymbol{A}$ 与旋转因子 $e^{j\alpha}$ 相乘，按照指数运算法则，有

$$\boldsymbol{A}\times e^{j\alpha}=re^{j\psi}\times e^{j\alpha}=re^{j(\psi+\alpha)}$$

由上式可以看出，复平面中的矢量与旋转因子 $e^{j\alpha}$ 相乘，其结果是该矢量的长度不会发生变化，但该矢量与实数轴之间的夹角将会旋转 α 角度。当 $\alpha>0$ 时，矢量将按照逆时针方向旋转 α 角度；当 $\alpha<0$ 时，矢量将按照顺时针方向旋转 α 角度。

利用欧拉公式

$$\cos\alpha=\frac{1}{2}(e^{j\alpha}+e^{-j\alpha})\qquad \sin\alpha=\frac{1}{j2}(e^{j\alpha}-e^{-j\alpha})$$

可以将旋转因子的表示式转换为

$$e^{j\alpha}=\cos\alpha+j\sin\alpha$$

当旋转因子中的角度 $\alpha=\pm90°$ 时，可得

$$e^{j\pm90°}=\cos(\pm90°)+j\sin(\pm90°)=\pm j$$

由此可以看出，虚数号 j 也是旋转因子，当一个矢量与 j（或 -j）相乘时，该矢量将会按照逆时针（或顺时针）方向旋转90°。

正弦量可以用旋转矢量表示，旋转矢量可以放在复平面中表示，复平面中的旋转矢量也同样满足矢量运算的法则，借助于复平面中的旋转矢量可以将正弦量转换为相量。

3.2.3 相量与相量图

相量就是表示正弦量的复数，将表示正弦量的旋转矢量放到复平面中，同时让矢量不再旋转，即为相量，相量用大写字母上加点表示，如：电流 $\dot{I}$、电压 $\dot{U}$ 及电动势 $\dot{E}$。有了相量表示方法，正弦电流的瞬时值表示式 $i=I\sqrt{2}\sin(\omega t+\psi)$ 转换为相量后可以用下列方式表示：

代数式 $\dot{I}=a+jb$

三角函数式 $\dot{I}=I\cos\psi+jI\sin\psi$

指数式 $\dot{I}=Ie^{j\psi}$

极标式 $\dot{I}=I\angle\psi$

其相量图如图 3-6 所示。

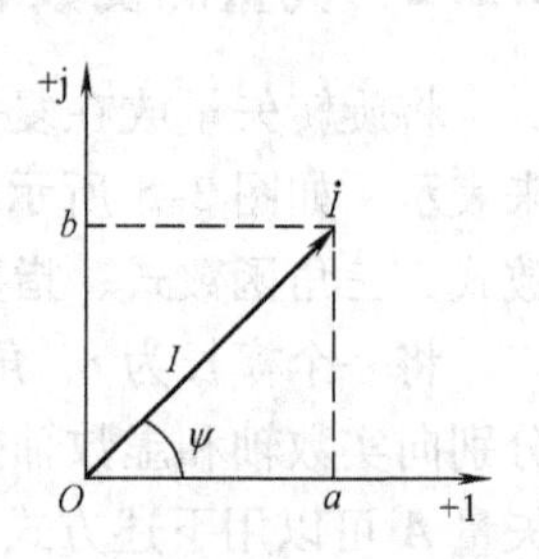

图 3-6 正弦电流 $i=I\sqrt{2}\sin(\omega t+\psi)$ 的相量图

在正弦量的表示方式转换为相量表示式后，正弦量的运算也相应地转换为相量运算。设两个相量的表示式分别为

$$\dot{A}=a+jb=r\angle\psi\qquad \dot{B}=a'+jb'=r'\angle\psi'$$

在两个相量做加、减运算时，应当使用相量的代数式，有

$$\dot{A}\pm\dot{B}=(a+jb)\pm(a'+jb')=(a\pm a')+j(b\pm b')=a''+jb''=r''\angle\psi''$$

当相量做乘、除运算时，应当使用相量的极标式，有

$$\dot{A}\times\dot{B}=r\angle\psi\times r'\angle\psi'=r\times r'\angle\psi+\psi'=r''\angle\psi''$$

$$\frac{\dot{A}}{\dot{B}}=\frac{r\angle\psi}{r'\angle\psi'}=\frac{r}{r'}\angle\psi-\psi'=r''\angle\psi''$$

在相量运算时有几个需要注意的地方。首先，相量是表示正弦量的复数，但是相量不是正弦量，在相量与正弦量之间不能画等号，即

$$i=\sqrt{2}I\sin(\omega t+\psi)\mathrm{A}\neq I\angle\psi\mathrm{A}$$

其次，将相量的代数式转为极标式时，可以使用勾股弦定理，有

$$\dot{A}=a+\mathrm{j}b=\sqrt{a^2+b^2}\angle\arctan\frac{b}{a}=r\angle\psi \tag{3-5}$$

将相量的极标式转为代数式时，可以借助于相量的三角函数式，有

$$\dot{A}=r\angle\psi=r\cos\psi+\mathrm{j}r\sin\psi=a+\mathrm{j}b \tag{3-6}$$

第三，如果电路的某个参数不是正弦量，只是一个复数，那么这个参数就只能使用复数的表示方式，即使用大写黑体字母表示，而不能使用相量的表示方式，不能在表示字母上加“·”。第四，相量的角度就是正弦量的初相ψ，电路分析中规定正弦量的初相$\psi\leqslant|\pi|$，即ψ角的绝对值不能大于180°角，如果运算后ψ角的数值大于180°，就应当按照反方向角度进行折算，使其小于180°，而ψ角的正、负则由该相量的实部a与虚部b的正、负决定。第五，由于旋转因子$\mathrm{j}=\sqrt{-1}$，而

$$-1=\sqrt{-1}\times\sqrt{-1}=\mathrm{j}\times\mathrm{j}$$

因此在正弦交流电路的分析结果中没有负号，电路运算结果中若出现负号则应当按180°折算记入该相量的初相位之中。第六，在通常情况下正弦交流电路的运算均使用正弦量的有效值相量，但当电路的已知条件与被求参数均为正弦量的最大值时，也可以使用正弦量的最大值相量，这两种电路的运算方法完全一样。

几个同频率相量在复平面上的几何表示即为相量图，由于相量图中各个相量的频率都相同，所以各相量在相量图中的相对位置就固定不变，并且各相量之间的角度也就是一个定值，不同频率的相量不能画在同一个相量图中。

图3-7a在复平面中画出了电流相量$\dot{I}_1$与$\dot{I}_2$，根据平行四边形法则，电流相量$\dot{I}_1$与$\dot{I}_2$相加的和数就等于相量图中由$\dot{I}_1$、$\dot{I}_2$两个相量构成的平行四边形的对角线，这样正弦交流电路的运算有两种方法，除公式运算法外还可以利用相量图以图解的方式来求解交流电路的参数。

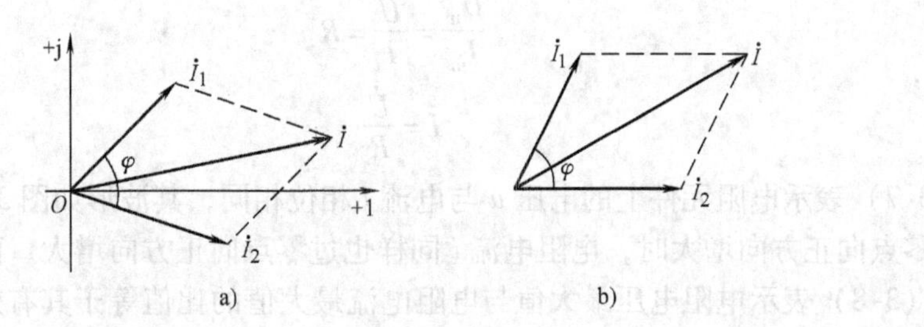

图3-7　相量图

在画相量图时，通常选择电路的某一个相量作为参考相量，令参考相量的初相为零，用参考相量替代复平面实数轴的正方向，做了这样的规定后，就可以省略相量图中的复坐标，图3-7b即为图3-7a的简化相量图，令图中的电流相量$\dot{I}_2$作为电路的参考相量，则电流相量$\dot{I}_2$的初相位为零，$\dot{I}_2$将替代复平面实数轴的正方向，而电流相量$\dot{I}_1$与$\dot{I}_2$之间的夹角φ还是

原来的数值。在简化后的相量图中，各相量之间的相对位置没有发生变化，仍保持原有的相位差不变，改变了的只是各相量的初相位。

例 3-1 若正弦电流与电压为 $i=5\sqrt{2}\sin(314t+60°)$ A，$u=14.1\sin(314t-30°)$ V，写出两正弦量用相量表示的极标式和代数式，在复平面中定性画出这两个相量，并画出简化相量图。

解：由公式 $U=U_m/\sqrt{2}$，折算出电压的有效值 $U=10$V，则正弦量用相量表示的极标式与代数式为

$$\dot{I}=5\angle 60°\text{A}=(2.5+\text{j}4.33)\text{A}$$
$$\dot{U}=10\angle -30°\text{V}=(8.66-\text{j}5)\text{V}$$

根据两个参数的相量表示式，可以在复平面中定性画出两个参数的相量，如图 3-8a 所示。令电压相量 $\dot{U}$ 作为参考相量，简化后的相量图如图 b 所示。

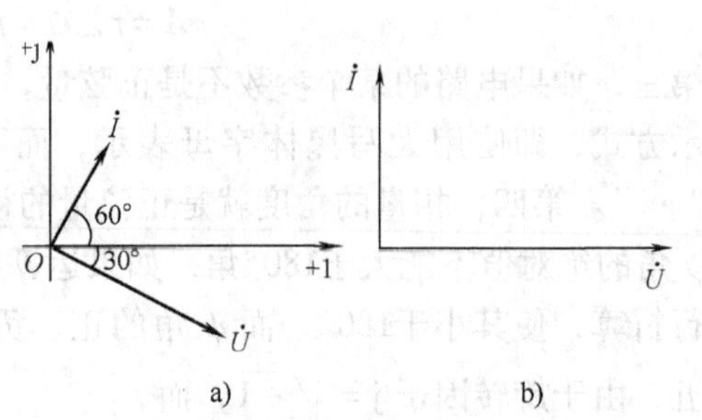

图 3-8 例 3-1 相量图
a) 复平面相量图 b) 简化相量图

3.3 *R*、*L*、*C* 元件正弦交流电路

第 1 章中介绍了 *R*、*L*、*C* 元件的基本电学特性，本小节将介绍 *R*、*L*、*C* 元件在正弦交流电路中电压、电流及功率的分析方法。

3.3.1 *R* 元件正弦交流电路

电阻电路如图 3-9a 所示，设电阻电路两端的电压 u 为参考正弦量，则 $u=U_m\sin\omega t$，根据欧姆定律可以得到 R 元件中电流的表示式

$$i=\frac{u}{R}=\frac{U_m\sin\omega t}{R}=\frac{U_m}{R}\sin\omega t=I_m\sin\omega t$$

比较 u 与 i 的表示式，可以看出在电阻电路中存在下述关系

$$\varphi=\psi_u-\psi_i=0 \tag{3-7}$$

$$\frac{U_m}{I_m}=\frac{U}{I}=R \tag{3-8}$$

$$\dot{I}=\frac{\dot{U}}{R} \tag{3-9}$$

式（3-7）表示电阻元件上的电压 u 与电流 i 相位相同，其波形如图 3-9b 所示，当电阻电压 u 过零点向正方向增大时，电阻电流 i 同样也过零点向正方向增大，两者之间的相位差为零。式（3-8）表示电阻电压最大值与电阻电流最大值的比值等于其有效值的比值，也等于 R 元件的阻值，式（3-8）也是 R 元件欧姆定律的有效值表示式。式（3-9）为 R 元件欧姆定律的相量表示式。电阻电路的相量图如图 3-9c 所示。

电阻电路的瞬时功率为电阻电压 u 与电阻电流 i 的乘积，即

$$p=iu=I_m\sin\omega t\times U_m\sin\omega t=I_mU_m\sin^2\omega t=IU(1-\cos 2\omega t)$$

瞬时功率的波形如图 3-9b 所示，电阻电路瞬时功率的数值恒大于零，这表示 R 元件将电路传输的电能转换为热能散发掉了，R 元件在消耗功率。

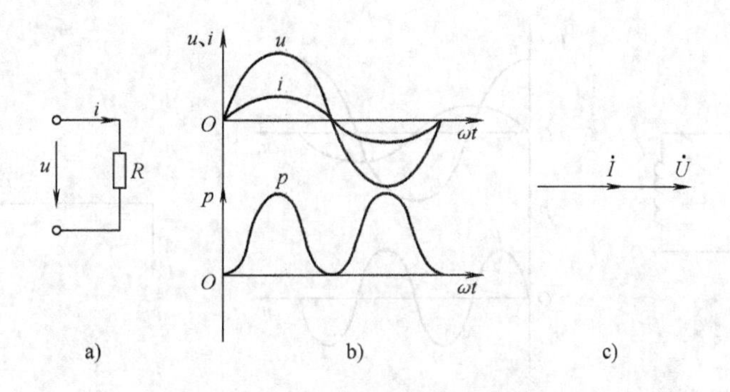

图3-9　R元件正弦交流电路

a）电路图　b）电压、电流与功率波形图　c）相量图

瞬时功率表示的是电路元件中功率的瞬时值，在实际电路中功率表能够测量到的数值是平均值，由平均值的定义式可以计算出电阻电路的平均功率为

$$P = \frac{1}{T}\int_0^T p\mathrm{d}t = \frac{1}{T}\int_0^T IU(1-\cos2\omega t)\,\mathrm{d}t = IU = I^2R = \frac{U^2}{R} \tag{3-10}$$

式（3-10）中的U与I均为正弦量的有效值，式（3-10）表示了R元件中平均功率的大小。由于平均功率是电路用掉了的功率，这部分功率经电路元件转换为其他形式的能量消耗掉了，所以平均功率也称为有功功率，其单位是瓦特（W）。

3.3.2　L元件正弦交流电路

电感电路如图3-10a所示，设电路中流过的电流i为参考正弦量，则$i = I_m\sin\omega t$，根据L元件的电压－电流特性可以得到L元件电压的表示式为

$$u = L\frac{\mathrm{d}i}{\mathrm{d}t} = L\frac{\mathrm{d}}{\mathrm{d}t}(I_m\sin\omega t) = L\omega I_m\cos\omega t = U_m\sin(\omega t + 90°)$$

比较u与i的表示式，可以看出在电感电路中存在下述关系

$$\varphi = \psi_u - \psi_i = 90° - 0 = 90° \tag{3-11}$$

$$\frac{U_m}{I_m} = \frac{U}{I} = \omega L = 2\pi fL = X_L \tag{3-12}$$

$$\dot{I} = \frac{\dot{U}}{\mathrm{j}X_L} \tag{3-13}$$

式（3-11）表示电感元件上的电压超前电流＋90°，其波形如图3-10b所示。式（3-12）表示电感电压最大值与电感电流最大值的比值等于其有效值的比值，也等于电感量与角频率的乘积，在空心电感中这个乘积是一个常数，反映了L元件对交流电流的阻力。L元件是储能元件，储能元件对电流的阻力称为电抗，电抗用大写字母X表示，电感元件中的电抗简称为感抗，用X_L表示，电抗的单位是欧姆（Ω）。定义了电感元件的电抗后，式（3-12）也是L元件欧姆定律的有效值表示式。式（3-13）是L元件欧姆定律的相量表示式。电感电路的相量图如图3-10c图所示。

由式（3-12）可以看出，L元件的感抗$X_L = 2\pi fL$，在电感L数值一定时，感抗X_L正比于电源的频率f，有$X_L \propto f$。当电源频率f的数值增大时，感抗X_L数值增大；当电源频率f的

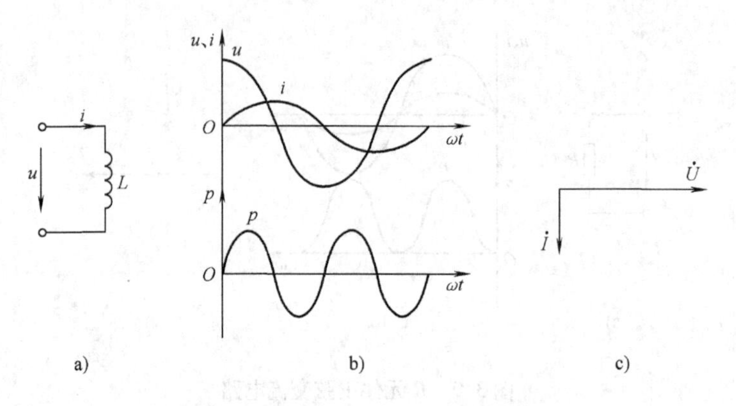

图 3-10　L 元件正弦交流电路

a）电路图　b）电压、电流与功率波形图　c）相量图

数值减小时，X_L 也减小；当电源为直流电源，电源频率 $f=0$ 时，$X_L=0$，即在直流电路中 L 元件相当于短路。如图 3-11 所示为感抗 X_L 随频率 f 变化的特性。

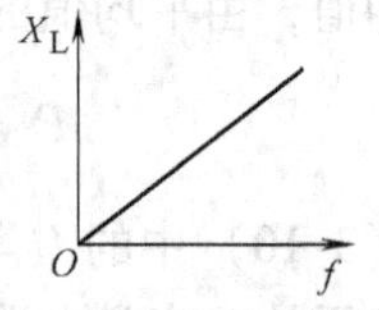

图 3-11　X_L-f 特性

在电感电路中，瞬时功率的表示式为

$$p=ui=U_m\sin(\omega t+90°)\times I_m\sin\omega t=U_mI_m\sin\omega t\cos\omega t=UI\sin2\omega t$$

图 3-10b 画出了电感元件瞬时功率 p 的波形。由瞬时功率的波形可以看出，当电感电压 u 与电感电流 i 的波形同为正半周或同为负半周时，瞬时功率 $p>0$，瞬时功率为正数，表示电感元件将电路中传输的电能转换为磁能储存在电感元件中；当电感电压 u 与电感电流 i 极性不同时，瞬时功率 $p<0$，瞬时功率为负数，表示电感元件将储存在其中的磁能转换为电能释放给电路。由于电感电路的瞬时功率是正弦函数，这表示电感元件从电路吸收的能量与还给电路的能量数值相等，在电感元件与电源之间存在能量的互换，而电感元件自身不消耗电能。

电感电路的平均功率为

$$P=\frac{1}{T}\int_0^T p\mathrm{d}t=\frac{1}{T}\int_0^{2\pi}UI\sin2\omega t\mathrm{d}\omega t=0$$

上式也表示电感元件不消耗有功功率。

交流电路中储能元件与电源之间能量互换的规模用无功功率来表示，无功功率用大写字母 Q 表示，无功功率的单位为乏（var）。规定储能元件的无功功率数值等于其瞬时功率的幅值，为区分 L 与 C 两个储能元件中的无功功率，电感元件的无功功率用 Q_L 表示，由电感电路的瞬时功率可以写出

$$Q_L=UI=I^2X_L \tag{3-14}$$

3.3.3　C 元件正弦交流电路

电容电路如图 3-12 所示，设电容电路两端的电压 u 为参考正弦量，则 $u=U_m\sin\omega t$，根据 C 元件的电压－电流特性可以得到 C 元件中的电流为

$$i=C\frac{\mathrm{d}u}{\mathrm{d}t}=C\frac{\mathrm{d}}{\mathrm{d}t}(U_m\sin\omega t)=C\omega U_m\cos\omega t=I_m\sin(\omega t+90°)$$

比较 u 与 i 的表示式，可以看出在电容电路中存在下述关系

$$\varphi=\psi_{\mathrm{u}}-\psi_{\mathrm{i}}=0-90^{\circ}=-90^{\circ} \tag{3-15}$$

$$\frac{U_{\mathrm{m}}}{I_{\mathrm{m}}}=\frac{U}{I}=\frac{1}{\omega C}=\frac{1}{2\pi fC}=X_{\mathrm{C}} \tag{3-16}$$

$$\dot{I}=\frac{\dot{U}}{-\mathrm{j}X_{\mathrm{C}}} \tag{3-17}$$

式（3-15）表示电容元件上的电压滞后电流 90°，其波形如图 3-12b 所示。式（3-16）表示电容电压与电容电流有效值的比值等于电容元件的容抗，这也是电容电路欧姆定律的有效值表示式。式（3-17）是电容电路欧姆定律的相量表示式。

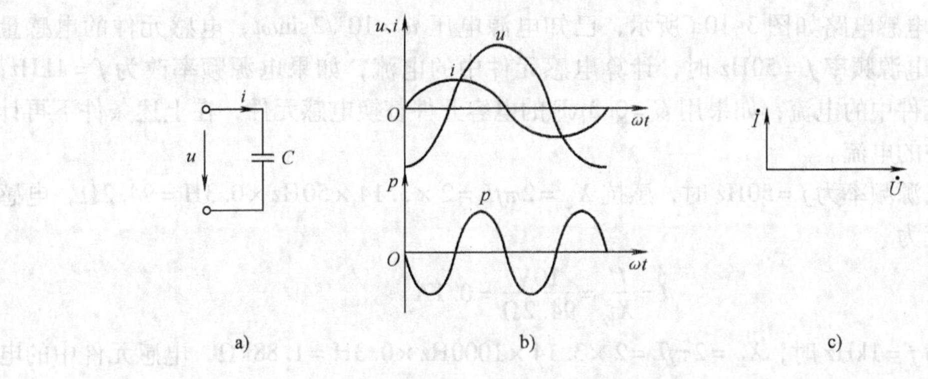

图 3-12　C 元件正弦交流电路

a）电路图　b）电压、电流与功率波形图　c）相量图

由式（3-16）可以看出，C 元件的容抗 $X_{\mathrm{C}}=1/2\pi fC$，在电容 C 数值一定时，容抗 X_{C} 反比于电源频率 f，即有 $X_{\mathrm{C}}\propto 1/f$。当电源频率 f 的数值增大时，容抗 X_{C} 的数值减小；当电源频率 f 的数值减小时，容抗 X_{C} 的数值增大；当电源为直流电源，电源频率 $f=0$ 时，容抗 $X_{\mathrm{C}}\to\infty$，即 C 元件在直流电路中相当于断路，图 3-13 所示为容抗 X_{C} 随频率 f 变化的特性。

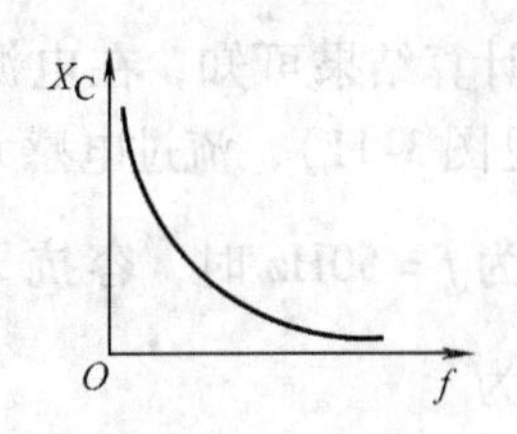

图 3-13　$X_{\mathrm{C}}-f$ 特性

在电容电路中，瞬时功率的表示式为

$$p=ui=U_{\mathrm{m}}\sin\omega t\times I_{\mathrm{m}}\sin(\omega t+90^{\circ})=I_{\mathrm{m}}U_{\mathrm{m}}\sin\omega t\cos\omega t=IU\sin2\omega t$$

图 3-12b 画出了电容元件瞬时功率的波形。当电容电压 u 与电容电流 i 的波形同为正半周或同为负半周时，瞬时功率 $p>0$，瞬时功率是正数，表示电容元件在充电状态，电容元件将电路传输的电能转换为电场能量储存在电容器中；当电容电压 u 与电容电流 i 的极性不同时，瞬时功率 $p<0$，瞬时功率是负数，表示电容元件在放电状态，电容元件将储存在电容器中的电场能量转换为电能释放给电路。与电感元件一样，电容元件与电源之间也存在着能量互换，电容元件自身也不消耗电能。

电容电路的平均功率为

$$P=\frac{1}{T}\int_{0}^{T}p\mathrm{d}t=\frac{1}{2\pi}\int_{0}^{2\pi}UI\sin2\omega t\mathrm{d}\omega t=0$$

上式也表示电容元件不消耗有功功率。

电容电路的无功功率为

$$Q_C = IU = I^2 X_C \tag{3-18}$$

比较图3-10b中电感元件瞬时功率的波形与图3-12b中电容元件瞬时功率的波形，可以看出在同样以电路中的电流 i 作为参考正弦量时，电感元件瞬时功率的波形与电容元件瞬时功率的波形刚好相差180°相位角，这说明电感元件与电容元件储放能量的时刻不同，当电容器充电时，电感元件在释放能量，而当电容器放电时，电感元件在储存能量。为准确反映交流电路中无功功率的变化，电路分析规定：电感元件的无功功率 $Q_L>0$，是正数；而电容元件的无功功率 $Q_C<0$，是负数，交流电路的总无功功率为 Q_L 与 Q_C 的代数和，即 $Q=Q_L+Q_C=|Q_L|-|Q_C|$。

例3-2　电感电路如图3-10a所示，已知电源电压 $u=10\sqrt{2}\sin\omega t$，电感元件的电感量 $L=0.3\text{H}$，当电源频率 $f=50\text{Hz}$ 时，计算电感元件中的电流；如果电源频率改为 $f=1\text{kHz}$，再计算电感元件中的电流；如果用 $C=0.3\mu\text{F}$ 的电容元件替换电感元件，在上述条件下再计算电容元件中的电流。

解：在电源频率为 $f=50\text{Hz}$ 时，感抗 $X_L=2\pi fL=2\times3.14\times50\text{Hz}\times0.3\text{H}=94.2\Omega$，电感元件中的电流为

$$I=\frac{U}{X_L}=\frac{10\text{V}}{94.2\Omega}=0.1\text{A}$$

在电源频率为 $f=1\text{kHz}$ 时，$X_L=2\pi fL=2\times3.14\times1000\text{Hz}\times0.3\text{H}=1.88\text{k}\Omega$，电感元件中的电流为

$$I=\frac{U}{X_L}=\frac{10\text{V}}{1.88\Omega}=5.32\text{mA}$$

由计算结果可知，在电源电压数值一定的条件下，电源的频率越高，感抗的数值就越大（见图3-11），流过电感元件的电流数值就越小。如果用电容元件替代电感元件，在电源频率为 $f=50\text{Hz}$ 时，容抗 $X_C=\dfrac{1}{2\pi fC}=\dfrac{1}{2\times3.14\times50\text{Hz}\times0.3\mu\text{F}}=10.62\text{k}\Omega$，电容元件中的电流为

$$I=\frac{U}{X_C}=\frac{10\text{V}}{10.62\text{k}\Omega}=0.94\text{mA}$$

在电源频率为 $f=1\text{kHz}$ 时，容抗 $X_C=\dfrac{1}{2\pi fC}=\dfrac{1}{2\times3.14\times1000\text{Hz}\times0.3\mu\text{F}}=530\Omega$，电容元件中的电流为

$$I=\frac{U}{X_C}=\frac{10\text{V}}{530\Omega}=18.86\text{mA}$$

由计算结果可知，在电源电压数值一定的条件下，电源的频率越高，容抗的数值就越小（见图3-13），流过电容元件的电流数值就越大。

3.4　*R*、*L*、*C* 元件串联正弦交流电路

掌握了单个 R、L、C 元件在正弦交流电路中的特性后，就可以将这些特性应用于 R、L、C 串联电路，在对 R、L、C 串联电路进行分析时，单个元件的电压－电流关系及元件的

功率特性均不会发生改变，由此可以推导出 R、L、C 串联电路的特性。

3.4.1　电压三角形

R、L、C 串联电路如图 3-14a 所示，图中已标出各电参量的参考方向，电路端电压的 KVL 瞬时值表示式为

$$u = u_{\mathrm{R}} + u_{\mathrm{L}} + u_{\mathrm{C}} = iR + L\frac{\mathrm{d}i}{\mathrm{d}t} + \frac{1}{C}\int i\mathrm{d}t$$

在上述正弦函数表示式中有乘法运算、微分和积分运算，显然使用正弦函数表示式进行电路运算有很大的困难，所以在后面的正弦交流电路分析中，均使用正弦量的相量表示式作为电路分析的工具。

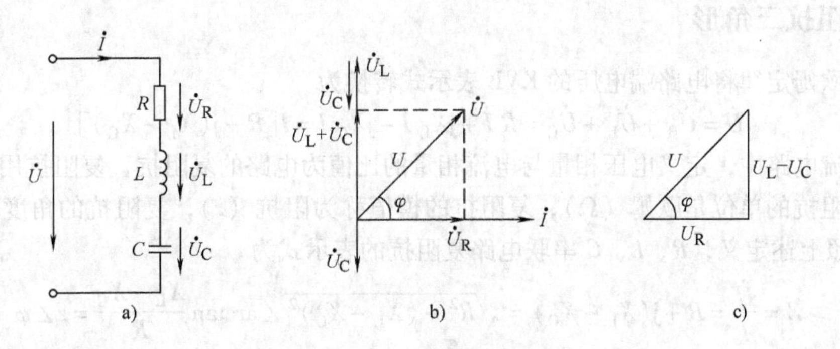

图 3-14　R、L、C 元件串联电路

a) RLC 串联电路　b) 相量图　c) 电压三角形

在 R、L、C 串联电路中，设电路的电流 $\dot{I}$ 作为参考相量，即令 $\dot{I} = I\angle 0°$，电路的相量图如图 3-14b 所示。则串联电路端电压的 KVL 相量表示式为

$$\dot{U} = \dot{U}_{\mathrm{R}} + \dot{U}_{\mathrm{L}} + \dot{U}_{\mathrm{C}}$$

按照相量运算法则和单个元件的电压 - 电流关系，可以将上式转换为

$$\begin{aligned}\dot{U} &= \dot{U}_{\mathrm{R}} + \dot{U}_{\mathrm{L}} + \dot{U}_{\mathrm{C}} = U_{\mathrm{R}}\angle 0° + U_{\mathrm{L}}\angle 90° + U_{\mathrm{C}}\angle -90° = U_{\mathrm{R}} + \mathrm{j}U_{\mathrm{L}} - \mathrm{j}U_{\mathrm{C}} \\ &= U_{\mathrm{R}} + \mathrm{j}(U_{\mathrm{L}} - U_{\mathrm{C}}) = \sqrt{U_{\mathrm{R}}^2 + (U_{\mathrm{L}} - U_{\mathrm{C}})^2}\angle \arctan\frac{U_{\mathrm{L}} - U_{\mathrm{C}}}{U_{\mathrm{R}}} = U\angle\varphi \end{aligned} \tag{3-19}$$

由图 3-14b 所示的相量图可以看出，串联电路中三个元件上分电压的有效值 U_{R}、U_{L}、U_{C} 与电路总电压的有效值 U 之间构成了一个直角三角形，总电压 U 是三角形的斜边，分电压 U_{R}、$U_{\mathrm{L}} - U_{\mathrm{C}}$ 是三角形的直角边，这个三角形称为电压三角形，如图 3-14c 所示。有了电压三角形，利用勾股定理可以在已知电路的分电压时求解出电路的总电压 U 及电路总电压与电路电流之间的相位差 φ，即

$$\left.\begin{aligned} U &= \sqrt{U_{\mathrm{R}}^2 + (U_{\mathrm{L}} - U_{\mathrm{C}})^2} \\ \varphi &= \arctan\frac{U_{\mathrm{L}} - U_{\mathrm{C}}}{U_{\mathrm{R}}} \end{aligned}\right\} \tag{3-20}$$

比较式（3-19）和式（3-20），可以看出使用 KVL 方程和使用三角形这两种分析方法得到的运算结果完全一样，这表示正弦交流电路的分析方法有两种：相量分析法和三角形分析法，这两种分析方法得到的结果完全相同。需要说明的是，相量分析法可以应用于不同连

接方式的电路，电路的分析过程同第2章中讲述的分析过程相同。而对连接方式不同的电路，三角形分析法的分析过程难易不同，当电路结构为串联（或并联）电路时，电路相量构成的三角形是直角三角形，直角三角形的求解过程比较简便；当电路结构为既有串联也有并联的混连结构时，电路相量构成的三角形是任意角三角形，任意角三角形的求解过程并不简便，所以在进行混连电路的分析时不使用三角形分析方法。

利用电压三角形可求解串联电路的总电压 U 及电压与电流的相位差 φ，同理，如果已知电路的总电压 U 及相位差 φ，将电压三角形的斜边分别向两个直角边投影，可以得到

$$\left.\begin{aligned} U_R &= U\cos\varphi \\ (U_L - U_C) &= U\sin\varphi \end{aligned}\right\} \tag{3-21}$$

3.4.2 阻抗三角形

利用欧姆定律将电路端电压的 KVL 表示式转换为

$$\dot{U} = \dot{U}_R + \dot{U}_L + \dot{U}_C = R\dot{I} + jX_L\dot{I} - jX_C\dot{I} = \dot{I}[R + j(X_L - X_C)]$$

在正弦交流电路中，定义电压相量与电流相量的比值为电路的复阻抗，复阻抗用大写字母 Z 表示，复阻抗的单位是欧姆（Ω），复阻抗的模值称为阻抗（z），复阻抗的角度称为阻抗角（φ）。按照上述定义，R、L、C 串联电路复阻抗的表示式为

$$Z = \frac{\dot{U}}{\dot{I}} = R + j(X_L - X_C) = \sqrt{R^2 + (X_L - X_C)^2}\angle\arctan\frac{X_L - X_C}{R} = z\angle\varphi \tag{3-22}$$

在复平面中，串联电路的复阻抗也构成了一个直角三角形，如图 3-15a 所示。表示复阻抗的直角三角形称为阻抗三角形，如图 3-15b 所示，其中阻抗 z 是三角形的斜边，电阻 R 与电抗 X 分别是三角形的两个直角边。同样在已知电路中电阻 R 与电抗 X 的数值后，使用勾股定理就可以求解出电路的阻抗值 z 与阻抗角 φ，计算公式为

$$\left.\begin{aligned} z &= \sqrt{R^2 + (X_L - X_C)^2} \\ \varphi &= \angle\arctan\frac{X_L - X_C}{R} \end{aligned}\right\} \tag{3-23}$$

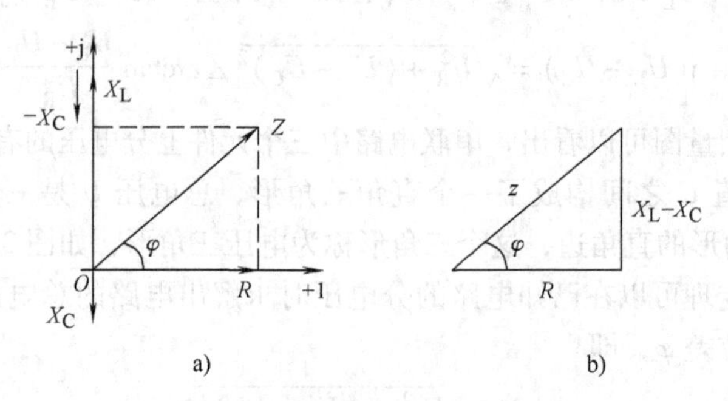

图 3-15 阻抗三角形

a）复平面中的复阻抗 b）阻抗三角形

比较式（3-22）和式（3-23），可以看出正弦交流电路复阻抗的求解也有相量分析法和三角形分析法，两种分析方法求解得到的结果完全相同。

由复阻抗的定义式

$$Z=\frac{\dot{U}}{\dot{I}}=\frac{U\angle\psi_u}{I\angle\psi_i}=\frac{U}{I}\angle(\psi_u-\psi_i)=z\angle\varphi$$

还可得出

$$\left.\begin{aligned}z&=\frac{U}{I}\\ \varphi&=\psi_u-\psi_i\end{aligned}\right\}\tag{3-24}$$

转换电压三角形中相位差 φ 的表示方式，有

$$\varphi=\angle\arctan\frac{U_L-U_C}{U_R}=\angle\arctan\frac{IX_L-IX_C}{IR}=\angle\arctan\frac{X_L-X_C}{R}$$

由上面的分析可以看出，在 R、L、C 串联电路中，电压 u 与电流 i 的初相位之差就是电路的阻抗角 φ，同样电压三角形的角度和阻抗三角形的角度相同，都是电路的阻抗角 φ。

阻抗角 φ 的大小是由电路的固有参数决定的，当电路中 R、L、C 和 f 的数值确定后，阻抗角 φ 的数值就确定了，也就是说，电路中的固有参数决定了正弦交流电路的电压与电流之间的相位差。当阻抗角 $\varphi>0$ 时，有 $\psi_u-\psi_i>0$，这时电路的电压超前于电流，这样的电路称为感性电路；当阻抗角 $\varphi<0$ 时，有 $\psi_u-\psi_i<0$，电路的电压滞后于电流，电路称为容性电路；而当阻抗角 $\varphi=0$ 时，有 $\psi_u-\psi_i=0$，这时电路的电压与电流相位相同，电路称为阻性电路，电路的性质反映了电路中电压与电流之间的相位关系。需要说明的是，感性电路与电感电路不一样，电感电路中只有一个电感元件，电感元件的电压超前于电流 90°相位角，而感性电路中可以连接有不同类型的元件，感性电路的电压超前于电流，但超前的角度 φ 是任意角度。同理容性电路与电容电路不相同，阻性电路与电阻电路也不相同。

3.4.3　功率三角形

在 R、L、C 串联电路中，仍以电路的电流 i 为参考正弦量，设电路的电压超前电流的角度为 φ，电路瞬时功率的表示式为

$$p=iu=I_m\sin\omega t\times U_m\sin(\omega t+\varphi)=UI[\cos\varphi-\cos(2\omega t+\varphi)]$$

电路的有功功率为

$$P=\frac{1}{T}\int_0^T p\mathrm{d}t=\frac{1}{2\pi}\int_0^{2\pi}UI[\cos\varphi-\cos(2\omega t+\varphi)]\mathrm{d}\omega t=UI\cos\varphi$$

利用电压三角形与欧姆定律转换有功功率的表示式，有

$$P=IU\cos\varphi=IU_R=I^2R\tag{3-25}$$

由式（3-25）可以看出，串联电路的有功功率 P 正比于电压与电流的乘积 IU，还正比于阻抗角的余弦 $\cos\varphi$。由于 $\cos\varphi$ 数值的大小对电路的有功功率有比较大的影响，所以在正弦交流电路中定义阻抗角的余弦 $\cos\varphi$ 为交流电路的功率因数。

R、L、C 串联电路的无功功率是两个储能元件中无功功率的代数和，根据电感元件与电容元件无功功率的计算式及无功功率正、负号的规定，可以得到电路无功功率的表示式为

$$Q=Q_L+Q_C=|Q_L|-|Q_C|=IU_L-IU_C=I(U_L-U_C)$$

同样利用电压三角形转换无功功率的表示式，有

$$Q=I(U_L-U_C)=IU\sin\varphi=I^2(X_L-X_C)\tag{3-26}$$

由式（3-26）可以看出，串联电路的无功功率正比于电压与电流的乘积，也正比于阻抗角

的正弦。交流电路中无功功率数值的大小反映了电路中储能元件与电源之间能量互换的规模。

在正弦交流电路中，定义电压相量$\dot{U}$与电流相量$\dot{I}$的共轭复数$^*\dot{I}$的乘积为复功率，复功率用大写字母 S 表示，复功率的模值称为视在功率，视在功率用小写字母 s 表示，复功率的单位为伏安（V · A），复功率的表示式为

$$S = \dot{U}^*\dot{I} = U\angle\psi_{\mathrm{u}} \times I\angle -\psi_{\mathrm{i}} = UI\angle(\psi_{\mathrm{u}} - \psi_{\mathrm{i}}) = s\angle\varphi$$

将复功率的表示式由极标式转换为代数式，有

$$S = s\angle\varphi = s\cos\varphi + \mathrm{j}s\sin\varphi = IU\cos\varphi + \mathrm{j}IU\sin\varphi = P + \mathrm{j}Q$$

由上式可以看出，复平面中的复功率也是一个直角三角形，如图 3-16a 所示。在功率三角形中视在功率 s 是三角形的斜边，有功功率 P 与无功功率 Q 分别为三角形的两个直角边，复功率的角度也是阻抗角 φ，如图 3-16b 所示。有了功率三角形，交流电路的功率运算也可以使用三角运算方式，当已知有功功率 P 和无功功率 Q 时，电路的视在功率和阻抗角为

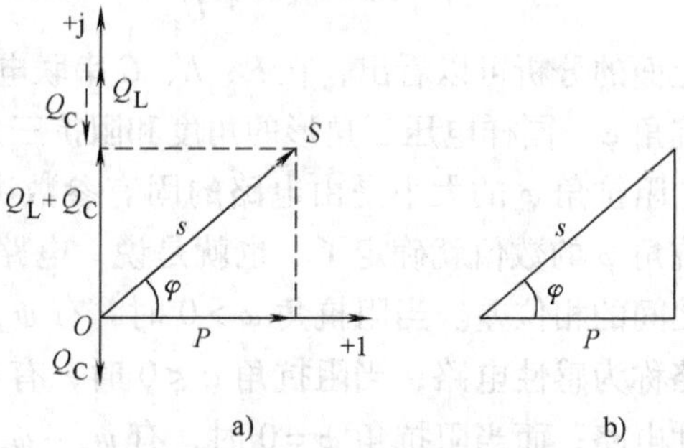

图 3-16　功率三角形

a）复平面中的复功率　b）功率三角形

$$\left.\begin{aligned} s &= \sqrt{P^2 + Q^2} = IU \\ \varphi &= \arctan\frac{Q}{P} \end{aligned}\right\} \tag{3-27}$$

当已知电路的视在功率 s 及阻抗角 φ 时，电路的有功功率与无功功率为

$$\left.\begin{aligned} P &= s\cos\varphi = IU\cos\varphi \\ Q &= s\sin\varphi = IU\sin\varphi \end{aligned}\right\} \tag{3-28}$$

3.4.4　*R*、*L*、*C* 并联电路

R、L、C 并联电路如图 3-17a 所示，设并联电路的端电压$\dot{U}$为参考相量，即$\dot{U} = U\angle 0°$，并联电路的电流为

$$\dot{I} = \dot{I}_{\mathrm{R}} + \dot{I}_{\mathrm{L}} + \dot{I}_{\mathrm{C}} = I_{\mathrm{R}}\angle 0° + I_{\mathrm{L}}\angle -90° + I_{\mathrm{C}}\angle 90° = I_{\mathrm{R}} - \mathrm{j}I_{\mathrm{L}} + \mathrm{j}I_{\mathrm{C}} = I_{\mathrm{R}} - \mathrm{j}(I_{\mathrm{L}} - I_{\mathrm{C}})$$

将上式转为极标式，有

$$\dot{I} = I_{\mathrm{R}} - \mathrm{j}(I_{\mathrm{L}} - I_{\mathrm{C}}) = \sqrt{I_{\mathrm{R}}^2 + (I_{\mathrm{L}} - I_{\mathrm{C}})^2}\angle\arctan\frac{-(I_{\mathrm{L}} - I_{\mathrm{C}})}{I_{\mathrm{R}}} = I\angle -\varphi \tag{3-29}$$

并联电路的相量图如图 3-17b 所示，在相量图中可以看出并联电路的总电流 I 与分电流 I_{R}、I_{L}、I_{C} 之间也构成了一个直角三角形，这个直角三角形称为电流三角形。在电流三角形中，总电流 I 是三角形的斜边，分电流 I_{R}、$I_{\mathrm{L}} - I_{\mathrm{C}}$ 分别为三角形的两个直角边，三角形的角度是电路阻抗角的负值，如图 3-17c 所示。有了电流三角形，就可以在已知总电流 I 时求解分电流 I_{R} 与 $I_{\mathrm{L}} - I_{\mathrm{C}}$，或在已知分电流时求解总电流。

在正弦交流电路分析中可以使用的计算公式比较多，这是因为正弦交流电路中的参数比较多，并且可以使用不同方法进行电路参数的计算，除常用的相量分析法外，还可以借助于电压三角形、阻抗三角形、电流三角形和功率三角形进行电路参数的运算，当正弦交流电路

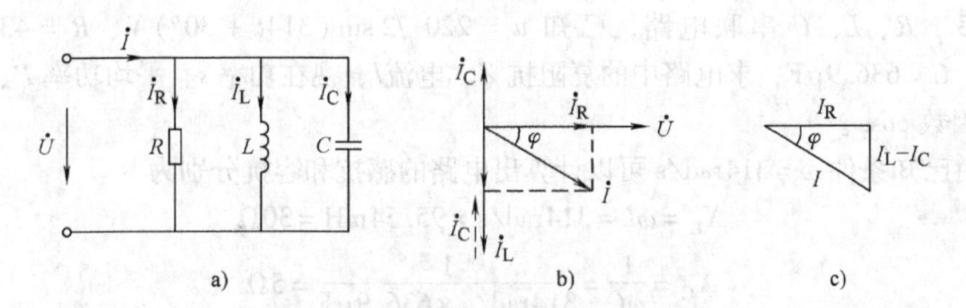

图3-17 R、L、C 并联电路

a）RLC 并联电路 b）相量图 c）电流三角形

中的 R、L、C 元件是单纯串联或单纯并联时，电路参数构成的相量图均为直角三角形，使用勾股定理就可以很快得到运算结果。而当正弦交流电路中的 R、L、C 元件是有串联也有并联的混联结构时，电路参数构成的相量图为任意角三角形，任意角三角形的求解相对比较困难，所以当正弦交流电路的结构为混联电路时应当采用相量分析方法。

3.4.5 正弦交流电路的分析

掌握了 R、L、C 元件在正弦交流电路中的特性后，第2章中介绍的各种电路分析方法均可以应用于正弦交流电路的分析。在电路分析时，正弦交流电路与直流电路的不同之处在于：直流电路中的电路元件是电阻，而交流电路中的电路元件是复阻抗；直流电路中电压与电流的运算是代数运算，而交流电路中电压与电流的运算是相量运算；直流电路中的功率是平均功率，而交流电路中的功率是有功功率、无功功率及视在功率。掌握了正弦交流电路的这些特点，正弦交流电路的分析就可以顺利进行。

与直流电路的运算公式相对比，在正弦交流电路中存在如下运算公式

阻抗的串联 $$Z_串 = Z_1 + Z_2 + \cdots = \sum Z_K = \sum R_K + j\sum X_K = z_串 \angle \varphi_串 \tag{3-30}$$

其中 $$z_串 = \sqrt{(\sum R_K)^2 + (\sum X_K)^2} \qquad \varphi_串 = \arctan \frac{\sum X_K}{\sum R_K}$$

阻抗的并联 $$\frac{1}{Z_并} = \frac{1}{Z_1} + \frac{1}{Z_2} + \cdots$$

欧姆定律 $$\dot{I} = \frac{\pm \dot{U}}{Z} \qquad \dot{I} = \frac{\pm \dot{U} \pm \dot{E}}{Z} \qquad \dot{I} = \frac{\sum \dot{E}}{\sum Z}$$

基尔霍夫定律 KCL： $$\sum \dot{I}_{in} = \sum \dot{I}_{out} \qquad \sum \dot{I} = 0$$

KVL： $$\sum \dot{U} = 0 \qquad \sum \dot{E} = \sum \dot{I}R$$

分压公式 $$\dot{U}_1 = \frac{Z_1}{Z_1 + Z_2}\dot{U} \qquad \dot{U}_2 = \frac{Z_2}{Z_1 + Z_2}\dot{U}$$

分流公式 $$\dot{I}_1 = \frac{Z_2}{Z_1 + Z_2}\dot{I} \qquad \dot{I}_2 = \frac{Z_1}{Z_1 + Z_2}\dot{I}$$

两节点电路的节点电位公式 $$\dot{U}_{10} = \frac{\sum \frac{\dot{E}}{Z}}{\sum \frac{1}{Z}}$$

或 $$G_{11}\dot{U}_{10} = \sum \dot{I}_{S11}$$

例 3-3　R、L、C 串联电路，已知 $u=220\sqrt{2}\sin(314t+30°)\text{V}$、$R=43.3\Omega$、$L=95.54\text{mH}$、$C=636.9\mu\text{F}$，求电路中的复阻抗 Z、电流$\dot{I}$、视在功率 s、平均功率 P、无功功率 Q 及功率因数 $\cos\varphi$。

解：由已知条件 $\omega=314\text{rad/s}$ 可以计算出电路的感抗和容抗分别为

$$X_{\text{L}}=\omega L=314\text{rad/s}\times 95.54\text{mH}=30\Omega$$

$$X_{\text{C}}=\frac{1}{\omega C}=\frac{1}{314\text{rad/s}\times 636.9\mu\text{F}}=5\Omega$$

则电路的复阻抗

$$Z=R+\text{j}(X_{\text{L}}-X_{\text{C}})=43.3\Omega+\text{j}(30\Omega-5\Omega)=50\angle 30°\Omega$$

已知串联电路的端电压$\dot{U}=220\angle 30°\text{V}$，由欧姆定律有

$$\dot{I}=\frac{\dot{U}}{Z}=\frac{220\angle 30°\text{V}}{50\angle 30°\Omega}=4.4\angle 0°\text{A}$$

电路的复功率为

$$S=\dot{U}^{*}\dot{I}=220\angle 30°\text{V}\times 4.4\angle 0°\text{A}=968\angle 30°\text{V}\cdot\text{A}=(838.3+\text{j}484)\text{V}\cdot\text{A}$$

由上式可得，电路的视在功率 $s=968\text{V}\cdot\text{A}$、有功功率 $P=838.3\text{W}$、无功功率 $Q=484\text{var}$、功率因数 $\cos\varphi=\cos 30°=0.866$

例 3-4　电路如图 3-18 所示，已知 $u_{\text{s}}=10\cos 10^{3}t\text{V}$，求解电路中的电压 u_{o}。

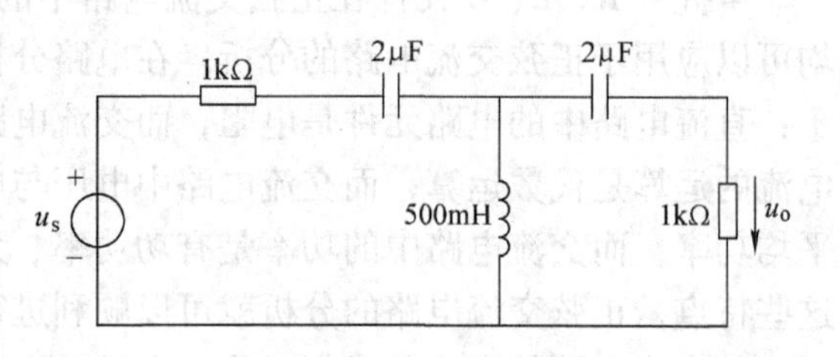

图 3-18　例 3-4 电路

解：由于电路中的电源电压和被求解参数均为正弦函数的瞬时值，所以可以使用最大值相量求解。已知电源电压$\dot{U}_{\text{sm}}=10\angle 0°\text{V}$，电路中的容抗和感抗分别为

$$X_{\text{C}}=\frac{1}{\omega C}=\frac{1}{10^{3}\text{rad/s}\times 2\times 10^{-6}\text{F}}=0.5\text{k}\Omega$$

$$X_{\text{L}}=\omega L=10^{3}\text{rad/s}\times 500\times 10^{-3}\text{H}=0.5\text{k}\Omega$$

令串联电路的阻抗为阻抗 Z_1，并联电路的阻抗为阻抗 Z_2，则阻抗 Z_1 与 Z_2 分别为

$$Z_1=R-\text{j}X_{\text{C}}=1\text{k}\Omega-\text{j}0.5\text{k}\Omega=1.12\angle -26.57°\text{k}\Omega$$

$$Z_2=\frac{\text{j}X_{\text{L}}(R-\text{j}X_{\text{C}})}{R-\text{j}X_{\text{C}}+\text{j}X_{\text{L}}}=\frac{\text{j}0.5\text{k}\Omega(1\text{k}\Omega-\text{j}0.5\text{k}\Omega)}{1\text{k}\Omega-\text{j}0.5\text{k}\Omega+\text{j}0.5\text{k}\Omega}=0.25\text{k}\Omega+\text{j}0.5\text{k}\Omega=0.56\angle 63.43°\text{k}\Omega$$

设电路并联部分的电压为$\dot{U}_{2\text{m}}$，则$\dot{U}_{2\text{m}}$和电压$\dot{U}_{\text{om}}$分别为

$$\dot{U}_{2\text{m}}=\frac{Z_2}{Z_1+Z_2}\dot{U}_{\text{sm}}=\frac{0.56\angle 63.43°\text{k}\Omega}{1\text{k}\Omega-\text{j}0.5\text{k}\Omega+0.25\text{k}\Omega+\text{j}0.5\text{k}\Omega}\times 10\angle 0°\text{V}=4.48\angle 63.43°\text{V}$$

$$\dot{U}_{\text{om}}=\frac{R}{R-\text{j}X_{\text{C}}}\dot{U}_{2\text{m}}=\frac{1\text{k}\Omega}{1\text{k}\Omega-\text{j}0.5\text{k}\Omega}\dot{U}_{2\text{m}}=\frac{1\text{k}\Omega}{1.12\angle -26.57°\text{k}\Omega}\times 4.48\angle 63.43°\text{V}=4\angle 90°\text{V}$$

解出电压 u_{o} 的表示式为 $u_{\text{o}}=4\cos(10^{3}t+90°)\text{V}$。

例 3-5　图 3-19 所示电路，已知电路中两个电源的端电压分别为$\dot{U}_1=230\angle 0°\text{V}$、$\dot{U}_2=227\angle 0°\text{V}$，复阻抗 $Z_1=(0.1+\text{j}0.5)\Omega$、$Z_2=(0.1+\text{j}0.5)\Omega$、$Z_3=(5+\text{j}5)\Omega$，求解电压$\dot{U}_3$ 的数值。

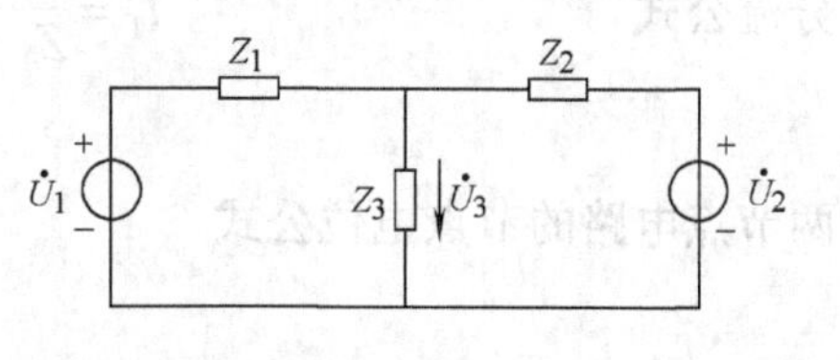

图 3-19　例 3-5 电路

解：将复阻抗转为极标表示式，有 $Z_1=Z_2=0.51\angle 78.7°\Omega$、$Z_3=7.07\angle 45°\Omega$，在两节点电路中可以使用节点电位法求解，有

$$\dot{U}_3=\frac{\dfrac{\dot{U}_1}{Z_1}+\dfrac{\dot{U}_2}{Z_2}}{\dfrac{1}{Z_1}+\dfrac{1}{Z_2}+\dfrac{1}{Z_3}}=\frac{\dfrac{230\angle 0°\mathrm{V}}{0.51\angle 78.7°\Omega}+\dfrac{227\angle 0°\mathrm{V}}{0.51\angle 78.7°\Omega}}{\dfrac{1}{0.51\angle 78.7°\Omega}+\dfrac{1}{0.51\angle 78.7°\Omega}+\dfrac{1}{7.07\angle 45°\Omega}}=224\angle -1.28°\mathrm{V}$$

解出 $$\dot{U}_3=224\angle -1.28°\mathrm{V}$$

例3-6　图3-20a所示电路，已知 $R_1=1\mathrm{k}\Omega$、$R_2=0.5\mathrm{k}\Omega$、$L=1\mathrm{mH}$、$C=500\mathrm{pF}$、$u_\mathrm{s}=30\sin 10^6t\mathrm{V}$，求解电路中的电压 u_2。

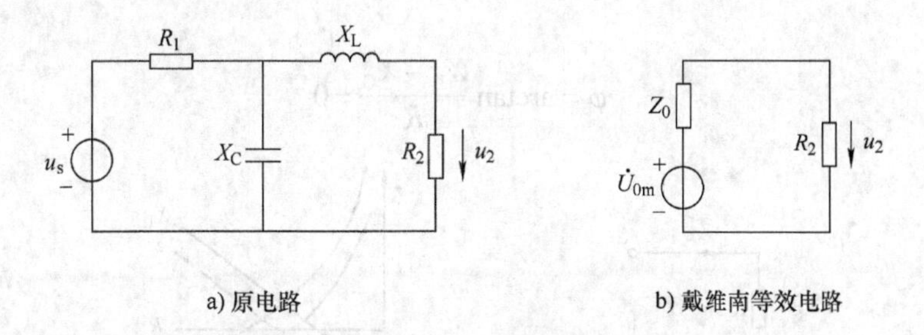

a) 原电路　　b) 戴维南等效电路

图3-20　例3-6电路

解：已知 $\dot{U}_\mathrm{sm}=30\angle 0°\mathrm{V}$，并且电路中的感抗与容抗分别为

$$X_\mathrm{L}=10^6\mathrm{rad/s}\times 1\times 10^{-3}\mathrm{H}=1\mathrm{k}\Omega \qquad X_\mathrm{C}=\frac{1}{10^6\mathrm{rad/s}\times 500\times 10^{-12}\mathrm{F}}=2\mathrm{k}\Omega$$

利用戴维南定理可以求解出电路的开路电压和入端阻抗分别为

$$\dot{U}_\mathrm{0m}=\frac{-\mathrm{j}X_\mathrm{C}}{R_1-\mathrm{j}X_\mathrm{C}}\dot{U}_\mathrm{sm}=\frac{-\mathrm{j}2\mathrm{k}\Omega}{1\mathrm{k}\Omega-\mathrm{j}2\mathrm{k}\Omega}\times 30\angle 0°\mathrm{V}=26.79\angle -26.57°\mathrm{V}$$

$$Z_0=\mathrm{j}X_\mathrm{L}+\frac{R_1\times(-\mathrm{j}X_\mathrm{C})}{R_1-\mathrm{j}X_\mathrm{C}}=\mathrm{j}1\mathrm{k}\Omega+\frac{1\mathrm{k}\Omega\times(-\mathrm{j}2)\mathrm{k}\Omega}{1\mathrm{k}\Omega-\mathrm{j}2\mathrm{k}\Omega}=1\angle 36.87°\mathrm{k}\Omega$$

原电路的戴维南等效电路如图3-20b所示，则电路中的电压

$$\dot{U}_\mathrm{2m}=\frac{R_2}{R_2+Z_0}\dot{U}_\mathrm{0m}=\frac{0.5\mathrm{k}\Omega}{0.5\mathrm{k}\Omega+1\angle 36.87°\mathrm{k}\Omega}\times 26.79\angle -26.57°\mathrm{V}=9.37\angle -51.35°\mathrm{V}$$

$$u_2=9.37\sin(10^6t-51.35°)\mathrm{V}$$

3.5　谐振

在正弦交流电路中电压与电流同相位的现象称为谐振，发生在 R、L、C 元件串联电路中的谐振叫串联谐振。正弦交流电路中电压与电流之间的相位差是由电路的阻抗角 φ 决定的，而阻抗角 φ 的数值是由电路的固有参数决定的，通常电路的阻抗角 $\varphi\neq 0$，即在普通的正弦交流电路中电压与电流相位不同。调节电路的固有参数或电源频率 f 的数值使电路发生谐振称为调谐，对应于谐振状态时的频率称为谐振频率，谐振频率用字母 f_0 表示。

3.5.1 串联谐振

在 R、L、C 串联电路中，阻抗角 φ 的大小决定电路的电压与电流之间的相位差，图 3-21b 所示为电阻 R、感抗 X_L、容抗 X_C、阻抗 z 与频率 f 之间的关系，由图示曲线可以看出 $X_L \propto f$、$X_C \propto 1/f$、R 与 f 无关。在 f 数值比较低的低频段，电路的阻值 R 及感抗值 X_L 的数值均较小，而电路的容抗 X_C 数值比较大并且随频率 f 变化有明显变化，这时电路的阻抗 z 将跟随容抗 X_C 的变化规律变化，电路性质为容性电路；在 f 数值比较高的高频段，X_C 的数值很小，而 X_L 的数值却随频率 f 的增大而明显增加，这时电路阻抗 z 将跟随感抗 X_L 变化的规律变化，电路的性质为感性电路；在频率 $f=f_0$ 时，感抗 X_L 与容抗 X_C 数值相同，电路的阻抗角

$$\varphi = \arctan\frac{X_L - X_C}{R} = 0$$

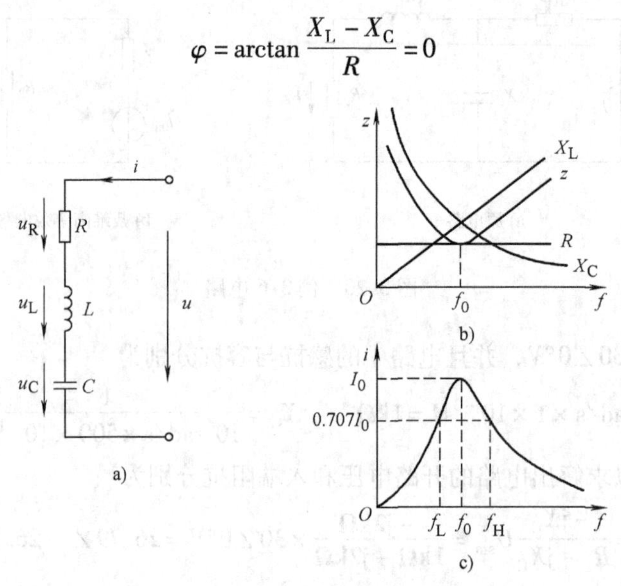

图 3-21 串联谐振电路

a) R、L、C 元件串联电路 b) $z-f$ c) $i-f$ 曲线

由于 $\varphi = \psi_u - \psi_i$，所以当 $\varphi = 0$ 时，串联电路的电压 u 与电流 i 同相位，电路为阻性电路，这时正弦交流电路处于谐振状态。由于谐振状态是一个特殊状态，所以当电路发生谐振时，电路中的参数均使用下标“0”标注，以表示该参数是电路发生谐振时的参数，与非谐振状态时的参数不同。根据谐振发生时电路的特性可以得到串联谐振产生的条件为

$$X_{L0} = X_{C0}$$

由上式可以推出 R、L、C 串联电路在谐振发生时的频率

$$f_0 = \frac{1}{2\pi\sqrt{LC}} \tag{3-31}$$

1. 串联谐振特性

当串联谐振发生时，电路中的 $X_{L0} = X_{C0}$，这时电路的阻抗数值最小，最小阻抗值为

$$z_{0\min} = \sqrt{R^2 + (X_{L0} - X_{C0})^2} = R$$

当阻抗数值最小时，电路中电流的数值最大，最大电流值为

$$I_{0\max}=\frac{U}{z_{0\min}}=\frac{U}{R}$$

图3-21c 所示为串联电路中电流随频率变化的 $i-f$ 曲线，可以看出，在 $f=f_0$ 时，对应于最小阻抗值，电路的电流数值将达到最大。由于谐振发生时电路的阻抗角 $\varphi=0$，所以谐振发生时电路的总无功功率为零，这表示在谐振发生时电路的负载与电源之间没有能量互换。但是谐振发生时电路中储能元件中的无功功率并不是零，其中电感元件的无功功率与电容元件的无功功率数值相等，能量互换是在电路的两个储能元件之间进行的。

在谐振电路中定义谐振发生时电路的感抗（或容抗）的数值与电路中阻值的比值为谐振电路的品质因数，品质因数用字母 Q 表示。定义了品质因数的概念后，串联谐振发生时电路中的电阻电压 U_{R0}、电感电压 U_{L0} 及电容电压 U_{C0} 分别为

$$\left.\begin{aligned}U_{R0}&=I_0z_0=\frac{U}{R}R=U\\U_{L0}&=I_0X_{L0}=\frac{U}{R}X_{L0}=\frac{X_{L0}}{R}U=QU\\U_{C0}&=I_0X_{C0}=\frac{U}{R}X_{C0}=\frac{X_{C0}}{R}U=QU\end{aligned}\right\}\tag{3-32}$$

由式（3-32）可以看出，在串联谐振发生时，电路中有

$$U_{L0}=U_{C0}=QU$$

由品质因数的定义式可知，若谐振发生时电路的固有参数 $X_{L0}=X_{C0}>>R$，则品质因数 $Q>>1$，这时在电路中就会出现 $U_{L0}=U_{C0}=QU>>U$，电路元件上的分电压数值将高于电路总电压的数值，所以串联谐振也叫做电压谐振。在电子电路中可以利用串联谐振将一个微小的电信号放大 Q 倍，以利于后级电路接收，但是在电力电路中，电源的电压数值通常比较高，电路中出现的串联谐振将会在电路元件上产生数值很高的过电压，损坏电气设备，所以电力电路中不允许出现谐振状态。

2. 通频带宽度 Δf

定义：电流最大值0.707倍处（$i=0.707I_0$）的频率上、下限为电路的通频带宽度，通频带宽度用字母 Δf 表示。在图3-21c 所示的 $i-f$ 曲线中，当电源频率 f 由低频向高频方向逐渐增大时，在 $f<f_0$ 的区间，电流 i 的数值随着频率增加而增加，当电流 i 的数值增加到 $i=0.707I_0$ 时，对应频率轴的频率数值即为电路的下限截止频率 f_L；当频率 $f>f_0$ 后，频率 f 的数值再增加，电路中电流 i 的数值将随着频率的增加而逐渐减小，这时电流 i 的数值会再次经过 $i=0.707I_0$ 的点，对应的频率即为电路的上限截止频率 f_H，电路的通频带宽度为

$$\Delta f=f_H-f_L\tag{3-33}$$

通频带宽度反映了电路允许信号通过的带宽，当信号频率在通频带宽度以内时，信号电流的数值比较大，信号电压的数值也比较大，电路向后级输出信号，后级电路可以接收到该频率的信号；当信号频率在通频带宽度以外时，谐振电路对这些信号的衰减很大，信号电流的数值很小，谐振电路实际不允许这些频率的信号通过。

谐振电路的通频带宽度 Δf 与电路的品质因数 Q 之间成反比例关系，当电路的品质因数 Q 的数值增加时，$i-f$ 曲线将变得尖锐，Δf 的数值会减小；反之当电路的 Q 值减小时，$i-f$ 曲线将变得平缓，Δf 的数值会增大，图3-22 画出了具有不同 Q 值电路的 $i-f$ 曲线及不同的

通频带宽度。

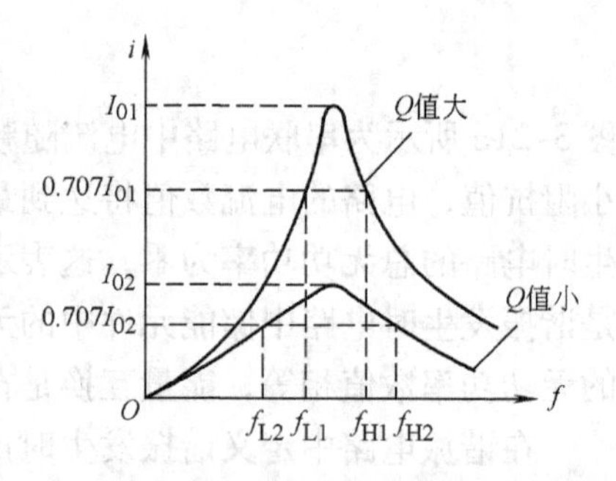

图 3-22　通频带宽度与品质因数的关系

串联谐振应用于频率选择电路，如收音机的信号接收电路。空间的无线电波经过接收天线进入收音机的频率选择电路，由接收变压器和调频电容器构成的频率选择电路可以等效为 R、L、C 元件的串联电路，其中调频电容器上的电压即为电路的输出信号，如图 3-23 所示。调节电路中的可变电容器 C，可以改变电路的固有频率 f_0，当电路的固有频率 f_0 与接收天线收到的某个信号频率 f 的数值相同时，电路将对该频率的信号产生串联谐振，谐振发生时，可变电容器上的电压数值最大并且是信号电压的 Q 倍，这个频率的信号将输出给后级电路。接收天线收到其他信号的频率 $f \neq f_0$，不能在电路中产生谐振，则其他频率信号的电压在电容器上分量数值很小，可以忽略不计，后级放大电路就只能接收到选频电路输出的信号，实现了信号接收电路对信号频率的选择。

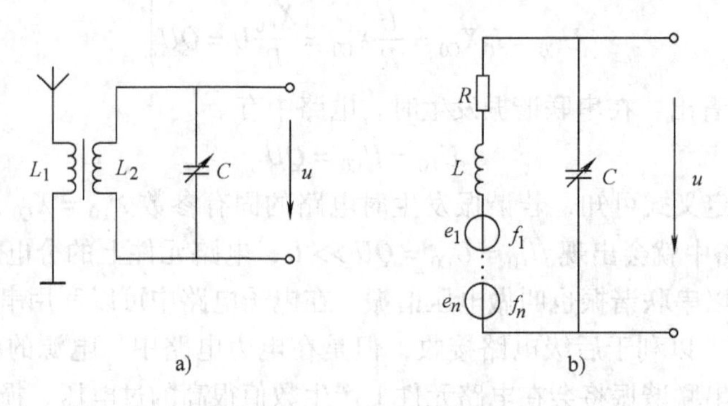

图 3-23　串联谐振的应用

a）收音机信号接收电路　b）等效电路图

*3.5.2　并联谐振

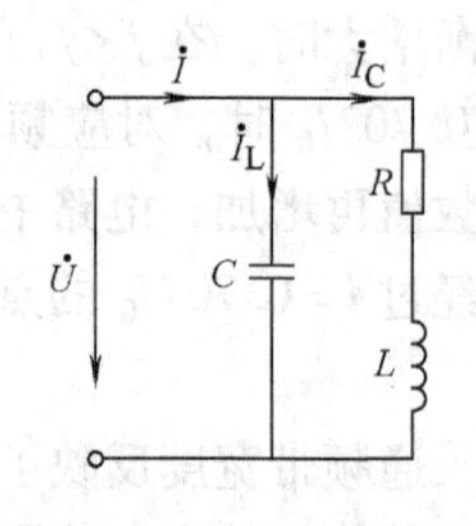

图 3-24　并联谐振电路

在 R、L、C 并联电路中产生的谐振现象称为并联谐振，由于电感线圈存在内阻，并联谐振电路如图 3-24 所示。在并联电路发生谐振时，根据谐振发生的条件，可以推导出电路的谐振频率为

$$f_0 = \frac{1}{2\pi}\sqrt{\frac{1}{LC} - \left(\frac{R}{L}\right)^2} \tag{3-34}$$

如果电感线圈内阻 R 的数值很小，对电路的影响可以忽略不计，并联谐振频率的表示式可以简化为

$$f_0 \approx \frac{1}{2\pi\sqrt{LC}}$$

并联谐振发生时，电路也具有一些独特的现象：首先，当并联谐振发生时，电路的复导纳数值最小，复阻抗数值最大，最大阻抗数值为

$$z_{0\max}=\frac{L}{RC}$$

其次，由于并联谐振发生时电路的阻抗数值最大，则电路总电流的数值将最小，电路的最小电流为

$$I_{0\min}=\frac{U}{z_{0\max}}=\frac{U}{\frac{L}{RC}}=\frac{URC}{L} \tag{3-35}$$

第三，当忽略电感线圈的内阻 R 对支路电流 I_{L0} 的影响时，并联谐振状态下的电容电流 I_{C0} 与电感电流 I_{L0} 数值相同，有

$$\left.\begin{aligned}\frac{I_{C0}}{I_0}&=\frac{U\omega_0 C}{URC/L}=\frac{\omega_0 L}{R}=Q\\ \frac{I_{L0}}{I_0}&\approx\frac{U/\omega_0 L}{URC/L}=\frac{1}{\omega_0 CR}=Q\end{aligned}\right\} \tag{3-36}$$

即在并联谐振发生时，电路中存在

$$I_{L0}\approx I_{C0}=QI_0$$

与串联谐振一样，并联谐振也可以应用于频率选择电路。

例 3-7　R、L、C 串联电路中，已知 $R=20\Omega$、$L=5\text{mH}$、$C=0.01\mu\text{F}$，电源电压 $U=0.1\text{V}$，当电路发生串联谐振时，求解电路的谐振频率 f_0、品质因数 Q、谐振时的电阻电压 U_{R0} 和电容电压 U_{C0}。

解：由式（3-31）有

$$f_0=\frac{1}{2\pi\sqrt{LC}}=\frac{1}{2\times3.14\times\sqrt{5\times10^{-3}\text{H}\times0.01\times10^{-6}\text{F}}}=22.52\text{kHz}$$

$$Q=\frac{X_{L0}}{R}=\frac{2\times3.14\times22.52\times10^{3}\text{Hz}\times5\times10^{-3}\text{H}}{20\Omega}=35.36$$

串联谐振发生时的电阻电压等于电源电压，有

$$U_{R0}=U=0.1\text{V}$$

串联谐振发生时的电容电压等于电源电压的 Q 倍，有

$$U_{C0}=QU=35.36\times0.1\text{V}=3.54\text{V}$$

由此可见，在电路发生串联谐振时，电容电压 $U_{C0}\gg U$。

3.6　功率因数的提高

在正弦交流电路中，电路的有功功率 $P=s\cos\varphi=IU\cos\varphi$，这表示当电源输出的视在功率 s 为定值时，视在功率中能够转换为有功功率的部分取决于功率因数 $\cos\varphi$ 数值的大小。如果正弦交流电路的 $\cos\varphi$ 数值低，说明电路实际消耗的有功功率数值少，而电路与电源之间交换的无功功率数值大，这种状态对电源不利。首先，发电机的容量不能得到充分的利用。发电机能够输出足够大的视在功率，如果电路使用的有功功率少，与电源交换的无功功率多，这将使发电机等效为一个小容量发电机。其次，增加了输配电的损耗。从发电厂到用户之间有着长距离的输电线路及输配电变压器，如果电路的 $\cos\varphi$ 数值低，长距离输电线内阻 R_l 上的功耗为

$$\Delta P = I^2 R_l = \left(\frac{P}{U\cos\varphi}\right)^2 R_l = \frac{P^2 R_l}{U^2}\frac{1}{\cos^2\varphi}$$

由上式可以看出，$\cos\varphi$ 的数值越低，输电线路自身损耗 ΔP 的数值就越大。综上所述，正弦交流电路 $\cos\varphi$ 数值的大小直接影响电路中能量的分配。为提高电源的利用率、减小输电线路的损耗，正常工作时正弦交流电路 $\cos\varphi$ 的数值不能太低。

造成电路 $\cos\varphi$ 数值偏低的原因是电路中存在储能元件，储能元件与电源之间存在着能量互换，如果能够减小储能元件与电源之间能量互换的规模，即可提高电路的功率因数。在工业生产和生活用电中，绝大多数用电器为感性负载，电路中的无功功率也为感性无功功率，若利用电容元件与电感元件无功功率相互补偿的特性，给感性负载并联补偿电容，用电容元件的容性无功功率补偿电路的感性无功功率，就可以提高电路的功率因数。

图3-25a 所示为功率因数补偿电路，补偿电容 C 与电路的负载并联将不会改变负载原有的工作条件，负载的端电压不变、负载的阻抗值不变、负载的功率也不会改变，但是并联补偿电容后电路的参数将发生改变。图3-25b 所示为电路的相量图，当电路没有并联补偿电容时，电路的总电流就是负载电流 I_L，电路的阻抗角就是负载的阻抗角。设负载的阻抗角为 φ_1，负载电流 I_L 向复平面虚数轴投影的分量 $I'_L = I_L\sin\varphi_1$ 是负载电流的无功分量，负载电流 I_L 向复平面实数轴投影的分量 $I''_L = I_L\cos\varphi_1$ 是负载电流的有功分量，这两个电流分量分别构成了电路的有功功率与无功功率。

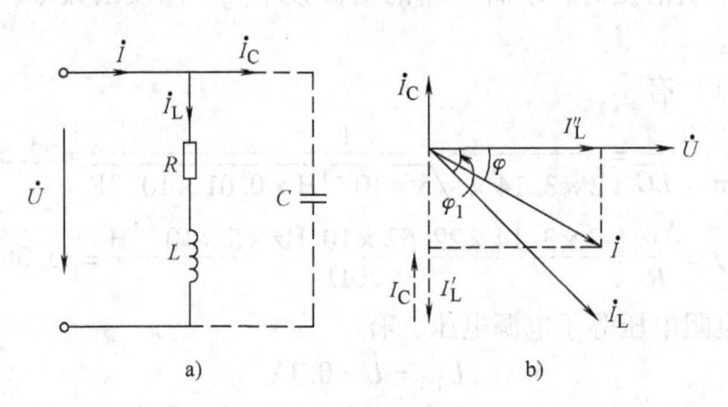

图3-25　功率因数补偿电路

a）功率因数补偿电路　b）相量图

当给负载并联了补偿电容 C 后，电路的阻抗角由 φ_1 转变为 φ，电路的总电流也由 I_L 转变为 I，同时电容电流 I_C 将补偿负载电流中无功分量 I'_L 的一部分，使得电路中总电流 I 的无功分量减小为

$$I\sin\varphi = I'_L - I_C = I_L\sin\varphi_1 - I_C$$

整理上式有

$$I_C = I_L\sin\varphi_1 - I\sin\varphi = \frac{P}{U\cos\varphi_1}\sin\varphi_1 - \frac{P}{U\cos\varphi}\sin\varphi = \frac{P}{U}(\tan\varphi_1 - \tan\varphi)$$

由欧姆定律可以计算出补偿电容的电流为

$$I_C = \frac{U}{X_C} = U\omega C$$

合并上述公式，可以得到补偿电容 C 的计算公式

$$C=\frac{P}{U^2\omega}(\tan\varphi_1-\tan\varphi) \tag{3-37}$$

例3-8　已知一台电动机的功率 $P=3\text{kW}$、$\cos\varphi=0.6$，额定电压 $U=220\text{V}$，该电动机的工作电流是多少？如欲将电动机的功率因数提高到 $\cos\varphi'=0.85$，需要的补偿电容容量是多少？提高功率因数后电路的电流是多少？电动机的电流是多少？

解：电动机的电流为

$$I=\frac{P}{U\cos\varphi}=\frac{3\times10^3\text{W}}{220\text{V}\times0.6}=22.7\text{A}$$

由 $\cos\varphi=0.6$，得 $\varphi=53.13°$，由 $\cos\varphi'=0.85$，得 $\varphi'=31.79°$，如欲将电机的功率因数提高到 $\cos\varphi'=0.85$，需要的补偿电容容量为

$$C=\frac{P}{U^2\omega}(\tan\varphi-\tan\varphi')=\frac{3\times10^3\text{W}}{(220\text{V})^2\times314\text{rad/s}}(\tan53.13°-\tan31.79°)=140\mu\text{F}$$

这时电路电流为

$$I=\frac{P}{U\cos\varphi'}=\frac{3\times10^3\text{W}}{220\text{V}\times0.85}\approx16\text{A}$$

在电路中并联补偿电容并不改变电动机原有的参数，电动机的端电压也没有发生变化，所以电动机的电流仍然是22.7A。

本章小结

正弦函数的表示，工程电学和高等数学有不同之处。首先，工程电学规定正弦量的初相位 $|\psi|\leqslant\pi$，这样正弦量的初相位就有了正、负之分，当电路运算后正弦量初相位的角度 $\psi>180°$ 时，应当将该角度换算为小于180°的负值再记入正弦量的初相位中。其次，工程电学规定正弦交流电路的相位差是电压的初相位减去电流的初相位，即 $\varphi=\psi_u-\psi_i$，同时相位差 φ 也是电路的阻抗角，这表示是电路的固有参数决定电路中电压与电流之间的相位差。第三，正弦交流电路中的电压、电流是相量，相量一定有与之相对应的正弦量，表示相量的大写字母上要加点。而电路中的复阻抗与复功率只是复数，复数没有正弦量与之对应，表示复数的大写字母上没有点。第四，正弦交流电路分析使用的工具是相量运算，在进行相量运算时，加、减运算应当使用相量的代数式，乘、除运算应当使用相量的极标式，运算后得到的结果应当使用极标式表示，极标式的模值是电路测量仪表能够显示的数字。第五，因为在正弦交流电路中有 $-1=j^2$，所以在正弦量的表示式中没有负号，在运算结果中出现的负号应以180°角折算入正弦量的初相位之中。

正弦交流电路的分析方法除了可以使用相量运算，还可以使用三角作图方式求解。当交流电路中的元件以单纯串联方式联接时，电路的总电压与分电压之间就构成了直角三角形的关系，按照勾股定理可以方便地求解出电路中的电压参数；当电路元件以单纯并联的方式联接时，电路的总电流与分电流之间也构成了直角三角形，同样可以使用勾股定理进行电流参数的求解。需要注意的是，只有在电路元件单纯串联（或单纯并联）时，电路的电压三角形（或电流三角形）才是直角三角形，如果电路元件是以串-并联都有的混联方式连接时，相量图中的三角形通常是任意角三角形，用三角作图方式求解任意角三角形并不是简便的解题方法，所以当电路结构是混联电路时，建议使用相量运算方法求解。

正弦交流电路的元件包括耗能元件 R、储能元件 L 与 C。耗能元件消耗的功率是有功功率，有功功率的计算式为 $P=IU\cos\varphi$，有功功率是电路消耗掉的功率，这部分功率负载使用掉了，不会再还给电源了。储能元件储存的功率是无功功率，无功功率的计算式为 $Q=IU\sin\varphi$，无功功率是负载占着但没有使用的功率，无功功率在负载与电源之间来回交换，如果不给含有储能元件的负载提供无功功率，负载将不能正常工作。交流电源发出的功率是视在功率，视在功率的计算式为 $s=IU$，视在功率是电源能够提供的功率，视在功率的大小反映了电源能够输出电能的多少。电源输出的功率中有多少转换为有功功率，有多少转换为无功功率，电源自身无法决定，这个转换比例是由电路的固有参数决定的。当电路中 R、L、C 和电源频率 f 的数值一定时，电路阻抗角 φ 的数值就一定，功率因数 $\cos\varphi$ 的数值就确定了。$\cos\varphi$ 数值的大小影响电源输出功率的分配，当电路的 $\cos\varphi$ 数值比较低时，视在功率中的无功分量数值就比较大；当电路的 $\cos\varphi$ 数值比较高时，视在功率中的有功分量数值就比较大，由此可知，电源利用率的高低是由电路的固有参数的数值决定的。

在正弦交流电路的固有参数确定后，电路的固有频率为 $f_0\approx 1/2\pi\sqrt{LC}$，如果输入信号的频率与电路的固有频率数值相等，交流电路中将出现谐振现象，谐振发生时电路的电压与电流相位相同，电路等效为阻性电路。谐振电路具有一些独特的现象，当串联电路发生谐振时，储能元件上的电压 $U_{L0}=U_{C0}=QU$，如果电路的品质因数 $Q>>1$，储能元件上的电压 $U_{L0}=U_{C0}>>U$，表现为电路元件上的分电压将远远大于电源电压，由此串联谐振也称为电压谐振。需要说明的是，在实际的电感线圈中，线圈内阻对电感电压有影响，所以在由实际元件实现的串联谐振电路中，电感电压与电容电压之间存在差值，电感电压的数值要稍微比电容电压的数值大一些，这个现象是由电感线圈的内阻引起的。同理，定义发生在并联电路中的谐振称为并联谐振，并联谐振是电流谐振，谐振发生时支路电流将是电路总电流的 Q 倍。谐振是交流电路独有的现象，利用交流电路的谐振特性可以构成频率选择电路，选频电路可以从多个频率的混合信号中挑选出一定频率的信号，进行初级放大后输出给后级的放大电路。

习 题 3

3.1 已知正弦量 $u=20\sqrt{2}\sin(314t+30°)\text{V}$，$i=10\sqrt{2}\sin314t\text{A}$，写出两正弦量的幅值、频率、初相位及相位差 φ，画出两个正弦量的波形图。

3.2 某一正弦交流电路，已知 $\dot{U}=(-3+\text{j}4)\text{V}$，$\dot{I}=(2-\text{j}1)\text{A}$，写出它们的瞬时值表示式。

3.3 在单一元件正弦交流电路中，判断下列关系式是否正确。

(1) $i=\dfrac{u}{X_L}$　　$i=\dfrac{U}{X_L}$　　$I=\dfrac{U}{X_L}$　　$\dot{I}=\dfrac{\dot{U}}{X_L}$　　$\dot{I}=\dfrac{\dot{U}}{\text{j}X_L}$

(2) $u=iX_C$　　$u=i\omega C$　　$U=IX_C$　　$\dot{U}=\dot{I}X_C$　　$\dot{U}=\dot{I}(-\text{j}X_C)$

3.4 如图3-26所示电路，已知 $L=0.25\text{H}$，$i=10\sqrt{2}\sin314t\text{mA}$，求电感元件的端电压 U，画出电感元件的电压与电流的波形图。若用 $C=10\mu\text{F}$ 电容器替换电感元件，重复上述计算并画出波形图。

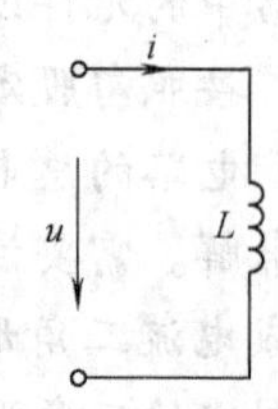

图3-26　习题3.4电路

3.5 在 R、L、C 串联交流电路中，判断下列关系式是否正确。

(1) $i=\dfrac{u}{R+X}$　　$I=\dfrac{U}{R+X_L-X_C}$　　$I=\dfrac{U}{Z}$　　$i=\dfrac{u}{z}$　　$I=\dfrac{U}{z}$

(2) $u=iz$　　$U=I(R+X)$　　$\dot{U}=\dot{I}z$　　$U=IZ$　　$U=Iz$

（3）$Z=R+\mathrm{j}X$　　$Z=R+X_{\mathrm{L}}-X_{\mathrm{C}}$　　$z=\sqrt{R^2+X^2}$　　$z=R+\mathrm{j}(X_{\mathrm{L}}-X_{\mathrm{C}})$

3.6　如图3-27所示电路，当电源为直流电源时，电压表的读数 $V_0=50\mathrm{V}$ 时，电流表的读数 $A_0=4\mathrm{A}$。当电源为交流电源时，电压表的读数 $V_0=220\mathrm{V}$ 时，电流表的读数为 $A_0=10\mathrm{A}$，计算电路中的 R 与 L 的数值。

3.7　在如图3-28所示电路中，已知 $R=16\mathrm{k}\Omega$、$C=0.01\mu\mathrm{F}$，当 $f=995\mathrm{Hz}$ 时，计算 u_{o} 与 u_{i} 之间的相位差，如果 R 元件与 C 元件互换位置，u_{o} 与 u_{i} 之间的相位差有什么不同。

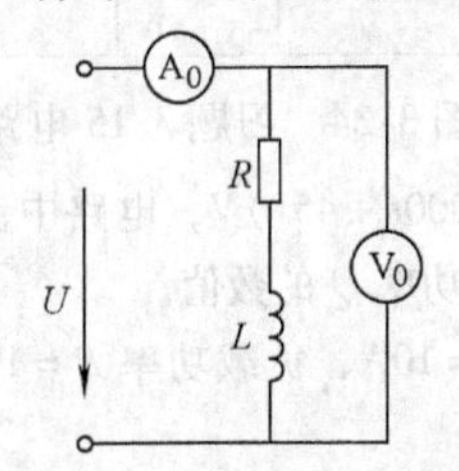

图3-27　习题3.6电路

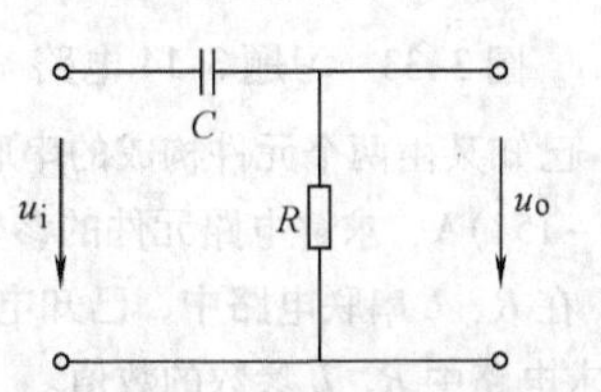

图3-28　习题3.7电路

3.8　在 R、L、C 串联电路中，已知电压 $u=100\sqrt{2}\sin314t\mathrm{V}$，$I=16\mathrm{A}$，$P=800\mathrm{W}$，计算电路的 $\cos\varphi$ 值及电路的电阻 R 与电抗 X。

3.9　在 R、L、C 串联电路中，已知 $R=50\Omega$，$L=0.15\mathrm{H}$，$C=10\mu\mathrm{F}$，$U_{\mathrm{R}}=5\mathrm{V}$，$\omega=10^3\mathrm{rad/s}$，计算电路的电流 I、电感电压 U_{L}、端电压 U、有功功率 P 及无功功率 Q。

3.10　在如图3-29所示电路中，已知 $R=10\Omega$，$L=31.8\mathrm{mH}$，$C=318\mu\mathrm{F}$，$U=10\mathrm{V}$，$f=50\mathrm{Hz}$，计算各元件的电流 i_{R}、i_{C}、i_{L} 及电路的总电流 i，并画出相量图。

3.11　在如图3-30所示电路中，已知 $R_1=5\Omega$、$R_2=4\Omega$、$X_{\mathrm{C}}=5\Omega$，计算电路等效复阻抗的数值。

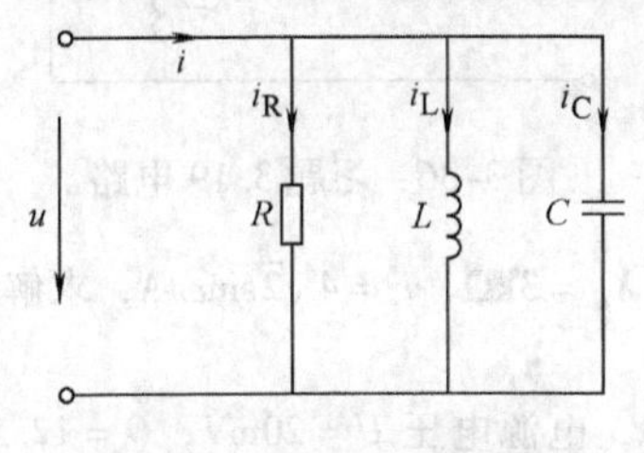

图3-29　习题3.10电路

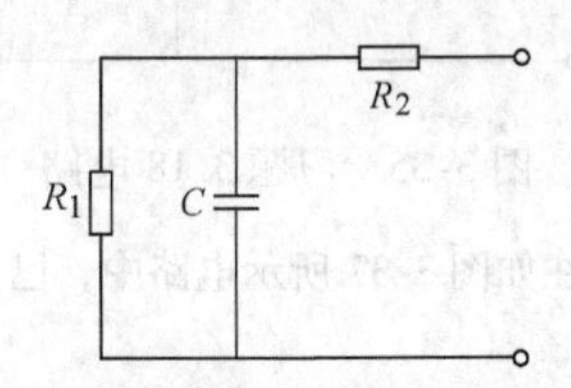

图3-30　习题3.11电路

3.12　在如图3-31所示电路中，已知 $R_1=4\Omega$、$R_2=6\Omega$、$X_{\mathrm{C}}=3\Omega$、$X_{\mathrm{L}}=6\Omega$，计算电路等效复阻抗的数值。

3.13　在如图3-32所示电路中，已知 $u=200\sqrt{2}\sin(314t+30°)\mathrm{V}$、$R=300\Omega$、$L=1.274\mathrm{H}$，$C=9.95\mu\mathrm{F}$，求电路中的电流 i、i_{L}、i_{C} 及电路的有功功率 P。

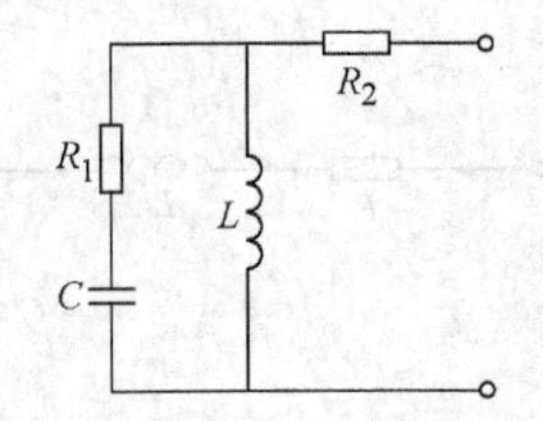

图3-31　习题3.12电路

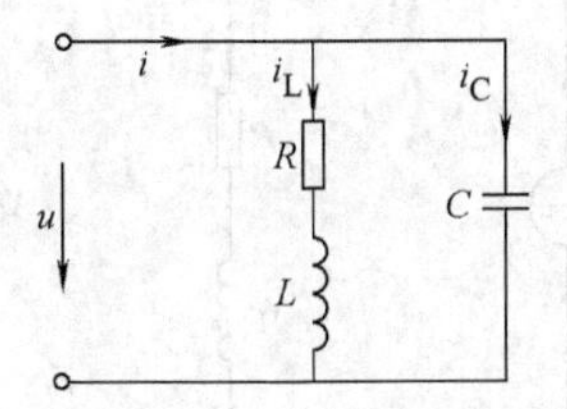

图3-32　习题3.13电路

3.14　在如图3-33所示电路中，已知 $Z_1=(2-\mathrm{j}2)\Omega$、$Z_2=(3+\mathrm{j}4)\Omega$、$I=10\mathrm{A}$，计算电流 I_1、电压 U 及有功功率 P 的数值。

3.15　在如图3-34所示电路中，已知 $R_1=40\Omega$、$R_2=6\Omega$、$X_{\mathrm{C}}=10\Omega$、$X_{\mathrm{L}}=8\Omega$，电源电压 $U=20\mathrm{V}$，求

解支路电流 $\dot{I}_1$、$\dot{I}_2$、$\dot{I}_3$ 及总电流$\dot{I}$。

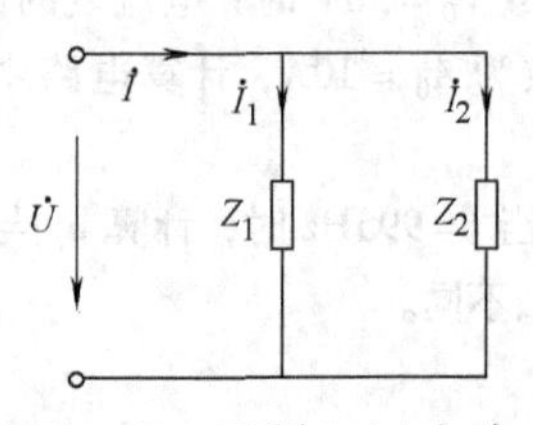

图 3-33　习题 3.14 电路

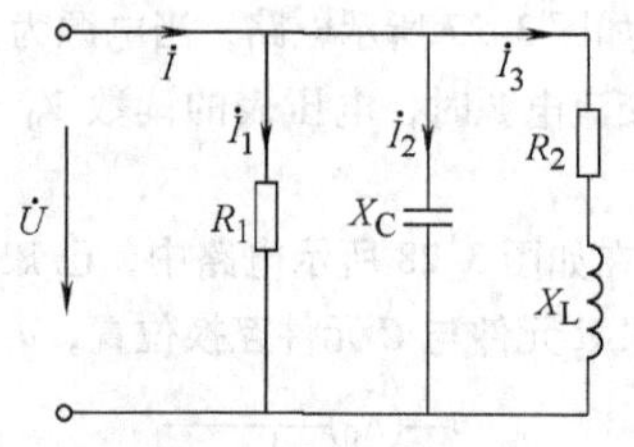

图 3-34　习题 3.15 电路

3.16　已知某由两个元件构成的串联电路端电压为 $u=150\sin(5000t+45°)$V，电路中流过的电流 $i=3\sin(5000t-15°)$A，求解电路元件的参数和电路的有功功率 P、无功功率 Q 的数值。

3.17　在 R、L 串联电路中，已知电路端电压 $U=220$V、电流 $I=10$A、负载功率 $P=1$kW、电源频率 $f=50$Hz，求电路中 R、L 参数的数值。

3.18　在如图 3-35 所示电路中，已知，$I_C=6$A，$I_R=8$A，$X_L=0.6\Omega$，电压$\dot{U}$与电流$\dot{I}$同相，求解电路中的 R 与 X_C。

3.19　在如图 3-36 所示电路中，已知 $R_1=4\Omega$、$X_{L1}=3\Omega$、$R_2=X_{L2}=5\Omega$、$X_C=10\Omega$，当 $I_2=\sqrt{2}$A 时，计算电流$\dot{I}$及端电压$\dot{U}$的数值。

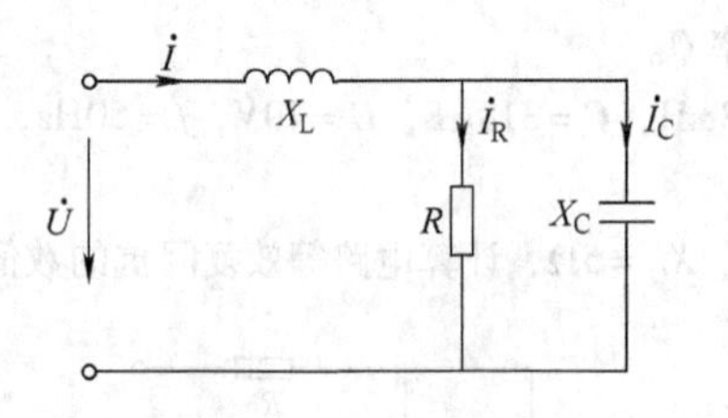

图 3-35　习题 3.18 电路

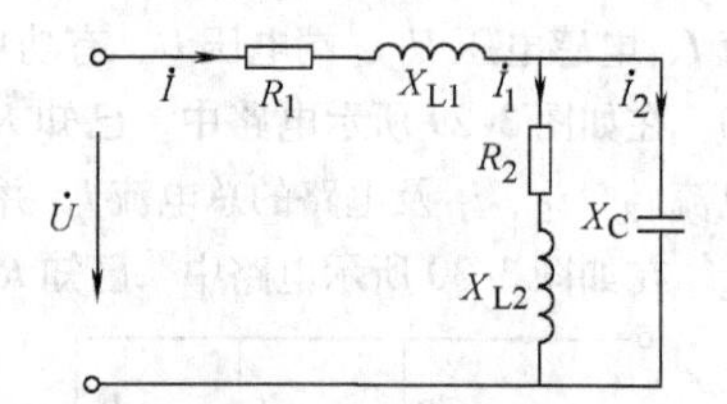

图 3-36　习题 3.19 电路

3.20　在如图 3-37 所示电路中，已知 $R=2$kΩ、$X_L=2$kΩ、$X_C=3$kΩ、$i_s=4\sqrt{2}\sin\omega t$A，求解电路中电流 i_2 的数值。

3.21　在 R、L、C 串联电路中，已知 $L=0.5$mH、$R=10\Omega$，电源电压 $U=20$mV，$Q=12.5$，在 $f=40$kHz 时电路发生谐振，计算电路中的容量 C、谐振电流 I_0 及谐振发生时的电容电压 U_{C0}。

3.22　在如图 3-38 所示电路中，已知 $u=100\sqrt{2}\sin628t$mV，$R=40\Omega$，$X_L=30\Omega$，$X_C=60\Omega$，（1）求解电路的电流 I 及功率因数 $\cos\varphi$；（2）在输入电压 u 不变的条件下，若调节电路参数使电路产生谐振，求谐振发生时电路的电流 I_0 及电路的谐振频率 f_0。

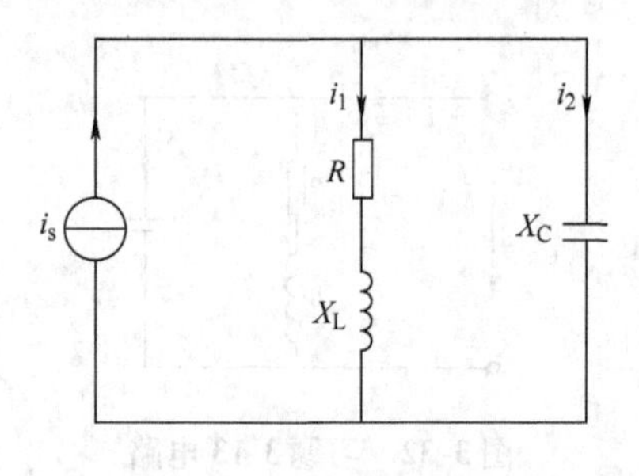

图 3-37　习题 3.20 电路

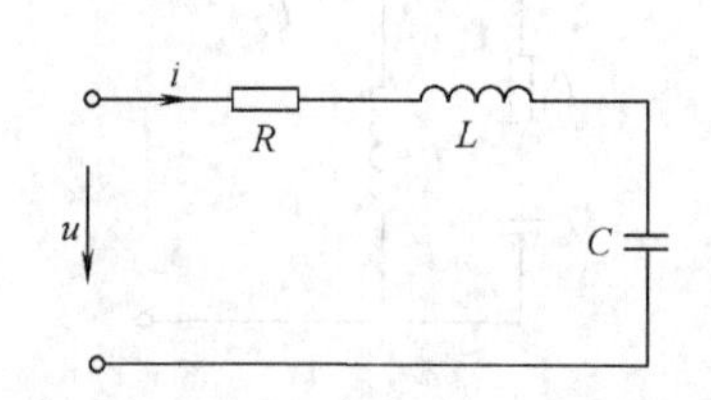

图 3-38　习题 3.22 电路

3.23　有一个 10kW 的电动机，联接在 220V、50Hz 的交流电源上，电动机的功率因数 $\cos\varphi=0.7$，如欲将电动机的功率因数提高到 0.85，需要连接容量是多少的补偿电容？

第 4 章　三 相 电 路

三相交流电路广泛应用于工业生产及人民生活中，由三组同频率、同幅值、相互之间相差 120°相位角的交流电源作用的电路就是三相交流电路。三相交流电路与单相交流电路相比较具有明显的优势，在发电能力方面，对于尺寸相同的交流发电机，三相发电机比单相发电机多输出功率 50%；在电能的输送方面，在传输电压相同、传输功率相同的条件下，三相输电线路比单相输电线路节约用铜量 1/4；在工业配电方面，三相变压器比单相变压器要经济并可以输出两种数值的电压；在电能的使用方面，三相电动机比单相电动机结构简单、运行平稳并且价格低廉，因此三相交流电路的应用比单相交流电路的应用要广泛得多。

4.1　三相电压

4.1.1　三相感应电动势

如图 4-1a 所示为三相发电机的内部结构示意图，发电机的内部结构包括定子与转子两大部分。发电机的定子包含：机座、定子铁心、定子线圈，发电机的机座是由铸铁做成的，用螺栓固定在水泥基座上；定子铁心用硅钢片叠成以减小铁心中的损耗，定子铁心的内圆周表面冲有下线槽以安放定子线圈；三组定子线圈匝数相同、绕向一致，三组线圈的始端用字母 A、B、C 表示，末端用字母 X、Y、Z 表示，三组线圈按照 120°空间角分别下线在定子铁心中。发电机的转子部分包含：转子铁心、转子线圈及转轴，转子铁心也是用硅钢片叠成并且安装在转轴上，在转子铁心上装有转子线圈，转子线圈采用直流励磁方式。

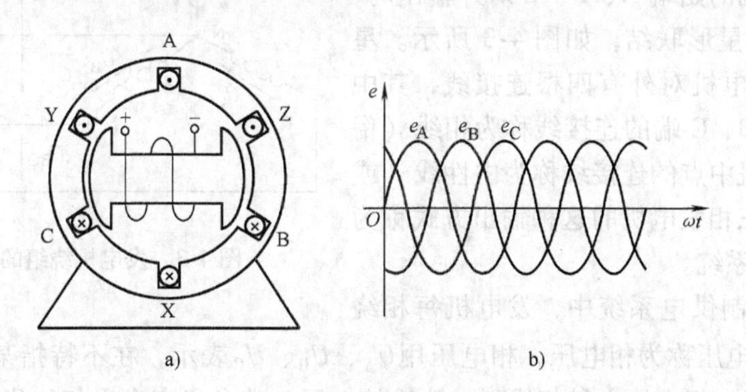

图 4-1　三相交流发电机

a）内部结构　b）输出电压波形

当原动机带动发电机的转子匀速旋转时，经直流励磁后成为电磁铁的转子铁心将依次经过三组定子线圈，线圈切割磁力线产生感应电动势，由于三组线圈匝数相同，空间角相差 120°，并且三组线圈受同一对磁极作用，所以三组线圈中产生的三组感应电动势频率相同、幅值相同、相互之间的相位差为120°，这三组感应电动势的波形如图4-1b所示。满足上述条件的三组感应电动势称为三相对称电动势，电动势的方向由线圈的末端指向线圈的始端。设A相线圈的感应电动势e_A为参考正弦量，则三相对称感应电动势的表示式为

$$e_A = E_m\sin\omega t$$
$$e_B = E_m\sin(\omega t - 120°)$$
$$e_C = E_m\sin(\omega t + 120°)$$

同样，以$\dot{E}_A$为参考相量，三相对称感应电动势的相量图如图4-2所示，其相量表示式为

$$\left.\begin{aligned}\dot{E}_A &= E\angle 0° \\ \dot{E}_B &= E\angle -120° \\ \dot{E}_C &= E\angle 120°\end{aligned}\right\} \tag{4-1}$$

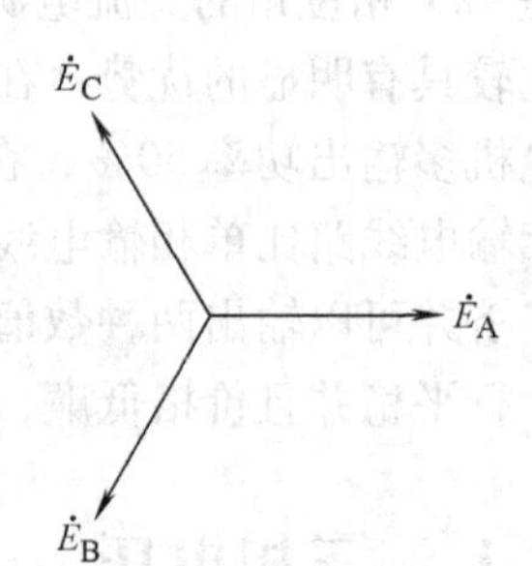

图4-2 三相对称感应电动势的相量图

将三相对称感应电动势求和有

$$\Sigma \dot{E} = \dot{E}_A + \dot{E}_B + \dot{E}_C = E\angle 0° + E\angle -120° + E\angle 120°$$
$$= E\left(1 - \frac{1}{2} - \mathrm{j}\frac{\sqrt{3}}{2} - \frac{1}{2} + \mathrm{j}\frac{\sqrt{3}}{2}\right) = 0$$

由上式可以看出，三相对称感应电动势之和恒为零，即在三相电源中有

$$\Sigma \dot{E} = 0 \tag{4-2}$$

三相对称感应电动势的这个特性在三相交流电路的分析中非常有用。

4.1.2 三相供电系统

当发电机三组线圈的末端X、Y、Z连接在一起作为发电机的零点（或中性点，用字母N表示），三组线圈的始端A、B、C对外输出时，称为三相电源的星形联结，如图4-3所示。星形联结的三相发电机对外有四根连接线，其中发电机绕组A、B、C端的连接线称为相线（俗称火线），发电机中点的连接线称为中性线（或地线、零线），三相发电机的这种输出方式称为三相四线制供电系统。

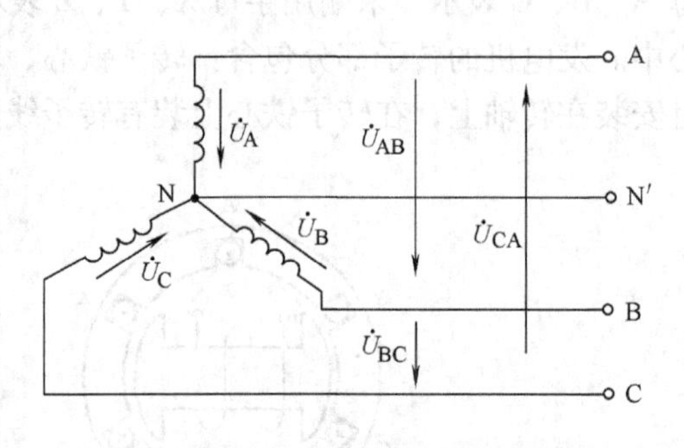

图4-3 发电机绕组的星形联结

在三相四线制供电系统中，发电机每相绕组始端到末端的电压称为相电压，相电压用$\dot{U}_A$、$\dot{U}_B$、$\dot{U}_C$表示，在不特指某一相的电压时，可以使用U_φ表示。相电压也是相线到中性线的电压，其参考方向由相线指向中性线。任意两相绕组始端到始端的电压称为线电压，线电压用$\dot{U}_{AB}$、$\dot{U}_{BC}$、$\dot{U}_{CA}$表示，同样在不特指某两线之间的电压时，可以使用U_l表示。线电压也是相线到相线之间的电压，线电压的参考方向按照三相电路的相序规定为：A→B→C→A，相序规定的方向就是线电压的参考方向。本书中三相电路的计算公式均是在规定相序下推导出来的，如果在进行电路分析时改换了三相电路的相序，在使用公式计算时应注意：$\dot{U}_{AB} = -\dot{U}_{BA}$，两者之间存在180°的附加相位移。

由图4-3所示电路和基尔霍夫定律，可以写出三相电路线电压计算的基本公式，有

$$\left.\begin{aligned}\dot{U}_{AB} &= \dot{U}_A - \dot{U}_B\\ \dot{U}_{BC} &= \dot{U}_B - \dot{U}_C\\ \dot{U}_{CA} &= \dot{U}_C - \dot{U}_A\end{aligned}\right\} \tag{4-3}$$

转换线电压$\dot{U}_{AB}$的表示式，有

$$\dot{U}_{AB} = \dot{U}_A - \dot{U}_B = \dot{U}_A + (-\dot{U}_B)$$

在三相电源的相量图中画出$-\dot{U}_B$相量，根据平行四边形法则可以得到线电压$\dot{U}_{AB}$的相量表示，如图4-4所示。

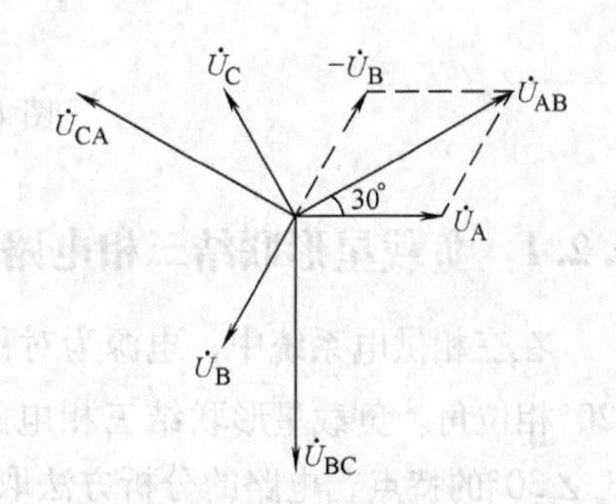

图4-4 对称三相电压相量图

从图4-4中可以看出，对称三相电源的线电压U_l超前相电压U_φ30°角，线电压U_l与相电压U_φ在数值上存在关系式

$$\frac{1}{2}U_l = \cos30°U_\varphi = \frac{\sqrt{3}}{2}U_\varphi$$

整理上式，有$U_l = \sqrt{3}U_\varphi$。由线、相电压的相位差与线、相电压的数值关系式，可以得到线、相电压关系的相量表示式

$$\dot{U}_l = \sqrt{3}\dot{U}_\varphi\angle30° \tag{4-4}$$

式（4-4）反映了对称三相电源的线电压与相电压之间的关系。

4.2 三相电路参数的计算

如果三相电路连接的三组负载完全相同，即三组负载的阻抗值与阻抗角均相同，三组负载的关系式为

$$z_A = z_B = z_C = z \qquad \varphi_A = \varphi_B = \varphi_C = \varphi$$

这样的三组负载就称为三相对称负载，记为

$$Z_A = Z_B = Z_C = Z \tag{4-5}$$

如果电路的三组负载不能满足上述条件，则称为三相不对称负载。工业用三相电动机、三相变压器等均为三相对称负载，日常生活用电负载均为三相不对称负载。三相负载与电源连接时可以采用星形联结，也可以采用三角形联结，三相负载的连接方式由负载的额定电压决定，当负载的额定电压等于电源的相电压时，负载采用星形联结，当负载的额定电压等于电源的线电压时，负载采用三角形联结。

如图4-5所示为负载星形联结的三相四线制供电电路，在电路中每相负载中流过的电流称为相电流，用$\dot{I}_A$、$\dot{I}_B$、$\dot{I}_C$表示，相电流的方向由负载的始端A′、B′、C′点指向负载的中性点N′点，在不特指某一相电流时，相电流可以使用I_φ表示。三相电路中每根相线中流过的电流称为线电流，线电流的方向由电源侧指向负载侧，同样在不特指某一线电流时，线电流可以使用I_l表示。三相电路的中性线电流$\dot{I}_N$的方向由负载中性点N′点指向电源的中性点N点。由图4-5可以看出，在负载星形联结的三相电路中，电路的相电流与线电流数值相同，有$I_l = I_\varphi$。

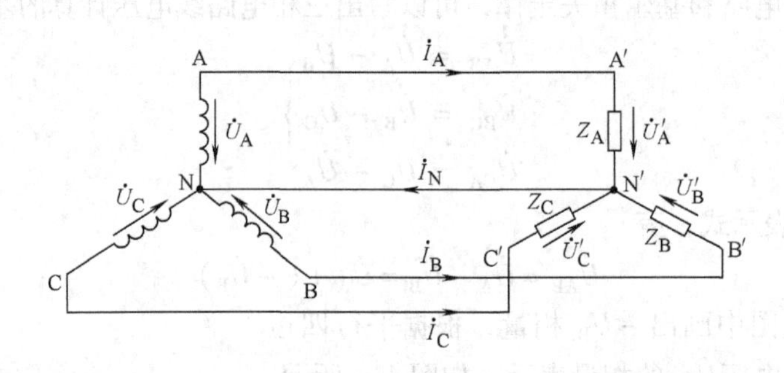

图4-5　负载星形联结三相电路

4.2.1　负载星形联结三相电路

在三相供电系统中，电源为对称三相电源，即电源输出的各相电压数值相等、相位相差120°相位角。负载星形联结三相电路具有线—相电流数值相同，线—相电压之间为$\dot{U}_l=\sqrt{3}\dot{U}_\varphi\angle 30°$的特点，电路的分析方法取决于电路的负载是否对称及电路中是否连接有中性线。

当电路的负载对称且电路中连接有中性线时，中性线保证了负载中性点N′点的电位与电源中性点N点的电位相同，这两点之间的电压$\dot{U}_{N'N}=0$。由此可知，电路中的中性线保证了负载的相电压$\dot{U}'_\varphi$与电源的相电压$\dot{U}_\varphi$相同，存在$\dot{U}'_A=\dot{U}_A$、$\dot{U}'_B=\dot{U}_B$、$\dot{U}'_C=\dot{U}_C$的关系，则每相负载上的电压就成为已知数，使用欧姆定律就可以计算出每相负载中流过的电流为

$$\left.\begin{aligned}\dot{I}_A&=\frac{\dot{U}'_A}{Z_A}=\frac{\dot{U}_A}{Z_A}\\ \dot{I}_B&=\frac{\dot{U}'_B}{Z_B}=\frac{\dot{U}_B}{Z_B}\\ \dot{I}_C&=\frac{\dot{U}'_C}{Z_C}=\frac{\dot{U}_C}{Z_C}\end{aligned}\right\}\tag{4-6}$$

在负载对称时，有$Z_A=Z_B=Z_C=Z$，则按照式（4-6）计算得到的三个相电流的数值相同、相位角相差120°。这表示在对称三相电源的作用下，当电路的负载是对称负载时，电路中的电流也是对称三相电流。如果电流是对称参数，在电路计算时就不用逐相计算，可以只计算一相电流，其他两相电流以相隔120°相位角的方式写出来即可。

在负载对称时电路的中性线电流为

$$\dot{I}_N=\dot{I}_A+\dot{I}_B+\dot{I}_C=\frac{\dot{U}_A}{Z_A}+\frac{\dot{U}_B}{Z_B}+\frac{\dot{U}_C}{Z_C}=\frac{\dot{U}_A+\dot{U}_B+\dot{U}_C}{Z}=0$$

上式表示在负载对称的条件下，电路中性线的电流数值等于零。既然在负载对称时，电路的中性线中没有电流，那么在负载对称的三相电路中可以将中性线去掉不要，三相四线制供电系统就转变为三相三线制供电系统。电力系统中的三相变压器、三相电动机等负载均为对称负载，这些负载工作时均采用三相三线制供电方式。

如果三相负载不对称但电路连接有中性线，只要中性线存在，中性线仍然能够保证负载的相电压与电源的相电压相等，即$\dot{U}'_\varphi=\dot{U}_\varphi$，但是由于不对称三相负载的$Z_A\neq Z_B\neq Z_C$，所以在电路分析时应当按照式（4-6）逐相计算，以求解出电路中三个相电流的数值。在负载

不对称时，计算得到的三个相电流也将不再对称，同时电路中性线中流过的电流也不再为零，即

$$\dot{I}_N = \dot{I}_A + \dot{I}_B + \dot{I}_C \neq 0$$

例4-1 星形联结三相电路，已知对称三相负载为 $Z = 10\angle 30°\Omega$，电源线电压为380V，求解B相负载中流过的电流。

解：由于电源的线电压 $U_l = 380V$，所以电源的相电压 $U_\varphi = 380/\sqrt{3} = 220V$，令 $\dot{U}_A = 220\angle 0°V$，有 $\dot{U}_B = 220\angle -120°$，则B相负载中流过的电流为

$$\dot{I}_B = \frac{\dot{U}_B}{Z} = \frac{220\angle -120°V}{10\angle 30°\Omega} = 22\angle -150°A$$

在负载星形联结三相电路中，B相负载中流过的电流也是三相电路中的B线电流。

例4-2 在负载星形联结的三相四线制供电系统中，已知电源的相电压为220V，三相负载 $Z_A = 10\angle 0°\Omega$，$Z_B = 10\angle 90°\Omega$，$Z_C = 10\angle -90°\Omega$，求电路各线电流，并画出电路的相量图。

解：令 $\dot{U}_A = 220\angle 0°V$，则有 $\dot{U}_B = 220\angle -120°V$、$\dot{U}_C = 220\angle 120°V$，由于负载是星形联结，电路的线—相电流相同，则电路中的各线电流为

$$\dot{I}_A = \frac{\dot{U}_A}{Z_A} = \frac{220\angle 0°V}{10\angle 0°\Omega} = 22\angle 0°A$$

$$\dot{I}_B = \frac{\dot{U}_B}{Z_B} = \frac{220\angle -120°V}{10\angle 90°\Omega} = 22\angle 150°A$$

$$\dot{I}_C = \frac{\dot{U}_C}{Z_C} = \frac{220\angle 120°V}{10\angle -90°\Omega} = 22\angle -150°A$$

电路中性线中的电流为

$$\dot{I}_N = \dot{I}_A + \dot{I}_B + \dot{I}_C = 22\angle 0°A + 22\angle 150°A + 22\angle -150°A =$$
$$22A - (19 - j11)A - (19 + j11)A = 16\angle 180°A$$

电路的相量图如图4-6所示。

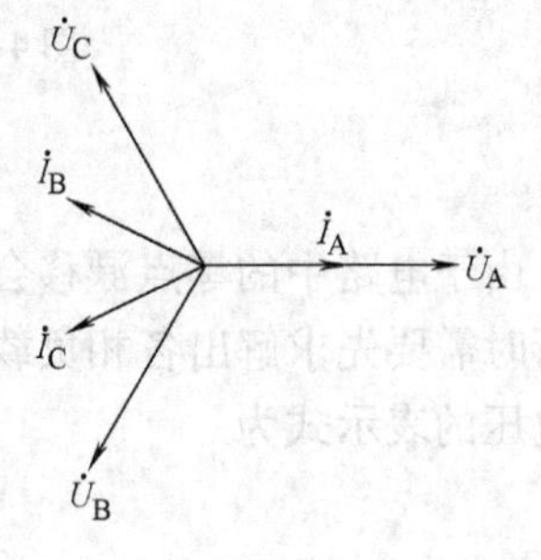

图4-6 例题4-2的相量图

*4.2.2 无中性线不对称负载星形联结三相电路

如果三相负载不对称电路又没有连接中性线，如图4-7所示，这时电路的分析过程比较复杂。由于电路中没有中性线，电源中性点N点的电位与负载中性点N′点的电位不再相等，在电源中性点与负载中性点之间出现了电位差 $\dot{U}_{N'N}$。电源中性点电位与负载中性点电位不相等的现象称为零点漂移，电位差 $\dot{U}_{N'N}$ 称为电路的零点漂移量。如图4-7b所示为无中性线不对称负载星形联结三相电路的电源相电压 $\dot{U}_\varphi$ 与负载相电压 $\dot{U}'_\varphi$ 的相量图，图中的 $\dot{U}_{N'N}$ 相量即为电路的零点漂移量。由图4-7b中可以看出，当电路中出现零点漂移时，各相负载的相电压 $\dot{U}'_A$、$\dot{U}'_B$、$\dot{U}'_C$ 与电源的相电压不相等，也不是对称电压。电路的零点漂移使有的相负载电压降低，如A相负载的相电压 $\dot{U}'_A$；也使有的相负载电压升高，如B、C相负载的相电压 $\dot{U}'_B$、$\dot{U}'_C$。若电路传输给负载的相电压高于负载的额定电压，负载将会因电压过高而损坏；若电路传输给负载的相电压低于负载的额定电压，负载将不能正常工作。因此在三相四线制供电系统中，中性线的作用非常重要，为使中性线连接牢固不被断开，要求中性线使用强度较高的材料，并且在中性线中不能连接任何可能使中性线断开的设备，如开关、熔断器和继电

器等。

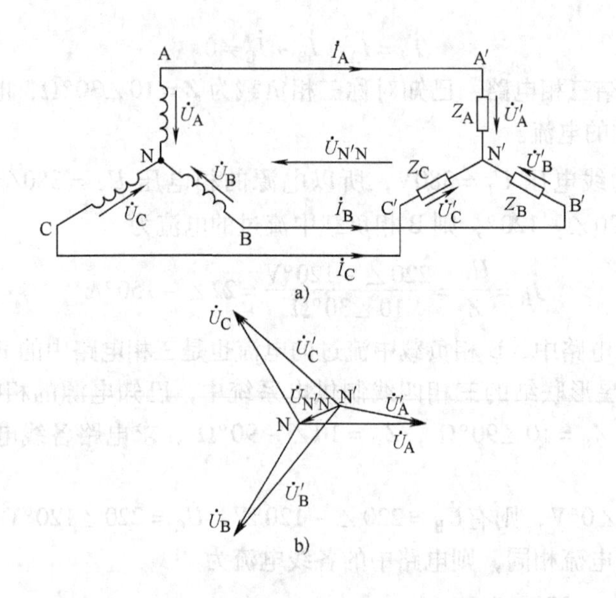

图4-7　无中性线不对称负载星形联结三相电路

a）电路结构　b）相量图

由于电路中的零点漂移会使负载上的相电压$\dot{U}'_\varphi$与电源的相电压$\dot{U}_\varphi$不再相等，所以电路分析时需要先求解出各相负载的相电压，由图4-7a所示电路和基尔霍夫定律可以写出负载相电压的表示式为

$$\left.\begin{aligned}\dot{U}'_A &= \dot{U}_A - \dot{U}'_{N'N}\\ \dot{U}'_B &= \dot{U}_B - \dot{U}'_{N'N}\\ \dot{U}'_C &= \dot{U}_C - \dot{U}'_{N'N}\end{aligned}\right\} \tag{4-7}$$

式（4-7）反映了在零点漂移量的影响下电源相电压与负载相电压之间的关系，求解负载的相电压必须先求解电路的零点漂移量$\dot{U}_{N'N}$。利用如图4-8所示的等效电路，可以写出电路的零点漂移电压

$$\dot{U}_{N'N} = \frac{\sum \dfrac{\dot{E}}{Z}}{\sum \dfrac{1}{Z}} = \frac{\dfrac{\dot{E}_A}{Z_A} + \dfrac{\dot{E}_B}{Z_B} + \dfrac{\dot{E}_C}{Z_C}}{\dfrac{1}{Z_A} + \dfrac{1}{Z_B} + \dfrac{1}{Z_C}}$$

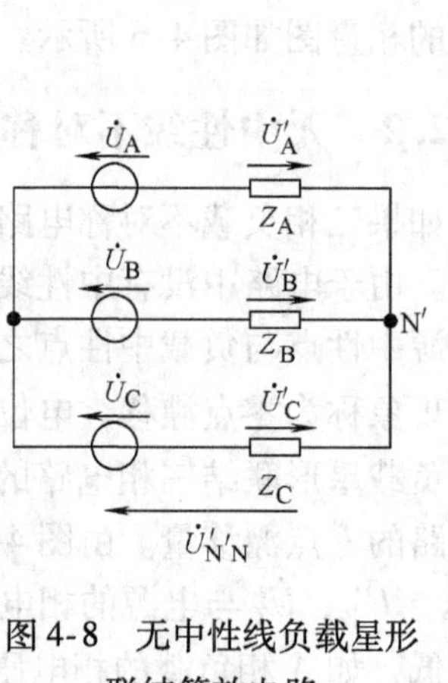

求解出$\dot{U}_{N'N}$后，利用式（4-7）就可以求解出各相负载的相电压$\dot{U}'_\varphi$，再根据欧姆定律求解出各相负载中流过的相电流

图4-8　无中性线负载星形联结等效电路

$$\dot{I}_A = \frac{\dot{U}'_A}{Z_A}\qquad \dot{I}_B = \frac{\dot{U}'_B}{Z_B}\qquad \dot{I}_C = \frac{\dot{U}'_C}{Z_C}$$

4.2.3　负载三角形联结三相电路

三相负载首尾相联称为负载的三角形联结，如图4-9所示为负载三角形联结的三相电路。在负载三角形联结时，各相负载连接在电源的两根相线之间，不论负载对称与否，各相负载上得到的相电压与电源的线电压数值相等，有$\dot{U}'_{\varphi}=\dot{U}_l$。在三角形联结三相电路中，电路相—线电流的基本运算公式为

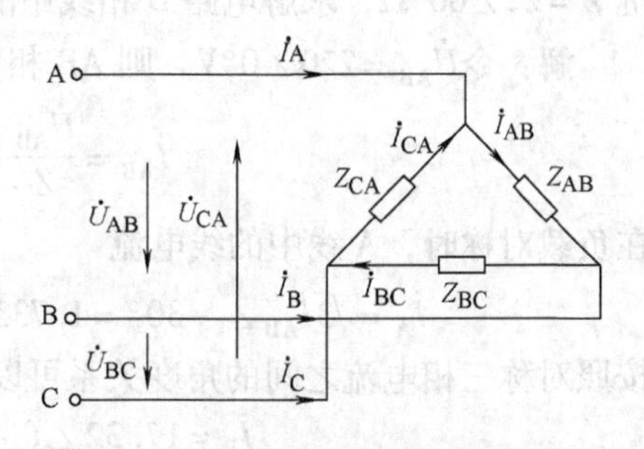

图4-9　负载三角形联结三相电路

$$\left.\begin{aligned}\dot{I}_{AB}&=\frac{\dot{U}_{AB}}{Z_{AB}}\\ \dot{I}_{BC}&=\frac{\dot{U}_{BC}}{Z_{BC}}\\ \dot{I}_{CA}&=\frac{\dot{U}_{CA}}{Z_{CA}}\end{aligned}\right\}\tag{4-8}$$

$$\left.\begin{aligned}\dot{I}_A&=\dot{I}_{AB}-\dot{I}_{CA}\\ \dot{I}_B&=\dot{I}_{BC}-\dot{I}_{AB}\\ \dot{I}_C&=\dot{I}_{CA}-\dot{I}_{BC}\end{aligned}\right\}\tag{4-9}$$

若三相负载对称，在电路中就有$Z_{AB}=Z_{BC}=Z_{CA}=Z$，按照式（4-8）求解出电路的相电流是对称三相电流，同时按照式（4-9）求解出的线电流亦对称，即在负载对称时，电路的相、线电流均对称。这样在对称负载三角形联结的三相电路中，可以只求解AB相负载中的电流$\dot{I}_{AB}$，其他两相负载中的相电流按照$\dot{I}_{BC}$滞后$\dot{I}_{AB}$120°相位角，$\dot{I}_{CA}$超前于$\dot{I}_{AB}$120°相位角的关系写出来即可。

转换式（4-9）中A线电流的表示式，有

$$\dot{I}_A=\dot{I}_{AB}-\dot{I}_{CA}=\dot{I}_{AB}+(-\dot{I}_{CA})$$

在负载对称条件下画出三角形联结三相电路的相量图如图4-10所示，由相量图中的相电流与线电流之间的关系可以看出，在对称负载三角形联结的三相电路中，线电流$\dot{I}_l$滞后相电流$\dot{I}_{\varphi}$30°相位角，即线电流$\dot{I}_A$滞后于相电流$\dot{I}_{AB}$30°相位角，线电流$\dot{I}_B$滞后于相电流$\dot{I}_{BC}$30°相位角，线电流$\dot{I}_C$滞后于相电流$\dot{I}_{CA}$30°相位角。同样由相量图还可以得到线—相电流数值之间的关系

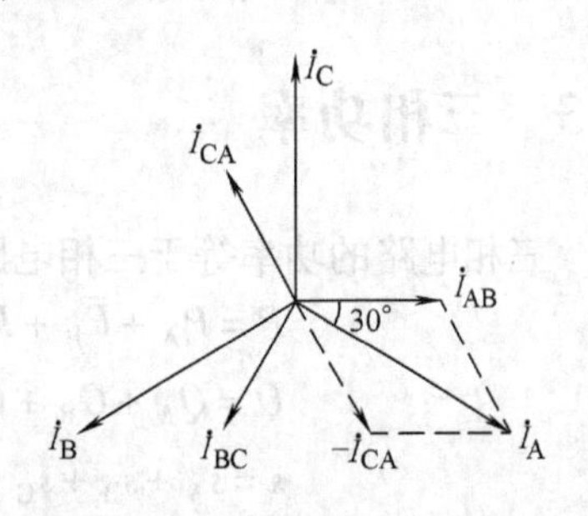

图4-10　对称负载三角形联结相线电流相量图

$$\frac{1}{2}I_l=\cos30°I_{\varphi}=\frac{\sqrt{3}}{2}I_{\varphi}$$

整理上式有$I_l=\sqrt{3}I_{\varphi}$。将线—相电流的两个特性综合起来，可以写出在对称负载三角形联结电路中线—相电流关系的相量表示式

$$\dot{I}_l=\sqrt{3}\dot{I}_{\varphi}\angle-30°\tag{4-10}$$

如果电路的负载是不对称负载，式（4-10）不成立，这时电路的分析没有简便的方法，只能按照电路分析的基本公式逐相计算电路中的电参数。首先根据式（4-8）计算各相负载

中流过的相电流，再根据式（4-9）计算电路各相线中的线电流。

例4-3　在负载对称三角形联结三相电路中，已知电源的线电压为220V，负载的复阻抗 $Z=22\angle 60°\Omega$，求解电路B相线中的线电流$\dot{I}_B$。

解：令$\dot{U}_{AB}=220\angle 0°\text{V}$，则AB相负载中流过的电流为

$$\dot{I}_{AB}=\frac{\dot{U}_{AB}}{Z}=\frac{220\angle 0°\text{V}}{22\angle 60°\Omega}=10\angle -60°\text{A}$$

在负载对称时，A线中的线电流

$$\dot{I}_A=\sqrt{3}\dot{I}_{AB}\angle -30°=1.732\times 10\angle(-60°-30°)\text{A}=17.32\angle -90°\text{A}$$

按照对称三相电流之间的角度关系可以得到B线电流

$$\dot{I}_B=17.32\angle(-90°-120°)\text{A}=17.32\angle 150°\text{A}$$

例4-4　如图4-11所示电路为对称负载三相电路，已知 $Z_1=60\angle 60°\Omega$，$Z_2=40\angle 30°\Omega$，电源的线电压 $U_l=380\text{V}$，计算A线中的电流。

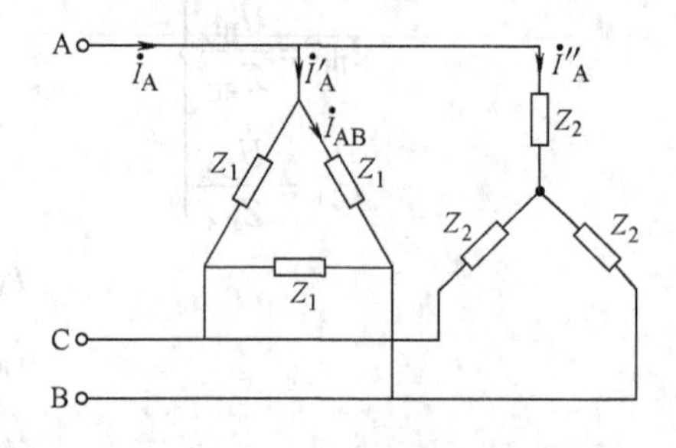

图4-11　例4-4电路

解：令电源的A相电压$\dot{U}_A=220\angle 0°\text{V}$，则线电压$\dot{U}_{AB}=380\angle 30°\text{V}$，三角形联结AB相负载的相电流$\dot{I}_{AB}$和线电流$\dot{I}'_A$分别为

$$\dot{I}_{AB}=\frac{\dot{U}_{AB}}{Z_1}=\frac{380\angle 30°\text{V}}{60\angle 60°\Omega}=6.33\angle -30°\text{A}$$

$$\dot{I}'_A=\sqrt{3}\dot{I}_{AB}\angle -30°=1.732\times 6.33\angle(-30°-30°)\text{A}=10.96\angle -60°\text{A}$$

星形联结A相负载中的电流$\dot{I}''_A$为

$$\dot{I}''_A=\frac{\dot{U}_A}{Z_2}=\frac{220\angle 0°\text{V}}{40\angle 30°\Omega}=5.5\angle -30°\text{A}$$

三相电路A线中的电流为

$$\dot{I}_A=\dot{I}'_A+\dot{I}''_A=10.96\angle -60°\text{A}+5.5\angle -30\text{A}=15.96\angle -50.08°\text{A}$$

4.3　三相功率

三相电路的功率等于三相电路中各相负载功率的求和，三相功率计算的基本公式为

$$\left.\begin{aligned}P&=P_A+P_B+P_C=I_AU_A\cos\varphi_A+I_BU_B\cos\varphi_B+I_CU_C\cos\varphi_C\\Q&=Q_A+Q_B+Q_C=I_AU_A\sin\varphi_A+I_BU_B\sin\varphi_B+I_CU_C\sin\varphi_C\\s&=s_A+s_B+s_C=I_AU_A+I_BU_B+I_CU_C\end{aligned}\right\}\tag{4-11}$$

在式（4-11）中，参与运算的各项参数是电路各相负载中的功率，当电路的三相负载为不对称负载时，功率的计算只能利用基本公式进行，先逐相计算出各相负载的功率，然后再进行三相电路总功率的计算。需要说明的是，三相电路有功功率及视在功率的求和是算术求和，而电路无功功率的求和是代数求和，在求解时应当考虑各相负载无功功率的正负。

当三相负载为对称负载时，各相负载的阻抗角相等，$\varphi_A=\varphi_B=\varphi_C=\varphi$，电路的相电流、线电流均对称，同时在星形联结电路中有 $I_l=I_\varphi$、$U_l=\sqrt{3}U_\varphi$ 的关系式，在三角形联结电路中有 $U_l=U_\varphi$、$I_l=\sqrt{3}I_\varphi$ 的关系式，根据上述关系及功率运算的基本公式可以将对称三相电

路的功率运算简化为

$$\left.\begin{aligned}P&=3P_{\mathrm{A}}=3I_{\varphi}U_{\varphi}\cos\varphi=\sqrt{3}I_lU_l\cos\varphi\\Q&=3Q_{\mathrm{A}}=3I_{\varphi}U_{\varphi}\sin\varphi=\sqrt{3}I_lU_l\sin\varphi\\s&=3s_{\mathrm{A}}=3I_{\varphi}U_{\varphi}=\sqrt{3}I_lU_l\end{aligned}\right\}\tag{4-12}$$

式（4-12）是在负载对称条件下由式（4-11）转换得到的，但是在转换的过程中并没有转换公式中的 $\cos\varphi$ 和 $\sin\varphi$，所以式（4-12）中的 $\cos\varphi$ 及 $\sin\varphi$ 仍然是每相负载阻抗角的余弦和正弦。

例 4-5　一台三相电动机，其每相绕组的 $R=22.3\Omega$、$X_{\mathrm{L}}=20.1\Omega$，电源的线电压 $U_l=380\mathrm{V}$，电机绕组采用星形联结，求解电动机的线电流、有功功率及无功功率的数值。

解：三相电动机是对称三相负载，其每相绕组的复阻抗为

$$Z=22.3+\mathrm{j}20.1=30\angle 42^{\circ}\Omega$$

当电动机绕组采用星形联结时，绕组的相电压 $U_{\varphi}=U_l/\sqrt{3}=380/\sqrt{3}=220\mathrm{V}$，电动机的线电流

$$I_l=I_{\varphi}=\frac{U_{\varphi}}{z}=\frac{220\mathrm{V}}{30\Omega}=7.33\mathrm{A}$$

在负载对称条件下，可以使用式（4-12）计算电路的功率，则电路的有功功率与无功功率分别为

$$P=\sqrt{3}U_lI_l\cos\varphi=1.732\times380\mathrm{V}\times7.33\mathrm{A}\times\cos42^{\circ}=3.58\mathrm{kW}$$

$$Q=\sqrt{3}U_lI_l\sin\varphi=1.732\times380\mathrm{V}\times7.33\mathrm{A}\times\sin42^{\circ}=3.23\mathrm{kvar}$$

本章小结

工业生产及日常生活用电的供电系统均为三相供电系统，三相供电系统的特性明显优于单相供电系统，由三相发电机输出的三相交流电可以为负载提供两种不同数值的工作电压：线电压与相电压。在三相电路中，负载的连接方式是由负载的额定电压决定的，如果负载的额定电压等于电源的相电压，三相负载应当采用星形联结；如果负载的额定电压等于电源的线电压，三相负载则应当采用三角形联结。三相发电机输出的三相电压是对称三相电压，对称三相电压的模值相等，幅角相差120°相位角。对称三相电源的线电压与相电压之间存在 $\dot{U}_l=\sqrt{3}\dot{U}_{\varphi}\angle30^{\circ}$ 的关系，利用这个关系式，可以方便地在电源的线电压与相电压之间进行换算。

三相电路的分析方法是由三相负载是否对称来决定。由于三相电源是对称电源，若电路的负载是对称负载，电路中的电流就必定是对称参数，这时电路的求解就很简便了，只需计算出一相负载中的电流，其他两相负载的电流按照相位相差120°相位角写出来即可，若三相负载星型联结并且电路有中线，则电路的中线电流为零。若电路的负载是不对称负载，就需要根据具体电路来进行分析了。在三相四线制供电系统中，中性线可以保证负载上的相电压等于电源的相电压，这时尽管负载不对称，负载上得到的相电压仍然是对称三相电压。在进行电路分析时，应当逐相计算负载的电流，负载的不对称将使得计算后得到的各相电流也不对称，同时中性线中的电流也将不等于零。

若负载不对称、电路中又没有连接中性线，这时负载的中性点电位与电源的中性点电

位将不相等，在负载的中性点与电源的中性点之间将会出现一个零点漂移电压$\dot{U}_{N'N}$。在$\dot{U}_{N'N}$的影响下，各相负载上的相电压将不再等于电源的相电压，这将使有的相负载从电源得到的电压低于负载的额定电压，负载不能正常工作；有的相负载从电源得到的电压高于负载的额定电压，负载将因为电压过高而烧毁。综上所述，在负载不对称星形联结的三相电路中，中性线的作用非常重要，为使负载正常工作，在电路的中性线中不能连接任何可能使中性线断开的电气设备，以保证不出现严重的电路故障。在进行不对称负载星形联结无中性线三相电路的分析时，应首先计算出电路的零点漂移电压$\dot{U}_{N'N}$，再计算各相负载上的相电压，然后再计算各相负载中的电流，这时电路的分析方法较为复杂。

三相电路中的功率是三相负载各自功率的求和，在负载不对称时，功率的计算只能按照基本公式逐相计算；在负载对称时，功率的计算就简便多了，由于通常的电工测量仪表能够得到的数据是三相电路的线电压与线电流，所以三相功率计算时通常使用$P=\sqrt{3}U_l I_l \cos\varphi$，式中的$\cos\varphi$仍是单相负载的功率因数。

习　题　4

4.1　对称负载星形联结三相电路，已知$Z=(12+\mathrm{j}16)\Omega$，电源的线电压$U_l=380\mathrm{V}$，计算负载的相电压、相电流及线电流的数值。

4.2　将上题中的负载联结方式改为三角形联结，在负载及电源电压不变的条件下，再计算电路的相电流、线电流的数值。

4.3　在三相四线制供电系统中，已知电源的线电压$U_l=380\mathrm{V}$，电路的负载为三盏220V、1kW的白炽灯，画出供电系统的电路图；当三盏灯同时点亮时，计算电路相电流I_φ与中性线电流I_N的数值；当熄灭一盏灯时，再求电路的相电流I_φ与中性线电流I_N的数值。

4.4　在如图4-12所示电路中，已知电源的线电压为380V，负载阻抗$Z=10\angle 53.13°\Omega$，计算电路的线电流I_l，有功功率P，无功功率Q的数值。

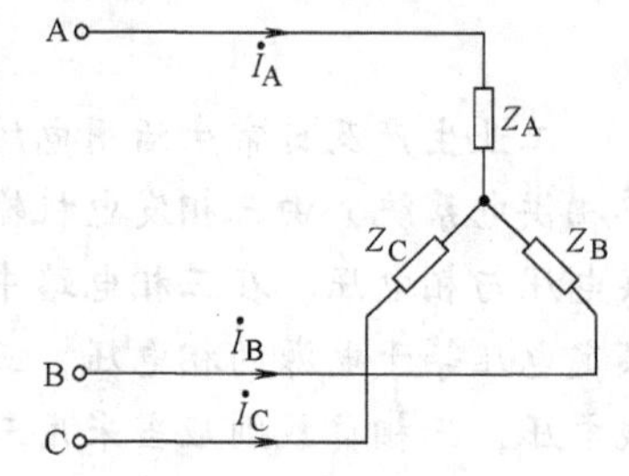

图4-12　习题4.4电路

4.5　在负载星形联结的三相四线制供电系统中，已知：$\dot{U}_A=220\angle 0°\mathrm{V}$，$Z_A=10\angle 0°\Omega$，$Z_B=-\mathrm{j}10\Omega$，$Z_C=10\angle 0°\Omega$，求解电路中各相负载的电流及中性线电流。

4.6　在负载星形联结的三相四线制供电系统中，已知电源的线电压$U_l=380\mathrm{V}$，三相负载分别为$Z_A=(4+\mathrm{j}3)\Omega$、$Z_B=10\angle 0°\Omega$、$Z_C=(5+\mathrm{j}5)\Omega$，画出电路的接线图，计算电路的线电流及中性线电流$I_N$的数值，计算三相电路的功率$P$和$Q$。如果电路发生故障造成中性线断开，再计算各相负载中的电流。

4.7　三相对称负载，已知负载的功率$P=4.2\mathrm{kW}$，电源的相电压$U_\varphi=220\mathrm{V}$，负载的功率因数为0.8，如果负载的额定电压是220V，负载应当如何连接？负载阻抗的数值是多少？根据已知条件计算电路线电流I_l的数值。

4.8　在如图4-13所示电路中，已知电源的线电压为220V，线电流为12A，三相负载的功率为4kW，计算每相负载的等效电阻与等效电抗。

4.9　三相电路如图4-14所示，电路的负载为三个白炽灯，已知电源的线电压为$U_l=380\mathrm{V}$，电路的总功率为180W，当C相负载并联了一只额定电压为220V、额定功率为40W、$\cos\varphi=0.5$的日光灯后，计算电路各线电流的有效值。

4.10　证明：在输送电压相等，输送功率相等，输送距离及线路损耗相等的条件下，三相三线制输电系统比单相二线制输电系统能够节约导线25%。

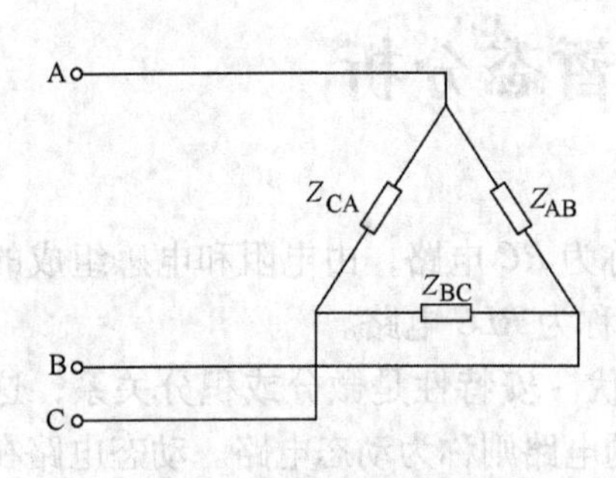

图4-13　习题4.8电路

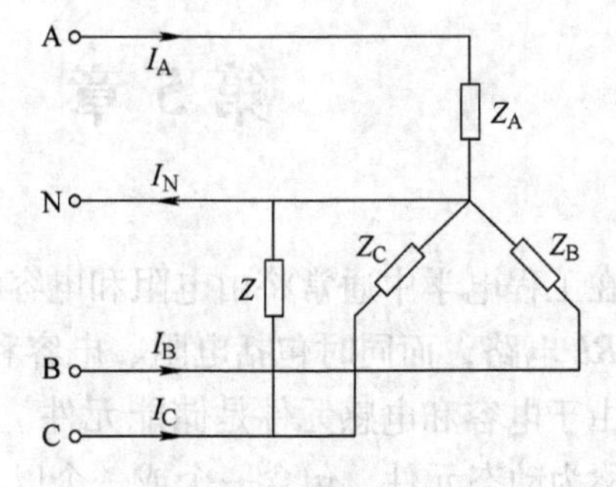

图4-14　习题4.9电路

第5章　电路的暂态分析

在工程电学中通常将由电阻和电容组成的电路称为 *RC* 电路，由电阻和电感组成的电路称为 *RL* 电路，而同时包括电阻、电容和电感的电路称为 *RLC* 电路。

由于电容和电感元件是储能元件，储能元件的伏－安特性是微分或积分关系，这类元件也称为动态元件，包含一个或一个以上动态元件的电路则称为动态电路。动态电路在实际工程中应用较多，可用于放大器、接收机、发射机、计算机、供电电路以及其他系统和子系统中。本章讨论一阶动态电路的构成、响应及其应用。

5.1　换路定律

在分析动态电路时，首先需要了解动态电路的两个状态：稳定状态和过渡状态。自然界任何事物的运动，在一定条件下都具有其稳定状态，所谓稳定状态就是事物保持原有运动状态时的状态，与时间无关。而当外部条件发生改变时，事物就从一种稳定状态转换到另一种新的稳定状态。火车在制动作用下的减速过程和钢锭在加热炉中的升温过程都是典型的例子。由此可见，事物从一种稳定状态转换到另一种新的稳定状态需要一定的时间，这个转变过程就称为过渡过程。

在动态电路中，稳定状态是指当电源电压或电流作周期性变化时，电路中的电流和各个元件上的电压也按周期规律变化；或者，当电源电压或电流值为恒定直流时，电路中的电流和各个元件上的电压也达到恒定不变的状态。电路的稳定状态简称稳态。电路从一个稳定状态向另外一种稳定状态变化的过程，称为电路的过渡过程。由于电路的过渡过程所经历的时间非常短暂，所以电路中的过渡过程又称暂态过程或暂态。电路的暂态过程是由于电路的接通、断开、短路、电源或电路中的参数突然改变等引起的，这些电路状态的变化称为换路。

换路为暂态过程提供了外部条件，但暂态过程的发生还是因为电路中存在储能元件电容和电感。作为储能元件，电容和电感储存的能量分别为电场能量和磁场能量，其大小分别为

$$\omega_C = \int_0^t u_C i_C \mathrm{d}t = \frac{1}{2}Cu_C^2 \tag{5-1}$$

$$\omega_L = \int_0^t u_L i_L \mathrm{d}t = \frac{1}{2}Li_L^2 \tag{5-2}$$

假设换路发生时的时间为 $t=0$，那么换路发生前的瞬间 $t=0_-$，换路发生后的瞬间 $t=0_+$。假定流经电感的电流在 $t=0_-$ 到 $t=0_+$ 的时刻发生突变，则$\frac{\Delta i_L}{\Delta t}\to\infty$，那么电感元件两端电压 $u_L = L\frac{\mathrm{d}i_L}{\mathrm{d}t} = L\lim\limits_{\Delta t\to 0}\frac{\Delta i_L}{\Delta t}\to\infty$，显然假设错误；同样可以假定电容两端电压在 $t=0_-$ 到

$t=0_+$ 的时刻发生突变，则 $\dfrac{\Delta u_C}{\Delta t}\to\infty$，那么流经电容的电流 $i_C=C\dfrac{du_C}{dt}=C\lim\limits_{\Delta t\to 0}\dfrac{\Delta u_C}{\Delta t}\to\infty$，显然这个假设也是错误的。那么电容元件两端的电压和电感元件流经的电流在从 $t=0_-$ 到 $t=0_+$ 的换路瞬间内不能突变，即

$$\left.\begin{aligned}u_C(0_+)&=u_C(0_-)\\ i_L(0_+)&=i_L(0_-)\end{aligned}\right\}\tag{5-3}$$

这称为换路定律，该定律仅适用于换路瞬间。其中 $u_C(0_+)$ 是电容电压的初始值，$i_L(0_+)$ 是电感电流的初始值。这两个量由换路前瞬间 $t=0_-$ 时刻的值给出。求解电路中其他电压、电流的初始值可以首先画出换路后 $t=0_-$ 时刻的等效电路，然后应用电路的基本定律和基本分析方法计算相应的 $u_C(0_-)$ 或 $i_L(0_-)$。

例 5-1 确定如图 5-1a 所示电路中 u_C、u_{R1}、u_{R2} 的初始值，其中 $U_S=10V$，$R_1=4\Omega$，$R_2=6\Omega$，$C=4\mu F$，设开关断开前电路处于稳态。

解：由于换路前电路已经处于稳态，$i_C=0$，电容可视为开路，则

$$u_C(0_-)=\frac{R_2}{R_1+R_2}U_S=\frac{6\Omega}{4\Omega+6\Omega}\times 10V=6V$$

由换路定律可得 $u_C(0_+)=u_C(0_-)=6V$

在 $t=0_+$ 时刻的电路如图 5-1b 所示，电容可用电压源 $u_C(0_+)=6V$ 代替。可得

$$u_{R1}(0_+)=U_S-U_C(0_+)=10V-6V=4V$$

$$u_{R2}(0_+)=0$$

例 5-2 确定如图 5-2a 所示电路中 i_L、u_L 的初始值，其中 $U_S=10V$，$R_1=1.6k\Omega$，$R_2=6k\Omega$，$R_3=4k\Omega$，$L=0.2H$，设开关断开前电路处于稳态。

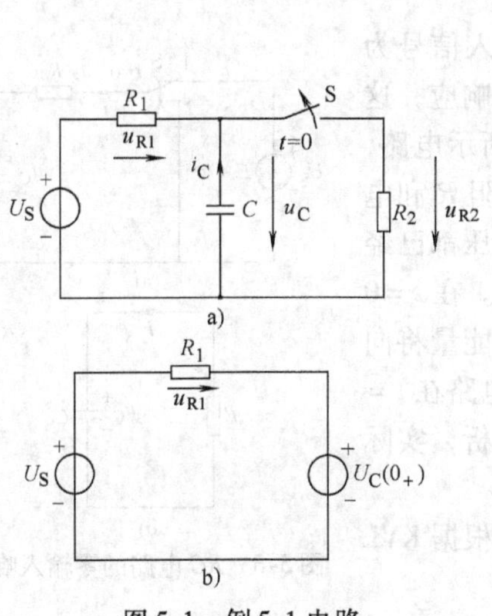

图 5-1 例 5-1 电路

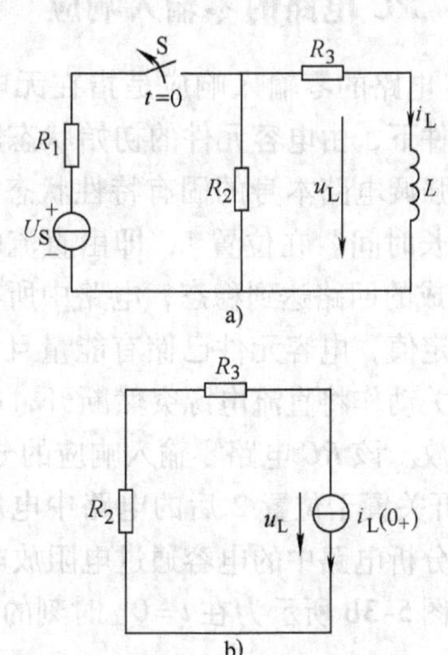

图 5-2 例 5-2 电路

解：由于换路前电路已经处于稳定状态，$u_L=0$，电感可视为短路，则

$$i_L(0_-)=\frac{U_S}{R_1+\dfrac{R_2R_3}{R_2+R_3}}\frac{R_2}{R_2+R_3}=1.5mA$$

由换路定律可得　　$i_L(0_+) = i_L(0_-) = 1.5\text{mA}$

$t=0_+$时刻的电路如图5-2b所示，电感可以用电流源$i_L(0_+)=1.5\text{mA}$来代替。可得

$$u_L(0_+) = -i_L(0_+)\times(R_2+R_3) = -15\text{V}$$

由上述两个例题可以注意到在求解初始值的过程中，当换路瞬间的$u_C(0_-)\neq 0$时，电容相当于恒压源，其值与原电路中的电压源相关；$u_C(0_-)=0$时，电容相当于短路；当换路瞬间的$i_L(0_-)\neq 0$时，电感相当于恒流源，其值与原电路中的电流源相关；$i_L(0_-)=0$时，电感相当于断路。

5.2 RC电路的暂态分析

前面提到储能元件的伏-安特性为微分或积分关系，那么，在包含储能元件的电路中，电路的电压或电流的方程也是以微分或积分方程的形式表示。通常含有一个储能元件电路的电压或电流方程为一阶线性微分方程，这样的电路就称为一阶电路。

一阶电路需要通过分析其一阶微分方程来表征其特性。由于电路的激励和响应都是时间的函数，所以这种分析也是时域分析。一阶电路的暂态分析可以分为三个阶段：首先考虑储能元件中的能量突然释放到电阻网络时所产生的电流和电压，也就是在非零初始状态下没有外加输入时的响应，称为零输入响应；其次考虑直流电压或电流源突然加到储能元件上，使其获得能量而产生的电流和电压，即零初始状态下初始时刻外加于电路的输入产生的响应，称为零状态响应；最后考虑在非零初始状态和输入共同作用下的响应，称为完全响应。本节中所要讨论的都是在直流电压作用下*RC*电路的响应。

5.2.1 RC电路的零输入响应

*RC*电路的零输入响应是指在无电源激励、输入信号为零的条件下，由电容元件的初始状态所产生的电路响应，这个响应强调电路本身的固有特性状态。如图5-3a所示电路，开关“长时间”在位置1，即由直流电压源*E*、电阻*R*和电容*C*构成的回路达到稳态，电路中所有的电流和电压都已经达到稳定值，电容元件已储有能量且$u_C(0_-)=U_S$。在$t=0$时刻开关动作将直流电源突然断开，电容中存储的能量将向电阻释放。该*RC*电路零输入响应的分析就是对该电路在$t=0$时刻开关置于位置2后的电路中电压和电流的分析，实际上就是分析电路中的电容通过电阻放电的过程。

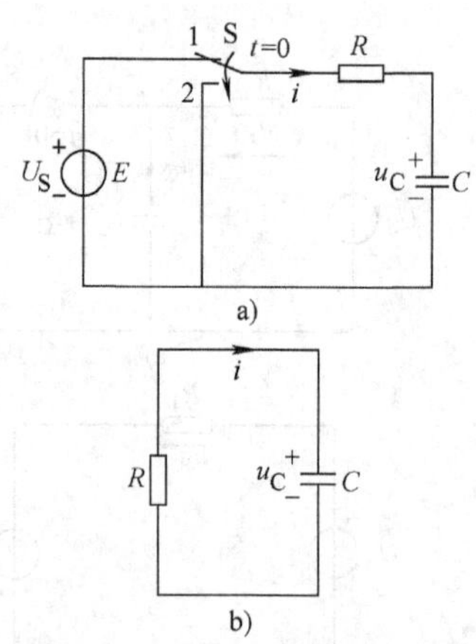

图5-3　*RC*电路的零输入响应

如图5-3b所示为在$t=0_+$时刻的等效电路图，根据KVL得

$$RC\frac{\mathrm{d}u_C}{\mathrm{d}t}+u_C=0 \tag{5-4}$$

此式为一阶常系数齐次线性微分方程，其特征方程为

$$RCp+1=0$$

特征根为

$$p=-\frac{1}{RC}=-\frac{1}{\tau}$$

上式中，$\tau=RC$ 具有时间的单位，称为 RC 电路的时间常数。微分方程的通解为

$$u_C=Ae^{pt}=Ae^{-t/RC}$$

由初始条件 $u_C(0_+)=u_C(0_-)=U_S$ 可以确定常数 $A=U_S$，于是可求得电路的响应为

$$u_C=U_Se^{-t/RC}=U_Se^{-t/\tau} \tag{5-5}$$

$$i_C=C\frac{du_C}{dt}=-\frac{U_S}{R}e^{-t/\tau}$$

$$u_R=i_CR=-\frac{U_S}{R}e^{-\frac{t}{\tau}}\times R=-U_Se^{-\frac{t}{\tau}}$$

$$w_R(t)=\int_0^t p\mathrm{d}t=\int_0^t\frac{U_S^2}{R}e^{-2t/\tau}\mathrm{d}t=\frac{1}{2}CU_S^2(1-e^{-2t/\tau})$$

上式表明 RC 电路的零输入响应是电路初始值按照指数规律衰减并趋近于零的过程，图5-4所示为电路零输入响应的变化曲线。

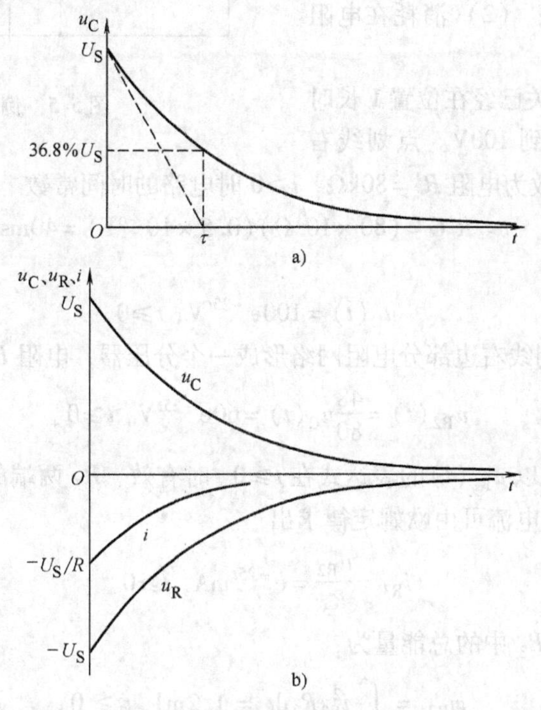

图5-4 RC 电路的零输入响应曲线

从式（5-5）可以看出，只有当时间 $t\to\infty$ 时，电容电压才能达到稳态值“零”，也就是电容中的能量通过电阻全部释放并转化为电阻上的热能。但在实际工程中，一般认为经过 $(3\sim5)\tau$ 后电路的过渡过程就结束，因为从表（5-1）中可以看出此时电容电压已经十分接近稳态值，电路可视为进入稳定状态。

表5-1 u_C 随时间变化的数值

t	τ	2τ	3τ	4τ	5τ
$u_C=U_Se^{-t/\tau}$	$0.36788U_S$	$0.13534U_S$	$0.04979U_S$	$0.01832U_S$	$0.00674U_S$

时间常数 τ 决定了过渡过程的快慢，也就是电容电压衰减的快慢。根据表（5-1）也可以定义时间常数 τ 为电路响应衰减到初始值的36.8%或1/e时所需要的时间。需要注意，不论 τ 值的大小，每间隔一个 τ 的时间段，其电压降低为前一个电压值的36.8%，则在初始电压一定的情况下，若时间常数 τ 越小，则电容越小、储存的电荷越少，或电阻越小、放电电流越大，这都促使电压衰减更快，电容存储的能量也更迅速地被消耗掉，电路也更快达到稳定状态。反之，时间常数 τ 越大，电路响应越慢，达到稳定状态的时间越长。

计算 RC 电路的零输入响应可以归纳为：①求出电容的初始电压 $u_C(0_-)$；②求出电路的时间常数 $\tau = RC$；③利用式（5-5）计算电路的零输入响应。

例 5-3　电路如图 5-5 所示，已知 $U_S = 100\text{V}$，$C = 0.5\mu\text{F}$，$R = 10\text{k}\Omega$，$R_1 = 32\text{k}\Omega$，$R_2 = 240\text{k}\Omega$，$R_3 = 60\text{k}\Omega$。在电路中，开关长时间处于位置1，在 $t = 0$ 时刻开关移到位置2，计算：（1）$t \geqslant 0$ 时的 $u_C(t)$、$u_{R2}(t)$ 和 $i_{R3}(t)$；（2）消耗在电阻 R_3 中的总能量。

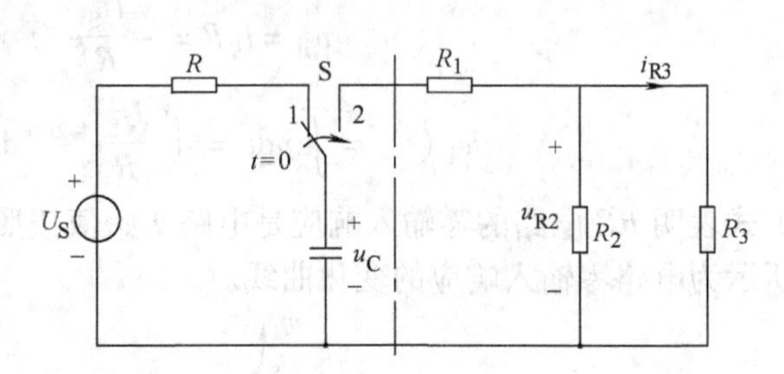

图5-5　例5-3电路

解：（1）由于开关已经在位置1长时间放置，电容将充电到100V。点划线右边的电阻网络可以等效为电阻 $R' = 80\text{k}\Omega$，$t \geqslant 0$ 时电路的时间常数

$$\tau = R'C = (80 \times 10^3\Omega)(0.5 \times 10^{-6}\text{F}) = 40\text{ms}$$

所以当 $t \geqslant 0$ 时

$$u_C(t) = 100\text{e}^{-25t}\text{V},\ t \geqslant 0$$

当 $t \geqslant 0_+$ 时电路中点划线右边部分电阻网络形成一个分压器，电阻 R_2 两端的电压为

$$u_{R2}(t) = \frac{48}{80}u_C(t) = 60\text{e}^{-25t}\text{V},\ t \geqslant 0_+$$

由于 $u_{R2}(0_-) = 0$，所以 $u_{R2}(t)$ 的表达式在 $t \geqslant 0_+$ 时有效，R_2 两端的电压在 $t = 0_+$ 时刻有一个跃变。流经电阻 R_3 电流可由欧姆定律求出

$$i_{R3} = \frac{u_{R2}}{R_3} = \text{e}^{-25t}\text{mA},\ t \geqslant 0_+$$

（2）消耗在电阻 R_3 中的总能量为

$$w_{R3} = \int_0^{\infty} i_{R3}^2 R_3 \text{d}t = 1.2\text{mJ},\ t \geqslant 0_+$$

5.2.2　*RC* 电路的零状态响应

RC 电路的零状态响应是指换路发生前储能元件中并未储存能量，在电路储存能量为零的状态下由电源激励所产生的电路响应。相对于零输入响应，零状态响应就是 RC 电路的充电过程。如果直流电源以阶跃函数为模型，那么零状态响应也可以视为一阶电路在受阶跃函数的激励后表现出的响应。

在如图5-6a所示的电路中，开关“长时间”处于打开状态，即电容中无储能，在 $t = 0$ 时刻开关闭合，$u_C(0_+) = u_C(0_-) = 0$，开关闭合后电路的形式如图5-6b所示。根据KVL

可得电路在 $t\geqslant 0$ 时的电压和电流的微分方程

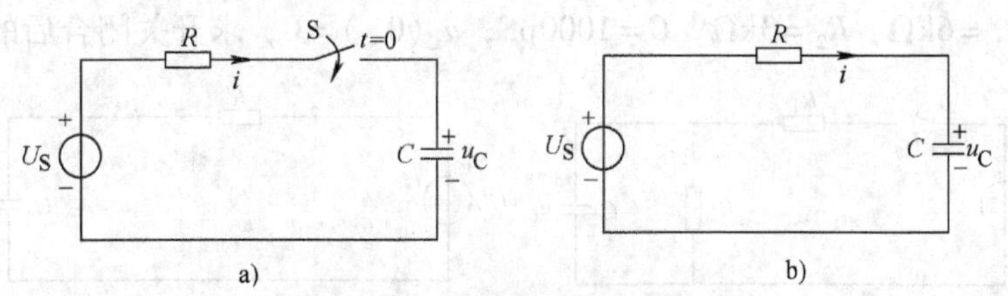

图 5-6　RC 电路的零状态响应

$$RC\frac{\mathrm{d}u_C}{\mathrm{d}t}+u_C=U_S,\ t\geqslant 0$$

该式是一阶常系数非齐次线性微分方程，方程的全解由其特解 u'_C 和其相应的齐次方程的通解 u''_C 组成

$$u_C=u'_C+u''_C$$

特解可以取电路达到稳定状态时电容两端的电压，又称为稳态分量，即

$$u'_C=u_C(\infty)=U_S$$

u''_C 为齐次方程 $RC\frac{\mathrm{d}u_C}{\mathrm{d}t}+u_C=0$ 的通解，又称为暂态分量，其形式为

$$u''_C=A\mathrm{e}^{-t/\tau}$$

因此方程的全解为

$$u_C=u'_C+u''_C=U_S+A\mathrm{e}^{-t/\tau}$$

考虑电路的初始条件为

$$u_C(0_+)=u_C(0_-)=0$$

所以

$$A=-U_S$$

可解得 RC 零状态电路暂态过程中电容电压的通式为

$$u_C(t)=U_S(1-\mathrm{e}^{-t/\tau})\tag{5-6}$$

所以该暂态过程中电容两端的电压 u_C 可以视为稳态分量和暂态分量相加之和。其中稳态分量的变化规律和大小都与电源电压 U_S 有关，暂态分量总是按指数规律衰减，大小与电源电压有关。在此过程中流经电容的电流

$$i_C=C\frac{\mathrm{d}u_C}{\mathrm{d}t}=\frac{U_S}{R}\mathrm{e}^{-t/\tau}$$

由此可以得出电阻元件上的电压

$$u_R=Ri=U_S\mathrm{e}^{-t/\tau}$$

u_C、u_R 和 i_C 的变化曲线如图 5-7 所示，可见开关闭合瞬间电容 C 相当于短路，在 RC 电路的零状态过渡过程中电容充电，电容两端电压按指数规律上升，最终达到稳态值 U_S。

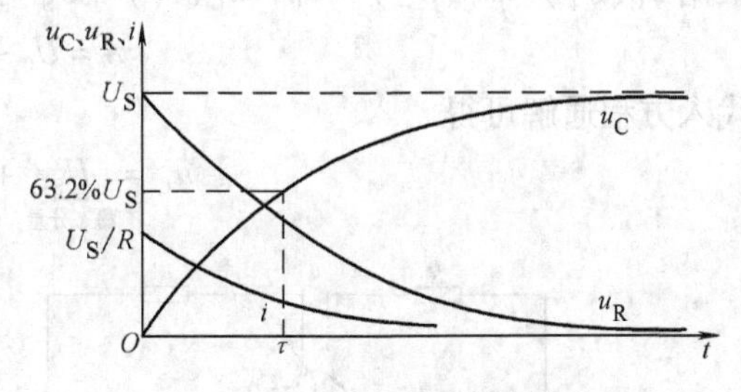

图 5-7　RC 电路的零状态响应

在电路的响应过程中，电容电压上升的速度与时间常数 τ 有关。当 $t=\tau$ 时，电容两端电压达到 63.2% U_S。τ 值越小电容充电时间越短，电路的过渡过程也越快，一般认为经过 $(3\sim5)\tau$ 后，电容充电已经完毕达到 U_S。计算 RC 电路的零状态响应需要知道两个值：电容器上的最终稳态电压 $u_C(\infty)$ 和时间常数 τ。

例 5-4 确定 RC 电路的零状态响应，如图 5-8a 所示电路中，开关 S 在 $t=0$ 时刻闭合。已知 $U=9\text{V}$，$R_1=6\text{k}\Omega$，$R_2=3\text{k}\Omega$，$C=1000\text{pF}$，$u_C(0_-)=0$，求开关闭合后的 $u_C(t)$。

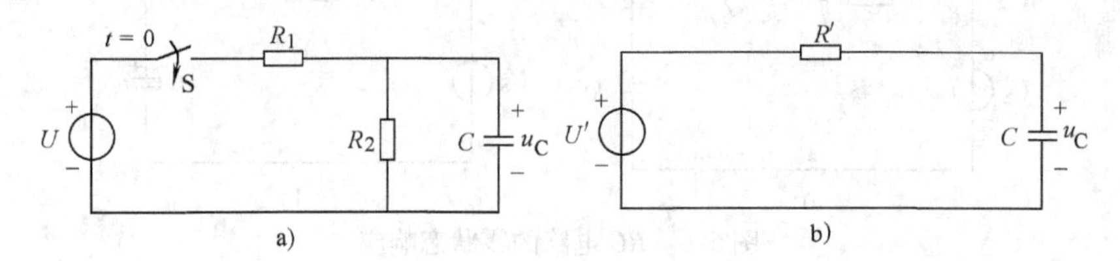

图 5-8 例 5-4 电路

解：如图 5-8b 所示电路为 $t=0$ 时刻开关闭合后原电路的戴维南等效电路，其中

$$U'=\frac{R_2}{R_1+R_2}U=3\text{V}$$

$$R'=\frac{R_1R_2}{R_1+R_2}=2\Omega$$

所以等效电路中的时间常数 $\tau=R'C=2\mu\text{s}$

可得

$$u_C(t)=U'(1-\mathrm{e}^{-t/\tau})=3\times(1-\mathrm{e}^{-5\times10^5t})\text{V}$$

5.2.3 *RC* 电路的全响应

RC 电路的全响应是指在电路初始状态和电源激励都不为零的 RC 一阶电路的响应，由于一阶 RC 电路是线性电路，则电路的全响应可以看作是电路由来自电源的激励和初始状态分别作用时的响应的叠加，也就是电路的零输入响应和零状态响应的叠加。

如图 5-9a 所示电路，换路前电容电压稳定在 $u_C(0_-)=U_0$，在 $t=0$ 时刻发生换路，由换路定律可知电容两端电压不能发生跃变，有 $u_C(0_+)=u_C(0_-)=U_0$。当 $t\to\infty$ 时，电路达到换路后的稳态，并且有 $u_C(\infty)=U_S$。如图 5-9b 所示为换路后的电路，电路的微分方程为

$$RC\frac{\mathrm{d}u_C}{\mathrm{d}t}+u_C=U_S$$

方程通解为

$$u_C=B+A\mathrm{e}^{-t/\tau}$$

根据 $u_C(0_+)=u_C(0_-)=U_0$，$u_C(\infty)=U_S$ 可得

$$A=U_0-U_S,B=U_S$$

代入方程通解可得

$$u_C=\underbrace{U_S}_{\text{稳态分量}}+\underbrace{(U_0-U_S)\mathrm{e}^{-t/\tau}}_{\text{暂态分量}}$$

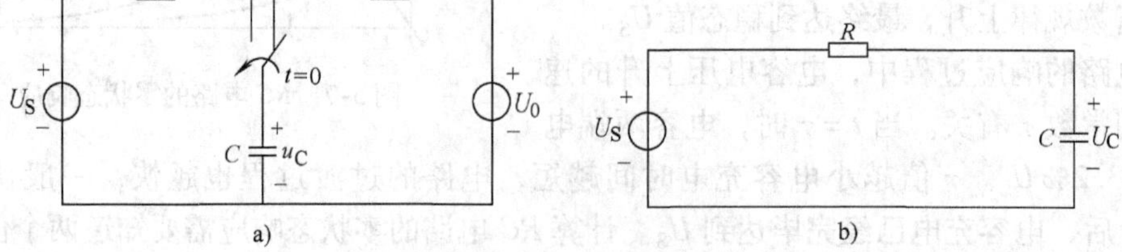

图 5-9 *RC* 电路的全响应

或
$$u_C = \underbrace{U_0 e^{-t/\tau}}_{\text{零输入响应}} + \underbrace{U_S(1-e^{-t/\tau})}_{\text{零状态响应}} \tag{5-7}$$

通过式（5-7）可以很清楚地把全响应看作是零状态响应和零输入响应之和，同时也是暂态响应和稳态响应之和。式中的稳态响应部分是不随时间变化的量，其值等于过渡过程结束后 u_C 的稳态值，而暂态分量是随时间变化的量，当 $t \to \infty$ 时，暂态分量变为零，同时过渡过程也就结束了。

例 5-5　如图 5-10 所示电路，开关 S 长期处于位置 1，在 $t=0$ 时刻开关动作转接到位置 2，试求电容两端电压 u_C。已知电路参数 $R_1=1\text{k}\Omega$，$R_2=2\text{k}\Omega$，$C=2.5\mu\text{F}$，$U_S=3\text{V}$，$I_S=2\text{mA}$。

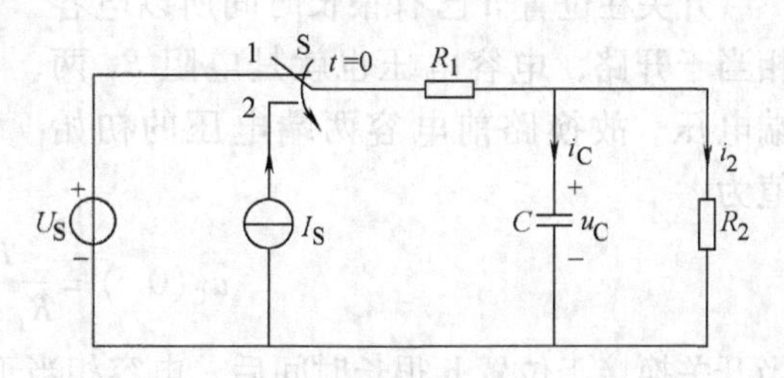

图 5-10　例 5-5 电路

解：在 $t=0_-$ 时，电容电压为
$$u_C(0_-)=\frac{R_2}{R_1+R_2}U_S=2\text{V}$$

在 $t \geqslant 0$ 时，根据 KCL 可以列出
$$I_S-i_C-i_2=0$$
$$I_S-C\frac{\mathrm{d}u_C}{\mathrm{d}t}-\frac{u_C}{R_2}=0$$

整理得
$$R_2C\frac{\mathrm{d}u_C}{\mathrm{d}t}+u_C=R_2I_S$$

则特解
$$u_C'=I_SR_2=4\text{V}$$

时间常数
$$\tau=R_2C=5\times10^{-3}\text{s}$$

所以
$$u_C=u_C'+u_C''=(4+A\mathrm{e}^{-\frac{1}{5\times10^{-3}}t})\text{V}$$

由于 $t=0_+$ 时，$u_C(0_+)=u_C(0_-)=2\text{V}$，则 $A=-2\text{V}$，故
$$u_C=(4-2\mathrm{e}^{-200t})\text{V}$$

5.3　三要素分析法

根据前面所述 RC 电路的全响应，只要求出初始值、稳态值和时间常数这三个要素，就能确定 u_C 的解析表达式。这种利用三个要素求解在直流输入情况下一阶电路中的电压或电流随时间变化关系式的方法称为三要素分析法。设某一阶电路在 $t=0$ 时刻发生换路，换路后电路中的电源稳定（恒定为某值或为零），$f(t)$ 为电路中任一电压或电流变量，利用经典微分方程求解方法可得三要素法的一般形式为
$$f(t)=f(\infty)+[f(0_+)-f(\infty)]\mathrm{e}^{-t/\tau} \tag{5-8}$$

式中，$f(\infty)$ 为电路变量的稳态值，可以在换路后的稳态电路中求得；$f(0_+)$ 为电路变量的初始值，可以根据换路定律以及电路在 $t=0_+$ 时的等效电路中求得；时间常数 $\tau=RC$，其中 R 是换路发生后电路的戴维南等效电阻，时间常数的大小反映了过渡过程进行的快慢，在 RC 电路中，τ 的数值越大，电路的响应时间就越慢，反之越快。

例 5-6　如图 5-11 所示 RC 电路中的开关在位置 a 已有很长时间，在 $t=0$ 时开关换接至

位置 b，试用三要素法求解电路的全响应并画出 $u_C(t)$ 和 $i(t)$ 的波形图。已知电路参数 $R=400\Omega$，$R_1=60\Omega$，$R_2=20\Omega$，$C=0.5\mu F$，$U_S=90V$，$U_0=40V$。

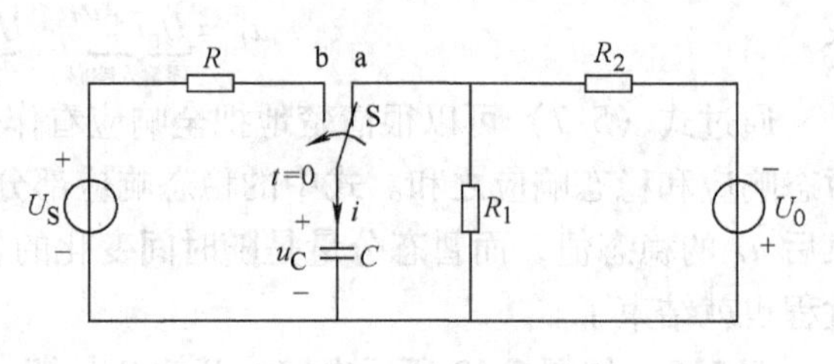

图 5-11 例 5-6 电路

解：1. 计算电容两端电压的全响应：

开关在位置 a 已有很长时间所以电容相当于开路，电容电压也就是电阻 R_1 两端电压。故换路前电容两端电压的初始值为

$$u_C(0_-)=\frac{R_1}{R_1+R_2}U_0=-30V$$

当开关换接于位置 b 很长时间后，电容相当于对于电源 U_S 开路，这样电容电压的稳态值为

$$u_C(\infty)=+90V$$

换路后电路的时间常数为 $\tau=RC=0.2ms$

将初值、稳态值及时间常数带入式（5-8）后可得电容两端电压的全响应

$$u_C(t)=90+(-30-90)e^{-5\times10^3t}=90-120e^{-5\times10^3t}V,\ t\geqslant0$$

2. 计算流经电容电流的全响应

分析流经电容的电流的初值时应考虑到电容中的电流可以产生跃变，根据欧姆定律可以求解出电容电流的初始值为

$$i(0_+)=\frac{U_S-u_C(0_+)}{R}=300mA$$

电容电流的稳态值 $i(\infty)=0$，电路的时间常数不变，所以电容电流的全响应为

$$i(t)=0+(300-0)e^{-5t}mA=300e^{-5\times10^3t}mA$$

电流的全响应也可以根据电压的全响应直接求出，即

$$i(t)=C\frac{du_C}{dt}=300e^{-5\times10^3t}mA,\ t\geqslant0$$

3. 根据前面求出的电压及电流的全响应画出其波形图

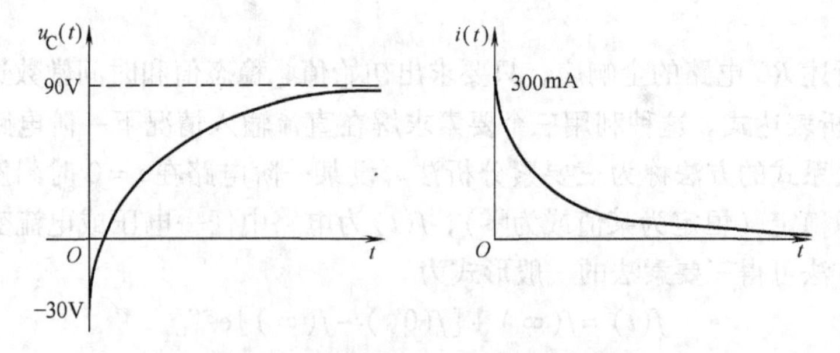

图 5-12 例 5-6 电路的波形图

例 5-7 如图 5-13a 所示电路，已知 $R_1=R_2=R_3=1k\Omega$，$C=20\mu F$，$U_S=10V$。电路原本处于稳定状态，在 $t=0$ 时刻开关断开，求解开关动作后流经电容的电流 $i_C(t)$。

解：开关动作前，电路如图 a 所示，电容充电达到稳态，电容电压为

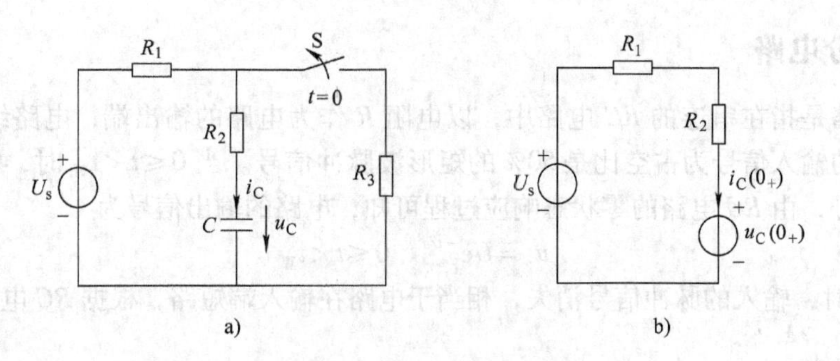

图 5-13　例 5-7 电路

a）原电路　b）$t=0_+$ 时的等效电路

$$u_C(0_-)=\frac{R_3}{R_1+R_3}U_s=\frac{1\text{k}\Omega}{1\text{k}\Omega+1\text{k}\Omega}\times 10=5\text{V}$$

由于换路发生时电容电压不能突变，所以储能后的电容元件在 $t=0_+$ 时可以等效为恒压源，则电路在 $t=0_+$ 时的等效电路如图 5-13b 所示，根据图 b 所示电路可以求解出电容电流的初始值为

$$i_C(0_+)=\frac{U_s-u_C(0_+)}{R_1+R_2}=\frac{10\text{V}-5\text{V}}{1\text{k}\Omega+1\text{k}\Omega}=2.5\text{mA}$$

在图 a 所示电路中可以求解出电容电流的稳态值和电路的时间常数分别为

$$i_C(\infty)=0$$

$$\tau=R_0C=(R_1+R_2)C=(1+1)\times 10^3\Omega\times 20\times 10^{-6}\text{F}=40\text{ms}$$

则电容电流的表示式为

$$i_C(t)=0+(2.5-0)\text{e}^{-\frac{t}{40\times 10^{-3}}}\text{mA}=2.5\text{e}^{-25t}\text{mA}$$

5.4　微分电路与积分电路

前面讨论了 RC 一阶线性电路的构成、响应及其求解方法，RC 电路还具有微分和积分两种基本功能。在分析微分电路和积分电路时，首先引入阶跃函数的概念，单位阶跃函数记为 $\varepsilon(t)$，其定义为

$$\varepsilon(t)=\begin{cases}0 & t<0\\ 1 & t>0\end{cases} \tag{5-9}$$

其信号波形如图 5-14 所示，单位阶跃函数 $\varepsilon(t)$ 在 $t<0$ 时为零，在 $t>0$ 时为 1，在 $t=0$ 时函数发生阶跃变化。

在非零时刻发生单位跃变的函数称为延时单位阶跃函数，若其中 t_0 为发生单位跃变的时刻，则延时单位跃变函数可以表示为

$$\varepsilon(t-t_0)=\begin{cases}0 & t<t_0\\ 1 & t>t_0\end{cases} \tag{5-10}$$

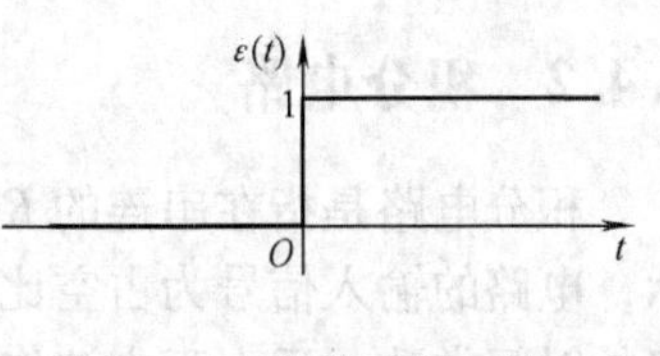

图 5-14　单位阶跃函数

5.4.1　微分电路

微分电路是指在串连的 RC 电路中，以电阻 R 作为电路的输出端，电路结构如图 5-15 所示，电路的输入信号为占空比是 50% 的矩形波脉冲信号。当 $0 \leqslant t < t_W$ 时，相当于电路输入了阶跃信号，由 RC 电路的零状态响应过程可知，电路的输出信号为

$$u_o = U\mathrm{e}^{-t/\tau} \quad 0 \leqslant t < t_W \tag{5-11}$$

当 $t_W \leqslant t < T$ 时，输入的脉冲信号消失，相当于电路在输入端短路，根据 RC 电路的零输入响应过程可知

$$u_o = -U\mathrm{e}^{-(t-t_W)/\tau} \quad t_W \leqslant t < T \tag{5-12}$$

当时间常数 $\tau << t_W$，且输入信号为脉冲信号的上升沿时，电容迅速充电，输出电压则很快衰减到零，因而输出 u_o 是一个峰值为 U 的正尖脉冲信号；当时间常数 $\tau << t_W$，且输入信号为脉冲信号的下降沿时，电容迅速放电，输出电压 u_o 是一个峰值为 $-U$ 的负尖脉冲信号，电路输出信号波形如图 5-16 所示。

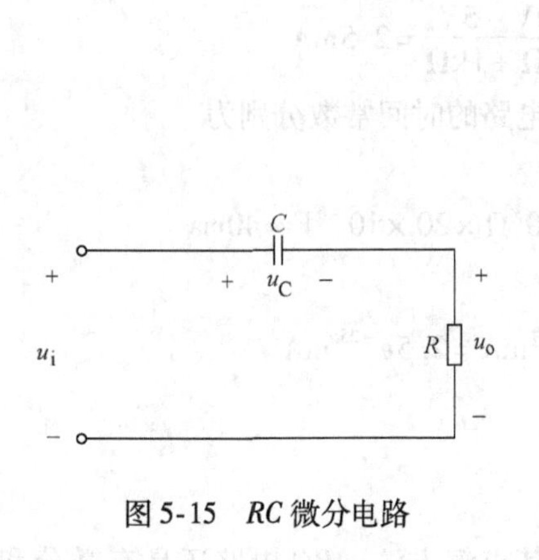

图 5-15　RC 微分电路

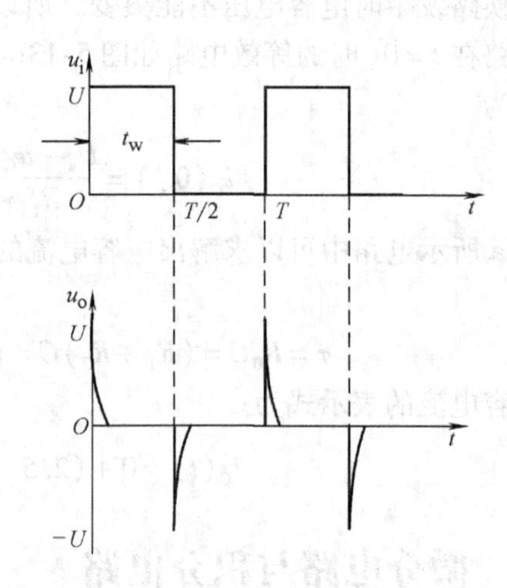

图 5-16　RC 微分电路输入 – 输出波形

在微分电路中，由于 $\tau << t_W$，在矩形脉冲信号作用的大部分时间内有 $u_i = u_C + u_o \approx u_C$，则

$$u_o = iR = RC\frac{\mathrm{d}u_C}{\mathrm{d}t} \approx RC\frac{\mathrm{d}u_i}{\mathrm{d}t} \tag{5-13}$$

式（5-13）表示，电路的输出电压 u_o 近似与输入电压 u_i 的微分成正比，称这种电路为微分电路。在实际应用中，微分电路生成的尖脉冲常作为触发器的触发信号或用来触发晶闸管。微分电路必须满足的条件是 $\tau << t_W$，并且电阻两端作为电路输出端。

5.4.2　积分电路

积分电路是指在串连的 RC 电路中，以电容作为电路的输出端，电路结构如图 5-17 所示，电路的输入信号为占空比是 50% 的矩形波脉冲信号，电路的时间常数 $\tau >> t_W$。由于电路的时间常数 τ 远大于方波作用时间 t_W，所以在脉冲作用时间内电容电压 $u_C = u_o$ 增长缓慢，当 u_C 还远未达到稳态值时正向脉冲消失，电容开始缓慢放电同时输出电压 u_o 也缓慢衰减。

其中 u_o 依然按照指数规律变化，但由于 $\tau >> t_W$，其变化曲线为指数曲线初始部分，并可以近似为直线，所以输出电压 u_o 为三角波电压，波形如图 5-18 所示。

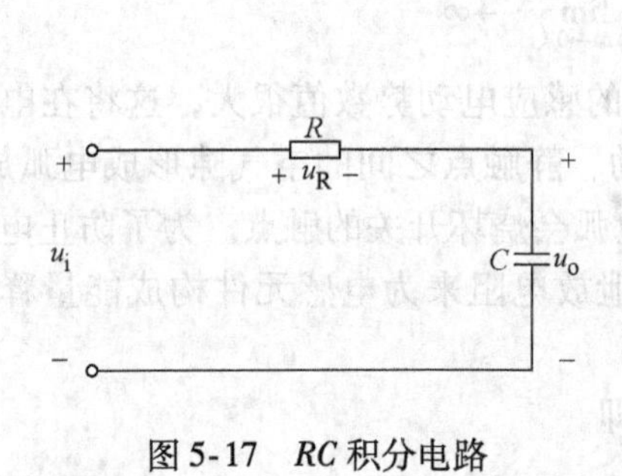

图 5-17　RC 积分电路

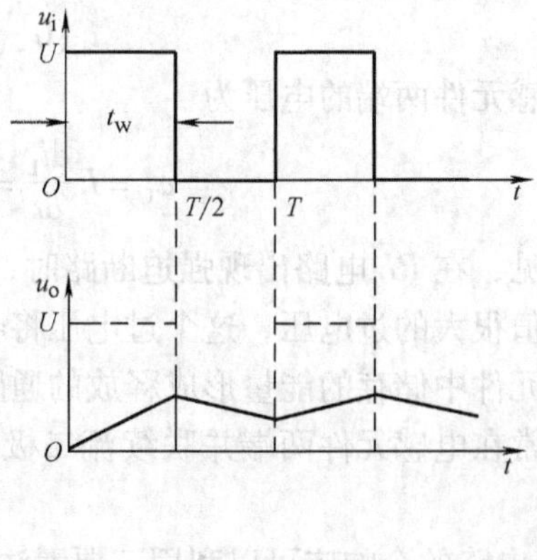

图 5-18　RC 积分电路输入 − 输出波形

在积分电路中，由于 $\tau >> t_W$，在输入脉冲作用期间内，有 $u_i = u_R + u_o \approx u_R = iR$，则输出电压

$$u_o = u_C = \frac{1}{C}\int i\mathrm{d}t = \frac{1}{C}\int \frac{u_R}{R}\mathrm{d}t \approx \frac{1}{RC}\int u_i\mathrm{d}t \tag{5-14}$$

式（5-14）表明，电路输出电压 u_o 近似与输入电压 u_i 对时间的积分成正比，电路也就称为积分电路。在实际应用中，积分电路常用来产生三角波信号。

*5.5　RL 电路的暂态分析

前面几节主要介绍了一阶 RC 电路的暂态过程，本节将简要介绍 RL 电路的暂态过程。RL 电路如图 5-19所示，开关 S 在换路前长时间位于位置 1，在 t = 0 时刻开关换接至位置 2，则电感元件中电流的初始值 $i_L(0_+) = i_L(0_-) = I_0$。

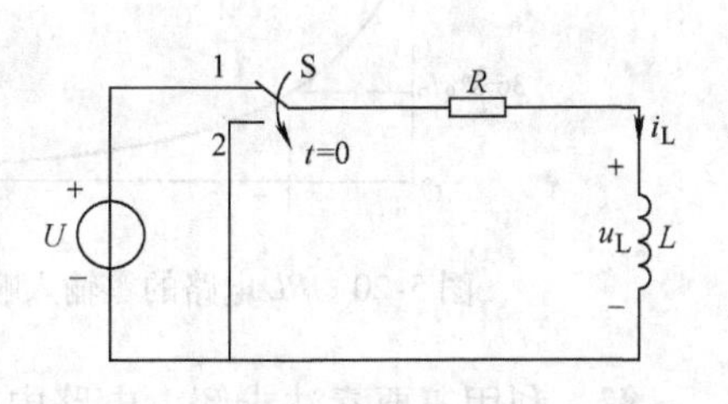

图 5-19　RL 电路

当 $t \geqslant 0$ 时，根据 KVL 可以列出电路的回路电压方程为

$$Ri_L + L\frac{\mathrm{d}i_L}{\mathrm{d}t} = 0$$

该微分方程通解为　$i_L = A\mathrm{e}^{-\frac{R}{L}t}$

由电感电流的初始值 $i_L(0_+) = i_L(0_-) = I_0$，可得

$$i_L = I_0\mathrm{e}^{-\frac{R}{L}t} = I_0\mathrm{e}^{-\frac{t}{\tau}} \tag{5-15}$$

$$u_R = i_L R = RI_0\mathrm{e}^{-t/\tau}$$

$$u_L = L\frac{\mathrm{d}i_L}{\mathrm{d}t} = -RI_0\mathrm{e}^{-t/\tau}$$

式（5-15）为一阶 RL 电路中电感电流的零输入响应表示式，其变化曲线如图 5-20 所

示。在 RL 电路中，时间常数 $\tau = L/R$，式中的 R 为换路后电路的戴维南等效电阻。

若假设如图 5-19 所示电路中的开关在 $t=0$ 时刻并没有置于位置 2 而是直接断开，那么突然断路使得电路中电感电流变为零，有

$$i_L(0_-) = I_0, \quad i_L(0_+) = 0$$

这时电感元件两端的电压为

$$u_L = L\frac{di_L}{dt} = L\lim_{\Delta t \to 0}\frac{\Delta i_L}{\Delta t} = L\lim_{\Delta t \to 0}\frac{I_0}{0} \to \infty$$

由此可见，在 RL 电路出现强迫断路时，电感元件中的感应电动势数值很大，这将在电路中产生数值很大的过电压，这个过电压将会击穿开关动、静触点之间的空气隙形成电弧放电，为储能元件中储存的能量形成释放的通路，而放电电弧会烧坏开关的触点。为了防止电弧放电，通常在电感元件两端并联续流二极管或者低值泄放电阻来为电感元件构成能量释放的通路。

RL 电路的全响应可以利用三要素法进行计算，即

$$i_L(t) = i_L(\infty) + [i_L(0_+) - i_L(\infty)]e^{-\frac{t}{\tau}} \tag{5-16}$$

式中，稳态值 $i_L(\infty)$ 即换路后电路达到稳态时流过电感元件的短路电流；初始值 $i_L(0_+) = i_L(0_-)$，即换路前流过电感元件的电流，如果换路前电路已经处于稳态，$i_L(0_-)$ 就是换路前电感两端的短路电流；在 RL 电路中，时间常数 $\tau = L/R$。

例 5-8 电路如图 5-21 所示，换路前电路已经处于稳态，在 $t=0$ 时刻开关 S 闭合。试求：$t \geqslant 0$ 时电路中的电感电流 i_L 和支路电流 i_1、i_2 的变化规律。已知电路参数 $U_1 = 12\text{V}$，$U_2 = 9\text{V}$，$R_1 = 6\Omega$，$R_2 = 3\Omega$，$L = 1\text{H}$。

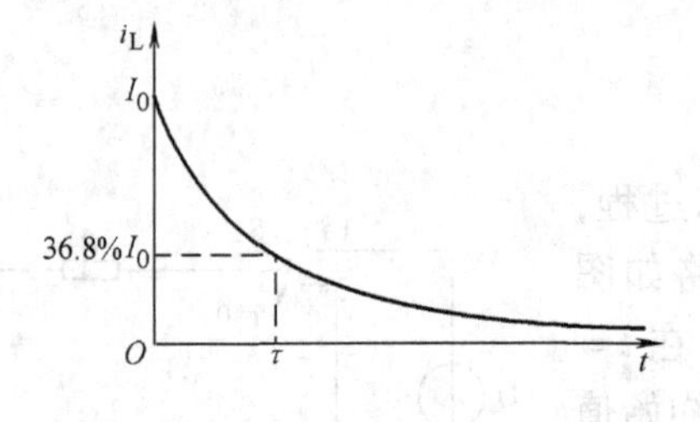

图 5-20 RL 电路的零输入响应

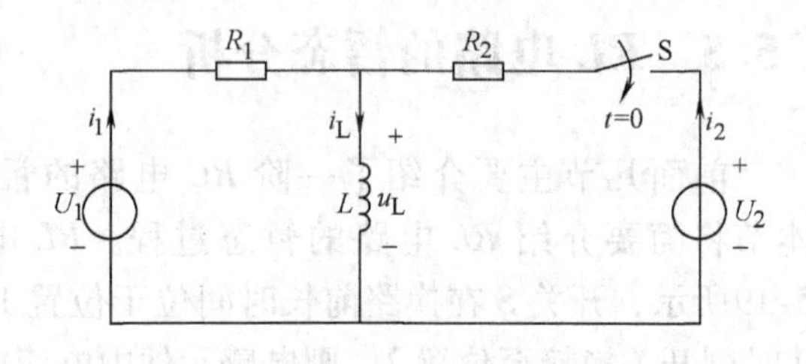

图 5-21 例 5-8 电路

解：利用三要素法求解，电路中电感电流 i_L 的初始值、稳态值和时间常数分别为

$$i_L(0_+) = i_L(0_-) = \frac{U_1}{R_1} = 2\text{A}$$

$$i_L(\infty) = \frac{U_1}{R_1} + \frac{U_2}{R_2} = 5\text{A}$$

$$\tau = \frac{L}{R_1 // R_2} = 0.5\text{s}$$

代入三要素公式，可得电感电流为

$$i_L(t) = i_L(\infty) + [i_L(0_+) - i_L(\infty)]e^{-\frac{t}{\tau}} = (5 - 3e^{-2t})\text{A}$$

电感电压 u_L 为

$$u_L(t)=L\frac{di_L}{dt}=6e^{-2t}$$

支路电流 i_1 和 i_2 分别为

$$i_1(t)=\frac{U_1-u_L(t)}{R_1}=(2-e^{-2t})A$$

$$i_2(t)=\frac{U_2-u_L(t)}{R_2}=(3-2e^{-2t})A$$

本章小结

电容元件 C 和电感元件 L 属于储能元件，在电路发生换路时，储能元件中的能量不能跃变，因此在含有 C、L 储能元件的电路中，当电路的工作状态或者电路的参数发生变化时，电路将从一种稳定状态过渡到另一种稳定状态，这个过程称为暂态过程。

在暂态过程中，电容元件上的电压和电感元件中的电流不能产生跃变，这就是换路定律，即 $u_C(0_+)=u_C(0_-)$，$i_L(0_+)=i_L(0_-)$。换路定律可以用来确定换路发生瞬间电容电压和电感电流的初始值。

利用经典法分析电路的暂态过程是通过求解电路的微分方程以得出电路的响应，同时这类分析也是时域分析。暂态电路的响应包含零输入响应、零状态响应和全响应。对于 RC 和 RL 一阶电路，用三要素法分析暂态过程比较简便，三要素是指电路参数的初始值、稳态值和电路的时间常数。电路参数的初始值可在 $t=0_+$ 的等效电路中求解；稳态值可在电容元件开路、电感元件短路的条件下求解；一阶电路的时间常数分别等于 RC 或 L/R，三要素法的计算式为 $f(t)=f(\infty)+[f(0_+)-f(\infty)]e^{-t/\tau}$。

RC 串联电路可以用来进行波形变换。当时间常数 $\tau \ll t_W$，且由电阻两端作为电路的输出端时，电路构成了微分电路，电路输出信号波形近似地与输入信号波形成微分关系；当时间常数 $\tau \gg t_W$，且由电容两端作为电路的输出端时，电路就构成了积分电路，电路输出信号波形近似地与输入信号波形成积分关系。

习　题　5

5.1　什么叫做零输入响应？什么叫做零状态响应？什么叫做全响应？

5.2　在一阶电路中，当电阻元件 R 取值一定时，电路的时间常数 τ 与电容 C 和电感 L 的大小取值有何关系？时间常数 τ 与暂态过程进行的快慢有何关系？

5.3　试求如图 5-22 所示各电路在换路后的电流初始值 $i(0_+)$ 和稳态值 $i(\infty)$，换路前电路都处于稳态。

5.4　电路如图 5-23 所示，开关 S 闭合前电路已经达到稳定状态，求开关 S 闭合后电路中的电感电流、电容电压及各支路电流的初始值。

5.5　如图 5-24 所示电路已经处于稳定状态，在 $t=0$ 时刻开关打开，试求电路中的 $i_L(0_+)$、$u_L(0_+)$、$i_C(0_+)$ 和 $u_C(0_+)$。

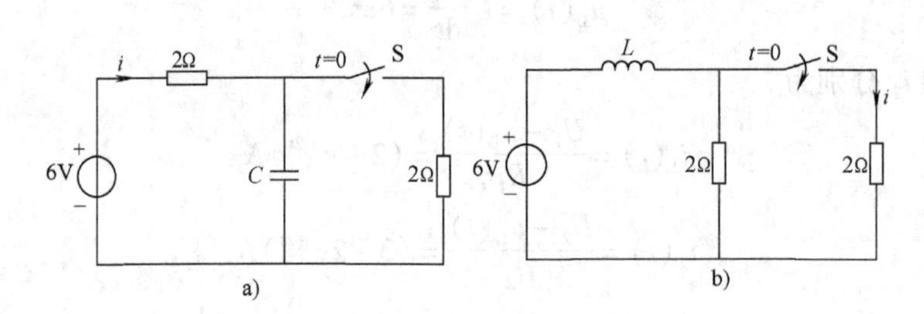

图 5-22　习题 5.3 电路

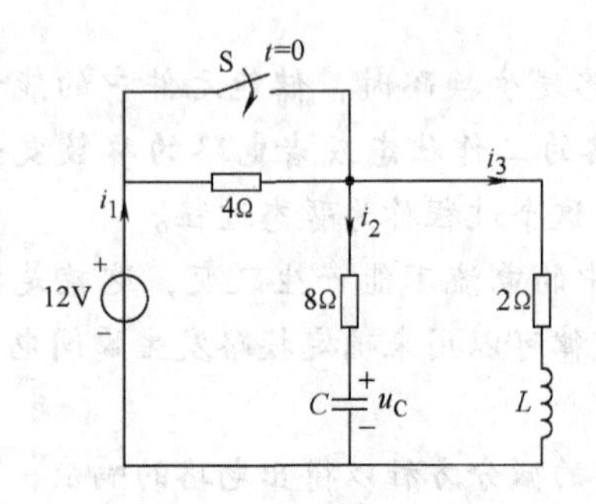

图 5-23　习题 5.4 电路

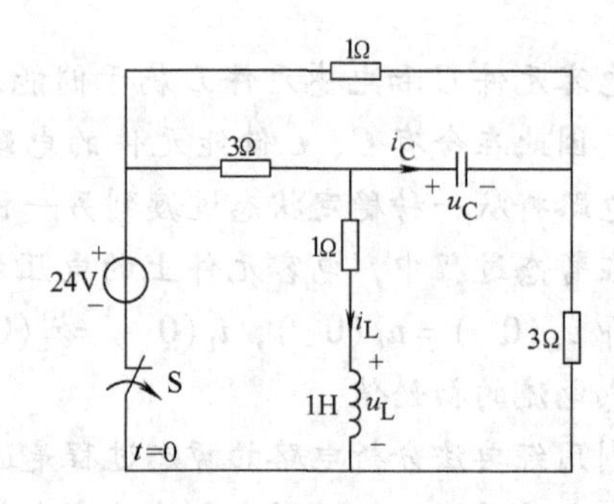

图 5-24　习题 5.5 电路

5.6　如图 5-25 所示电路在开关闭合前已经处于稳态，在 $t=0$ 时刻开关闭合，试求 $t>0$ 电容元件两端的电压 u_C。

5.7　如图 5-26 所示电路在开关闭合前已经处于稳态，在 $t=0$ 时刻开关闭合，试求 $t>0$ 时的 $u_C(t)$ 和 $i_C(t)$，并画出相应的曲线。

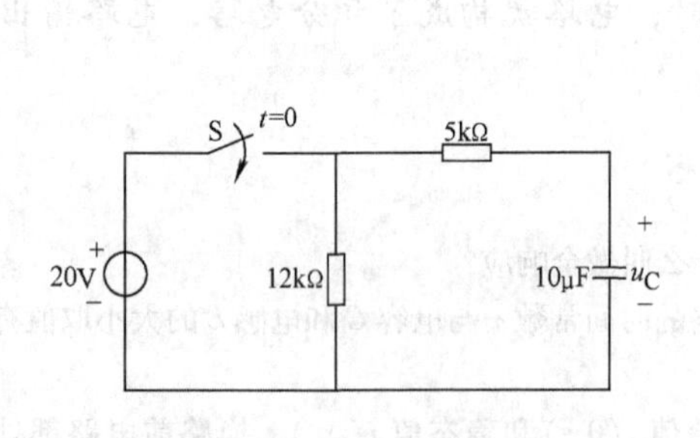

图 5-25　习题 5.6 电路

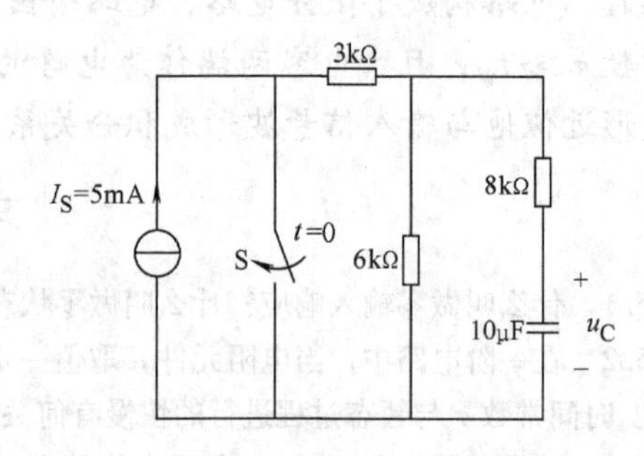

图 5-26　习题 5.7 电路

5.8　如图 5-27 所示电路已经处于稳态，在 $t=0$ 时刻开关闭合，试求 $t>0$ 时 u_C 和 i_C，并判断其响应类型。

5.9　如图 5-28 所示电路已经处于稳态，在 $t=0$ 时刻开关闭合，试求 $t>0$ 时 u_C 和 i_1、i_2，判断其响应类型并画出相应曲线。

5.10　如图 5-29 所示电路已经处于稳态，在 $t=0$ 时刻开关闭合在 2 端，试求 $t>0$ 时 u_C 和 i_1、i_2，判断其响应类型并画出相应曲线。

5.11　如图 5-30 所示电路已经处于稳态，试求换路后的 u_C 并画出相应曲线。

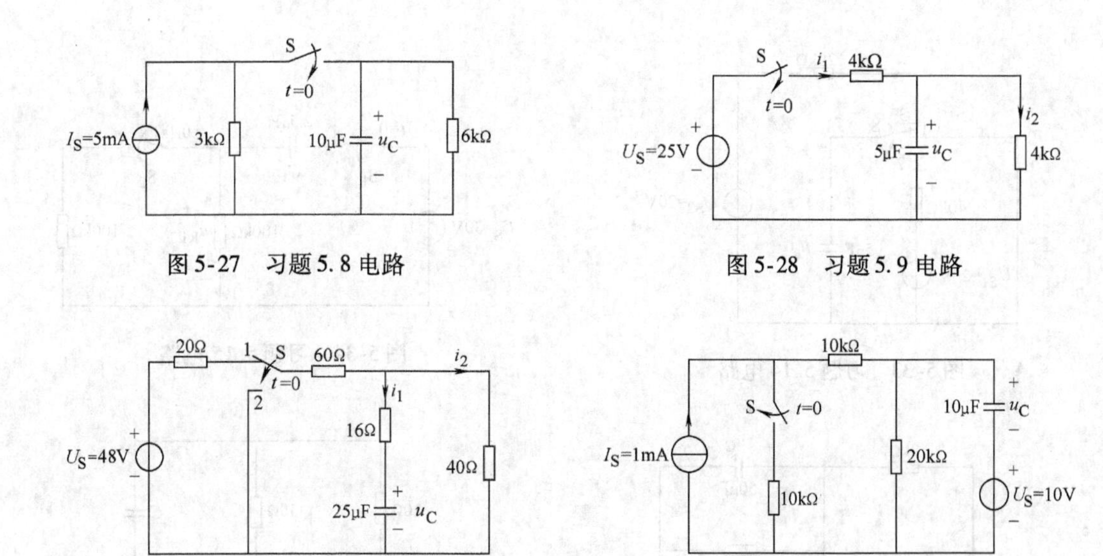

图5-27　习题5.8电路

图5-28　习题5.9电路

图5-29　习题5.10电路

图5-30　习题5.11电路

5.12　如图5-31所示电路在开关闭合前已经处于稳定状态，在 $t=0$ 时刻开关闭合，利用三要素法求解在 $t>0$ 的电容电压 $u_C(t)$ 以及 $i_2(t)$、$i_3(t)$ 的值，并画出相应的曲线。

5.13　如图5-32所示电路，设电容器 C 没有初始储能，$u_C(0_-)=0$。开关在 $t=0$ 时断开，而又在 $t=4\mu s$ 时接通的情况下，试求输出电压 $u_o(t)$，并画出其波形图。

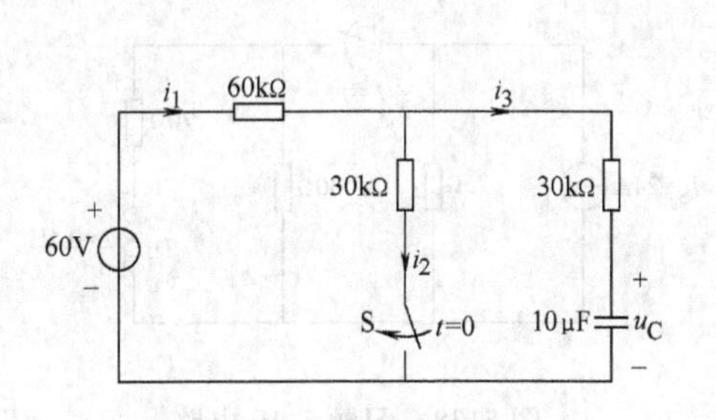

图5-31　习题5.12电路

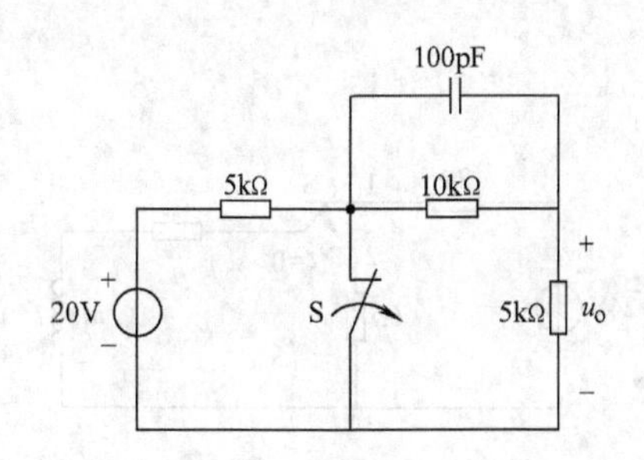

图5-32　习题5.13电路

5.14　如图5-33所示电路，在 $t<0$ 时开关处于位置1，电容电压 $u_C(0_-)=0V$。当 $t=0$ 时，开关由位置1换接至位置2，经过0.2s后再换接至位置3，试求：(1) $t\geqslant 0$ 时的 $u_C(t)$；(2) 在 $t>0.2s$ 后，电容电压 $u_C(t)$ 变为 $-12.64V$ 所需的时间；(3) 画出 $u_C(t)$ 波形图。

5.15　如图5-34所示电路，电容 C 中原本没有储能。当 $t=0$ 时将开关 S_1 闭合，当 $t=0.1s$ 时再将开关 S_2 闭合，试求在 S_2 闭合后的电阻电压 u_{R1}，并说明响应的类型。

5.16　试求如图5-35所示电路在换路后的 $u_C(t)$，换路前电路已经处于稳态。

5.17　如图5-36所示电路，已知 $u_S(t)=\begin{cases}10V & t<0\\ -10V & t>0\end{cases}$，当 $t=1s$ 时，$u_x(t)$ 达到其稳态解的90%，计算电容的容量 C。

5.18　如图5-37所示电路已经处于稳态，在 $t=0$ 时，开关S从连接端1换接至连接端2，试求换路后的 i_L 和 u_L。

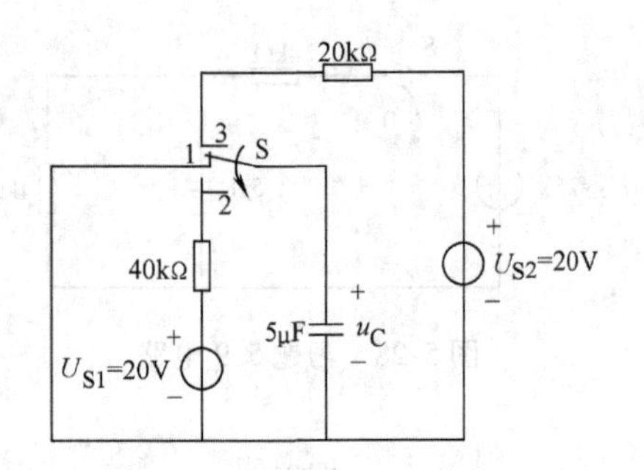

图 5-33　习题 5. 14 电路

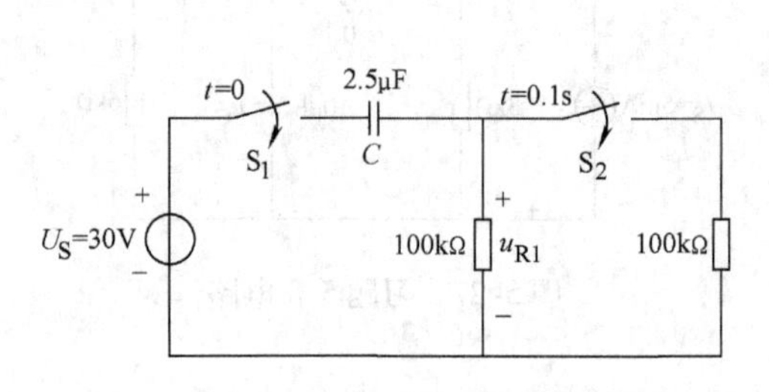

图 5-34　习题 5. 15 电路

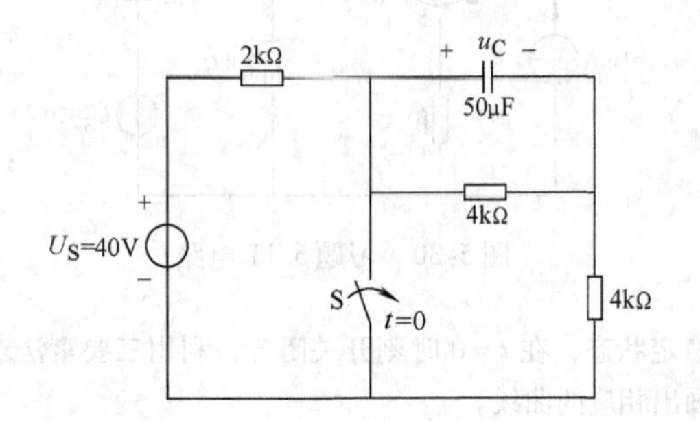

图 5-35　习题 5. 16 电路

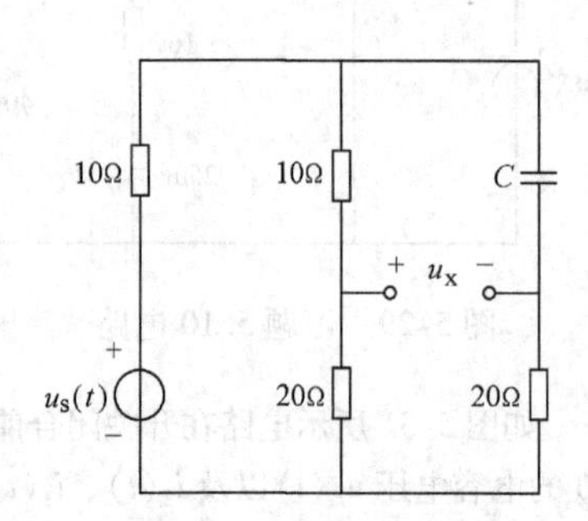

图 5-36　习题 5. 17 电路

5. 19　如图 5-38 所示电路已经处于稳态，试求开关 S 闭合后电路中的 i_L 和 u_L，并画出波形图。

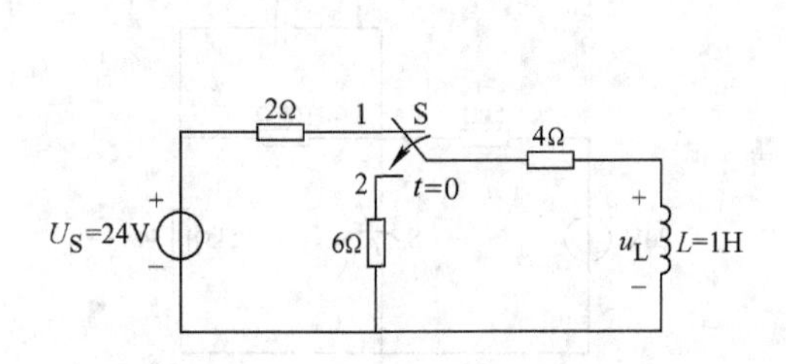

图 5-37　习题 5. 18 电路

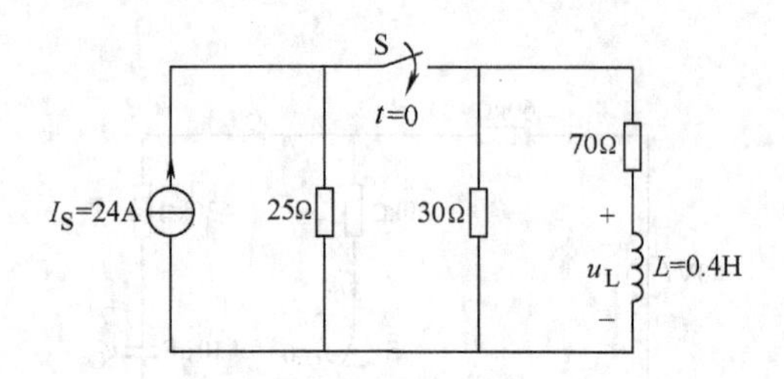

图 5-38　习题 5. 19 电路

第6章　二极管及整流电路

6.1　半导体基础

6.1.1　半导体

自然界的物质按其导电性分为导体、半导体和绝缘体。导体通常是低价元素，例如金属，它们的最外层电子极易摆脱原子核的束缚成为自由电子，在外电场作用下的定向移动就形成了电流。绝缘体通常是高价元素或高分子物质，例如石英、橡胶、陶瓷和塑料等，绝缘体的最外层电子受原子核的束缚力很强，无法摆脱原子核的束缚成为自由电子，也没有电流。半导体的导电特性介于导体和绝缘体之间，半导体材料多为位于元素周期表Ⅳ族的元素和由Ⅲ族与Ⅴ族元素化合形成的化合物，例如锗（Ge）、硅（Si）、砷化镓（GaAs）、一些硫化物和氧化物等。与导体和绝缘体不同，半导体具有独有的特征。

1. 光敏特性

某些半导体的电阻率受光照强度的改变而发生变化，这就是半导体的光敏效应。常见的半导体材料硫化镉（CdS）在一般光照条件下的导电率相对无光照条件下的导电率会提高几十倍甚至上百倍，利用半导体对光敏感的特性可以制作光敏二极管和光敏电阻等器件。某些半导体材料在光照条件下还可以产生电动势，即具有光电效应，根据光电效应研制出的太阳能电池板已经在空间技术中得到了广泛应用。

2. 热敏特性

半导体材料的导电性能会随其表面温度的升高而出现明显增大，这就是热敏效应。利用这种特性可以制作各种热敏元件如热敏电阻。电脑主板的CPU温度监控和超温报警功能就是利用了热敏电阻的热敏感性进行监控。

3. 杂敏特性

当在半导体材料中人为掺入微量的特定杂质元素时，半导体的导电率可以得到显著增强，这就是半导体的杂敏效应。利用该特性可以制作出各种杂质半导体，例如，常用的P型半导体和N型半导体就是分别在本征半导体内掺杂了少量的硼（B）元素和磷（P）元素。

半导体的许多独特的物理性质与半导体中电子的状态及其运动特点有密切关系，为了研究和利用这些性质，需要初步了解晶体结构的概念。按照物质内原子排列的方式可以把固体材料分为晶体、多晶体和非晶体。晶体是指物质内的原子按照某一固定模式排列的固体材料；多晶体是指由不规则间界分割的连续晶体区域构成的固体材料；如果物质内的原子排列没有任何全局顺序则称为非晶体。

制造半导体器件的主要材料是硅和锗的晶体，在晶体结构的硅和锗材料中，原子的最外电子层包含有四个价电子，拥有与碳原子结构类似的金刚石结构。在每个原子的周围都有四个近邻的原子，组成了如图6-1所示的正四面体结构，四个原子分别处在正四面体的四个顶角上，任意顶角上的原子和中心原子各贡献一个价电子，为两个原子共有，形成共价键，如图6-2所示。

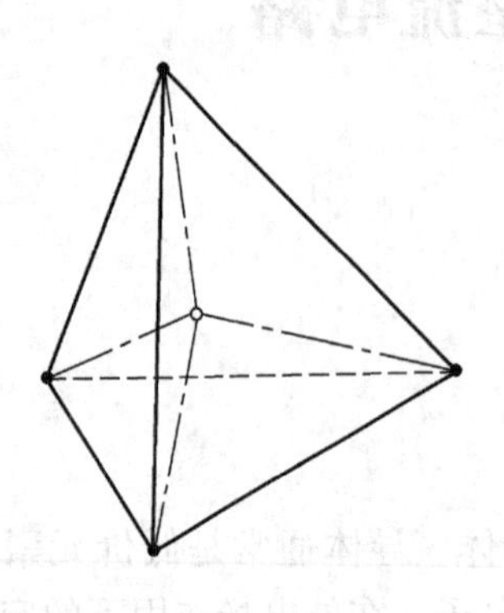

图6-1 正四面体结构图

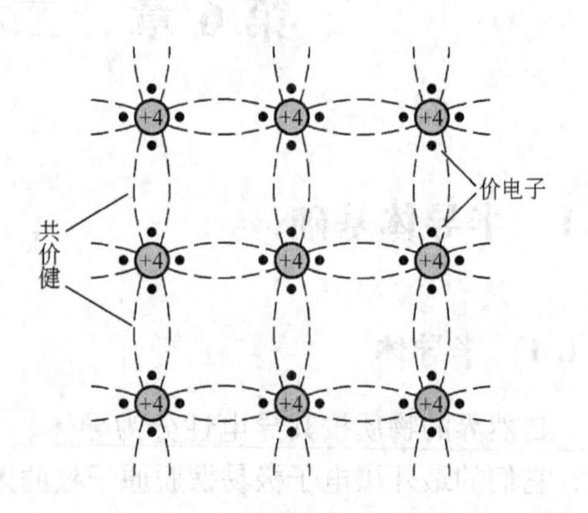

图6-2 晶体结构平面示意图

6.1.2 本征半导体

本征半导体是指纯净的、未掺杂任何杂质的且没有晶格缺陷的完整的半导体。以单晶硅为例，在如图6-2所示的晶体结构平面示意图中，原子的最外层拥有四个共价键，共价键中的八个价电子处于相对稳定状态，但并不会像绝缘体中的价电子那样稳定。在绝对零度同时又无外界作用时，本征半导体中的价电子无法冲破共价键的束缚，半导体中没有自由电子，这时半导体与绝缘体相似，不导电。当温度在绝对零度以上时，共价键中的价电子能够获得一定的热能，当其获得的能量足以使共价键断裂时，价电子便可以挣脱原子核的束缚成为自由电子，并在原来的晶格中留下一个空位，这个空位称为空穴。由于自由电子带走了一个负电荷，则留在晶格中的空穴就具有了一个正电荷。在半导体中，价电子获得能量转换为自由电子的过程叫做激发，激发可以产生一个电子-空穴对，自由电子和空穴都是带电粒子。

在热能、外电场或其他能量的激发下，半导体中不断激发产生自由电子，当自由电子移动到某个空穴的附近时，自由电子会失去能量填补到空穴中成为价电子。自由电子放出能量转换为价电子的过程叫做复合，复合会消失一个电子-空穴对。在半导体的晶体结构中，激发与复合的过程不断重复并连续进行，其效果可以视为带正电荷的空穴和带负电荷的自由电子同时沿相反方向移动。综上所述，半导体中的电流是由两部分组成，一部分是由自由电子定向移动形成的电子流，另一部分是与其方向相反的由空穴移动形成的空穴流，两部分电流的方向相反，但是其电流的效应相同。由于半导体中的空穴和自由电子都带有电荷，则两者都称为载流子，在本征半导体中自由电子浓度和空穴浓度相等，称为本征载流子浓度，用 n_i 表示。在室温条件下，本征硅的 $n_i = 1.5\times10^{10}\mathrm{cm}^{-3}$，本征锗的 $n_i = 2.5\times10^{13}\mathrm{cm}^{-3}$，并且本征锗的载流子浓度受温度的影响较大，在室温附近，温度每升高11℃，载流子浓度将增加一倍。

6.1.3 杂质半导体

在本征半导体中有选择地掺入微量有用杂质可以明显改变其导电性能，掺有杂质的半导体称为杂质半导体，按照掺入的杂质不同，杂质半导体分为N型半导体和P型半导体。

1. N型半导体

在本征半导体中掺入微量的主族V类元素就可以形成N型半导体。以本征硅为例，当掺入五价磷（P）元素后，在半导体的晶体结构没有发生改变的前提下，晶格中某些位置的硅原子被掺杂入的磷原子取代，由于磷原子的最外电子层有五个价电子，其中只有四个价电子能与周围的硅原子形成紧密的共价键，而多余的那个价电子将脱离原子核的束缚形成自由电子，如图6-3所示。在杂质半导体中，自由电子与空穴的数目不再相等，其中数目多的载流子称为多数载流子（简称多子），数目少的载流子称为少数载流子（简称少子）。在多数载流子中，掺杂进半导体的载流子数比激发产生的多，所以多数载流子浓度是由掺杂浓度决定的；而少数载流子是由激发产生的，所以少数载流子浓度是由温度决定的。在N型半导体中，多数载流子是自由电子，少数载流子是空穴，N型半导体主要依靠自由电子运动提高其导电性。相较于本征半导体，杂质半导体具有较高的导电能力。

2. P型半导体

在本征半导体硅中掺入微量的主族Ⅲ类硼（B）元素就可以形成P型半导体。在半导体的晶体结构没有发生改变的前提下，晶格中某些位置的硅原子被掺杂入的硼原子取代，如图6-4所示。由于硼原子最外电子层只有三个价电子，只能够与周围的三个硅原子形成共价键，缺少一个价电子的硼原子在共价键中产生了一个空穴，每掺杂入一个硼原子，半导体中都会出现一个空穴，因此P型半导体的多数载流子是空穴，少数载流子是自由电子，P型半导体主要依靠空穴运动提高其导电作用。需要注意的是，无论N型半导体还是P型半导体都是电中性，对外不显电性。

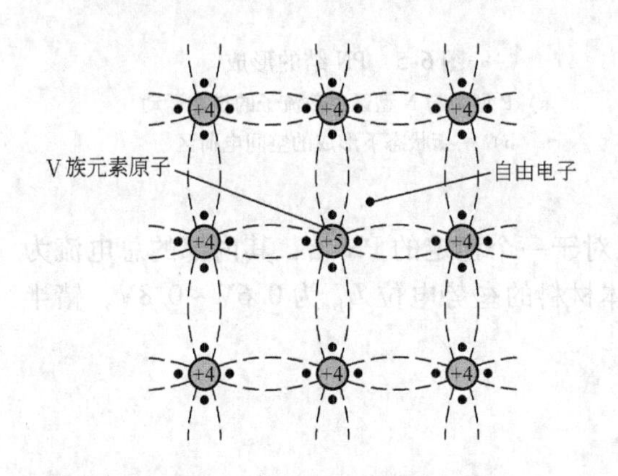

图6-3　N型半导体的晶体结构平面示意图

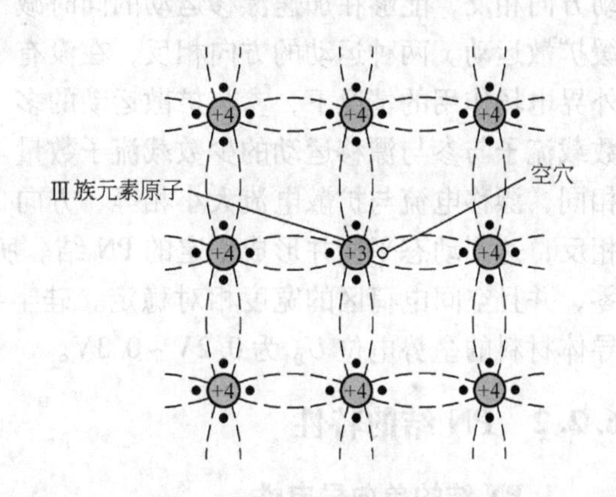

图6-4　P型半导体结构的平面示意图

6.2　PN结

6.2.1　PN结的形成

在实际应用中，N型半导体和P型半导体很少单独使用。例如，半导体二极管是由一部分N型半导体材料和一部分P型半导体材料结合而成；半导体晶体管则是一种类型半导体材料夹在另一种类型的两块半导体材料之间构成的。这种P型半导体材料和N型半导体材料相结合的区域就叫做PN结。

在PN结N型半导体材料一侧自由电子浓度较高为多数载流子，在P型半导体材料一侧空穴浓度较高为多数载流子。由于浓度的差异悬殊，N区中的自由电子将向P区扩散，同时P区中的空穴也要向N区扩散，这样的载流子运动称为扩散运动，产生的电流为扩散电流。扩散过程中，电子和空穴相遇时发生复合而消失，如图6-5所示，在P区一侧因失去空穴而形成了负离子区域，在N区一侧因失去自由电子而形成了正离子区域，两个区域统称空间电荷区或者耗尽层。空间电荷区的正负离子区域破坏了原有的电中性，并最终导致PN结附近产生电位差，称为垒势电位 U_D，其内建电场方向由N区指向P区。在内建电场的作用下，PN结内的少数载流子被加速通过空间电荷区，这样的运动称为漂移运动，产生的电流为漂移电流。由N区指向P区的电场方向与扩散运动方向相反，能够在加速漂移运动的同时减缓扩散运动。两种运动的方向相反，在没有外界电场作用的情况下，参与扩散运动的多数载流子与参与漂移运动的少数载流子数量相同，漂移电流与扩散电流大小相等、方向相反，达到动态平衡并形成稳定的PN结。所以对于一个稳定的PN结，其内部的总电流为零，并且空间电荷区的宽度相对稳定。硅半导体材料的垒势电位 U_D 为0.6V～0.8V，锗半导体材料的垒势电位 U_D 为0.2V～0.3V。

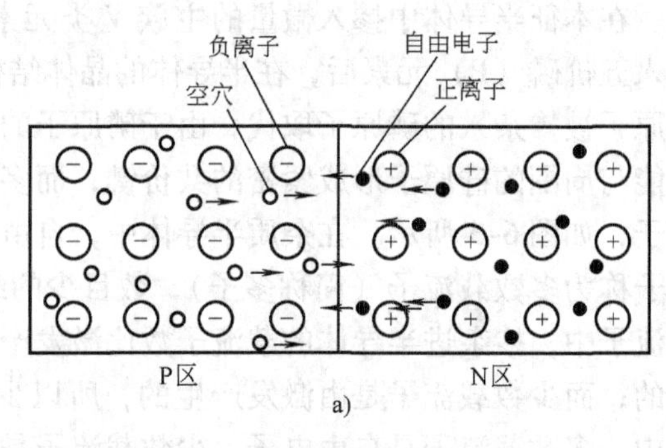

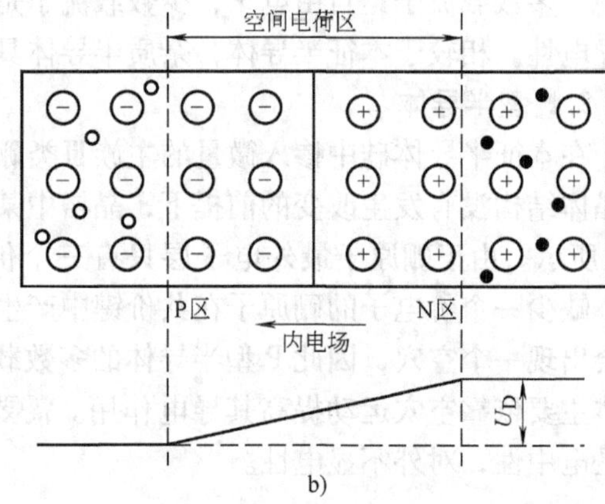

图6-5　PN结的形成
a）P型区与N型区中载流子的扩散运动
b）平衡状态下形成的空间电荷区

6.2.2　PN结的特性

1. PN结的单向导电性

在无外加电压的情况下，PN结处于平衡状态，其内部总电流为零。当在PN结两端外加电压时，平衡状态被破坏，内部电流不再为零。根据外加电压极性不同，可以分为正向偏置和反相偏置，两种情况下PN结的导电性能完全不同，呈现单向导电性。

（1）正向偏置　PN结P区电位高于N区电位的情况称为正向偏置，如图6-6所示。此时，外电场的方向与PN结内电场的方向相反，在外电场作用下PN结两边的多子被正向偏置电压推向空间电荷区，PN结内的部分正负离子被复合，空间电荷区宽度变窄，垒势电位也随之降低。PN结内部的扩散运动将大于漂移运动，动态平衡被打破，并在PN结内部形成与扩散电流同方向的正向电流。在一定范围内，外电场越强，正向电流越大，这时PN结呈现的电阻越低。正向电流包括空穴电流和电子电流两部分，二者方向一致。

（2）反向偏置　在PN结外部加一个反向电压，即N区电位高于P区电位的情况称为反向偏置，如图6-7所示。此时，外电场的方向与PN结内电场的方向一致，在内外电场的共同作用下，空间电荷区变宽。少数载流子的漂移运动被加剧的同时，多数载流子的扩散运动被减弱，在PN结内形成了由漂移运动主导的反向电流。由于少数载流子数量很少，因此反向电流不大，即PN结呈现的反向电阻很大。由于在一定温度情况下，本征激发的少子浓度一定，所以漂移电流及由其决定的反向电流基本与外加电压无关。然而由于少数载流子是由价电子获得热能挣脱共价键的束缚而产生的，所以环境温度越高，少数载流子的数量越多，即温度对反向电流的影响很大。通常情况下，反向电流大小在近似分析中可以忽略不计。

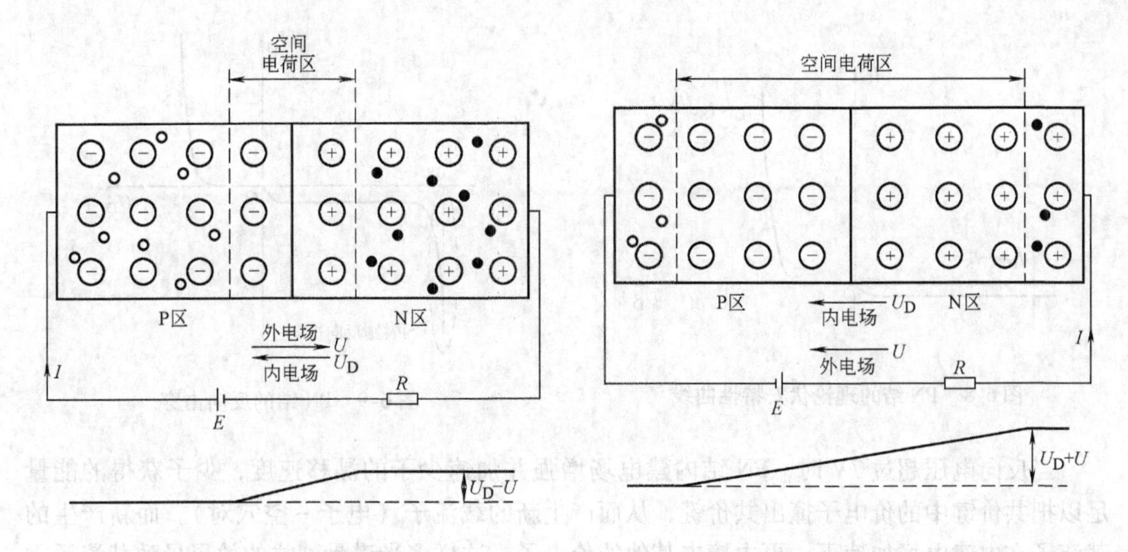

图6-6　正向偏置的PN结　　图6-7　反向偏置的PN结

由上述分析可以得出，PN结的单向导电性是指：当PN结正向偏置时，PN结内部产生较大的正向电流，此时PN结导通，呈现低阻态；当PN结反向偏置时，PN结内部产生可以忽略不计的反向电流，此时PN结截止，呈现高阻态。正向导通时，PN结的正向电压为：硅半导体材料0.6V~0.8V，锗半导体材料0.2V~0.3V。

2. PN结的伏安特性

PN结的伏安特性可以由下式表示：

$$I_D = I_S(e^{qU_D/kT}-1)$$

令
$$\frac{kT}{q}=U_T$$

于是
$$I_D = I_S(e^{U_D/U_T}-1) \tag{6-1}$$

式中，U_D为PN结两端外加电压；I_D为流过PN结的电流；q是电子电量，$q=1.6\times10^{-19}$C；k是玻尔兹曼常数，$k=1.38\times10^{-23}$J/K；T是绝对温度；I_S是反向饱和电流。在室温下（即$T=300$K时），称为温度电压当量，$U_T\approx26$mV。

由式（6-1）中可以得出：当$U_D>>U_T$时，$e^{U_D/U_T}>>1$，于是$I_D\approx I_S e^{U_D/U_T}$，其物理意义

是正向电流随正向电压的增大按指数规律增大；当 $U_D \ll U_T$ 时，$e^{U_D/U_T} \ll 1$，于是 $I_D \approx -I_S$，其物理意义是PN结在反向偏置时只流经很小的反向饱和电流，且数值基本不随外加电压改变而改变。如图6-8所示为PN结的理论伏安特性曲线。

3. PN结的反向击穿

在PN结上的反向电压增加时，电流并不是永远保持不变。当电压增大到某个数值时，反向电流急剧增加，PN结被反向击穿。如图6-9所示，当反向电压绝对值大于 $|U_{BR}|$ 时，PN结发生击穿，U_{BR} 称为反向击穿电压。反向击穿包括热击穿和电击穿两种。热击穿是指反向电流过大，消耗在PN结上的功率过大，引起PN结工作温度升高，并造成无法逆转的损坏性击穿；电击穿的过程是可逆的，即当反向电压降到低于击穿电压值时，PN结能够自行恢复到击穿前的状态。下面讨论两种导致PN结电击穿的机制：雪崩击穿和齐纳击穿。

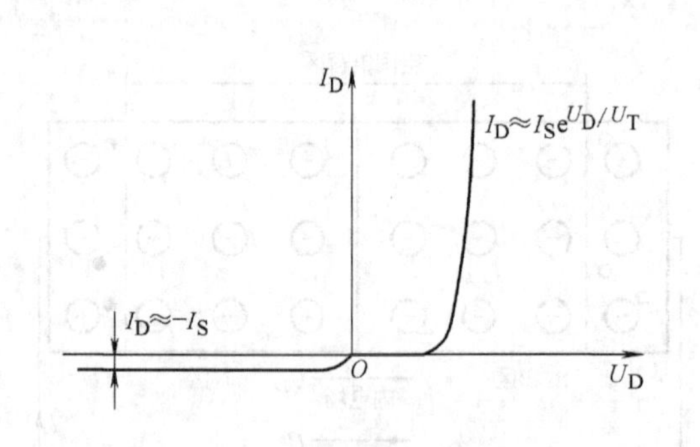

图6-8　PN结的理论伏安特性曲线

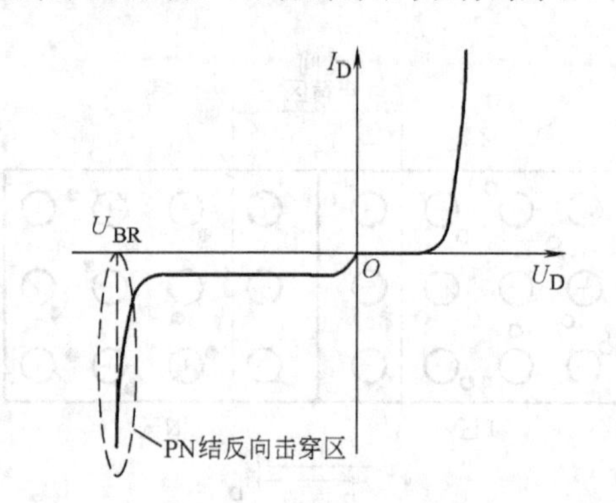

图6-9　PN结的反向击穿

当反向电压超过7V时，PN结内建电场增强并加速少子的漂移速度，少子获得的能量足以把共价键中的价电子撞出共价键，从而产生新的载流子（电子-空穴对）。而新产生的载流子在内建电场加速下，再去撞击其他的价电子，这样多米诺骨牌式的效果导致载流子雪崩似的增加，从而使反向电流迅速增大。这个过程称为雪崩击穿。

当半导体的掺杂浓度较高时，在反向电压不大的情况下（一般低于4V），PN结内建电场的场力就足以使价电子脱离共价键，使反向电流激增。这种击穿称为齐纳击穿。

4. PN结的电容效应

在前面讨论过PN结外加电压对载流子浓度的影响，其中可以发现空间电荷区中电荷的数量随外加电压而变化，也就是说PN结具有电容特性。根据产生原因不同，PN结的电容可以分为势垒电容和扩散电容。

由外加电压变化引起的空间电荷区宽度变化，以及其中电荷量的改变过程，类似电容的充放电过程，其等效电容称为势垒电容 C_b。势垒电容 C_b 的大小与PN结的面积成正比，与空间电荷区的宽度成反比。

PN结正向偏置且外加正向电压一定时，N区的多子电子向P区扩散，同时P区的多子空穴也向N区扩散，并主要分布在空间电荷区交界处附近。这样由扩散运动产生的载流子浓度由空间电荷区交界处到远离交界处逐渐降低至零，浓度的差异也导致了扩散电流的形成。当外加正向电压增大时，由扩散运动产生的载流子浓度也同步增加，并且浓度差异也进一步加大，从PN结外部看就是正向电流的增加。当外加电压减小时，呈反向变化趋势。这种类似电容充放电过程的等效电容称为扩散电容 C_d。扩散电容 C_d 的大小与流过 PN 结的正向电流 i 成正比，与温度的电压当量 U_T 成反比。

PN 结总的结电容 C_j 包括扩散电容和势垒电容两部分，即 $C_j = C_d + C_b$，通常情况下，PN 结正向偏置时，扩散电容起主要作用，此时 $C_j \approx C_d$；PN 结反向偏置时，势垒电容起主要作用，此时 $C_j \approx C_b$。

6.3　半导体二极管

半导体二极管是由用外壳封装起来的 PN 结并加上相应的电极引线构成的，其电路符号如图 6-10a 所示。由 PN 结的 P 区引出的电极是二极管的阳极，由 N 区引出的电极称为二极管的阴极，半导体二极管拥有与 PN 结相同的基本特性。

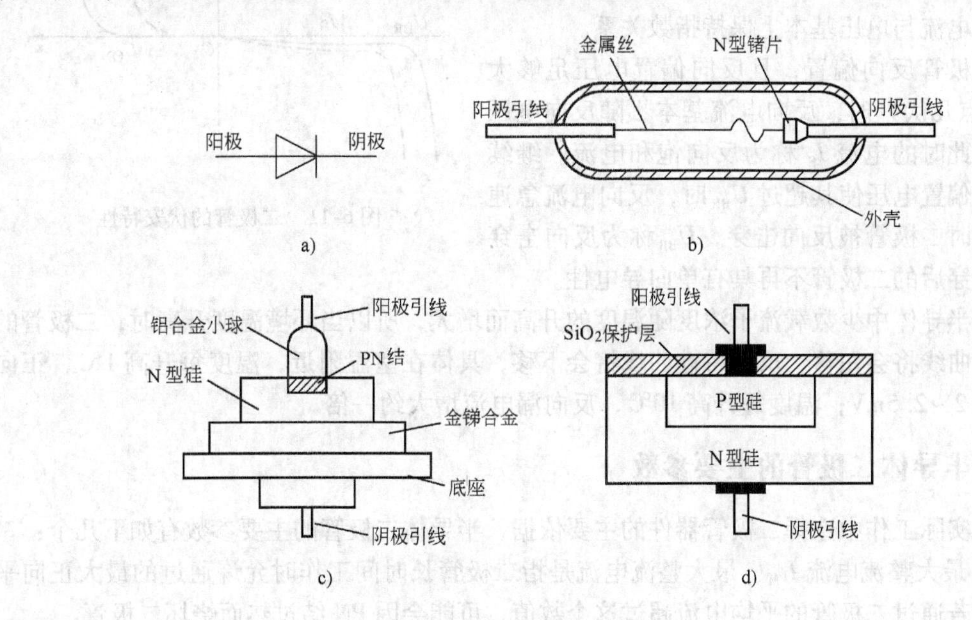

图 6-10　二极管的符号及常见结构

a）二极管的符号　b）点接触型　c）面接触型　d）平面型

6.3.1　半导体二极管的分类

按照半导体材料的类型可以将二极管分为硅二极管和锗二极管，按照 PN 结的结构可以将二极管分为点接触型二极管、面接触型二极管和平面型二极管，如图 6-10b、c 和 d 所示。在这几种类型的二极管中，点接触型二极管的 PN 结面积小，相应结电容也较小，不能通过较大电流，因此点接触型二极管适用于高频检波电路、开关电路和小功率整流电路中。面接触型二极管的 PN 结面积较大，相应结电容较大，能够通过较大电流。面接触型二极管一般应用于低频电路，如整流电路中。平面型二极管的制作工艺是平面工艺，平面工艺可以根据电路的要求制作不同结面积的 PN 结，通常 PN 结面积较大的平面型二极管应用于整流电路，结面积较小的平面型二极管应用于高频开关电路。

6.3.2　半导体二极管的伏安特性

如前所述，半导体二极管的伏安特性近似于PN结的伏安特性。但由于二极管存在体电阻、引线电阻以及表面漏电流，所以在正向偏置电流相同情况下二极管两端电压略大于PN结压降；在正向偏置电压相同情况下二极管正向电流略小于PN结正向电流；在反向偏置电压相同时反向电流略大于PN结反向电流。

二极管的伏安特性曲线如图6-11所示。由图示曲线可以看出，当正向偏置电压很低时，二极管的正向电流很小。只有当正向偏置电压超过一定数值（U_{ON}）时，二极管的正向电流才会明显增大，U_{ON}称为开启电压。当正向偏置电压超过开启电压后，电流与电压基本上保持指数关系。

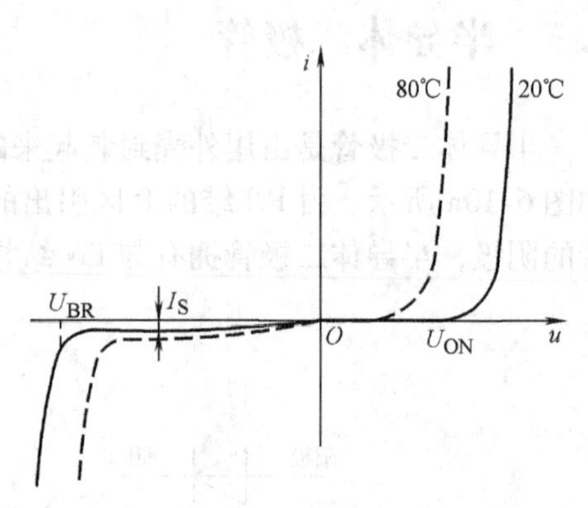

图6-11　二极管的伏安特性

在二极管反向偏置，且反向偏置电压足够大（超过零点几伏）时，反向电流基本不随反向电压而增大，此时的电流I_S称为反向饱和电流。继续增加反向偏置电压使其超过U_{BR}时，反向电流急速增大，此时二极管被反向击穿，U_{BR}称为反向击穿电压。击穿后的二极管不再具有单向导电性。

由于半导体中少数载流子浓度随温度的升高而增大，所以当环境温度升高时，二极管的正向特性曲线将会左移，反向特性曲线将会下移，具体在室温附近，温度每升高1℃，正向压降减小2～2.5mV；温度每升高10℃，反向漏电流增大约一倍。

6.3.3　半导体二极管的主要参数

作为实际工作中选择二极管器件的主要依据，半导体二极管的主要参数有如下几个：

（1）最大整流电流I_{FM}　最大整流电流是指二极管长时间工作时允许通过的最大正向平均电流，若通过二极管的平均电流超过这个数值，可能会因PN结过热而烧坏二极管。

（2）最大反向工作电压U_{DRM}　最大反向工作电压是指二极管工作时允许施加的最大反向电压，若二极管承受的反向电压超过该数值，二极管有反向击穿的危险。一般情况下，U_{DRM}是反向击穿电压U_{BR}的一半。

（3）反向饱和电流I_R　反向饱和电流是指二极管未发生击穿时的反向电流数值，其数值大小与二极管的性能成反比关系。

（4）最高工作频率f_{max}　最高工作频率是指二极管具有单向导电性的最高交流信号频率，当信号频率超过此值时，由于结电容的影响，二极管的单向导电性能降低。

6.3.4　半导体二极管的等效电路

由于二极管中PN结的伏安特性是非线性的，而非线性电路的分析和计算方式比较复杂。所以为了简化电路的分析过程，在一定条件下可以用由线性元器件构成的电路来近似模拟实际二极管的特性，这种电路称为二极管的等效电路。

如图6-12所示为理想二极管的等效电路。在二极管理想化时，理想二极管忽略了二极管的正向压降和反向饱和电流，相当于一个开关，当外加正向偏置电压时，二极管导通，其正向压降为零，相当于开关闭合；当外加反向偏置电压时，二极管截止，反向电流为零，相当于开关断开。通常只有在二极管电路的端电压远大于其正向压降，或与二极管并联的电路电流大于二极管的反向漏电流时，使用这种理想二极管等效电路。

如图 6-13 所示为考虑正向压降的二极管等效电路。这种情况认为二极管正常工作时，其正向导通压降的数值变化不大，近似为常数，在等效电路中可以用一个输出电压为 0.7V 的直流电压源来等效替代二极管的正向导通压降。

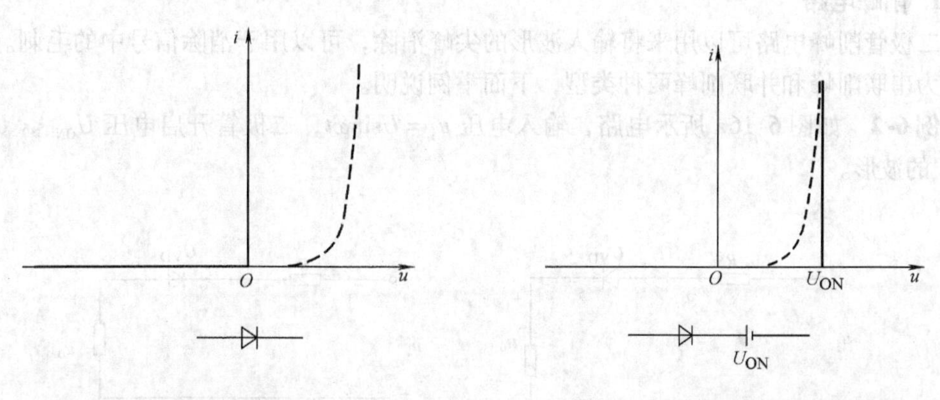

图 6-12　二极管等效电路（一）　　图 6-13　二极管等效电路（二）

如图 6-14 所示为考虑正向压降和特性曲线斜率的二极管等效电路。该等效电路是在如图 6-13 所示等效电路的基础上，考虑了二极管的正向电压超过开启电压，二极管的电流与二极管两端压降的线性关系，并用等效电阻 $r_{VD}=\Delta U/\Delta I$ 模拟这段线性关系。

例 6-1　如图 6-15 所示电路，已知 $U_1=6V$、$U_2=12V$，试估算开关断开和闭合时输出电压的数值。

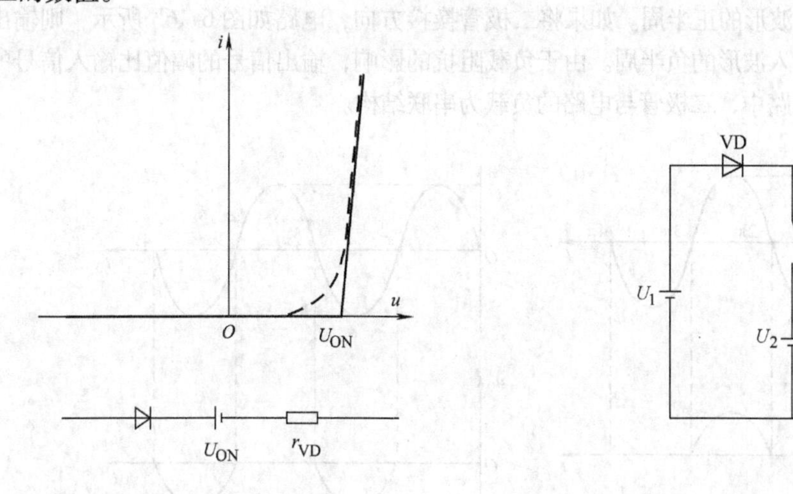

图 6-14　二极管等效电路（三）　　图 6-15　例 6-1 电路

解：在理想状态下，当开关断开时，二极管因正向电压而处于导通状态，所以输出电压 $U_o=U_1=6V$；当开关闭合时，二极管因外加反向电压而处于截止状态，所以输出电压 $U_o=$

$U_2 = 12V$。

实际情况下，考虑二极管的正向导通压降 $U_D = 0.7V$，则在开关断开时，二极管正向导通，输出电压 $U_O = U_1 - U_{VD} = 6 - 0.7 = 5.3V$；在开关闭合时，输出电压 $U_O = U_2 = 12V$。

6.3.5　二极管应用电路

二极管的应用范围很广，利用二极管的单向导电性和导通后正向压降较小等特性，可以将二极管应用于整流、开关、限幅、续流、检波、变容等电路中。

1. 削峰电路

二极管削峰电路可以用来将输入波形的尖峰消除，可以用于消除信号中的毛刺。削峰电路分为串联削峰和并联削峰两种类型，下面举例说明。

例 6-2　如图 6-16a 所示电路，输入电压 $u_i = U\sin\omega t$，二极管开启电压 $U_{ON} << U$，试画出 u_o 的波形。

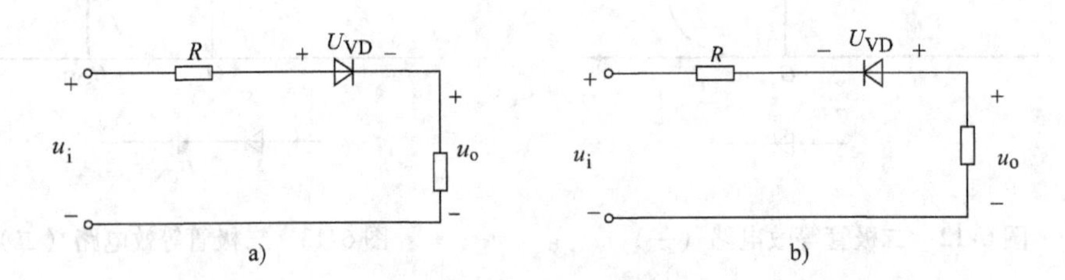

图 6-16　例 6-2 电路

解：对于如图 6-16a 所示电路，当输入电压 u_i 为正半周时，输入电压 u_i 的数值远大于二极管开启电压 U_{ON}，二极管正向导通，输入信号的正半部分波形可以传递给输出电阻；而当输入电压 u_i 转为负半周时，二极管反向截止，输入信号的负半部分波形无法通过，电路输出信号的波形如图 6-17a 所示为输入波形的正半周。如果将二极管换接方向，电路如图 6-16b 所示，则输出波形如图 6-17b 所示为输入波形的负半周。由于负载阻抗的影响，输出信号的幅值比输入信号的幅值略小。在上面两个电路中，二极管与电路的负载为串联结构。

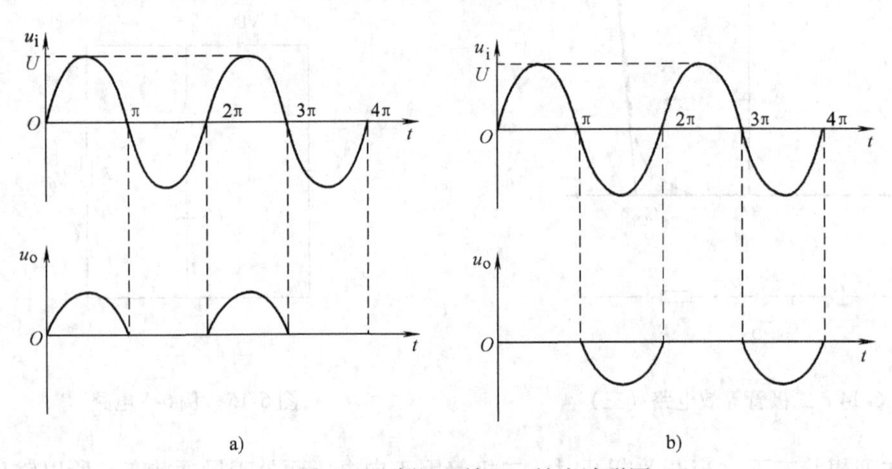

图 6-17　例 6-2 输入 - 输出波形图

例 6-3　在如图 6-18 所示电路中，已知输入电压 $u_i = U\sin\omega t$，试画出电路输出电压 u_o 的波形。

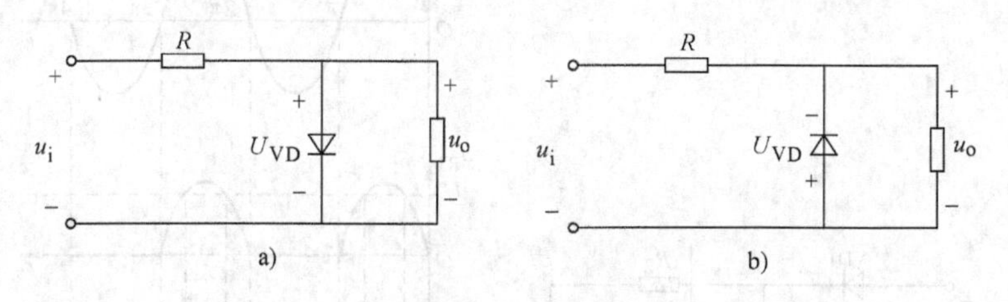

图 6-18　例 6-3 电路

解：如图 6-18a 所示电路的二极管与电路的负载正向并联，当输入电压为正半周且幅值大于二极管的开启电压 U_{ON} 时，二极管正偏导通，电路的输出电压 $u_o = U_{ON} \approx 0.7V$；当输入电压数值小于 U_{ON} 时，二极管反偏截止，此时输出电压与输入电压相同，有 $u_o = u_i$，输入信号传输到了输出端，则电路输出信号的正半周被消除了，如图 6-19a 所示。同理，如图 6-18b 所示电路的二极管与电路的负载反向并联，二极管消除了输出信号的负半周，如图 6-19b 所示。由于负载阻抗的影响，输出信号的幅值比输入信号的幅值略小。

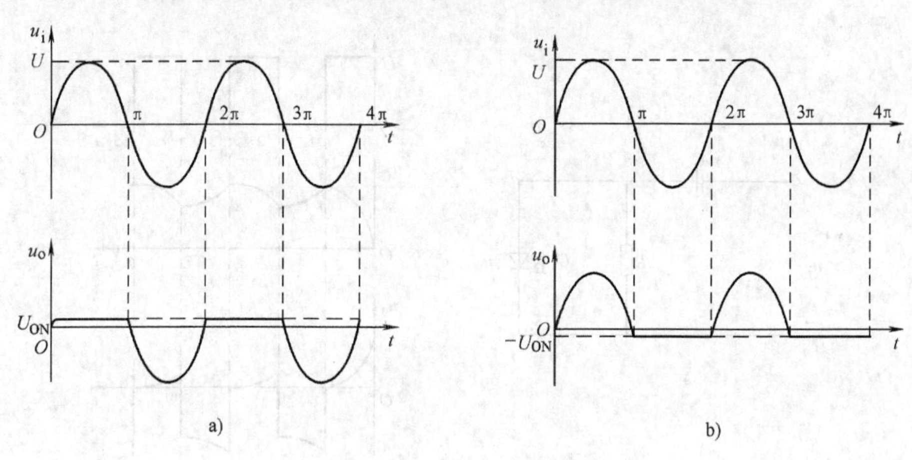

图 6-19　例 6-3 输入－输出波形

2. 限幅电路

将削峰电路稍加修改就可以得到限幅电路，限幅电路用于限制输出电压的幅度。

例 6-4　如图 6-20a 所示电路，已知输入电压 $u_i = U_m\sin\omega t$，设 $U_m > U$，试画出 u_o 的波形。

解：以图 6-20a 电路中的虚线为界，左边的电路即为例 6-1 中的串联型整流电路，此部分电路可以消除输入信号的负半波形；右边的电路是限幅电路，当 $u_{R1} > U$ 时，二极管 VD_2 正偏导通，输出电压 $u_o = U_{VD2} + U \approx U$，当 $u_{R1} < U$ 时，二极管 VD_2 反偏截止，输出电压 $u_o = u_{R1}$，则限幅电路将输出电压 u_o 的幅值限定在零到 U 之间，输出电压的波形如图 6-20b 所示。

3. 钳位电路

钳位电路是指能够将电路中某点电压钳制在某个设定数值的电路。如图 6-21a 所示为常见的二极管钳位电路，电路输入了幅值为 U 的方波信号，输入输出波形如图 6-21b 所示。在 $t = 0$

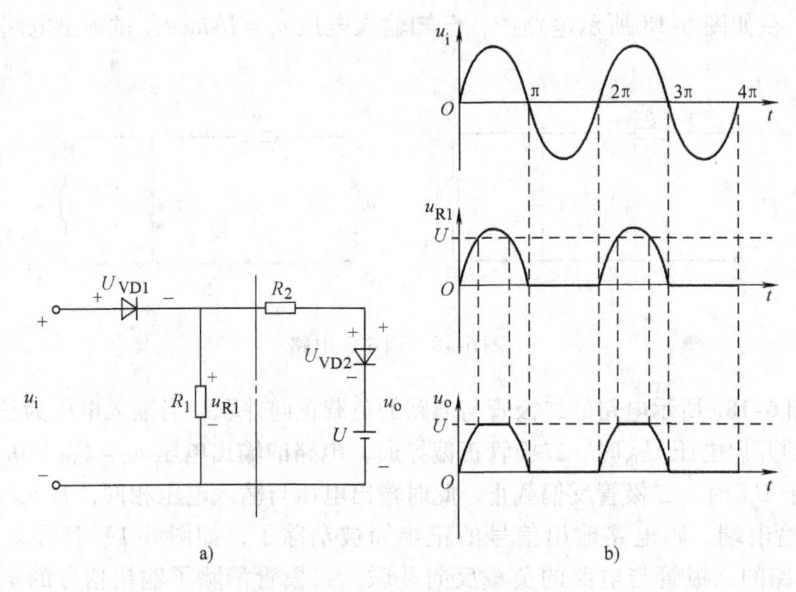

图6-20　例6-4电路图及波形图

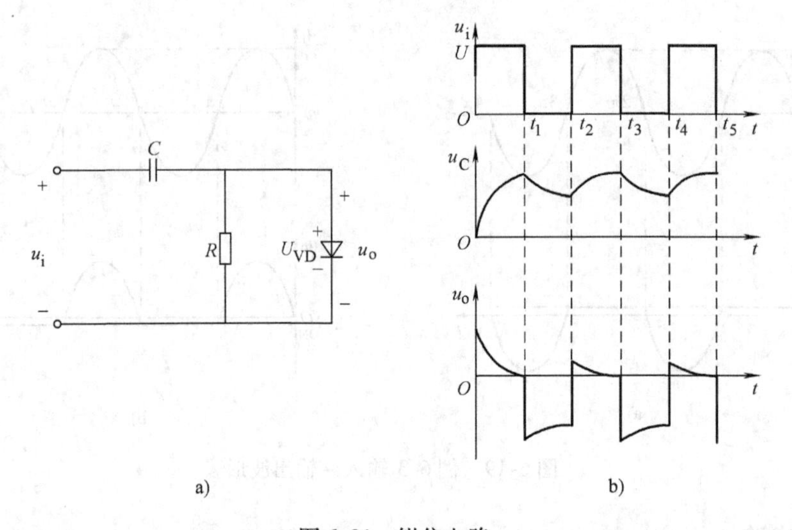

图6-21　钳位电路

时，方波信号使得二极管正偏导通，电路的输出端产生一个幅值为 U 的正向跳变，输出电压 $u_o(t=0)=U$，同时电路中的电容器开始充电，输出电压按指数规律下降；在 $0\sim t_1$ 的时间段，电容器继续充电至电容电压$u_C=U$，而输出电压同步下降至 $u_o(t=t_1)=0$；在 $t_1\sim t_2$ 的时间段，输入电压 $u_i=0$，充满电的电容器使得输出电压跃变至 $-U$，二极管反偏截止，电容通过电阻 R 放电，因为充电电路的电阻是数值很小的二极管正偏电阻，而放电电路的电阻是数值较大的外接电阻，所以电容器的充放电时间常数不一样，电容器的放电速度慢于充电速度；在 $t_2\sim t_3$ 的时间段，输入电压再次跃变为 U，二极管再次导通为电容器充电，由于电容器内仍然储备有大量的电荷，所以电容器的充电时间很短，电路的输出电压又迅速降为零。电容器的充放电过程不断重复，由电容电压 u_C 和输出电压 u_o 的波形可以看出，电路将输出电压 u_o 的最大值钳制在零电平上。

6.4　单相整流电路

工农业生产中的供电方式主要采用交流电供电，但是在电解、电镀、蓄电池、直流电动机以及众多的电子线路、电子设备和自动控制装置中都需要提供稳定的直流电压，为了得到稳定的直流电，除了使用直流发电机外，广泛采用的是直流稳压电源。

直流稳压电源的结构框图如图6-22所示，交流信号经过整流变压器、整流电路、滤波电路和稳压电路后转变为稳定的直流信号。在直流稳压电源中，整流变压器将电网电压转换为幅值合适的交流电压输入给整流电路，整流电路将交流电压转换为脉动直流电压。由于脉动直流电压中仍然含有大量的交流分量，有较大的脉动系数，所以整流后的脉动直流电压传输给滤波电路，经过低通滤波电路滤波，在理想情况下，低通滤波器会将传输信号中的交流分量全部滤掉，滤波电路仅输出直流电压。对于电解和电镀这类对电压稳定性要求不高的电路，经整流、滤波后的直流电压可以作为供电电源使用，但是在大多数电子电路中，需要在滤波电路后附加稳压电路，这样可以防止由电网电压波动或者负载参数变化引起的输出电压变化。

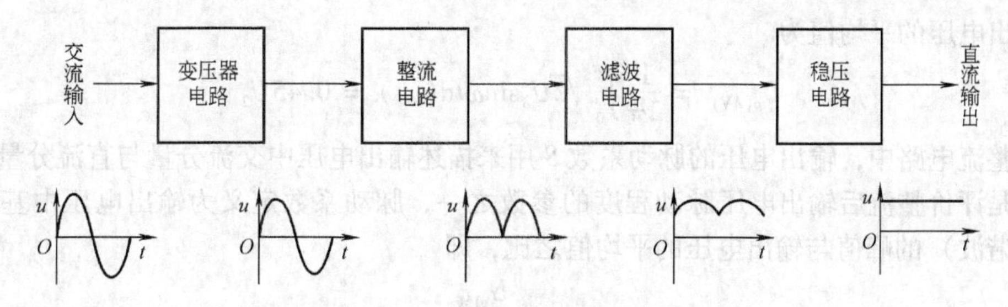

图6-22　直流稳压电源的结构框图

整流电路就是利用具有单向导电性能的整流元件，将交流信号转换成直流信号的电路，按照交流信号的类型，整流电路可以分为单相整流电路和三相整流电路；按照输出信号的波形，整流电路可以分为半波整流电路和全波整流电路等。本节讲述单相半波整流电路和单相全波整流电路。

6.4.1　单相半波整流电路

单相半波整流电路实际上就是在上一节二极管应用电路中提到的削峰电路，如图6-23a所示为最简单的单相半波整流电路。

在变压器二次电压的正半周，二极管正偏导通，二极管两端的电压数值很小，电源电压的大部分输出落在了负载电阻上；在变压器二次电压的负半周，二极管反偏截止，没有电流流过二极管，则负载电阻两端的电压为零。这样每半隔个周期，整流电路中都会有电流通过，且输出电压的极性保持不变，该电路称为单相半波整流电路，电路的输入－输出波形如图6-23b所示。

设电路输入的交流电压为$u_2=\sqrt{2}U_2\sin\omega t$，其中$U_2$为变压器二次电压的有效值。由于在输入电压作用的一个周期内，负载电阻仅可以得到输入电压的半个波形，再假设二极管上的正向压降为零，则在半波整流电路中，电路输出电压的瞬时值为

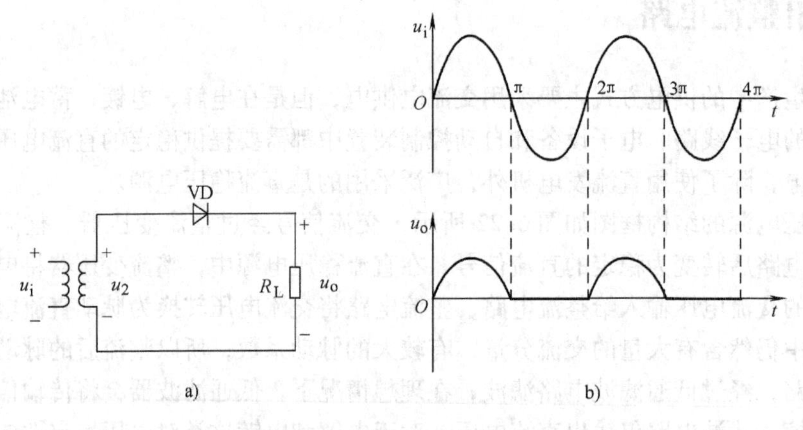

图 6-23　单相半波整流电路

$$u_o = \begin{cases} \sqrt{2}U_2\sin\omega t & 0 \leqslant \omega t \leqslant \pi \\ 0 & \pi \leqslant \omega t \leqslant 2\pi \end{cases}$$

电路输出电压的平均值为

$$U_{o(AV)} = \frac{1}{2\pi}\int_0^{\pi} \sqrt{2}U_2\sin\omega t\mathrm{d}(\omega t) = 0.45U_2$$

在整流电路中，输出电压的脉动系数 S 用来描述输出电压中交流分量与直流分量的比例关系，是评价整流后输出电压脉动程度的参数之一，脉动系数定义为输出电压中基波（或最低次谐波）的峰值与输出电压的平均值之比，即

$$S = \frac{U_{o1M}}{U_{o(AV)}}$$

单相半波整流电路的输出信号是非正弦周期函数，可利用傅里叶级数对电路的输出电压进行分析计算，得到半波整流电路输出信号的脉动系数为 $S = 1.57$。由此可见，半波整流后电路输出电压的脉动程度为 157%，在电路的输出信号中包含有很大的交流分量。

二极管正向平均电流 $I_{VD(AV)}$ 是影响二极管工作时温升的主要因素，所以也是决定二极管使用极限的重要指标，在连接整流电路时需要注意流经二极管支路的平均电流数值不要超过 $I_{VD(AV)}$。在单相半波整流电路中，整流二极管串联在输出回路中，所以整流二极管的正向平均电流 $I_{VD(AV)}$ 在任何时候都等于流过负载的平均电流，即

$$I_{VD(AV)} = \frac{U_{o(AV)}}{R_L} = 0.45\frac{U_2}{R_L} = I_o$$

二极管的最大反向耐压 U_{DRM} 是指当二极管反偏截止时电路传输给二极管两端的最大反向电压，在选择整流二极管时，应当选择反向耐压数值高于最大反向耐压的二极管，以避免二极管被击穿。对于单相半波整流电路，整流二极管所承受的最大反向耐压就是变压器二次电压的最大值，有

$$U_{DRM} = \sqrt{2}U_2$$

6.4.2　单相全波整流电路

单相全波整流电路是由单相半波整流电路改进而来的，如图 6-24a 所示，电路利用二次

绕组具有中心抽头的变压器与两个二极管配合，使两个二极管在输入信号的正负半周分别导通，并且导通时流经负载的电流方向一致，从而使输入信号正负半周时负载上都有电压输出。在图6-24a所示电路中，当输入信号为正半周时，变压器二次电压 u_2 的极性为上正下负，二极管 VD_1 导通、VD_2 截止，电路中的电流 i 由变压器二次绕组的上端出发，经过二极管 VD_1 流向负载，在负载两端产生电压 u_o 的极性为上正下负；当输入信号为负半周时，u_2 的极性改为上负下正，二极管 VD_1 截止、VD_2 导通，电路中的电流 i 由变压器二次绕组的下端出发，经过二极管 VD_2 流向负载，在负载两端产生电压 u_o 的极性仍然为上正下负，则在输入信号的一个周期，负载上可以得到一个单方向变化的脉动电压。

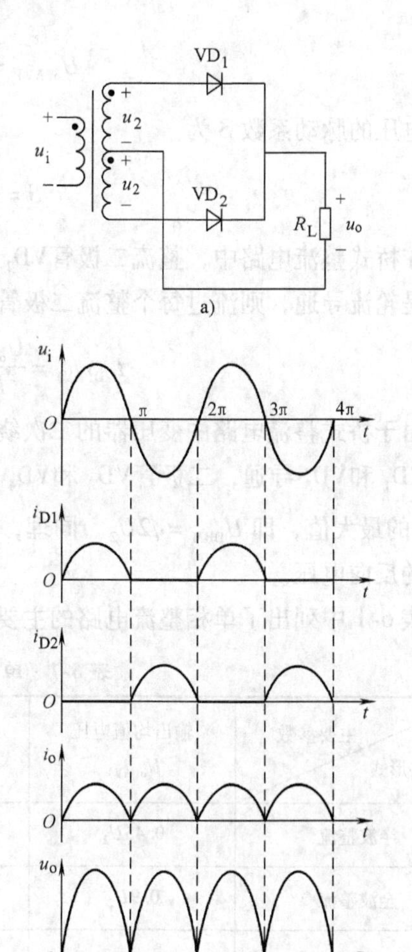

图6-24　单相全波整流电路及输入-输出信号波形

由单相全波整流电路的输出信号波形可以看出，电路输出电压 u_o 波形曲线下所包围面积是单相半波整流电路的两倍，所以电路输出电压的平均值也是单相半波整流电路的两倍，并且全波整流电路输出信号的脉动成分也要比半波整流电路有所下降。但是在如图6-24a所示电路的变压器两个二次绕组中，每个绕组只有一半时间有电流通过，另一半时间不工作，则电源的利用率不高。为了提高电源的利用率并降低整流电路的成本，需要对全波整流电路进行改进。

如图6-25所示为单相桥式整流电路，桥式整流电路也是全波整流电路，并且不需变压器二次绕组配置中心抽头。桥式整流电路中有四个整流二极管，在输入信号 u_i 的正半周，二极管 VD_1 和 VD_3 正偏导通，二极管 VD_2 和 VD_4 反偏截止；在输入信号 u_i 的负半周，二极管 VD_2 和 VD_4 正偏导通，二极管 VD_1 和 VD_3 反偏截止。由上述分析可知，无论输入信号处于哪个半周，二极管中流过电流 i 的方向都是由上往下经过负载，负载两端电压 u_o 的方向都是上正下负，负载上输出直流电压。

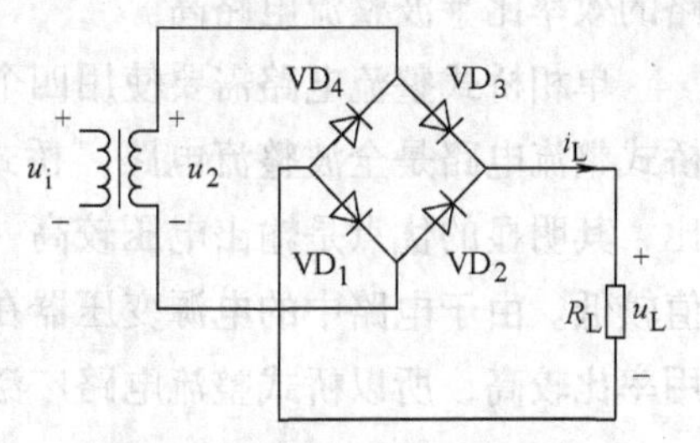

图6-25　单相桥式整流电路

桥式整流电路与全波整流电路输出电压的波形一样，电路输出电压的平均值为

$$U_{o(AV)}=\frac{2\sqrt{2}}{\pi}U_2=0.9U_2。$$

输出电压的脉动系数 S 为

$$S=\frac{U_{o1M}}{U_{o(AV)}}=0.67。$$

在桥式整流电路中，整流二极管VD_1 和VD_3 是一组，VD_2 和VD_4 是一组，工作时两组二极管是轮流导通，则流过每个整流二极管的平均电流是电路输出电流平均值的一半，即

$$I_{VD(AV)}=\frac{U_{o(AV)}}{R_L}=0.45\frac{U_2}{R_L}=\frac{I_{o(AV)}}{2}$$

由于桥式整流电路中变压器的二次绕组没有中间抽头，在输入电压 U_2 的正半周时，二极管VD_1 和VD_3 导通，二极管VD_2 和VD_4 截止，处于截止状态二极管上承受的最大反向电压为 U_2 的最大值，即 $U_{DRM}=\sqrt{2}U_2$。同理，在 U_2 负半周时，二极管VD_1 和VD_3 上也承受同样大小的反向电压。

表 6-1 中列出了单相整流电路的主要参数，单相整流电路具有的特点可以归纳如下。

表 6-1　单相整流电路的主要参数

主要参数 电路形式	输出均值电压 $U_{o(AV)}$	脉动系数 S	二极管正向平均电流 $I_{VD(AV)}$	二极管反向峰值电压 U_{DRM}
半波整流	$0.45U_2$	1.57	$I_{o(AV)}$	$\sqrt{2}U_2$
全波整流	$0.9U_2$	0.67	$0.5I_{o(AV)}$	$2\sqrt{2}U_2$
桥式整流	$0.9U_2$	0.67	$0.5I_{o(AV)}$	$\sqrt{2}U_2$

单相半波整流电路只需要使用一个整流二极管，连接电源和负载后就构成了最简单的整流电路，由于二极管仅在交流信号的半个周期导通，所以单相半波整流电路输出信号的脉动比较大，电路效率比较低。

单相全波整流电路需要使用两个整流二极管，并且变压器的二次绕组需要设置中心抽头，电路的结构相对复杂，全波整流电路能够在交流信号的整个周期内都提供输出电压，电路的效率比半波整流电路高。

单相桥式整流电路需要使用四个整流二极管，但变压器二次绕组不需要设置中心抽头。桥式整流电路是全波整流电路，桥式整流电路与单相半波整流电路和单相全波整流电路相比，其明显的优点是输出电压较高，脉动系数比较小，整流二极管所承受的最大反向电压数值较低。由于电路中的电源变压器在输入信号的正负半周内都有电流流过，电源变压器的利用率比较高，所以桥式整流电路广泛的应用在直流稳压电源中。

6.5　滤波电路

整流电路的输出信号虽然确保了方向的单一性，但是信号的脉动程度较大，这表示整流后的信号中有较多的谐波成分。为减小输出信号中的脉动程度并尽量保留信号中的直流分量，使电路输出的直流信号接近于理想的直流电压，就需要为整流电路配备合适的滤波电路。

6.5.1　电容滤波电路

如图6-26a所示为单相桥式整流电容滤波电路，电路中的滤波电容与负载并联，电容滤波是利用电容器的充放电过程滤掉信号中的交流分量。当变压器二次电压 u_2 处于正弦波形的正半周并且大于电容两端电压 u_C 时，二极管 VD_1 和 VD_3 导通，导通的二极管相当于短接，负载电压就是变压器的二次电压，有 $u_o = u_2$，同时电源给电容 C 充电，电容电压 u_C 随 u_2 按正弦规律上升。当 u_2 上升越过峰值开始下降时，电容器也开始通过负载电阻 R_L 放电，在电容放电的初期，由于指数曲线下降的趋势比正弦曲线下降的趋势要快，在电路中有 $u_C < u_2$，使得二极管仍然导通为电容充电，电路的输出电压为 $u_o = u_2$，输出信号的波形如图中电压峰值到a点的波形。当 u_2 下降到一定数值后，正弦曲线的下降趋势比指数曲线要快，同时电容器放电的时间常数 $\tau = R_L C$ 比较大，在电路中有 $u_C > u_2$，使得二极管截止，电路的输出电压为 $u_o = u_C$，滤波电容为负载供电，输出信号的波形如图中a点到b点之间的波形。当电容放电到b点时，桥式整流电路的输出电压数值又大于电容电压 u_C，这时的电源电压 u_2 是负半周，而二极管 VD_2 和 VD_4 导通，电容重新开始充电，并循环重复上述过程。需要说明的是，如图6-26b所示输出信号波形是在理想状态下得出的，即在电路的分析中忽略了变压器二次侧的损耗和二极管的正向导通压降。

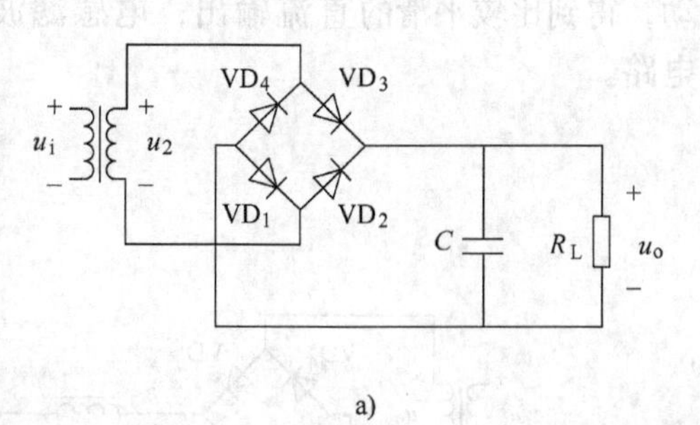

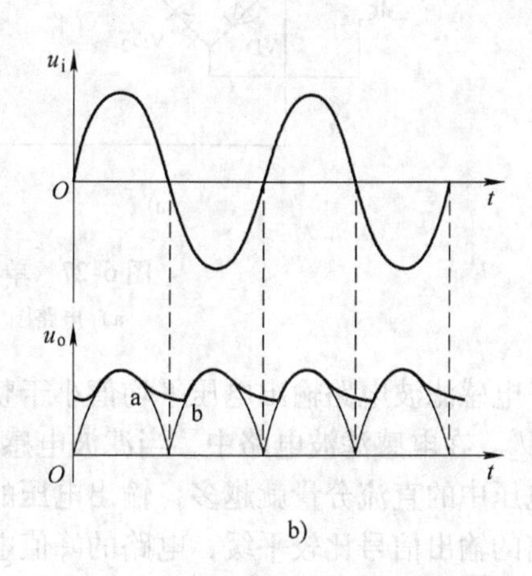

图6-26　单相桥式整流电容滤波电路

a）电路图　b）输入-输出信号波形

经过电容滤波后，输出电压的直流分量增加了，电压的平均值也得到提高，通常情况下输出平均电压 $U_{O(AV)} = (1.1 \sim 1.4)U_2$，当电路的负载开路时，输出电压为 $U_{O(AV)} = \sqrt{2}U_2$。

对滤波电路滤波效果有影响的是 RC 电路的时间常数 τ，时间常数 τ 的数值越大，滤波电容放电的过程就越慢，电路输出电压的数值越高、脉动成分越少，电路的滤波效果越好。在负载开路时，滤波电路的时间常数 $\tau = R_L C \approx \infty$，输出信号的脉动系数 $S = 0$。由于时间常数 τ 对滤波效果有影响，所以在为电路选配滤波电容时，应当尽量选择大容量电容作为滤波电容，同时希望电路的负载电阻也尽量大。电容滤波电路一般应用在负载电流比较小的情况下。

在实际的滤波电路中，为达到较好的滤波效果，通常选择电路的时间常数 $\tau = R_L C > (3 \sim 5)\dfrac{T}{2}$（$T$ 为交流信号的周期）。

6.5.2　电感滤波电路

电感滤波是在电路的负载上串联一个电感器 L，利用电感的储能作用减小输出电压的脉动，得到比较平滑的直流输出，电感滤波也称为串联滤波，如图 6-27a 所示为电感滤波电路。

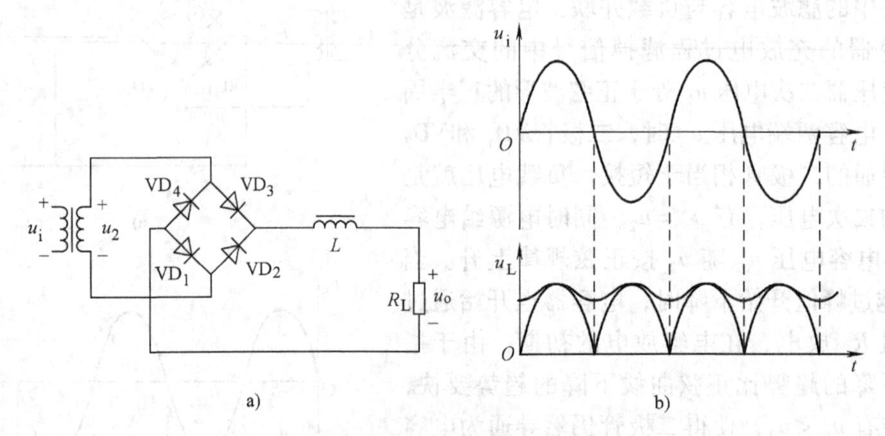

图 6-27　单相桥式整流电感滤波电路

a）电路图　b）输入 - 输出信号波形

电感滤波电路输出电压平均值小于整流电路输出电压平均值，在理想状态下，$U_{o(AV)} = 0.9U_2$。在电感滤波电路中，当滤波电感 L 的数值越大，负载电阻 R_L 的数值越小时，电路输出电压中的直流分量就越多，输出电压的脉动程度就越小，电路的滤波效果越好。电感滤波电路的输出信号比较平缓，电路的峰值电流很小，但是电感绕组中的铁心使得滤波电路比较笨重，并且容易引起电磁干扰。电感滤波通常应用于输出电流比较大的工作场合。

*6.5.3　滤波器网络

前述的两种滤波器都是由单独的电容元件或电感元件构成，滤波后的输出信号仍然具有一定的脉动，为了改善电路的滤波质量，提高滤波器的可调节性，可以采用由 R、L、C 元件组合而成的滤波器网络进行多级滤波，如图 6-28 所示即为几种典型的滤波器网络。

在滤波器网络中，$LC\pi$ 型滤波电路是在普通的 L 型 LC 低通滤波电路的输入端中增加了一个电容，这使得电路截止频率的陡度增大，电路具有较高的滤波质量和较好的调节能力。

$RC\pi$ 型滤波电路是在普通的电容滤波电路中增加了一个电容和电阻，电路输出电压的脉动程度比电容滤波电路小很多，虽然电路的滤波质量不及 $LC\pi$ 型滤波电路，但相对价格较为便宜，适用于对脉动程度求不高的场合。

双 L 型滤波电路利用了电容和电感在交流电压经过时具有不同效应的原理，使该滤波电路具有非常小的电压波动和很好的调节能力，是目前为止性能最佳的滤波电路网络，同时

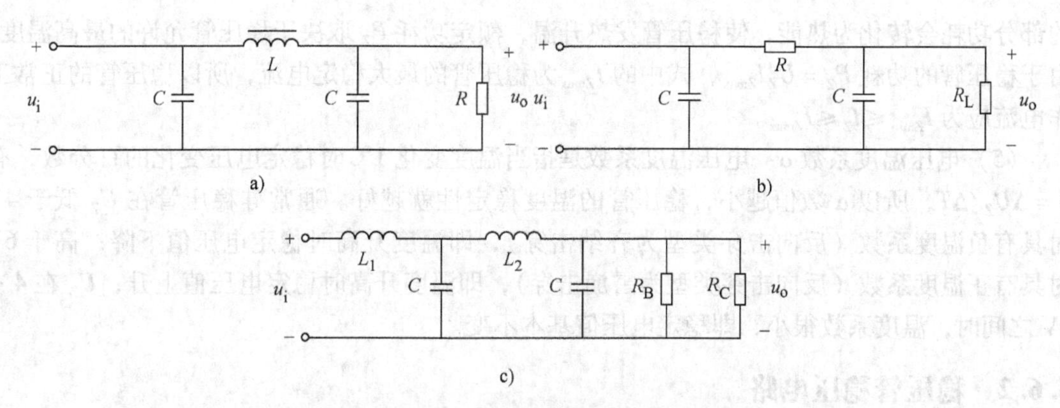

图6-28　几种常见滤波器网络
a) $LC\pi$ 型滤波电路　b) $RC\pi$ 型滤波电路　c) 双L型滤波电路

电路的造价也比较昂贵，常用于高频信号的处理中，如雷达、核磁共振等。

6.6　稳压管及稳压电路

6.6.1　稳压二极管

稳压二极管是利用PN结的反向击穿特性来实现稳压作用的半导体器件，当稳压管反向击穿时，在一定电流范围内，稳压管两端的电压基本不变，这时的稳压管具有输出电压稳定的作用。稳压管的图形符号和伏-安特性如图6-29所示。稳压管的主要参数如下：

(1) 稳定电压 U_Z　稳定电压是指稳压管在反向击穿区域内的稳定工作电压，不同型号的稳压管，其稳定电压不同，对于同一型号的稳压管，由于制造工艺的分散性，各个管子的稳定电压值也有差别。

(2) 动态电阻 r_Z　动态电阻是指在稳压管正常工作时其两端电压和电流变化量之比 $r_Z = \Delta u/\Delta i$，动态电阻 r_Z 的数值越小，稳压管的稳压作用越好。对于同一个稳压管，若工作电流越大，动态电阻 r_Z 越小，稳压管的稳压作用就越明显。

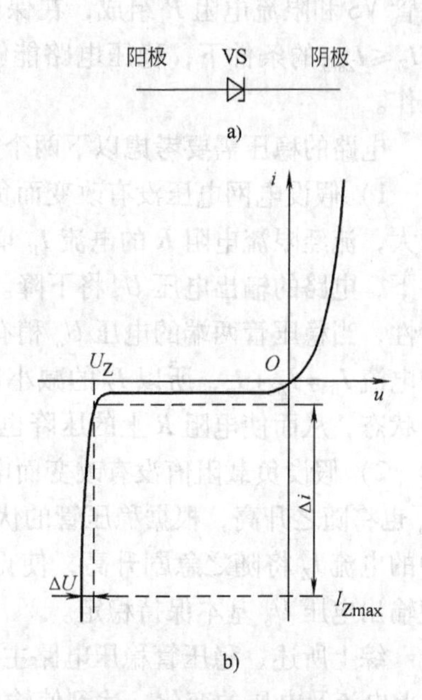

图6-29　稳压二极管
a) 图形符号　b) 伏-安特性

(3) 稳定电流 I_Z　稳定电流是指在稳压管正常工作时的参考电流，当工作电流小于稳定电流 I_Z 时，动态电阻 r_Z 数值增大，稳压管的稳压效果变差；当工作电流大于稳定电流 I_Z 时，动态电阻 r_Z 减小，稳压管的稳压效果将得到改善；当流经稳压管的电流过小时（$I_Z < I_{Zmin}$），稳压管无法被反向击穿，这时的稳压管无稳压作用，此时称 I_{Zmin} 为最小稳定电流。

(4) 额定功耗 P_Z　额定功率是指在稳压管正常工作时的最大功率损耗，稳压管工作时的部分功耗会转化为热能，使稳压管发热升温，额定功耗 P_Z 取决于稳压管允许的最高温度。由于稳压管的功耗 $P_Z = U_Z I_{Zmax}$，式中的 I_{Zmax} 为稳压管的最大稳定电流，所以稳压管的正常工作电流应为 $I_{Zmin} \leqslant I_Z \leqslant I_{Zmax}$。

（5）电压温度系数 α　电压温度系数是指当温度变化 1℃时稳定电压变化的百分数，有 $\alpha = \Delta U_Z / \Delta T$，所以 α 数值越小，稳压管的温度稳定性就越好。通常硅稳压管在 U_Z 低于 4V 时具有负温度系数（反向击穿类型为齐纳击穿），即温度升高时稳定电压值下降；高于 6V 时具有正温度系数（反向击穿类型为雪崩击穿），即温度升高时稳定电压值上升；U_Z 在 4 ~ 6V 之间时，温度系数很小，即稳定电压值基本不变。

6.6.2　稳压管稳压电路

前面讲述的整流滤波电路能够将正弦交流电压转换为比较平滑的直流电压，但是当电网电压发生波动时，整流滤波电路的输出电压也将随之产生波动，若考虑整流滤波电路本身存在内阻，当电路的外接负载发生阻值变化时也能够影响电路的输出电压。为了减小输出电压的波动，为负载提供一个比较稳定的直流电压，就需要在整流滤波后连接稳压电路。由稳压二极管组成的稳压电路如图 6-30 所示。稳压管稳压电路由稳压二极管 VS 和限流电阻 R 组成，在保证 $I_{Zmin} \leqslant I_Z \leqslant I_{Zmax}$ 的条件下，稳压电路能够正常工作。

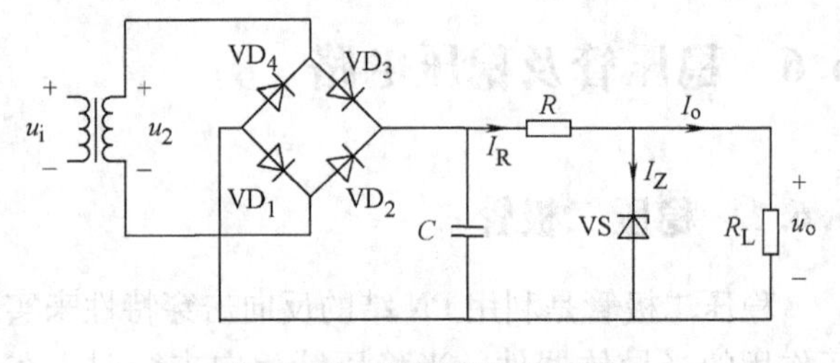

图 6-30　稳压管稳压电路

电路的稳压需要考虑以下两个方面。

1）假设电网电压没有改变而负载的阻值发生变化。如果负载电阻 R_L 减小，负载电流 I_o 增大，流经限流电阻 R 的电流 I_R 增加，电阻 R 上的压降也随之升高，在电网电压不变的条件下，电路的输出电压 U_o 将下降。在电路中稳压管与负载电阻并联，根据稳压管的伏 - 安特性，当稳压管两端的电压 U_o 稍有下降时，稳压管中的电流 I_Z 将急剧减小，由于限流电阻的电流 $I_R = I_Z + I_o$，所以 I_Z 的减小也会使 I_R 随之减小，令 I_R 的数值基本回落到负载变化前的状态，从而使电阻 R 上的压降也回到原水平，最终使输出电压基本维持稳定。

2）假设负载阻值没有改变而电网电压发生变化。当电网电压升高时，电路的输出电压 U_o 也将随之升高，根据稳压管的伏 - 安特性，当稳压管两端的电压 U_o 略有升高时，稳压管中的电流 I_Z 将随之急剧升高，使得限流电阻 R 上的电压增加，从而抵消电网电压的升高，使输出电压 U_o 基本保持稳定。

综上所述，稳压管稳压电路主要是利用稳压管所起的电流调节作用，通过调节限流电阻 R 上电流及电压的变化，达到使输出电压基本保持稳定的目的。

稳压管稳压电路的主要性能参数是稳压系数 S_r 和稳压电路内阻 R_0。定义稳压系数 S_r 为当负载电阻 R_L 不变时稳压电路的输出电压和输入电压的相对变化量之比，即

$$S_r = \left.\frac{\Delta U_o / U_o}{\Delta U_I / U_I}\right|_{R_L = \text{常数}} = \left.\frac{U_I}{U_o}\frac{\Delta U_o}{\Delta U_I}\right|_{R_L = \text{常数}}$$

定义稳压电路的内阻 R_0 为在输入电压一定时电路输出电压的变化量与输出电流的变化量之比，即

$$R_0 = \frac{\Delta U_o}{\Delta I_o}\bigg|_{U_I=\text{常数}}$$

通常情况下，稳压系数 S_r 的数值越小，在电网电压发生波动时，稳压电路的稳压性能越好；稳压电路的内阻 R_0 越小，在负载阻值发生变化时，稳压电路的稳压性能越好。

设计稳压管稳压电路时，需要特别注意限流电阻 R 阻值的选取。通常为了在电网电压最高和负载电流最小时流过稳压管的电流 I_Z 不超过其能承受的最大值，这就需要

$$R > \frac{U_{Imax} - U_Z}{I_{Zmax} + I_{omin}}$$

当电网电压最低和负载电流最大时，稳压管中流过的电流 I_Z 不得低于其正常工作允许的最小值，这就需要

$$R < \frac{U_{Imin} - U_Z}{I_{Zmin} + I_{omax}}$$

*6.6.3　直流稳压电路

1. 串联稳压电路

稳压管稳压电路在负载电流比较小的情况下稳压效果比较好，但不能适用于电网电压和负载电流的变化较大的工作场合，为此可以采用串联型直流稳压电路，如图6-31所示。串联型稳压电路就是在输入的脉动直流电压和负载之间串联一个晶体管，利用晶体管的可控性调节输出电压，并在电路中引入深度电压负反馈达到稳定输出电压的作用。

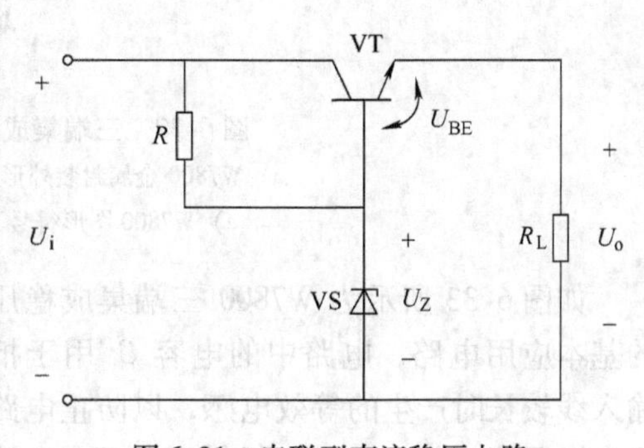

图6-31　串联型直流稳压电路

在图示电路中，晶体管VT起电压调整作用，所以晶体管也称为调整管；稳压管VS与电阻 R 组成稳压管稳压电路，稳压电路为晶体管的基极提供一个稳定的电压 U_Z；电阻 R 是稳压电路的限流电阻，也是晶体管的偏置电阻，用来为晶体管正常工作提供合适的偏流。当输入电压 U_i 增加或者负载电流 I_o 减小时，输出电压 U_o 增大，使得晶体管的基-射极电压 U_{BE} 减小，从而使 I_B 和 I_C 都减小，管压降 U_{CE} 增加，结果使 U_o 基本保持不变。同理，当输入电压 U_i 减小或者负载电流 I_o 增大时，通过与上述相反的调整过程，也可基本使 U_o 基本保持不变。在串联型稳压电路中，由于电路直接使用输出电压的微小变化量去控制调整管，其控制作用比较小，电路的稳压效果也不够好，所以实际的串联型稳压电路会增加一级直流放大电路，把输出电压的微变量放大后再去控制调整管，使电路的稳压性能可以大幅提高，这就是带放大环节的串联型稳压电路。

2. 集成稳压电路

随着半导体工艺的发展，现在已生产并广泛应用的单片集成稳压电源具有体积小、可靠性高、使用灵活、价格低廉等优点。集成稳压电源只有输入端、输出端和公共引出端，故称为三端集成稳压器，按照输出电压的可调方式，三端集成稳压器可以分为固定式稳压电路和可调式稳压电路。如图6-32所示为几种常见三端集成稳压器的外形和图形符号，其中

W7800系列的三端集成稳压器为固定式稳压电路，其输出电压有5V、6V、9V、12V、15V、18V和24V共7个档次，型号后面的两个数字表示输出电压值。W117为可调式三端集成稳压器。

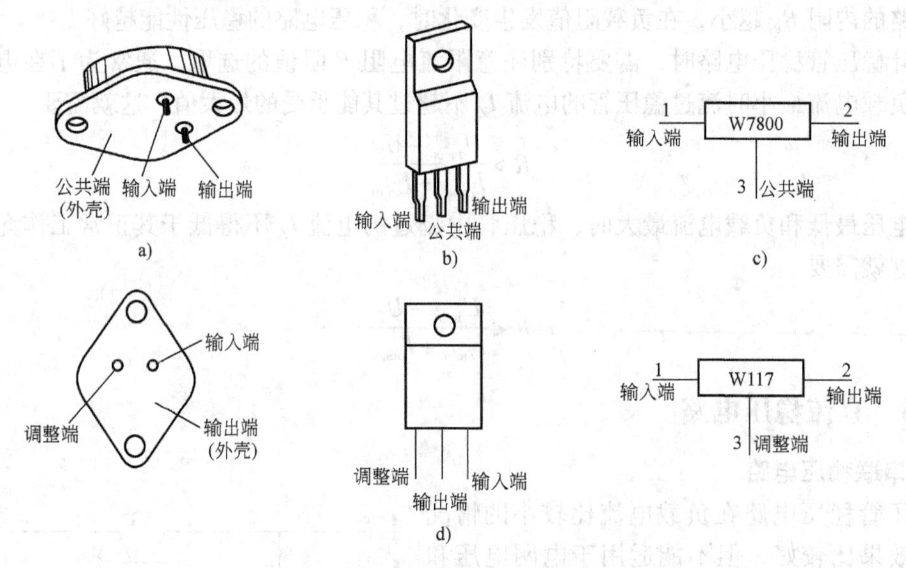

图6-32 三端集成稳压器的外形和图形符号
a）W7800金属封装外形图 b）W7800塑料封装外形图
c）W7800图形符号 d）W117外形和图形符号

如图6-33所示为W7800三端集成稳压器的基本应用电路，电路中的电容 C_i 用于抵消输入线较长时产生的等效电感，以防止电路产生自激震荡，其电容量一般低于1μF。电路中的电容 C_o 用于消除输出电压中的高频噪声，电容的容量通常取值为小于1μF，也可选取几微法甚至几十微法的电容，以便输出较大的脉冲电流。

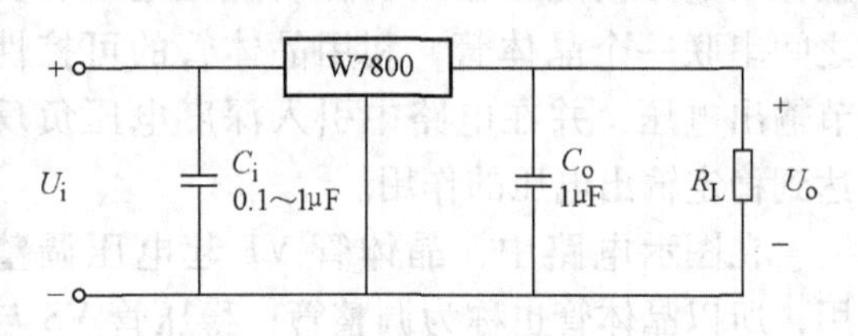

图6-33 W7800的基本应用电路

本章小结

半导体是导电能力介于导体和绝缘体之间的物质，包括本征半导体和杂质半导体。纯净的无缺陷的半导体称为本征半导体。本征半导体导电率低，热激发条件下仅有少数电子获得足够能量形成电子空穴对。杂质半导体是半导体器件的基本材料，在N型半导体中电子为多子，在P型半导体中空穴为多子。半导体的两种导电机理是电场作用下的漂移运动和载流子浓度差作用下的扩散作用。半导体导电性能与半导体的惨杂浓度和温度有关，惨杂浓度越大、温度越高，其导电能力越强。

PN结是半导体器件的基本结构单元，是由载流子的扩散运动和漂移运动动态平衡形成的。其基本特性是单向导电性，正向偏置时载流子的扩散运动大于漂移运动，反向偏置时载流子的扩散运动小于漂移运动。PN 结的伏安特性为 $I_D = I_S(e^{U_D/U_T} - 1)$。PN 结的反向击穿特性为：当 PN 结反向电压增大到一定数值时，其反向电流随电压的增加而急剧增大，PN 结的反向击穿有齐纳击穿和雪崩击穿之分。PN 结的温度特性为：温度升高时，PN 结的反向电流增大，正向导通电压减小。PN 结的电容特性是指：PN 结电容由势垒电容和扩散电容组成，PN 结正向偏置时，以扩散电容为主；反向偏置时，以势垒电容为主。

半导体二极管由一个 PN 结和外部封装构成，其基本特性就是 PN 结的特性。二极管的主要参数包括：最大整流电流 I_F、最大反向工作电压 U_{DRM}、反向电流 I_R、最高工作频率 f_{max} 等。利用二极管的单向导电性和导通时正向压降较小等特性，可应用于整流、开关、限幅、续流、检波、变容等电路中。

直流稳压电源由电源变压器、整流电路、滤波电路和稳压电路组成。电源变压器将交流电变成整流电路所需要的电压值；整流电路将交流电压变成脉动的直流电压；滤波电路滤除脉动直流中的谐波，使直流电压变得平滑；稳压电路则使直流输出电压在电网电压波动或负载电流变化时能保持稳定。

稳压管是利用其反向击穿特性而使稳压管两端电压保持稳定的特殊二极管，工作中采取反向接法，并使之处于反向击穿状态。由稳压管可以组成简单稳压电路。

习　题　6

6.1　判断下列说法是否正确

（1）在 P 型半导体中参入足够量的五价元素，可将其改型为 N 型半导体。

（2）因为 N 型半导体的多子是自由电子，所以它带负电。

（3）PN 结根据其 P 型或 N 型区域的大小而确定其带电性质。

（4）PN 结加正向电压时，空间电荷区将变窄。

（5）稳压管的稳压区使其工作在反向击穿状态。

（6）当温度升高时，二极管的反向饱和电流将增大。

（7）直流电源是一种将正弦信号转换为直流信号的波形变换电路。

（8）当输入电压和负载电流变化时，稳压电路的输出电压是绝对不变的。

（9）在变压器副边电压和负载电阻相同的情况下，桥式整流电路的输出电流是半波整流电路输出电流的 2 倍。

6.2　计算如图 6-34 所示各电路的输出电压值，设二极管的正向导通电压 $U_{VD} = 0.7V$。

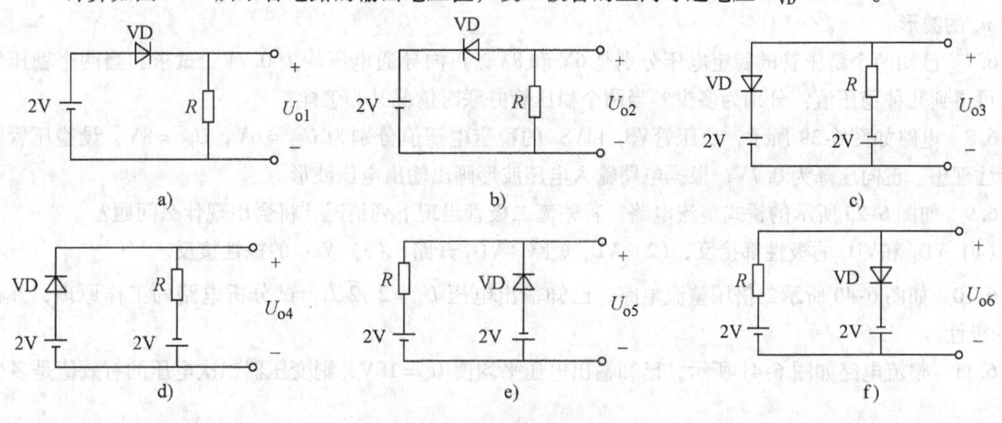

图 6-34　习题 6.2 电路

6.3　如图 6-35a 所示为输入电压 u_i 的波形，试画出对应如图 6-35b 所示电路中的输出电压 u_o、电阻 R 上的电压 u_R 和二极管上的电压 u_{VD} 的波形。

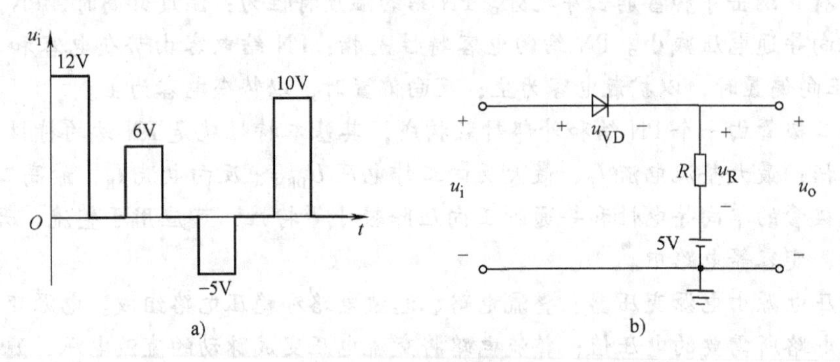

图 6-35　习题 6.3 电路

6.4　电路如图 6-36 所示，已知 $u_i = 5\sin\omega t$(V)，二极管正向导通电压 $U_{VD} = 0.7V$，画出 u_i 与 u_o 的波形。

6.5　电路如图 6-37 所示，试求下列集中情况下输出端电位及各元器件中通过的电流：(1) $V_1 = 0V$，$V_2 = 0V$；(2) $V_1 = 3V$，$V_2 = 0V$；(3) $V_1 = 3V$，$V_2 = 3V$；(4) $V_1 = 0V$，$V_2 = 3V$。设二极管的正向电阻为零，反向电阻为无穷大。

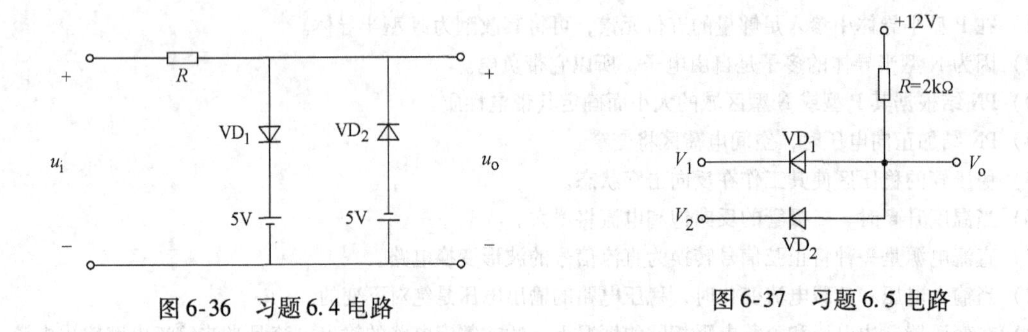

图 6-36　习题 6.4 电路　　　　图 6-37　习题 6.5 电路

6.6　稳压管电路如图 6-38 所示，设稳压管的稳定电压 $U_Z = 6V$，其正向压降忽略不计，画出电路输出电压 u_o 的波形。

6.7　已知两个稳压管的稳定电压分别是 6V 和 8V，正向导通电压均为 0.7V，试求：当两个稳压管串联时可得到几种稳压值？分别为多少？当两个稳压管并联时情况又为怎样？

6.8　电路如图 6-39 所示，稳压管 VS_1 和 VS_2 的稳定电压值分别为 $U_{Z1} = 6V$，$U_{Z2} = 8V$，设稳压管的稳压特性理想，正向压降为 0.7V，根据电路输入电压波形画出输出电压波形。

6.9　如图 6-25 所示的桥式整流电路，若整流二极管出现下列情况，将会出现什么问题？

(1) VD_1 和 VD_2 的极性都接反；(2) VD_1 短路、VD_2 开路；(3) VD_4 的极性接反。

6.10　如图 6-40 所示二倍压整流电路，已知输出电压 $U_o = 2\sqrt{2}U_2$，试分析电路的工作原理，并标出 U_o 的极性。

6.11　整流电路如图 6-41 所示，已知输出电压平均值 $U_o = 18V$，则变压器二次电压的有效值是多少？

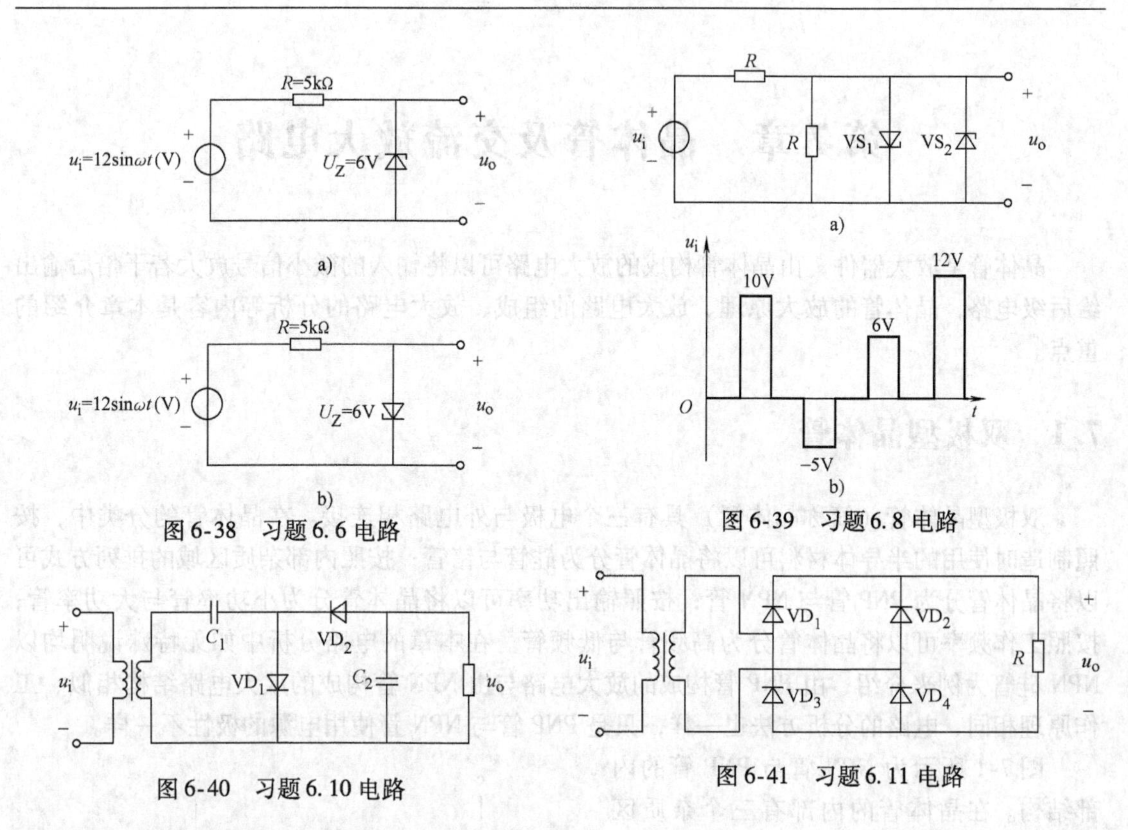

图6-38　习题6.6电路

图6-39　习题6.8电路

图6-40　习题6.10电路

图6-41　习题6.11电路

6.12　整流电路如图6-42所示，已知变压器二次电压的有效值$U_{ab}=50V$，$U_{bc}=U_{cd}=10V$，负载电阻$R_{L1}=10k\Omega$，$R_{L2}=100k\Omega$。试求：（1）输出电压平均值U_{o1}，U_{o2}；（2）负载平均电流I_{o1}和I_{o2}；（3）每个二极管承受的最高反向电压。

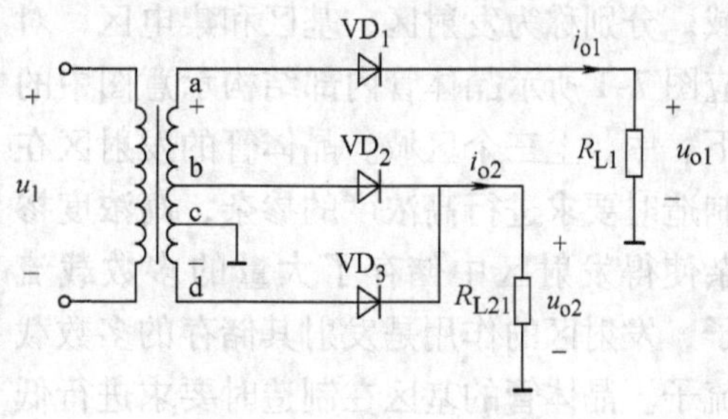

图6-42　习题6.12电路

6.13　在如图6-43所示电路中，已知$R_L=80\Omega$，直流电压表的读数为11V，试求：（1）直流电流表的读数；（2）整流电流的最大值；（3）交流电压表的读数；（4）变压器二次电流的有效值。

6.14　分别判断如图6-44所示各电路能否作为滤波电路，并简述理由。

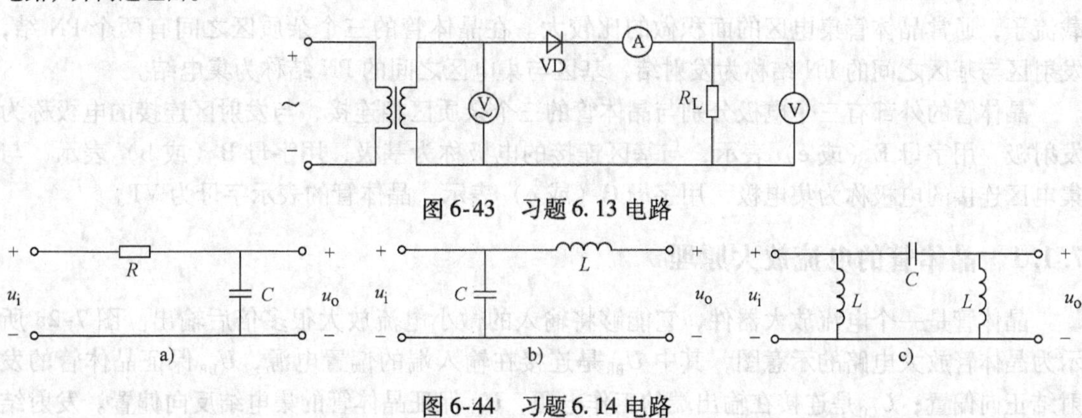

图6-43　习题6.13电路

图6-44　习题6.14电路

第7章　晶体管及交流放大电路

晶体管是放大器件，由晶体管构成的放大电路可以将输入的微小信号放大若干倍后输出给后级电路，晶体管的放大原理、放大电路的组成、放大电路的分析等内容是本章介绍的重点。

7.1　双极型晶体管

双极型晶体管（简称晶体管）具有三个电极与外电路相连接。在晶体管的分类中，按照制造时使用的半导体材料可以将晶体管分为硅管与锗管；按照内部杂质区域的排列方式可以将晶体管分为PNP管与NPN管；按照输出功率可以将晶体管分为小功率管与大功率管；按照工作频率可以将晶体管分为高频管与低频管。在本章的电路分析中如无特殊说明均以NPN硅管为例来介绍，由PNP管构成的放大电路与由NPN管构成的放大电路结构相似、工作原理相同、电路的分析方法也一样，只是PNP管与NPN管使用电源的极性不一样。

图7-1所示为NPN管与PNP管的内部结构。在晶体管的内部有三个杂质区域，分别称为发射区、基区和集电区，对应图7-1所示晶体管内部结构示意图中的下、中、上三个区域。晶体管的发射区在制造时要求进行高浓度的掺杂，高浓度掺杂使得发射区中储存了大量的多数载流子，发射区的作用是发射其储存的多数载流子。晶体管的基区在制造时要求进行低浓度掺杂，同时基区的宽度要制作的很薄，一般在几个微米，基区的作用是对进入基区的载流子进行分配，也就是说基区是一个控制区，基区制作质量的好坏直接影响晶体管的放大能力。晶体管的集电区与发射区是同种类型的杂质半导体，集电区的作用是收集进入集电区的载流子，通常晶体管集电区的面积做的比较大。在晶体管的三个杂质区之间有两个PN结，发射区与基区之间的PN结称为发射结，基区与集电区之间的PN结称为集电结。

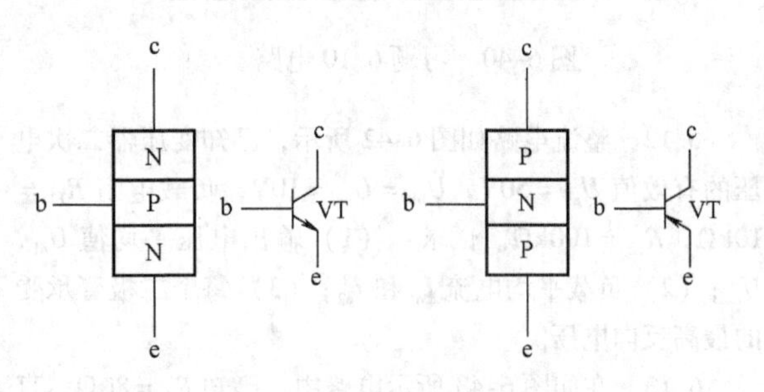

图7-1　晶体管的内部结构及电路符号

晶体管的外部有三个电极分别与晶体管的三个杂质区相连接，与发射区连接的电极称为发射极，用字母E（或e）表示，与基区连接的电极称为基极，用字母B（或b）表示，与集电区连接的电极称为集电极，用字母C（或c）表示，晶体管的表示字母为VT。

7.1.1　晶体管的电流放大原理

晶体管是一个电流放大器件，它能够将输入的微小电流放大很多倍后输出。图7-2a所示为晶体管放大电路的示意图，其中U_{BB}是连接在输入端的偏置电源，U_{BB}保证晶体管的发射结正向偏置；U_{CC}是连接在输出端的工作电源，U_{CC}保证晶体管的集电结反向偏置。发射结正偏、集电结反偏是晶体管放大的必要条件，只有满足这个条件，晶体管才能够对输入的微小电流进行放大。

当晶体管的发射结正偏时，偏置电源 U_{BB}施加到晶体管发射结的正偏电压使发射结的阻挡层变窄，发射结正向导通，发射区的多数载流子——自由电子将在浓度差的压力作用下扩散穿越发射结进入基区，由于带电粒子的定向移动将形成电路中的电流，所以由发射区出发的自由电子在外电路就构成了晶体管的发射极电流 I_E。与此同时基区的多数载流子——空穴也会扩散进入发射区，但是基区的掺杂浓度很低，基区的空穴数很少，由基区扩散进入发射区的空穴数也很少，可以将这部分载流子对发射极电流 I_E 的影响忽略不计，由此可以认为晶体管的发射极电流 I_E 主要是由发射区出发的自由电子构成，如图 7-2b 所示。

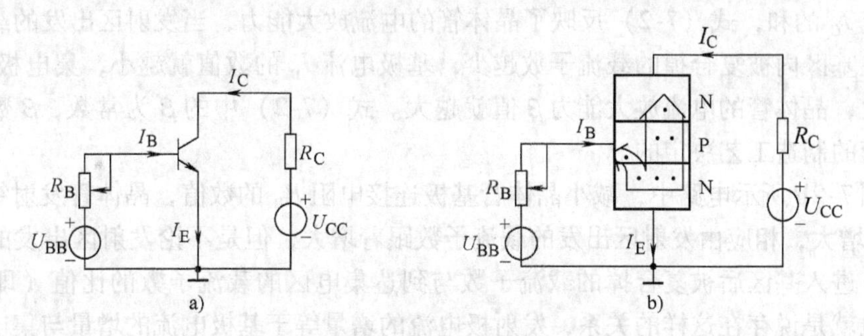

图 7-2 晶体管的电流放大原理

a）放大电路图示意图 b）放大原理图

发射区出发的自由电子进入基区后将会与基区的多数载流子——空穴复合，被复合掉的自由电子就构成了晶体管的基极电流 I_B，由于基区是低浓度掺杂，空穴的数目很少，这样由发射区进入基区的自由电子在基区内被复合掉的数目并不多，基极电流 I_B 的数值也就很小，而进入基区自由电子中的大部分将继续扩散到集电结的附近。

晶体管的工作电源 U_{CC}保证了晶体管的集电结处于反偏状态，反偏集电结的阻挡层将会变宽，变宽后的阻挡层将阻挡集电结两侧杂质区域中的多数载流子扩散，同时 PN 结内电场的压力也将促使集电结两侧杂质区域中的少数载流子漂移穿过集电结。NPN 管的集电区是 N 型杂质区，N 型半导体的少数载流子是空穴，集电区的空穴的数目很少，对集电极电流的影响可以忽略不计。而 NPN 管的基区是 P 型杂质区，P 型半导体的少数载流子是自由电子，本来基区中的自由电子数也很少，但是发射区给基区注入了大量的自由电子，这些自由电子在发射区是多数载流子，进入基区后就变成了少数载流子，但其数目值远远多于基区的多数载流子——空穴，这些自由电子在集电结电场力的作用下漂移穿过集电结形成晶体管的集电极电流 I_C，由于在基区内被复合掉的载流子数量远小于到达集电区的载流子数量，所以集电极电流 I_C 的数值远远大于基极电流 I_B 的数值，这个载流子运动的过程就是晶体管的电流放大过程。

由晶体管的电流放大原理可以知道，晶体管的电流放大过程实际上就是晶体管对从发射区出发的载流子运动的控制过程，在这个控制过程中，基区的作用非常重要，发射区出发的载流子在基区内被复合掉的数目是由基区的制造工艺决定的，当发射区出发的载流子数一定时，基区的掺杂浓度越低，被复合掉的载流子数就越少，晶体管的输入电流 I_B 的数值就越小。除去在基区内被复合掉的载流子，到达集电区的载流子数目越多，晶体管的输出电流 I_C

的数值就越大，晶体管的电流放大能力也就越强。从外电路看，晶体管的电流放大原理等效为给晶体管的基极输入一个微小的电流 I_B，就可以在晶体管的集电极得到一个放大了很多倍的、数值远大于 I_B 的输出电流 I_C。晶体管的电流放大能力与晶体管的制造工艺有关，当晶体管制作完成后，晶体管的电流放大能力也就同时确定下来了。由晶体管的电流放大原理，可以知道在晶体管中存在下述关系式

$$I_E = I_B + I_C \tag{7-1}$$

$$\frac{I_C}{I_B} = \beta \tag{7-2}$$

式（7-1）反映了晶体管三个电极电流之间的关系，发射极电流 I_E 等于基极电流 I_B 与集电极电流 I_C 的和，式（7-2）反映了晶体管的电流放大能力，当发射区出发的载流子数为定值时，在基区内被复合掉的载流子数越少，基极电流 I_B 的数值就越小，集电极电流 I_C 的数值就越大，晶体管的电流放大能力 β 值就越大。式（7-2）中的 β 为常数，β 数值的大小是由晶体管的制造工艺决定的。

在如图7-2b 所示电路中，减小晶体管基极连接电阻 R_B 的数值，晶体管发射结上的正偏电压 U_{BE}将增大，相应由发射区出发的载流子数跟着增大，但是不论发射区出发的载流子数增加多少，进入基区后被复合掉的载流子数与到达集电区的载流子数的比值（即 β 值）是不变的，也就是说存在这样的关系，发射极电流的增量等于基极电流的增量与集电极电流增量的和，并且集电极电流的增量与基极电流的增量的比值保持不变，即有

$$\Delta I_E = \Delta I_B + \Delta I_C$$

$$\frac{\Delta I_C}{\Delta I_B} = \beta$$

综上所述，晶体管可以对输入的微小电流信号进行放大；晶体管放大时必须满足的条件是：发射结正偏、集电结反偏；晶体管的电流放大能力与外电路中的其他元器件没有关系，仅由晶体管本身的制造工艺决定。

在如图7-2a 所示电路中，晶体管的三个电极分别连接在两个回路中，左侧由晶体管的基极与发射极构成的回路称为放大电路的输入回路，右侧由晶体管的集电极与发射极构成的回路称为放大电路的输出回路，放大电路的输入、输出回路共用晶体管的发射极构成闭合回路，这种电路连接方式称为共发射极放大电路，简称共射极放大电路。对共射极放大电路而言，放大电路的输入信号是由晶体管的基极输入，放大电路的输出信号是由晶体管的集电极输出。如果放大电路的输入信号是由晶体管的基极输入，而放大电路的输出信号是由晶体管的发射极输出，这种电路连接方式称为共集电极放大电路。如果放大电路的输入信号是由晶体管的发射极输入，而放大电路的输出信号是由晶体管的集电极输出，这种电路连接方式就称为共基极放大电路，如图 7-3 所示即为这三种不同结构的放大电路。放大电路的结构不同，放大电路的工作性能就不同，对输入信号放大的效果也就不同，不同结构的放大电路用途也不相同。

7.1.2　晶体管的输入－输出特性

1. 输入特性

晶体管的输入特性是指在晶体管的集－射极电压 U_{CE}为定值时，晶体管的基极电流 I_B 随

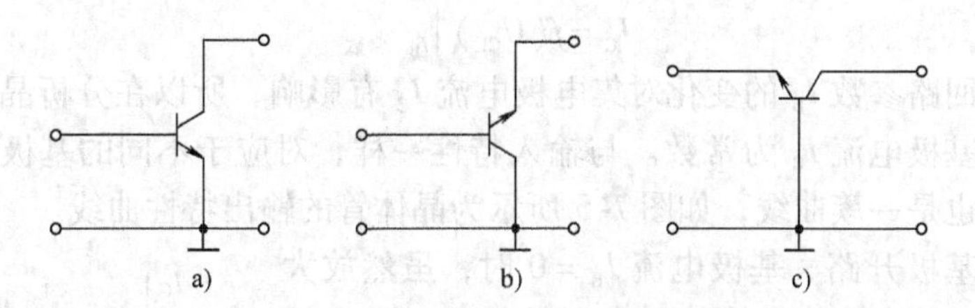

图 7-3　三种不同结构的放大电路

a）共射极放大电路　b）共集电极放大电路　c）共基极放大电路

基－射极电压 U_{BE} 变化的轨迹，即

$$I_B = f(U_{BE})\big|_{U_{CE}=\text{常数}}$$

由于晶体管输出回路参数 U_{CE} 的变化对晶体管的输入特性有影响，所以在分析晶体管的输入特性时，令晶体管的集－射极电压 U_{CE} 为常数。晶体管的输入特性反映了当晶体管基－射极电压 U_{BE} 发生变化时，晶体管基极电流 I_B 变化的规律，如图 7-4 所示为晶体管的输入特性曲线。

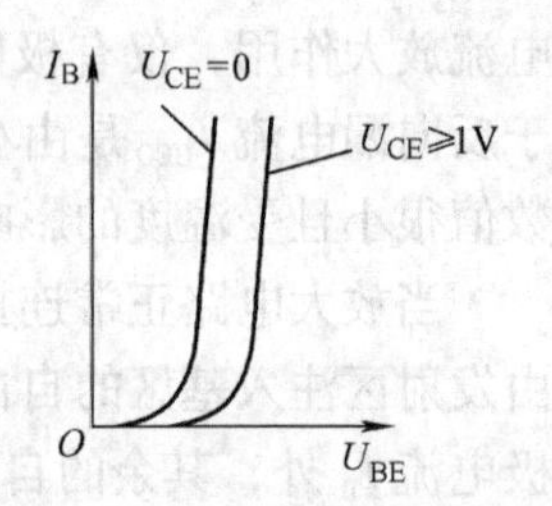

图 7-4　晶体管的输入特性

晶体管的集－射极电压 U_{CE} 也称为晶体管的管压降，U_{CE} 数值的大小会影响晶体管集电结的偏置状态，当管压降 $U_{CE}=0$ 时，晶体管的发射结、集电结均正向偏置。两个 PN 结均正偏不满足晶体管放大的条件，这时的晶体管没有电流放大作用，仅相当于两个并联的二极管，晶体管的集电极电流 I_C 与基极电流 I_B 之间也不存在 β 倍的关系，晶体管的输入特性曲线与普通二极管的正向特性曲线相似，曲线分为正向截止区（或称为死区）和正向导通区，对硅管而言，死区电压 U_{BE} 约为 0.5～0.7V。

当晶体管管压降 U_{CE} 的数值从 0V 起逐渐增大时，随着 U_{CE} 数值的增高，晶体管集电结上的正偏电压逐渐减小，对应于不同的 U_{CE} 数值，晶体管有不同的输入特性曲线，这一簇曲线出现在 $U_{CE}=0$ 这条曲线的右边，但这时的晶体管均不在放大状态，直到管压降 U_{CE} 的数值增大到 1V。当 $U_{CE}=1V$ 时，晶体管的集电极电位高于基极电位，晶体管的发射结正偏、集电结反偏，这时满足放大条件的晶体管进入放大工作状态。在放大状态下晶体管的基极电流 I_B 数值下降，集电极电流 I_C 与基极电流 I_B 之间的 β 倍关系成立，输入特性曲线右移，如图 7-4 所示。

当 $U_{CE}>1V$ 时，晶体管的集电极电位已经明显大于基极电位，集电结的反偏电场也足够大，但是由发射区出发注入到基区的自由电子在集电结反偏电场力的作用下均已进入了晶体管的集电区，只要晶体管的基－射极电压 U_{BE} 的数值不变，从发射区出发的自由电子数就不变，即使管压降 U_{CE} 再增大，集电结的反偏电场力再增强，晶体管的基极电流 I_B 与集电极电流 I_C 的数值均不会发生变化，这样，对应于不同 U_{CE} 数值的输入特性曲线将重合。综上所述，晶体管的输入特性曲线是一簇曲线，在这一簇曲线中只有管压降 $U_{CE}\geqslant 1V$ 的这条曲线是晶体管正常放大时的输入特性，以后再提及晶体管的输入特性曲线均指这条曲线。

2. 输出特性

晶体管的输出特性曲线是指在晶体管的基极电流 I_B 为定值时的集电极电流 I_C 随管压降 U_{CE} 变化的轨迹，即

$$I_C = f(U_{CE})|_{I_B=常数}$$

由于晶体管输入回路参数 I_B 的变化对集电极电流 I_C 有影响，所以在分析晶体管的输出特性时，令晶体管的基极电流 I_B 为常数。与输入特性一样，对应于不同的基极电流 I_B，晶体管的输出特性曲线也是一簇曲线，如图7-5所示为晶体管的输出特性曲线。

当晶体管的基极开路、基极电流 $I_B=0$ 时，虽然放大电路的工作电源 U_{CC} 能够使晶体管的发射结正偏、集电结反偏，但处于高阻状态的集电结将分走电源电压的大部分，使低阻状态的发射结上获得的正偏电压小于PN结正向导通所需电压数值，所以晶体管的发射结处于正向截止状态，这时没有自由电子从发射区出发，晶体管也就没有电流放大作用，仅有极间反向漏电流 I_{CEO} 流过晶体管。由于反向漏电流 I_{CEO} 是由少数载流子运动形成，所以 I_{CEO} 的数值很小且受温度的影响比较大。

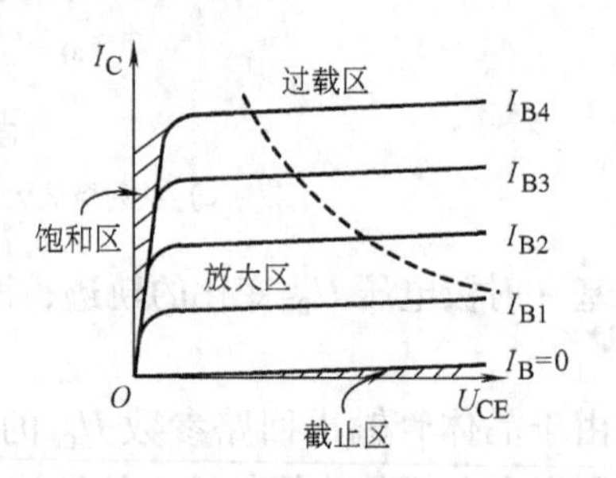

图7-5　晶体管的输出特性

当放大电路正常连接，晶体管的发射结正偏导通并且基-射极电压 U_{BE} 的数值一定时，由发射区注入基区的自由电子数也为定值，除去在基区内复合掉的一部分自由电子形成了基极电流 I_B 外，其余的自由电子将集聚在集电结的基区一侧。当管压降 $0<U_{CE}<0.7V$ 时，随着管压降 U_{CE} 数值的逐渐增加，晶体管的集电结将由正偏状态逐渐进入零偏状态，这时的晶体管不满足放大的条件，晶体管的集电极电流 I_C 随管压降 U_{CE} 的增大而增大，并且 U_{CE} 稍有增加，I_C 增加的较快，特性曲线出现明显上升。

当管压降 $0.7V \leqslant U_{CE} \leqslant 1V$ 时，晶体管的集电结由零偏状态开始进入反偏状态，在反偏电场力的作用下，基区内的自由电子穿过集电结形成集电极电流 I_C。在这个区间，随着 U_{CE} 数值的增加，穿过集电结的自由电子数增多，由于注入基区的自由电子数是定值，所以尽管集电极电流 I_C 随管压降 U_{CE} 的增加而增大，但 I_C 的增速减缓，呈现出饱和特征。

当管压降 $U_{CE}>1V$ 后，晶体管集电结的反偏电场力已经足够大，注入基区的自由电子的大部分已经被电场力拉入集电区，这时只要晶体管的基-射极电压 U_{BE} 的数值不增加，发射区注入基区的自由电子数就不会增加，那么管压降 U_{CE} 再增大，基区内已经没有自由电子可以被电场力拉入集电区，集电极电流 I_C 的数值就不会再增大了，这时晶体管的集电极电流 I_C 与管压降 U_{CE} 的变化没有关系了，I_C 是一个常数，在放大状态下晶体管的输出特性呈现出恒流特性。

由上述可知，晶体管的输出特性曲线分为两个部分，第一部分是管压降 $U_{CE}<1V$，晶体管的集电极电流 I_C 随管压降 U_{CE} 的增加而线性增大，但是这时的晶体管没有放大作用，晶体管的集电极电流 I_C 与基极电流 I_B 之间没有 β 倍的关系。第二部分是管压降 $U_{CE}>1V$，这时晶体管的集电极电流会呈现出恒流特性，I_C 数值的大小与 U_{CE} 数值的变化没有关系。如果改变了晶体管基-射极电压 U_{BE} 的数值（即改变了 I_B），由发射区注入基区的载流子数跟着发生变化，集电极电流 I_C 的数值也将发生变化，但 I_C 随 U_{CE} 变化的趋势不变。这样对应不同的基极电流 I_B，晶体管的输出特性曲线也是一簇曲线，如图7-5所示。

3. 工作区域

根据晶体管的工作状态，在输出特性曲线上可以划分出几个区域，当晶体管工作在特性曲线的不同区域时，其工作性能也就不同。第一个区域是输出特性曲线的截止区，截止区在

输出特性曲线中的 $I_B=0$ 那条曲线与坐标横轴之间的位置。工作在截止区的晶体管发射结反偏、集电结也反偏，晶体管没有电流放大作用，这时仅有一个由反偏电压产生的反向漏电流 I_{CEO} 穿过晶体管。处于截止区的晶体管不导通，晶体管具有管压降 U_{CE} 数值比较大，而集电极电流 I_C 的数值近似为零的特点。

第二个区域是输出特性曲线的放大区，放大区在输出特性曲线的中部，输出特性曲线在放大区近似水平。工作在放大区的晶体管发射结正偏、集电结反偏，这时的晶体管将会对收到的微小电流信号进行放大。处于放大区的晶体管具有管压降 U_{CE} 可以在比较宽的范围变化，而集电极电流 $I_C=\beta I_B$ 基本不变的特点。

第三个区域是输出特性曲线的饱和区，饱和区在输出特性曲线左侧靠近坐标纵轴的地方，工作在饱和区的晶体管发射结正偏、集电结也正偏，这时的晶体管没有电流放大作用。处于饱和区的晶体管具有管压降 $U_{CE}<1V$，集电极电流 I_C 的数值比较大的特点。进入深度饱和状态的晶体管，其深度饱和管压降 $U_{CES}\approx 0.3V$。

第四个区域是输出特性曲线的过载区，过载区在输出特性曲线中放大区的上部，如图 7-5 所示。在正常工作时，晶体管中流过的电流将会在晶体管中产生功率损耗，功率损耗的热量应当由晶体管的外表面散发掉。如果晶体管集电极 I_C 和管压降 U_{CE} 的数值均比较大，晶体管自身功耗所产生的热量不能由其外表面完全散发掉，在晶体管的内部将会产生热量积累，使晶体管因过热而被烧毁。所以在晶体管正常工作时，如果 U_{CE} 数值较大，则 I_C 的数值就应当减小；如果 I_C 的数值较大，U_{CE} 的数值就应当减小，以保证晶体管不会由于过载而损坏。

7.1.3　晶体管的主要参数

晶体管的参数分为两类，一类是晶体管的性能参数，性能参数反映了晶体管工作时性能的优劣；另一类是晶体管的极限参数，极限参数表示出晶体管工作时不能超过的极限条件。

1. 电流放大倍数（β）

在共发射极放大电路中，定义晶体管的直流电流放大倍数 $\bar{\beta}$ 为集电极电流 I_C 与基极电流 I_B 的比值；定义晶体管的交流电流放大倍数 β 为集电极电流的增量 ΔI_C 与基极电流的增量 ΔI_B 的比值，两个电流放大倍数的定义式分别如下式所示：

$$\bar{\beta}=\frac{I_C}{I_B}\qquad \beta=\frac{\Delta I_C}{\Delta I_B}$$

按照两个定义式分别计算晶体管在静态时（直流）的电流放大倍数与动态时（交流）的电流放大倍数，得到的计算结果有差别，但是当晶体管反向漏电流 I_{CEO} 的数值很小时，这两者之间的偏差很小，在放大电路进行估算分析时可以近似认为 $\beta\approx\bar{\beta}$。

2. 极间反向漏电流

正常工作时晶体管的集电结处于反向偏置状态，反偏电压将促使集电结两旁杂质区域中的少数载流子漂移形成晶体管的极间反向漏电流。如图 7-6a 所示为集－基极间反向漏电流 I_{CBO} 的测量电路，在发射极断开的条件下，集电区的少数载流子漂移穿过集电结形成了 I_{CBO}，由于集电区少数载流子的数值比较少，所以 I_{CBO} 的数值也比较小。在普通的硅晶体管中 I_{CBO} 的数值大约在几微安，在锗晶体管中 I_{CBO} 的数值大约在十几到几十微安。

如图 7-6b 所示为集－射极间反向漏电流 I_{CEO} 的测量电路，在电源电压 U_{CC} 的作用下，反

向漏电 I_{CBO} 穿过集电结进入基区，由于晶体管的基极开路，进入基区的 I_{CBO} 使基区内的正电荷数增加，而基区自身的掺杂浓度不能改变，这样发射区将发射相应数量的自由电子进入基区与基区内的 I_{CBO} 复合。由于发射区出发的自由电子在基区内被复合掉的数目与到达集电区的数目的比例是一个定值，所以当发射区给基区注入与 I_{CBO} 数值相同的自由电子时，将有数量为 βI_{CBO} 的自由电子到达集电区，这就形成了晶体管集－射极之间的反向漏电流 I_{CEO}，由上述分析可知，在 I_{CEO} 与 I_{CBO} 之间存在下述关系式：

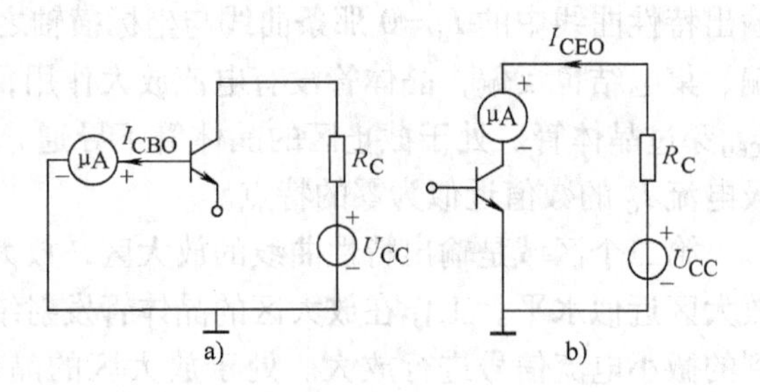

图 7-6 极间反向漏电流的测量电路
a）集－基极间反向漏电流 I_{CBO}
b）集－射极间反向漏电流 I_{CEO}

$$I_{CEO} = I_{CBO} + \beta I_{CBO} = (1+\beta) I_{CBO} \tag{7-3}$$

在硅晶体管中 I_{CEO} 的数值大约在几个微安，在锗晶体管中 I_{CEO} 的数值大约为几十至几百微安。由于晶体管的反向漏电流是由少数载流子构成的，所以晶体管的极间反向漏电流随温度变化比较明显，当晶体管的工作温度升高时，极间反向漏电流的数值也同时增大，当极间反向漏电流的数值增大到不能被忽略时，晶体管的输出电流中应考虑反向漏电流的影响，这时晶体管的集电极电流为

$$I_C = \beta I_B + I_{CEO} \tag{7-4}$$

3. 集电极最大电流 I_{CM}

定义晶体管电流放大倍数 β 的数值下降到正常值的 2/3 时的集电极电流为晶体管集电极电流的最大值 I_{CM}。晶体管的电流放大倍数 β 值在某个范围内是一个定值，其数值由制造工艺决定，但是当集电极电流 I_C 的数值比较大或 I_C 的数值比较小时，电流放大倍数 β 值会出现下降。若 β 值下降到一定程度，电路的理论分析值与电路的实际工作值之间将会出现比较大的误差，在晶体管正常工作时，应当选取 $I_C < I_{CM}$，以减小电路的分析误差。

4. 晶体管最大耗散功率 P_{CM}

晶体管外表面能够散发掉的热量决定晶体管的最大耗散功率，如果晶体管在工作时产生的功耗不能由其外表面散发掉，这些功耗将在晶体管的内部产生热量积累，使晶体管内部的温度升高，最终使晶体管因过热而损坏。晶体管正常工作时产生的功率损耗应当小于晶体管的最大功耗 P_{CM}，晶体管功率的表示式为

$$P_C = I_C U_{CE} \tag{7-5}$$

由式（7-5）可以看出，为避免晶体管在工作时的温度太高，当晶体管的集电极电流 I_C 数值比较大时，管压降 U_{CE} 的数值就应当相应地降下来，正常工作时的晶体管不允许集电极电流 I_C 与管压降 U_{CE} 同时达到最大值。

5. 反向击穿电压 $U_{CEO(BR)}$

$U_{CEO(BR)}$ 是晶体管工作时集电极与发射极之间允许施加的最大反向电压，$U_{CEO(BR)}$ 中 BR 的意思为击穿，如果电源施加到晶体管的集－射极电压 $U_{CE} > U_{CEO(BR)}$，则晶体管的集电结将会被过高的反偏电压击穿，使晶体管损坏。为保证晶体管在正常工作时集电结不被击穿，通常限制放大电路的电源电压，当选取电源电压 U_{CC} 满足下式时，晶体管的集电结就不会出现反向击穿。

$$U_{CC}=\left(\frac{1}{2}\sim\frac{2}{3}\right)U_{CEO(BR)}$$

晶体管在正常工作时还有其他一些参数，如工作频率等，在实际为放大电路选配晶体管时需要考虑晶体管的各种参数，根据电路的要求选择参数合适的晶体管。但是在放大电路的理论分析中，经常接触到的是上面几个参数，在对放大电路进行理论分析时应注意不能使晶体管的工作参数超过晶体管的极限参数。

例 7-1　若测得某晶体管在 $I_B=20\mu A$ 时，$I_C=2mA$；当 $I_B=60\mu A$ 时，$I_C=5.2mA$，试求该晶体管 β、I_{CEO}及 I_{CBO}的数值。

解：由集电极电流的表示式 $I_C=\beta I_B+I_{CEO}$，可以得到方程组

$$\left.\begin{aligned}2mA&=20\times10^{-3}mA\,\beta+I_{CEO}\\5.2mA&=60\times10^{-3}mA\,\beta+I_{CEO}\end{aligned}\right\}$$

解方程组，有 $\beta=80$、$I_{CEO}=400\mu A$，再由 $I_{CEO}=(1+\beta)I_{CBO}$解出 $I_{CBO}=4.9\mu A$。

例 7-2　若放大电路中测得某晶体管三个电极的电位分别为 5V、1.2V、0.5V，试确定晶体管的三个电极并判断其类型。

解：由于晶体管三个电极电位的数值均为正值，所以该晶体管为 NPN 型晶体管；在测得的三个电位数值中，有 1.2V - 0.5V = 0.7V，这是硅晶体管的死区电压数值，所以该晶体管为硅管；在晶体管正常工作时，应当是发射结正偏、集电结反偏，所以有 $U_C=5V$、$U_B=1.2V$、$U_E=0.5V$，该晶体管的类型为 NPN 型硅管。

7.2　基本放大电路

晶体管广泛应用于信号放大电路，由晶体管构成的放大电路能够将收到的微小信号放大后输出，本节介绍交流放大电路的构成及工作原理。

7.2.1　放大电路的组成

如图 7-7a 所示为共射极放大电路的原理图，图中的 U_{BB}是发射结偏置电源，其作用是保证晶体管的发射结正偏，如果放大电路的工作电源 U_{CC}能够实现晶体管发射结的正偏，偏置电源 U_{BB}就可以取消不要，放大电路的结构可以改画为如图 7-7b 所示形式，图 b 所示电路为实际的共射极放大电路。由于当图示电路中基极偏置电阻 R_B 的阻值一定时，基极电流 I_B 的数值就一定，所以该电路也称为固定偏置共射极放大电路。

在图 7-7b 所示的放大电路中，晶体管 VT 是电流放大元件，VT 控制放大电路中电流的分配；工作电源 U_{CC}在为放大电路提供输出能量的同时保证晶体管的发射结正偏、集电结反偏；集电极电阻 R_C 将晶体管放大后的电流信号转换为电压信号；偏置电阻 R_B 为晶体管的基极提供偏置电流 I_B；连接在放大电路与信号源之间的耦合电容 C_1 阻断直流电流通过信号源；连接在放大电路与负载之间的耦合电容 C_2 阻断直流电流输出给负载。在交流放大电路中，电路收到的输入信号为正弦交流信号，经过晶体管放大后传输给负载的信号也是正弦交流信号。

由于 PN 结具有单向导电性，所以晶体管只允许电流单方向流动，这表示晶体管不允许交流电流流过，也不放大交流信号。如欲使交流信号能够通过晶体管并被放大，就要借助载

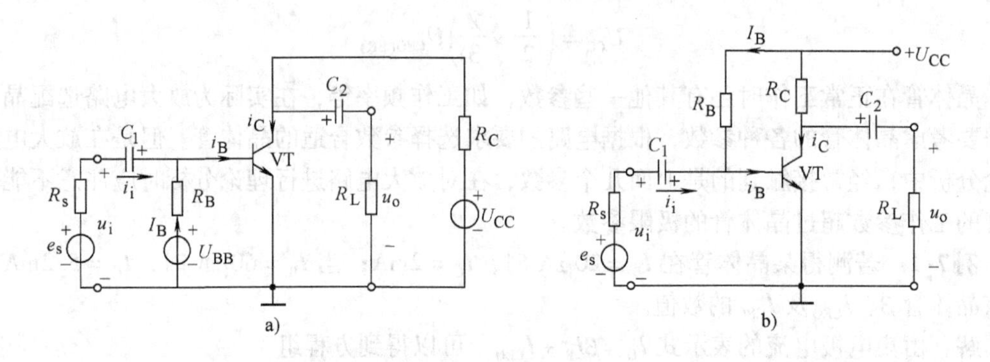

图 7-7 固定偏置共射极放大电路

a）原理图 b）放大电路图

体使交流信号转变为脉动直流信号，所以放大电路需要设置合适的偏置电流 I_B 作为载体，将信号源输入的正弦交流信号转变为按照正弦规律变化的脉动直流信号，图 7-8a、b 分别给出了在放大电路没有设置偏置电流 I_B 与放大电路设置了偏置电流 I_B 两种情况下晶体管的输入电流 i_B 的波形。

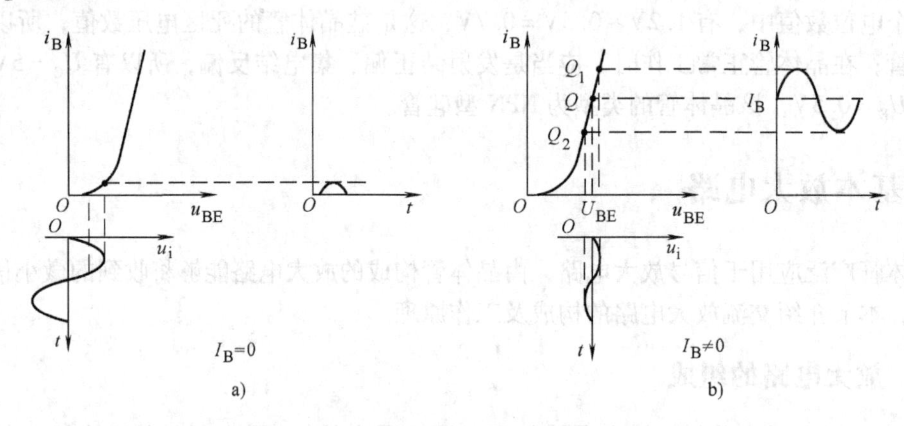

图 7-8 偏流 I_B 对输入信号的作用

a）$I_B=0$ 时的输入波形 b）$I_B\neq0$ 时的输入波形

在图 7-8a 中放大电路的偏置电流 $I_B=0$，这时晶体管的发射结没有正偏。当正弦交流信号 u_i 连接到晶体管的基极时，在正弦波形的大部分区域，u_i 的幅值小于发射结正向导通电压值（$U_j=$（0.5～0.7）V），晶体管不导通，其输入电流 $i_b=0$，输出电流 $i_c=0$，晶体管不放大这部分信号。只有在 u_i 正半周的幅值大于发射结正向导通电压的这部分信号才能够被晶体管接收到并放大，这时的输出信号会严重失真，如图 7-8a 所示。

在图 7-8b 中放大电路的偏置电流 $I_B\neq0$，在交流信号传输给放大电路前，晶体管已经在直流电源作用下处于导通状态，晶体管输入端的直流电压 U_{BE} 与偏流 I_B 均不为零。当交流信号连接到晶体管的基极时，信号电压 u_i 叠加在发射结正偏电压 U_{BE} 上，信号电流 i_b 叠加在基极偏流 I_B 上，这时晶体管基极收到的信号 i_B 将是一个按照正弦规律变化的脉动直流信号，输入电流 i_B 经过晶体管放大后以电流 i_C 的形式输出，耦合电容 C_2 隔断输出电流 i_C 中的直流分量，将输出信号中比输入交流信号大若干倍的交流分量传输给放大电路的负载。上述过程表明，如果要求晶体管放大电路正常工作，必须在信号电流输入前使晶体管先导通，导通后晶体管的基极电流 I_B 就是待放大信号通过晶体管时的载体，I_B 也叫放大电路的偏置电流（简称偏流）。

7.2.2　放大电路的直流通路与交流通路

由于放大电路中通过晶体管的信号是直流信号与交流信号的叠加，所以放大电路中直流信号通过的路径称为放大电路的直流通路，交流信号通过的路径称为放大电路的交流通路。直流通路中的电压与电流不是待放大的信号电压与电流，直流通路中的电参数是准备载着信号通过晶体管的载体参数，也称为静态参数。交流通路是放大电路输入信号通过晶体管时的路径，交流通路中的电参数也称为动态参数，如图 7-9 所示为图 7-7b 所示放大电路的直流通路与交流通路。

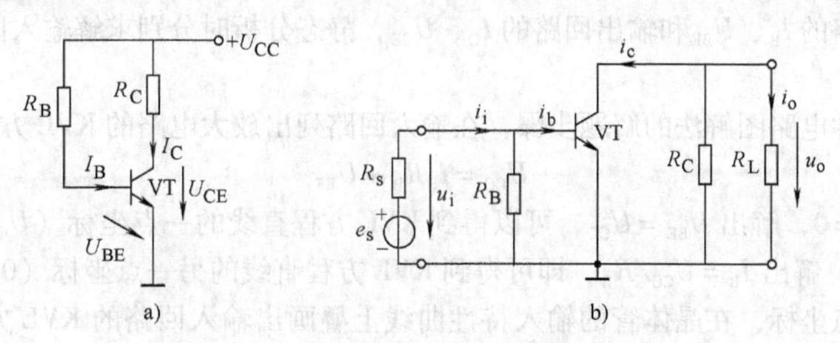

图 7-9　图 7-7 放大电路的直流通路与交流通路
a）直流通路　b）交流通路

连接在放大电路输入端与输出端的耦合电容 C_1、C_2 对放大电路的直流通路与交流通路的划分起决定作用，电容器隔直导交，由直流电源出发的直流信号无法通过电容器，所以放大电路的直流通路是耦合电容 C_1 与 C_2 之间的电路，对 NPN 管构成的放大电路，电路中的直流电流由电源流向地线。放大电路中的耦合电容均为大容量电容，足够大的容量使得电容器的容抗很小，在交流通路中耦合电容的容抗对信号电压的影响可以忽略不计，因此交流通路中的耦合电容均认为是短路状态，耦合电容不出现在交流通路中。放大电路中同时存在直流工作电源与交流信号电源，这两种不同类型的电源所产生的信号互为短路，也就是说直流电源对交流信号没有阻力（相当于短路），交流电源对直流信号也没有阻力（相当于短路），根据放大电路的这些特点就可以画出放大电路的直流通路与交流通路了。

由于晶体管中实际通过的信号是交直流叠加信号，信号中既有直流分量也有交流分量，为了在放大电路的分析时区分不同性质的信号，规定放大电路中的直流信号使用大写字母、大写下标来表示，如：I_B、U_{BE}、I_C、U_{CE}；放大电路中交流信号的瞬时值使用小写字母、小写下标来表示，如：i_b、u_{be}、i_c、u_{ce}；放大电路中交流信号的有效值使用大写字母、小写下标来表示，如：I_b、U_{be}、I_c、U_{ce}；放大电路中交直流叠加信号使用小写字母、大写下标来表示，如：i_B、u_{BE}、i_C、u_{CE}，做了上述规定后，在进行放大电路的静态与动态分析时将使用各自的书写符号来代表不同性质的电参量。

*7.3 放大电路的图解分析法

晶体管是非线性元件，由晶体管构成的放大电路就是非线性电路，由于在非线性电路中欧姆定律不成立，所以非线性电路的分析应当使用图解分析方法。按照第2章中介绍的非线性电阻电路图解分析方法的解题步骤，可以分别对放大电路进行静态分析与动态分析，以求解放大电路的直流参数与交流参数。

7.3.1 静态分析

固定偏置共发射极放大电路如图7-7b所示，放大电路的直流通路如图7-9a所示，静态时放大电路的输入信号 $u_i=0$，电源电压 U_{CC} 保证晶体管工作在放大状态，放大电路的静态参数为输入回路的 I_B、U_{BE} 和输出回路的 I_C、U_{CE}，静态分析时分别求解输入回路和输出回路的参数。

按照非线性电路图解法的解题步骤，在输入回路列出放大电路的KVL方程，有

$$U_{CC}=I_B R_B+U_{BE} \tag{7-6}$$

令方程中的 $I_B=0$，解出 $U_{BE}=U_{CC}$，可以得到KVL方程直线的一点坐标（U_{CC}，0）；再令方程中的 $U_{BE}=0$，解出 $I_B=U_{CC}/R_B$，即可得到KVL方程直线的另一点坐标（0，U_{CC}/R_B），根据求解出的两点坐标，在晶体管的输入特性曲线上叠画出输入回路的KVL方程直线。由于晶体管输入回路的参数 U_{BE} 与 I_B 应当满足晶体管自身的输入特性曲线，也应当满足电路的回路电压方程，所以两线的交点处就是晶体管在输入回路的静态工作点，由静态工作点分别向特性曲线的两个坐标轴投影，就可以得到静态时晶体管在输入端的参数 U_{BE} 与 I_B，这两个参数就是放大电路在静态时的输入回路参数。如图7-10a所示为放大电路输入回路的静态分析图。

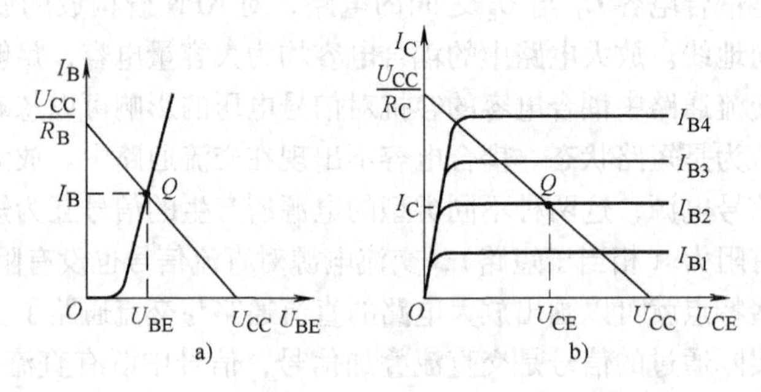

图7-10 静态分析

a）输入回路 b）输出回路

按照与输入回路相同的分析方法，在输出回路列出放大电路的KVL方程，有

$$U_{CC}=I_C R_C+U_{CE} \tag{7-7}$$

令方程中的 $I_C=0$，解出 $U_{CE}=U_{CC}$，得到输出回路KVL方程直线的一点坐标（U_{CC}，0）；再令方程中的 $U_{CE}=0$，解出 $I_C=U_{CC}/R_C$，得到KVL方程直线的另一点坐标（0，U_{CC}/R_C），根据求解出的两点坐标可以在晶体管的输出特性曲线上叠画出输出回路的KVL方程直线，由于这条直线是晶体管在静态时输出直流参数变化的轨迹，所以这条直线也称为放大电路的直

流负载线。

确定了放大电路的直流负载线后，放大电路在静态时输出回路参数的大小将由晶体管基极输入偏流 I_B 的大小来决定，当偏流 I_B 的数值确定后，放大电路直流负载线与晶体管输出特性曲线的交点就是放大电路输出回路的静态工作点，静态工作点用字母 Q 表示。在输入回路的静态分析中已经确定了晶体管基极偏流 I_B 的数值，设偏流 I_B 的数值对应输出特性曲线中的 I_{B2} 的数值，则 Q 点的位置就在直流负载线与 I_{B2} 表示的特性曲线的交点处，如图7-10b所示。确定了 Q 点后，由 Q 点分别向输出特性曲线的坐标横轴及纵轴投影，就可以得到静态时晶体管在输出端的参数 U_{CE} 与 I_C 的数值。由于 U_{CE} 与 I_C 是晶体管在输出端的静态参数，也是输出回路静态工作点的坐标，通常将放大电路的静态工作点表示为 Q（U_{CE}，I_C）。

综上所述，使用图解法求解放大电路的静态工作点时，具体的解题步骤如下：首先在晶体管的输入特性曲线上求解出晶体管的基极偏流 I_B；其次根据电路结构及参数将放大电路的直流负载线叠画在晶体管的输出特性曲线上；再由已求解出的基极偏流 I_B 的数值确定放大电路的静态工作点（Q 点）的位置，由 Q 点的位置分别向输出特性曲线的两个坐标轴投影，就可以得到放大电路在静态时的 U_{CE} 与 I_C 的数值。

7.3.2 动态分析

1. 负载开路（$R_L \to \infty$）

图7-7所示的固定偏置共射极放大电路，动态时电路的输入信号 $u_i \neq 0$，为使电路分析简便，先令放大电路的负载电阻 R_L 趋于无穷大。

由于放大电路的输入信号 u_i 是连接在晶体管的基极与地线之间，所以输入信号 u_i 就是晶体管基－射极电压的交流分量，有 $u_i = u_{be}$。输入的交流信号 u_i 叠加在晶体管输入端的直流电压 U_{BE} 上，使得晶体管的基－射极电压为 $u_{BE} = U_{BE} + u_i$，这是一个交直流叠加的信号。当输入电压 u_i 的正半周到达时，u_i 数值的增大使得 u_{BE} 的数值跟着增大，晶体管发射结的阻挡层变窄，发射区出发的载流子增多，基极电流 i_B 将由静态值 I_B 开始增加，对应输入特性曲线中的工作点由 Q 点开始沿曲线向上移动；当 u_i 增大到峰值电压时，u_{BE} 的数值最大，Q 点沿曲线上升到最高的 Q_1 点，基极电流 i_B 也增大到最大值 I_{B1}，如图7-11所示；当 u_i 过了峰值开始减小时，u_{BE} 也过了最大值开始减小，Q 点沿特性曲线向下移动，基极电流 i_B 也随之减小；当 $u_i = 0$ 时，$u_{BE} = U_{BE}$，$i_B = I_B$，输入电压 u_i 的正半周转换为基极电流 i_B 的正半周送入晶体管放大；当输入电压 u_i 的负半周到达时，与上述分析过程相同，输入电压 u_i 的负半周将转换为基极电流 i_B 的负半周送入晶体管放大。这样放大电路将输入的正弦交流信号 u_i 叠加到晶体管静态的基－射极电压 U_{BE} 上，使得基－射极电压 u_{BE} 成为按照正弦规律变化的脉动直流信号，晶体管基极得到的输入电流 i_B 也就成为按照正弦规律脉动的直流信号。

图7-11所示为晶体管基极电流 i_B 跟随信号电压 u_i 变化的波形，由图7-11可以看出，在输入电压 u_i 的作用下，基极电流 i_B 是按照正弦规律变化的脉动直流信号，i_B 的大小按照正弦规律变化，但 i_B 的方向始终不变，即 i_B 是直流电流。由图7-11可以看出，输入电压 u_i 的峰－峰值决定了工作点 Q 移动的最高点 Q_1 与最低点 Q_2 的位置，由 Q_1 点和 Q_2 点向输入特性的纵轴上投影，就得到了输入基极电流 i_B 变化的动态范围 Δi_B，Δi_B 也是基极电流 i_b 的峰－峰值，由峰－峰值的概念，有

$$\Delta i_B = I_{B1} - I_{B2}$$

与放大电路输入端的参数一样，晶体管在输出端的参数也是交直流叠加信号，其中包括晶体管的集电极电流 $i_C = I_C + i_c$，管压降 $u_{CE} = U_{CE} + u_{ce}$。在放大电路的负载开路时（$R_L \to \infty$），集电极电阻 R_C 中流过的电流 $i_{R_C} = i_C$，根据电路结构可以列出放大电路在输出端的回路电压方程，有

$$U_{CC} = i_C R_C + u_{CE} \tag{7-8}$$

由于放大电路交流信号变化的轨迹受式（7-8）的约束，所以式（7-8）也是放大电路在负载开路条件下交流负载线的方程。放大电路输出信号变化的动态范围是由交流负载线决定的，为确定放大电路输出信号变化的动态范围，应当在晶体管的输出特性曲线中叠画出电路的交流负载线。

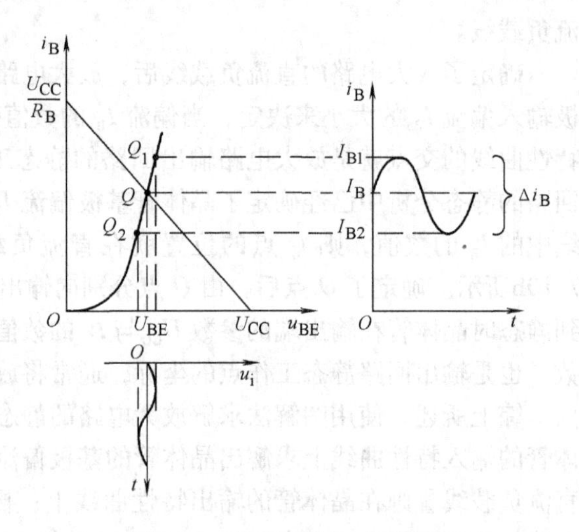

图 7-11　输入回路的动态分析

交流负载线的作图方法与直流负载线的作图方法一样，在输出回路的 KVL 方程中，分别令 i_C 与 u_{CE} 等于零，可以得到交流负载线的两点坐标（U_C，0）、（0，U_C/R_C），连接这两点，即可画出放大电路的交流负载线。由交流负载线的两点坐标可以看出，在负载开路的条件下，放大电路的交流负载线与直流负载线相重合，图 7-12 中电路的 KVL 直线既是直流负载线也是交流负载线，电路的静态工作点及输出信号的动态范围均可以在这条直线上确定。

放大电路的交流负载线确定后，根据在输入特性曲线上求解得到的基极电流 i_B 变化的动态范围 Δi_B，就可以在交流负载线上确定输出信号变化的动态范围。当输入信号 i_b 正半周到达时，i_B 的数值增大，Q 点沿交流负载线向上移动，集电极电流 i_C 的数值增大，管压降 u_{CE} 的数值减小；当 i_B 增大到峰值 $I_B + i_{bm} = I_{B1}$ 时，Q 点升高到最高处的 Q_1 点位置，这时 i_C 的数值最大，u_{CE} 的数值最小；当 i_B 过了峰值开始下降时，Q 点随之下降，相应 i_C 的数值开始减小，u_{CE} 的数值回升，由图 7-12 可以看出，输入电流 i_B 变化了一个正半周，输出电流 i_C 同样变化了一个正半周，但是输出电压 u_{CE} 却变化了一个负半周。当 i_B 负半周到达时，Q 点沿交流负载线向下移动，当 i_B 变化到负半周的峰值时，$I_B - i_{bm} = I_{B2}$，这时 Q 点移动到最低处的 Q_2 点，重复上述过程，集电极电流 i_C 输出负半周波形，管压降 u_{CE} 输出正半周波形。由 Q 点移动的范围分别向输出特性曲线的坐标横轴和纵轴投影，就可以得到输出电流 i_C 变化的动态范围 Δi_C 及输出电压 u_{CE} 变化的动态范围 Δu_{CE}，有了输出电流 i_C 及输出电压 u_{CE} 变化的动态范围，以静态工作点 Q 点作为正弦波形作图的坐标原点，按照正弦规

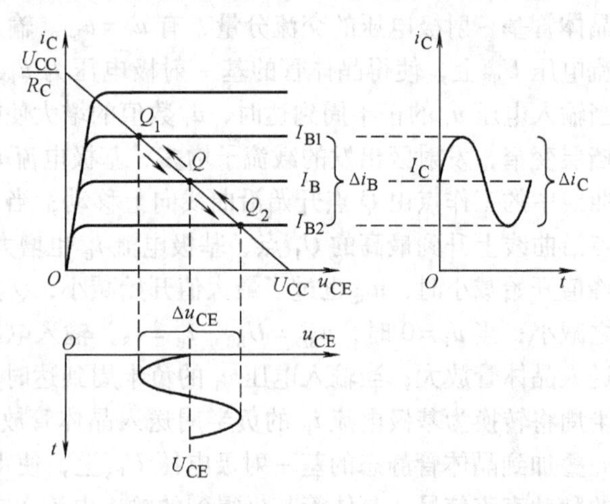

图 7-12　负载开路时的输出回路动态分析

律就可以分别画出放大电路输出电流 i_C、输出电压 u_{CE} 的波形，由正弦波形的峰-峰值可以换算得到正弦信号的有效值，图 7-12 所示为负载开路时放大电路输出信号的波形。

2. 带负载电阻 R_L 的放大电路

当图 7-7 所示放大电路连接有负载电阻 R_L 时，晶体管放大后的信号电流 i_c 将会分流一部分到负载电阻 R_L，则集电极电阻 R_C 中流过的信号电流只是 i_c 的一部分，利用分流公式可以写出流过集电极电阻 R_C 的信号电流 i_{R_C} 为

$$i_{R_C}=\frac{R_L}{R_C+R_L}i_c$$

由于集电极输出的信号电流为：$i_c=i_C-I_C$，所以放大电路输出端的回路电压方程为

$$U_{CC}=R_Ci_{R_C}+u_{CE} \tag{7-9}$$

比较式（7-8）与式（7-9）可以看出，放大电路带负载时的交流负载线方程与放大电路不带负载时的交流负载线方程不一样，这表示在放大电路带负载时，电路的交流负载线与直流负载线不重合。由于式（7-9）中的参数 u_{CE} 是交直流叠加信号，而参数 i_{R_C} 是交流信号，利用 i_{R_C} 及 i_c 的表示式可以将式（7-9）中的电路参数转换为用交直流叠加信号表示，转换后放大电路带负载时的交流负载线方程为

$$u_{CE}=U_{CE}+I_CR_L'-i_CR_L' \tag{7-10}$$

式（7-10）中，R_L' 是放大电路的等效负载电阻，其计算公式为

$$R_L'=R_C//R_L \tag{7-11}$$

按照图解法的解题步骤，令式（7-10）中的 $i_C=0$，可以求解出交流负载线一点的坐标（$U_{CE}+I_CR_L'$，0），再令 $i_C=I_C$，可以求解出交流负载线第二点的坐标（U_{CE}，I_C），交流负载线的第二点坐标就是放大电路静态工作点的坐标，这表明放大电路的交流负载线必定经过静态工作点，用直线连接坐标点（$U_{CE}+I_CR_L'$、0）和 Q 点即可画出放大电路在带负载时的交流负载线。交流负载线还可以采用点斜式作图方法画出，已知放大电路的静态工作点（Q 点）及交流负载线的斜率 $\tan\alpha=-1/R_L'$，也可以做出放大电路的交流负载线。

与负载开路时的分析一样，当放大电路的交流负载线确定后，同样由输入基极电流 i_B 的动态范围 Δi_B 可以确定 Q 点在交流负载线上移动的范围，确定集电极电流 i_C 变化的动态范围 Δi_C，确定管压降 u_{CE} 变化的动态范围 Δu_{CE}，再以静态参数 I_C 及 U_{CE} 作为正弦波形的坐标原点，就可以画出放大电路输出参数 i_C 及 u_{CE} 的波形，图 7-13 所示为放大电路在带负载时输出电流 i_C 与输出电压 u_{CE} 的波形。

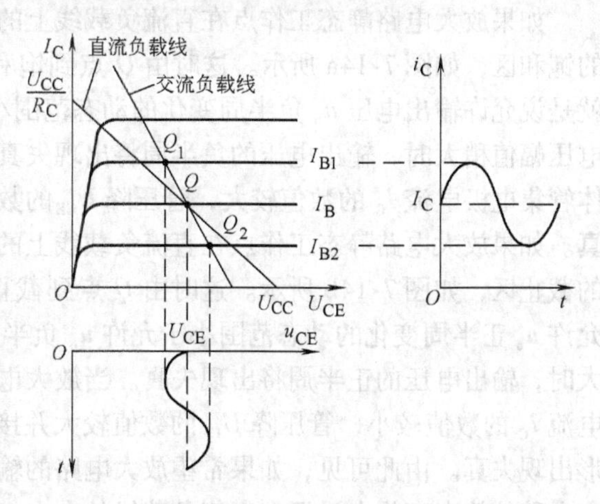

图 7-13　放大电路连接有负载电阻时的输出波形

比较图 7-13 中的交流负载线与直流负载线的位置，可以看出在放大电路带负载的条件下，电路的交流负载线要比直流负载线陡，变陡了的交流负载线使得输出电压的动态范围 Δu_{CE} 明显下降，而对输出电流的动

态范围 Δi_C 没有什么影响，这说明晶体管的输出电流与负载电阻的大小没有关系，而放大电路的输出电压将因电路连接了负载电阻而下降，负载电阻 R_L 的阻值越小，等效负载电阻 $R'_L = R_C // R_L$ 就越小，交流负载线与坐标横轴交点（$U_{CE} + I_C R'_L$，0）的位置就越向左移，交流负载线就越陡，输出电压幅值下降的就越多。由上述分析可知，负载开路时放大电路输出电压的数值最大，带负载时放大电路输出电压的数值会减小，放大电路输出电压的大小与负载电阻的阻值大小有关。比较图 7-13 中输出电压的波形与图 7-11 中输入电压的波形，可以看出放大电路的输入电压与输出电压之间有 180°的相位差，当输入电压是正弦波形的正半周时，输出电压是正弦波形的负半周，这种经过晶体管放大后输出电压与输入电压相位相反的现象称为晶体管的单管倒相，需要说明的是，单管倒相的概念仅对共射极放大电路成立，如果放大电路的连接结构不是共射极放大电路，则不存在单管倒相的现象。

7.3.3　非线性失真

由于信号源输入的正弦交流信号将叠加在晶体管的静态参数上被放大，所以放大电路静态工作点的位置设置的合适与否对交流信号能否顺利通过晶体管被放大有很重要的影响。如果放大电路静态工作点的位置设置的不合适，即静态工作点设置在直流负载线上的位置过高或过低，当输入信号 u_i 的幅值稍微大一点时，就会使得输出信号 u_o 变化的动态范围进入晶体管的非线性区，从而产生输出信号 u_o 波形的失真。这种由于输出信号变化的动态范围进入了晶体管的非线性区而产生的输出信号不能完全复现输入信号的现象叫做非线性失真，或称为输出信号的畸变。

产生非线性失真的原因是放大电路静态工作点的位置设置的不合适，或者是输入信号的幅值太大。由于晶体管的非线性区分为饱和区与截止区，所以放大电路的非线性失真也分为饱和失真与截止失真两类。定义放大电路输出信号变化的动态范围进入了晶体管的饱和区而产生的失真叫饱和失真，输出信号变化的动态范围进入了晶体管的截止区而产生的失真叫截止失真，图 7-14a、b 分别画出了放大电路的输出信号出现饱和失真与截止失真时的波形。

如果放大电路静态工作点在直流负载线上的位置设置的偏高，Q 点靠近晶体管特性曲线的饱和区，如图 7-14a 所示。这时由 Q 点到饱和区的距离小于由 Q 点到截止区的距离，也就是说允许输出电压 u_o 负半周变化的动态范围小于允许 u_o 正半周变化的动态范围，当输入电压幅值稍大时，输出电压的负半周将出现失真。当放大电路输出信号产生饱和失真时，晶体管集电极电流 I_C 的数值较大，管压降 U_{CE} 的数值较低，电路输出信号的负半周波形出现失真。如果放大电路静态工作点在直流负载线上的位置设置的偏低，Q 点靠近晶体管特性曲线的截止区，如图 7-14b 所示。这时由 Q 点到截止区的距离小于由 Q 点到饱和区的距离，即允许 u_o 正半周变化的动态范围小于允许 u_o 负半周变化的动态范围，同样当输入电压幅值稍大时，输出电压的正半周将出现失真。当放大电路输出信号产生截止失真时，晶体管集电极电流 I_C 的数值较小，管压降 U_{CE} 的数值较大并接近电源电压 U_{CC}，电路输出信号的正半周波形出现失真。由此可见，如果希望放大电路的输出信号具有最大不失真动态范围，应当将放大电路的静态工作点设置在交流负载线的中点，由于交流负载线中点的位置不好确定，所以通常将静态工作点的位置设置在直流负载线中点的附近。在放大电路静态工作点的位置确定后，电路输出电压的最大不失真动态范围是由 u_o 正半周不失真动态范围与 u_o 负半周不失真动态范围这两个数值中小的那一个来决定的。

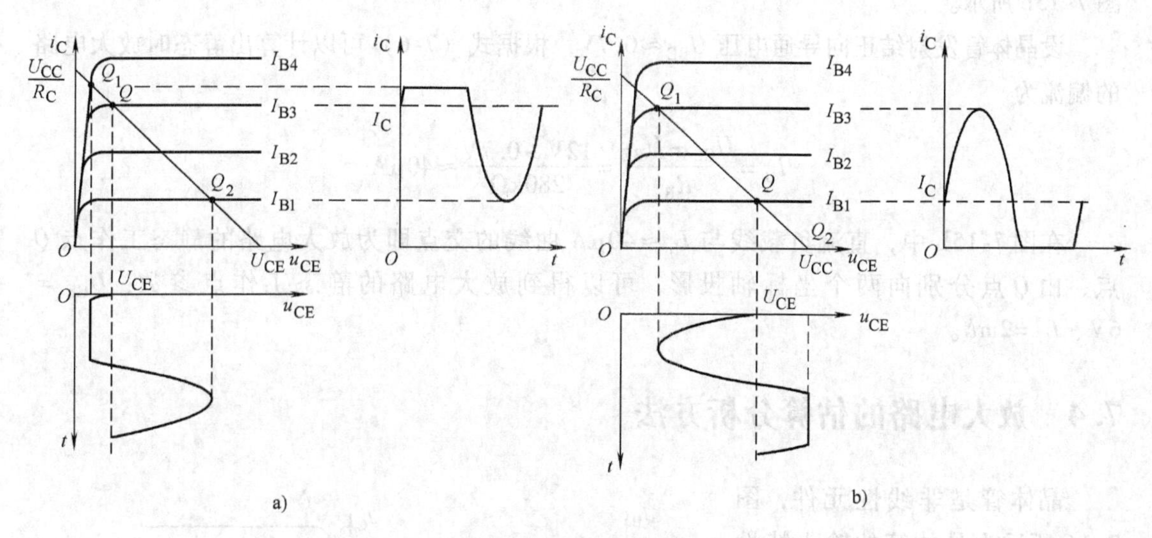

图 7-14　放大电路的非线性失真

a）饱和失真　b）截止失真

非线性失真产生的主要原因是静态工作点位置设置的不合适，那么消除失真的方法就是调节静态工作点的位置。放大电路输出信号出现饱和失真是因为静态工作点的位置设置的太高，若增大偏置电阻 R_B 的阻值，减小偏流 I_B 就可以使静态工作点的位置离开饱和区沿直流负载线向下移动；放大电路输出信号出现截止失真是因为静态工作点的位置设置的太低，若减小偏置电阻 R_B 的阻值，增大偏流 I_B 就可以使静态工作点的位置离开截止区沿直流负载线向上移动。如果放大电路输出电压的正半周波形与负半周波形均出现失真，这种失真是因为输入信号 u_i 的幅值太大引起的，这时应当减小输入信号 u_i 的幅值以消除输出信号的失真。

例 7-3　如图 7-7 所示固定偏置共射极放大电路，已知 $U_{CC}=12V$、$R_C=3k\Omega$、$R_B=280k\Omega$，晶体管的特性曲线如图 7-15a 所示，画出放大电路的直流负载线，并求解电路的静态工作点。

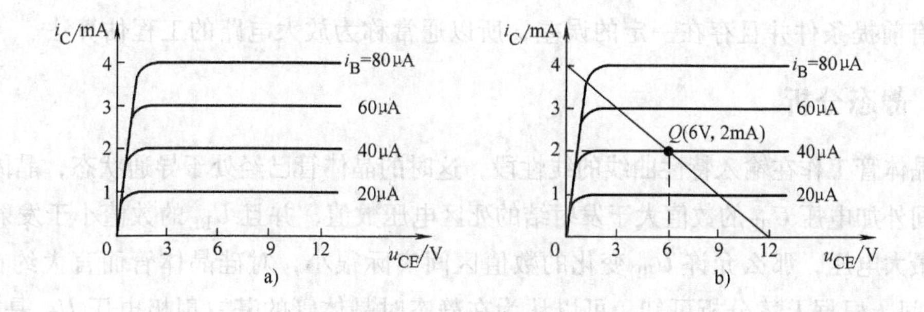

图 7-15　例 7-3 特性曲线

解：将已知电路参数代入直流负载线两点坐标的表示式（U_{CC}，0）与（0，U_{CC}/R_C），可以得到直流负载线的两点坐标（12V，0）与（0，12V/3kΩ = 4mA），在晶体管特性曲线的两个坐标轴上分别定出这两点的位置，连接两点就可以得到放大电路的直流负载线，如

图 7-15b 所示。

设晶体管发射结正向导通电压 $U_{BE} \approx 0.7V$，根据式（7-6）可以计算出静态时放大电路的偏流为

$$I_B = \frac{U_{CC} - U_{BE}}{R_B} = \frac{12V - 0.7V}{280k\Omega} \approx 40\mu A$$

在图 7-15b 中，直流负载线与 $I_B \approx 40\mu A$ 曲线的交点即为放大电路的静态工作点 Q 点，由 Q 点分别向两个坐标轴投影，可以得到放大电路的静态工作点参数：$U_{CE} = 6V$、$I_C = 2mA$。

7.4　放大电路的估算分析方法

晶体管是非线性元件，图 7-16 所示为晶体管的输入特性曲线及输出特性曲线，由图示曲线可以看出，不论在晶体管的输入特性还是输出特性曲线中均有部分线段近似为直线，这表示在晶体管的输入、输出特性中存在着线性段，如果放大电路的输入信号 u_i 足够小，使信号穿过晶体管被放大时，波形变化的动态范围始终在特性曲线的线性段，就可以忽略晶体管的非线性，将晶体管等效为线性元件。如果要信号变化的动态范围在特性曲线的线性段，就要求放大电路的输入信号 u_i 是一个微变量，在此条件下晶体管可以等效转换为线性器件，转换后的放大电路也就成为线性电路，而线性电路的分析可以使用计算的方法。电路分析方法的转变简化了放大电路的求解过程，但是与图解法相比，计算法的成立有前提条件并且存在一定的误差，所以通常称为放大电路的工程估算法。

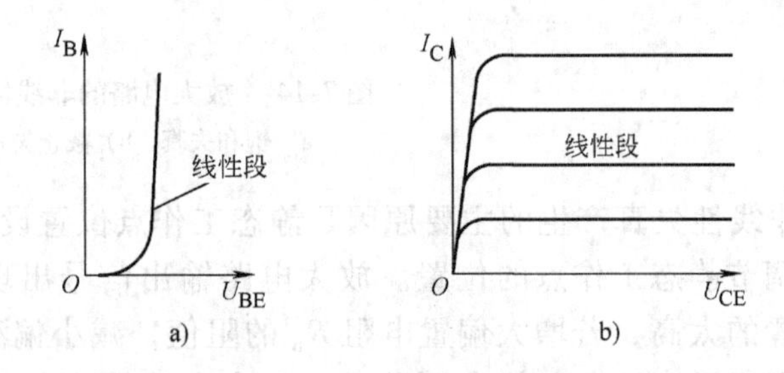

图 7-16　晶体管的特性曲线
a）输入特性曲线　b）输出特性曲线

7.4.1　静态分析

设晶体管工作在输入特性曲线的线性段，这时的晶体管已经处于导通状态，晶体管基 - 射极之间外加电压 U_{BE} 的数值大于发射结的死区电压数值，并且 U_{BE} 的数值小于发射结允许施加的最大电压，那么允许 U_{BE} 变化的数值区间实际很小，对硅晶体管而言大约在 0.5 ~ 0.7V 之间。根据上述分析可知，可以认为在静态时晶体管的基 - 射极电压 U_{BE} 是已知数，$U_{BE} \approx 0.5 \sim 0.7V$。

当晶体管工作在特性曲线的线性段并且 U_{BE} 为已知数时，欧姆定律成立，由图 7-7b 所示电路输入端的 KVL 方程 $U_{CC} = I_B R_B + U_{BE}$、输出端的 KVL 方程 $U_{CC} = I_C R_C + U_{CE}$ 及晶体管的电流放大特性，就可以得到固定偏置共射极放大电路静态工作点的计算公式

$$I_B = \frac{U_{CC} - U_{BE}}{R_B} \tag{7-12}$$

$$I_C = \beta I_B \tag{7-13}$$

$$U_{CE} = U_{CC} - I_C R_C \tag{7-14}$$

在式（7-12）中，如果放大电路的电源电压 $U_{CC} >> U_{BE} \approx 0.7V$，则 U_{BE} 对电路计算结果的影响很小，可以忽略不计，为使电路计算简便，可以将式（7-12）简化为

$$I_B = \frac{U_{CC} - U_{BE}}{R_B} \approx \frac{U_{CC}}{R_B}$$

上述三个计算公式是根据固定偏置放大电路的电路结构推导得出，公式仅可以用于求解固定偏置放大电路的静态工作点，如果改变放大电路的电路结构，电路在输入端和输出端的 KVL 方程将跟着发生变化，由 KVL 方程推导得到的静态工作点计算公式也就不一样。

7.4.2　动态分析

1. 微变等效电路

放大电路的动态分析是在交流通路中进行的，在输入信号 u_i 是微变量的条件下，u_i 在放大过程中变化的动态范围可以保持在晶体管特性曲线的线性段，这时就可以忽略晶体管的非线性，将晶体管等效为线性器件，晶体管等效转换后的交流通路就称为微变等效电路。与第 1 章中讲解的等效电路的概念相同，放大电路在等效转换前电路端口上的电压、电流与等效转换后电路端口上的电压、电流数值相等。晶体管是两端口网络，其输入端口的参数为 i_b 与 u_{be}，输出端口的参数为 i_c 与 u_{ce}，晶体管在等效转换前与等效转换后这四个参数的数值不会改变。

忽略晶体管的非线性后，在晶体管的输入端，输入电压 u_{be} 与输入电流 i_b 之间存在关系式 $u_{be} = r_{be} i_b$，式中的 r_{be} 是晶体管的等效输入电阻，r_{be} 表示了晶体管的基极与发射极之间的等效电阻，当晶体管输入的信号是微变量时，等效电阻 r_{be} 的数值基本上不变，其估算式为

$$r_{be} = r_b + (1 + \beta)\frac{26}{I_E} \tag{7-15}$$

式中，r_b 是晶体管基区体的等效电阻，对于低频小功率晶体管，r_b 的阻值大约在 100～300Ω 之间，通常取值为 200Ω；$(1+\beta)26/I_E$ 是晶体管发射结的等效电阻，其中 26 是 PN 结的温度电压当量，单位是毫伏，I_E 是晶体管静态时的发射极电流。由于在晶体管正常工作时，其发射结处于正偏导通的低阻状态，所以晶体管等效输入电阻 r_{be} 的阻值通常在几百欧姆到几千欧姆。需要说明的是，式（7-15）适用于 $0.1mA < I_E < 5mA$ 时的电路，超过这个范围，将对电路的分析带来较大的误差。

在晶体管的输出端，输出电流 i_c 与输入电流 i_b 之间存在关系式 $i_c = \beta i_b$，这表示 i_b 数值

的变化控制 i_c 数值的变化，则晶体管的输出端可以等效为电流控制电流源。在晶体管的输出回路，由于晶体管的集电结处于反偏的高阻状态，所以晶体管集电极到发射极之间的等效输出电阻 r_{ce}的阻值非常高，r_{ce}的数值在兆欧数量级，这个数值远大于放大电路中外接电阻的阻值。由于晶体管等效输出电阻 r_{ce} 的阻值太大，其分流作用可以忽略不计，r_{ce} 可以视为开路，在微变等效电路中就不再画出等效受控源的内阻 r_{ce} 了，这样工作在小信号模式下的晶体管可以等效为如图 7-17b 所示的线性电路。

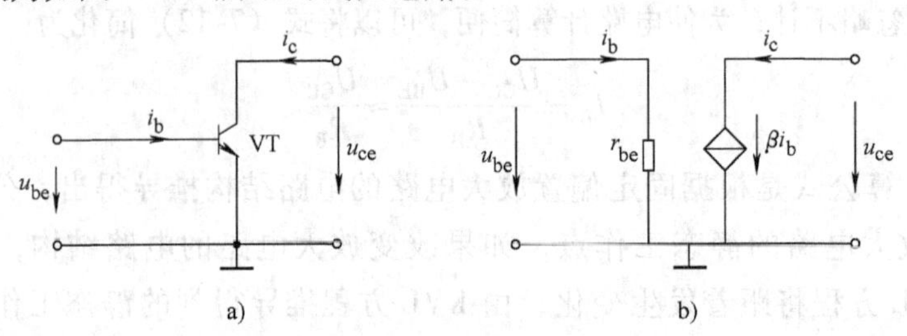

图 7-17 晶体管及微变等效电路

a）晶体管 b）晶体管的微变等效电路

2. 动态参数计算

将晶体管微变等效为线性器件后，就可以使用欧姆定律和基尔霍夫定律对放大电路的动态参数进行估算分析。在进行放大电路的动态分析时，先由放大电路的交流通路画出电路的微变等效电路，再由微变等效电路逐项分析电路动态参数的性能。图 7-18 所示为固定偏置共射极放大电路的微变等效电路，其中图 b 是电路的交流通路，将交流通路中的晶体管用微变等效电路替换后，就可以得到放大电路的微变等效电路。掌握了微变等效电路的作图方法后，就不需要再画出交流通路，可以直接根据放大电路的结构画出电路的微变等效电路。

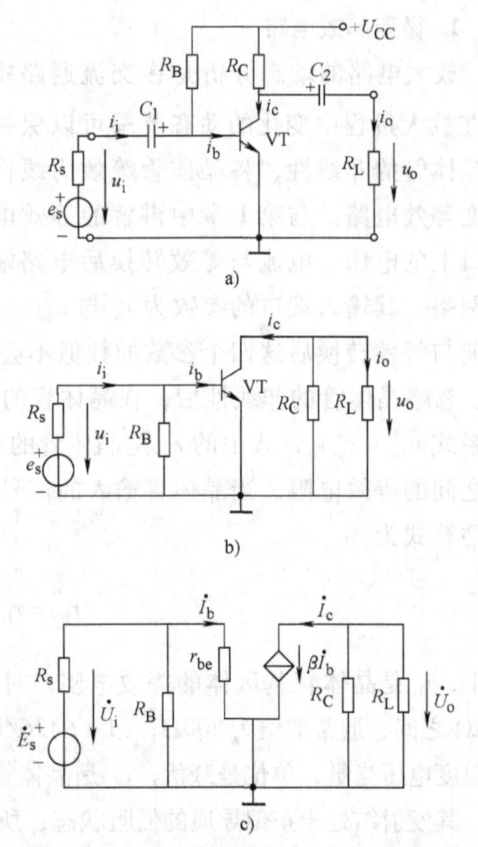

图 7-18 固定偏置放大电路的微变等效电路

a）电路图 b）电路的交流通路 c）电路的微变等效电路

放大电路的动态参数包括电压放大倍数 $\dot{A}_u$、等效输入电阻 r_i 和等效输出电阻 r_o 等。定义放大电路的电压放大倍数是放大电路输出电压相量与输入电压相量的比值，由于定义中的电压均为相量表示式，所以放大电路的电压放大倍数 $\dot{A}_u$ 是复数。$\dot{A}_u$ 数值的大小反映了电路对输入信号电压的放大能力，在输入电压一定的条件下，$\dot{A}_u$ 的数值越大，输出电压的数值就越大。在信号放大电路中，

电压放大倍数 $\dot{A}_u$ 的数值大些好。由图 7-18c 所示的微变等效电路可以看出，放大电路的输入电压 $\dot{U}_i=\dot{I}_b r_{be}$，输出电压 $\dot{U}_o=-\dot{I}_c R'_L$，则电路的电压放大倍数为

$$\dot{A}_u=\frac{\dot{U}_o}{\dot{U}_i}=\frac{-\dot{I}_c R'_L}{\dot{I}_b r_{be}}=-\beta\frac{R'_L}{r_{be}} \tag{7-16}$$

式（7-16）中，R'_L 是放大电路的等效负载电阻，$R'_L=R_C//R_L$。

放大电路的等效输入电阻 r_i 是指在放大电路输入端口处的等效电阻。计算等效输入电阻 r_i 时，应先将放大电路的信号源支路断开，然后由电路的输入端口处计算等效输入电阻。如图 7-18c 所示电路，断开信号源支路，这时电路中受控源的控制量 $i_b=0$，受控源的输出参数 $i_c=0$，这表示电路中的受控源也不作用，受控电流源断路，电路输出端的电阻 R_C 和 R_L 不在等效输入电阻的计算公式内，电路的等效输入电阻为

$$r_i=R_B//r_{be}\approx r_{be} \tag{7-17}$$

在固定偏置共射极放大电路中，电路偏置电阻 R_B 的数量级在几百千欧到几兆欧，其数值远大于晶体管的等效输入电阻 r_{be}，因此放大电路的等效输入电阻可以近似为晶体管的等效输入电阻，如式（7-17）。如果放大电路的结构不同，电路中偏置电阻的数值不同，当偏置电阻 R_B 与 r_{be} 相比数值不是大很多时，应当保留偏置电阻，逐项计算以减小计算误差。放大电路输入电阻的数值越大，信号源输入给放大电路的输入电流数值就越小，信号源的负担就越轻，对信号源就越有利。当信号源等效为电压源模型时，放大电路等效输入电阻 r_i 的数值大些好。

放大电路的等效输出电阻 r_o 是指在放大电路输出端口处的等效电阻。计算等效输出电阻 r_o 时，应将放大电路的负载电阻 R_L 断开，让电路中的独立源 - 信号源不作用（即让 $e_s=0$，并保留信号源的内阻 R_s），然后在电路的输出端口处计算电路的等效输出电阻。在如图 7-18c 所示电路中，断开负载电阻 R_L，短接信号源 e_s，这时电路中受控源的控制量 $i_b=0$，受控源的输出参数 $i_c=0$，这表示电路中的受控源也不作用，受控电流源断路，电路输入端的电阻 R_B 和 r_{be} 不在等效输出电阻的计算公式内，电路的等效输出电阻为

$$r_o=R_C \tag{7-18}$$

在图 7-18 所示电路中，等效输出电阻 $r_o=R_C$，等效负载电阻 $R'_L=R_C//R_L=r_o//R_L$。若放大电路等效输出电阻 r_o 的数值比较小，电路等效负载电阻 R'_L 的数值将由阻值比较小的 r_o 决定，当负载电阻 R_L 的数值发生变化时，等效负载电阻 R'_L 的数值基本不变，放大电路的电压放大倍数 $\dot{A}_u$ 的数值也基本不变，电路的输出电压 $\dot{U}_o$ 也基本不变，这个特性称为放大电路的带负载能力。在放大电路中，电路等效输出电阻 r_o 的数值小，电路的带负载能力好。需要说明的是，在计算放大电路的等效输入电阻时，放大电路的输入端断开但电路的负载电阻应当保留；同理，在计算放大电路的等效输出电阻时，放大电路的负载端断开、信号源不作用，但信号源的内阻应当保留，在求解等效入端电阻时，电路中的受控源应当保留还是应当不作用是由受控源的控制量是否存在来决定的。

放大电路的动态参数还包括考虑信号源内阻时的电压放大倍数 $\dot{A}_{us}$，定义 $\dot{A}_{us}$ 是放大电路的输出电压相量与信号源电动势相量的比值，$\dot{A}_{us}$ 也是复数。在微变等效电路的输入端，根据分压公式可以得到输入电压 $\dot{U}_i$ 与信号源电动势 $\dot{E}_s$ 之间的关系为

$$\dot{U}_i=\frac{r_i}{r_i+R_s}\dot{E}_s$$

将上式代入$\dot{A}_{us}$的定义式中，有

$$\dot{A}_{us}=\frac{\dot{U}_o}{\dot{E}_s}=\frac{\dot{U}_o}{\dot{E}_s}\frac{\dot{U}_i}{\dot{U}_i}=\frac{\dot{U}_i}{\dot{E}_s}\frac{\dot{U}_o}{\dot{U}_i}=\frac{r_i}{r_i+R_s}\dot{A}_u \tag{7-19}$$

式（7-19）是考虑信号源内阻时电压放大倍数的计算公式，这个公式是通式，若放大电路采用不同结构的连接方式，电路的电压放大倍数$\dot{A}_u$及等效输入电阻r_i就不同，使用式(7-19)求解出电路$\dot{A}_{us}$的数值也就不同，但$\dot{A}_{us}$的计算式相同。

例 7-4 如图7-19所示的固定偏置放大电路，在晶体管的发射极连接有发射极电阻R_E，写出电路的静态工作点计算公式；画出电路的微变等效电路；写出电路的电压放大倍数及等效输入、输出电阻的计算公式。

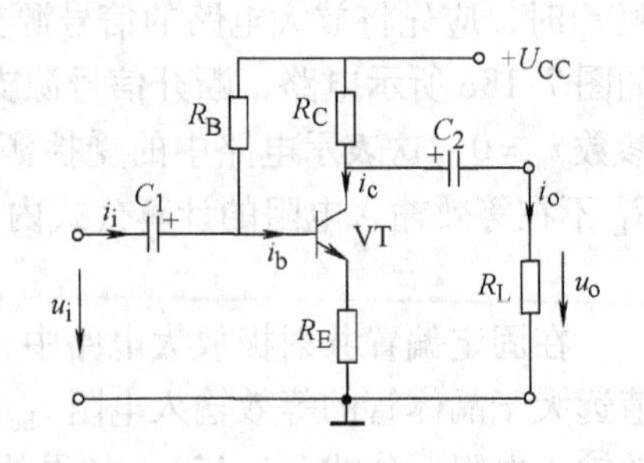

图7-19 例7-4电路

解：连接在晶体管发射极的电阻R_E改变了放大电路的结构，静态时，放大电路输入回路的KVL方程为

$$U_{CC}=I_BR_B+U_{BE}+I_ER_E$$

由上式可以得到电路的基极偏置电流

$$I_B=\frac{U_{CC}-U_{BE}}{R_B+(1+\beta)R_E}$$

再根据电路输出回路的KVL方程$U_{CC}=I_CR_C+U_{CE}+I_ER_E$，并考虑到在晶体管中有$I_E\approx I_C$，则电路的静态工作点为

$$I_C=\beta I_B$$

$$U_{CE}=U_{CC}-I_CR_C-I_ER_E\approx U_{CC}-I_C(R_C+R_E)$$

图7-19所示放大电路的微变等效电路如图7-20所示。由放大电路的微变等效电路可以看出，当晶体管的发射极连接了电阻R_E后，电路输入电压的表示式为$\dot{U}_i=\dot{I}_br_{be}+\dot{I}_eR_E$，电路输出电压的表示式为$\dot{U}_o=-\dot{I}_cR'_L$，由此可以得到电路的电压放大倍数为

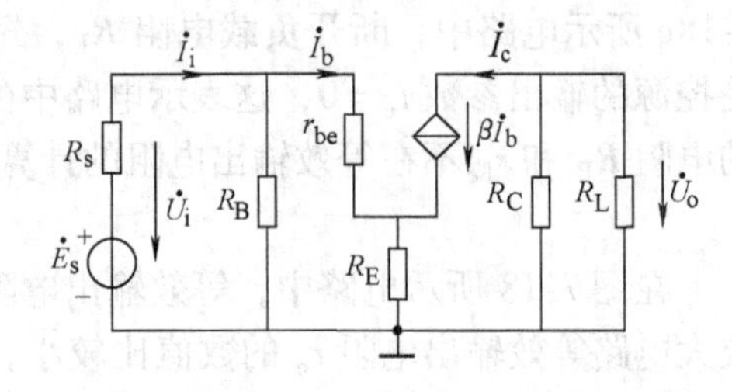

图7-20 微变等效电路

$$\dot{A}_u=\frac{\dot{U}_o}{\dot{U}_i}=\frac{-\dot{I}_cR'_L}{\dot{I}_br_{be}+\dot{I}_eR_E}=-\beta\frac{R'_L}{r_{be}+(1+\beta)R_E}$$

断开微变等效电路中的信号源，晶体管的基极电流$i_b=0$，集电极电流$i_c=0$，电路中的受控源开路，由输入端口处可以看出电路的等效输入电阻是由偏置电阻R_B、晶体管的等效输入电阻r_{be}与发射极电阻R_E组成，由于电阻R_E中流过的电流是$\dot{I}_e$，电阻r_{be}中流过的电流是$\dot{I}_b$，根据$\dot{I}_e=(1+\beta)\dot{I}_b$的关系，可以得到放大电路的等效输入电阻为

$$r_i=R_B//[r_{be}+(1+\beta)R_E]$$

断开微变等效电路中的负载电阻，让独立源$\dot{E}_s$不作用，则电路中的受控源同样处于断路状态，由放大电路的输出端可以得到电路的等效输出电阻为

$$r_o=R_C$$

例 7-5 如图7-21所示放大电路，已知$U_{CC}=12\text{V}$，$U_{BE}=0.7\text{V}$，$R_B=565\text{k}\Omega$，$R_L=$

$3\text{k}\Omega$，$R_s = 100\Omega$，$R_C = 6\text{k}\Omega$，$\beta = 50$，求解电路的静态工作点，电压放大倍数 $\dot{A}_u$，输入电阻 r_i 和输出电阻 r_o。

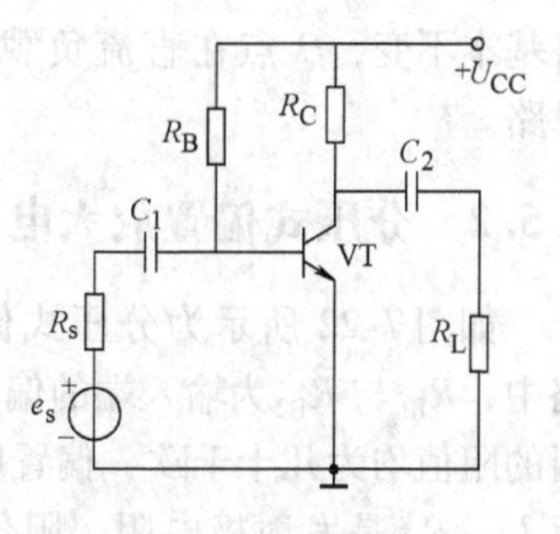

图7-21 例7-5电路

解：放大电路的结构是固定偏置放大电路，由式（7-12）、式（7-13）和式（7-14），有

$$I_B = \frac{U_{CC} - U_{BE}}{R_B} = \frac{12\text{V} - 0.7\text{V}}{565\text{k}\Omega} \approx 20\mu\text{A}$$

$$I_C = \beta I_B = 50 \times 20\mu\text{A} = 1\text{mA}$$

$$U_{CE} = U_{CC} - I_C R_C = 12\text{V} - 1\text{mA} \times 6\text{k}\Omega = 6\text{V}$$

由式（7-15）和式（7-16），有

$$r_{be} = 200\Omega + (1+\beta)\frac{26\text{mV}}{I_E} = 200\Omega + (1+50)\frac{26\text{mV}}{1\text{mA}} \approx 1.53\text{k}\Omega$$

$$\dot{A}_u = \frac{-\beta R_L'}{r_{be}} = \frac{-50 \times (6\text{k}\Omega // 3\text{k}\Omega)}{1.53\text{k}\Omega} \approx -65.36$$

$$r_i = R_B // r_{be} \approx r_{be} = 1.53\text{k}\Omega$$

$$r_o = R_C = 6\text{k}\Omega$$

7.5 静态工作点的稳定

7.5.1 温度对静态工作点的影响

在晶体管正常工作时，晶体管中流过的电流将使晶体管的温度上升，由于晶体管是半导体器件，所以温度升高会对晶体管自身的特性有较大的影响，进而会影响放大电路的正常工作。首先，温度升高会使PN结的死区电压数值减小，温度每升高1℃，PN结死区电压的数值约减小2mV，而PN结死区电压的下降会使通过PN结的电流增大。在晶体管基-射极外加电压 U_{BE} 不变的条件下，当温度升高时，晶体管的集电极电流 I_C 将升高，放大电路的静态工作点 Q 点将沿直流负载线向饱和区移动。其次，温度升高会使晶体管电流放大倍数 β 的数值增加，温度每升高1℃，β 的数值约增加0.5%~1%。在晶体管基极偏置电流 I_B 不变条件下，当温度升高时，晶体管的集电极电流 I_C 将增大，同样会使 Q 点向饱和区移动。第三，温度升高会使半导体中的少数载流子浓度升高，使晶体管的极间反向漏电增大，温度每升高10℃，晶体管的集-基极间反向漏电 I_{CBO} 约翻一倍，穿透电流 I_{CEO} 随之增加。在晶体管基极偏置电流 I_B 不变的条件下，当温度升高时，穿透电流 I_{CEO} 数值增大将使得晶体管的集电极电流 I_C 增大，Q 点向饱和区移动。

由上面的分析可以知道，温度对晶体管自身的参数有很大的影响，当温度升高时，晶体管的集电极电流 I_C 会自动增大，使放大电路的静态工作点 Q 点沿直流负载线向饱和区移动，这种由于温度升高使 Q 点向饱和区移动的现象称为静态工作点的漂移，也叫温漂。当放大电路静态工作点发生漂移时，电路输出信号的动态范围会减小，如果电路输入信号的幅值不变，输出信号就容易出现饱和失真。稳定静态工作点采用的方式是改变放大电路的结构，电路结构的改变使晶体管的基极电流 I_B 成为可以调节的参数，温度升高时 I_B 会自动减小，当 I_B 减小对集电极电流 I_C 的影响能够抵消温度对 I_C 的影响时，晶体管集电极电流 I_C 的数值将基本不变，Q 点在直流负载线上的位置也会稳定，这就是分压式偏置放大电路的设计思路。

7.5.2　分压式偏置放大电路

如图7-22所示为分压式偏置放大电路，在电路中，R_{B1}与R_{B2}为输入端的偏置电阻，两个偏置电阻的阻值均为几十千欧，偏置电阻为晶体管提供偏流I_B；R_E是发射极电阻，阻值约为几百欧到几千欧，R_E的作用是稳定静态工作点；与电阻R_E并联的是旁路电容C_E，C_E是大容量电容，其作用是旁接电阻R_E中的交流信号，以减小电阻R_E对电压放大倍数的影响。

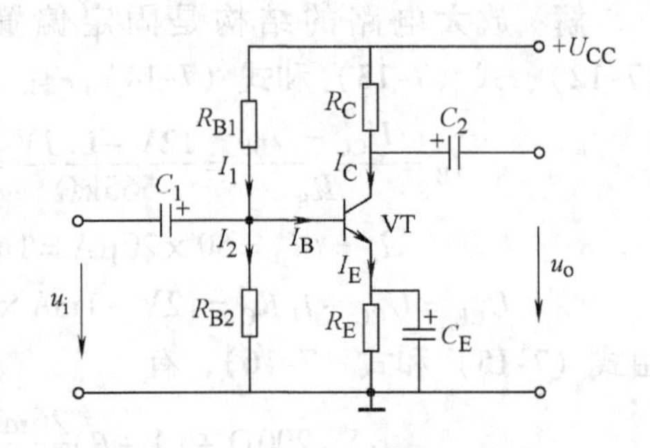

图7-22　分压式偏置放大电路

静态时晶体管基极的KCL方程为$I_1=I_2+I_B$，由于电源电压U_{CC}的单位是伏特，偏置电阻R_{B1}与R_{B2}的单位是千欧，则电流I_1与I_2的单位是毫安，而晶体管基极偏置电流I_B的单位是微安，所以有$I_B \ll I_2$，在上式中就可以忽略I_B的影响，认为$I_1 \approx I_2$，在这个条件下就可以利用分压公式求解出晶体管基极的电位U_B，有

$$U_B=\frac{R_{B2}}{R_{B1}+R_{B2}}U_{CC} \tag{7-20}$$

式（7-20）表示在分压式偏置放大电路中，晶体管基极电位U_B的数值仅与电源电压U_{CC}、偏置电阻R_{B1}与R_{B2}的数值有关，而与温度无关，当温度升高时，晶体管的基极电位U_B不会改变。确定了晶体管的基极电位U_B后，在放大电路的输入回路中有$U_B=U_{BE}+I_ER_E$，由此可以确定发射极电流I_E的数值，并确定管压降U_{CE}的数值。分压式偏置电路静态工作点Q点的参数为

$$I_C \approx I_E=\frac{U_B-U_{BE}}{R_E} \tag{7-21}$$

$$U_{CE} \approx U_{CC}-I_C(R_C+R_E) \tag{7-22}$$

在分压式偏置放大电路中，偏置电阻R_{B2}的数值越小，越能满足$I_2 \gg I_B$的条件，电路的计算误差就越小。但是R_{B2}的数值不能太小，如果R_{B2}的数值太小，将会降低放大电路的输入电阻，放大电路将从信号源取用较大的电流，使信号源内阻的压降损耗增大，放大电路的输入信号u_i减小。同样，电路中发射极电阻R_E数值也不能太大，如果R_E数值太大，管压降U_{CE}的数值就会减小，这将使得输出信号的最大不失真动态范围减小，输出电压u_o的数值也就减小了。

分压式偏置放大电路是利用电阻R_E来稳定电路的静态工作点，当温度升高时，由于晶体管自身参数的变化使得静态工作点出现漂移，Q点沿直流负载线向饱和区移动，表现为集电极电流I_C数值增大。由于在晶体管中存在关系式$I_E \approx I_C$，所以集电极电流I_C增大时，发射极电流I_E将同时增大，发射极电阻R_E上的电压U_{R_E}增大，发射极电位U_E升高。在晶体管基极电位U_B不变的条件下，发射极电位的升高将使发射结上外加电压$U_{BE}=U_B-U_E$的数值下降，发射结阻挡层变宽，这时晶体管的基极电流I_B会减小，集电极电流I_C将随之减小，漂移走的静态工作点会重新回到原来的位置附近。上述调节过程就是放大电路静态工作

点的稳定过程，如果用箭头所指方向来表示电参量变化的趋势，上述调节过程可以表示为

$$T\uparrow\rightarrow I_C\uparrow\rightarrow I_E\uparrow\rightarrow U_{R_E}\uparrow\rightarrow U_E\uparrow\rightarrow U_{BE}\downarrow\rightarrow I_B\downarrow\rightarrow I_C\downarrow$$

分压式偏置放大电路的微变等效电路如图 7-23 所示，由于电容 C_E 的旁路作用，没有交流信号通过电阻 R_E，所以在微变等效电路图中将不出现发射极电阻 R_E。按照电压放大倍数及放大电路等效输入、输出电阻的定义，可以得到电路动态参数的计算公式

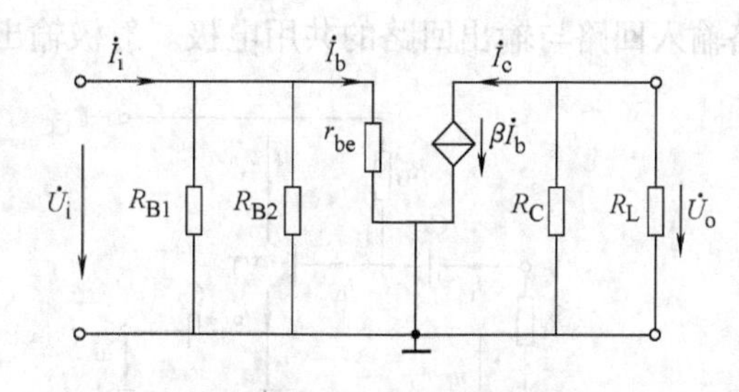

图 7-23　微变等效电路

$$\dot{A}_u=\frac{\dot{U}_o}{\dot{U}_i}=\frac{-\dot{I}_cR'_L}{\dot{I}_br_{be}}=-\beta\frac{R'_L}{r_{be}} \quad (7\text{-}23)$$

$$r_i=R_{B1}//R_{B2}//r_{be} \quad (7\text{-}24)$$

$$r_o=R_C \quad (7\text{-}25)$$

在式（7-24）中，由于偏置电阻 R_{B1} 和 R_{B2} 的阻值并没有远大于 r_{be}，在计算时不能被忽略，所以分压式偏置放大电路中的等效输入电阻不能使用式（7-17）计算。

例 7-6　放大电路如图 7-24 所示，写出电路的电压放大倍数、等效输入电阻及等效输出电阻的表示式。

解：图示放大电路为分压式偏置共射极放大电路，电阻 R_E 没有连接旁路电容 C_E。由于旁路电容 C_E 具有隔直导交的特性，所以 C_E 不影响放大电路的静态工作点，电路静态参数的求解公式与图 7-22 所示电路一样。但是在电阻 R_E 没有连接旁路电容 C_E 时，在放大电路的微变等效电路中，晶体管的发射极将连接有电阻 R_E，如图 7-25 所示。

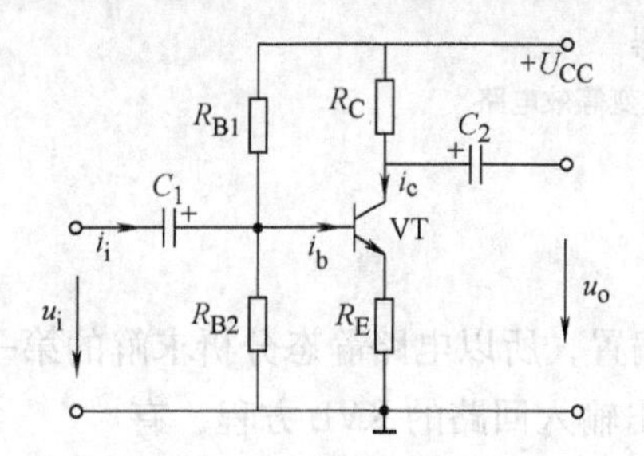

图 7-24　例 7-6 电路

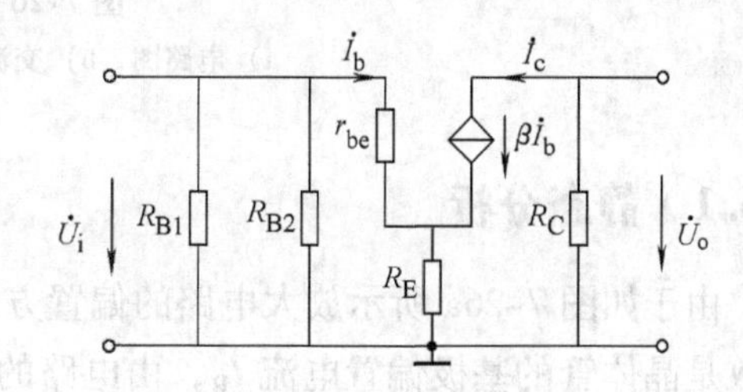

图 7-25　例 7-6 电路的微变等效电路

在放大电路的微变等效电路中，电路的输入电压 $\dot{U}_i=\dot{I}_br_{be}+\dot{I}_eR_E$，电路的输出电压 $\dot{U}_o=-\dot{I}_cR'_L$，则电路的电压放大倍数

$$\dot{A}_u=\frac{\dot{U}_o}{\dot{U}_i}=\frac{-\dot{I}_cR'_L}{\dot{I}_br_{be}+\dot{I}_eR_E}=-\beta\frac{R'_L}{r_{be}+(1+\beta)R_E}$$

按照输入电阻与输出电阻的求解方法，可以分别求解出电路的等效输入电阻和输出电阻

$$r_i=R_{B1}//R_{B2}//[r_{be}+(1+\beta)R_E]$$

$$r_o=R_C$$

7.6　射极输出器

射极输出器电路如图 7-26a 所示，在图示电路中，输入信号连接在晶体管的基极，输出

信号连接在晶体管的发射极，电路的交流通路如图 b 所示。比较图 7-26b 和 7-3b 所示电路，可以看出射极输出器电路的连接方式构成了共集电极放大电路，电路的输入回路由晶体管的基极与集电极构成，电路的输出回路由晶体管的发射极与集电极构成，晶体管的集电极是电路输入回路与输出回路的共用电极。射极输出器的微变等效电路如图 c 所示。

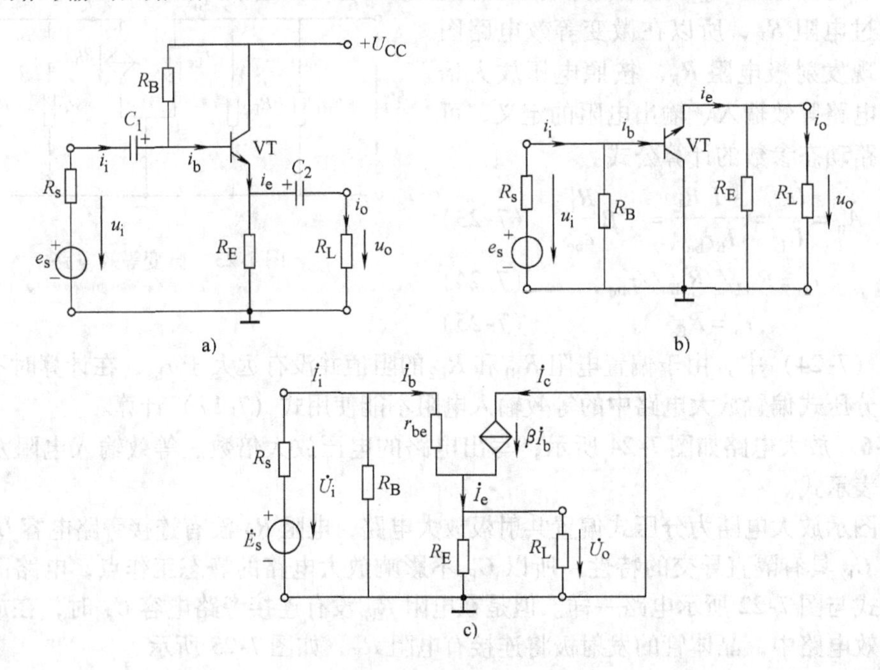

图 7-26 射极输出器

a）电路图 b）交流通路 c）微变等效电路

7.6.1 静态分析

由于如图 7-26a 所示放大电路的偏置方式是固定偏置，所以电路静态分析求解的第一个参数是晶体管的基极偏置电流 I_B，由电路的输入端列出输入回路的 KVL 方程，有

$$U_{CC}=I_BR_B+U_{BE}+I_ER_E$$

整理方程可以得到基极偏置电流

$$I_B=\frac{U_{CC}-U_{BE}}{R_B+(1+\beta)R_E} \tag{7-26}$$

在求解出基极偏流电流 I_B 后，可以根据晶体管的电流放大特性及输出回路的 KVL 方程依次求解出电路静态工作点参数 I_C 与 U_{CE} 的数值，计算公式为

$$\left.\begin{aligned}I_E&\approx I_C=\beta I_B\\U_{CE}&=U_{CC}-I_ER_E\end{aligned}\right\} \tag{7-27}$$

7.6.2 动态分析

由图 7-26c 所示的微变等效电路，可以进行射极输出器的动态分析。与共射极放大电路不同，射极输出器的输出端是晶体管的发射极，电路的负载电阻 R_L 是与发射极电阻 R_E 并

联，所以射极输出器的等效负载电阻为$R'_L = R_E // R_L$。在微变等效电路中，输入电压的表示式为

$$\dot{U}_i = \dot{I}_b r_{be} + \dot{I}_e R'_L$$

输出电压的表示式为

$$\dot{U}_o = \dot{I}_e R'_L$$

电路的电压放大倍数为

$$\dot{A}_u = \frac{\dot{U}_o}{\dot{U}_i} = \frac{\dot{I}_e R'_L}{\dot{I}_b r_{be} + \dot{I}_e R'_L} = \frac{(1+\beta) R'_L}{r_{be} + (1+\beta) R'_L} \tag{7-28}$$

由式（7-28）可以看出，首先，射极输出器的电压放大倍数$\dot{A}_u$是一个正整数，这表示在射极输出器电路中，电路输入电压u_i与输出电压u_o的相位相同，当输入信号u_i为正弦函数的正半周时，输出信号u_o也同样是正弦函数的正半周，在射极输出器电路中不存在单管倒相的现象。其次，射极输出器的电压放大倍数$\dot{A}_u < 1$，电路的输出信号是电路输入信号的一部分，这表示射极输出器没有电压放大作用，电路的输出电压u_o总是小于并接近与输入电压u_i，电路的电压放大倍数$\dot{A}_u$小于1并接近于1。虽然射极输出器没有电压放大能力，不能放大输入电压的幅值，但是电路中的晶体管仍具有电流放大能力，所以射极输出器不是用于将信号的幅值放大，而是用于将信号的功率放大。第三，由于在射极输出器电路中有$\dot{U}_i = \dot{I}_b r_{be} + \dot{U}_o$，电路的输出电压是输入电压的一部分，所以电路的输出电压具有跟随输入电压变化的特点，所以射极输出器也称为射极跟随器。

按照输入电阻的求解方式，并考虑在电阻r_{be}和电阻R'_L中流过的电流不同，在射极输出器微变等效电路的输入端口处可以求解出射极输出器的等效输入电阻为

$$r_i = R_B // [r_{be} + (1+\beta) R'_L] \tag{7-29}$$

由上式可以看出，射极输出器等效输入电阻r_i中包含有放大电路的负载电阻R_L，同时由于晶体管β值的影响，射极输出器与共射极放大电路相比较具有输入电阻高的特点。

按照输出电阻的求解方式，断开负载电阻R_L，让电路中的独立源（信号源）不作用并保留信号源内阻，求解射极输出器输出电阻的等效电路如图7-27所示。若在图示电路的端口处连接外加电压$\dot{U}$，在外加电压作用下将会有电流流过电阻r_{be}，这表示受控源的控制量依然存在，则电路中的受控源就必须保留，不能使其不作用。当二端网络内含有受控源时，网络端口处的等效入端电阻通常使用外加电压法求解。

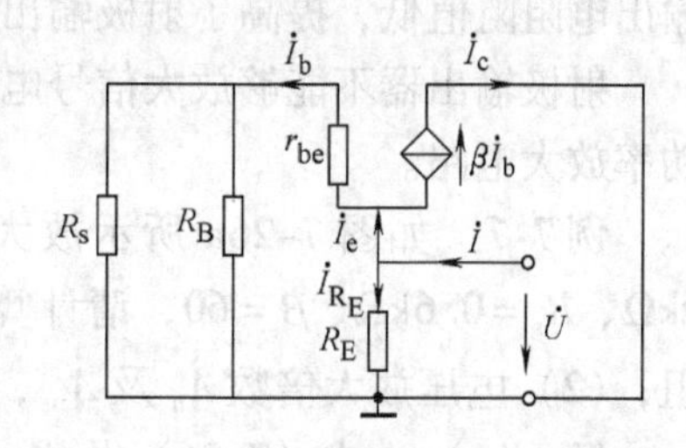

图7-27　求解输出电阻等效电路

令网络端口处的外加电压为$\dot{U}$，在外加电压作用下流入端口的电流为$\dot{I}$，设偏置电阻R_B与信号源内阻R_s的并联等效电阻$R'_s = R_B // R_s$，这时由网络端口处流入的电流为

$$\dot{I} = \dot{I}_{R_E} + \dot{I}_B + \dot{I}_C = \frac{\dot{U}}{R_E} + (1+\beta)\dot{I}_B = \frac{\dot{U}}{R_E} + (1+\beta)\frac{\dot{U}}{R'_s + r_{be}} = \dot{U}\left(\frac{1}{R_E} + \frac{(1+\beta)}{R'_s + r_{be}}\right)$$

电路端口的等效电阻

$$r_o = \frac{\dot{U}}{\dot{I}} = \frac{1}{\dfrac{1}{R_E} + \dfrac{(1+\beta)}{R'_s + r_{be}}}$$

转换上式，有

$$\frac{1}{r_o}=\frac{1}{R_E}+\frac{1+\beta}{R_s'+r_{be}}$$

将上式与并联等效电阻的计算公式相比较，可以看出射极输出器的输出电阻为发射极电阻 R_E 与等效电阻 $(R_s'+r_{be})/(1+\beta)$ 的并联。在射极输出器电路中，发射极电阻 R_E 的阻值大约是几千欧姆，而 R_s' 的阻值约为几十欧姆，r_{bc} 的阻值约为几百欧姆到几千欧姆，晶体管的 β 值大约在几十到一百左右，则等效电阻 $(R_s'+r_{be})/(1+\beta)$ 的计算数值通常小于 50 欧姆，有 $R_E>>(R_s'+r_{be})/(1+\beta)$，忽略发射极电阻 R_E 的影响，射极输出器输出电阻的计算式为

$$r_o\approx\frac{R_s'+r_{be}}{1+\beta}\tag{7-30}$$

由上述分析可以知道，射极输出器具有输入电阻高、输出电阻低、输出电压跟随输入电压变化、电路具有电流放大能力但没有电压放大能力这几个特点，这些特点使射极输出器有比较广泛的应用。

当射极输出器用作多级放大电路的第一级与信号源相连接时，比较高的输入电阻可以减小信号源送入放大电路的输入电流，同时可以使放大电路输入端分得的信号电压 u_i 数值提高，在电压放大倍数不变的条件下，提高放大电路的输出电压 u_o 的数值。当射极输出器用作多级放大电路的中间缓冲级时，射极输出器比较高的输入电阻是前级放大电路的负载电阻，使得前级放大电路等效负载电阻的数值比较大，在电路其他参数不变的条件下，前级放大电路的电压放大倍数将增大。

射极输出器输出电阻的数值通常很小，一般是几十欧姆到一百欧姆。数值很小的输出电阻决定了电路等效负载电阻 R_L' 的数值，当负载电阻 R_L 的数值发生改变时，R_L' 的数值将不随负载电阻 R_L 的改变而变，电路的电压放大倍数基本不变，电路输出电压 u_o 也基本不变。输出电阻阻值低，提高了射极输出器电路的带负载能力。

射极输出器不能够放大信号电压，但仍具有电流放大能力，所以射极输出器广泛应用于功率放大电路。

例 7-7 如图 7-26a 所示放大电路，已知 $U_{CC}=12V$、$R_B=200k\Omega$、$R_E=4k\Omega$、$R_L=5k\Omega$、$R_s=0.6k\Omega$、$\beta=60$，请计算（1）电路的静态工作点、等效输入电阻和等效输出电阻；（2）电压放大倍数 $\dot{A}_u$ 及 $\dot{A}_{us}$，并讨论信号源内阻 R_s 和等效输入电阻 r_i 对 $\dot{A}_{us}$ 的影响。

解：（1）由式（7-26）及式（7-27）可以计算放大电路静态工作点的参数为

$$I_B=\frac{U_{CC}-U_{BE}}{R_B+(1+\beta)R_E}=\frac{12V-0.7V}{200k\Omega+(1+60)\times4k\Omega}\approx25.5\mu A$$

$$I_E\approx I_C=\beta I_B=60\times25.5\mu A=1.53mA$$

$$U_{CE}=U_{CC}-I_ER_E=12V-1.53mA\times4k\Omega\approx5.9V$$

晶体管的等效输入电阻为

$$r_{be}=200\Omega+(1+\beta)\frac{26mV}{I_E}=200\Omega+(1+60)\frac{26mV}{1.53mA}\approx1.24k\Omega$$

放大电路的等效输入电阻、输出电阻为

$$r_i=R_B//[r_{be}+(1+\beta)R_L']=200k\Omega//[1.24k\Omega+(1+60)(4k\Omega//5k\Omega)]\approx81.2k\Omega$$

$$r_o=\frac{R'_s+r_{be}}{1+\beta}=\frac{0.6k\Omega//200k\Omega+1.24k\Omega}{1+60}\approx 30\Omega$$

（2）由式（7-28）和式（7-19）可以计算出电路的电压放大倍数为

$$\dot{A}_u=\frac{(1+\beta)R'_L}{r_{be}+(1+\beta)R'_L}=\frac{(1+60)(4k\Omega//5k\Omega)}{1.24k\Omega+(1+60)(4k\Omega//5k\Omega)}\approx 0.99$$

$$\dot{A}_{us}=\frac{r_i}{r_i+R_s}\dot{A}_u=\frac{81.2k\Omega}{81.2k\Omega+0.6k\Omega}\times 0.99=0.983$$

由$\dot{A}_{us}$的计算结果可以看出，信号源内阻会使电路电压放大倍数的数值减小，电压放大倍数减小的幅度是由信号源内阻与放大电路等效输入电阻的阻值大小决定的。若放大电路等效输入电阻 r_i 的阻值一定，信号源内阻 R_s 的数值越大，电压放大倍数下降的幅度就越大；若信号源内阻 R_s 的数值一定，等效输入电阻 r_i 的阻值越大，电压放大倍数下降的幅度就越小，在放大电路中有 $\dot{A}_{us}<\dot{A}_u$。

7.7　多级放大电路

由一个晶体管构成的单级放大电路不能够将信号源送来的微小信号幅值放大到足够大以驱动负载，所以实际的信号放大电路均采用多级放大的方式构成，多级放大电路的结构示意图如图7-28所示。

u_i → 前置级 → 中间级 → 输出级 → u_o

图7-28　多级放大电路结构示意图

在多级放大电路中，与信号源连接的第一级放大电路称为前置级，与负载相连接的是输出级，在前置级与输出级之间的是放大电路的中间级。多级放大电路的前置级直接与信号源相连接，为了减小信号源输出的电流，希望前置级放大电路输入电阻的数值要大一些，如果前置级放大电路输入电阻的数值比较低，放大电路就要求信号源能够提供比较大的信号电流来驱动放大电路工作，这就增加了信号源的负担。多级放大电路的输出级是功率放大电路，为使放大电路输出电压的数值稳定，希望功放电路的输出电阻数值要低一些，这样当负载电阻的阻值发生变化时，放大电路输出电压的幅值基本不变，电路的带负载能力比较强，功率放大电路通常由射极输出器构成。多级放大电路的中间级是电压放大电路，中间级的主要任务是放大信号电压，所以中间级通常由电压放大倍数比较高的共射极放大电路构成。

7.7.1　级间耦合方式

在多级放大电路中，各级放大电路之间的连接方式称为级间耦合，按照耦合电路使用的元件及级间耦合方式可以将多级放大电路分为：变压器耦合放大电路、阻容耦合放大电路与直接耦合放大电路。在变压器耦合放大电路中，两级放大电路之间信号的传递是通过耦合变压器完成的，由于变压器仅传递交流信号，所以在采用变压器耦合的多级放大电路中，各级放大电路静态工作点相互之间没有影响，而交流信号可以逐级被放大，电路输出信号的失真程度比较小，信号放大效果比较好。但是耦合变压器的体积比较大并且无法应用于集成电路，所以变压器耦合方式应用的比较少。在阻容耦合放大电路中，两级放大电路之间是由耦合电容相连接，由于电容器具有的隔直导交特性，阻容耦合放大电路也只能应用于交流放大电路，同样放大电路的失真程度比较小，信号放大效果比较好。由于耦合电容均为容量比较大的电容器，所以阻容耦合电路也难以应用于集成电路，如图7-29所示为阻容耦合两级放大电路的电路结构。

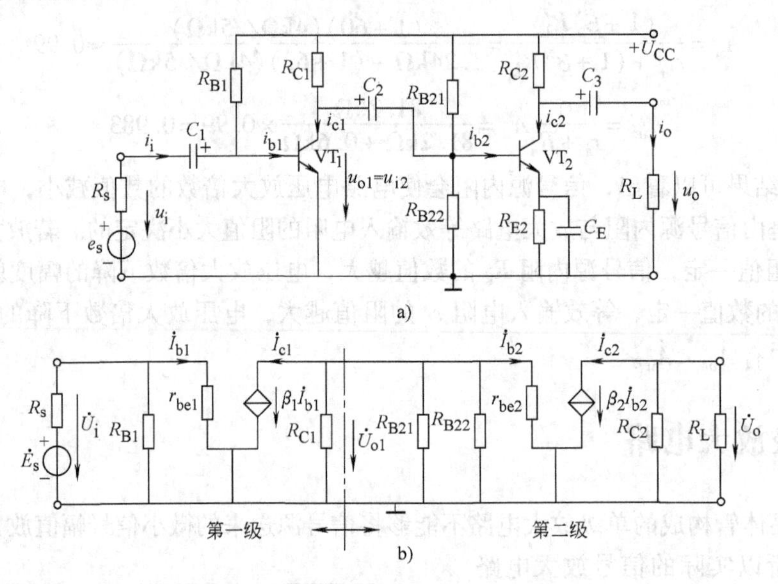

图7-29　阻容耦合两级放大电路

a）阻容耦合两级放大电路　b）放大电路的微变等效电路

在直接耦合放大电路中，两级放大电路直接相连，没有使用耦合元件，直接耦合放大电路既可以放大交流信号，也可以放大直流信号。由于直接耦合放大电路中没有体积大、难以集成的电容器与电感线圈，电路仅由晶体管、二极管及电阻元件构成，所以直接耦合放大电路便于集成，电路能够微型化，在集成电路模块中，各级放大电路之间均采用直接耦合方式。

如图7-30所示为直接耦合两级放大电路，后级放大电路的输入端基极直接连接到前级放大电路的输出端集电极，电路中的信号在两级放大电路之间直接传输。两级放大电路直接相连会带来一些问题，例如前级放大电路与后级放大电路的静态工作点相互影响，当晶体管温度升高使前级放大电路的静态工作点出现漂移时，前级放大电路集电极电流的增量 ΔI_{C1} 会直接传输给后级放大电路，后级放大电路会将这个误差信号当作输入信号一起放大，造成电路的输出信号失真，当输出信号失真大到一定程度时，电路就不能够承担信号放大的任务了，所以在直接耦合放大电路中需要采取相应的抑制措施，使电路的输出误差减小。与阻容耦合放大电路相比较，直接耦合放大电路的信号放大效果相对差一些。

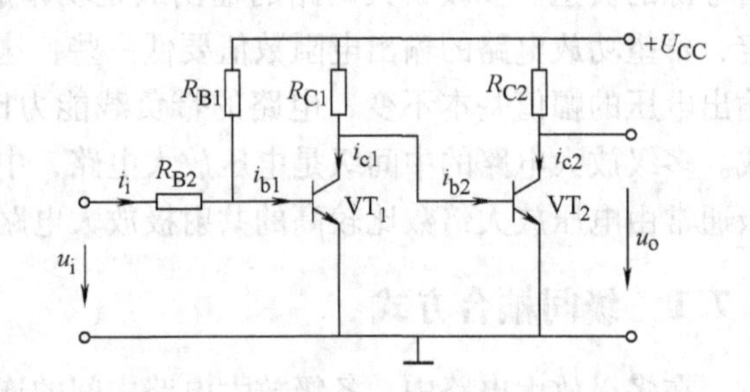

图7-30　直接耦合两级放大电路

7.7.2 电路分析

本节主要介绍阻容耦合放大电路的分析。两级阻容耦合放大电路如图7-29所示，在静态时，耦合电容的隔直作用使得两级放大电路的静态工作点相互独立、互不影响，则两级放大电路的静态分析与两个单级放大电路的静态分析相同，由两个单级放大电路的电路结构分别求解各自的静态工作点参数。

在动态时，耦合电容在两级放大电路之间传递交流信号，两级放大电路之间的关系为：前级放大电路是后级放大电路的信号源；后级放大电路是前级放大电路的负载。由上述关系可以得出，前级放大电路的输出电阻就是后级放大电路的信号源内阻，即 $r_{o1}=R_{s2}$；后级放大电路的输入电阻就是前级放大电路的负载电阻，即 $r_{i2}=R_{L1}$，同时有 $\dot{U}_i=\dot{U}_{i1}$、$\dot{U}_o=\dot{U}_{o2}$。在确定了两级放大电路之间的关系后，由如图7-29b所示的微变等效电路可以求解两级放大电路的电压放大倍数

$$\dot{A}_u=\frac{\dot{U}_o}{\dot{U}_i}=\frac{\dot{U}_{o2}}{\dot{U}_{i1}}\frac{\dot{U}_{o1}}{\dot{U}_{o1}}=\frac{\dot{U}_{o1}}{\dot{U}_{i1}}\frac{\dot{U}_{o2}}{\dot{U}_{o1}}=\dot{A}_{u1}\dot{A}_{u2} \tag{7-31}$$

式（7-31）表示，多级放大电路的总电压放大倍数等于电路中各单级放大电路电压放大倍数的乘积，这样在求解多级放大电路的电压放大倍数时，可以先分别求解出各个单级放大电路的电压放大倍数，然后再将单级放大电路的电压放大倍数相乘，即可得到电路的总电压放大倍数。在这里需要注意的是，前级放大电路的负载就是后级放大电路，求解前级放大电路的电压放大倍数时，负载电阻 $R_{L1}=r_{i2}$，应当将后级放大电路输入电阻对前级放大电路电压放大倍数的影响考虑进去。

如果在电路的动态分析时考虑信号源内阻对电压放大倍数的影响，则考虑信号源内阻的电压放大倍数为

$$\dot{A}_{us}=\frac{r_i}{r_i+R_s}\dot{A}_u=\frac{r_i}{r_i+R_s}\dot{A}_{u1}\dot{A}_{u2}=\dot{A}_{us1}\dot{A}_{u2} \tag{7-32}$$

上式表明，在考虑信号源内阻时可以使用 $\dot{A}_{us}$ 的通式求解，也可以使用 $\dot{A}_{us1}\dot{A}_{u2}$ 的方式求解，不管使用哪种求解方法，得到的答案是一样的。

对两级放大电路来说，电路的输入端就是前级放大电路的输入端，所以两级放大电路的输入电阻就是前级放大电路的输入电阻，即 $r_i=r_{i1}$；而两级放大电路的输出端就是后级放大电路的输出端，则两级放大电路的输出电阻就是后级放大电路的输出电阻，即 $r_o=r_{o2}$，了解了输入、输出电阻的这种关系，多级放大电路的输入、输出电阻的求解就不困难了。

7.7.3 放大电路的频率特性

晶体管放大电路可以将输入的微小信号放大，但是放大电路对不同频率信号的放大能力并不相同，即放大电路的电压放大倍数 $\dot{A}_u$ 与信号频率有关，$\dot{A}_u$ 是频率 f 的函数。由于电压放大倍数 $\dot{A}_u=A\angle\varphi$ 是复数，复数包含幅值与角度两个参数，所以放大电路的频率特性就有两个：一个是幅频特性 A_u-f 曲线，这是电压放大倍数的幅值随频率变化的特性；另一个是相频特性 $\varphi-f$ 曲线，这是电压放大倍数的角度随频率变化的特性。如图7-31所示为单级共射极放大电路的频率特性。

在图a所示的幅频特性中可以看出，放大电路的电压放大倍数不是一个固定的数值，在

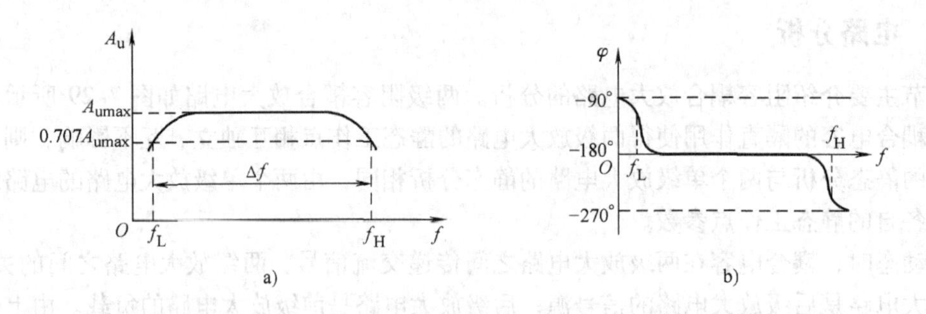

图7-31　共射极放大电路的频率特性

a）幅频特性　b）相频特性

信号频率比较低的低频段与信号频率比较高的高频段，电压放大倍数的幅值均出现明显下降，只有在信号频率的中频段，电压放大倍数是常数，在中频段区间放大电路的电压放大倍数不随信号频率的改变而发生变化。同样在图b所示的相频特性中，只有在信号频率的中频段，电压放大倍数的相位角 φ 才等于180°，这也就是说只有在信号频率的中频段范围内，共射极放大电路的输出电压 u_o 与输入电压 u_i 之间才存在单管倒相的作用，而在信号频率的低频段与高频段，输出电压 u_o 与输入电压 u_i 之间的相位差不再是180°，而是有一个超前或滞后的附加相位移。

产生这种现象的原因是电路中连接的电容器，在共射极放大电路中连接有耦合电容 C_1 与 C_2、旁路电容 C_E，除了这些实际连接的电容器外，电路中还存在一些等效电容，如晶体管中PN结的结电容 C_j 和线路板中由于电路布线排列引起的导线分布电容，等效电容用 C_o 表示，放大电路中的等效电容与外接电容的共同效应影响了放大电路的频率特性。在交流电路中，电容器的容抗 $X_C = 1/(2\pi fC)$，容抗 X_C 反比于信号频率及电容量，信号频率越高，容抗越小；电容量越大，容抗越小。在放大电路中，外接耦合电容及旁路电容均为大容量电容，PN结的结电容与导线分布电容是容量很小的等效电容，在分压式偏置共射极放大电路中，各个电容在微变等效电路中的位置如图7-32所示。

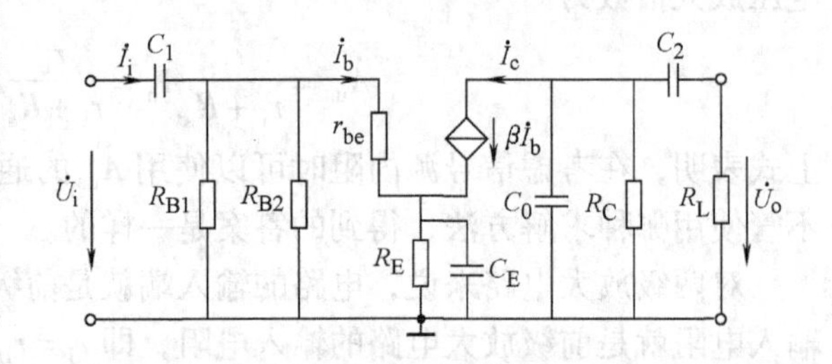

图7-32　分压式偏置共射极放大电路的交流通路

在信号频率的中频段，外接电容 C_1、C_2 和 C_E 的容量都很大、容抗很小，在微变等效电路中相当于短路，而等效电容 C_0 的容量很小、容抗很大，在微变等效电路中相当于开路，则在中频段的电路中没有容抗的影响，电路的电压放大倍数是常数，电路输出电压与输入电压之间相差了180°相位角。在前面小节中介绍的电压放大倍数是常数、输出电压与输入电压之间相差180°相位角均是指中频段时的放大电路。在信号频率的低频段，等效电容 C_0 的容抗更大，相当于开路，对电路没有影响。而外接电容 C_1、C_2 和 C_E 的容抗随频率降低而增大，容抗对电路的影响不能忽略，外加电容器的分压、移相作用使放大电路的电压放大倍数及相位出现变化，使电路的电压放大倍数数值下降，使输出电压相对于输入电压产生一个附加相位移。在信号频率的高频段，外接电容的容抗很小可以视为短路，而等效电容 C_0 的容抗随频率升高而减小，容抗的作用使电压放大倍数的数值下降并产生一个附加相位移，由此出现了如图7-31所示的频率特性曲线。

综上所述，放大电路对接收到的不同频段信号的放大能力不同，中频段信号能够顺利通过放大电路被放大，而对低频段与高频段信号放大电路的放大倍数很小，在电路输出信号中基本没有这部分信号，所以放大电路有一个允许信号通过的频带宽度。定义放大电路电压放大倍数最大值的0.707倍处的频率上、下限为放大电路的通频带宽度 Δf，通频带宽度 Δf 的表示式为

$$\Delta f = f_H - f_L \tag{7-33}$$

式（7-33）中，f_L 为放大电路的下限截止频率，f_H 为放大电路的上限截止频率。当输入信号频率在放大电路的通频带宽度以内时，放大电路允许该频率的信号通过并对其进行放大；当输入信号频率在放大电路的通频带宽度以外时，电路的电压放大倍数数值很小，输出信号中该频率信号的分量也很小，可以视为放大电路不放大该频率的信号，即放大电路不允许该频率的信号通过。

如果放大电路的结构是多级放大电路（以两级放大电路为例），电路的电压放大倍数将等于单级放大电路电压放大倍数的乘积，即

$$\dot{A}_u = \dot{A}_{u1}\dot{A}_{u2} = A_{u1}\angle\varphi_1 A_{u2}\angle\varphi_2 = A_{u1}A_{u2}\angle(\varphi_1+\varphi_2) = A_u\angle\varphi$$

上式表示，在多级放大电路中，随着电压放大倍数的增大，输出电压与输入电压之间的相位移也将增大，附加相位移的增加表示了电路通频带宽度的减小。在放大电路中，电压放大倍数与通频带宽度的乘积称为带宽增益积，在放大电路的结构及参数一定时，电路的带宽增益积就是一个常数，有 $A_u\Delta f$ = 常数，当电路的电压放大倍数增大的时候，电路的通频带宽度将会减小。

例7-8　两级放大电路如图7-33所示，已知 $U_{CC}=12V$、$\beta_1=\beta_2=50$、$R_{B11}=10k\Omega$、$R_{B12}=4.8k\Omega$、$R_{B2}=200k\Omega$、$R_{C1}=2k\Omega$、$R_{E1}=1.5k\Omega$、$R_{E2}=R_L=5k\Omega$、$r_{be1}=0.83k\Omega$、$r_{be2}=1.27k\Omega$ 计算电路的电压放大倍数、等效输入电阻 r_i、等效输出电阻 r_o。

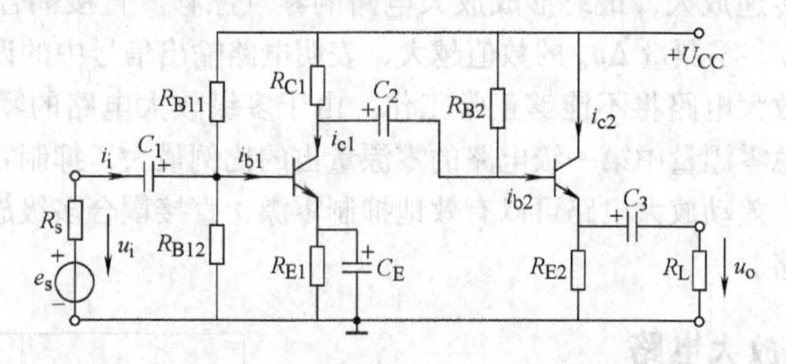

图7-33　例7-8两级放大电路

解：放大电路的微变等效电路如图7-34所示。由于多级放大电路的电压放大倍数等于各个单级放大电路电压放大倍数的乘积，所以应当先计算两个单级放大电路的电压放大倍数。因为 $R_{L1}=r_{i2}$，所以第一级放大电路的负载电阻为

$$r_{i2} = R_{B2}//[r_{be2}+(1+\beta)(R_{E2}//R_L)] = 200k\Omega//[1.27k\Omega+(1+50)(5k\Omega//5k\Omega)] \approx 78.33k\Omega$$

$$R'_{L1} = R_{C1}//r_{i2} = 2k\Omega//78.33k\Omega = 1.95k\Omega \qquad R'_{L2} = R_{E2}//R_L = 5k\Omega//5k\Omega = 2.5k\Omega$$

$$\dot{A}_{u1} = -\frac{\beta R'_{L1}}{r_{be1}} = -\frac{50 \times 1.95\mathrm{k\Omega}}{0.83\mathrm{k\Omega}} \approx -117.47$$

$$\dot{A}_{u2} = \frac{(1+\beta)R'_{L2}}{r_{be2} + (1+\beta)R'_{L2}} = \frac{(1+50) \times 2.5\mathrm{k\Omega}}{1.27\mathrm{k\Omega} + (1+50) \times 2.5\mathrm{k\Omega}} \approx 0.99$$

$$\dot{A}_u = \dot{A}_{u1}\dot{A}_{u2} = -117.47 \times 0.99 \approx -116.3$$

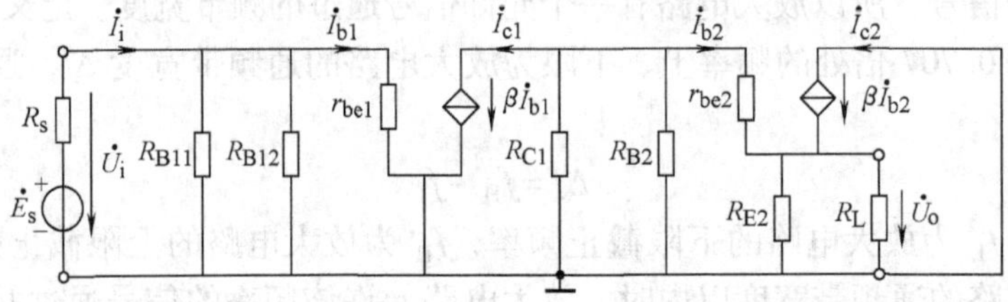

图7-34　微变等效电路

电路的等效输入电阻为

$$r_i = r_{i1} = R_{B11} // R_{B12} // r_{be1} = 10\mathrm{k\Omega} // 4.8\mathrm{k\Omega} // 0.83\mathrm{k\Omega} = 0.66\mathrm{k\Omega}$$

电路的等效输出电阻为

$$r_o = r_{o2} \approx \frac{R'_{s2} + r_{be2}}{1+\beta} = \frac{2\mathrm{k\Omega} // 200\mathrm{k\Omega} + 1.27\mathrm{k\Omega}}{1+50} = 63.7\Omega$$

7.8　差动放大电路

在采用直接耦合方式连接的多级放大电路中，当电路的输入信号 $u_i = 0$ 时，电路的输出信号 $\Delta u_o \neq 0$，并且 Δu_o 呈现无规则变化，这种现象称为直接耦合放大电路的零点漂移，简称零漂。零漂产生的原因是温度，当温度发生变化时，晶体管自身参数的变化使得放大电路的静态工作点出现漂移，在直接耦合放大电路中，前级电路静态工作点的漂移会被后级电路当作输入信号逐级传递放大，最终形成放大电路的零点漂移。直接耦合放大电路的零漂量 Δu_o 是一个误差信号，零漂量 Δu_o 的数值越大，表明电路输出信号中的误差越大，当零漂量大到一定程度时，放大电路将不能够正常工作。由于多级放大电路的零漂量是逐级被放大的，所以在电路的总零漂量中第一级电路的零漂量占的比例最大，抑制零漂的重点是抑制第一级电路的零漂量。差动放大电路可以有效地抑制零漂，直接耦合多级放大电路的前置级通常采用差动放大电路。

7.8.1　基本差动放大电路

基本差动放大电路如图7-35所示，电路中包含两个晶体管放大电路，两个电路镜像对称、参数一致，这也是差动放大电路构成的条件。差动放大电路要求的参数一致是指两边电路中各个元件的参数要一致，晶体管 VT_1 与 VT_2 的特性也要一致。

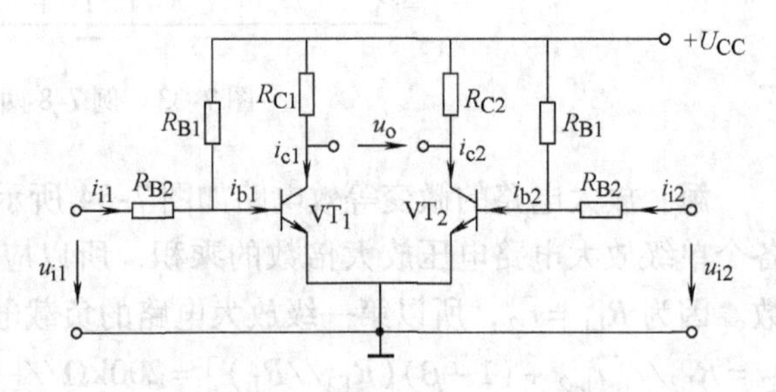

图7-35　基本差动放大电路

差动放大电路的输入端是电路中两个晶体管的基极，而输出端是两个晶体管的集电极，差动放大电路可以有效地抑制电路的零点漂移。

静态时，电源电压 U_{CC} 使电路中的两个晶体管均处于导通状态，由于电路参数的一致性，两个晶体管的静态工作点位置相同，即在差动放大电路两边的晶体管中有 $I_{B1}=I_{B2}$、$I_{C1}=I_{C2}$、$U_{C1}=U_{C2}$，电路的输出电压 $\Delta u_o=U_{C1}-U_{C2}=0$，电路没有零漂。当温度升高时，晶体管的集电极电流增大，静态工作点出现漂移，由于电路参数的一致性，在两个晶体管中有 $\Delta I_{C1}=\Delta I_{C2}$、$\Delta U_{C1}=\Delta U_{C2}$，电路的零漂量 $\Delta u_o=\Delta U_{C1}-\Delta U_{C2}=0$，电路仍然没有零漂。由此可见，差动放大电路是依靠电路的对称性及参数的一致性来抑制零漂，当温度升高时，单边晶体管电路的零漂量仍然存在，但是电路的零漂为零。

差动放大电路的输入信号是同时传输给电路中的两个晶体管，按照输入信号的特性，差动放大电路将输入信号分为三类：如果电路的两个输入信号数值相等、极性相同就称为共模信号，在共模输入时有 $u_{i1}=u_{i2}$，共模电路的参数使用字母 c 作为下角标；如果电路的两个输入信号数值相等、极性相反就称为差模信号，在差模输入时有 $u_{i1}=-u_{i2}$，差模电路的参数使用字母 d 作为下角标；如果电路的两个输入信号 u_{i1} 与 u_{i2} 的数值和极性均为任意值时就称为比较信号，比较信号可以拆分为共模信号与差模信号，拆分后的比较信号中含有共模分量与差模分量，在电路分析时可以分别按照共模电路与差模电路来分析。比较信号的拆分公式为

$$\left.\begin{aligned}u_{ic}&=\frac{u_{i1}+u_{i2}}{2}\\u_{id}&=\frac{u_{i1}-u_{i2}}{2}\end{aligned}\right\}\tag{7-34}$$

拆分后比较信号可以表示为

$$u_{i1}=u_{ic1}+u_{id1}$$
$$u_{i2}=u_{ic2}-u_{id2}$$

差动放大电路输入的信号类型不同，电路的工作状态也就不同。当共模信号传输到差动放大电路的两个输入端时，电路中的两个晶体管同时收到数值相同、极性相同的信号 $u_{i1}=u_{i2}$，这时晶体管 VT_1 与晶体管 VT_2 的电流增量相同，在两边电路中就有 $\Delta i_{b1}=\Delta i_{b2}$、$\Delta i_{c1}=\Delta i_{c2}$、$\Delta u_{c1}=\Delta u_{c2}$，电路的输出电压 $u_o=\Delta u_{c1}-\Delta u_{c2}=0$，这说明差动放大电路不放大共模信号，在理想条件下，差动放大电路的共模电压放大倍数 $A_c=0$。当差模信号传输到差动放大电路的两个输入端时，电路中两个晶体管同时收到数值相同、极性相反的信号 $u_{i1}=-u_{i2}$，当晶体管 VT_1 的电流增加时，晶体管 VT_2 的电流将出现减小，在两边电路中就存在 $\Delta i_{b1}=-\Delta i_{b2}$、$\Delta i_{c1}=-\Delta i_{c2}$、$\Delta u_{c1}=-\Delta u_{c2}$，电路的输出电压 $u_o=\Delta u_{c1}-\Delta u_{c2}=\Delta u_{c1}-(-\Delta u_{c1})=2\Delta u_{c1}$，这说明差动放大电路对差模信号有电压放大作用，并且电路的输出电压是单管输出电压变化量的两倍，电路的差模电压放大倍数 $A_d\neq0$。当比较信号输入给差动放大电路时，差动放大电路仅放大比较信号中的差模分量，不放大比较信号中的共模分量。

差动放大电路按照输入、输出信号的连接方式分为四种类型：双端输入－双端输出、双端输入－单端输出、单端输入－双端输出、单端输入－单端输出，尽管差动放大电路的类型不同，但是电路的分析方法是一样的。

例 7-9　差动放大电路的两个输入信号分别为 $u_{i1}=58\text{mV}$、$u_{i2}=52\text{mV}$，写出输入信号的

共模分量和差模分量的表示式。

解：按照式（7-34）拆分输入信号，信号中的共模分量与差模分量分别为

$$u_{ic}=\frac{u_{i1}+u_{i2}}{2}=\frac{58\text{mV}+52\text{mV}}{2}=\frac{110\text{mV}}{2}=55\text{mV}$$

$$u_{id}=\frac{u_{i1}-u_{i2}}{2}=\frac{58\text{mV}-52\text{mV}}{2}=\frac{6\text{mV}}{2}=3\text{mV}$$

则拆分后输入信号可以表示为

$$u_{i1}=u_{ic1}+u_{id1}=55\text{mV}+3\text{mV}$$
$$u_{i2}=u_{ic2}-u_{id2}=55\text{mV}-3\text{mV}$$

7.8.2　长尾差动放大电路

差动放大电路要求电路结构对称、电路参数一致，在实际的差动放大电路中，电路结构对称可以做到，但电路参数一致却很难做到。在实际元件中难以找到两个特性完全一致的晶体管，同时电阻元件在数值上也存在一定误差，当温度升高使得差动放大电路中的单边电路出现零漂时，由于电路参数的不一致，两个晶体管的集电极电位 $U_{c1}\neq U_{c2}$，则电路的零漂量 $\Delta u_o=U_{c1}-U_{c2}\neq 0$。为了抑制差动放大电路中由电路参数不一致带来的零漂，实际应用的差动放大电路是长尾差动放大电路，如图 7-36 所示。

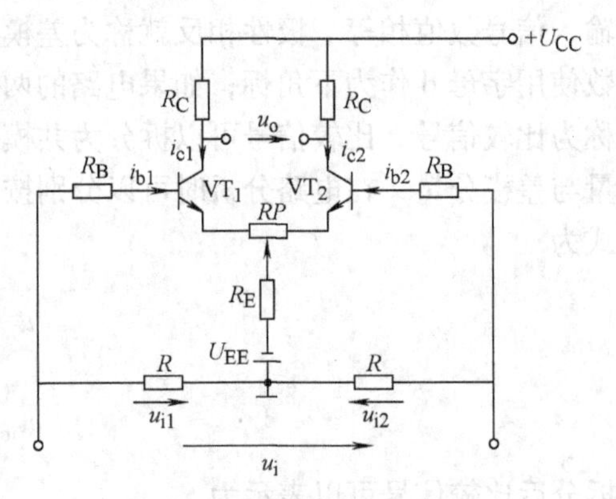

图 7-36　长尾差动放大电路

长尾差动放大电路与基本差动放大电路相比较，增加了几个元件，第一个元件是调零电位器 *RP*，*RP* 的阻值在一百到几百欧姆之间，当电路中两个晶体管的特性不能完全一致时，调节 *RP* 的滑动端可以使两个晶体管的集电极电位相等，以消除电路的零漂，但 *RP* 的阻值不能太大，否则电路的电压放大倍数下降太多。第二个元件是补偿电源 U_{EE}，补偿电源的作用是补偿发射极电阻 R_E 上的直流压降，如果电路中只有工作电源 U_{CC}，而没有补偿电源 U_{EE}，在忽略调零电位器对电路影响的条件下，晶体管的管压降 $U_{CE}\approx U_{CC}-I_CR_C-2I_ER_E$，电阻 R_E 将分走电源电压的大部分，这将使得晶体管的管压降 U_{CE}数值太小，输出信号变化的动态范围太小，电路的输出信号容易失真。增加了补偿电源 U_{EE}后，补偿电源的电压补偿了电阻 R_E 上的直流压降，使晶体管的发射极电位近似为零，晶体管的管压降 U_{CE}数值提高，放大电路可以设置合适的静态工作点。第三个元件是共模抑制电阻 R_E，R_E 的阻值是几千欧姆，电阻 R_E 的作用是稳定静态工作点、抑制共模输出。在静态时，如果温度升高，晶体管的集电极电流 I_C 会增大，电路的静态工作点将出现漂移，电阻 R_E 可以抑制静态工作点的漂移，抑制过程为

$$T\uparrow\rightarrow I_C\uparrow\rightarrow I_E\uparrow\rightarrow U_{R_E}\uparrow\rightarrow U_{BE}\downarrow\rightarrow I_B\downarrow\rightarrow I_C\downarrow$$

由于电阻 R_E 是连接在两个晶体管的发射极，所以电阻 R_E 可以同时抑制两边电路静态工作点的漂移，当两个晶体管的单管零漂减小时，电路的零漂自然也就减小了。

在动态时，电阻 R_E 对不同类型的输入信号影响不同，当共模信号输入时，由于两边电

路的输入信号$u_{i1}=u_{i2}$，两边晶体管的基极电流$i_{b1}=i_{b2}$，集电极电流$i_{c1}=i_{c2}$，则共模信号电流会流过电阻R_E，并且$i_{R_E}=i_{e1}+i_{e2}=2i_{e1}$，这时$R_E$引入了一个较强的电流串联负反馈，使单管的共模电压放大倍数大大减小，即电阻R_E具有抑制共模信号的作用，所以电阻R_E也称为共模抑制电阻。当差模信号输入时，两边晶体管的输入信号$u_{i1}=-u_{i2}$，两个晶体管中的电流一个增大，另一个就会减小，只要电路的对称性足够好，两个晶体管中电流的变化量将相同，在电路中有$i_{e1}=-i_{e2}$，如果发射极信号电流增加的量与减小的量数值相同，电阻R_E中的信号电流$i_{R_E}=i_{e1}+i_{e2}=0$，差模信号将不通过电阻R_E，电阻R_E对差模信号就没有影响，在差模放大电路中电阻R_E不出现。电阻R_E能够区别对待共模信号与差模信号，在差动放大电路中，差模信号是待放大信号，共模信号是误差信号，电阻R_E的阻值越大，对电路的零漂及共模信号的抑制越好，电路输出信号中的误差就越小。

1. 静态分析

在静态时，电路的输入信号$u_i=0$，由于差动放大电路的电路结构对称、参数一致，两个晶体管的静态工作点完全相同，所以静态分析时只分析单边晶体管电路就可以了。列出晶体管VT_1输入回路的KVL方程，有

$$I_BR_B+U_{BE}+I_E\frac{RP}{2}+2I_ER_E-U_{EE}=0$$

可以根据上式求解晶体管的基极电流，进而确定电路的静态工作点。但是在上式中，基极电流I_B的单位是微安，基-射极电压$U_{BE}=0.5\sim0.7V$，调零电位器RP仅为几百欧姆，这些参数的数值均很小，对电路的影响也很小，忽略这几个参数的影响，长尾差动放大电路静态工作点的估算公式为

$$\left.\begin{aligned}I_E&\approx\frac{U_{EE}}{2R_E}\\U_{CE}&=U_{CC}-I_CR_C\end{aligned}\right\}\tag{7-35}$$

2. 动态分析

如图7-36所示的长尾差动放大电路，输入信号同时加在两个晶体管的基极，输出信号在两个晶体管的集电极，差动电路的工作状态为双端输入-双端输出。在输入信号为u_i时，分压电阻R将u_i分解为差模信号，设$u_i>0$，则有$u_{i1}=u_i/2$，$u_{i2}=-u_i/2$，输入信号是差模信号，电路还是双端输入。在差模输入时，电路中两个晶体管集电极电位的增量大小相等、极性相反，负载电阻连接在两个晶体管的集电极之间，两个晶体管各分负载电阻的一半，即有$R_{L1}=R_{L2}=R_L/2$，输出信号的零电位点就在负载电阻的中点，这样单边放大电路的等效负载电阻为

$$R_L'=R_C//\frac{R_L}{2}\tag{7-36}$$

画出单边放大电路的差模信号通路，如图7-37a所示，由于电阻R_E仅对共模信号有抑制作用，而差模信号不通过它，所以在差模信号通路中不会出现电阻R_E，忽略调零电位器RP的影响后，晶体管VT_1单边电路的差模电压放大倍数为

$$A_{d1}=\frac{u_{o1}}{u_{i1}}\approx\frac{-i_{c1}R_L'}{i_{b1}R_B+i_{b1}r_{be}}=-\beta\frac{R_L'}{R_B+r_{be}}$$

这个电压放大倍数也是晶体管VT_2单边电路的差模电压放大倍数，即$A_{d1}=A_{d2}$。由于差模输

入时，在电路的输入端有

$$u_{i1}-u_{i2}=\frac{u_i}{2}-\left(-\frac{u_i}{2}\right)=2\frac{u_i}{2}=u_i$$

则电路的输出电压

$$u_o=u_{o1}-u_{o2}=A_{d1}u_{i1}-A_{d2}u_{i2}=A_{d1}(u_{i1}-u_{i2})=A_{d1}u_i$$

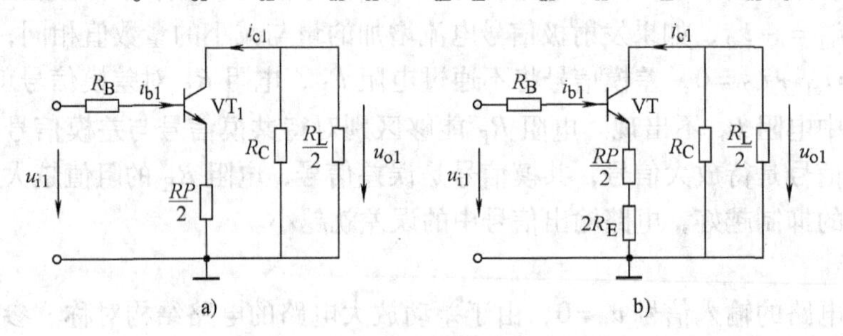

图 7-37 单边信号通路

a）单边差模信号通路 b）单边共模信号通路

由上述分析可以得到电路的差模电压放大倍数

$$A_d=\frac{u_o}{u_i}=A_{d1}=-\beta\frac{R'_L}{R_B+r_{be}} \tag{7-37}$$

如果调零电位器 RP 的阻值比较大，不能被忽略，电路单边差模信号通路如图 7-37a 所示，这时电路的差模电压放大倍数为

$$A_d=\frac{u_o}{u_i}=\frac{-i_cR'_L}{i_bR_B+i_br_{be}+i_e\dfrac{RP}{2}}=-\beta\frac{R'_L}{R_B+r_{be}+(1+\beta)\dfrac{RP}{2}}$$

由于差模信号不通过电阻 R_E，由图 7-36 所示电路的输入端口可以求解电路的等效差模输入电阻为

$$r_{id}=2(R_B+r_{be}) \tag{7-38}$$

同理，由电路的输出端口可以求解得到电路的等效输出电阻为

$$r_o=2R_C \tag{7-39}$$

差动放大电路不放大共模信号，在理想对称条件下，电路的共模放大倍数应当为零，但是单边电路的共模电压放大倍数 $A_{c1}\neq0$，由如图 7-37b 所示的共模信号通路，可以得到单边共模电压放大倍数

$$A_{c1}=\frac{u_{o1}}{u_{i1}}=\frac{-i_{c1}R'_L}{i_{b1}R_B+i_{b1}r_{be}+i_{e1}\dfrac{RP}{2}+2i_{e1}R_E}=-\beta\frac{R'_L}{R_B+r_{be}+(1+\beta)\dfrac{RP}{2}+2(1+\beta)R_E}$$

由上式可以看出，共模抑制电阻 R_E 将使得共模电压放大倍数大为减小。

3. 单端输出差动放大电路

如果改变电路的输出方式，将负载电阻连接到单边电路的输出端与地线之间，就构成了单端输出差动放大电路，在单端输出时，电路的等效负载电阻 $R'_L=R_C//R_L$，按照前述分析方法，可以推导出电路的差模电压放大倍数 A_d

$$A_d=\pm\frac{u_o}{u_i}=\pm\frac{u_{o1}}{2u_{i1}}=\pm\frac{1}{2}A_{d1}=\pm\frac{1}{2}\frac{\beta R'_L}{R_B+r_{be}} \tag{7-40}$$

式（7-40）中的正、负号是由负载电阻的连接端决定的。设 u_{i1} 的瞬时极性为正，则晶体管 VT_1 的集电极电位为负，若负载电阻连接在晶体管 VT_1 的集电极与地线之间，输出电压与输入电压极性相反，电压放大倍数计算式前应取负号，晶体管 VT_1 的集电极也就称为差动放大电路的反相输出端；若负载电阻连接在晶体管 VT_2 的集电极与地线之间，电路的输出电压与输入电压极性相同，电压放大倍数计算式前应取正号，晶体管 VT_2 的集电极也称为差动放大电路的同相输出端。

在差动放大电路的输出方式为单端输出时，电路的输入端没有变化，电路的等效差模输入电阻也就不变，仍然是

$$r_{id}=2(R_B+r_{be})$$

电路的等效输出电阻改变为

$$r_o=R_C \tag{7-41}$$

如果将差动放大电路的输入方式改为单端输入，输入信号由晶体管 VT_1 的基极输入，晶体管 VT_2 的基极接地，由于共模抑制电阻 R_E 具有信号耦合作用，电阻 R_E 会向晶体管 VT_2 传输一个耦合信号 u_{i2}，当电阻 R_E 的阻值足够大时，晶体管 VT_2 管收到的耦合信号与晶体管 VT_1 实际收到的输入信号数值大小近似、信号极性相反，所以差动放大电路在单端输入时可以等效为差模输入方式，单端输入时差动放大电路的动态分析与电路在双端输入时一样，电路的计算公式也是一样。

7.8.3　共模抑制比

共模抑制比 K_{CMRR} 是差动放大电路的一个重要的性能参数，定义差动放大电路的共模抑制比为电路的差模电压放大倍数 A_d 与电路的共模电压放大倍数 A_c 的比值，即

$$K_{CMRR}=\frac{A_d}{A_c} \tag{7-42}$$

差动放大电路不放大共模信号，电路的共模输出信号与零漂一样都是电路的误差信号，在理想状态下，电路的共模放大倍数 $A_c=0$，电路的共模抑制比 $K_{CMRR}\to\infty$，这表示在电路的输出信号中没有误差。但实际差动放大电路无法让电路参数完全一致，电路的输出信号中存在误差，电路的共模抑制比 K_{CMRR} 的数值就不可能趋于无穷大。共模抑制比的大小实际反映了差动放大电路对共模信号和零漂量的抑制能力，K_{CMRR} 的数值越大，放大电路输出信号中的误差就越小。差动放大电路的对称性越好，共模抑制电阻 R_E 的数值越大，电路就越接近理想状态，共模抑制比 K_{CMRR} 的数值就越大，电路的误差就越小。由于无法利用计算方式得到差动放大电路的共模电压放大倍数，在求解电路的共模抑制比时，通常使用单边电路的共模电压放大倍数替代电路的共模电压放大倍数进行计算，即

$$K_{CMRR}=\frac{A_d}{A_{c1}}$$

例 7-10　如图 7-38 所示差动放大电路，已知 $U_{CC}=12V$、$-U_{EE}=-12V$、$R_B=1.1k\Omega$、$R_C=10k\Omega$、$R_E=10k\Omega$、$R_L=30k\Omega$、$\beta=60$，调零电位器 RP 的阻值很小可以忽略不计，计算电路的静态工作点；当电路采用双

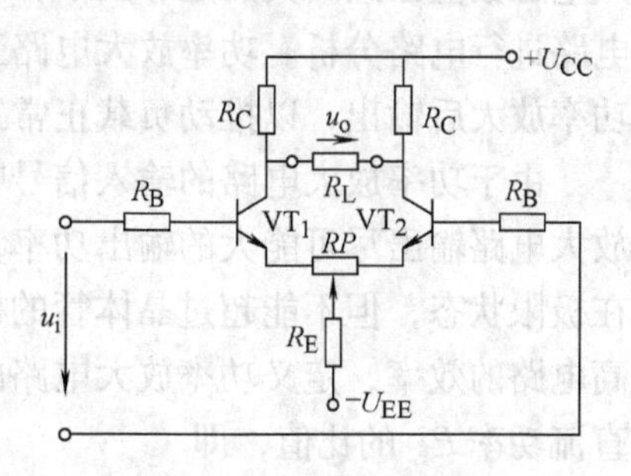

图 7-38　例 7-10 电路

端输出时，计算放大电路的差模电压放大倍数、等效差模输入电阻及输出电阻；如果将负载电阻 R_L 连接到晶体管 VT_2 的集电极与地线之间，将放大电路的输出方式改为单端输出，这时再计算放大电路的差模电压放大倍数。

解：由式（7-35）计算电路的静态工作点，有

$$I_E \approx \frac{U_{EE}}{2R_E} = \frac{12V}{2\times10k\Omega} = 0.6mA$$

$$U_{CE} = U_{CC} - I_C R_C = 12V - 0.6mA\times10k\Omega = 6V$$

当放大电路采用双端输出方式时，电路的等效负载电阻

$$R_L' = R_C // \frac{R_L}{2} = 10k\Omega // \frac{30k\Omega}{2} = 6k\Omega$$

晶体管的等效输入电阻

$$r_{be} = 200 + (1+\beta)\frac{26mV}{I_E} = 200\Omega + (1+60)\frac{26mV}{0.6mV} \approx 2.8k\Omega$$

这时放大电路的差模电压放大倍数、等效差模输入电阻、等效输出电阻为

$$A_d = -\frac{\beta R_L'}{R_B + r_{be}} = -\frac{60\times6k\Omega}{1.1k\Omega + 2.8k\Omega} = -92.3$$

$$r_{id} = 2(R_B + r_{be}) = 2(1.1k\Omega + 2.8k\Omega) = 7.8k\Omega$$

$$r_o = 2R_C = 2\times10k\Omega = 20k\Omega$$

如果将放大电路的输出方式改为单端输出，电路的等效负载电阻

$$R_L' = R_C // R_L = 10k\Omega // 30k\Omega = 7.5k\Omega$$

由于负载电阻连接在晶体管 VT_2 的集电极（差动放大电路的同相输出端），电压放大倍数计算公式前应取正号，由式（7-40），放大电路的差模电压放大倍数

$$A_d = \frac{1}{2}\ \frac{\beta R_L'}{R_B + r_{be}} = \frac{1}{2}\ \frac{60\times7.5k\Omega}{1.1k\Omega + 2.8k\Omega} \approx 57.7$$

7.9 功率放大电路

功率放大电路不同于电压电路，电压放大电路收到的输入电压数值很小，电路的动态分析可以利用微变等效电路进行，电路将输入信号放大若干倍后输出。功率放大电路收到的输入电压数值已经放大的足够大了，功率放大电路不满足微变等效的条件，不能采用微变等效电路进行电路分析。功率放大电路工作在输入信号幅值比较大的条件下，电路将输入信号的功率放大后输出，以推动负载正常工作。

由于功率放大电路的输入信号幅值比较大，所以在输出信号不失真的条件下，希望功率放大电路输出尽可能大的输出功率，为达到这一目的，往往使功率放大电路中的晶体管工作在极限状态，但不能超过晶体管的极限参数。在功率放大电路输出较大功率的同时还希望提高电路的效率，定义功率放大电路的效率 η 等于电路输出的交流信号功率 P_o 与电源提供的直流功率 P_E 的比值，即

$$\eta = \frac{P_o}{P_E}$$

如果功率放大电路的效率太低，电路的自身损耗就太大。

7.9.1　功率放大电路的工作状态

功率放大电路按照静态工作点在直流负载线上设置的位置分为三种工作状态：甲类工作状态、乙类工作状态及甲乙类工作状态，图 7-39 所示为这三种工作状态下放大电路输出信号的波形。在甲类工作状态时，静态工作点的位置大致设置在直流负载线的中点附近，如图 7-39a所示。这时输出信号动态范围的数值最大且输出信号不失真，由一个晶体管构成的功率放大电路就可以输出完整的正弦交流信号。但是甲类工作状态下输出信号的幅值不够大，并且静态时晶体管的集电极电流数值较大，电源提供的功率 $P_E = U_{CC}I_C$ 为电路的自身损耗，在放大信号功率时，电路的效率在理想状态下也仅为 50%。

在甲乙类工作状态时，静态工作点的位置设置在负载线的下端靠近截止区，如图 7-39b 所示。静态时晶体管集电极电流的数值比较小，电路的自身损耗也比较小，电路的效率高于甲类工作状态，电路输出信号的幅值也大于甲类工作状态。但在甲乙类工作状态下，电路输出信号的波形会出现截止失真，由一个晶体管构成的功率放大电路不能输出完整的正弦波形。在乙类工作状态时，静态工作点设置在负载线与截止区的交点位置，如图 7-39c 所示。静态时晶体管的集电极电流 $I_C = 0$，电源提供给电路的功率 $P_E = U_{CC}I_C = 0$，这表示静态时放大电路自身不消耗功率，电源提供给放大电路的功率全部输出给负载，在乙类工作状态时电路的效率最高，电路输出电压的幅值最大。但是这时电路只能输出交流信号的半周波形，输出信号严重失真。由此可见，如果要提高功率放大电路的效率，就要解决电路输出信号的失真问题，解决的方法就是采用互补对称功率放大电路。

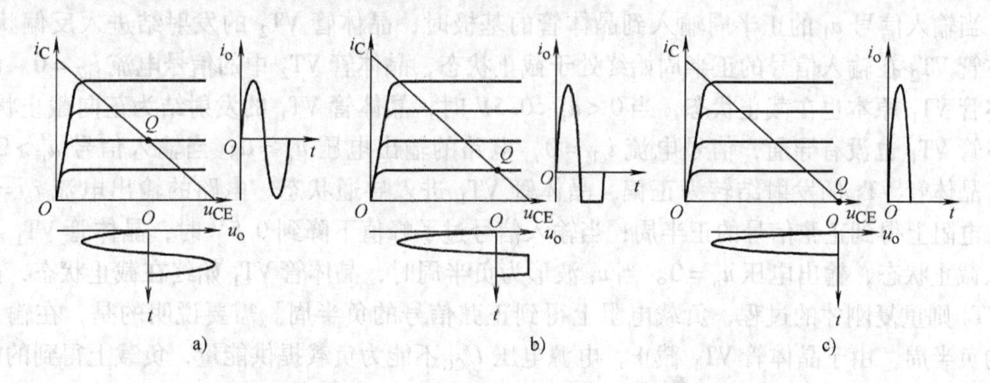

图 7-39　功率放大电路的工作状态
a）甲类工作状态　b）甲乙类工作状态　c）乙类工作状态

7.9.2　互补对称功率放大电路

1. OTL 功放电路

OTL 功放电路是无输出变压器的互补对称功率放大电路的简称，互补对称功率放大电路中有两个晶体管，两个晶体管的类型分别为 PNP 型与 NPN 型，两个晶体管的参数要求一致。电路结构对称、晶体管特性互补、电路参数一致就是互补对称功率放大电路构成的条件，图 7-40a 所示为最简结构的 OTL 放大电路。在图示电路中，耦合电容 C 为大容量电容，当晶体

管 VT_1 导通、晶体管 VT_2 截止时，电源 U_{CC}通过晶体管 VT_1 给电容器充电；当晶体管 VT_1 管截止、晶体管 VT_2 管导通时，电容 C 替代电源为负载提供能量。在互补对称功率放大电路中，两个晶体管连接为射极输出电路，所以互补对称功率放大电路具有输入电阻高、输出电阻低的特点。

如图 7-40 所示电路，在静态时，偏置电路提供给晶体管 VT_1、VT_2 的基极电位 $U_B = U_{CC}/2$，由电路结构可以看出当两个晶体管的参数一致时，晶体管的发射极电位也为 $U_{CC}/2$，则静态时的两个晶体管均不导通，晶体管的集电极电流 $I_C = 0$，电路工作在乙类工作状态，同时耦合电容的电压也是 $U_{CC}/2$。

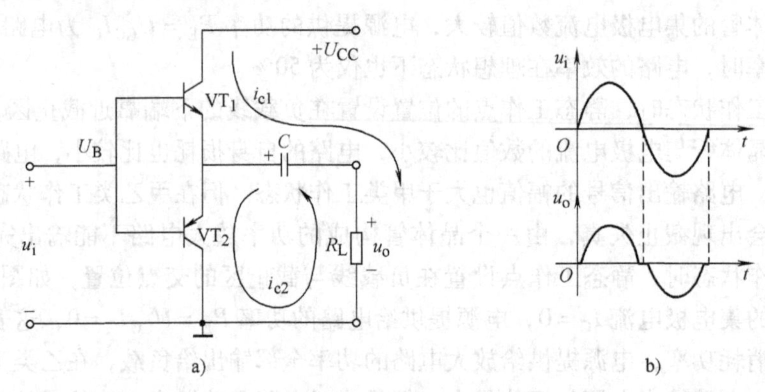

图 7-40　OTL 功率放大电路
a）电路图　b）输入、输出信号波形

当输入信号 u_i 的正半周输入到晶体管的基极时，晶体管 VT_2 的发射结进入反偏状态，晶体管 VT_2 在输入信号的正半周始终处于截止状态，晶体管 VT_2 中的信号电流 $i_{c2} = 0$。由于晶体管 VT_1 原本也在截止状态，当 $0 < u_i < 0.5V$ 时，晶体管 VT_1 的发射结为正向截止状态，晶体管 VT_1 也没有导通，信号电流 $i_{c1} = 0$，电路的输出电压 $u_o = 0$；当输入信号 $u_i > 0.5V$ 时，晶体管 VT_1 的发射结转为正偏，晶体管 VT_1 进入导通状态，电路的输出电流 $i_o = i_{c1}$，负载电阻上得到正弦信号的正半周；当输入信号过了峰值下降到 0.5V 时，晶体管 VT_1 再次转入截止状态，输出电压 $u_o = 0$。当 u_i 波形为负半周时，晶体管 VT_1 始终在截止状态，晶体管 VT_2 则重复刚才的过程，负载电阻上得到正弦信号的负半周。需要说明的是，在输入信号的负半周，由于晶体管 VT_1 截止，电源电压 U_{CC}不能为负载提供能量，负载上得到的能量是由耦合电容 C 提供的，为使输出信号的正、负半周波形对称，耦合电容 C 的容量要足够大，图 7-40b 图画出了电路的输入、输出电压的波形图。

由电路输出信号的波形图可以看出，在输入信号过零点的位置输出信号出现了失真，由于失真出现在输出波形由正（或负）半周进入负（或正）半周的时刻，这种失真就称为交越失真。交越失真产生的原因是因为晶体管原本在截止状态，只有当输入的信号电压大于发射结的死区电压后晶体管才能导通，所以消除交越失真的方法就是使晶体管在静态时预先导通，让放大电路工作在甲乙类工作状态。

如图 7-41 所示为实际应用的 OTL 功放电路，为使电路工作在甲乙类工作状态，在晶体管 VT_1 与 VT_2 的基极之间连接了一个阻值较小的电位器及两个二极管，使得晶体管 VT_1 与 VT_2 的基极电位相差约 1.4V，这样的设置使晶体管 VT_1 和 VT_2 在静态时均正向导通，放大电路工作在甲乙类工作状态。偏置电路中的二极管在电路中起温度补偿作用，同时电位器 RP 的阻值不能太大，以减小交流信号的损失，使输出波形的两个半周对称。

当正弦交流信号输入时，与前面的分析一样，OTL 电路中的两个晶体管交替工作，晶体管 VT_1 导通时，电路为负载提供输出电压的正半周；晶体管 VT_2 管导通时，电路为负载提供输出电压的负半周，由于两个晶体管的输出特性相同，两个晶体管的输出相互补充，负载电阻上将得到一个完整的、不失真的正弦波形。

2. OCL 功放电路

OCL 功放电路是无输出电容器的互补对称功率放大电路的简称，电路的结构如图 7-42 所示，电路中的偏置电路使两个晶体管在静态时就已经导通，放大电路工作在甲乙类工作状态。与 OTL 电路不同的是，OCL 电路中有两个电源，静态时在两个已经导通的晶体管中有 $I_{C1}=I_{C2}$，负载电阻中没有电流流过，电路的静态输出为零。

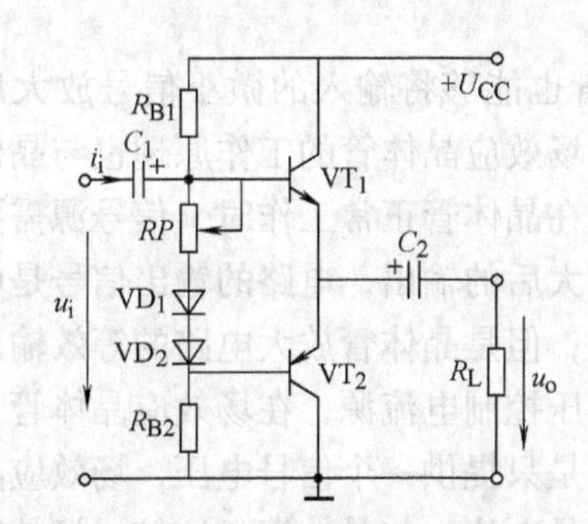

图 7-41　OTL 互补对称功率放大电路

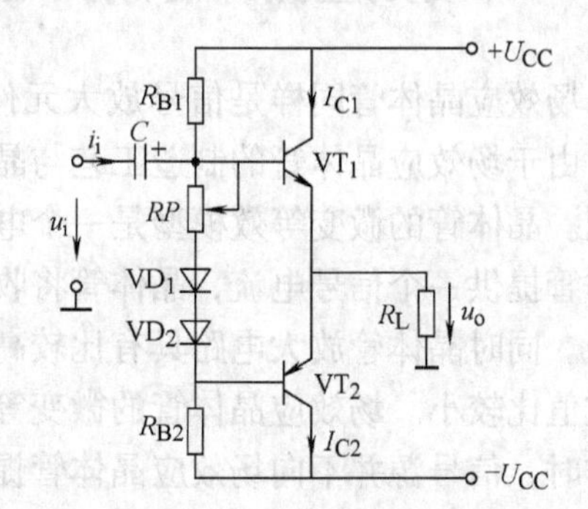

图 7-42　OCL 互补对称功率放大电路

当交流信号输入时，电路中的两个晶体管交替导通，为负载输送一个完整的正弦交流波形，同样 OCL 电路也消除了交越失真。

7.9.3　复合管

互补对称功率放大电路要求使用一对特性相同、类型分别为 NPN 与 PNP 的晶体管，在电路的输出功率比较大时，满足上述要求的一对晶体管很难找到，在电路中通常采用复合管的方式来满足要求。如图 7-43a、b 所示分别为两种结构的复合管，在图 a 中构成复合管的两个晶体管均为 NPN 型，晶体管 VT_1 基极电流的方向是流入，依此类推可以确定复合管三个电极的电流方向，由复合管三个电极的电流方向可以确定复合管的类型为 NPN 型。在图 b 中构成复合管的两个晶体管类型不同，晶体管 VT_1 是 PNP 管，晶体管 VT_2 是 NPN 管，晶体管 VT_1 基极电流的方向是流出，依此类推可以确定复合管三个电极的电流方向，由这三个电极的电

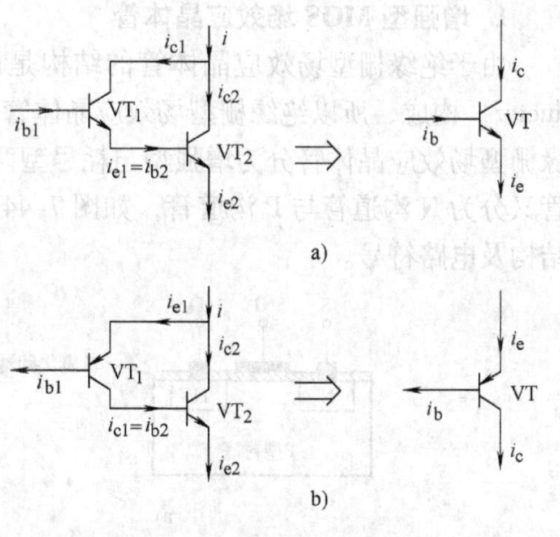

图 7-43　复合管

a）NPN 型复合管　b）PNP 型复合管

流方向可以确定复合管的类型为PNP型。由此可见，复合管的类型是由前面那个晶体管VT_1的类型决定的，晶体管VT_1是NPN型，复合管就是NPN型，晶体管VT_1是PNP型，复合管就是PNP型。

由图7-43a可以看出，复合管的基极电流就是晶体管VT_1的基极电流，即$i_b = i_{b1}$，晶体管VT_2的基极电流就是晶体管VT_1的发射极电流，即$i_{b2} = i_{e1}$，则复合管的集电极电流为

$$i_c = i_{c1} + i_{c2} = \beta_1 i_{b1} + \beta_2 i_{b2} = \beta_1 i_{b1} + \beta_2 i_{e1} = \beta_1 i_{b1} + \beta_2(1+\beta_1) i_{b1} = (\beta_1 + \beta_2 + \beta_1\beta_2) i_b$$

在上式中，由于$\beta_1 + \beta_2 << \beta_1\beta_2$，所以复合管的电流放大倍数为

$$\beta = \frac{i_c}{i_b} \approx \beta_1\beta_2$$

*7.10　场效应晶体管放大电路

场效应晶体管同样是信号放大元件，场效应晶体管也能够将输入的微小信号放大后输出，由于场效应晶体管的制造工艺与晶体管不同，所以场效应晶体管的工作原理也与晶体管不同。晶体管的微变等效模型是一个电流控制电流源，在晶体管正常工作时，信号源需要向晶体管提供一个信号电流，晶体管将收到的信号电流放大后的输出，电路的输出信号是电流信号。同时晶体管放大电路具有比较高的电压放大倍数，但是晶体管放大电路的等效输入电阻数值比较小。场效应晶体管的微变等效模型是一个电压控制电流源，在场效应晶体管正常工作时，信号源并不向场效应晶体管提供输入电流，而是只提供一个信号电压，场效应晶体管将收到的电压信号放大后输出，放大电路的输出信号是电流。与晶体管相比较，场效应晶体管的制造工艺简单，使用的硅片面积小，场效应晶体管放大电路的等效输入电阻高，但是电路的工作频率低于晶体管放大电路。场效应晶体管按照内部结构分为结型场效应晶体管与绝缘栅型场效应晶体管，本小节介绍N沟道绝缘栅型场效应晶体管。

7.10.1　绝缘栅型场效应晶体管

1. 增强型MOS场效应晶体管

由于绝缘栅型场效应晶体管的结构是由金属－氧化物－半导体（Metal Oxide Semiconductor）构成，所以绝缘栅型场效应晶体管也简称为MOS场效应晶体管。按照制造工艺，绝缘栅型场效应晶体管分为增强型与耗尽型两类，按照管子内部导电沟道的类别，场效应晶体管又分为N沟道管与P沟道管，如图7-44所示为N沟道增强型MOS场效应晶体管的内部结构及电路符号。

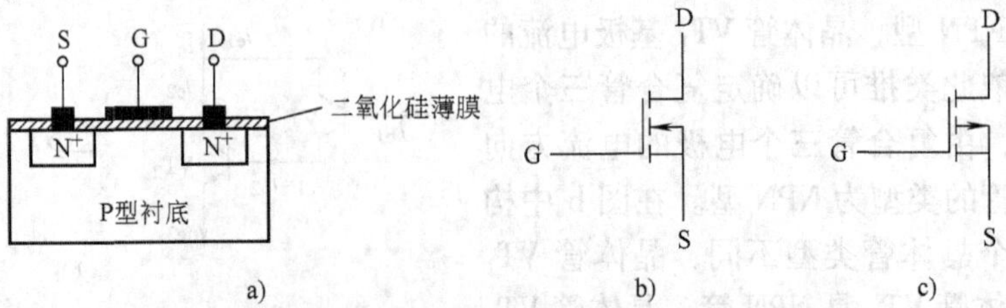

图7-44　增强型场效应晶体管的内部结构及电路符号
a）N沟道管的内部结构　b）N沟道管图形符号　c）P沟道管图形符号

N沟道增强型MOS场效应晶体管的内部结构是在P型半导体衬底上分别做出两个高浓度掺杂的N^+杂质区，在硅片的上表面覆盖了一层很薄的二氧化硅薄膜，在二氧化硅膜表面及两个N^+区分别连接了MOS场效应晶体管的三个电极：源极（S）、漏极（D）和栅极（G），其中栅极与源极和漏极之间由二氧化硅薄膜隔开，相互之间不导通，所以MOS场效应晶体管的栅极没有电流流入，栅极电流$I_G=0$，栅极与源极之间的等效栅－源电阻R_{GS}数值很高，可以达到$10^{14}\Omega$。

2. 工作原理

由如图7-44a所示的N沟道增强型MOS场效应晶体管的内部结构可以看出，在两个N^+区源极与漏极之间是由P型半导体衬底隔开，源极区与漏极区之间有两个PN结，不论在MOS场效应晶体管的源极与漏极之间施加的电压极性如何，这两个PN结中总有一个是反偏状态，反偏的PN结会阻断电流的通路，这时场效应晶体管不导通，也没有信号放大能力。

在增强型场效应晶体管的栅极与源极之间加上栅－源电压U_{GS}，当$U_{GS}>0$时，在二氧化硅薄膜与P型衬底之间就产生了一个由栅极指向衬底的电场，这个电场的作用力将吸引P型衬底中的少数载流子－自由电子向栅极下运动，当栅－源电压U_{GS}增大时，这个电场的作用力增大，被电场力吸引到栅极下的自由电子数增加，当栅－源电压U_{GS}增大到某个临界数值（U_{th}）时，栅极的二氧化硅薄膜下聚集了足够多的自由电子，使得栅极下出现了一个特殊的区域，如图7-45a所示，在这个特殊的区域中自由电子数多，而空穴数少，区域呈现出N型半导体的特征，这个出现在P型衬底中的N型区域称为反型层。由于反型层将源极S与漏极D这两个N^+区域连接了起来，使得电流能够通过，所以反型层也称为导电沟道。使反型层出现的临界电压U_{th}称为开启电压，只有在$U_{GS}>U_{th}$的条件下，增强型场效应晶体管中才会出现反型层，才会允许电流通过。如果反型层是N型半导体，导电沟道就称为N沟道，相应的场效应晶体管就称为N沟道管。反之，如果场效应晶体管的衬底是N型半导体，反型层是P型半导体，则该场效应晶体管就称为P沟道管。

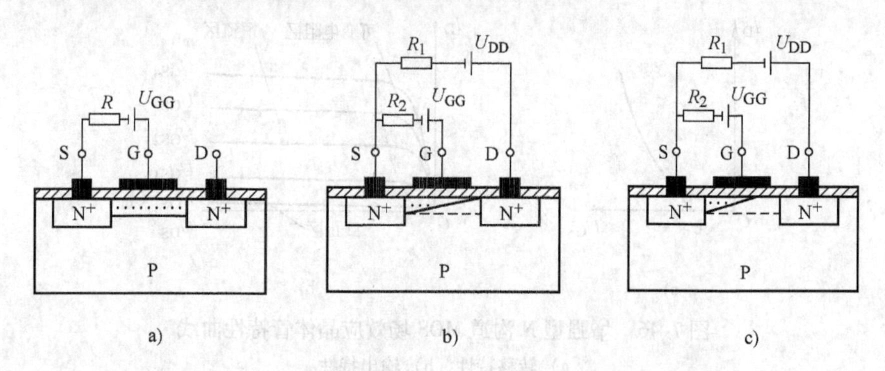

图7-45 增强型场效应晶体管反型层的形成过程

由反型层的形成机理可以知道，栅－源电压U_{GS}数值的大小决定了MOS管中是否能够出现导电沟道，当$U_{GS}<U_{th}$时，栅极下没有导电沟道，也就没有电流通过MOS管，MOS管也没有信号放大能力；当$U_{GS}>U_{th}$时，MOS管中的导电沟道出现并连通了MOS管的漏极与源极，这时电流才可以通过MOS管。栅－源电压U_{GS}的数值越大，导电沟道就越宽，允许通过的电流数值也越大，MOS 场效应晶体管输出电流的数值就大；反之，输出电流的数值就比较小。

MOS 场效应晶体管的导电沟道还受漏－源电压 U_{DS}的影响，在正向漏－源电压 U_{DS}的影响下，反型层中的自由电子在漏极高电位的吸引下向漏极漂移，使得反型层中出现了一个耗尽层，这时导电沟道的形状在漏极处开始变窄，漏－源电压 U_{DS}数值增大，反型层中被吸引走的自由电子数越多，导电沟道在漏极处变的越窄，若漏－源电压 U_{DS}继续增大，导电沟道将在漏极处出现夹断，如图 7-45b 所示。导电沟道在漏极处出现的夹断称为预夹断，预夹断出现前导电沟道的电阻比较小，沟道内允许流过的电流数值比较大，预夹断出现时，导电沟道内原来是反型层的地方现在由耗尽层替代，这时导电沟道的电阻开始增大。若漏－源电压 U_{DS}增加的越大，导电沟道的夹断区越向源极方向扩展，沟道电阻的数值也就越大，如图 7-45c所示。在 MOS 场效应晶体管中，当导电沟道出现预夹断后，沟道电阻数值的增加随漏－源电压数值的增加同比率变化，因此在预夹断出现后，导电沟道中的电流出现恒流特征，漏极电流 I_D 不随漏－源电压 U_{DS}的增大而增大。

由 MOS 场效应晶体管的工作原理可以知道，场效应晶体管的输入信号是栅－源电压 U_{GS}，输入电压 U_{GS}的数值大小决定导电沟道是否出现及导电沟道的宽度，U_{GS}越大，栅极下的导电沟道就越宽，允许通过的电流数值越大。场效应晶体管的输出信号是漏极电流 I_D，I_D 由漏极经导电沟道流向源极，在场效应晶体管中，漏极电流与源极电流数值相等，即 $I_D = I_S$。漏极电流 I_D 变化的规律是由漏－源电压 U_{DS}的大小决定的，当 U_{DS}数值较小时，I_D 随 U_{DS}的增大而线性增大；当 U_{DS}数值增大到某一定程度时，I_D 的增幅减小，I_D 出现饱和特性，当 U_{DS}的数值增大到使导电沟道出现预夹断后，U_{DS}的数值再增大，漏极电流 I_D 将基本恒定，不随 U_{DS}变化，所以导电沟道出现预夹断后场效应晶体管的电路模型是电流源模型。

3. 特性曲线

场效应晶体管的特性曲线分为转移特性与输出特性，这两个特性分别反映了场效应晶体管的电压与电流之间的关系，图 7-46 画出了增强型 N 沟道 MOS 场效应晶体管的特性曲线。

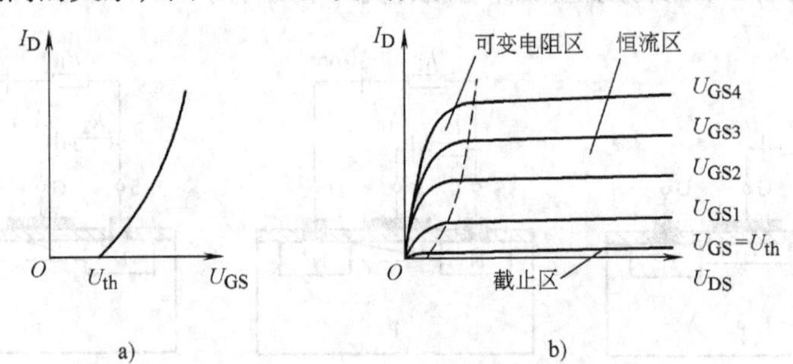

图 7-46　增强型 N 沟道 MOS 场效应晶体管特性曲线

a）转移特性　b）输出特性

转移特性是指在漏－源电压 U_{DS}一定时，漏极电流 I_D 与栅－源电压 U_{GS}之间的关系，即

$$I_D = f(U_{GS})\,|_{U_{DS}=\text{常数}}$$

由转移特性可以看出，当 $U_{GS} < U_{th}$时，导电沟道没有开启，漏极电流 $I_D = 0$；当 $U_{GS} > U_{th}$时，导电沟道出现，漏极电流 I_D 跟随栅－源电压 U_{GS}变化，U_{GS}数值增大，I_D 数值也跟着增大。

输出特性是指在栅-源电压U_{GS}一定时，漏极电流I_D与漏-源电压U_{DS}之间的关系，即

$$I_D = f(U_{DS})\big|_{U_{GS}=\text{常数}}$$

由输出特性可以看出，当U_{DS}数值较小时，I_D随U_{DS}的增大而线性增大；当U_{DS}数值增大到一定数值时，I_D逐渐转入恒流状态，进入恒流状态的漏极电流I_D，其数值大小与漏-源电压U_{DS}没有关系；当输入信号U_{GS}增大时，导电沟道宽度增大，输出漏极电流I_D数值增大，但I_D随U_{DS}变化的趋势不变。

与晶体管的输出特性一样，在场效应晶体管的输出特性曲线上也有三个工作区域：可变电阻区、恒流区和截止区。

（1）可变电阻区　可变电阻区在特性曲线的左侧靠近纵轴的地方。在可变电阻区，场效应晶体管的$U_{GS}>0$，但U_{DS}数值很小，在这个区域，漏极电流I_D随U_{DS}的增大而线性增大，场效应晶体管的导电沟道中有一个等效电阻。在这个区域，对应不同的U_{GS}数值，I_D曲线的斜率不同，导电沟道的阻值不同，这时的场效应晶体管相当于一个受U_{GS}控制的可变电阻。

（2）恒流区　恒流区在输出特性曲线的中部。在恒流区，栅-源电压$U_{GS}>U_{th}$，漏极电流I_D呈现恒流特性，当漏-源电压U_{DS}变化时，I_D的数值基本不变。如果增大输入电压U_{GS}，导电沟道宽度增大，I_D曲线平行向上移动。

（3）截止区　截止区在输出特性曲线的靠近横轴的位置。在截止区，栅-源电压$U_{GS}<U_{th}$，栅极与源极之间没有形成导电沟道，漏极电流$I_D\approx 0$，场效应晶体管在截止状态。

4. 耗尽型MOS场效应晶体管

耗尽型场效应晶体管制作时在栅极下的二氧化硅薄膜中掺入了大量的正离子，由掺入二氧化硅薄膜的正离子所产生的电场力就可以吸引足够的自由电子在栅极下形成反型层，所以耗尽型MOS场效应晶体管在栅-源电压$U_{GS}=0$时存在原始导电沟道，如果漏-源电压$U_{DS}\neq 0$，漏极电流$I_D\neq 0$，图7-47所示为耗尽型MOS场效应晶体管的内部结构、图形符号及特性曲线。

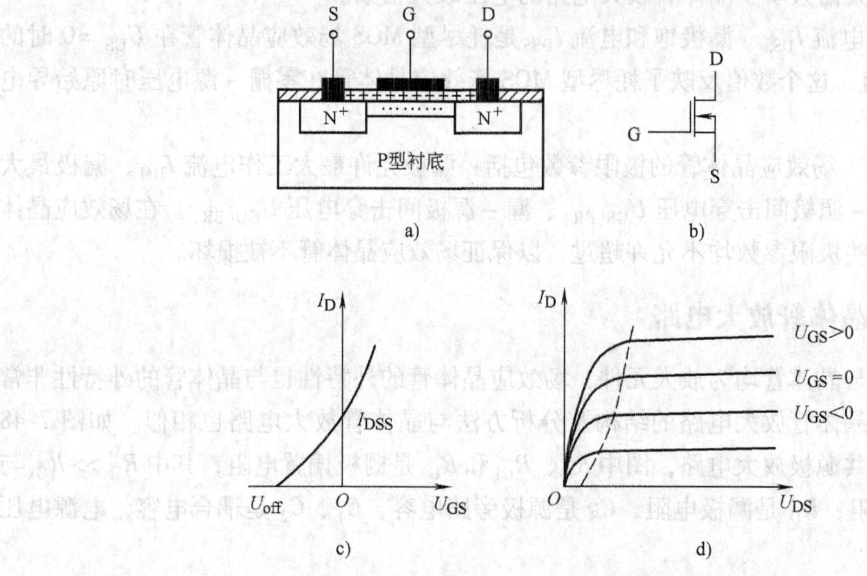

图7-47　耗尽型MOS场效应晶体管

a）内部结构　b）图形符号　c）转移特性　d）输出特性

由耗尽型MOS场效应晶体管的转移特性可以看出，当 $U_{GS}=0$ 时，漏极电流 $I_D=I_{DSS}$，I_{DSS}称为场效应晶体管的漏极饱和电流；当 $U_{GS}>0$ 时，漏极电流 $I_D>I_{DSS}$；当 $U_{off}<U_{GS}<0$ 时，$0<I_D<I_{DSS}$；当 $U_{GS}=U_{off}$时，导电沟道消失，漏极电流 $I_D=0$，U_{off}称为夹断电压。

比较增强型MOS场效应晶体管与耗尽型MOS场效应晶体管的转移特性可以看出，增强型MOS场效应晶体管仅在 $U_{GS}>U_{th}>0$ 时导通，也就是说，增强型场效应晶体管仅在栅极控制电压是正值并大于开启电压时导通。而耗尽型MOS场效应晶体管的栅极控制电压可以是零值，也可以是正值或负值，只要栅-源电压 U_{GS}大于夹断电压 U_{off}，即 $U_{GS}>U_{off}$，场效应晶体管就可以导通，由此可以看出，耗尽型MOS场效应晶体管能够适应变化范围较宽的输入信号。

除了转移特性与增强型MOS场效应晶体管不一样外，耗尽型MOS场效应晶体管的工作原理与输出特性与增强型MOS场效应晶体管相似。

5. 场效应晶体管的主要参数

（1）开启电压 U_{th}与夹断电压 U_{off}　开启电压 U_{th}是增强型MOS场效应晶体管建立导电沟道所需的栅-源电压 U_{GS}数值，夹断电压 U_{off}是耗尽型MOS场效应晶体管导电沟道完全夹断所需的栅-源电压 U_{GS}的数值，N沟道MOS场效应晶体管的开启电压 $U_{th}>0$，夹断电压 $U_{off}<0$。

（2）跨导 g_m　跨导 g_m 是在 U_{DS}一定时，漏极电流变化量与栅-源电压变化量的比值，即

$$g_m=\left.\frac{\Delta i_D}{\Delta u_{GS}}\right|_{u_{DS}=常数}$$

跨导 g_m 的单位是电导的单位（西门子），跨导 g_m 数值的大小反映了场效应晶体管的放大能力，由于场效应晶体管的跨导 g_m 数值小于晶体管的电流放大倍数 β 值，所以场效应晶体管放大电路的电压放大倍数小于晶体管放大电路的电压放大倍数。

（3）漏极饱和电流 I_{DSS}　漏极饱和电流 I_{DSS}是耗尽型MOS场效应晶体管在 $U_{GS}=0$ 时的漏极电流 I_D 的数值，这个数值反映了耗尽型MOS场效应晶体管在零栅-源电压时原始导电沟道的导电能力。

（4）极限参数　场效应晶体管的极限参数包括：漏极允许最大工作电流 I_{DM}、漏极最大耗散功率 P_{DM}、栅-源极间击穿电压 $U_{GS(BR)}$、漏-源极间击穿电压 $U_{GD(BR)}$。在场效应晶体管正常工作时，这些极限参数均不允许超过，以保证场效应晶体管不被损坏。

7.10.2　场效应晶体管放大电路

场效应晶体管与晶体管均为放大元件，场效应晶体管的外特性也与晶体管的外特性非常相似，所以场效应晶体管放大电路的结构及分析方法与晶体管放大电路也相似。如图7-48所示为分压式偏置共源极放大电路，图中 R_G、R_{G1}和 R_{G2}是栅极偏置电阻，其中 $R_G>>R_{G1}$与 R_{G2}，R_S 是源极电阻，R_D 是漏极电阻，C_S 是源极旁路电容，C_1、C_2 是耦合电容，电源电压是 U_{DD}。

1. 静态分析

由于MOS场效应晶体管的栅极电流为零，所以图7-48b中场效应晶体管的栅极电位为

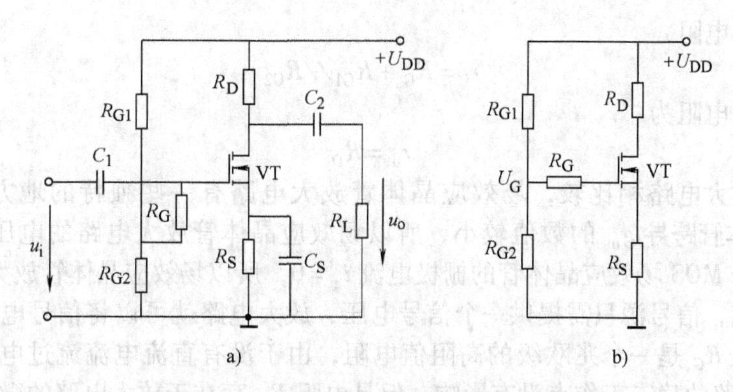

图 7-48　分压式偏置共源极放大电路
a）放大电路　b）直流通路

$$U_G = \frac{R_{G2}}{R_{G1} + R_{G2}} U_{DD}$$

则栅 - 源电压

$$U_{GS} = U_G - U_S = \frac{R_{G2}}{R_{G1} + R_{G2}} U_{DD} - I_D R_S$$

增强型场效应晶体管在恒流区的转移特性可以用公式表示为

$$I_D = K(U_{GS} - U_{th})^2$$

上式中，K 为常数，由场效应晶体管的结构决定，如果已知场效应晶体管的转移特性，可以通过开启电压 U_{th}和特性曲线上任一点的 U_{GS}与 I_D 的数值估算出 K 值的大小。

综上所述，电路静态工作点的计算公式为

$$\left.\begin{aligned} I_D &= K(U_{GS} - U_{th})^2 \\ U_{GS} &= \frac{R_{G2}}{R_{G1} + R_{G2}} U_{DD} - I_D R_S \\ U_{DS} &= U_{DD} - I_D(R_D + R_S) \end{aligned}\right\} \tag{7-43}$$

2. 动态分析

MOS 场效应晶体管的微变等效模型是电压控制电流源，其中受控源的控制量是输入信号 u_{gs}，受控源的输出信号是漏极电流 $i_d = g_m u_{gs}$，分压式偏置共源极放大电路的微变等效电路如图 7-49 所示，根据微变等效电路可以计算电路的动态参数。

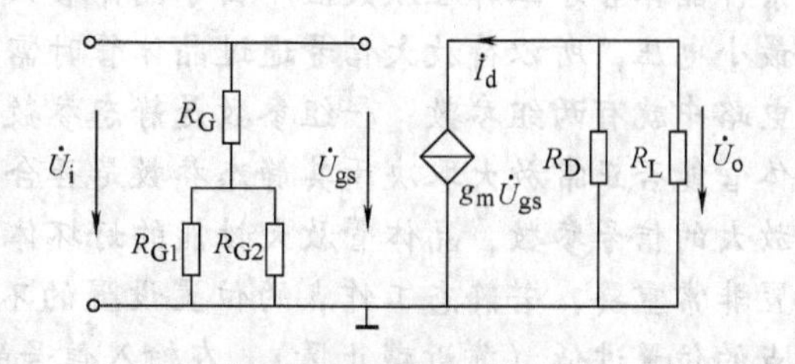

图 7-49　分压式偏置共源极放大电路的微变等效电路

由如图 7-49 所示的微变等效电路可以看出，电路的输入电压和输出电压分别为

$$\dot{U}_i = \dot{U}_{gs}$$

$$\dot{U}_o = -\dot{I}_d(R_d // R_L) = -g_m \dot{U}_{gs} R'_L$$

则电路的电压放大倍数

$$\dot{A}_u = \frac{\dot{U}_o}{\dot{U}_i} = \frac{-g_m \dot{U}_{gs} R'_L}{\dot{U}_{gs}} = -g_m R'_L \tag{7-44}$$

电路的等效输入电阻

$$r_i = R_G + R_{G1}//R_{G2} \tag{7-45}$$

电路的等效输出电阻为

$$r_o = R_D \tag{7-46}$$

与晶体管放大电路相比较，场效应晶体管放大电路有一些独特的地方。首先，由于MOS 场效应晶体管跨导 g_m 的数值较小，所以场效应晶体管放大电路的电压放大倍数比较低。其次，由于 MOS 场效应晶体管的栅极电流 $i_g = 0$，所以场效应晶体管放大电路不从信号源取用信号电流，信号源只需提供一个信号电压，放大电路就可以将信号电压放大后输出。第三，偏置电阻 R_G 是一个兆欧级的高阻值电阻，由于没有直流电流流过电阻 R_G，所以电阻 R_G 对放大电路的静态工作点没有影响，但是电阻 R_G 存在于放大电路的微变等效电路中，由式（7-45）可以看出，电阻 R_G 的存在将大大提高场效应晶体管放大电路的等效输入电阻，比较高的输入电阻还可以减小信号电压在信号源内阻上的损失，MOS 场效应晶体管放大电路的输入电阻要比晶体管放大电路的输入电阻数值高很多。第四，由于 MOS 场效应晶体管的制造工艺简单，制作一个晶体管的硅片面积可以制作多个 MOS 场效应晶体管，所以场效应晶体管放大电路的集成度较高。第五，由于场效应晶体管是由栅－源电压 U_{GS}控制导电沟道的状态，进而控制漏极电流 I_D，而导电沟道不论是开启还是夹断都需要时间，所以场效应晶体管的工作频率比晶体管的工作频率低。第六，如果场效应晶体管在制造时源极没有和衬底连接在一起，那么场效应晶体管的漏极和源极可以互换使用，而晶体管不能这样使用，如果将晶体管的发射极与集电极倒置使用，晶体管的电流放大倍数将变得很小。尽管场效应晶体管的放大倍数小、工作频率低，但是由于它的制造工艺简单、易于集成，目前场效应晶体管大量使用在集成电路中，并且应用范围不断扩展。

本章小结

晶体管是电子电路中的常用器件，应用在放大电路中，晶体管可以将收到的信号放大若干倍后输出给后级电路。晶体管放大的条件是发射结正向偏置、集电结反向偏置，满足这个条件晶体管才工作在放大区。由于晶体管只允许电流单方向流动并且晶体管导通需要有一个最小电压，所以待放大信号通过晶体管时需要借助电路的静态工作点作为载体。这样在放大电路中就有两组参数，一组参数是静态参数，静态参数只是载着信号通过晶体管的载体，晶体管能否正常放大取决于其静态参数是否合适；另一组参数是动态参数，动态参数才是需要放大的信号参数，晶体管放大性能的好坏体现在动态参数上。放大电路静态工作点位置的设置非常重要，若静态工作点的位置设置的不合适，如 Q 点的位置太高（靠近饱和区）或 Q 点的位置过低（靠近截止区），在输入信号的幅值稍大时就可能使输出信号产生饱和失真或截止失真，为获得最大不失真动态范围，单级放大电路通常将 Q 点的位置设置在直流负载线的中点附近，多级放大电路则根据电路的要求设置 Q 点的位置。

放大电路的分析有两种方法：图解法与估算法。图解法能够直观的反映出输出信号的波形，分析结果较为准确，但是应用图解法时需要知道晶体管的输出特性，同时多级放大电路使用图解法进行电路分析相对比较困难，所以在放大电路的分析中通常使用估算分析方法。在放大电路的静态分析中，设晶体管的基－射极电压 $U_{BE} = 0.5 \sim 0.7\text{V}$ 为已知数，然后利用欧姆定律与基尔霍夫定律求解电路静态工作点的参数。在放大电路的动态分析中，设晶体管工作在特性曲线的线性段且输入信号是微变量，这样放大电路就可以微变等效，电路动态参数的求解就简便了许多。

在放大电路的动态参数里，电压放大倍数与负载电阻有关，当负载开路时，电路的电压放大倍数数值最大；带负载时，电压放大倍数将出现下降；在集电极电阻一定的条件下，负载电阻数值越小，放大倍数的数值就越小。如果发射极电阻 R_E 没有连接旁路电容，则电阻 R_E 将使得电压放大倍数出现明显下降。在多级放大电路中，电路的总电压放大倍数等于各级放大电路电压放大倍数的乘积，所以多个单级放大电路连接起来可以获得很高的电压放大倍数。由于场效应晶体管的跨导数值较小，场效应晶体管放大电路的电压放大倍数比较低。

放大电路的等效输入电阻 r_i 数值越高，信号源的输出电流数值就越小，信号电压在信号源内阻上的损耗就小，放大电路的输入电压数值就高，所以放大电路的输入电阻数值大，电路的性能好。晶体管共射极放大电路的输入电阻数值不高，共集电极放大电路的输入电阻数值相对较高，场效应晶体管放大电路具有很高的输入电阻。放大电路的等效输出电阻 r_o 数值小些较好，如果放大电路输出电阻的数值比较低，负载电阻的变化对输出电压的影响就比较小，放大电路的带负载能力就比较好。射极输出器具有非常小的输出电阻，射极输出器的输出电压稳定。

差动放大电路可以放大直流信号也可以放大交流信号，差动放大电路依靠电路的对称性及参数的一致性可以有效的抑制零点漂移，当差动放大电路的共模抑制比 K_{CMRR} 数值很高时，可以认为电路的输出信号中没有误差。为提高晶体管的电流放大倍数，可以将两个晶体管连接成复合管结构，复合管的类型由第一个晶体管的类型决定，复合管的电流放大倍数等于两个晶体管电流放大倍数的乘积，在构成复合管时应注意两个晶体管的连接方式，如果两个晶体管连接不当，复合管将不能够正常工作。

习 题 7

7.1 放大电路中某晶体管的三个电极电位分别为 -6V、-3.2V、-3V，判断三个电极中哪个是基极，哪个是发射极，哪个是集电极，并判断晶体管是 NPN 管还是 PNP 管，是硅管还是锗管。

7.2 放大电路中某晶体管的三个电极电流为 2mA、0.04mA、2.04mA，判断这三个电极的名称，并判断晶体管是 NPN 管还是 PNP 管，该晶体管的电流放大倍数 β 是多少?。

7.3 已知某放大电路的电源电压 $U_{CC}=12V$，今测得放大电路中两个晶体管的参数分别为 $I_{C1}=5.8mA$，$U_{CE1}=0.3V$；$I_{C2}=0.01mA$，$U_{CE2}\approx 12V$，判断两个晶体管的工作状态。

7.4 有两个晶体管，其电流放大倍数及穿透电流为 $\beta=100$，$I_{CEO}=180\mu A$；$\beta=60$，$I_{CEO}=12\mu A$，哪个晶体管的性能更好一些?

7.5 如图 7-50 所示电路，判断图中放大电路有无放大作用。

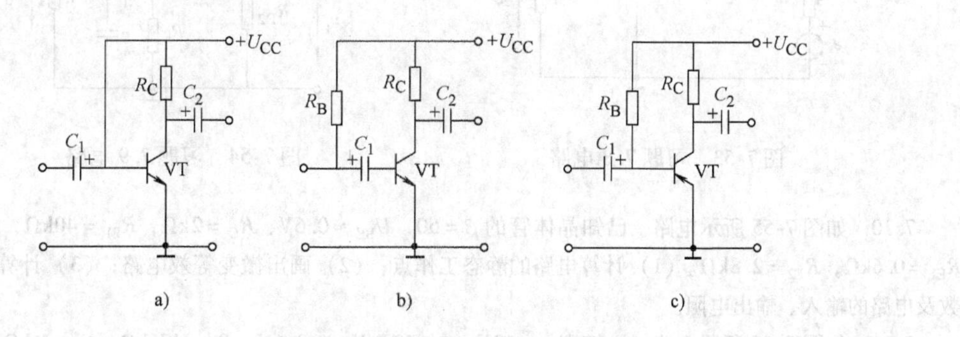

图 7-50 习题 7.5 电路

7.6 图7-51所示电路，根据电路参数判断晶体管工作在什么状态？

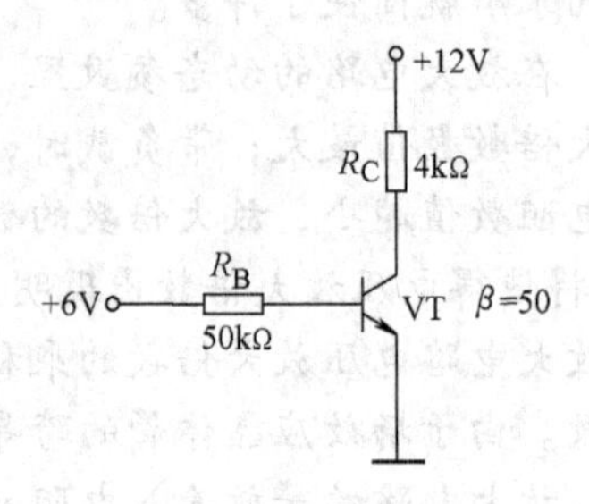

图7-51 习题7.6电路

7.7 放大电路结构与晶体管的输出特性曲线如图7-52所示，已知电源电压 $U_{CC}=12V$，$R_B=300k\Omega$，$R_C=R_L=3k\Omega$，画出放大电路的直流、交流负载线，利用图解方法计算放大电路的静态工作点及输出信号的动态范围。

7.8 放大电路如图7-53所示，已知 $R_C=3k\Omega$，$\beta=50$，U_{BE}可以忽略不计。(1) 如欲使晶体管的 $I_C=2mA$，则基极偏置电阻 R_B 的阻值应调至多大？(2) 当负载电阻 $R_L=6k\Omega$ 时，计算电路的电压放大倍数及输入、输出电阻。

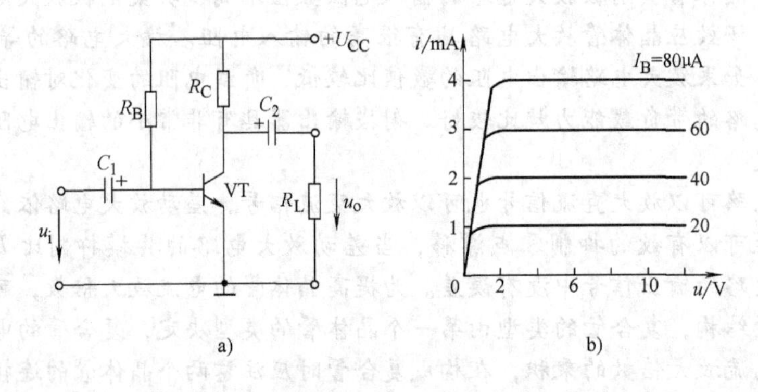

图7-52 习题7.7电路结构与晶体管的特性曲线

a) 电路结构 b) 晶体管的特性曲线

7.9 如图7-54所示电路，已知电源电压 $R_{B1}=22k\Omega$，$R_{B2}=4.7k\Omega$，$R_E=1.5k\Omega$，$R_C=R_L=3k\Omega$，$U_{BE}\approx0.6V$，$\beta=50$。(1) 计算电路的静态工作点；(2) 画出微变等效电路；(3) 计算电压放大倍数及放大电路的输入、输出电阻。

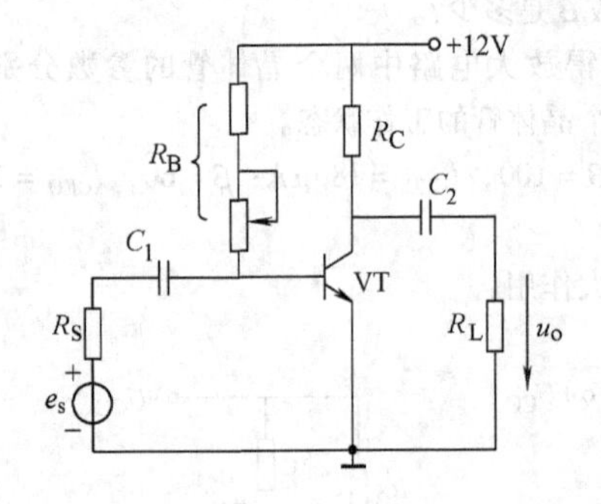

图7-53 习题7.8电路

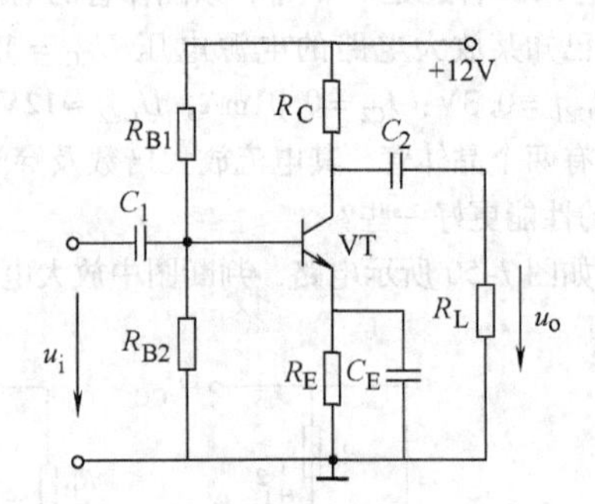

图7-54 习题7.9电路

7.10 如图7-55所示电路，已知晶体管的 $\beta=50$，$U_{BE}\approx0.6V$，$R_C=2k\Omega$，$R_{B1}=40k\Omega$，$R_{B2}=20k\Omega$，$R_{E1}=0.6k\Omega$，$R_{E2}=2.8k\Omega$。(1) 计算电路的静态工作点；(2) 画出微变等效电路；(3) 计算电压放大倍数及电路的输入、输出电阻。

7.11 如图7-56所示电路，已知 $U_{CC}=12V$，$\beta=50$，$U_{BE}\approx0.6V$，$R_B=176k\Omega$，$R_E=4k\Omega$，$R_L=6k\Omega$。(1) 计算电路的静态工作点；(2) 计算电路的电压放大倍数及输入、输出电阻；(3) 在 $R_s=0.6k\Omega$，$E_s=$

0.8V 时，计算电路输出电压的幅值。

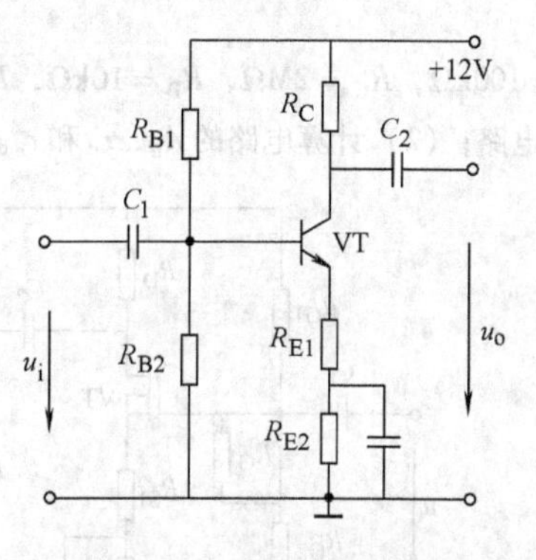

图7-55　习题7.10电路

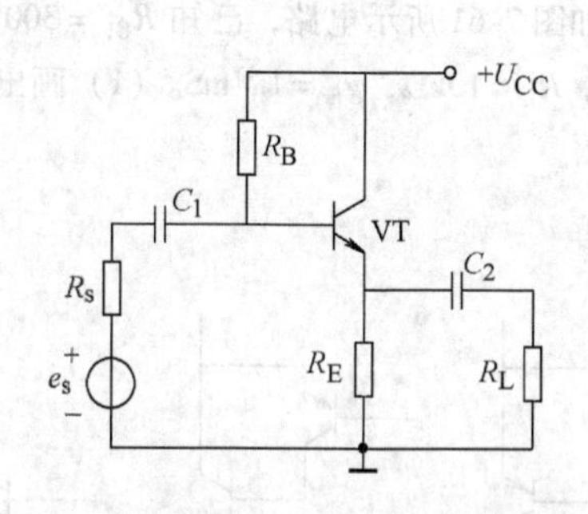

图7-56　习题7.11电路

7.12　如图7-57所示电路，已知两个晶体管的电流放大倍数 $\beta_1=\beta_2=50$，$U_{BE}\approx0.6V$，$R_{B1}=220k\Omega$，$R_{B2}=45k\Omega$，$R_{B3}=15k\Omega$，$R_{E1}=8k\Omega$，$R_{C2}=3k\Omega$，$R_{E2}=2.4k\Omega$，$R_L=6k\Omega$。（1）计算两级放大电路的静态工作点；（2）画出微变等效电路；（3）计算放大电路的电压放大倍数及输入、输出电阻。

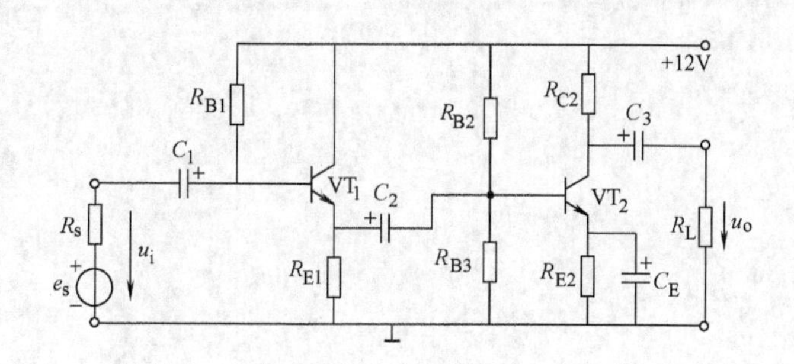

图7-57　习题7.12电路

7.13　如图7-58所示电路，已知 $R_B=1k\Omega$，$R_C=10k\Omega$，$R_E=10k\Omega$，$\beta_1=\beta_2=50$。（1）计算电路的静态工作点；（2）当负载电阻 $R_L=10k\Omega$ 时，计算电路的电压放大倍数及输入、输出电阻；（3）如果将负载电阻改为由 VT_1 管单端输出，计算电路的电压放大倍数及输入、输出电阻。

7.14　单端输入－单端输出长尾差动放大电路如图7-59所示，已知 $R_B=1k\Omega$，$R_C=15k\Omega$，$R_E=15k\Omega$，$R_L=20k\Omega$，$\beta=50$，求解电路的静态工作点，差模电压放大倍数，共模电压放大倍数，共模抑制比，差模等效输入、输出电阻。

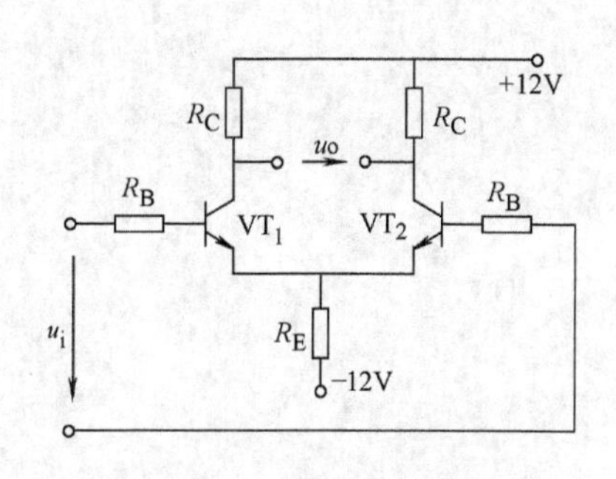

图7-58　习题7.13电路

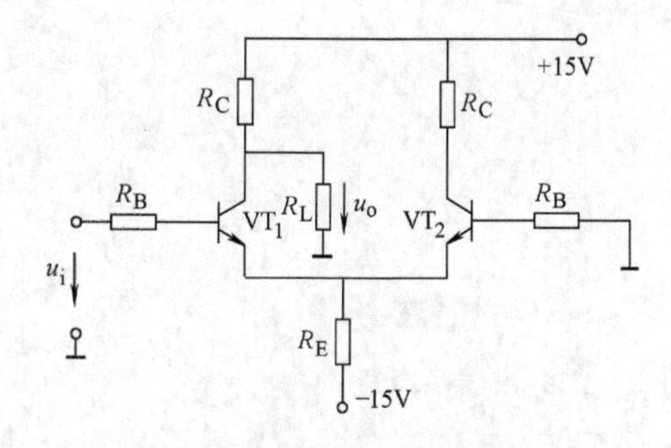

图7-59　习题7.14电路

7.15　判断图7-60所示复合管的类型，并判断图中复合管能否正常工作，如复合管不能正常工作，应如何改正？

7.16　如图7-61所示电路，已知 $R_{G1}=300\text{k}\Omega$，$R_{G2}=100\text{k}\Omega$，$R_G=2\text{M}\Omega$，$R_D=10\text{k}\Omega$，$R_{S1}=0.8\text{k}\Omega$，$R_{S2}=5.4\text{k}\Omega$，$R_L=10\text{k}\Omega$，$g_m=1.4\text{mS}$。（1）画出微变等效电路；（2）计算电路的 $\dot{A}_u$、r_i 和 r_o。

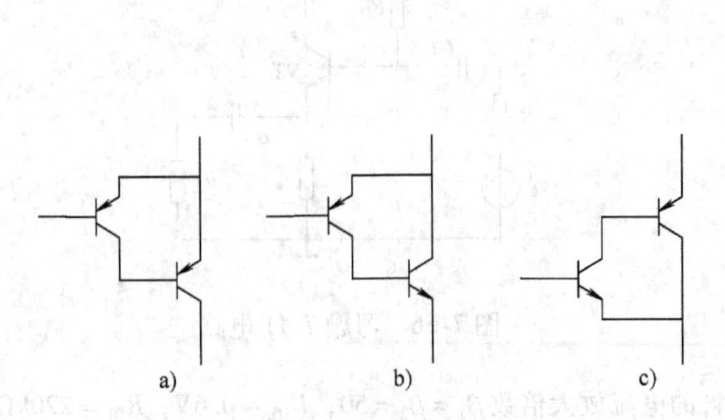

图7-60　习题7.15电路

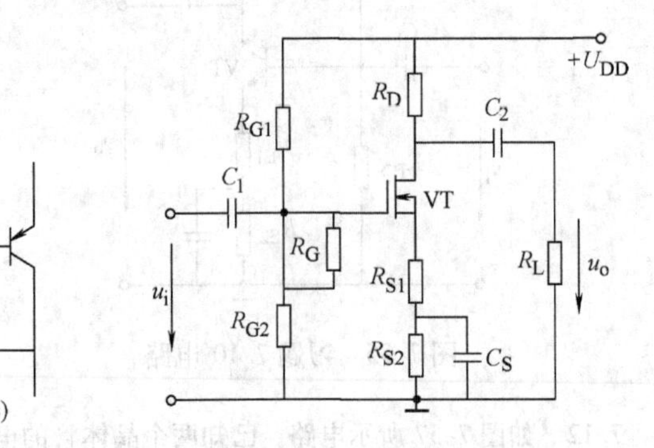

图7-61　习题7.16电路

第8章　反馈放大电路

8.1　反馈的基本概念

在放大电路中，待放大信号由放大电路的输入端送入，经放大电路放大后输出给负载，在放大过程中信号始终从左向右沿一个方向传递，这种信号的传递方式称为开环系统。在开环系统中，放大电路输入端的信号确定后就不再改变，不论放大电路的输出信号是正常还是存在失真现象，输入端的信号都不会发生变化。如果放大电路的输出信号出现了失真，开环系统自身不能调节电路输入端的信号以消除输出端的失真，因此开环系统是不控系统。

把放大电路输出端信号的一部分或者全部通过电路连接返送回放大电路的输入端，这种电路连接方式称为反馈。反馈电路传输的信号称为反馈信号，反馈信号的传递方向与放大电路的信号传递方向相反，是由放大电路的输出端反方向传输给放大电路的输入端。由于反馈电路与放大电路一起构成了一个环状结构，所以带有反馈环的放大电路称为闭环系统。在闭环系统中，放大电路的输出信号通过反馈电路返送回了放大电路的输入端，放大电路输出信号的状态将会对电路的输入信号产生影响，使放大电路实际收到的输入信号可以随输出信号的变化及时调节，所以闭环系统是自动调节系统。

如图8-1所示为闭环系统的示意框图。在示意图中，$\dot{A}$ 方框是基本放大电路，基本放大电路由晶体管及电阻、电容元件构成，基本放大电路的功能是放大收到的输入信号；$\dot{F}$ 方框是反馈电路，反馈电路由电阻、电容或电感元件构成，反馈电路的功能是将采集到的输出信号反方向传输到放大电路的输入端。反馈信号与放大电路的输入信号在输入端的连接点称为比较点，比较点处的正、负号表示反馈电路返送回放大电路输入端的反馈信号极性。

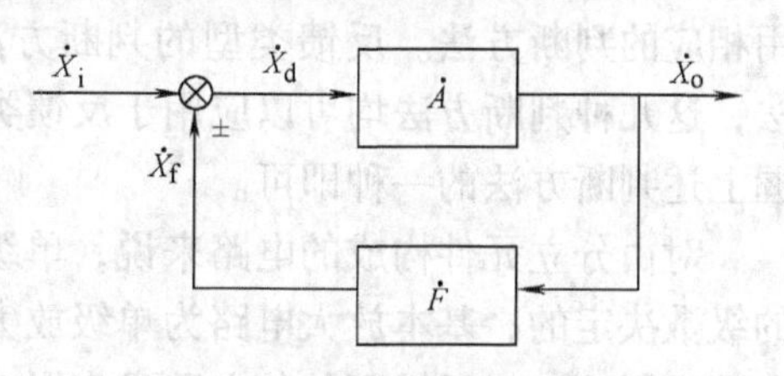

图8-1　闭环系统示意框图

在图8-1中，信号源输送给放大电路的输入信号用 $\dot{X}_i$ 表示，放大后电路的输出信号用 $\dot{X}_o$ 表示，反馈电路返送回放大电路输入端的反馈信号用 $\dot{X}_f$ 表示，基本放大电路实际收到的净输入信号用 $\dot{X}_d$ 表示。在闭环系统中，定义基本放大电路 $\dot{A}$ 方框的输出信号 $\dot{X}_o$ 与输入信号 $\dot{X}_d$ 的比值为开环放大倍数，用字母 $\dot{A}$ 表示；定义反馈电路 $\dot{F}$ 方框的输出信号 $\dot{X}_f$ 与输入信号 $\dot{X}_o$ 的比值为反馈系数，用字母 $\dot{F}$ 表示；定义闭环系统的输出信号 $\dot{X}_o$ 与输入信号 $\dot{X}_i$ 的比值为闭环放大倍数，用字母 $\dot{A}_f$ 表示。由于交流放大电路的输入信号、输出信号及反馈信号均为相量，所以开环放大倍数、反馈系数及闭环放大倍数均为复数，根据这几个参数的定义可知其定义式分别为

$$\dot{A}=\frac{\dot{X}_o}{\dot{X}_d}\qquad \dot{F}=\frac{\dot{X}_f}{\dot{X}_o}\qquad \dot{A}_f=\frac{\dot{X}_o}{\dot{X}_i}$$

由于反馈信号与输入信号叠加后会影响电路的净输入信号，因此按照净输入信号的变化

趋势定义：反馈信号使放大电路的净输入信号减小就称为负反馈；反馈信号使放大电路的净输入信号增大就称为正反馈，电子电路中引入的正、负反馈分别使用在电子电路应用的不同领域。当电路引入的反馈类型是负反馈时，按照负反馈的定义可以写出电路净输入信号的表示式：$\dot{X}_d = \dot{X}_i - \dot{X}_f$，这时电路的闭环放大倍数为

$$\dot{A}_f = \frac{\dot{X}_o}{\dot{X}_i} = \frac{\dot{X}_o}{\dot{X}_d + \dot{X}_f} = \frac{\dot{X}_o}{\dot{X}_d\left(1 + \dfrac{\dot{X}_f}{\dot{X}_d}\right)} = \frac{\dfrac{\dot{X}_o}{\dot{X}_d}}{1 + \dfrac{\dot{X}_f}{\dot{X}_d}\dfrac{\dot{X}_o}{\dot{X}_o}} = \frac{\dfrac{\dot{X}_o}{\dot{X}_d}}{1 + \dfrac{\dot{X}_o}{\dot{X}_d}\dfrac{\dot{X}_f}{\dot{X}_o}} = \frac{\dot{A}}{1 + \dot{A}\dot{F}} \tag{8-1}$$

由式（8-1）可以看出，负反馈放大电路的闭环放大倍数可以用开环放大倍数及反馈系数来表示。当负反馈放大电路的结构复杂，难以直接求解出电路的闭环放大倍数时，可以先求解电路的开环放大倍数及反馈系数，然后利用式（8-1）求解负反馈放大电路中的闭环放大倍数。

8.2　反馈类型的判别方法

电子电路中引入的反馈类型是从以下五个方面划分的：首先，按照闭环系统中基本放大电路的级数将反馈分为单级反馈与级间反馈；其次，按照反馈信号的性质将反馈分为交流反馈与直流反馈；第三，按照反馈信号取自放大电路输出信号的类型将反馈分为电压反馈与电流反馈；第四，按照反馈电路与基本放大电路在输入端的连接方式将反馈分为并联反馈与串联反馈；第五，按照反馈信号对净输入信号的影响将反馈分为正反馈与负反馈，反馈类型的判断也是从上述五个方面进行的。需要说明的是上述分类方法适用于分立元件电路，对由集成电路芯片构成的电子电路，反馈的类型就只包含后面三种分类，即电压反馈或电流反馈、串联反馈或并联反馈和正反馈或负反馈。

反馈类型的前两种分类可以直接在电路中判断，观察反馈放大电路的结构就可以确定反馈类型是单级还是级间、是直流反馈还是交流反馈，但是反馈类型的后面三种分类就需要使用相应的判断方法。反馈类型的判断方法比较多，有框图法、公式法、变量分离法和经验法，这几种判断方法均可以应用于反馈类型的判断，在判断放大电路引入的反馈类型时，掌握上述判断方法的一种即可。

对由分立元件构成的电路来说，单级反馈与级间反馈的判别是由反馈环内基本放大电路的级数决定的，基本放大电路为单级放大电路，反馈即为单级反馈，单级反馈仅对单级放大电路有影响，对反馈环外的电路没有影响。当反馈环内的基本放大电路是多级放大电路时，反馈即为级间反馈，级间反馈的反馈信号将影响反馈环内的各级放大电路。

直流反馈与交流反馈的判别是由反馈电路的结构决定的，如图8-2所示为由不同元件构成的反馈电路。图8-2a中的反馈电阻 R_f 与旁路电容 C_f 并联，旁路电容短接了反馈电阻中的交流信号，反馈电阻 R_f 上将没有交流反馈信号，反馈电路传输回放大电路输入端的信号只有直流信号，反馈的类型为直流反馈。图8-2b中的反馈电阻 R_f 与耦合电容 C_f 串联，耦合电容 C_f 隔断了电路中的直流通路，反馈电路传输回放大电路输入端的信号只能是交流信号，反馈的类型为交流反馈。图8-2c中的反馈电路中仅有反馈电阻 R_f，没有连接电容器，反馈电路中的直流信号、交流信号均能够通过，反馈的类型为交直流反馈。

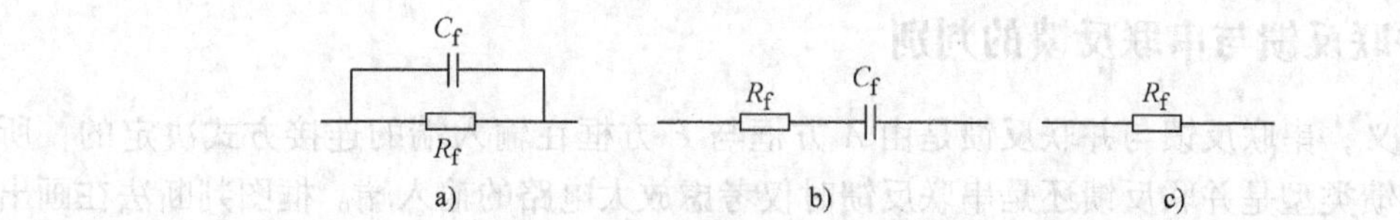

图8-2 反馈电路结构

a）直流反馈 b）交流反馈 c）交直流反馈

8.2.1 电压反馈与电流反馈的判别

根据定义，电压反馈与电流反馈是由反馈电路在放大电路输出端采集到的信号性质决定的，所以在判断反馈类型是电压反馈还是电流反馈时只考虑放大电路的输出端。框图判断法需要画出基本放大电路与反馈电路连接方式的框图，若基本放大电路 $\dot{A}$ 方框与反馈电路 $\dot{F}$ 方框在放大电路的输出端并联，$\dot{F}$ 方框的输入端电压就是 $\dot{A}$ 方框的输出电压，反馈电路采集到的信号是输出电压，反馈的类型是电压反馈；若 $\dot{A}$、$\dot{F}$ 方框在放大电路的输出端串联，$\dot{F}$ 方框流过的电流与 $\dot{A}$ 方框流过的电流相同，反馈电路采集到的信号是输出电流，反馈的类型是电流反馈。

公式判断法需要根据具体的电路结构列写出反馈电路 $\dot{F}$ 方框的输入信号 $\dot{X}_o$ 与输出信号 $\dot{X}_f$ 之间的关系式，有 $\dot{X}_f = f(\dot{X}_o)$，若关系式中的 $\dot{X}_o = \dot{U}_o$，反馈的类型是电压反馈；若关系式中的 $\dot{X}_o = \dot{I}_o$（或 $\dot{I}_c$、$\dot{I}_e$），反馈的类型是电流反馈。

变量分离判断法需要观察反馈电路的采样端在放大电路输出端连接点的位置，若反馈电路的采样端在放大电路输出端连接点的位置是电路的电压输出端，采样信号就只能是电压信号，反馈的类型就是电压反馈；若反馈电路的采样端在放大电路输出端连接点的位置不是电路的电压输出端，反馈的类型为电流反馈。

如图8-3所示电路，由框图法判断，在图8-3a中基本放大电路 $\dot{A}$ 方框与反馈电路 $\dot{F}$ 方框在放大电路的输出端并联，反馈的类型是电压反馈；在图8-3b中 $\dot{A}$ 方框与 $\dot{F}$ 方框在放大电路的输出端串联，反馈的类型是电流反馈。由变量分离法判断，在图8-3a中 $\dot{F}$ 方框的输入端与放大电路输出端连接点的位置是电路的电压输出端，反馈的类型是电压反馈；在图8-3b中 $\dot{F}$ 方框的输入端与放大电路输出端连接点的位置不是电路的电压输出端，反馈的类型是电流反馈。

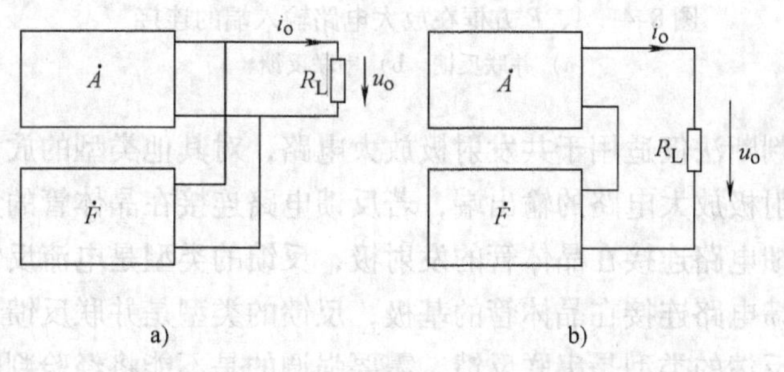

图8-3 $\dot{A}$、$\dot{F}$ 方框在放大电路输出端的连接

a）电压反馈 b）电流反馈

8.2.2 并联反馈与串联反馈的判别

按照定义，串联反馈与并联反馈是由 $\dot{A}$ 方框与 $\dot{F}$ 方框在输入端的连接方式决定的，所以在判断反馈类型是并联反馈还是串联反馈时仅考虑放大电路的输入端。框图判断法在画出 $\dot{A}$ 方框与 $\dot{F}$ 方框连接方式的基础上直接判断，当 $\dot{A}$ 方框与 $\dot{F}$ 方框在输入端并联时，反馈的类型是并联反馈。根据基尔霍夫定律，在并联电路中可以列写出 KCL 方程，则在并联反馈时，电路的输入信号 $\dot{X}_i$、净输入信号 $\dot{X}_d$ 及反馈信号 $\dot{X}_f$ 均以电流的形式出现，有 $\dot{X}_i=\dot{I}_i$、$\dot{X}_d=\dot{I}_d$ 和 $\dot{X}_f=\dot{I}_f$。当 $\dot{A}$ 方框与 $\dot{F}$ 方框在输入端串联时，反馈的类型是串联反馈。同样，串联电路可以列写出电路的 KVL 方程，则在串联反馈时，电路的输入信号 $\dot{X}_i$、净输入信号 $\dot{X}_d$ 及反馈信号 $\dot{X}_f$ 均以电压的形式出现，有 $\dot{X}_i=\dot{U}_i$、$\dot{X}_d=\dot{U}_d$ 和 $\dot{X}_f=\dot{U}_f$。

公式判断法是根据列写出的关系式 $\dot{X}_f=f(\dot{X}_o)$ 进行判断，若关系式中的 $\dot{X}_f=\dot{I}_f$，反馈的类型是并联反馈；若关系式中的 $\dot{X}_f=\dot{U}_f$，反馈的类型是串联反馈。

变量分离判断法是观察反馈电路在放大电路输入端连接点的位置，若反馈电路在放大电路输入端连接点的位置是放大电路的信号输入端，反馈的类型是并联反馈；若反馈电路在放大电路输入端连接点的位置不是放大电路的信号输入端，反馈的类型是串联反馈。

如图 8-4 所示电路，由框图判断法，在图 8-4a 中，$\dot{A}$ 方框与 $\dot{F}$ 方框在放大电路的输入端并联，反馈的类型是并联反馈；在图 8-4b 中，$\dot{A}$ 方框与 $\dot{F}$ 方框在放大电路的输入端串联，反馈的类型是串联反馈。由变量分离判断法，在图 8-4a 中，$\dot{F}$ 方框在放大电路输入端连接点的位置（a 点）是放大电路的信号输入端，反馈的类型是并联反馈；在图 8-4b 中，$\dot{F}$ 方框在放大电路输入端连接点的位置（a′点）不是放大电路的信号输入端，反馈的类型是串联反馈。

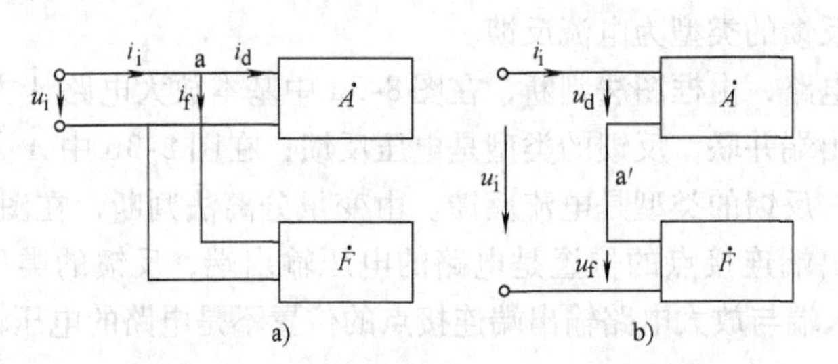

图 8-4 $\dot{A}$、$\dot{F}$ 方框在放大电路输入端的连接

a）并联反馈 b）串联反馈

反馈类型的经验判断法仅适用于共发射极放大电路，对其他类型的放大电路不成立。根据经验判断法，在共射极放大电路的输出端，若反馈电路连接在晶体管的集电极，反馈的类型是电压反馈；若反馈电路连接在晶体管的发射极，反馈的类型是电流反馈。在共射极放大电路的输入端，若反馈电路连接在晶体管的基极，反馈的类型是并联反馈；若反馈电路连接在晶体管的发射极，反馈的类型是串联反馈。需要强调的是不能将经验判断法应用于共集电极放大电路（或共基极放大电路）。

8.2.3　正反馈与负反馈的判别

正反馈与负反馈的判别通常使用瞬时极性法。瞬时极性法是指在放大电路中，设晶体管基极信号的瞬时极性为正，观察反馈信号的瞬时极性对放大电路净输入信号瞬时极性的影响，反馈信号的瞬时极性使放大电路的净输入信号增大，反馈的类型是正反馈；反馈信号的瞬时极性使放大电路的净输入信号减小，反馈的类型是负反馈。

在瞬时极性法中，晶体管三个电极信号瞬时极性的正负与其在信号传输过程中电极电位的变化有关。以输入信号是正弦信号为例，晶体管电极电位的瞬时极性为正对应于正弦函数的正半周，电极电位的瞬时极性为负对应于正弦函数的负半周。若放大电路中晶体管基极信号的瞬时极性为正，表示晶体管的基极收到了正弦函数的正半周，按照晶体管的放大原理，这时晶体管发射极信号的瞬时极性也为正，而集电极信号的瞬时极性则为负，如图 8-5 所示。

当放大电路引入了反馈时，反馈电路将其在放大电路输出端采集到输出信号的瞬时极性作为反馈信号返送回放大电路的输入端，反馈电路在传输反馈信号的过程中不会改变信号的极性，反馈电路采集到的信号极性为正，返送回放大电路输入端的信号极性就是正，反之亦然。为了区别反馈信号与晶体管三个电极上原有的输入信号，在放大电路的输入端将反馈信号的极性用圆圈圈起来，如图 8-5 所示。由于晶体管在放大电路的输入端连接有两个电极，所以反馈信号返送回放大电路的输入端时可以返送至晶体管的基极，也可以返送至晶体管的发射极，返送回来的反馈信号极性与晶体管基极（或发射极）原有输入信号的极性叠加，叠加后反馈信号使放大电路的净输入信号增大，反馈就是正反馈；反馈信号使放大电路的净输入信号减小，反馈就是负反馈。

图 8-5 所示为晶体管三个电极原有信号和反馈信号的瞬时极性。若反馈信号返送至晶体管的基极，反馈类型为并联反馈，当反馈信号的极性为负时，负极性与晶体管基极原有的正极性叠加将使基极的电位下降，放大电路的净输入信号 i_b 减小，反馈的类型是负反馈；当反馈信号的极性为正时，正极性与基极原有的正极性叠加将使基极的电位升高，放大电路的净输入信号 i_b 随之增大，反馈的类型是正反馈。若反馈信号返送至晶体管的发射极，反馈类型为串联反馈，当反馈信号的极性为负时，负极性与晶体管发射极原有的正极性叠加将使发射极电位下降，在基极电位不变的条件下，放大电路的净输入信号 u_{be} 增大，反馈的类型是正反馈；当反馈信号的极性为正时，正极性与发射极原有的正极性叠加将使发射极电位升高，同样在基极电位不变的条件下，放大电路的净输入信号 u_{be} 减小，反馈的类型是负反馈，如图 8-5 所示。

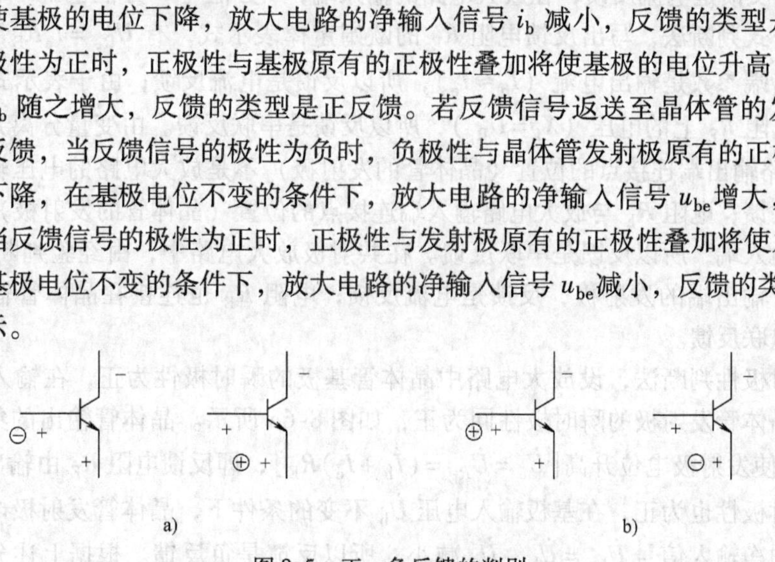

a)　　b)

图 8-5　正、负反馈的判别

a）负反馈　b）正反馈

*8.3　几种类型的负反馈放大电路

8.3.1　电流串联负反馈

1. 反馈类型的判别

如图8-6a所示为分压式偏置共射极放大电路，电路中的发射极电阻R_E是放大电路的输入回路与输出回路共用的电阻，由此可以判断电阻R_E是反馈电阻，由于电路中带有反馈电阻，所以分压式偏置放大电路是反馈放大电路。因为放大电路是单级放大电路，同时电阻R_E没有并联旁路电容，所以反馈类型的前两个类别是单级交直流反馈，而反馈类型后三个类别的判断需要使用前一小节介绍的判断方法。

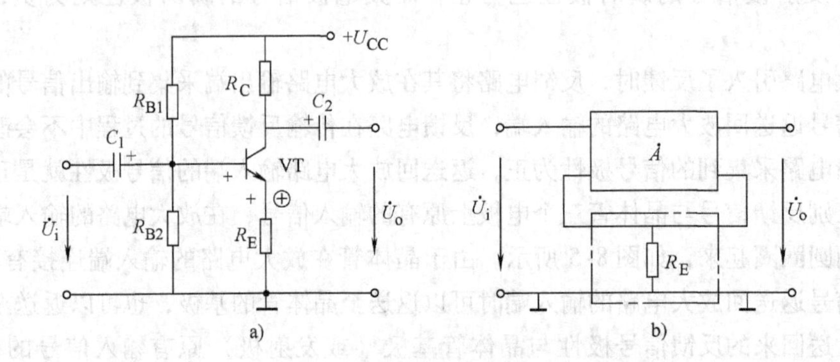

图8-6　电流串联负反馈放大电路
a）电路图　b）框图

由框图判断法，画出放大电路的框图如图8-6b所示，在放大电路的输出端，$\dot{A}$方框与$\dot{F}$方框串联，反馈是电流反馈；在放大电路的输入端，$\dot{A}$方框与$\dot{F}$方框也是串联，反馈是串联反馈。由公式判断法，写出反馈电阻R_E的欧姆定律表示式，有$\dot{U}_{R_E}=\dot{I}_e R_E$，由于表示式中出现的输出端参数是输出电流（$\dot{I}_o \approx \dot{I}_e$），所以反馈是电流反馈；由于表示式中出现的输入端参数是电阻R_E上的电压（$\dot{X}_f=\dot{U}_{R_E}$），所以反馈是串联反馈。由变量分离判断法，电阻R_E与放大电路输出端连接点的位置（晶体管的发射极）不是放大电路的电压输出端，所以反馈是电流反馈；电阻R_E与放大电路输入端连接点的位置（晶体管的发射极）也不是放大电路的信号输入端，所以反馈是串联反馈。在共射极放大电路中，由经验判断法，电阻R_E连接在晶体管输出端的发射极，反馈是电流反馈；电阻R_E也连接在晶体管输入端的发射极，反馈是串联反馈。

根据瞬时极性判断法，设放大电路中晶体管基极的瞬时极性为正，在输入基极电流i_b的作用下，晶体管发射极的瞬时极性同为正，如图8-6a所示。晶体管输出的集电极电流i_c（$i_c=i_o$）同样使发射极电位升高[$\dot{U}_e=\dot{U}_{R_E}=(\dot{I}_b+\dot{I}_c)R_E$]，即反馈电阻$R_E$由输出端采集到反馈信号的瞬时极性也为正，在基极输入电压$\dot{U}_b$不变的条件下，晶体管发射极电位的升高将使得晶体管的净输入信号$\dot{U}_{be}=\dot{U}_b-\dot{U}_e$减小，所以反馈是负反馈。根据上述分析可以判断出，电阻R_E引入的反馈类型为单级交直流电流串联负反馈。

2. 负反馈的作用

在负反馈对放大电路的影响中，直流负反馈能够稳定放大电路的静态工作点，交流负反馈能够稳定放大电路的输出参数，其中电流负反馈能够稳定输出电流，电压负反馈能够稳定输出电压。在如图 8-6a 所示电路的直流通路中，当环境温度升高时，反馈电阻 R_E 可以自动调节电路参数，使放大电路静态工作点的位置基本不变，静态工作点的稳定过程在第 7 章的 7.5 节中已做了详细介绍。电阻 R_E 引入的交流负反馈是电流负反馈，设放大电路输出电流出现波动变化使其数值增大，并且用箭头所指方向表示电路参数波动变化的趋势，则如图 8-6a 所示电路稳定输出电流的过程为

$$\dot{I}_o\uparrow\rightarrow\dot{I}_c\uparrow\rightarrow\dot{I}_e\uparrow\rightarrow\dot{U}_f(\dot{U}_{R_E})\uparrow\rightarrow\dot{U}_{be}\downarrow\rightarrow\dot{I}_b\downarrow\rightarrow\dot{I}_c\downarrow\rightarrow\dot{I}_o\downarrow$$

如果输出电流波动变化使其数值减小，则代表电路参数波动变化趋势的箭头与上式相反。由此可见，当各种因素造成放大电路输出电流的数值出现波动时，放大电路中引入的电流负反馈能够自动调节电路参数，使输出电流的波动向反方向变化，最终使放大电路的输出电流基本不变。

3. 电路参数的计算

因为如图 8-6a 所示电路引入的反馈类型是电流串联负反馈，所以电路的输出信号 $\dot{X}_o=\dot{I}_o=-\dot{I}_c$，净输入信号 $\dot{X}_d=\dot{U}_{be}$、反馈信号 $\dot{X}_f=\dot{U}_F=\dot{U}_{R_E}$，则基本放大电路的开环放大倍数为

$$\dot{A}=\frac{\dot{X}_o}{\dot{X}_d}=\frac{-\dot{I}_c}{\dot{U}_{be}}=\frac{-\beta\dot{I}_b}{\dot{I}_b r_{be}}=\frac{-\beta}{r_{be}} \tag{8-2}$$

反馈电路的反馈系数为

$$\dot{F}=\frac{\dot{X}_f}{\dot{X}_o}=\frac{\dot{U}_{R_E}}{-\dot{I}_c}=\frac{(1+\beta)\dot{I}_b R_E}{-\beta\dot{I}_b}=-\frac{(1+\beta)R_E}{\beta} \tag{8-3}$$

反馈放大电路的闭环放大倍数为

$$\dot{A}_f=\frac{\dot{A}}{1+\dot{A}\dot{F}}=\frac{\dfrac{-\beta}{r_{be}}}{1+\left(\dfrac{-\beta}{r_{be}}\right)\left(-\dfrac{(1+\beta)R_E}{\beta}\right)}=\frac{-\beta}{r_{be}+(1+\beta)R_E} \tag{8-4}$$

在反馈放大电路中，闭环放大倍数的定义式为

$$\dot{A}_f=\frac{\dot{X}_o}{\dot{X}_i}=\frac{\dot{I}_o}{\dot{U}_i}$$

由上式可以看出，如图 8-6a 所示电路的闭环放大倍数 $\dot{A}_f$ 是互导放大倍数，互导放大倍数的单位是电导的单位。而反馈放大电路的闭环电压放大倍数 $\dot{A}_{uf}$ 为

$$\dot{A}_{uf}=\frac{\dot{U}_o}{\dot{U}_i}=\frac{\dot{I}_o R'_L}{\dot{U}_i}=\dot{A}_f R'_L=\frac{-\beta}{r_{be}+(1+\beta)R_E}R'_L=\frac{-\beta R'_L}{r_{be}+(1+\beta)R_E} \tag{8-5}$$

上式与第 7 章的 7.5 节中按照微变等效分析方法得到的电压放大倍数计算式一样。

8.3.2　电压并联负反馈

在如图 8-7a 所示电路中，因为电阻 R_B 连接在放大电路与的输出端与输入端之间，所以电阻 R_B 就是电路的反馈电阻；因为电路是单级放大电路，并且电阻 R_B 没有连接电容器，

所以反馈是单级交直流反馈；因为电阻 R_B 在放大电路输出端的连接点是输出电压端，所以反馈是电压反馈；因为电阻 R_B 在放大电路输入端的连接点是输入信号端，所以反馈是并联反馈；在设晶体管基极电位的瞬时极性为正时，由电阻 R_B 返送回晶体管基极反馈信号的瞬时极性是负，所以反馈是负反馈，这样电阻 R_B 引入的反馈类型为：单级交直流电压并联负反馈。反馈放大电路的框图如图 b 所示，由框图中也可以判断出反馈的类型是电压并联反馈。

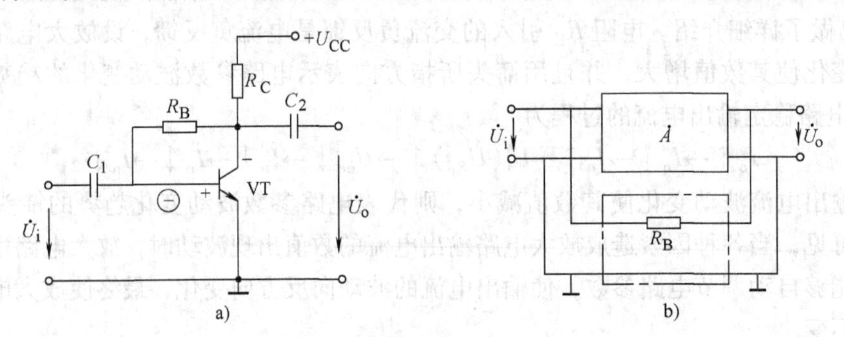

图 8-7　电压并联负反馈电路

a) 电路图　b) 框图

在如图 8-7a 所示电路中，直流负反馈稳定放大电路静态工作点的过程为

$$T\uparrow\rightarrow I_C\uparrow\rightarrow U_{R_C}\uparrow\rightarrow U_C\downarrow\rightarrow U_F(U_{R_B})\downarrow\rightarrow I_B\downarrow\rightarrow I_C\downarrow$$

交流负反馈稳定放大电路输出电压的过程为

$$\dot{U}_o\uparrow\rightarrow\dot{U}_{R_B}\uparrow\rightarrow\dot{I}_f(\dot{I}_{R_B})\uparrow\rightarrow\dot{I}_b\downarrow\rightarrow\dot{I}_c\downarrow\rightarrow\dot{I}_o\downarrow\rightarrow\dot{U}_o\downarrow$$

由于电阻 R_B 在放大电路中引入的反馈类型是电压并联负反馈，所以电路的参数分别为 $\dot{X}_o=\dot{U}_o$、$\dot{X}_d=\dot{I}_b$、$\dot{X}_f=\dot{I}_{R_B}=(\dot{U}_i-\dot{U}_o)/R_B$，考虑到 $\dot{U}_i\ll\dot{U}_o$，基本放大电路的开环放大倍数为

$$\dot{A}=\frac{\dot{X}_o}{\dot{X}_d}=\frac{\dot{U}_o}{\dot{I}_b}=\frac{-\dot{I}_cR'_L}{\dot{I}_b}=-\beta R'_L \tag{8-6}$$

反馈电路的反馈系数为

$$\dot{F}=\frac{\dot{X}_f}{\dot{X}_o}=\frac{\dot{I}_f}{\dot{U}_o}=\frac{-\dot{U}_o/R_B}{\dot{U}_o}=-\frac{1}{R_B} \tag{8-7}$$

反馈放大电路的闭环放大倍数为

$$\dot{A}_f=\frac{\dot{A}}{1+\dot{A}\dot{F}}=\frac{-\beta R'_L}{1+(-\beta R'_L)(-1/R_B)}=\frac{-\beta R'_LR_B}{R_B+\beta R'_L} \tag{8-8}$$

由闭环放大倍数的定义可以知道，如图 8-7a 所示电路的闭环放大倍数是互阻放大倍数，即

$$\dot{A}_f=\frac{\dot{X}_o}{\dot{X}_i}=\frac{\dot{U}_o}{\dot{I}_i}$$

则反馈放大电路的闭环电压放大倍数为

$$\dot{A}_{uf}=\frac{\dot{U}_o}{\dot{U}_i}=\frac{\dot{U}_o}{\dot{I}_ir_i}=\frac{\dot{U}_o}{\dot{I}_i}\frac{1}{r_i}=\dot{A}_f\frac{1}{r_i}\approx\dot{A}_f\frac{1}{r_{be}} \tag{8-9}$$

8.3.3　其他类型的负反馈放大电路

在如图 8-8 所示的两级放大电路中，电阻 R_{E1} 和电阻 R_{E2} 分别在各自的单级放大电路中

引入了交直流电流串联负反馈，同时两级放大电路还引入了级间反馈。反馈电阻 R_f 由后级放大电路的输出端采集信号，并经由电阻 R_{E1} 返送回前级放大电路的输入端，则电阻 R_f 和电阻 R_{E1} 构成了级间反馈电路。根据前述的反馈类型判断方法，可以判断出电阻 R_f 和电阻 R_{E1} 引入的反馈类型为级间交直流电压串联负反馈。

在两级放大电路引入的级间负反馈中，直流负反馈稳定静态工作点的过程为

$T\uparrow\to I_{C2}\uparrow\to U_{C2}\downarrow\to U_{E1}\downarrow\to U_{BE1}\uparrow\to I_{B1}\uparrow\to I_{C1}\uparrow\to U_{C1}\downarrow\to U_{BE2}\downarrow\to I_{B2}\downarrow\to I_{C2}\downarrow$

交流负反馈稳定输出电压的过程为

$$\dot{U}_o\uparrow\to\dot{U}_{e1}\uparrow\to\dot{U}_{be1}\downarrow\to\dot{I}_{b1}\downarrow\to\dot{I}_{c1}\downarrow\to\dot{I}_{b2}\downarrow\to\dot{I}_{c2}\downarrow\to\dot{I}_o\downarrow\to\dot{U}_o\downarrow$$

按照与上述相同的分析方法，可以自行分析如图8-9所示两级放大电路引入的级间反馈类型及负反馈稳定放大电路参数的过程。

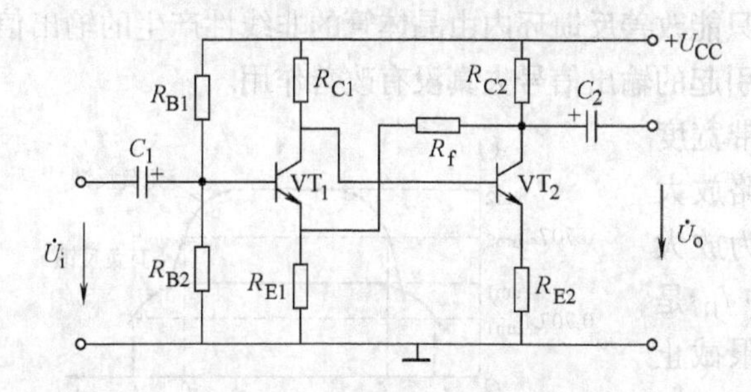

图8-8　电压串联负反馈电路

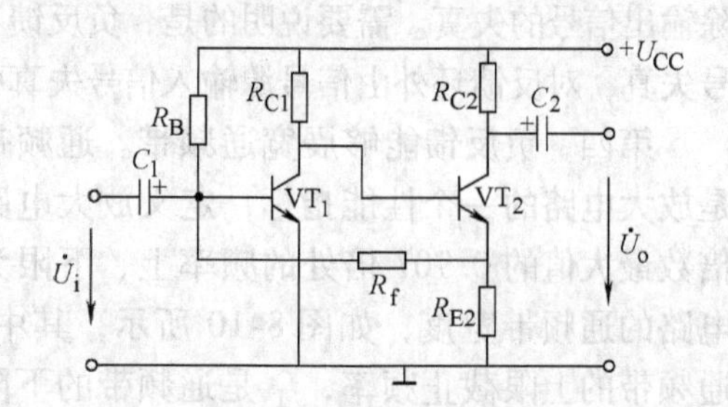

图8-9　电流并联负反馈电路

8.4　负反馈对放大电路性能的影响

当放大电路引入负反馈后，放大电路的结构变得复杂，电路的分析也相对困难，但是负反馈对放大电路的工作状态有明显的影响，使放大电路的性能得到较多的改善，下面从几个方面分析负反馈对放大电路性能的影响。

首先，负反馈能够降低放大电路的放大倍数。放大电路引入负反馈后，负反馈将使得放大电路的净输入信号减小，在信号源输入信号不变的条件下，净输入信号的减小将使放大电路的输出信号也随之减小，电路的放大倍数将会下降。由闭环放大倍数的表示式 $\dot{A}_f=\dot{A}/(1+\dot{A}\dot{F})$ 可以看出，负反馈放大电路的闭环放大倍数 $\dot{A}_f$ 小于开环放大倍数 $\dot{A}$。

其次，负反馈能够提高放大倍数的稳定性。如果由于外界因素（电源电压波动、元件老化、电路参数改变等）的变化使放大电路的放大倍数出现波动，放大倍数的波动将会造成输出电压的不稳定，这时电路中引入的负反馈能够将放大倍数的波动量减小。设开环放大倍数的相对变化率为 dA/A，闭环放大倍数的相对变化率为 dA_f/A_f，对闭环放大倍数的表示式求导有

$$\frac{dA_f}{dA}=\frac{d}{dA}\left(\frac{A}{1+AF}\right)=\frac{1+AF-AF}{(1+AF)^2}=\frac{1}{(1+AF)^2}=\frac{1}{1+AF}\frac{1}{1+AF}\frac{A}{A}=\frac{1}{1+AF}\frac{A_f}{A}$$

整理上式，可以得到闭环放大倍数相对变化率的表示式为

$$\frac{dA_f}{A_f}=\frac{1}{1+AF}\frac{dA}{A} \tag{8-10}$$

式（8-10）表示，放大电路闭环放大倍数的相对变化率等于开环放大倍数的相对变化率与一个小于 1 的数的乘积，由此可见，闭环放大倍数的变化要比开环放大倍数的变化小，负反馈提高了放大倍数的稳定性。

第三，负反馈能够改善输出信号波形的失真。当输入信号的幅值比较大，或静态工作点的位置设置的不合适时，放大电路输出信号波形变化的动态范围有可能进入晶体管的非线性区，从而使输出信号产生非线性失真。当放大电路引入负反馈后，负反馈将使放大电路的放大倍数下降，放大倍数的下降使得输出信号的幅值减小，输出信号波形变化的动态范围随之减小，减小后的动态范围将逐渐脱离晶体管的非线性区，使输出信号的非线性失真得到改善。如果输出信号的失真程度原本不严重，负反馈能够完全消除输出信号的失真；如果输出信号的失真程度比较严重或者电路的反馈量太小，那么负反馈能够减小输出信号的失真程度，但不能够完全消除输出信号的失真。需要说明的是，负反馈只能改善反馈环内由晶体管的非线性产生的输出信号失真，对反馈环外由信号源输入信号失真引起的输出信号失真没有改善作用。

第四，负反馈能够展宽通频带。通频带宽度是放大电路的一个性能指标，定义放大电路放大倍数最大值的 0.707 倍处的频率上、下限为放大电路的通频带宽度，如图 8-10 所示，其中 f_H 是通频带的上限截止频率，f_L 是通频带的下限截止频率，放大电路通频带的宽度为 $\Delta f = f_H - f_L$。

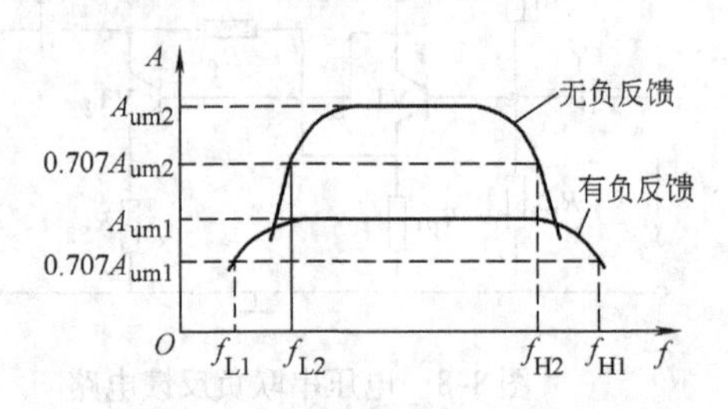

图 8-10　负反馈对放大电路幅频特性的影响

在放大电路中，电路的放大倍数与通频带宽度的乘积是一个常数，即 $A\Delta f = C$，当放大电路引入负反馈后，电路的放大倍数 A 数值下降，电路的通频带宽度 Δf 将增大，图 8-10 所示为放大电路在引入负反馈与没有引入负反馈两种条件下的幅频特性。由幅频特性可以看出，负反馈对不同数值的放大倍数影响不同，中频段的放大倍数数值原本较大，负反馈使放大倍数下降的较多；低频段与高频段的放大倍数数值原本较小，负反馈使放大倍数下降的比率也小。这样当放大电路引入负反馈后，电路的下限截止频率将向低频方向移动，而电路的上限截止频率将向高频方向移动，放大电路的通频带宽度也相应变宽。

第五，负反馈能够调节放大电路的输入、输出电阻。当放大电路引入负反馈后，连接在电路中的反馈电阻改变了放大电路的结构，进而改变了放大电路的输入、输出电阻的数值。在放大电路的输入端，当电路引入了串联负反馈时，电路的框图如图 8-11a 所示，放大电路

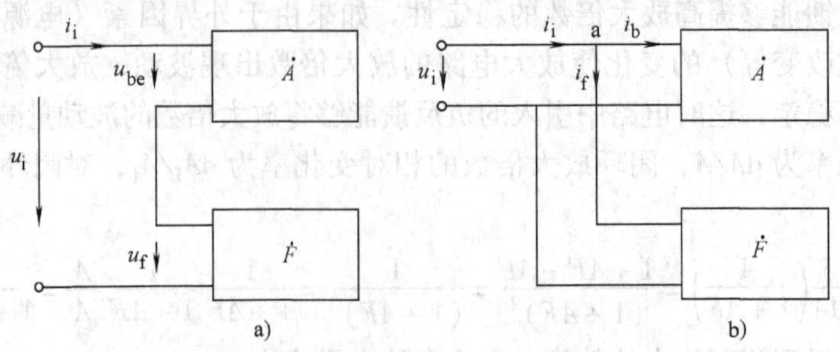

图 8-11　负反馈对放大电路输入电阻的影响

a）串联负反馈　b）并联负反馈

的开环输入电阻等于 $\dot{A}$ 方框的输入电压与输入电流的比值，即 $r_i = u_{be}/i_i$；放大电路的闭环输入电阻等于电路的输入电压与电路的输入电流的比值，即 $r_{if} = u_i/i_i$。在串联负反馈放大电路中，有 $u_{be} = u_i - u_f < u_i$，因此在电路中有 $r_{if} > r_i$，串联负反馈能够提高放大电路的输入电阻，提高后的输入电阻为 $r_{if} = (1+AF)r_i$。

当放大电路引入了并联负反馈时，如图8-11b所示，放大电路的开环输入电阻等于 $\dot{A}$ 方框的输入电压与输入电流的比值，即 $r_i = u_i/i_b$；放大电路的闭环输入电阻等于电路的输入电压与电路的输入电流的比值，即 $r_{if} = u_i/i_i$。在并联负反馈电路中，有 $i_b = i_i - i_f < i_i$，因此在放大电路中有 $r_{if} < r_i$，并联负反馈能够降低放大电路的输入电阻，降低后的输入电阻为 $r_{if} = r_i/(1+AF)$。

在放大电路的输出端，当电路引入了电压负反馈时，若外界因素变化引起放大电路的输出电压出现波动时，反馈电路能够及时将输出电压的波动传递到放大电路的输入端，调节放大电路的净输入信号，使放大电路输出电压的波动量减到最小，从而使放大电路的输出电压基本不变。具有恒压特性的放大电路等效输出电阻很小，所以电压负反馈减小了电路的输出电阻。

当电路引入了电流负反馈时，电流负反馈能够稳定放大电路的输出电流，使得放大电路输出电流的数值基本不变，具有恒流特性的放大电路等效输出电阻很大，所以电流负反馈提高了放大电路的输出电阻。

8.5 振荡电路

如图8-12所示电路，当开关S置于位置1时，电路是开环结构，放大电路将信号源送来的输入电压 u_i 放大，放大后的输出电压为 u_o，这时的电路结构是信号放大电路。当开关S置于位置2时，开关S在切除信号源的同时连接了反馈电路，这时电路是闭环结构，反馈电路的输出电压 u_f 取代原有的输入电压 u_i 成为放大电路的输入信号，如果 u_f 的数值大小及相位均与电路原来的 u_i 相同，则放大电路的输出电压 u_o 将不会发生变化，电路在没有信号输入时，仍然能够输出具有一定幅值、一定频率的输出电压 u_o，这时的电路就是振荡电路。在实际的振荡电路中，并没有连接开关S，电路能够建立稳定输出的原因是电路内部产生的自激振荡。

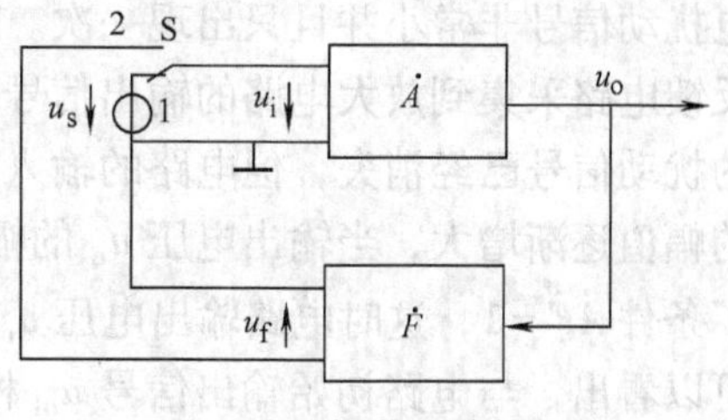

图8-12 振荡电路框图

8.5.1 自激振荡的建立

在放大电路中，当输入信号为零时，电路的输出信号不为零的现象称为放大电路的自激振荡。自激振荡的产生是有条件的，只有满足关系式 $u_f = u_i$，电路才能建立自激振荡，如果用相量式表示，自激振荡建立的条件就是 $\dot{U}_f = \dot{U}_i$。在闭环电路中，电路的开环放大倍数 $\dot{A} = \dot{X}_o/\dot{X}_d$，电路的反馈系数 $\dot{F} = \dot{X}_f/\dot{X}_o$，如图8-12所示电路的 $\dot{X}_f = \dot{U}_f$、$\dot{X}_d = \dot{U}_i$，当满足条件 $\dot{U}_f = \dot{U}_i$ 时，在电路中有

$$\dot{A}\dot{F}=\frac{\dot{X}_o}{\dot{X}_d}\frac{\dot{X}_f}{\dot{X}_o}=\frac{\dot{X}_f}{\dot{X}_d}=\frac{\dot{U}_f}{\dot{U}_i}=1$$

由此可以得到自激振荡建立的条件

$$\dot{A}\dot{F}=1 \tag{8-11}$$

由于式（8-11）中的参数 $\dot{A}$ 与 $\dot{F}$ 均为复数，所以自激振荡建立的条件可以拆分为两个表示式，第一个是幅度条件 $AF=1$，即反馈电压 u_f 与输入电压 u_i 数值相同；第二个是相位条件，即反馈电压 u_f 与输入电压 u_i 相位相同，反馈电压与输入电压同相位表示电路引入的反馈类型是正反馈。在幅度条件与相位条件同时满足的条件下，电路才能建立自激振荡，自激振荡建立后，振荡电路才会有稳定的输出信号。

如图 8-13 所示为闭环系统中基本放大电路与反馈电路的输出特性。图中的曲线 $u_o=Au_f$ 是基本放大电路的输出特性，由 $u_o=Au_f$ 曲线可以看出，在输入电压 u_f 比较小时，输出电压 u_o 随 u_f 的增大而增加较快，当输入电压 u_f 增大到一定程度后，输出电压 u_o 的增幅开始减缓，放大电路的电压放大倍数出现下降，输出电压 u_o 呈现出饱和特性。图中的直线 $u_f=Fu_o$ 是反馈电路的输出特性，当反馈电路有输入信号 u_o 时，由输出特性可以对应得到反馈电路的输出信号 u_f，自激振荡建立的过程可以利用这两条特性曲线来解释。

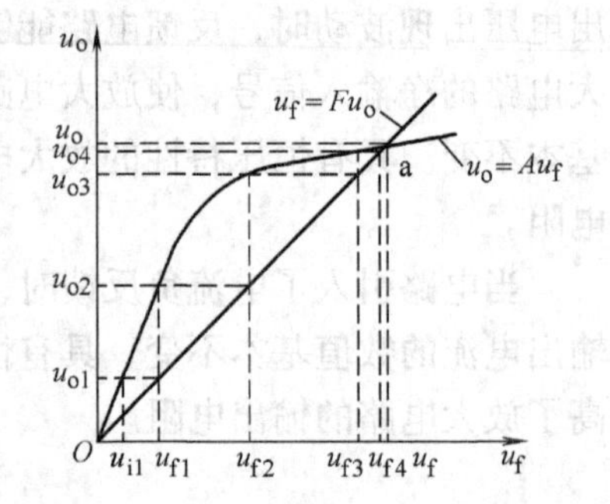

图 8-13　自激振荡建立的过程

由于振荡电路中并没有信号源，所以自激振荡建立的最初信号是由电路开关动作引起的电扰动信号 u_{i1}，这个电扰动信号非常小并且只出现一次。在电扰动信号的作用下，放大电路的第一次输出为 u_{o1}，反馈电路采集到放大电路的输出信号 u_{o1}，使反馈电路输出反馈信号 u_{f1}，这时开关动作产生的扰动信号已经消失，但电路的输入端有了第二个输入信号 u_{f1}，如此循环，电路输出电压的幅值逐渐增大，当输出电压 u_o 的幅值增大到两条特性曲线的交点 a 处时，电路自动满足了条件 $\dot{A}\dot{F}=1$，这时电路输出电压 u_o 的幅值稳定，电路建立起稳定的振荡输出。由图 8-13 可以看出，与电路初始输出信号 u_{o1} 相对应的反馈信号 $u_{f1}>u_i$，这表示在建立自激振荡时，初始的电路参数设定为 $AF>1$，反馈电路返送回放大电路输入端的反馈信号 $u_f>u_i$，电路的输出是增幅振荡。随着输出电压 u_o 幅值的逐渐增加，电压放大倍数 A 的数值将逐渐减小，u_f 的增幅也随之减小。在两条曲线的交点（a 点）处，反馈信号 u_f 满足 $u_f=u_i$，电路参数满足 $AF=1$，电路就建立起了稳定的振荡输出。

自激振荡建立的最初信号是开关动作产生的微扰动电信号，这个微扰动电信号中包含了多个频率，如果振荡电路不对微扰动电信号进行频率选择，电路的输出信号就成为无用的杂波信号，因此振荡电路的组成包括：放大电路、正反馈电路及选频电路。在振荡电路中，放大电路负责将输入信号的幅值放大到足够大，反馈电路负责为放大电路提供输入信号，选频电路负责从最初的微扰动电信号中挑选出所需要的信号频率，这三部分电路组合起来就可以使振荡电路输出具有一定频率、一定幅值的输出信号。

按照电路输出信号的波形，振荡电路可以分为非正弦波振荡电路与正弦波振荡电路；按照电路中的选频电路结构，振荡电路可以分为 LC 振荡电路与 RC 振荡电路，本节介绍正弦波振荡电路。

8.5.2 *LC* 振荡电路

如图 8-14 所示电路为变压器耦合振荡电路，其中反馈电路由反馈线圈 L_f 构成，选频电路由选频电容 C 及电路中的 L 元件构成，由于变压器有三组线圈，所以电路中的 L 参数是等效电感，电路中的其他元件就构成了放大电路。

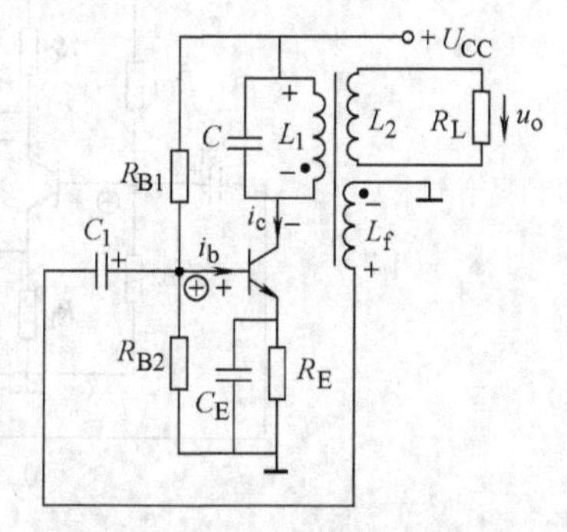

图 8-14 变压器耦合振荡电路

首先，电路输出信号频率的选择是由 LC 选频电路完成的。在 LC 并联电路中，当 L 元件与 C 元件的数值确定后，电路的并联谐振频率 f_o（也称为固有频率）就确定了，忽略线圈内阻的影响，f_o 的表示式为

$$f_o \approx \frac{1}{2\pi\sqrt{LC}} \tag{8-12}$$

当含有多个频率的微扰动电信号经放大电路放大后，晶体管集电极最初输出的 i_{c1} 中就包含了的多个频率，但是与晶体管集电极连接的选频电路仅对 i_{c1} 信号中 $f=f_o$ 的信号产生并联谐振。当并联谐振发生时，谐振电路的阻抗 z_o 数值最大，这个最大阻抗值 z_o 即为谐振发生时的集电极电阻的数值。所以对应于 $f=f_o$ 的信号，放大电路的等效负载电阻 R'_L 的数值最大、电压放大倍数数值最大、电路最初输出信号 u_{o1} 中这个频率信号的幅值也最大，反馈电路能够采集到的信号就是频率为 $f=f_o$ 的信号。这表示经过频率选择后，振荡电路在自激振荡建立的过程中，只对频率 $f=f_o$ 的信号能够建立起稳定的输出。对微扰动电信号中 $f\neq f_o$ 的信号，选频电路不会产生并联谐振，放大电路对那些信号的电压放大倍数也很小，可以认为放大电路就不放大频率 $f\neq f_o$ 的信号。

其次，为了建立稳定的振荡输出要求电路参数满足条件 $\dot{A}\dot{F}=1$，由于在最初设计中电路的幅度条件已经设定为 $AF>1$，所以只要满足相位条件，电路就能够产生自激振荡，即只要电路的反馈类型是正反馈就可以使振荡电路起振。在图 8-14 所示电路中，设晶体管基极的瞬时极性为正，则集电极的瞬时极性为负，L_1 线圈的打点端瞬时极性也为负。由于耦合线圈具有同名端同极性的特性，所以当 L_f 线圈的打点端（同名端）瞬时极性为负时，L_f 线圈异名端的瞬时极性就为正，返送回晶体管基极的反馈信号瞬时极性就是正，电路中的反馈为正反馈。在满足了自激振荡建立的相位条件后，电路能够建立稳定的振荡输出。

LC 振荡电路具有频率选择特性比较好，输出信号的频率比较高的特点，电路可以产生频率为 1GHz 的正弦信号。由于 *LC* 振荡电路的工作频率比较高，所以电路多采用分立元件电路。如图 8-15 所示为电感三点式振荡电路与电容三点式振荡电路，电路输出信号的频率为

$$f_o \approx \frac{1}{2\pi\sqrt{LC}}$$

式中，L 参数与 C 参数均为电路的等效参数。

例 8-1 如图 8-16 所示电路，利用相位条件判断电路能否建立稳定的振荡输出。

解：图 8-16a 所示为变压器耦合 *LC* 振荡电路，电路中的三个线圈通过电磁耦合方式传

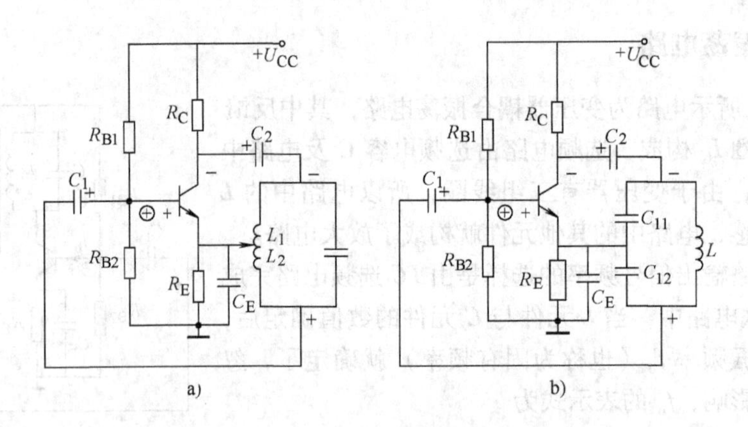

图 8-15　*LC* 振荡电路

a）电感三点式振荡电路　b）电容三点式振荡电路

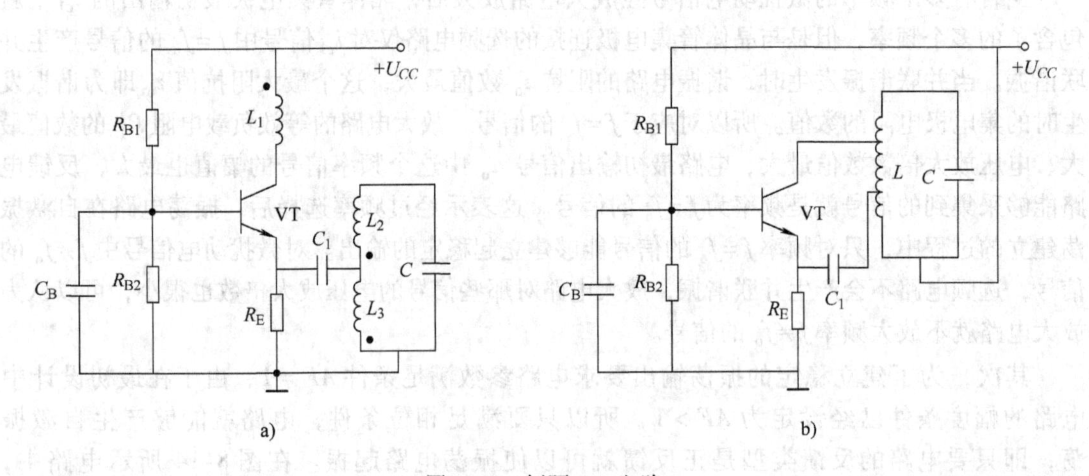

图 8-16　例题 8-1 电路

输信号。设晶体管基极电位的瞬时极性为正，则晶体管发射极的极性为正、集电极的极性为负，如图 8-17a 所示。由于晶体管集电极的瞬时极性为负，集电极电感 L_1 不打点端的瞬时极性亦为负，按照电磁耦合线圈具有同名端同极性的特性，变压器磁路传输给反馈电感 L_3 不打点端的极性也为负，电路反馈信号的瞬时极性为负，电路的反馈类型为正反馈，电路可以建立稳定的振荡输出。需要说明的是，电路中的电容器 C_1 是耦合电容，C_B 是旁路电容，这两个电容器都是大容量电容，其容抗比较小，在电路分析时可以视为短路，在信号传输中不影响信号的极性。

在图 8-16b 所示电路中，设晶体管基极电位的瞬时极性为正，则晶体管发射极的极性为正、集电极的极性为负，如图 8-17b 所示。晶体管的集电极将负极性传输给了选频电感 L，而选频电感 L 的下端连接在直流电源上，相当于接地。按照同种元件电位连续降落的特性，经耦合电容 C_1 传输给晶体管发射极的反馈信号极性为负，电路引入的反馈类型为正反馈，电路可以建立稳定的振荡输出。

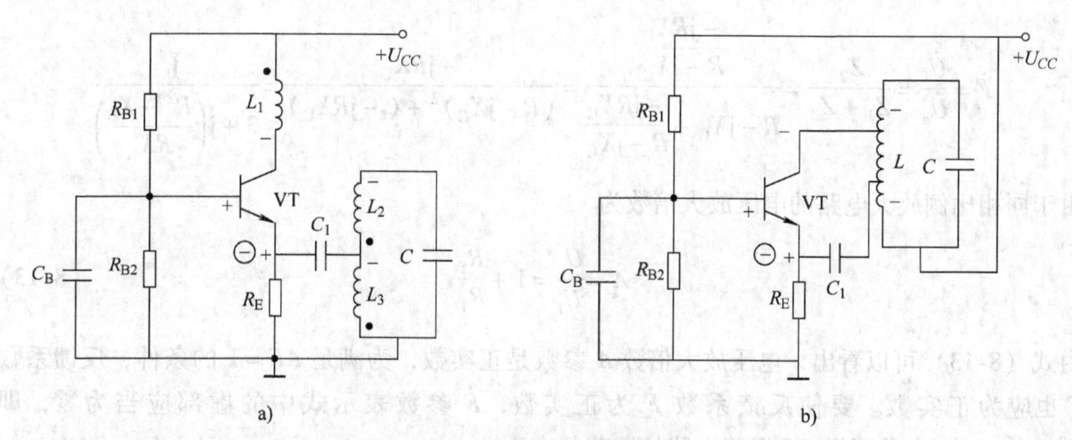

图 8-17　例题 8-1 的瞬时极性

8.5.3　*RC* 振荡电路

若振荡电路中的频率选择是由 *R* 元件与 *C* 元件来实现，电路就称为 *RC* 振荡电路，如图 8-18 所示为 *RC* 振荡电路的电路结构。在 *RC* 振荡电路中，放大电路是由集成运算放大器连接成同相比例放大电路；选频电路是由 *RC* 串联与 *RC* 并联电路构成，其中的 *RC* 并联电路是正反馈电路，*RC* 并联电路上输出的信号即为电路的反馈信号。*RC* 振荡的选频电路要求：电路中的两个电阻 *R* 数值相同，两个电容 *C* 的数值也相同，在调节电路输出频率时，这两个电阻（或两个电容）的数值应同时改变。设集成运算放大器同相输入端的瞬时极性为正，电路输出电压的瞬时极性也为正，反馈电路采集了输出电压的正极性并返送回了放大电路的同相输入端，电路引入的是正反馈，电路满足自激振荡建立的相位条件。

在如图 8-18 所示电路中，电阻 R_f（$R_f = R_{f1} + R_{f2}$）是集成运算放大电路的负反馈电阻，其作用是改善放大电路的工作性能，稳定放大电路的输出信号。与负反馈电阻 R_{f2} 正、反向并联的两个二极管是振荡电路的稳幅二极管，其作用是减小电路输出信号的失真。

RC 振荡电路输出信号的频率可以由选频电路的结构与参数推导出来。设选频电路中 *RC* 串联电路的复阻抗为 Z_1，*RC* 并联电路的复阻抗为 Z_2，Z_1 与 Z_2 的表示式分别为

$$Z_1 = R - jX_C \qquad Z_2 = \frac{-jRX_C}{R - jX_C}$$

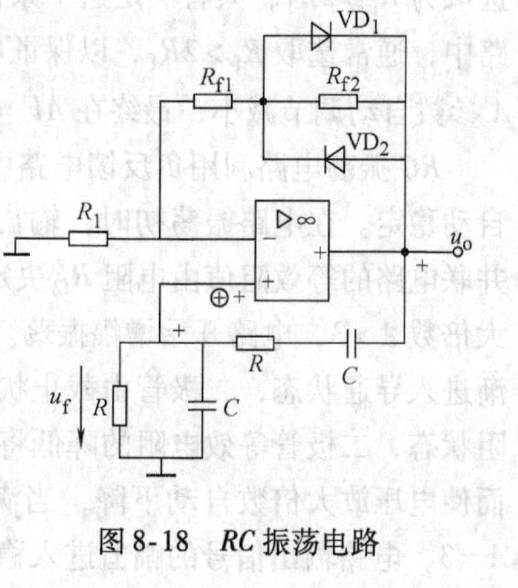

图 8-18　*RC* 振荡电路

由分压公式可以得到反馈电路的电压为

$$\dot{U}_f = \frac{Z_2}{Z_1 + Z_2}\dot{U}_o$$

将 Z_1 与 Z_2 的表示式代入上式，可以写出电路反馈系数的表示式，有

$$\dot{F}=\frac{\dot{U}_{\mathrm{f}}}{\dot{U}_{\mathrm{o}}}=\frac{Z_2}{Z_1+Z_2}=\frac{\dfrac{-\mathrm{j}RX_{\mathrm{C}}}{R-\mathrm{j}X_{\mathrm{C}}}}{R-\mathrm{j}X_{\mathrm{C}}+\dfrac{-\mathrm{j}RX_{\mathrm{C}}}{R-\mathrm{j}X_{\mathrm{C}}}}=\frac{-\mathrm{j}RX_{\mathrm{C}}}{(R-\mathrm{j}X_{\mathrm{C}})^2+(-\mathrm{j}RX_{\mathrm{C}})}=\frac{1}{3+\mathrm{j}\left(\dfrac{R^2-X_{\mathrm{C}}^2}{RX_{\mathrm{C}}}\right)}$$

由于同相比例放大电路的电压放大倍数为

$$\dot{A}=\frac{\dot{U}_{\mathrm{o}}}{\dot{U}_{\mathrm{f}}}=1+\frac{R_{\mathrm{f}}}{R_1} \tag{8-13}$$

由式（8-13）可以看出，电压放大倍数 $\dot{A}$ 参数是正实数，为满足 $\dot{A}\dot{F}=1$ 的条件，反馈系数 $\dot{F}$ 也应为正实数。要使反馈系数 $\dot{F}$ 为正实数，$\dot{F}$ 参数表示式中的虚部应当为零，即 $R^2-X_{\mathrm{C}}^2=0$，由此可得 RC 振荡电路的振荡频率为

$$f_{\mathrm{o}}=\frac{1}{2\pi RC} \tag{8-14}$$

式（8-14）即为 RC 振荡电路输出信号频率的表示式。如果需要改变 f_{o} 的数值，应同时调节选频电路中的电阻 R（或电容 C）的数值。由于普通集成运算放大器的通频带宽度相对较窄，所以 RC 振荡电路的工作频率较低，通常 RC 振荡电路产生的信号频率在 1MHz 以下。

RC 振荡电路对电路的电压放大倍数有要求。由反馈系数 $\dot{F}$ 的计算公式可以看出，在输出信号频率为 $f=f_{\mathrm{o}}$ 时，电路的反馈系数 $\dot{F}=1/3$，这表示电路反馈信号的数值在 $f=f_{\mathrm{o}}$ 时是输出信号数值的 1/3，有 $U_{\mathrm{f}}=U_{\mathrm{o}}/3$。如果电路要满足 $\dot{A}\dot{F}=1$ 的条件，电路的电压放大倍数应当设定为 $\dot{A}\geqslant 3$。由式（8-13）可知，为使电压放大倍数 $\dot{A}\geqslant 3$，电路中的负反馈电阻应当选取为 $R_{\mathrm{f}}\geqslant 2R_1$，只有满足这个条件，才能使振荡电路建立稳定的振荡输出。在实际应用电路中，通常选取 $R_{\mathrm{f}}>2R_1$，以保证电路能够顺利起振，随着输出电压幅值的增加，放大倍数 $\dot{A}$ 参数自动调节减小，最终在 $\dot{A}\dot{F}=1$ 时电路进入稳定工作状态。

RC 振荡电路利用负反馈电路中两个正、反向并联二极管的非线性来实现输出信号幅度自动稳定。在电路振荡初时，输出电压 u_{o} 的幅值比较小，二极管 VD_1、VD_2 基本不导通，并联电路的等效阻值由电阻 R_{f2}决定。由于电路中设定有 $R_{\mathrm{f1}}+R_{\mathrm{f2}}>2R_1$，所以电路的电压放大倍数 $A>3$，电路开始增幅振荡。随着输出电压 u_{o} 幅值的逐渐增大，二极管 VD_1、VD_2 逐渐进入导通状态，二极管由截止状态逐渐转向导通状态意味着二极管由高阻状态逐渐转入低阻状态，二极管等效电阻的降低将使并联电路的等效阻值减小，电路的负反馈深度加大，从而使电压放大倍数自动下降，当满足条件 $R_{\mathrm{f1}}+R_{\mathrm{f2}}=2R_1$ 时，电路的电压放大倍数下降到 $A=3$，电路输出信号的幅值进入稳定状态。

本 章 小 结

反馈是指将放大电路输出信号的一部分或是全部返送回放大电路输入端的连接方式，按照反馈信号对放大电路净输入信号的影响，反馈可以分为负反馈与正反馈两种类型，这两种

类型的反馈应用于电子电路的不同领域，负反馈应用于信号放大电路，而正反馈则应用于振荡电路。

在反馈类型的判别中，交流反馈还是直流反馈、单级反馈还是级间反馈可以直接由反馈电路的连接方式及反馈电路使用的元件判别出来，但是电压反馈还是电流反馈、并联反馈还是串联反馈就需要使用相应的判别方法。反馈类型的判别方法有多种，框图法、公式法和变量分离法可以应用于不同电路中反馈类型的判别，而经验法仅可以使用于共射极放大电路。不管使用哪种判别方法，只要正确掌握了该判别方法的使用要点，都可以快速、准确地判别反馈类型是电压反馈还是电流反馈、是并联反馈还是串联反馈。正、负反馈的判别通常使用瞬时极性法，由反馈信号影响净输入信号的变化趋势来判别反馈类型是正反馈还是负反馈。

放大电路中的负反馈具有以下特点，第一，直流负反馈能够稳定静态工作点。在放大电路引入直流负反馈后，既使环境温度升高，放大电路静态工作点的位置将仍在设定位置附近保持基本不变。第二，交流负反馈能够稳定输出参数。需要说明的是电压负反馈能够稳定输出电压，电流负反馈能够稳定输出电流。这是因为在引入电压负反馈的放大电路中，当电路的输出电压出现波动时，电压负反馈电路能够及时采集到输出电压的波动并将采集到的信号返送回放大电路的输入端，调节电路的净输入信号使输出电压的波动减到最小。如果电路中出现波动的是输出电流，电压负反馈电路不能采集电流信号，当然也就不会对净输入信号产生影响，也不能够稳定输出的电流。第三，负反馈能够降低放大电路的放大倍数。在负反馈放大电路中，闭环放大倍数恒小于开环放大倍数。第四，负反馈能够展宽通频带。放大电路的通频带宽度与放大倍数的乘积是一个定值，当放大倍数出现数值下降时，电路通频带的宽度将会随之增加。除上述特点外，负反馈还能够提高放大倍数的稳定性、改善输出信号的失真、调节放大电路的输入电阻与输出电阻。

本章介绍的振荡电路是正弦波振荡电路，电路由放大电路、正反馈电路和选频电路组成，其中放大电路负责对外输出幅值足够大的信号；反馈电路负责为放大电路提供输入信号；选频电路负责确定输出信号的频率，这三部分电路缺一不可。振荡电路的核心是电路要能够产生自激振荡，而自激振荡建立的条件是 $\dot{A}\dot{F}=1$，由此可知，产生自激振荡的相位条件是电路引入的反馈类型必须是正反馈；产生自激振荡的幅度条件是电路参数的配置必须满足 $AF=1$。为了使电路能够建立稳定的振荡输出，电路的参数通常设定为 $AF>1$，在判断电路能否建立稳定的振荡输出时，只要利用相位条件判断电路引入了正反馈，就可以认定电路能够起振，能够建立稳定的振荡输出。按照选频电路的组成可以将振荡电路分为 LC 振荡电路和 RC 振荡电路，通常 LC 振荡电路由分立元件构成，电路输出信号的频率比较高，RC 振荡电路通常由集成电路构成，电路输出信号的频率比较低。

习　题　8

8.1　某闭环放大电路如图 8-19 所示，已知电路的开环电压放大倍数 $A_u=2000$，反馈系数 $F_u=0.0495$，电路的闭环电压放大倍数是多少？如果电路的输出电压 $U_o=2V$，计算电路的输入电压 U_i，反馈电压 U_f，净输入电压 U_d 的数值。

8.2　如图 8-20 所示电路，判断电路中有无反馈，如果有反馈，判断反馈类型。

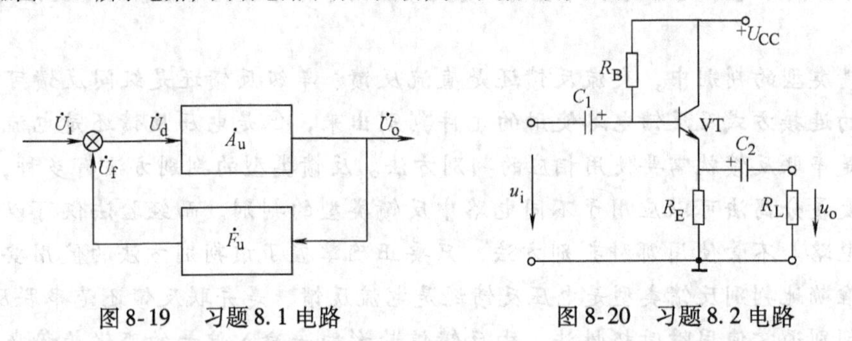

图 8-19　习题 8.1 电路　　图 8-20　习题 8.2 电路

8.3　如图 8-21 所示电路，判断电路中有几个反馈电阻，分别引入了什么类型的反馈。

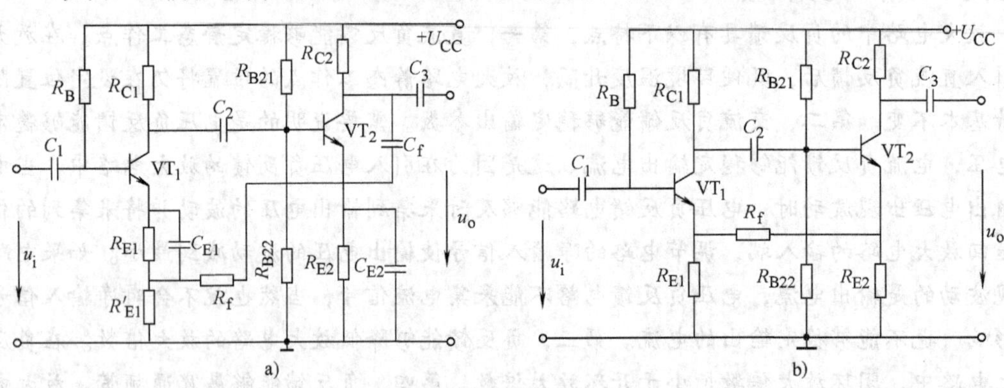

图 8-21　习题 8.3 电路

8.4　如图 8-22 所示电路，如果需要在电路中引入交直流电流并联负反馈，反馈电阻 R_f 应当如何连接？

8.5　由运算放大器构成的放大电路如图 8-23 所示，判断电路中是否有反馈电阻？若电路中存在反馈，判断反馈的类型。

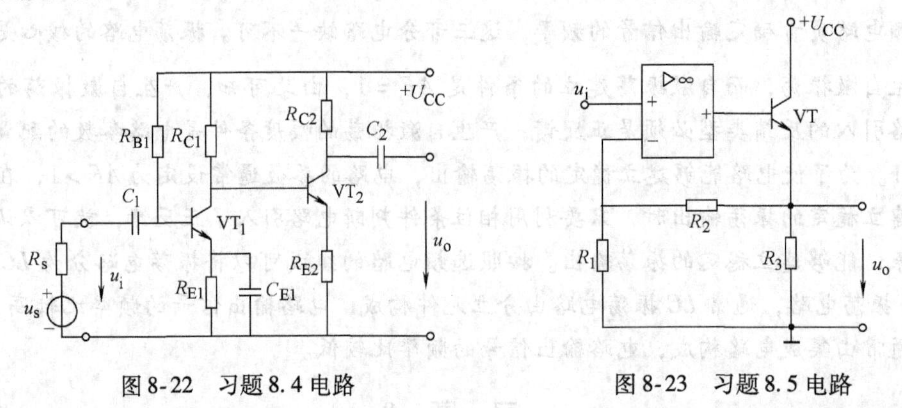

图 8-22　习题 8.4 电路　　图 8-23　习题 8.5 电路

8.6　如图 8-7 所示电路，已知 $U_{CC}=12\text{V}$，$R_B=200\text{k}\Omega$，$R_C=4\text{k}\Omega$，$\beta=50$，计算电路的静态工作点数值以及闭环电压放大倍数。

8.7　如欲改善放大电路性能，使放大电路的静态工作点稳定，从信号源取用的电流数值较小，放大电路的输出电压基本不变，应当在放大电路中引入什么类型的反馈？画出反馈电路图。

8.8　判断下列说法是否正确。

（1）只要在放大电路中引入反馈，放大电路的性能就一定可以得到改善。

（2）只要放大电路中存在负反馈，电路的输出电压就一定可以稳定。

（3）如果放大电路输出信号失真，不管是什么原因造成的，引入负反馈都可以消除失真。

（4）级间电流负反馈在稳定后级放大电路的输出电流的同时，也能够稳定前级放大电路的电流。

8.9　振荡电路初始设定参数是 $\dot{A}\dot{F}>1$，在自激振荡建立的过程中，哪个参数的变化使得电路满足 $\dot{A}\dot{F}=1$？在自激振荡建立的过程中，如果没有选频电路，振荡电路会出现什么变化？

8.10　如图 8-24 所示电路，根据相位条件判断电路能否建立稳定的振荡，如果电路不能起振，试说明原因。

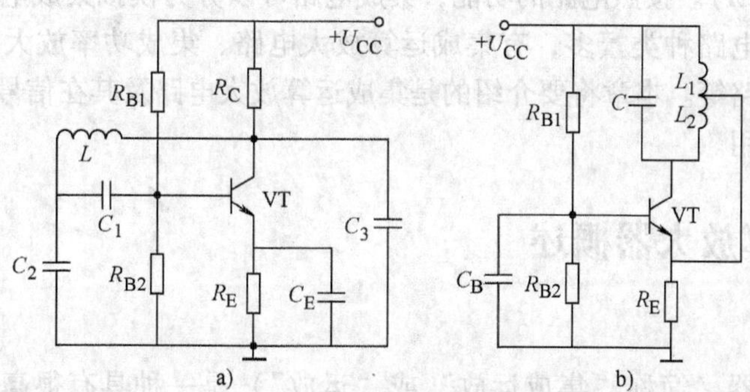

图 8-24　习题 8.10 电路

8.11　如图 8-25 所示电路，电路中的选频电路是哪一部分？电路中的反馈电路是哪一部分？利用相位条件判断电路能否建立稳定的输出，如果电路不能起振，说明原因是什么，应当如何改正？

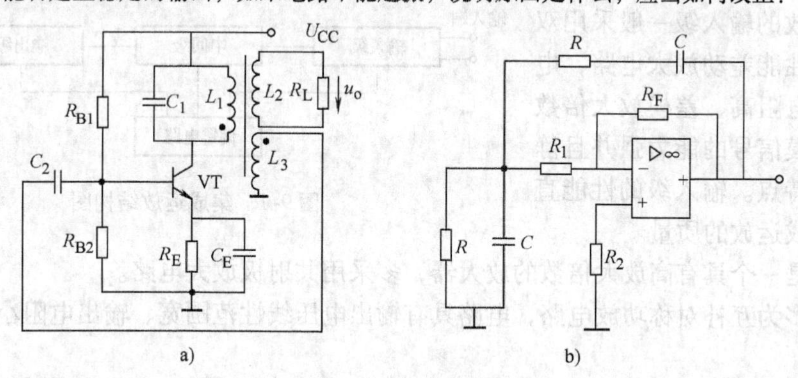

图 8-25　习题 8.11 电路

第 9 章　集成运算放大电路

由晶体管、电阻、电容等单个元件组成的电路称为分立元件电路。把分立元件电路集成在硅片上组成一个整体，就是集成电路，简称 IC。按照硅片中元件的集成度，可以将集成电路分为小规模集成电路（SSI）、中规模集成电路（MSI）、大规模集成电路（LSI）和超大规模集成电路（VLSI）。按照电路的功能，集成电路可以分为模拟集成电路和数字集成电路两大类。模拟集成电路种类繁多，有集成运算放大电路、集成功率放大电路、集成稳压电路、集成锁相环电路等。本章将要介绍的是集成运算放大电路及其在信号运算、处理以及波形产生等方面的作用。

9.1　集成运算放大器概述

1. 结构

集成运算放大器（简称“集成运放”或“运放”）是一种具有很高放大倍数、高输入电阻、低输出电阻的多级直接耦合放大电路，也是发展最早、应用最广泛的一种模拟集成电路。人们常见的和应用最多的音频处理电路就是由普通集成运放构成的。如图 9-1 所示，集成运放一般由四部分组成。

集成运放的输入级一般采用双端输入的高性能差动放大电路，电路具有输入电阻高、差模放大倍数大、抑制共模信号的能力强并且静态电流小等特点。输入级的性能直接决定了集成运放的质量。

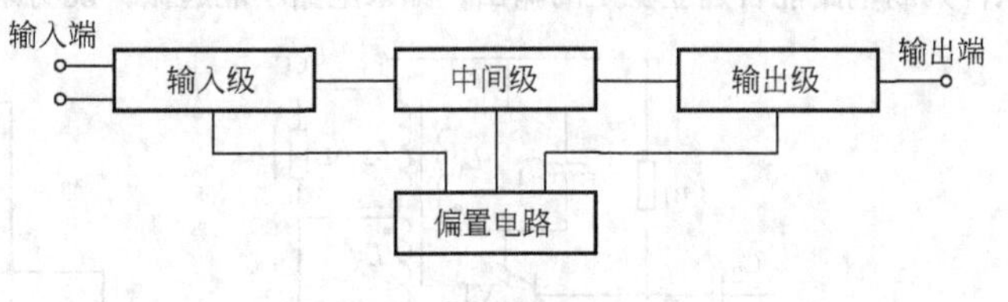

图 9-1　集成运放结构图

中间级是一个具有高放大倍数的放大器，多采用共射极放大电路。

输出级多为互补对称功放电路，电路具有输出电压线性范围宽、输出电阻小、非线性失真小等特点。

偏置电路用于设置集成运放中各级放大电路的静态工作点，一般由电流源电路为各级放大电路提供合适的静态工作电流。

2. 电压传输特性

集成运算放大器的图形符号如图 9-2 所示，运算放大器具有两个信号输入端，分别称为同相输入端 u_+ 和反相输入端 u_-，若输入信号的极性为正极性，当输入信号由运算放大器的同相端输入时，电路输出信号的极性也为正；当输入信号由运算放大器的反相端输入时，电路输出信号的极性则为负。

集成运算放大器输出电压与输入电压之间的关系曲线称为电压传输特性，即

$$u_o = f(u_+ - u_-) \tag{9-1}$$

集成运算放大器的电压传输特性如图 9-3 所示，由图示传输特性可以看出，集成运算放大器

有两个工作区域，分别是线性放大区和非线性饱和区。在传输特性的线性区，曲线的斜率即为运算放大器的电压放大倍数，由于运算放大器的电压放大倍数很大，所以传输特性中的线性区域非常小。在传输特性的非线性域，运算放大器没有信号放大的作用，运算放大器只能输出其饱和压降值，即输出电压只能是 $+U_{OM}$ 或 $-U_{OM}$（即接近正电源或负电源的电压值）。

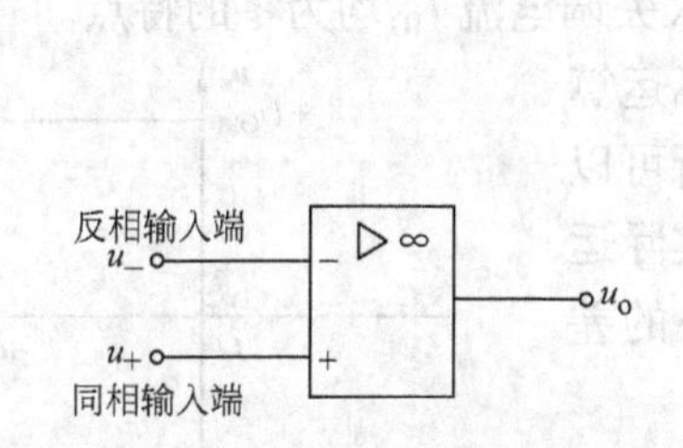

图9-2　集成运算放大器的图形符号

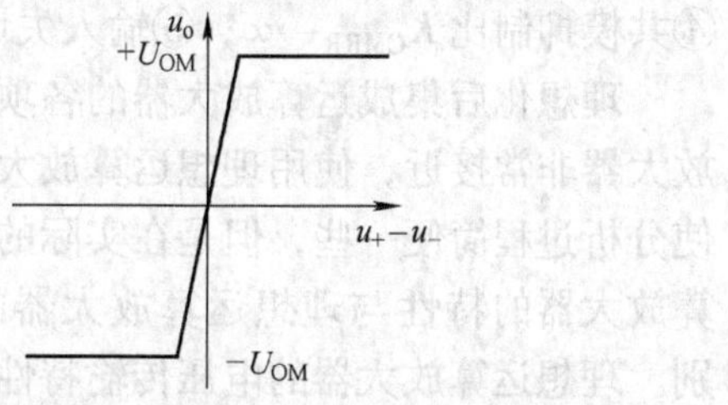

图9-3　集成运算放大器的电压传输特性

由于集成运算放大器放大的对象是差模信号，在外电路没有连接反馈元件时，其电压放大倍数称为差模开环放大倍数，用 A_{od} 表示，通常也采用分贝的表示方法，即

$$A_{od}=20\lg\left|\frac{U_o}{U_+-U_-}\right| \tag{9-2}$$

普通集成运算放大器的开环放大倍数 A_{od} 的数值通常在 80 ~ 140dB 之间。

3. 主要特点及参数

集成运算放大器具有高增益、高可靠性、低功耗、低成本、小尺寸等特点，除此之外，集成运算放大器几个常见的性能指标如下。

1）差模输入电阻 r_{id} 很高。差模输入电阻是差模输入电压 U_{Id} 与相应的输入电流 I_{Id} 的变化量之比，即

$$r_{id}=\frac{\Delta U_{Id}}{\Delta I_{Id}} \tag{9-3}$$

差模输入电阻是衡量电路中差动对管（也称为差分管）向输入信号源索取电流大小的标志，一般集成运放的差模输入电阻为几兆欧，而以场效应晶体管作为输入级的集成运放，其 r_{id} 可达到 $10^6\mathrm{M\Omega}$。

2）共模抑制比 K_{CMRR} 很大。共模抑制比是开环差模电压放大倍数与开环共模电压放大倍数之比，一般也用对数表示，即

$$K_{CMRR}=20\lg\left|\frac{A_{od}}{A_{oc}}\right| \tag{9-4}$$

共模抑制比常用来衡量集成运放抑制温漂的能力。多数集成运放的共模抑制比在 80dB 以上。

3）输入失调电压 U_{IO} 比较小。实际运放的差动输入级很难做到完全对称，在输入电压为零时，电路的输出电压并不为零。在室温及标准电压下，为了使输出电压为零，输入端所加的补偿电压称为输入失调电压，一般 U_{IO} 的值为 1 ~ 10mV。

4）输入失调电流 I_{IO} 比较小。在输入信号为零时，电路的两个输入偏置电流之差称为输入失调电流，这个参数反映了输入级差动放大电路中差分管输入电流的对称性，一般普通运放的 I_{IO} 值约为 1nA ~ 0.1μA。

4. 理想集成运放

在进行电路分析时应当将实际的集成运算放大器转换为理想运算放大器，转换时保留运算放大器的主要参数并将之理想化，忽略其次要参数对电路的影响。理想化后的集成运算放大器具有①开环差模电压放大倍数 $A_{od}\to\infty$；②差模输入电阻 $r_{id}\to\infty$；③输出电阻 $r_o\to 0$；④共模抑制比 $K_{CMRR}\to\infty$；⑤输入失调电压 U_{IO} 和输入失调电流 I_{IO} 均为零的特点。

理想化后集成运算放大器的各项技术指标与实际运算放大器非常接近，使用理想运算放大器进行电路分析可以使分析过程简便一些，但是在实际的工程应用中，实际运算放大器的特性与理想运算放大器的特性存在很小的差别。理想运算放大器的电压传输特性如图 9-4 所示。

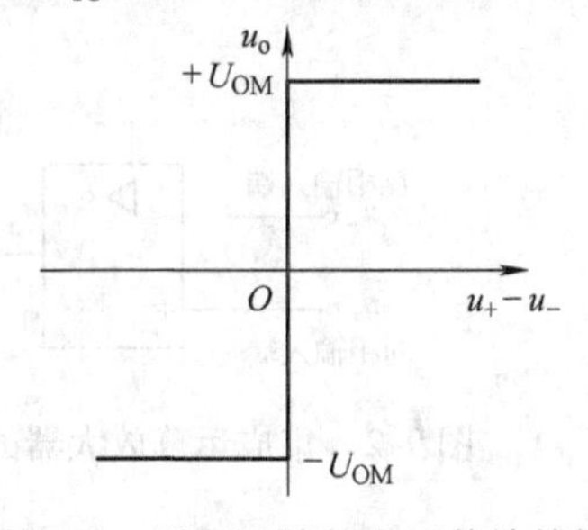

图 9-4 理想运放的电压传输特性

工作在电压传输特性线性区的理想运算放大器具有以下两个特点：

1）运算放大器的差模输入电压近似为零。由于运算放大器的电压放大倍数 $A_{od}\to\infty$，而输出电压 u_o 为有限值，因此有 $u_+-u_-=\dfrac{u_o}{A_{od}}\approx 0$，即 $u_+\approx u_-$，这表示运算放大器两个输入端的电位近似相等，但这两个输入端之间又没有短路，这种现象称为“虚短”。

2）运算放大器的输入电流近似为零。由于运算放大器的输入电阻 $r_{id}\to\infty$，所以运算放大器两个输入端的电流数值近似为零，因此有 $i_+=i_-=0$，这表示在运算放大器的同相输入端和反相输入端没有电流流入，如同这个输入端处于断开状态，这种现象称为“虚断”。

工作在电压传输特性非线性区的理想运算放大器已经不存在信号放大关系，这时的运算放大器具有以下两个特点：

1）运算放大器两个输入端的电位 u_+ 和 u_- 可以不相等，电路的输出电压为其正负饱和压降，当 $u_+>u_-$ 时，输出电压 $u_o=U_{om}$；当 $u_+<u_-$ 时，输出电压 $u_o=-U_{om}$。

2）由于没有电流流入运算放大器，所以工作在非线性区时，运算放大器的“虚断”现象仍然成立。

9.2 集成运算放大器的信号运算

集成运算放大器的应用非常普遍，当集成运算放大器使用不同的信号输入方式，并在外电路连接不同的反馈网络，运算放大器可以构成多种运算放大电路。在运算放大电路中，电路的输出电压是输入电压的函数，当输入电压发生变化时，输出电压可以反映出输入电压的某种运算结果。本节讨论集成运算放大器的信号运算的特点和运算电路的分析方法。

9.2.1 反相比例运算电路

1. 反相比例运算电路

如图 9-5 所示为反相比例运算电路，输入电压信号 u_i 经反相端电阻 R_1 连接在运算放大器的反相输入端，其同相输入端经电阻 R_2 接地，同时电路中引入了电压并联负反馈，即输出电压 u_o 经过反馈电阻 R_F 接回到反相输入端。为使运算放大器前置级差动放大电路输入端的参数保持对称，在连接运算放大电路时应使其前级差动放大电路中的两个差分对管基极对地的电阻尽量一致，即使运算放大器同相输入端连接的电阻等于反相输入端对地的等效电阻，则电阻 R_2 称为平衡电阻，在图9-5所示电路中选择 R_2 的阻值为

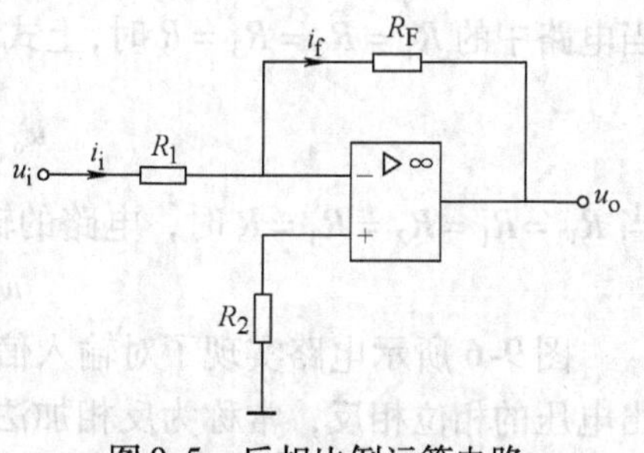

图9-5　反相比例运算电路

$$R_2 = R_1 /\!/ R_F \tag{9-5}$$

在图示电路中，运算放大器的两个输入端有“虚短”的关系，同时同相输入端接地，则运算放大器的反相输入端电位为零，有 $u_- = u_+ = 0$。由于反相输入端的电位为零但其又没有实际接地，这种现象称为“虚地”。利用“虚断”和“虚地”的概念可以在反相端列出节点电流方程为 $i_i = i_f$，同时利用欧姆定律有

$$i_i = \frac{u_i - u_-}{R_1} = \frac{u_i}{R_1}$$

$$i_f = \frac{u_- - u_o}{R_F} = -\frac{u_o}{R_F}$$

所以

$$u_o = -\frac{R_F}{R_1}u_i \tag{9-6}$$

式（9-6）表明电路的输出电压与输入电压相位相反，数值大小成比例关系，即电路完成了对输入电压信号的反相比例运算，故称此电路为反相比例运算电路。当电路中的电阻 $R_F = R_1$ 时，有 $u_o = -u_i$，即输出电压与输入电压大小相等方向相反，电路也称为反相器。

2. 反相加法运算电路

在反相比例运算电路的基础上增加几个输入支路便组成反相加法运算电路，也称反相加法器，如图9-6所示为基本的反相加法器电路。电路中同相输入端连接平衡电阻 R_b，其阻值为 $R_b = R_1 /\!/ R_2 /\!/ R_3 /\!/ R_F$。

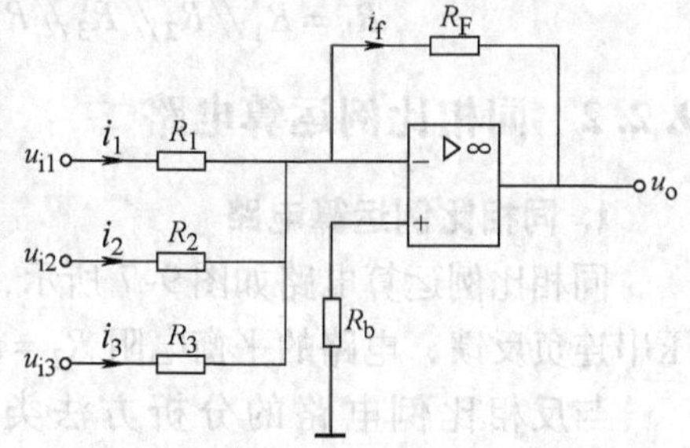

图9-6　基本反相加法器电路

根据“虚断”和“虚短”的特性，运算放大器反相输入端的节点电流方程为

$$i_f = i_1 + i_2 + i_3$$

其中

$$i_1 = \frac{u_{i1} - u_-}{R_1} = \frac{u_{i1}}{R_1}$$

同理

$$i_2 = \frac{u_{i2}}{R_2},\ i_3 = \frac{u_{i3}}{R_3}$$

所以有

$$u_o = u_- - i_f R_F = -i_f R_F = -(i_1 + i_2 + i_3)R_F = -\left(\frac{R_F}{R_1}u_{i1} + \frac{R_F}{R_2}u_{i2} + \frac{R_F}{R_3}u_{i3}\right)$$

则图9-6所示反相加法电路输出电压的计算公式为

$$u_o = -\left(\frac{R_F}{R_1}u_{i1} + \frac{R_F}{R_2}u_{i2} + \frac{R_F}{R_3}u_{i3}\right) \tag{9-7}$$

当电路中的 $R_1=R_2=R_3=R$ 时，上式可变为

$$u_o=-\frac{R_F}{R}(u_{i1}+u_{i2}+u_{i3})$$

当 $R_F=R_1=R_2=R_3=R$ 时，电路的输入输出关系为

$$u_o=-(u_{i1}+u_{i2}+u_{i3})$$

图 9-6 所示电路实现了对输入信号的反相、比例和加法运算，由于电路的输入电压与输出电压的相位相反，常称为反相加法器。反相加法器的优点在于当改变某一输入回路的电阻时，仅仅改变输出电压与该路输入电压之间的比例关系，对其他各路没有影响，电路调节比较灵活方便。另外由于“虚地”现象，加在集成运放输入端的共模电压比较小，在实际工程中，反相加法器应用比较广泛。

例 9-1　试设计加法电路，确定其输入电阻和平衡电阻，其输出电压和其输入电压的关系为 $u_o=-(5u_{i1}+2u_{i2}+0.2u_{i3})$。

解：利用如图 9-6 所示电路能够实现该加法器要求的功能，设反馈电阻 $R_F=100\text{k}\Omega$，由式（9-7）可得电路反相输入端的电阻分别为，

$$R_1=\frac{R_F}{5}=\frac{100\times10^3}{5}\Omega=20\text{k}\Omega$$

$$R_2=\frac{R_F}{2}=\frac{100\times10^3}{2}\Omega=50\text{k}\Omega$$

$$R_3=\frac{R_F}{0.2}=\frac{100\times10^3}{0.2}\Omega=500\text{k}\Omega$$

平衡电阻为，

$$R_b=R_1/\!/R_2/\!/R_3/\!/R_F=(20/\!/50/\!/500/\!/100)\text{k}\Omega=12.2\text{k}\Omega$$

9.2.2　同相比例运算电路

1. 同相比例运算电路

同相比例运算电路如图 9-7 所示，输入信号连接在运放的同相输入端，电路中引入了电压串连负反馈，电路的平衡电阻 $R_2=R_1/\!/R_F$。

与反相比例电路的分析方法类似，根据“虚断”和“虚短”的原理可得

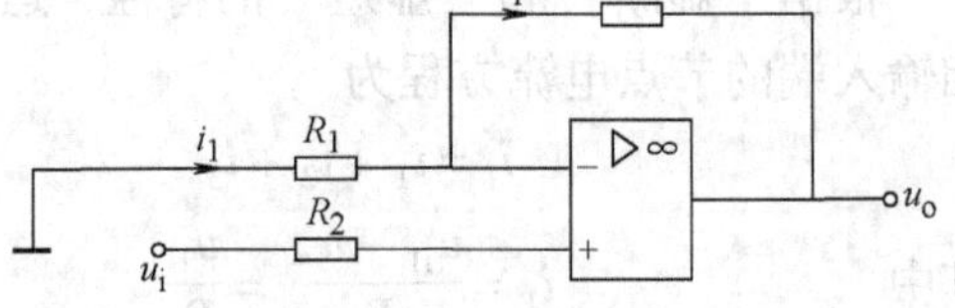

图 9-7　同相比例运算电路

$$i_1=i_f$$

$$u_-=u_+=u_i$$

根据欧姆定律分析电路，有

$$i_1=\frac{0-u_-}{R_1}=-\frac{u_i}{R_1}$$

$$i_f=\frac{u_--u_o}{R_F}=\frac{u_i-u_o}{R_F}$$

则电路输入电压与输出电压之间的关系式为

$$u_o=(1+\frac{R_F}{R_1})u_i \tag{9-8}$$

式（9-8）表明，电路的输出电压与输入电压相位相同，并且成比例关系，同时比例系数一定大于或等于1，电路完成了对输入电压信号的同相比例运算。

当反馈电阻 $R_F=0$ 或者反相端电阻 $R_1\to\infty$ 时，由式（9-8）可知，电路的输出电压 $u_o=u_i$，即电路的输出电压与输入电压大小相等、相位相同，此时的电路如图9-8所示，电路也称为电压跟随器。

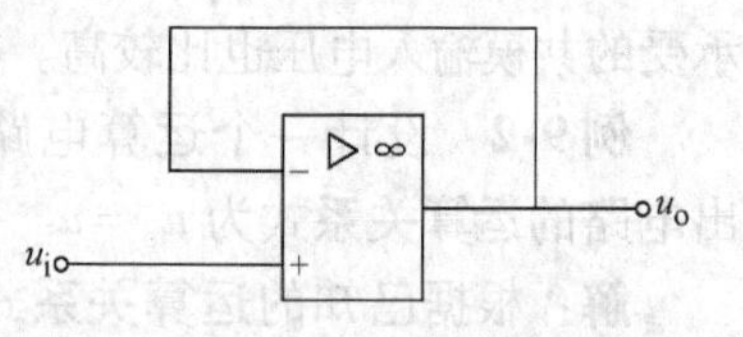

图9-8 电压跟随器

2. 减法运算电路

如图9-9所示为由集成运放构成的减法运算电路，运放的两个输入端分别连接了输入信号。从电路的结构来看，减法电路就是由同相比例运算电路和反相比例运算电路组合而成。

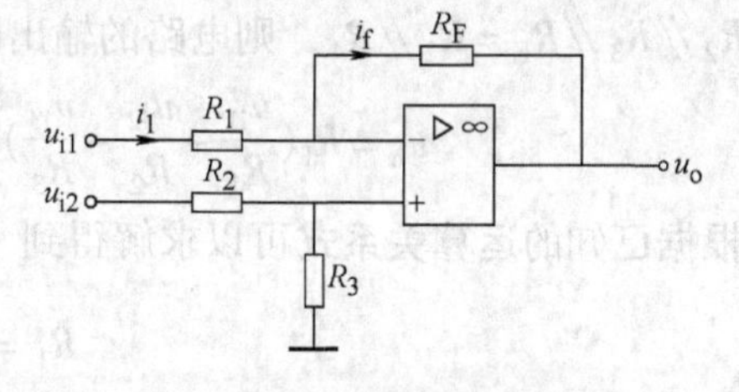

图9-9 减法运算电路

在理想情况下，利用“虚断”的原理可知，在运放的反相输入端有 $i_1=i_f$，

即
$$\frac{u_{i1}-u_-}{R_1}=\frac{u_--u_o}{R_F}$$

同理，在运放的同相输入端有

$$u_+=u_{i2}\frac{R_3}{R_3+R_2}$$

利用“虚短”的原理可知，在运放的两个输入端有 $u_-=u_+$，则电路的输出电压为

$$u_o=u_{i2}\frac{R_3}{R_3+R_2}\frac{R_1+R_F}{R_1}-u_{i1}\frac{R_F}{R_1}=\left(1+\frac{R_F}{R_1}\right)\frac{R_3}{R_3+R_2}u_{i2}-\frac{R_F}{R_1}u_{i1} \tag{9-9}$$

当外电路电阻满足平衡对称条件 $R_1=R_2$，$R_3=R_F$ 时，式（9-9）可转换为

$$u_o=-\frac{R_F}{R_1}(u_{i1}-u_{i2})$$

由式（9-9）可知，电路的输出电压与两个输入电压的差值成正比，电路实现了差值运算，这种电路称为差动运算放大器。

3. 同相加法器

如图9-10所示为同相加法器电路，在电路的同相输入端，节点电流的方程为

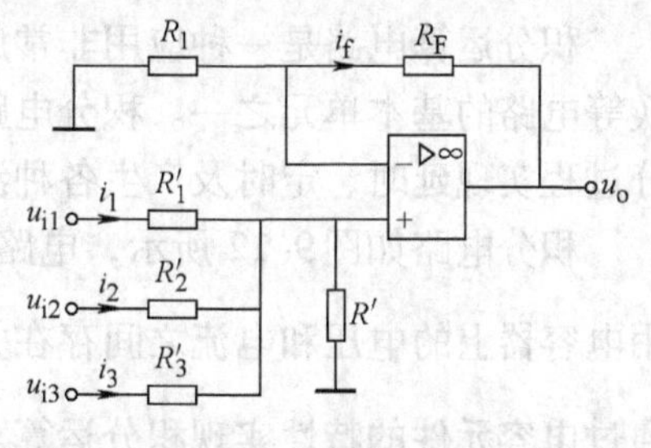

图9-10 同相加法器

$$\frac{u_{i1}-u_+}{R'_1}+\frac{u_{i2}-u_+}{R'_2}+\frac{u_{i3}-u_+}{R'_3}=\frac{u_+}{R'}$$

同时在电路中有

$$u_-=u_+=\frac{R_+}{R'_1}u_{i1}+\frac{R_+}{R'_2}u_{i2}+\frac{R_+}{R'_3}u_{i3}$$

其中同相端等效电阻

$$R_+=R'_1//R'_2//R'_3//R'$$

则电路的输出电压为

$$u_o=\left(1+\frac{R_f}{R_1}\right)u_-=\left(1+\frac{R_f}{R_1}\right)\left(\frac{R_+}{R'_1}u_{i1}+\frac{R_+}{R'_2}u_{i2}+\frac{R_+}{R'_3}u_{i3}\right) \tag{9-10}$$

与反向加法器相似，同相加法器的输出电压与输入电压相位相同，并且能够实现求和运算，式（9-10）中同相端等效电阻 R_+ 与各输入回路的电阻都有关，因此，当调节某一回路

的电阻以达到给定的关系时，其他各回路的输出电压与输入电压之间的比值也将随之改变，所以电路的调试过程比较复杂。由于同相运算电路不存在“虚地”现象，则集成运算放大器承受的共模输入电压也比较高。在实际工程应用中，同相加法器应用的不如反相加法器广泛。

例 9-2　设计一个运算电路，要求输入电压与输出电路的运算关系式为 $u_o = u_{i1} - 10u_{i2} - 2u_{i3}$。

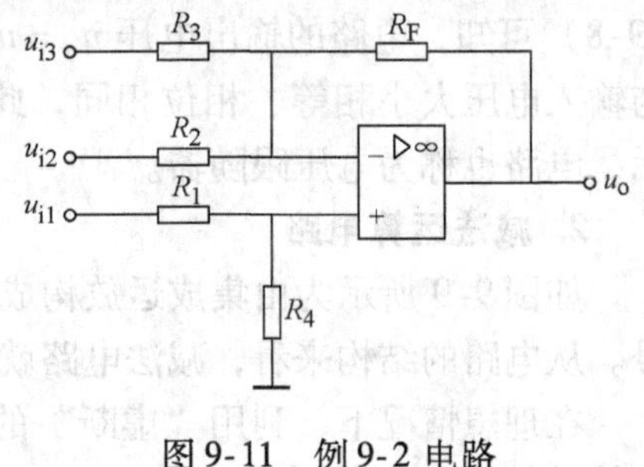

图 9-11　例 9-2 电路

解：根据已知的运算关系式，在由集成运算放大器构成电路时，设 u_{i1} 作用于同相输入端，u_{i2} 和 u_{i3} 作用于反相输入端，设计的运算电路如图 9-11 所示。在电路中，令 $R_F = 100\text{k}\Omega$，若电路中的电阻存在关系式 $R_2 /\!/ R_3 /\!/ R_F = R_1 /\!/ R_4$，则电路的输出电压的表示式为

$$u_o = R_f\left(\frac{u_{i1}}{R_1} - \frac{u_{i2}}{R_2} - \frac{u_{i3}}{R_3}\right)$$

根据已知的运算关系式可以求解得到

$$R_1 = \frac{R_f}{1} = \frac{100\text{k}\Omega}{1} = 100\text{k}\Omega$$

$$R_2 = \frac{R_f}{10} = \frac{100\text{k}\Omega}{10} = 10\text{k}\Omega$$

$$R_1 = \frac{R_f}{2} = \frac{100\text{k}\Omega}{2} = 50\text{k}\Omega$$

$$R_4 = \frac{1}{\frac{1}{R_2} + \frac{1}{R_3} + \frac{1}{R_f} - \frac{1}{R_1}} = \frac{1}{\frac{1}{10\text{k}\Omega} + \frac{1}{50\text{k}\Omega} + \frac{1}{100\text{k}\Omega} - \frac{1}{100\text{k}\Omega}} = 6.77\text{k}\Omega$$

9.2.3　积分与微分运算电路

1. 积分运算电路

积分运算电路是一种应用非常广泛的模拟信号运算电路，是模拟计算机及积分型模数转换等电路的基本单元之一。积分电路可以实现对输入电压信号的积分运算，也可以利用其积分过程实现延时、定时及产生各种波形的功能。

积分电路如图 9-12 所示，电路实现积分的功能是利用电容器上的电压和电流之间存在关系式 $u_C = \frac{1}{C}\int i_C \text{d}t$，通过电容元件的特性实现积分运算。在如图 9-12 所示电路中，利用“虚短”和“虚断”的概念可得

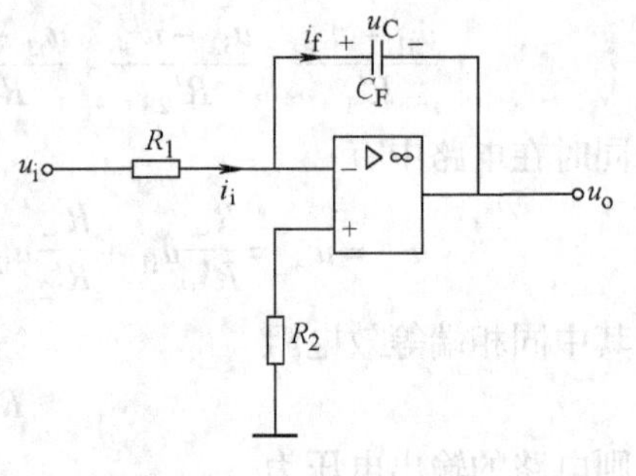

图 9-12　积分电路

$$i_i = i_f = \frac{u_i}{R_1},\ u_- = u_+ = 0$$

则电路的输出电压为

$$u_o = -u_f = -\frac{1}{C_F}\int i_f \text{d}t = -\frac{1}{C_F R_1}\int u_i \text{d}t \quad (9\text{-}11)$$

式（9-11）表示电路的输出电压与输入电压之间是积分关系，并且输出电压与输入电压相位相反。在式（9-11）中，$C_F R_1$ 为积分电路的时间常数 τ，在实际的积分电路中，由于实际的集

成运算放大器的参数与理想化有差别，并且电容器的漏电等因素也会造成积分电路的误差。

2. 微分运算电路

微分是积分的逆运算，将积分电路中的电容器和反相端电阻互换位置，即可组成基本的微分电路，如图9-13所示，利用集成运算放大器“虚断”和“虚短”的原理，在电路中有 $i_f = i_C$，电路的输出电压为

$$u_o = -i_f R = -i_C R = -RC\frac{du_C}{dt} = -RC\frac{du_i}{dt} \tag{9-12}$$

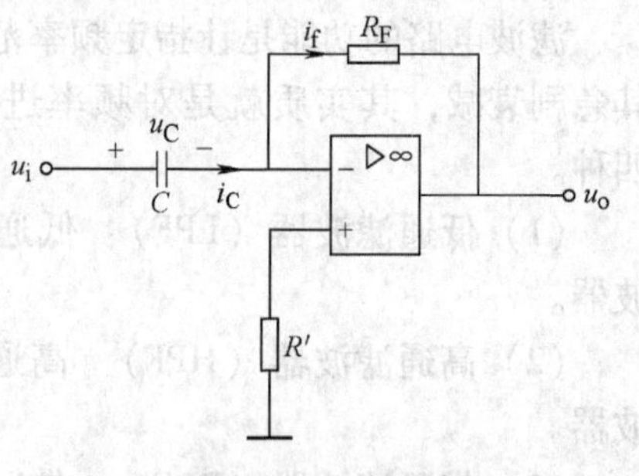

图9-13　微分电路

由式（9-12）可知，电路的输出电压正比于输入电压对时间的微分，电路实现了微分运算的功能。同时微分电路还具有波形变换及移相的功能。

微分电路中连接有电容器，当输入信号的频率很高时，电容的容抗会减小并使电路的放大倍数增大，造成电路对输入信号中的高频噪声信号非常敏感，电路的信噪比大大下降。所以在实际的工程应用中，需要对图9-13所示的电路稍做改进，在电路的输入回路串接进一个电阻，使其与微分电容串联，并且在反馈电路中并接进一个电容，使其与微分电阻并联，以减少电路中的高频噪声信号。

例9-3　电路如图9-14所示，写出电路输出电压 u_o 与输入电压 u_i 的关系式。

解：根据集成运算放大器“虚短”和“虚断”的原理，在电路中有 $u_+ = u_- = 0$，集成运算放大器的反相端虚地，反相端的节点电流方程为

$$i_f = i_{C1} + i_1$$

转换支路电流的表示式，有

$$i_{C1} = C_1\frac{du_i}{dt} \quad i_1 = \frac{u_i}{R_1}$$

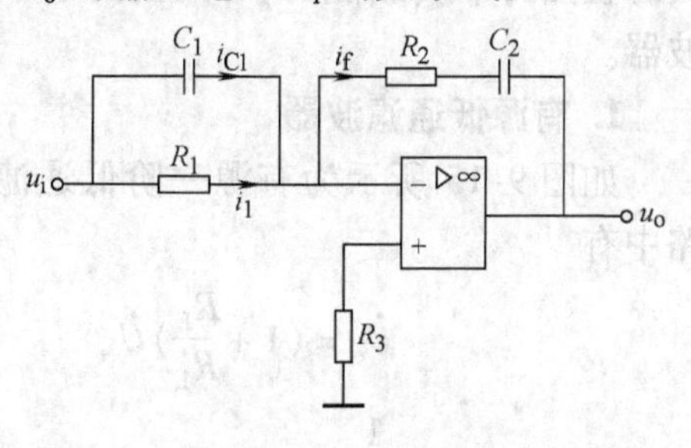

图9-14　例9-3电路

电路的输出电压 u_o 等于电阻 R_2 上电压 u_{R2} 和 C_2 上电压 u_{C2} 之和，这两个电压的表示式分别为

$$u_{R2} = -i_f R_2 = -\frac{R_2}{R_1}u_i - R_2 C_1\frac{du_i}{dt}$$

$$u_{C2} = -\frac{1}{C_2}\int i_f dt = -\frac{1}{C_2}\int\left(C_1\frac{du_i}{dt}dt + \frac{u_i}{R_1}\right)dt = -\frac{C_1}{C_2}u_i - \frac{1}{R_1 C_2}\int u_i dt$$

所以电路的输出电压为

$$u_o = -\left(\frac{R_2}{R_1} + \frac{C_1}{C_2}\right)u_i - R_2 C_1\frac{du_i}{dt} - \frac{1}{R_1 C_2}\int u_i dt$$

由输出电压的表示式可以看出，电路的运算关系中包含有比例、积分和微分运算，故电路也称为PID调节器。

9.3　集成运算放大器的信号处理

集成运算放大器广泛的应用在信号处理电路中，本节介绍集成运算放大器在有源滤波电

路和电压比较电路方面的应用。

9.3.1 有源滤波器

滤波电路的功能是让指定频率范围内的信号通过，而将其余频率的信号加以抑制，或使其急剧衰减，其实质就是对频率进行选择。根据频率选择的范围，滤波器可以分为以下四种。

（1）低通滤波器（LPF） 低通滤波器是指允许低频信号通过，将高频信号衰减的滤波器。

（2）高通滤波器（HPF） 高通滤波器是指允许高频信号通过，将低频信号衰减的滤波器。

（3）带通滤波器（BPF） 带通滤波器是指允许某一频带范围内的信号通过，将频带外的信号衰减的滤波器；

（4）带阻滤波器（BEF） 带阻滤波器是指阻止某一频带范围内的信号通过，并允许频带外的信号通过的滤波器。

由普通 RC 电路组成的具有滤波功能的电路属于无源滤波器，无源滤波器带负载能力较差，电压放大倍数较低。由集成运算放大器与 R、C 元件共同组成的滤波电路属于有源滤波器，有源滤波器具有高输入阻抗、低输出阻抗的特点，在有效隔离电路输入 - 输出端的同时具有较强的带负载能力，并且滤波频率稳定，所以实际工程应用中的滤波器都是有源滤波器。

1. 有源低通滤波器

如图 9-15 所示为有源一阶低通滤波器，在电路中有

$$\dot{U}_o=(1+\frac{R_F}{R_1})\dot{U}_+$$

$$\frac{\dot{U}_+}{\dot{U}_i}=\frac{\frac{1}{j\omega C}}{R+\frac{1}{j\omega C}}=\frac{1}{1+j\omega RC}=\frac{1}{1+j\frac{f}{f_0}}$$

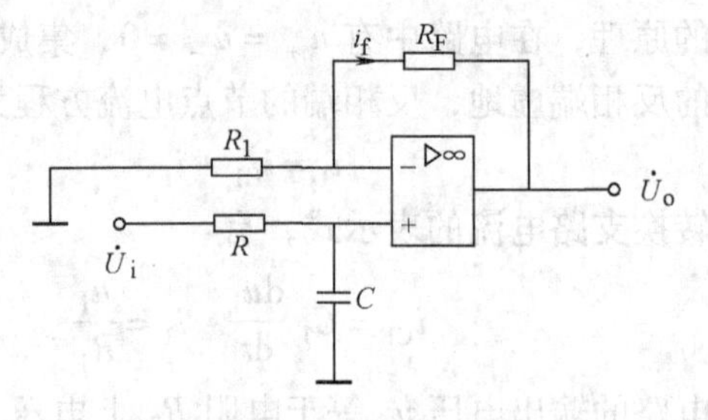

图 9-15 有源一阶低通滤波器

则电路的电压放大倍数为

$$\dot{A}_u=\frac{\dot{U}_o}{\dot{U}_i}=\frac{1+\frac{R_F}{R_1}}{1+j\frac{\omega}{\omega_0}}=\frac{\dot{A}_{up}}{1+j\frac{f}{f_0}} \tag{9-13}$$

在式（9-13）中，有

$$\dot{A}_{up}=1+\frac{R_F}{R_1} \tag{9-14}$$

$$f_0=\frac{1}{2\pi RC} \tag{9-15}$$

式（9-14）中的 $\dot{A}_{up}$ 称为通带电压放大倍数，式（9-15）中的 f_0 称为通带截止频率。当信号频率 $f=f_0$ 时，滤波电路的电压放大倍数 $\dot{A}_u\approx0.707\,\dot{A}_{up}$，从 f_0 到电压放大倍数 $\dot{A}_u$ 趋近

于零的频段称为过渡带，而使$\dot{A}_u$趋近于零的频带称为阻带。过渡带越窄说明电路的频率选择性越好，滤波特性也越好。

一阶有源低通滤波器的幅频特性如图9-16所示，由幅频特性可以看出，对于频率小于f_0的信号，滤波电路允许信号通过；对于频率大于f_0的信号，滤波电路则不允许信号通过。一阶有源低通滤波器的滤波特性与理想的低通滤波器相比依然有很大差距，在理想状态下，当信号频率超过f_0时，电路的电压放大倍数应立即降为零，但是一阶低通滤波器是以－20dB/十倍频的速度下降的。

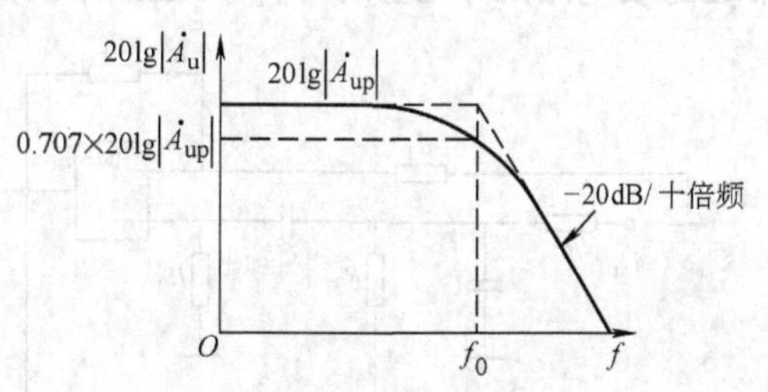

图9-16　一阶有源低通滤波器的幅频特性

为提高低通滤波性能，可以将两个一阶有源滤波器级联，或者将两级RC低通滤波电路串联后再接入集成运算放大器。

2. 有源高通滤波器

将低通滤波器中的滤波电阻和电容互换位置即可构成高通滤波器，如图9-17所示为一阶有源高通滤波电路。利用与低通滤波电路相类似的分析方法，在图示电路中有

$$\dot{U}_o = (1+\frac{R_F}{R_1})\dot{U}_+$$

则电路的电压放大倍数为

$$\dot{A}_u = \frac{\dot{U}_o}{\dot{U}_i} = (1+\frac{R_F}{R_1})\frac{1}{1-j\dfrac{f_0}{f}} = \dot{A}_{up}\frac{1}{1-j\dfrac{f_0}{f}} \tag{9-16}$$

在式（9-16）中，$\dot{A}_{up}=1+\frac{R_F}{R_1}$是电路的通带电压放大倍数，$f_0=\frac{1}{2\pi RC}$是电路的通带截止频率，电路的幅频特性如图9-18所示。由电路的幅频特性可以看出，在一阶有源高通滤波电路中，只有当信号的频率高于截止频率f_0时，信号才可以通过滤波电路，电路实现了让高频信号通过、截止低频信号的功能。

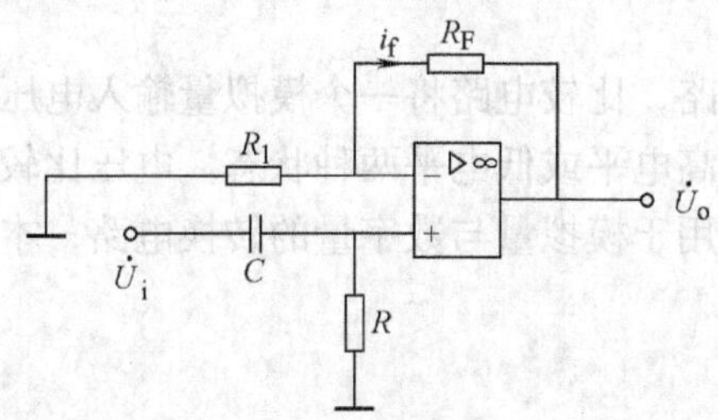

图9-17　一阶有源高通滤波电路

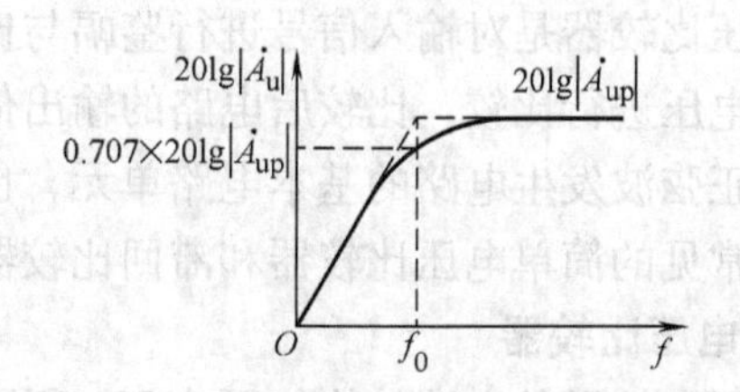

图9-18　一阶有源高通滤波电路的幅频特性

3. 有源带通、带阻滤波器

将低通滤波器和高通滤波器串联再与集成运算放大器连接起来，并使低通滤波器的截止频率高于高通滤波器的截止频率，就构成了有源带通滤波电路，如图9-19所示。在带通滤波器中，高通滤波器的截止频率是通带的下限截止频率，而低通滤波器的截止频率是通带的

上限截止频率，如图 9-20 所示为二阶有源带通滤波电路的幅频特性。在幅频特性中，f_0 是带通滤波电路的中心频率，f_H 为通频带的上限截止频率，f_L 为通频带的下限截止频率。

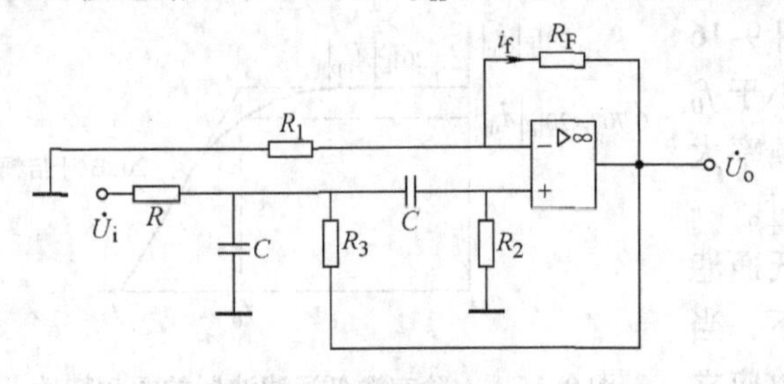

图 9-19 有源带通滤波电路

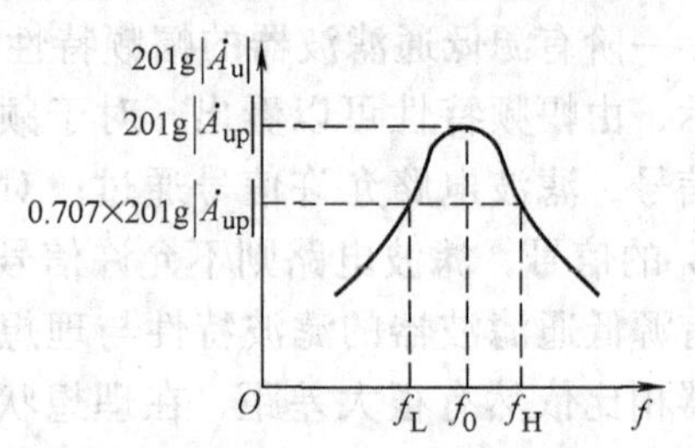

图 9-20 带通滤波电路的幅频特性

将低通滤波器和高通滤波器并联再与集成运算放大器连接起来，并使低通滤波器的截止频率小于高通滤波器的截止频率，就构成了有源带阻滤波电路，如图 9-21 所示。在带阻滤波器中，频率低于低通滤波器截止频率的信号以及频率高于高通滤波器截止频率的信号都可以通过滤波电路，电路阻断了中心频带的信号，如图 9-22 所示为带阻滤波电路的幅频特性。

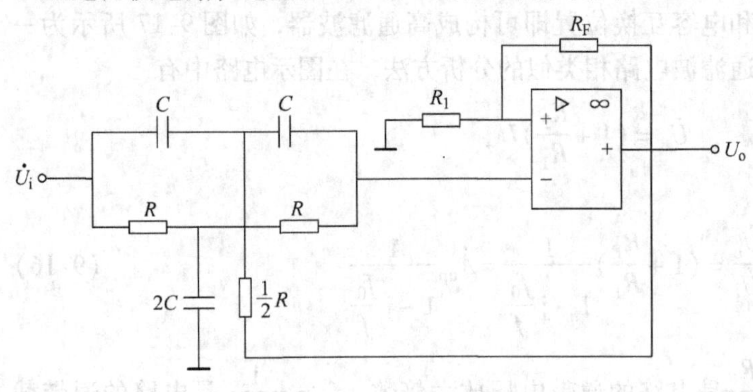

图 9-21 有源带阻滤波电路

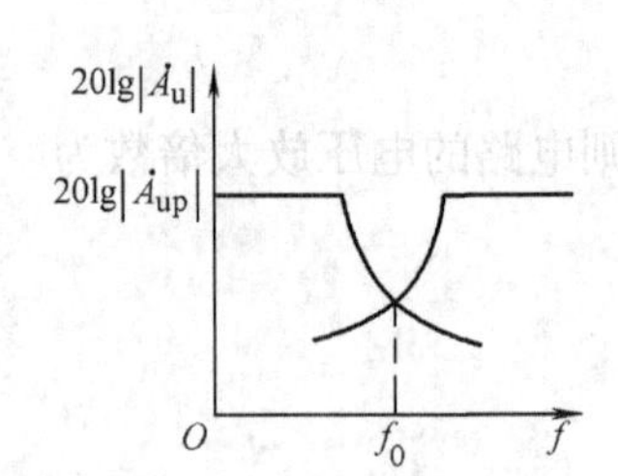

图 9-22 带阻滤波电路的幅频特性

9.3.2 电压比较器

电压比较器是对输入信号进行鉴幅与比较的电路，比较电路将一个模拟量输入电压与一个参考电压进行比较，比较后电路的输出信号只有高电平或低电平两种状态。电压比较器是组成非正弦波发生电路的基本电路单元，也经常应用于模拟量与数字量的转换电路，本节介绍一种常见的简单电压比较器和滞回比较器。

1. 电压比较器

电压比较器的电路结构如图 9-23a 所示，电路的输入信号为 u_i，比较的基准电压是 U_R，由于电路是开环工作状态，所以电路中的集成运算放大器只能输出其正负饱和压降值，有 $u_o = \pm U_{om}$。当电路的输入信号 $u_i > U_R$ 时，比较电路的输出信号是集成运算放大器的负值饱和压降，有 $u_o = -U_{om}$；当输入信号 $u_i < U_R$ 时，比较电路的输出信号是集成运算放大器的正值饱和压降，有 $u_o = U_{om}$，电路的传输特性如图 9-23b 所示。

综上所述，根据比较器电路输出电压的高低就可以判断输入电压 u_i 与基准电压 U_R 的大小关系，通常把使比较器输出电压发生跃变的输入电压称为阈值电压或者门限电压 U_T，对于图9-23a所示电路，阈值电压 $U_T = U_R$。当阈值电压 $U_T = 0$ 时，电压比较电路就称为过零比较器。

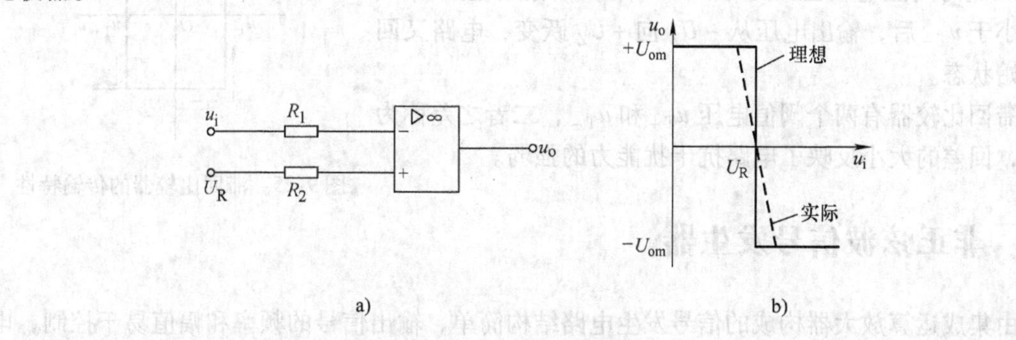

图9-23　电压比较器

a）电路结构　b）传输特性

在如图9-23a所示电路中，电路的输入信号连接在集成运算放大器的反相输入端，电路称为反相电压比较器，若将电路中的输入信号和阈值电压的位置互换，电路就改变为同相电压比较器。在同相电压比较器中，当输入电压 u_i 大于阈值电压 U_R 时，电路的输出电压 $u_o = U_{om}$；当输入电压 u_i 小于阈值电压 U_R 时，电路的输出电压 $u_o = -U_{om}$。利用电压比较器可以将输入的正弦波信号转变为同频率的矩形波信号或方波信号输出。

图示电压比较器有两个缺点，第一，当实际集成运算放大器的电压放大倍数不是非常大时，电路的传输特性如图9-23b中的虚线所示，比较器的灵敏度降低；第二，当输入信号中夹杂噪声时，比较器的输出信号有可能受噪声的影响而产生错误翻转，导致电路的抗干扰能力比较差。为了提高电压比较器的灵敏度和抗干扰能力，可以采用具有滞回特性的比较器。

2. 滞回比较器

滞回比较器也称为施密特触发器，其电路结构如图9-24所示。在滞回比较器中，输入电压 u_i 经过电阻 R_1 连接在集成运算放大器的反相输入端，电阻 R_4 与双向稳压管VS构成限幅电路，限幅电路将电路的输出电压幅度限制在 $\pm U_Z$，电路的输出电压 u_o 经过 R_2 和 R_3 分压得到集成运算放大器的同相端电位 u_+，这个电压即为滞回比较电路的阈值电压。

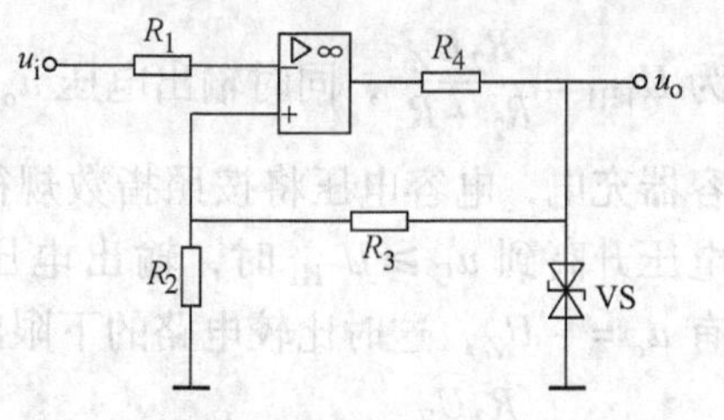

图9-24　滞回比较器

在滞回比较器中，阈值电压 u_+ 的数值是跟随输出电压的变化而变，当输出电压为高电平时，有 $u_o = +U_Z$，这时电路的阈值电压为

$$u_+ = u_{T+} = u_o \frac{R_2}{R_2 + R_3} = +\frac{R_2}{R_2 + R_3} U_Z$$

当输出电压转为低电平时，有 $u_o = -U_Z$，电路的阈值电压为

$$u_+ = u_{T-} = u_o \frac{R_2}{R_2 + R_3} = -\frac{R_2}{R_2 + R_3} U_Z$$

电路的传输特性如图9-25所示。当初始输入电压 u_i 小于 u_{T-}，即 $u_- < u_+$ 时，电路的

输出电压 $u_o=+U_Z$，阈值电压 $u_+=u_{T+}$；当输入电压 u_i 增大并大于 u_{T+} 后，输出电压从 $+U_Z$ 向 $-U_Z$ 跃变，有 $u_o=-U_Z$，这时阈值电压也跃变为 $u_+=u_{T-}$；当输入电压 u_i 减小并小于 u_{T-} 后，输出电压从 $-U_Z$ 向 $+U_Z$ 跃变，电路又回到初始状态。

滞回比较器有两个阈值电压 u_{T+} 和 u_{T-}，二者之差称为回差，回差的大小反映了电路抗干扰能力的强弱。

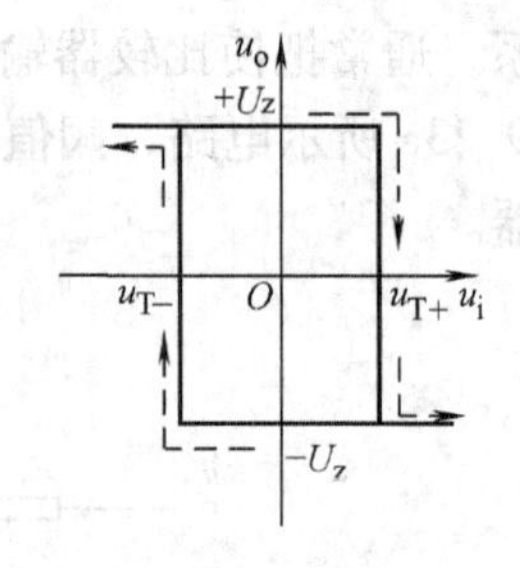

图 9-25　滞回比较器的传输特性

9.4　非正弦波信号发生器

由集成运算放大器构成的信号发生电路结构简单、输出信号的频率和幅值易于控制，电路的应用也比较广泛。按照输出信号的波形可以将信号发生电路分为正弦波发生器和非正弦波发生器，本节讲述非正弦波发生器。

1. 矩形波发生电路

矩形波发生电路如图 9-26 所示，电路的输出信号为矩形波信号，由于矩形波信号中含有较为丰富的谐波，因此电路也称为多谐振荡器。在矩形波发生电路中，电阻 R_1 和电容 C 构成了定时电路，定时电路决定电路的振荡频率；集成运算放大器和电阻 R_2、R_3 构成滞回比较器，比较器输出矩形波信号；电阻 R_4 和双向稳压管 VS 构成限幅电路，限幅电路将输出电压的幅值限制在双向稳压管的稳定电压数值。

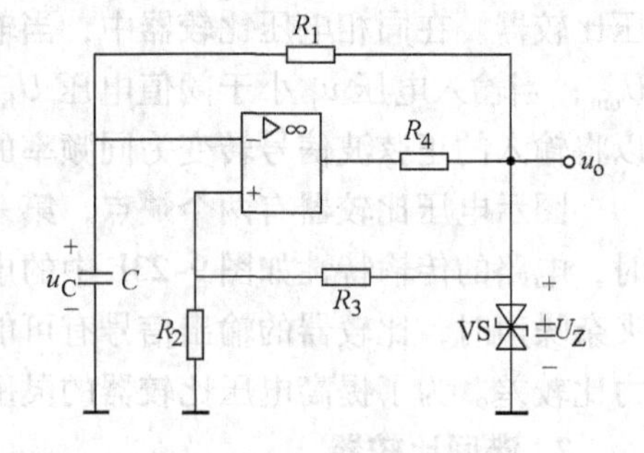

图 9-26　矩形波发生电路

当电路与电源刚接通时，电容电压 $u_C=0$，电路的输出电压 $u_o=+U_Z$，则滞回比较器的上限阈值电压为 $U_{TH1}=\dfrac{R_2U_Z}{R_2+R_3}$，同时输出电压 u_o 经过电阻 R_1 给电容器充电，电容电压将按照指数规律升高。当电容电压升高到 $u_C\geqslant U_{TH1}$ 时，输出电压 u_o 发生跃变，有 $u_o=-U_Z$，这时比较电路的下限阈值电压跃变为 $U_{TH2}=-\dfrac{R_2U_Z}{R_2+R_3}$。由于输出电压 u_o 跃变为负值，充过电的电容器开始放电，电容电压按照指数规律下降，当电容电压下降到 $u_C\leqslant U_{TH2}$ 时，输出电压再次跃变为 $u_o=+U_Z$，电路又返回初始状态。这样电路中的电容器反复充放电，电容电压 u_C 在 U_{TH1} 和 U_{TH2} 之间按照指数规律变化，电路的输出电压 u_o 在 $+U_Z$ 与 $-U_Z$ 之间跃变，形成矩形波输出，电路输出信号的波形如图 9-27 所示。利用三要素法可以解出矩形波的振荡周期为 $T=2RC\ln\left(1+\dfrac{2R_2}{R_3}\right)$。

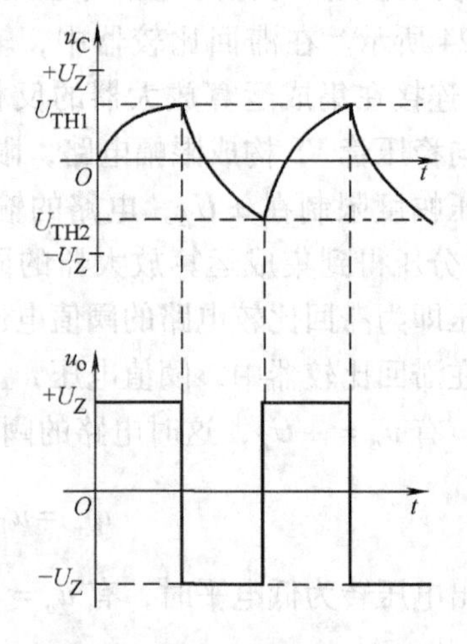

图 9-27　矩形波发生电路输出信号波形图

2. 三角波发生电路

三角波发生电路如图9-28所示，电路是在矩形波发生电路的基础上增加一个积分电路并适当改变电路的接线构成的。电路中的滞回比较器将矩形波信号传输给后级的积分电路，积分电路将矩形波信号转变为三角波信号输出，并将输出信号反馈给滞回比较器，因此电路也称为矩形波-三角波发生电路。

三角波发生电路输出信号的波形图如图9-29所示，电路输出三角波的正向峰值电压 $U_{om}=\frac{R_2}{R_3}U_Z$，反向峰值电压 $-U_{om}=-\frac{R_2}{R_3}U_Z$，电路输出信号的振荡周期 $T=\frac{4R_2R_5C}{R_3}$。

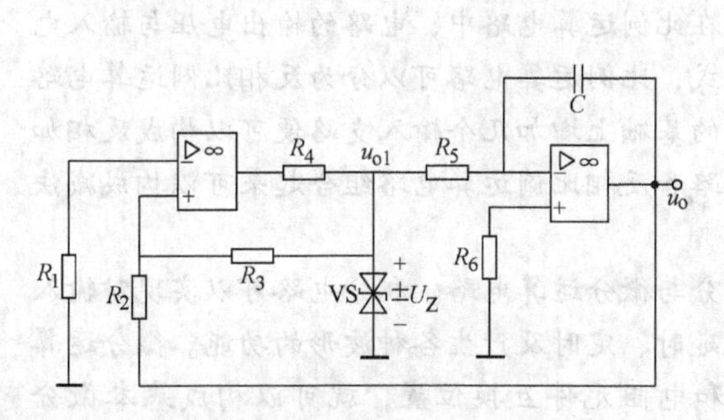

图9-28　三角波发生电路

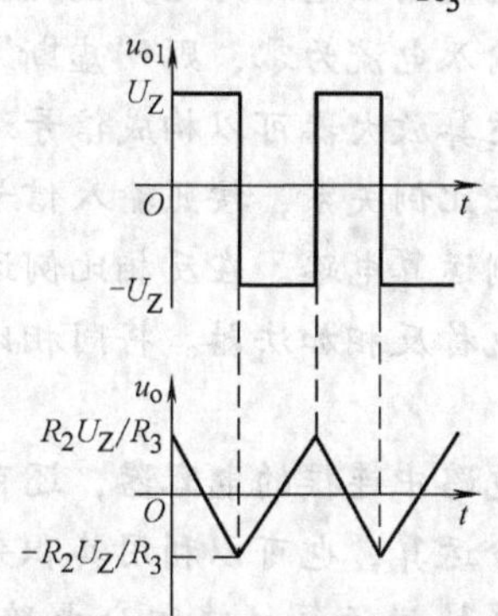

图9-29　三角波发生电路输出信号波形图

3. 锯齿波发生电路

锯齿波发生电路如图9-30所示，为使电路输出锯齿波信号，后级积分电路中电容器的充放电时间常数应当不相同，则电容器的充电电流和放电电流的数值不相等。利用电路中的电阻 R_6 和二极管VD将电容器充电的时间常数减小为（$R_4 // R_6$）C，而电容器放电的时间常数仍为 R_4C，不同的充放电时间常数可以让电路输出锯齿波信号，电路输出信号的波形如图9-31所示。

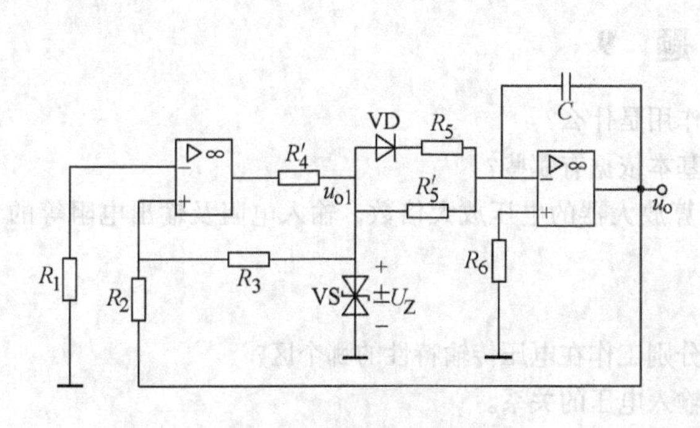

图9-30　锯齿波发生电路

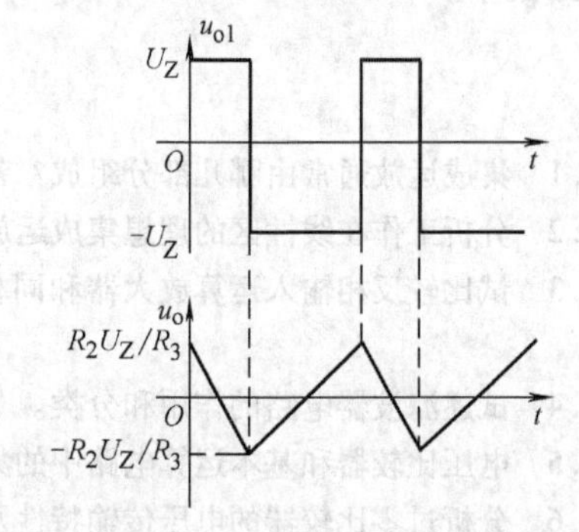

图9-31　锯齿波发生电路输出信号波形图

本章小结

集成运算放大器是具有高开环电压放大倍数、高输入电阻和低输出电阻的多级直接耦合集成放大电路，电路的两个输入端分别是同相输入端 u_+ 和反相输入端 u_-，电路的输出端是 u_o。集成运算放大器具有很高的差模输入电阻 r_{id}，比较大的共模抑制比 K_{CMRR}，这表示没有电流流入集成运算放大器，并且集成运算放大器的输出误差很小。集成运算放大器还具有输入失调电压 U_{IO} 较小和输入失调电流 I_{IO} 较小等特点。

当集成运算放大器理想化后，工作在特性曲线的线性区时，运算放大器的差模输入电压近似为零，这个特点称为“虚短”，同时没有电流流入运算放大器，这个特点称为“虚断”。当运算放大器工作在特性曲线的非线性区时，其同相输入电压 u_+ 和反相输入电压 u_- 可以不相等，电路的输出电压为运算放大器的饱和压降。由于理想运算放大器的输入电阻 $r_{id}\to\infty$，放大器的输入电流为零，则“虚断”的概念在非线性区依然成立。

集成运算放大器可以构成信号运算电路。在比例运算电路中，电路的输出电压与输入电压之间存在比例关系，按照输入信号的连接方式，比例运算电路可以分为反相比例运算电路和同相比例运算电路。在反相比例运算放大器的基础上增加几个输入支路便可以构成反相加法电路，也称反相加法器。将同相比例运算电路和反相比例运算电路组合起来可以构成减法运算电路。

利用电路中连接的电容器，还可以实现积分与微分运算电路。积分电路可以实现对输入信号的积分运算，也可以利用其积分过程实现延时、定时及产生各种波形的功能。微分运算是积分运算的逆运算，将积分电路中的电容和电阻元件互换位置，就可以构成基本微分电路。

由集成运算放大器构成的有源滤波电路具有高输入、低输出阻抗等特点，在有效隔离电路输入端和输出端的同时具有较强的带负载能力，滤波频率稳定。电压比较器是对输入信号进行鉴幅与比较的电路，电压比较器是将模拟输入电压与参考电压进行比较，并且输出信号仅有高电平和低电平两种状态。

利用集成运算放大器可以构成正弦波和非正弦波振荡器。由集成运算放大器构成的文氏电桥电路为典型的正弦波振荡器，而非正弦波振荡器包括方波发生器、三角波发生器和锯齿波发生器等。

习 题 9

9.1 集成运放通常由哪几部分组成？各部分的作用是什么？

9.2 分析工作在线性区的理想集成运放电路的基本依据有哪些？

9.3 试比较反相输入运算放大器和同相输入运算放大器的电压放大倍数，输入电阻及输出电阻等的性能。

9.4 试述滤波器电路的作用和分类。

9.5 电压比较器和基本运算电路中的集成运放分别工作在电压传输特性的哪个区？

9.6 分析过零比较器的电压传输特性及输出和输入电压的关系。

9.7 设计一个比例运算电路，要求输入电阻 $R_i=20\text{k}\Omega$，比例系数为 -100。

9.8 求图 9-32 所示各电路输出电压与输入电压的运算关系式。

9.9 如图 9-33 所示电路，已知 $R_F=4R_1$，求解 u_o 与 u_{i1} 和 u_{i2} 的关系式。

9.10 如图 9-34 所示为反相比例运算电路，试证明 $A_f=\dfrac{u_o}{u_i}=-\dfrac{R_f}{R_1}(1+\dfrac{R_3}{R_4})-\dfrac{R_3}{R_1}$。

9.11 试分析如图 9-35 所示电路的运算关系，在电路中有 $R_3/R_1=R_4/R_5$。

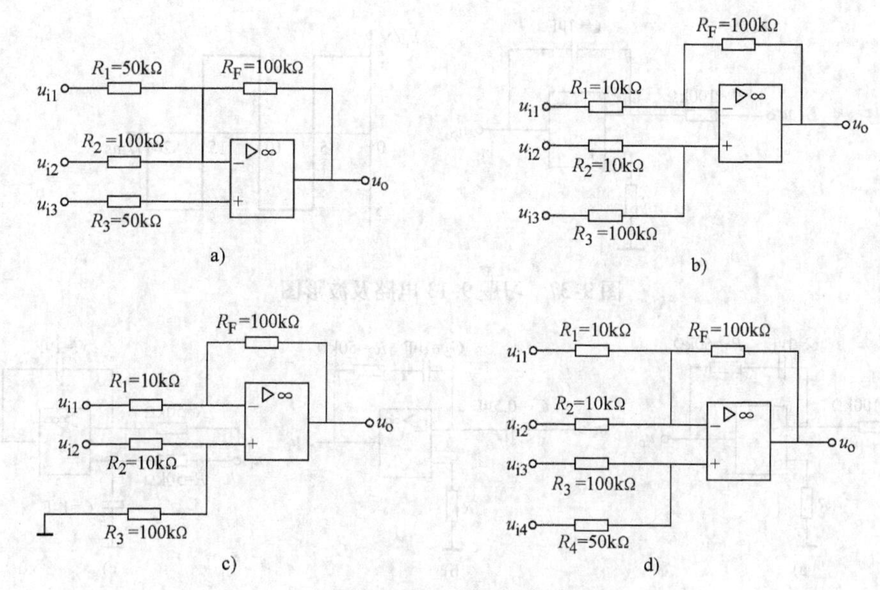

图 9-32　习题 9.8 电路

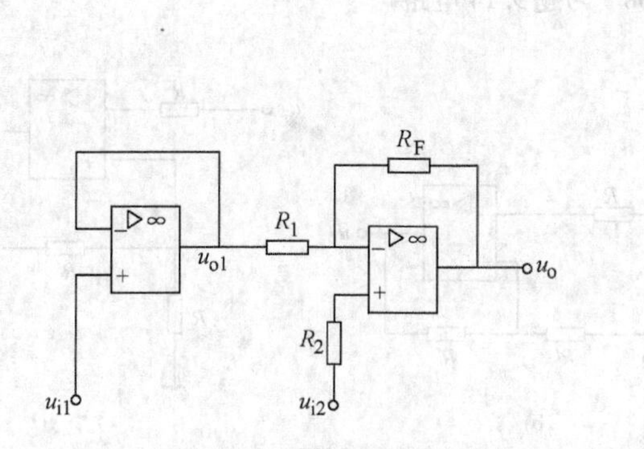

图 9-33　习题 9.9 电路

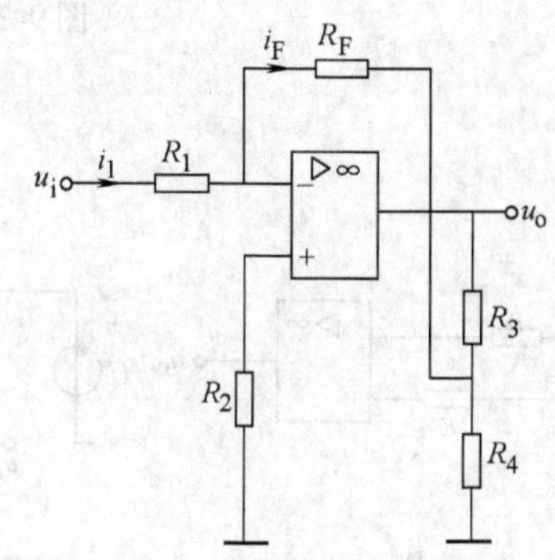

图 9-34　习题 9.10 电路

9.12　如图 9-36 所示电路是广泛应用于自动调节系统中的比例 – 积分 – 微分调节器电路。试写出该电路输入信号与输出信号的关系式。

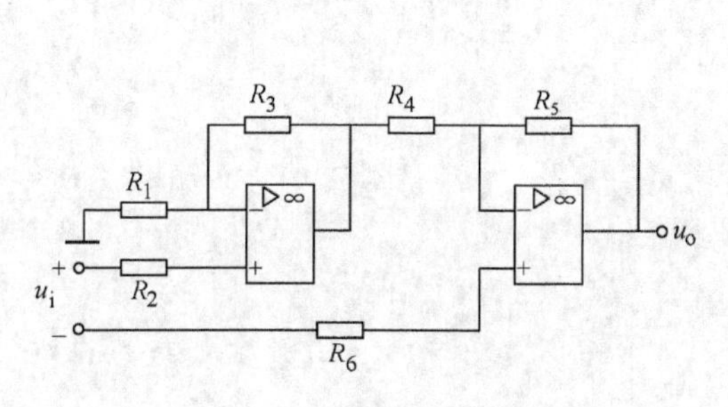

图 9-35　习题 9.11 电路

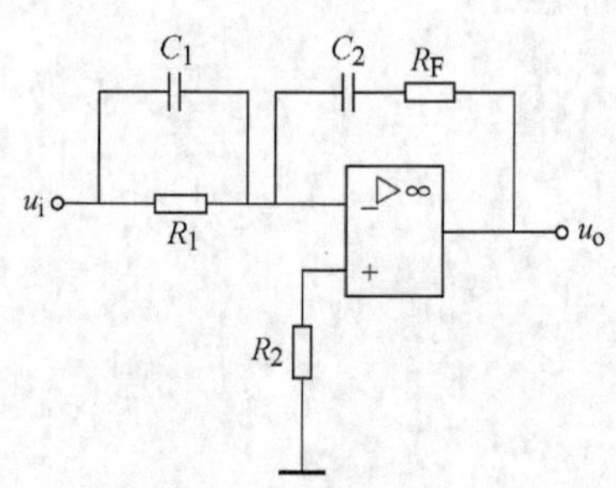

图 9-36　习题 9.12 电路

9.13　根据如图 9-37 所示电路及输入电压波形，画出电路输出电压的波形。

9.14　试求解如图 9-38 所示各电路的运算关系式。

9.15　如图 9-39 所示为几种不同结构的电压比较器，图中比较电压 $U=2\text{V}$，集成运算放大器的饱和压降数值为 $U_{om}=\pm 10\text{V}$，分别画出各电路的电压传输特性曲线。

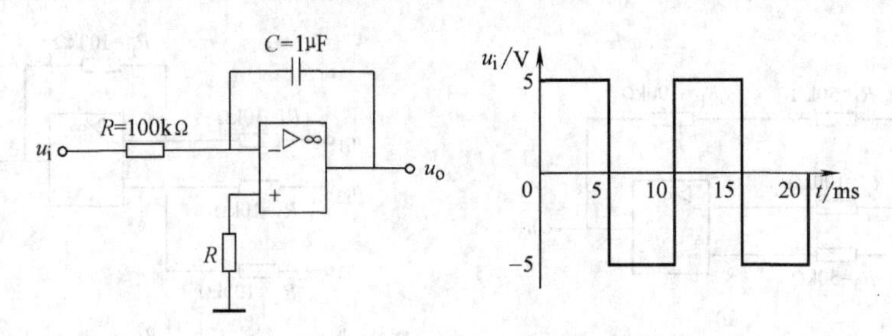

图9-37　习题9.13电路及波形图

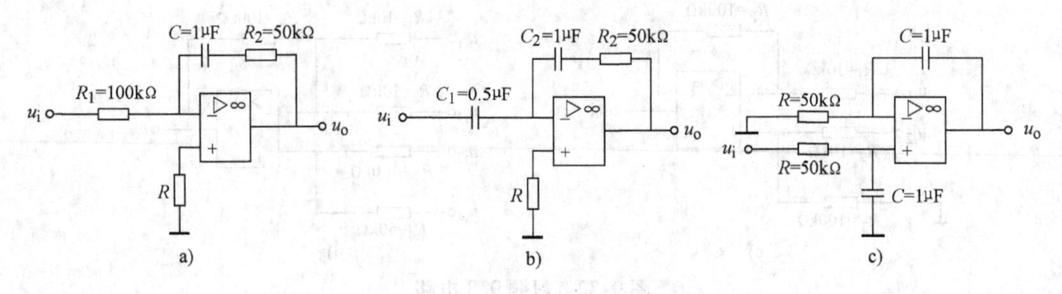

图9-38　习题9.14电路

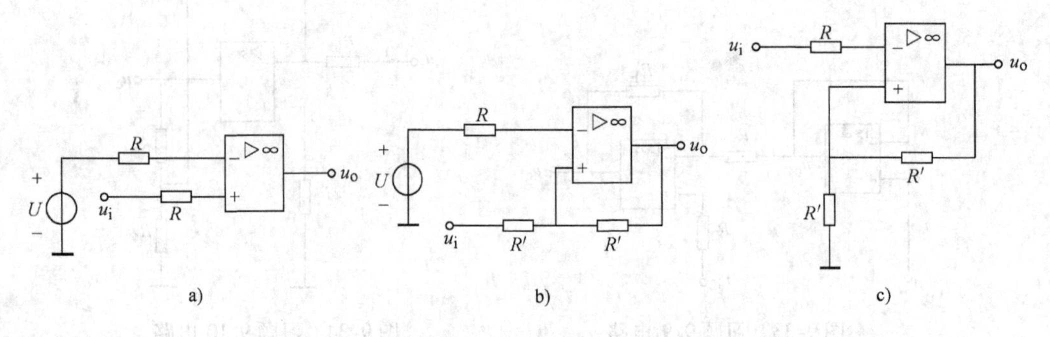

图9-39　习题9.15电路

第 10 章　门电路与组合逻辑电路

在电子电路中，输入信号分为模拟信号和数字信号两大类。模拟信号是指在数值上和时间上均连续变化的信号，处理模拟信号的电路称为模拟电路，模拟电路可以对输入的模拟信号进行信号的放大、运算和处理。数字信号是指在数值上和时间上均不连续的信号，处理数字信号的电路称为数字电路，数字电路可以对输入的数字信号进行传输、处理、运算和储存。数字电路分为组合逻辑电路和时序逻辑电路，其中，构成组合逻辑电路的基本单元为逻辑门电路，构成时序逻辑电路的基本单元为触发器。本章将介绍逻辑代数、逻辑门电路和组合逻辑电路。

10.1　数字电路基本知识

由于数字信号在时间和数值上的不连续性，在数字电路中通常使用高电平、低电平或逻辑“0”、逻辑“1”表示电路中传递的信息，其中，逻辑“0”和逻辑“1”并不表示信号数值的大小，仅代表信号处于某个逻辑状态。在正逻辑关系中，若某数字信号的电位低于阈值电压，称该信号处于“低电平”逻辑状态，用逻辑“0”表示；若某数字信号的电位高于阈值电压，则称该信号处于“高电平”逻辑状态，用逻辑“1”表示。反之，则称为负逻辑关系。在没有特别说明时，通常使用正逻辑关系进行逻辑电路的分析。

10.1.1　常用数制

在数字运算时，计数进位的原则称为数制，日常生活中常用的数制是十进制数。由于在数字信号里只有 0 和 1 两种逻辑状态传输信息并参与运算，所以数字信号的数制为二进制数。在数字电路中除了二进制数外也广泛使用八进制数和十六进制数，下面介绍几种常用的数制。

1. 十进制

十进制是最常使用的计数法，十进制数由 0 ~ 9 共十个数码组成，计数进位原则为逢十进一，任意一个十进制数均可以表示为

$$(D)_{10} = \sum_{i=-m}^{n-1} a_i \times 10^i$$

式中，a_i是第 i 位数码的系数（$-m \leqslant i \leqslant n-1$），$n$ 表示整数部分的位数，m 表示小数部分的位数。按照上式可以将任意十进制数展开，例如十进制数 123.456 可以展开为

$$(123.456)_{10} = 1 \times 10^2 + 2 \times 10^1 + 3 \times 10^0 + 4 \times 10^{-1} + 5 \times 10^{-2} + 6 \times 10^{-3}$$

在使用十进制数的展开式时需要注意，展开式中整数部分由右至左分别对应数字 10 的 0、1、2…次幂；小数部分由左至右分别对应数字 10 的 −1、−2、−3…次幂。

2. 二进制

二进制数有 0 和 1 两个数码，计数进位原则为逢二进一，任意一个二进制数均可以表示为

$$(B)_2 = \sum_{i=-m}^{n-1} a_i \times 2^i$$

式中，a_i是第 i 位数码的系数，n 表示整数部分的位数，m 表示小数部分的位数。按照上式可以将任意二进制数展开并转换为十进制数，例如二进制数 1010.0101 可以展开为

$$\begin{aligned}(1010.0101)_2 &= 1\times2^3+0\times2^2+1\times2^1+0\times2^0+0\times2^{-1}+1\times2^{-2}+0\times2^{-3}+1\times2^{-4}\\ &=(10.3125)_{10}\end{aligned}$$

在使用二进制数的展开式时需要注意，展开式的整数部分由右至左分别对应数字 2 的 0、1、2…次幂；小数部分由左至右分别对应数字 2 的 −1、−2、−3…次幂。

3. 八进制和十六进制

八进制数由 0 ~ 7 共八个数码组成，计数进位原则为逢八进一。与二进制数和十进制数相同，八进制数也可以展开为多项式求和的形式，即

$$(O)_8 = \sum_{i=-m}^{n-1} a_i \times 8^i$$

任意一个八进制数均可按照上式展开，并转换为对应的十进制数，例如八进制数 12.34 可以展开为

$$(12.34)_8 = 1\times8^1+2\times8^0+3\times8^{-1}+4\times8^{-2}=(10.4375)_{10}$$

十六进制数由 0 ~ 9 和 A ~ F 共 16 个数码组成，其中 A ~ F 数码对应十进制数的 10 ~ 15 数码，计数进位原则为逢十六进一。十六进制数的多项式求和表示式为：

$$(H)_{16} = \sum_{i=-m}^{n-1} a_i \times 16^i$$

任意一个十六进制数均可按照上式展开，并转换为对应的十进制数，例如十六进制数 1F 可以展开为

$$(1F)_{16} = 1\times16^1+15\times16^0=(31)_{10}$$

综上所述，任何一个数都可以使用不同的数制来表示，尽管不同数制的表示形式不一样，但是该数的数值大小是不变的。

10.1.2　数制的转换

数制的转换是指把使用一种数制表示的数转换成使用另外一种数制表示的数，在数字电路中最常使用的是十进制数和二进制数之间的转换。

1. 十进制数转换为二进制数

将十进制数转换为二进制数时，整数部分与小数部分应当分别转换。对十进制数的整数部分通常采用除余法进行转换，所谓除余法是指，将十进制数反复除以 2，所得余数即为其对应的二进制数，最先取得的余数为对应二进制数的最低位。当该十进制数除到商为 0 时，所得余数为对应二进制数的最高位。

例 10-1　试用除余法，将十进制数 $(21)_{10}$ 转换为二进制数。

解：

除式	余数
2 | 21	1 → A_0
2 | 10	0 → A_1
2 | 5	1 → A_2
2 | 2	0 → A_3
2 | 1	1 → A_4
0	

转换后有 $(21)_{10}=(10101)_2$。

十进制数的小数部分通常采用乘余法进行转换，所谓乘余法，是指将小数部分反复乘以2，所得乘积的整数部分即为其对应的二进制数，最先取得的整数为对应二进制数的最高位。需要注意的是，乘以 2 的运算结果有可能无法到达 0，所以须根据转换精度要求进行有限次的乘以 2 的运算。

例 10-2　试用乘余法，将十进制数 $(0.625)_{10}$ 转换为二进制数。

解：

$$\begin{array}{r} 0.625 \\ \times\quad 2 \\ \hline 1.250 \end{array} \quad \text{整数部分}=1=A_{-1}$$

$$\begin{array}{r} 0.250 \\ \times\quad 2 \\ \hline 0.500 \end{array} \quad \text{整数部分}=0=A_{-2}$$

$$\begin{array}{r} 0.500 \\ \times\quad 2 \\ \hline 1.000 \end{array} \quad \text{整数部分}=1=A_{-3}$$

转换后有 $(0.625)_{10}=(0.101)_2$。

2. 二进制数转换为十进制数

将二进制数转换为十进制数时，可以利用二进制数的展开式进行转换。

例 10-3　试将 $(0111.0011)_2$ 转换为十进制数。

解：根据二进制数的表示式 $(B)_2=\sum_{i=-m}^{n-1} a_i \times 2^i$ 可得

$$(0111.0011)_2=0\times2^3+1\times2^2+1\times2^1+1\times2^0+0\times2^{-1}+0\times2^{-2}+1\times2^{-3}+1\times2^{-4}=(7.1875)_{10}$$

用四位二进制数的十个组合表示十进制数的编码称为 BCD 码，常用的 8421BCD 码与四位普通二进制数码相似，编码中 4 位二进制数码的权重分别为 8、4、2、1，编码仅使用了普通二进制数码的 0000 ~ 1001 十个组合来表示十进制数，其余的六组代码不使用。

10.2　逻辑代数

逻辑代数也称为布尔代数，逻辑代数是用于描述客观事物逻辑关系的数学方法，也是分析和设计逻辑电路的基本工具。逻辑代数也有其基本定义、运算法则、表示方法和逻辑函数的化简。

10.2.1　逻辑代数的基本运算

在逻辑代数中，逻辑变量通常使用大写字母表示，逻辑变量的取值仅有逻辑 0 和逻辑 1 两种，而逻辑 0 和逻辑 1 仅表示逻辑变量所代表事物的两种逻辑状态，如电平的高或低、开关的闭或合、灯泡的亮或灭等。逻辑变量有原变量和反变量两种表示形式，若逻辑变量的原变量用字母 A、B、C 表示，与其对应的反变量则表示为 $\overline{A}$、$\overline{B}$、$\overline{C}$，反变量与原变量的逻辑状态相反。

对于任意逻辑命题，逻辑变量分为输入变量和输出变量，逻辑命题中的每个逻辑条件称

为输入变量，逻辑命题的结果称为输出变量，用于描述逻辑命题中输入变量和输出变量之间逻辑关系的表示式称为逻辑函数，如

$$Y=F(A,\ B,\ C)$$

式中，Y 为逻辑函数的输出变量，A、B、C 为逻辑函数的输入变量。

逻辑代数的基本运算包括与运算、或运算和非运算，任何逻辑函数都可以用这三种基本运算的组合来表示，并可以用基本运算的逻辑电路来实现。

1. 与逻辑运算

在如图 10-1a 所示的逻辑电路中，开关 A、B 按照串联关系连接，仅当开关 A、B 同时闭合的条件满足时，电灯 Y 才能被点亮，这种逻辑关系即为与逻辑关系。与逻辑的定义是，当决定一个事物结果的所有条件同时具备时，结果才能发生。设如图 10-1a 所示电路中的开关 A、B 为输入逻辑变量，电灯 Y 为输出逻辑变量，开关闭合用逻辑 1 表示，开关断开用逻辑 0 表示，电灯点亮用逻辑 1 表示，电灯熄灭用逻辑 0 表示，则图示电路所有可能的输入变量组合及对应的输出变量如表 10-1 所示，表中所示的逻辑关系即为与逻辑运算关系。表示逻辑命题中输入变量和输出变量逻辑状态的表格称为真值表，真值表是逻辑函数的一种表示方式，表中按照顺序列出了所有可能的输入变量的取值组合以及相应的输出变量的逻辑状态，表 10-1 即为与逻辑运算真值表。逻辑与运算的逻辑关系式可以表示为

$$Y=A\cdot B \text{ 或 } Y=AB$$

逻辑电路的基本运算都可以由门电路实现，其中实现与逻辑运算的基本门电路称为与门，如图 10-1b 所示为两输入与门的电路符号。

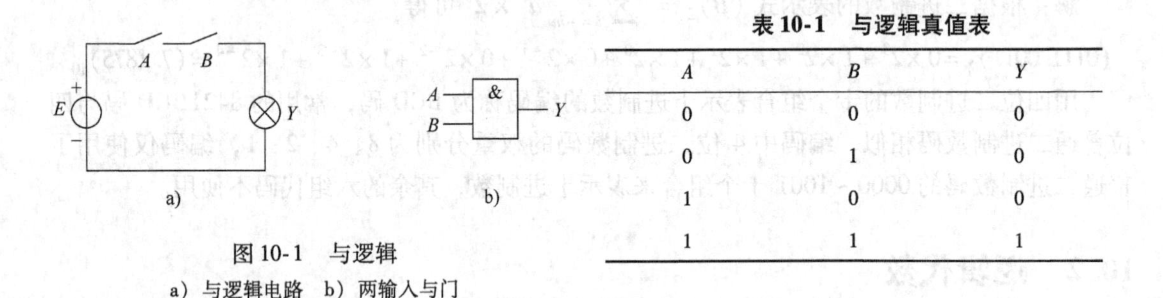

图 10-1　与逻辑

a）与逻辑电路　b）两输入与门

表 10-1　与逻辑真值表

A	B	Y
0	0	0
0	1	0
1	0	0
1	1	1

2. 或逻辑运算

在如图 10-2a 所示的逻辑电路中，开关 A、B 按照并联关系连接，当满足 A、B 任一开关闭合的条件时，电灯 Y 即可被点亮，这种逻辑关系即为或逻辑关系。或逻辑的定义是，当决定一个事物结果的一个或一个以上的条件具备时，结果就会发生。设如图 10-2a 所示电路中的开关 A、B 为输入变量，电灯 Y 为输出变量，开关闭合用逻辑 1 表示，开关断开用逻辑 0 表示，电灯点亮用逻辑 1 表示，电灯熄灭用逻辑 0 表示，则图示电路所有可能的输入变量组合以及对应的输出变量结果如表 10-2 所示，表中所示的逻辑关系即为或逻辑关系，表 10-2即为或逻辑运算真值表。或逻辑运算的逻辑关系式可以表示为

$$Y=A+B$$

在逻辑电路中，实现或逻辑运算的基本门电路称为或门，如图 10-2b 所示为两输入或门的电路符号。

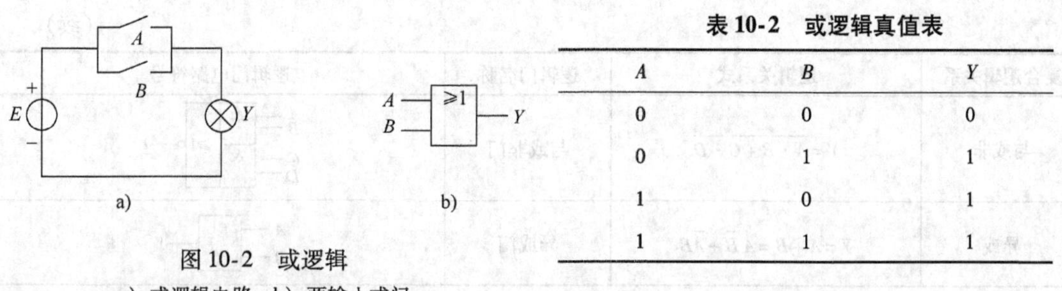

图 10-2　或逻辑

a）或逻辑电路　b）两输入或门

表 10-2　或逻辑真值表

A	B	Y
0	0	0
0	1	1
1	0	1
1	1	1

3. 非逻辑运算

在如图 10-3a 所示的非逻辑电路中，当开关 A 闭合时，电灯 Y 熄灭；当开关 A 断开时，电灯 Y 点亮，这种逻辑关系即为非逻辑关系。非逻辑的定义是，当一个事物的条件具备时，结果就不会发生，当条件不具备时，结果就一定发生。设图示电路中的开关 A 为输入变量，电灯 Y 为输出变量，开关闭合用逻辑 1 表示，开关断开用逻辑 0 表示，电灯点亮用逻辑 1 表示，电灯熄灭用逻辑 0 表示，则图示电路所有可能的输入变量组合及对应的输出变量结果见表 10-3，表中所示的连接关系即为非逻辑关系，表 10-3 即为非逻辑运算的真值表。非逻辑运算的逻辑关系式可表示为

$$Y=\overline{A}$$

在逻辑电路中，实现非逻辑运算的基本门电路称为非门，如图 10-3b 所示为非门的电路符号。

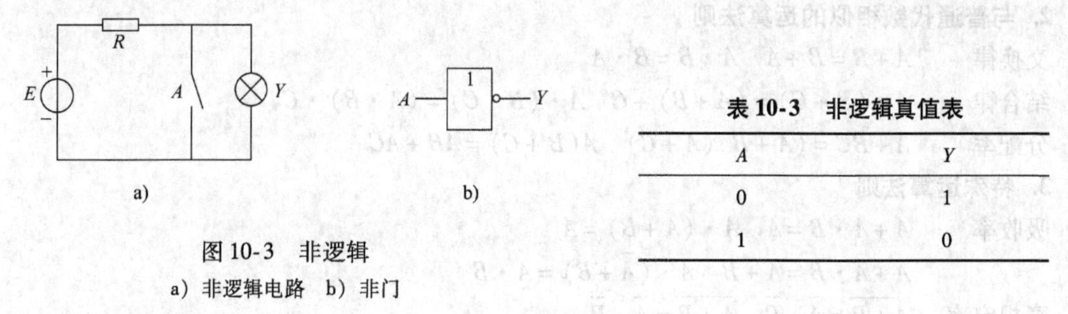

图 10-3　非逻辑

a）非逻辑电路　b）非门

表 10-3　非逻辑真值表

A	Y
0	1
1	0

4. 复合逻辑

与、或、非逻辑是逻辑运算中的三种基本运算，在实际的工程应用中，逻辑命题是由基于这三种基本逻辑运算组合而成的复合逻辑来实现的。在复合逻辑中，常用的有与非、或非、与或非、异或和同或等逻辑关系，复合逻辑关系、逻辑关系式、逻辑门电路符号见表 10-4。

表 10-4　复合逻辑关系式

复合逻辑关系	逻辑关系式	逻辑门名称	逻辑门电路符号
与非	$Y=\overline{A\cdot B}$	与非门	A, B, &, Y
或非	$Y=\overline{A+B}$	或非门	A, B, ≥1, Y

（续）

复合逻辑关系	逻辑关系式	逻辑门名称	逻辑门电路符号
与或非	$Y=\overline{A\cdot B+C\cdot D}$	与或非门	A, B, C, D, &, &, ≥1, Y
异或	$Y=A\oplus B=A\overline{B}+\overline{A}B$	异或门	A, B, =1, Y
同或	$Y=A\odot B=AB+\overline{A}\,\overline{B}$	同或门	A, B, =1, Y

10.2.2 逻辑代数的运算法则

逻辑代数的运算法则与普通代数的运算法则有相似性，利用逻辑代数的运算法则可以进行逻辑函数的化简。常用的运算法则如下：

1. 基本运算法则

0-1律 $A+1=1\quad A\cdot 0=0$

自等率 $A+0=A\quad A\cdot 1=A$

互补律 $A+\overline{A}=1\quad A\cdot\overline{A}=0$

重叠律 $A+A=A\quad A\cdot A=A$

2. 与普通代数相似的运算法则

交换律 $A+B=B+A\quad A\cdot B=B\cdot A$

结合律 $A+(B+C)=(A+B)+C\quad A\cdot(B\cdot C)=(A\cdot B)\cdot C$

分配率 $A+BC=(A+B)(A+C)\quad A(B+C)=AB+AC$

3. 特殊运算法则

吸收率 $A+A\cdot B=A\quad A\cdot(A+B)=A$

$A+\overline{A}\cdot B=A+B\quad A\cdot(\overline{A}+B)=A\cdot B$

摩根定率 $\overline{A+B}=\overline{A}\cdot\overline{B}\quad \overline{A\cdot B}=\overline{A}+\overline{B}$

还原率 $\overline{\overline{A}}=A$

根据逻辑代数的运算法则可以对逻辑函数表示式进行必要的化简、转换和证明。

例 10-4 证明分配率等式 $A+BC=(A+B)(A+C)$ 成立。

解：利用逻辑代数的运算法则可以对表示式的左侧进行转换，有

$$A+BC=A\cdot 1+BC=A\cdot(1+B+C)+BC=A+AB+AC+BC=(A+B)(A+C)$$

因此有

$$A+BC=(A+B)(A+C)$$

例 10-5 证明吸收律的四个等式成立。

解：吸收律四个等式的证明过程如下：

$$A+A\cdot B=A(1+B)=A\cdot 1=A$$

$$A\cdot(A+B)=A\cdot A+A\cdot B=A+A\cdot B=A$$

$$A+\overline{A}\cdot B=(A+\overline{A})(A+B)=A+B \qquad \text{（利用分配率）}$$

$$A\cdot(\overline{A}+B)=A\cdot\overline{A}+A\cdot B=A\cdot B$$

由此可以证明吸收律的四个等式成立。

10.3　逻辑函数的表示方法

逻辑函数有多种表示方法，常用的表示方法有逻辑函数表示式、真值表、波形图和逻辑电路图等，不同的表示方法具有不同的特点，并且各种表示方法之间可以相互转换，在实际的数字电路分析中可以根据电路需要选择合适的表示方法。

10.3.1　常用表示方法

逻辑函数表示式是利用逻辑与、或、非等基本运算来表示输入变量和输出变量之间因果关系的逻辑代数式，逻辑函数表示式的特点是形式简单、书写方便，并且函数式具有不唯一性，根据电路的需要可以将逻辑函数转换为不同的表示形式，常用的逻辑函数表示式有与或式、与非式、或与式、或非式和与或非式。以四变量逻辑函数为例，逻辑函数的与或式可以列写为 $Y=AB+CD$；与非式可以列写为 $Y=\overline{ABCD}$；或与式可以列写为 $Y=(A+B)(C+D)$；或非式可以列写为 $Y=\overline{A+B+C+D}$；与或非式可以列写为 $Y=\overline{AB+CD}$。

逻辑函数的真值表是根据已知的逻辑命题，将输入逻辑变量的各种取值组合与对应的输出逻辑变量数值排列成的表格。真值表的特点是直观、输入变量与对应输出变量在各种取值之间的逻辑关系明确，并且真值表具有唯一性。

逻辑电路输入变量与输出变量随时间变化的电压或电流图形称为波形图，波形图也称为时序图，波形图直观地反映了输出变量和输入变量随时间变化的规律，借助于波形图可以进行电路逻辑功能的分析和故障诊断。

逻辑电路图是用多个基本逻辑电路符号连接成的电路图。逻辑电路图的特点是与实际电路使用的器件有对应关系，并且逻辑电路图具有不唯一性，相同的逻辑功能可以使用多种逻辑电路图实现。

10.3.2　最小项和最小项表示式

在具有 n 个变量的逻辑函数中，最小项 m 是指具有包含全部 n 个变量的乘积项，且每个变量均以原变量或反变量的形式在 m 中出现一次。根据最小项的定义可知，对于具有两个变量（如 A、B）的逻辑函数，其最小项共有四个（AB、$A\overline{B}$、$\overline{A}B$、$\overline{A}\,\overline{B}$）；对于具有三个变量（$X$、$Y$、$Z$）的逻辑函数，其最小项共有八个（$\overline{X}\,\overline{Y}\,\overline{Z}$、$\overline{X}\,\overline{Y}Z$、$\overline{X}Y\overline{Z}$、$\overline{X}YZ$、$X\overline{Y}\,\overline{Z}$、$X\overline{Y}Z$、$XY\overline{Z}$、$XYZ$）。这表示对具有 n 个变量的逻辑函数，其最小项的个数为2^n个。

为方便描述最小项，可以对最小项进行编号，用字母m_i表示逻辑函数的最小项，其中下角标 i 为最小项的编号，编号采用十进制数排列。表 10-5 所示为三变量逻辑函数全部最小项的表示式及其对应的编号。

表 10-5　三变量最小项列表

最小项编号	最小项	使最小项为 1 的变量取值
m_0	$\overline{X}\,\overline{Y}\,\overline{Z}$	0 0 0
m_1	$\overline{X}\,\overline{Y}Z$	0 0 1

（续）

最小项编号	最小项	使最小项为1的变量取值
m_2	$\overline{X}Y\overline{Z}$	0 1 0
m_3	$\overline{X}YZ$	0 1 1
m_4	$X\overline{Y}\overline{Z}$	1 0 0
m_5	$X\overline{Y}Z$	1 0 1
m_6	$XY\overline{Z}$	1 1 0
m_7	XYZ	1 1 1

如果一个逻辑函数的表示式是以最小项构成的与或式，这种表示式可以称为逻辑函数的最小项表示式，也称为标准与或式。利用逻辑运算法则可以证明，任意逻辑函数均可以转换为最小项之和的表示形式，例如

$$Y = AB\overline{C} + AC = AB\overline{C} + ABC + A\overline{B}C = m_6 + m_7 + m_5 = \sum m(5,6,7)$$

例 10-6 试将逻辑函数 $Y = \overline{A}BC + AC + \overline{B}C$ 化为最小项之和的形式

解：

$$\begin{aligned} Y &= \overline{A}BC + AC + \overline{B}C \\ &= \overline{A}BC + A(B + \overline{B})C + (A + \overline{A})\overline{B}C \\ &= \overline{A}BC + ABC + A\overline{B}C + A\overline{B}C + \overline{A}\overline{B}C \\ &= \overline{A}BC + ABC + A\overline{B}C + \overline{A}\overline{B}C \\ &= m_3 + m_7 + m_5 + m_1 = \sum m(1,3,5,7) \end{aligned}$$

逻辑函数的几种表示方法可以相互转化，在实际工程应用时，可以根据工程需要采用合适的逻辑函数表示方式。

10.4 逻辑函数的化简

在逻辑代数的运算过程中，同一个逻辑函数可以列写为不同的逻辑函数表示式，而逻辑函数表示式越简单，函数式所表示的逻辑关系也就越明确，实现相应逻辑电路的过程也越简单。所以在实际的电子工程应用中，需要将逻辑函数尽量化成最简表示形式。

10.4.1 公式化简法

最基本的逻辑函数化简方法是公式化简法，公式化简法是反复利用逻辑代数的基本公式消除函数式中多余的乘积项和多余的因子，从而得到最简函数式的方法。常用的公式化简法包括并项法、吸收法、消项法、消因子法、配项法等。

1. 并项法

并项法是利用互补律公式 $A + \overline{A} = 1$ 来合并消除 A 与 $\overline{A}$ 这两项，扩展后有 $A\overline{B} + AB = A$，并项后可以消除 B 和 $\overline{B}$ 两个因子，以实现逻辑函数的化简。需要说明的是，公式中的 A、B 两项可以是逻辑变量，也可以是复杂的逻辑表示式。

例 10-7 用并项法化简逻辑函数 $Y = A\overline{B} + ACD + \overline{A}\overline{B} + \overline{A}CD$。

解： $Y = A\overline{B} + ACD + \overline{A}\overline{B} + \overline{A}CD = (A + \overline{A})\overline{B} + (A + \overline{A})CD = (A + \overline{A})(\overline{B} + CD) = \overline{B} + CD$

2. 吸收法

吸收法是利用吸收律公式 $A+AB=A$ 将式中的 AB 项吸收掉使逻辑函数简化的方法，同理，式中的 A、B 两项也可以是复杂的逻辑式。

例 10-8　用吸收法化简逻辑函数 $Y=\bar{A}+\bar{A}BC+\bar{A}BD+\bar{A}E$。

解：$Y=\bar{A}+\bar{A}BC+\bar{A}BD+\bar{A}E=\bar{A}(1+BC+BD+E)=\bar{A}$

3. 消项法

消项法是利用多余项公式 $AB+\bar{A}C+BC=AB+\bar{A}C$ 将式中的 BC 项消除使逻辑函数简化的方法，式中的 A、B、C 三项也可以是复杂逻辑式。

例 10-9　用消项法化简逻辑函数 $Y=A\bar{B}C\bar{D}+\overline{A\bar{B}}E+C\bar{D}E$。

解：$Y=A\bar{B}C\bar{D}+\overline{A\bar{B}}E+C\bar{D}E=(A\bar{B})C\bar{D}+(\overline{A\bar{B}})E+(C\bar{D})(E)=A\bar{B}C\bar{D}+\overline{A\bar{B}}E$

4. 消因子法

消因子法是利用吸收律公式 $A+\bar{A}B=A+B$ 将$\bar{A}B$ 项中的$\bar{A}$因子消去使逻辑函数简化的方法，式中的 A、B 两项也可以是复杂逻辑式。

例 10-10　用消因子法化简逻辑函数 $Y=A\bar{B}D+\bar{B}CD+\overline{A+C}$。

解：$Y=A\bar{B}D+\bar{B}CD+\overline{A+C}=\bar{B}D(A+C)+\overline{A+C}$

$=\bar{B}D+\overline{A+C}=\bar{B}D+\bar{A}\bar{C}$

5. 配项法

配项法是根据自等律公式 $A+A=A$，在逻辑函数式中搭配相同的项，然后再进行逻辑函数化简的方法，配项法中配入的相同项或重复项也可以是复杂逻辑式。

例 10-11　用配项法化简逻辑函数 $Y=\bar{A}B\bar{C}+\bar{A}BC+ABC$。

解：$Y=\bar{A}B\bar{C}+\bar{A}BC+ABC=\bar{A}B\bar{C}+\bar{A}BC+ABC+\bar{A}BC=(\bar{A}B\bar{C}+\bar{A}BC)+(ABC+\bar{A}BC)$

$=\bar{A}B(\bar{C}+C)+(\bar{A}+A)BC=\bar{A}B+BC$

公式化简法需要熟练使用逻辑代数的各项法则，在多变量函数化简时，化简过程相对复杂，化简后逻辑函数的表示式不唯一，并且可能不是最简表示式，所以公式化简法常用于变量数较少的逻辑函数的化简。

10.4.2　卡诺图化简法

卡诺图化简法是图解化简法，相较于公式化简法，卡诺图化简法更为直观、简便，并且卡诺图化简法可以获得逻辑函数的最简表示式。

卡诺图是根据最小项真值表按照一定规律排列的方格图，并且逻辑相邻的最小项在几何位置上相邻排列，由于 n 变量的逻辑函数有2^n个最小项，所以卡诺图中也就有2^n个方格。将 n 变量逻辑函数的全部最小项按照逻辑相邻几何相邻的规则填入卡诺图，就可以得到 n 变量逻辑函数的卡诺图。如图 10-4 所示为常用的两变量、三变量和四变量的卡诺图形式，由此可以看出，卡诺图中包含了对应逻辑函数的全部2^n个最小项。需要注意的是，为保证几何相邻的最小项在逻辑上也相邻，在最小项填入时不能按照从小到大的顺序排列，而应按照图中排列顺序，以保证相邻的两个最小项仅有一个变量是不相同的。

使用卡诺图法化简逻辑函数时，需要先将逻辑函数转换为最小项之和的表示形式，然后在卡诺图中将与逻辑函数最小项所对应的方格中填入 1，其余则为 0（可以不填写）。卡诺图化简法就是利用并项法将几何位置相邻的最小项合并，消去取值不同的因子，保留取值相

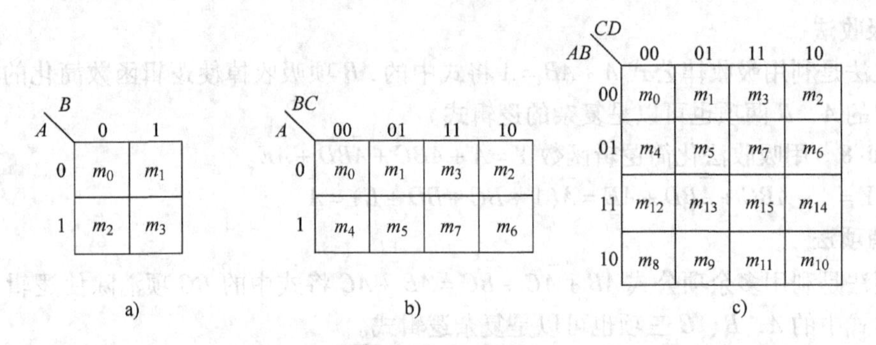

图 10-4　卡诺图

a）两变量卡诺图　b）三变量卡诺图　c）四变量卡诺图

同的因子，最终得到逻辑函数的最简与或式。由于卡诺图在几何和逻辑上的相邻性，相邻最小项的合并可以简单地从几何位置上直观体现，化简时可以在相邻的2^n个最小项中直接并项提取出公共因子，构成最简逻辑函数式。

例 10-12　试利用卡诺图将逻辑函数 $Y=\overline{A}\,\overline{B}\,\overline{D}+B\,\overline{C}D+BC+C\,\overline{D}+\overline{B}\,\overline{C}\,\overline{D}$化为最简与或式。

解：首先，将四变量逻辑函数转换为最小项之和的表示形式，有

$$
\begin{aligned}
Y &=\overline{A}\,\overline{B}\,\overline{D}+B\,\overline{C}D+BC+C\,\overline{D}+\overline{B}\,\overline{C}\,\overline{D}\\
&=\overline{A}\,\overline{B}(C+\overline{C})\overline{D}+(A+\overline{A})B\,\overline{C}D+(A+\overline{A})BC(D+\overline{D})+(A+\overline{A})(B+\overline{B})C\,\overline{D}+(A+\overline{A})\overline{B}\,\overline{C}\,\overline{D}\\
&=\overline{A}\,\overline{B}C\,\overline{D}+\overline{A}\,\overline{B}\,\overline{C}\,\overline{D}+AB\,\overline{C}D+\overline{A}B\,\overline{C}D+ABCD+ABC\,\overline{D}+\overline{A}BCD+\overline{A}BC\,\overline{D}+ABC\,\overline{D}+A\,\overline{B}C\,\overline{D}+\\
&\quad \overline{A}BC\,\overline{D}+\overline{A}\,\overline{B}C\,\overline{D}+A\,\overline{B}\,\overline{C}\,\overline{D}+\overline{A}\,\overline{B}\,\overline{C}\,\overline{D}\\
&=\sum m(0,2,5,6,7,8,10,13,14,15)
\end{aligned}
$$

其次，根据转换后最小项之和的表示式将逻辑函数填入四变量卡诺图中，如图 10-5a 所示，然后根据几何和逻辑相邻的原则圈出可以并项的最小项，如图 10-5b 所示，圈完所有的最小项后，提取出各个圈中的公共因子，即可构成逻辑函数的最简与或式。

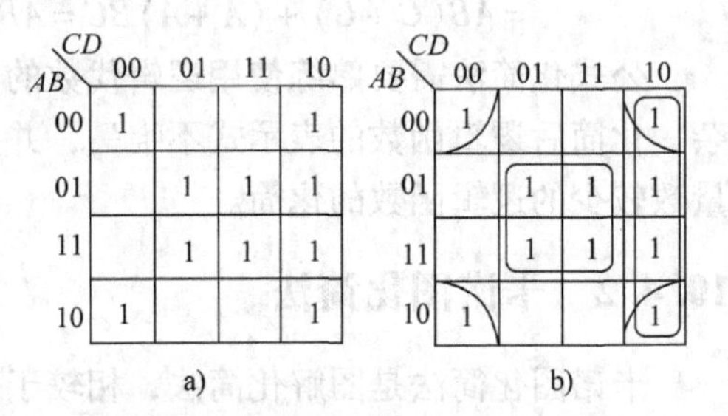

图 10-5　例 10-12 卡诺图

a）填入最小项　b）将相邻最小项圈入包围圈

在如图 10-5b 所示的卡诺图中画出了三个包围圈，中间的圈包围了四个最小项，按照并项公式消去其中取值不同的因子，提取出取值相同的公共因子 BD，这表示中间圈中的四个最小项可以被简化为 BD 项；同理，在右侧竖列的圈中也包围了四个最小项，同样可以提取出的公共因子为 $C\,\overline{D}$；图中的第三个圈围住了卡诺图的四个顶角，在这四个顶角的方格内均填入了最小项，并且这四个最小项逻辑相邻，可以合并提取出公共因子$\overline{B}\,\overline{D}$，则根据卡诺图可以将原逻辑函数简化为

$$Y=\overline{B}\,\overline{D}+BD+C\,\overline{D}$$

综上所述，在使用卡诺图化简时应当注意：第一，在画包围圈时，圈中应当包含2^n个相邻的最小项，不满足2^n关系的最小项不能并项，即圈内为 1 的格数必须为2^n个方格（如 1、2、4、8 个等）；第二，卡诺图中可以画出多个包围圈，但是每个圈中至少有一个方格只被

圈过一次，否则这个圈就成为了多余圈；第三，卡诺图中的包围圈数就是化简后逻辑函数中的项数，所以应当以最少的圈数和尽可能大的包围圈覆盖所有圈内为 1 的方格，以得到逻辑函数的最简表示式。

例 10-13　用卡诺图将逻辑函数 $Y=A\overline{C}+\overline{A}C+B\overline{C}+\overline{B}C$ 化简为最简与或式。

解：先将逻辑函数转换为最小项之和的表示形式，有

$$Y=A\overline{C}+\overline{A}C+B\overline{C}+\overline{B}C=AB\overline{C}+A\overline{B}\,\overline{C}+\overline{A}BC+\overline{A}\,\overline{B}C+AB\overline{C}+\overline{A}B\overline{C}+A\overline{B}C+\overline{A}\,\overline{B}C$$
$$=\sum m(1,2,3,4,5,6)$$

再根据逻辑函数的最小项表示式，将逻辑函数填入三变量的卡诺图，并将可合并项画圈包围出来，如图 10-6 所示，合并圈中逻辑相邻的最小项，提取其中的公共因子，则化简后逻辑函数的最简与或式为

$$Y=A\overline{B}+\overline{A}C+B\overline{C}$$

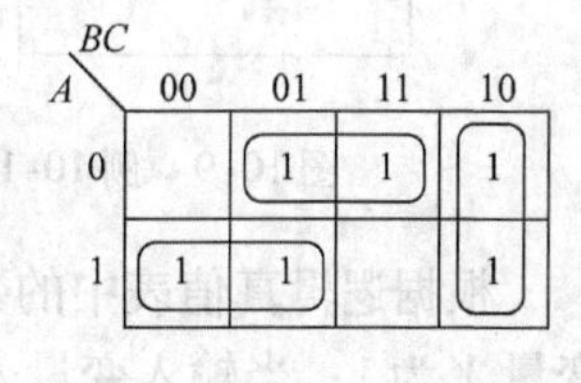

图 10-6　例 10-13 卡诺图

10.5　组合逻辑电路的分析

在数字系统中，根据逻辑功能和电路结构的不同，数字电路可以分为组合逻辑电路和时序逻辑电路。组合逻辑电路的基本单元是逻辑门电路，其特点是电路在任一时刻输出信号的状态仅取决于该时刻输入信号状态的组合，而与前一时刻电路的状态无关，或者说组合逻辑电路不具备记忆功能。

如图 10-7 所示为具有多路输入和多路输出的组合逻辑电路示意图，其中 X_0、$X_1\cdots X_n$ 为电路的输入变量，Y_0、$Y_1\cdots Y_m$ 为电路的输出变量，每一个输出变量是全部或者部分输入变量的逻辑函数，输出变量与输入变量之间的逻辑关系可用逻辑表示式表示为

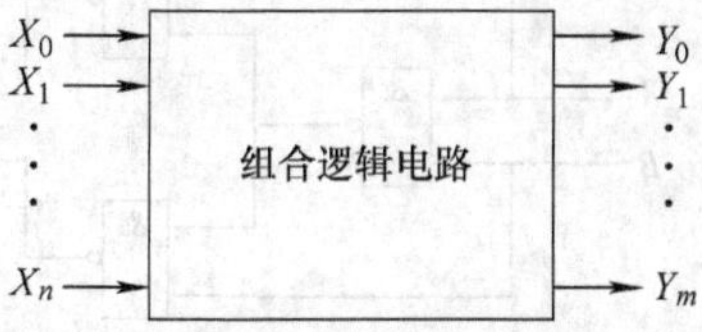

$$Y_i=f_i\ (X_0,\ X_1,\ \cdots,\ X_n)\quad i=1,\ 2,\ \cdots,\ m$$

图 10-7　组合逻辑电路示意图

组合逻辑电路的分析是指根据给定的逻辑电路图找出输出信号与输入信号之间的逻辑关系，从而确定逻辑电路的逻辑功能。在实际的工程应用中，对逻辑电路的分析可用于电子电路的性能评估和电路故障诊断等方面。

组合逻辑电路分析的基本步骤如图 10-8 所示。首先，根据已知组合逻辑电路的结构，由电路的输入端逐级推导出各个门电路的输出函数，并最终得到电路输出端的逻辑函数表示式。其次，由逻辑电路直接列写出的逻辑函数表示式通常比较复杂，所以应当进行逻辑函数的化简。第三，根据化简后的逻辑函数表示式，列写出与之相对应的逻辑真值表。第四，根据逻辑真值表中的数据分析并判断逻辑电路实现的功能。

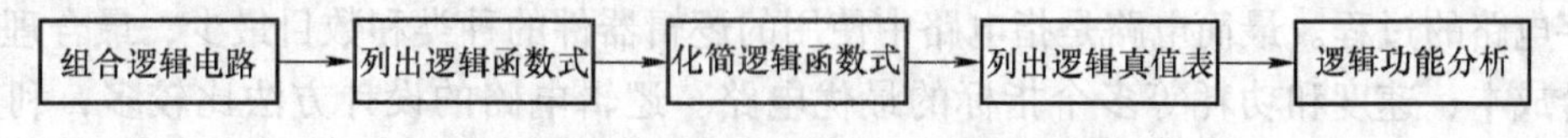

图 10-8　组合逻辑电路分析的基本步骤

例 10-14　试分析如图 10-9 所示逻辑电路的功能。

解：根据逻辑电路图，由输入端开始逐级推导得到输入变量 A、B 和输出变量 Y 之间的

逻辑函数式，经过化简后有

$$Y=\overline{\overline{\overline{A}\cdot\overline{B}}\cdot\overline{A\cdot B}}=\overline{A}\,\overline{B}+AB$$

根据化简后的逻辑函数表示式，可以列写出电路的逻辑真值表，见表10-6。

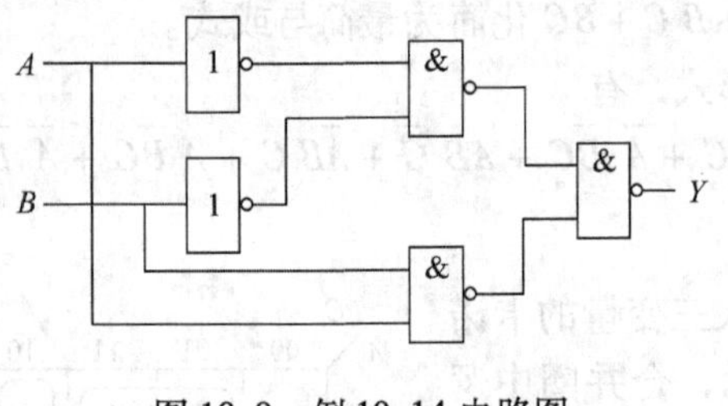

图10-9　例10-14电路图

表10-6　例10-14电路逻辑真值表

A	B	Y
0	0	1
0	1	0
1	0	0
1	1	1

根据逻辑真值表中的数据可以看出，当输入变量A、B状态相同时（同为1或0），输出变量Y为1；当输入变量A、B状态不相同时，输出变量Y为0，这种逻辑关系称为同或逻辑关系，该电路实现的是同或逻辑运算。

例10-15　试分析如图10-10所示逻辑电路的功能。

解：根据逻辑电路图，可以得到输入变量A、B和输出变量Y之间的逻辑函数式，经过化简后有

$$Y=\overline{\overline{A\cdot\overline{AB}}\cdot\overline{\overline{AB}\cdot B}}=A\cdot\overline{AB}+\overline{AB}\cdot B=A(\overline{A}+\overline{B})+(\overline{A}+\overline{B})B=A\,\overline{B}+\overline{A}B$$

根据化简后的逻辑函数表示式，可以列写出电路的逻辑真值表，见表10-7。

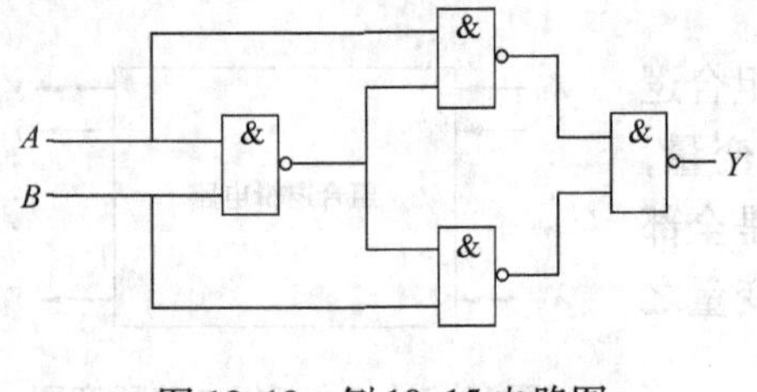

图10-10　例10-15电路图

表10-7　例10-15电路逻辑真值表

A	B	Y
0	0	0
0	1	1
1	0	1
1	1	0

根据逻辑真值表中的数据可以看出，与例10-14中电路的逻辑功能相反，在该电路中，当输入变量A、B状态相同时（同为1或0），输出变量Y为0；当输入变量A、B状态不相同时，输出变量Y为1，这种逻辑关系称为异或逻辑关系，该电路实现的是异或逻辑运算。通过上述分析可以看出，同或逻辑关系和异或逻辑关系互为求反运算关系。

10.6　组合逻辑电路的设计

组合逻辑电路的设计是根据给定的实际工程问题，求出实现相应逻辑功能的最简或最合理数字电路的过程。最简电路是指电路中使用的逻辑器件的种类和数目最少，最合理电路是指综合成本、速度和功耗等多个指标的最优电路。逻辑电路的设计方法比较多，利用小规模、中规模、大规模和可编程集成电路都可以实现数字电路的设计。

组合逻辑电路设计的基本步骤如图10-11所示。首先，根据具体的逻辑命题设置逻辑变量，将导致事件发生的因素作为输入变量，将事件发生的结果作为输出量，然后对逻辑变量

用逻辑 1 和逻辑 0 进行赋值，确定逻辑 1 和逻辑 0 的具体含义。其次，根据输入变量与输出变量之间的逻辑关系列出逻辑命题的真值表。第三，根据真值表中的逻辑关系列出逻辑函数表示式，并利用公式法或卡诺图法将逻辑函数表示式化简为最简表示式。若逻辑命题在电路实现时对使用的门电路有具体要求（如要求由与非门实现设计电路），则应当将化简后的逻辑函数转换为相应的表示式（即将逻辑函数转换为与非式）。第四，根据化简后的逻辑函数表示式，画出相对应的逻辑电路图。由上述设计步骤可以看出，组合逻辑电路的设计与组合逻辑电路的分析互为逆过程。

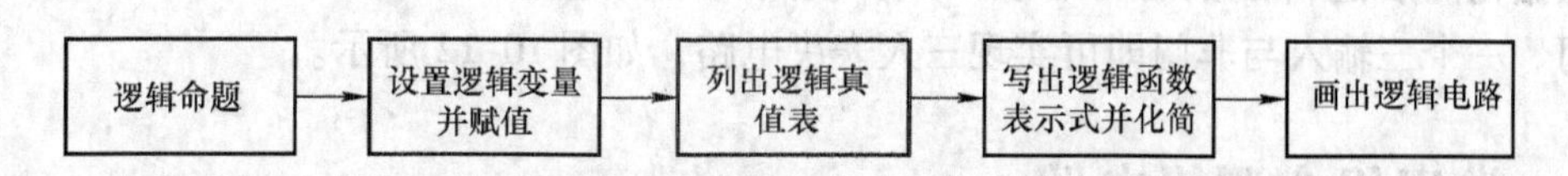

图 10-11　组合逻辑电路设计的基本步骤

例 10-16　试设计一个三人表决电路。

解：设参与表决的三个人手中各有一个按钮作为输入信号触发装置，按下按钮连接表决电路表示赞成，否则表示反对；表决结果作为输出信号用指示灯表示，如果多数赞成（两个或两个以上赞成），指示灯点亮，否则指示灯不亮。确定了逻辑变量后可以对其进行赋值，表示赞成用逻辑 1 表示，否则用逻辑 0 表示；表决通过用逻辑 1 表示，否则用逻辑 0 表示。

根据以上分析可以设定，电路的三个输入逻辑变量用 A、B、C 表示，电路的输出逻辑变量用 Y 表示，根据逻辑变量的赋值可以列出电路的逻辑真值表，见表 10-8。

表 10-8　例 10-16 逻辑真值表

A	B	C	Y
0	0	0	0
0	0	1	0
0	1	0	0
0	1	1	1
1	0	0	0
1	0	1	1
1	1	0	1
1	1	1	1

将逻辑命题由真值表转换为函数式时，令逻辑 1 对应逻辑变量的原变量，逻辑 0 对应逻辑变量的反变量，将真值表中输出变量取值为 1 的行中各输入变量相与，各行之间相或，即可得到逻辑函数的与或式。在表 10-8 中，对应输出变量 $Y=1$ 的输入变量组合共有四行，分别对应输入变量 A、B、C 的取值为 011、101、110、111，按照逻辑函数转换的规则，输入变量的四种取值可以表示为$\overline{A}BC$、$A\,\overline{B}C$、$AB\,\overline{C}$、ABC，将这四个逻辑项相或即可得到输出逻辑变量 Y 的表示式，有

$$Y=\overline{A}BC+A\,\overline{B}C+AB\,\overline{C}+ABC$$

由于从真值表得到的逻辑函数式包含多种逻辑运算，构成电路时使用的门电路种类比较

多，所以为使逻辑电路的结构简便，使用的门电路种类尽量少，应当对逻辑函数进行化简并转换为相应的逻辑表示式，化简并转换后的逻辑函数式为

$$
\begin{aligned}
Y &= \overline{A}BC + A\overline{B}C + AB\overline{C} + ABC \\
&= \overline{A}BC + ABC + A\overline{B}C + ABC + AB\overline{C} + ABC \\
&= BC + AC + AB \\
&= \overline{\overline{AB} \cdot \overline{BC} \cdot \overline{AC}}
\end{aligned}
$$

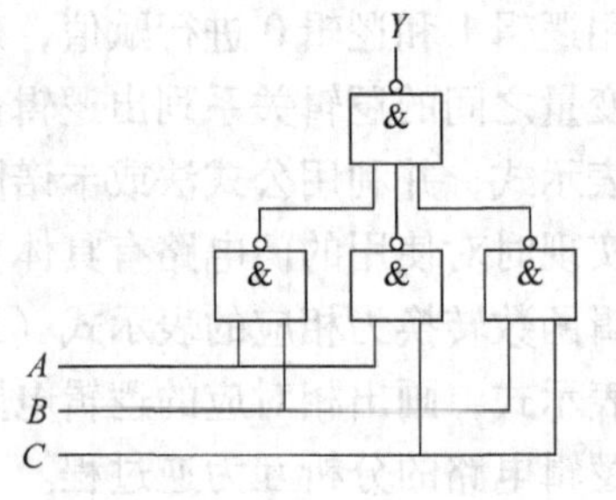

图 10-12　例 10-16 电路图

根据化简后逻辑函数的与非表示式，使用三个两输入与非门、一个三输入与非门即可实现三人表决电路，如图 10-12 所示。

10.7　常用组合逻辑电路

本节将分别介绍加法器、编码器、译码器和数据选择器这四种常用组合逻辑电路。

10.7.1　加法器

实现两组二进制数加法运算的逻辑电路称为加法器，由于数字系统中二进制数的加减乘除运算都是通过加法运算完成的，所以加法器也是数字运算电路的基本单元。

1. 半加器

只考虑两个 1 位二进制数的本位相加，不考虑低位进位的加法器称为半加器。由半加器的定义可知，半加器的输入变量有加数 A 和被加数 B，输出变量有本位和 S 和进位 C。按照逢二进位的二进制数加法规则，有 0 + 0 = 0、0 + 1 = 1，当加数和被加数均为 1 时，有 1 + 1 = 10，其中等号右侧 10 中的 1 是进位，0 是本位和，则半加器的真值表见表 10-9。

表 10-9　半加器真值表

A	B	S	C
0	0	0	0
0	1	1	0
1	0	1	0
1	1	0	1

根据表 10-9 中的逻辑关系，可以得到半加器的逻辑表示式为

$$S = \overline{A}B + A\overline{B} = A \oplus B$$

$$C = AB$$

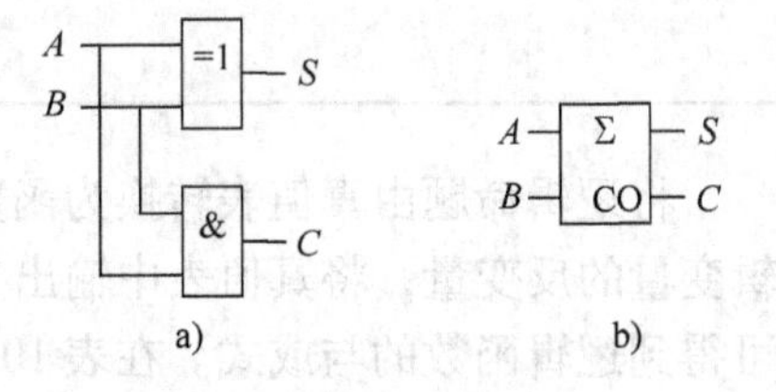

图 10-13　半加器
a）逻辑电路　b）电路符号

根据半加器的逻辑表示式，可以使用异或门和与门构成半加器的逻辑电路，如图 10-13a 所示，半加器的电路符号如图 10-13b 所示。

2. 全加器

考虑两个 1 位二进制数的本位相加，并考虑低位进位的加法器称为全加器。由全加器的定义可知，全加器的输入变量有加数 A、被加数 B 和来自低位的进位 C_i，输出变量有本位和

S_j和进位C_j。按照二进制加法的规则，全加器的真值表见表 10-10。

表 10-10　全加器真值表

A	B	C_i	S_j	C_j
0	0	0	0	0
0	0	1	1	0
0	1	0	1	0
0	1	1	0	1
1	0	0	1	0
1	0	1	0	1
1	1	0	0	1
1	1	1	1	1

根据表 10-10 中的逻辑关系，可以得到全加器的逻辑表示式为

$$S_j = A \oplus B \oplus C_i$$

$$C_j = AB + AC_i + BC_i$$

根据全加器的逻辑表示式，可以使用半加器和或门构成全加器的逻辑电路，如图 10-14a 所示，全加器的电路符号如图 10-14b 所示。

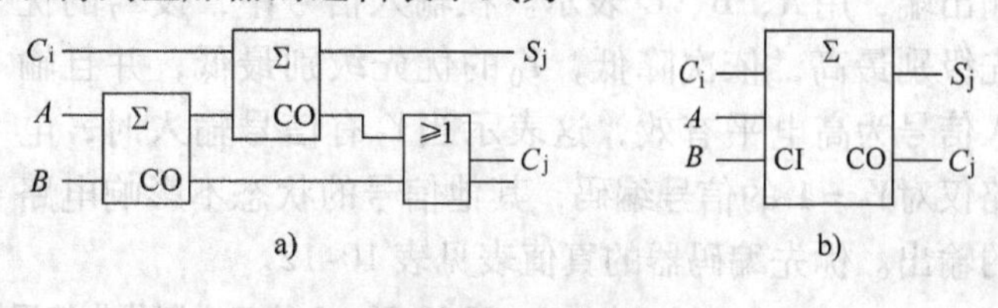

图 10-14　全加器

a）逻辑电路　b）电路符号

10.7.2　编码器

用二进制代码表示十进制数或其他信息的逻辑电路称为编码器。按照逻辑功能编码器可以分为二进制编码器和优先编码器两种类型。二进制编码器在同一时刻只允许输入一个有效信号并对其进行编码输出，否则会出现乱码。而优先编码器则允许同时输入多个有效信号，但只对优先级别最高的信号进行编码输出。

1. 二进制编码器

由于 n 位二进制代码具有2^n种不同的排列组合，因此输出 n 位二进制代码的编码器可以对2^n个不同的输入信号进行编码，与之对应的编码器就称为2^n线 $-n$ 线编码器。以 8 线 -3 线编码器为例，该编码器的八个信号输入端用$Y_0 \sim Y_7$表示，编码器的三个输出端用A、B、C表示，编码器的编码真值表见表 10-11。

表 10-11　8 线 -3 线编码器真值表

输入信号	输出信号		
$Y_0 \sim Y_7$	A	B	C
Y_0	0	0	0
Y_1	0	0	1
Y_2	0	1	0
Y_3	0	1	1
Y_4	1	0	0
Y_5	1	0	1
Y_6	1	1	0
Y_7	1	1	1

设编码器的有效电平是高电平，由表 10-10 所示的数据可以得到 8 线 -3 线编码器输出信号的表示式为

$$\begin{cases} A = Y_4 + Y_5 + Y_6 + Y_7 \\ B = Y_2 + Y_3 + Y_6 + Y_7 \\ C = Y_1 + Y_3 + Y_5 + Y_7 \end{cases}$$

由或门实现 8 线 -3 线编码器的逻辑电路如图 10-15 所示。

2. 优先编码器

优先编码器克服了普通编码器输入信号相互排斥的问题，优先编码器允许同时输入两个或两个以上的输入信号。以 3 位二进制优先编码器为例，编码器有八个编码信号输入端，用 $Y_0 \sim Y_7$ 表示，三个编码信号输出端，用 A、B、C 表示。在输入信号中，设 Y_7 的优先级别最高，依次降低，Y_0 的优先级别最低，并且输入信号为高电平有效，这表示当 Y_7 有信号输入时，电路仅对 $Y_7 = 1$ 的信号编码，其他信号的状态不影响电路的输出。优先编码器的真值表见表 10-12。

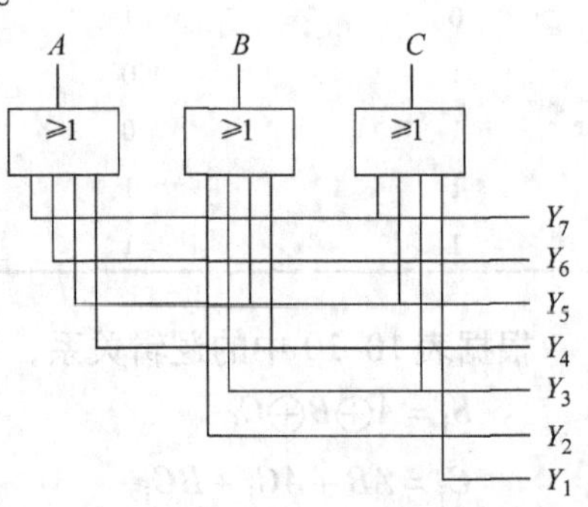

图 10-15　8 线 -3 线编码器逻辑电路

表 10-12　3 位二进制优先编码器真值表

输入信号								输出信号		
Y_7	Y_6	Y_5	Y_4	Y_3	Y_2	Y_1	Y_0	C	B	A
1	×	×	×	×	×	×	×	1	1	1
0	1	×	×	×	×	×	×	1	1	0
0	0	1	×	×	×	×	×	1	0	1
0	0	0	1	×	×	×	×	1	0	0
0	0	0	0	1	×	×	×	0	1	1
0	0	0	0	0	1	×	×	0	1	0
0	0	0	0	0	0	1	×	0	0	1
0	0	0	0	0	0	0	1	0	0	0

由真值表中的数据可以列出优先编码器的逻辑函数表示式为

$$A = Y_7 + \overline{Y_7}\,\overline{Y_6}Y_5 + \overline{Y_7}\,\overline{Y_6}\,\overline{Y_5}\,\overline{Y_4}\,Y_3 + \overline{Y_7}\,\overline{Y_6}\,\overline{Y_5}\,\overline{Y_4}\,\overline{Y_3}\,\overline{Y_2}\,Y_1$$

$$B = Y_7 + \overline{Y_7}Y_6 + \overline{Y_7}\,\overline{Y_6}\,\overline{Y_5}\,\overline{Y_4}\,Y_3 + \overline{Y_7}\,\overline{Y_6}\,\overline{Y_5}\,\overline{Y_4}\,\overline{Y_3}\,Y_2$$

$$C = Y_7 + \overline{Y_7}\,Y_6 + \overline{Y_7}\,\overline{Y_6}\,Y_5 + \overline{Y_7}\,\overline{Y_6}\,\overline{Y_5}\,Y_4$$

化简上式并对逻辑函数进行适当的变换，即可利用门电路画出优先编码器的逻辑电路图。74LS147 是集成二 - 十进制优先编码器，编码器可以将十个输入信号编码为十个 8421BCD 码的反码输出。

10.7.3　译码器

将二进制代码转换为与之相对应的输出信号的逻辑电路称为译码器。按照译码信号的特点译码器可以分为二进制译码器、二 - 十进制译码器和显示译码器等，其中常用的二进制译

码器有 2 线 -4 线译码器、3 线 -8 线译码器和 4 线 -16 线译码器等。

1. 译码器

译码器的逻辑功能与编码器相反，译码器是将输入的2^n个不同的二进制代码转换为 n 个具有特定意义的输出信号。以集成 3 线 -8 线译码器 74LS138 为例，该译码器的三个信号输入端用 A、B、C 表示，八个信号输出端用 $\overline{Y_0}$ ~ $\overline{Y_7}$表示，三个使能信号控制端用S_A、$\overline{S_B}$和$\overline{S_C}$表示，当使能控制信号$S_A=1$、$\overline{S_B}+\overline{S_C}=0$时，译码器才能正常译码。集成译码器 74LS138 的逻辑符号和芯片引脚如图 10-16 所示，其真值表见表 10-13。

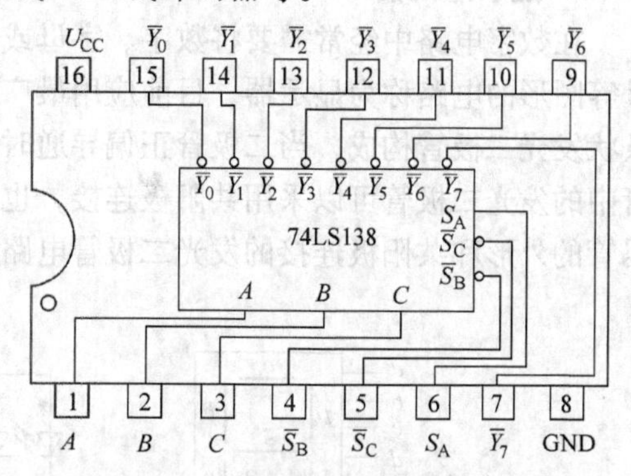

图 10-16　集成译码器 74LS138 的逻辑符号及芯片引脚

表 10-13　集成译码器 74LS138 真值表

输入信号					输出信号							
S_A	$\overline{S_B}+\overline{S_C}$	C	B	A	$\overline{Y_0}$	$\overline{Y_1}$	$\overline{Y_2}$	$\overline{Y_3}$	$\overline{Y_4}$	$\overline{Y_5}$	$\overline{Y_6}$	$\overline{Y_7}$
×	1	×	×	×	1	1	1	1	1	1	1	1
0	×	×	×	×	1	1	1	1	1	1	1	1
1	0	0	0	0	0	1	1	1	1	1	1	1
1	0	0	0	1	1	0	1	1	1	1	1	1
1	0	0	1	0	1	1	0	1	1	1	1	1
1	0	0	1	1	1	1	1	0	1	1	1	1
1	0	1	0	0	1	1	1	1	0	1	1	1
1	0	1	0	1	1	1	1	1	1	0	1	1
1	0	1	1	0	1	1	1	1	1	1	0	1
1	0	1	1	1	1	1	1	1	1	1	1	0

根据表 10-13 所示数据可以列写出 3 线 -8 线译码器的逻辑函数表示式，有

$$\overline{Y_0}=\overline{\overline{A}\,\overline{B}\,\overline{C}}\qquad \overline{Y_1}=\overline{A\overline{B}\,\overline{C}}\qquad \overline{Y_2}=\overline{\overline{A}B\overline{C}}\qquad \overline{Y_3}=\overline{AB\overline{C}}$$

$$\overline{Y_4}=\overline{\overline{A}\,\overline{B}C}\qquad \overline{Y_5}=\overline{A\overline{B}C}\qquad \overline{Y_6}=\overline{\overline{A}BC}\qquad \overline{Y_7}=\overline{ABC}$$

按照列写出的逻辑函数表示式可以画出 3 线 -8 线译码器的逻辑电路，如图 10-17 所示。

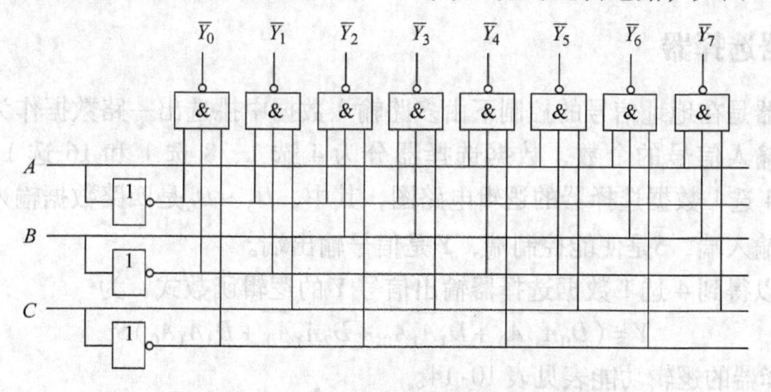

图 10-17　3 线 -8 线译码器的逻辑电路

2. 显示译码器

在数字电路中经常需要将数字、字母或符号直观地显示出来，能够显示数字、字母或符号等图形的电路称为显示器，目前应用最广泛的显示器是七段数码管。七段数码管是由七个条状发光二极管构成，当二极管正偏导通时，数码管发出可见光将数字信号显示出来。数码管中的发光二极管可以采用共阳极连接，也可以采用共阴极连接，如图10-18所示为七段数码管的外形和共阳极连接的发光二极管电路。

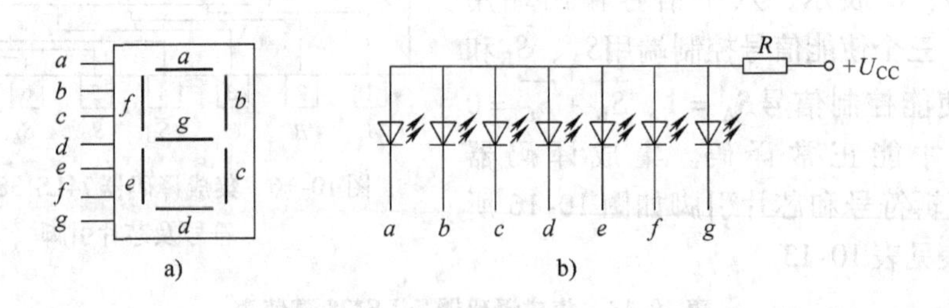

图10-18　七段数码管

a）外形图　b）LED管共阳极连接电路

为了使数码管正常显示，需要为数码管配备译码驱动电路，常用的译码驱动电路是集成共阳极译码驱动器74LS47，其输出信号为低电平有效。由74LS47驱动的译码显示电路如图10-19所示。

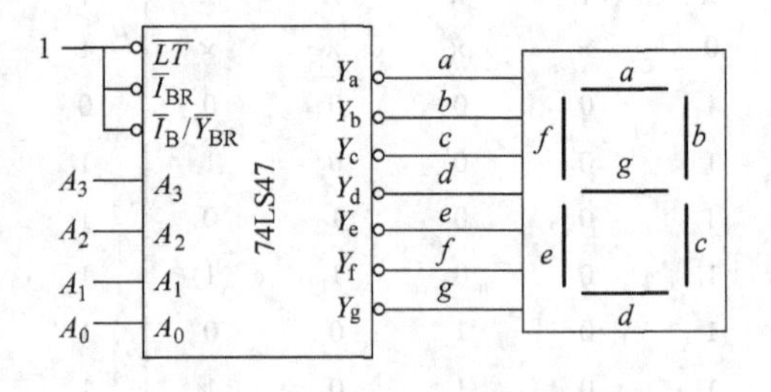

图10-19　74LS47译码显示电路

在74LS47芯片中，$A_3 \sim A_0$是4位二进制代码输入端；$Y_a \sim Y_g$是7位译码驱动信号输出端；$\overline{LT}$端是试灯信号输入端，当$\overline{LT}=0$时，不论输入信号的状态如何，数码管均显示字符“8”，当$\overline{LT}=1$时，译码器正常工作；$\overline{I}_{BR}$端是灭“0”信号输入端，当$\overline{I}_{BR}=0$时，若输入信号$A_3 \sim A_0$均为0000，数码管各段显示均熄灭，不显示字符“0”，而在输入信号为其他组合时，数码管正常显示，该信号用来熄灭无效“0”字符；$\overline{I}_B/\overline{Y}_{BR}$是双功能输入/输出端，作为输入端使用时称为灭灯输入端，作为输出端使用时称为灭“0”输出端。

10.7.4　数据选择器

数据选择器是在地址信号的控制下由多路输入数据中挑选出一路数据作为输出信号的逻辑电路，根据输入信号的个数，数据选择器分为4选1、8选1和16选1等类型。如图10-20a所示为4选1数据选择器的逻辑电路图，其中，$D_3 \sim D_0$是四路数据输入端，$A_1 \sim A_0$是两位地址信号输入端，$\overline{S}$是使能控制端，Y是信号输出端。

由逻辑电路可以得到4选1数据选择器输出信号Y的逻辑函数式，为

$$Y=(D_0\overline{A_1}\,\overline{A_0}+D_1\overline{A_1}A_0+D_2A_1\overline{A_0}+D_3A_1A_0)S$$

4选1数据选择器的逻辑功能表见表10-14。

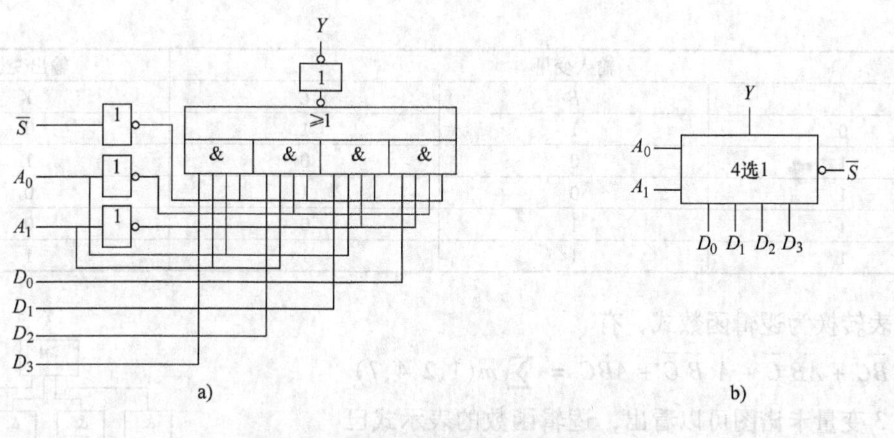

图 10-20　4 选 1 数据选择器逻辑电路
a）逻辑电路　b）逻辑符号

表 10-14　4 选 1 数据选择器逻辑功能表

使能控制信号	地址信号		输出信号
$\overline{S}$	A_1	A_0	Y
0	0	0	D_0
0	0	1	D_1
0	1	0	D_2
0	1	1	D_3
1	×	×	0

由表 10-14 所示的数据可以看出，当使能控制信号$\overline{S}=1$ 时，数据选择器的输出信号 $Y=0$；当使能控制信号$\overline{S}=0$ 时，在地址信号A_1、A_0的控制下，数据选择器将由输入的$D_3 \sim D_0$这四路数据中选择一路输出，电路实现了对输入数据的选择功能。

10.8　应用举例

1. 照明灯控制电路

设某建筑物走廊的照明灯由设置在走廊中间楼梯和两端楼梯的三个开关控制，要求：当三个开关全部断开时，照明灯熄灭，闭合一个开关可以点亮照明灯，闭合两个开关可以熄灭照明灯，闭合三个开关可以再次点亮照明灯，画出逻辑控制电路。

由逻辑命题可知，照明灯是否点亮是由三个开关控制，则电路的输入参数有三个，分别用逻辑变量 A、B、C 表示，电路的输出参数是走廊的照明灯，用逻辑变量 Y 表示。设开关闭合为逻辑 1、开关断开为逻辑 0；照明灯点亮为逻辑 1、照明灯熄灭为逻辑 0。按照逻辑命题的要求可以列出真值表，见表 10-15。

表 10-15　照明灯控制电路真值表

输入变量			输出变量
A	B	C	Y
0	0	0	0
0	0	1	1
0	1	0	1

（续）

输入变量			输出变量
A	B	C	Y
0	1	1	0
1	0	0	1
1	0	1	0
1	1	0	0
1	1	1	1

将真值表转换为逻辑函数式，有

$$Y = \overline{A}\ \overline{B}C + \overline{A}B\overline{C} + A\ \overline{B}\ \overline{C} + ABC = \sum m(1,2,4,7)$$

由 3 变量卡诺图可以看出，逻辑函数的表示式已经是最简表示式，如对逻辑电路使用的器件没有特殊要求，则可以按照上式直接画出控制电路如图 10-21 所示。

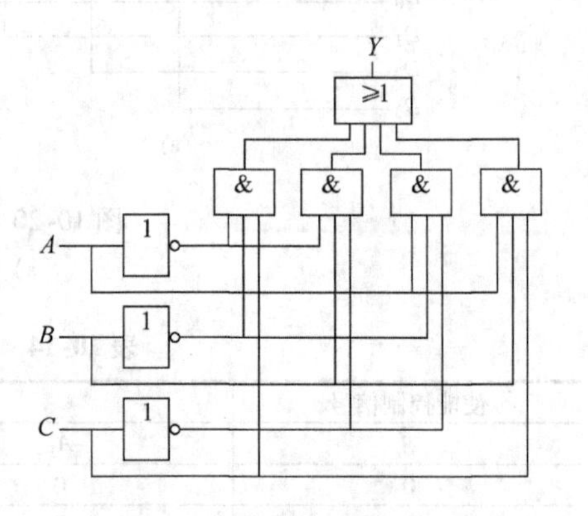

图 10-21　照明灯控制电路图

2. 判一致电路

设电路有三个输入信号，要求：当三个输入信号的状态一致时，电路的输出信号为高电平，当三个输入信号的状态不一致时，电路的输出信号为低电平，用与非门实现逻辑电路。

按照电路的要求可知，电路有三个输入信号，用 A、B、C 表示，电路的输出信号用 Y 表示，按照电路的要求可以列出电路的真值表见表 10-16。

表 10-16　判一致电路的真值表

输入信号			输出信号
A	B	C	Y
0	0	0	1
0	0	1	0
0	1	0	0
0	1	1	0
1	0	0	0
1	0	1	0
1	1	0	0
1	1	1	1

由真值表可以列出逻辑函数表示式为

$$Y = \overline{A}\ \overline{B}\ \overline{C} + ABC$$

由于逻辑函数表示式已是最简表示式，则逻辑函数的与非表示式为

$$Y = \overline{A}\ \overline{B}\ \overline{C} + ABC = \overline{\overline{\overline{A}\ \overline{B}\ \overline{C}}\ \overline{ABC}}$$

根据逻辑函数的与非表示式，利用六个与非门实现的逻辑电路如图 10-22 所示。

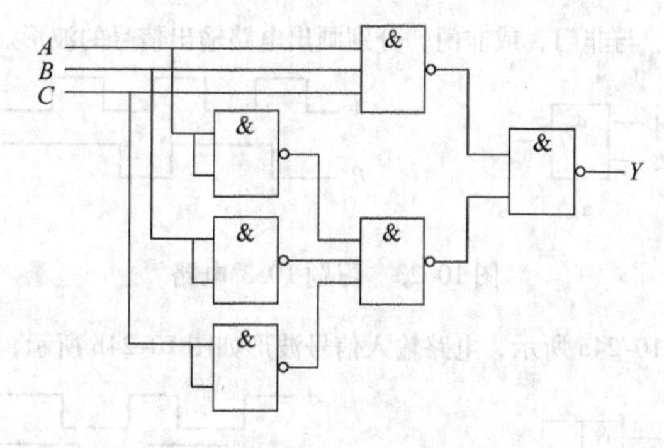

图10-22　判一致电路图

本章小结

本章介绍了数字电路的基本概念、二进制与十进制的转换、逻辑代数和逻辑函数的表示方法、常用逻辑门电路、组合逻辑电路的分析与设计以及常用组合逻辑电路。

数字电路传输、分析和转换的信号是数字信号，数字信号是使用二进制代码表示特定信息的信号，常用的二进制代码是8421BCD码。逻辑代数是按照逻辑规律对逻辑变量进行运算或转换的数学方法，其中逻辑变量的取值只有逻辑0和逻辑1两种，而逻辑0和逻辑1仅表示逻辑变量的状态。逻辑代数具有与、或、非三种基本逻辑运算，在这三种基本逻辑运算的基础上可以构成与非、或非等复合逻辑运算。逻辑函数可以使用真值表、函数式、卡诺图、波形图和逻辑电路图来表示，表示方法之间可以进行相互转化。为使实现的逻辑电路简便并工作可靠，需要将逻辑函数化简为最简表示式，利用卡诺图可以获得逻辑函数的最简表示式。

组合逻辑电路的特点是电路在任意时刻的输出仅取决于该时刻电路的输入，而与电路原有的状态无关，即组合逻辑电路没有记忆功能，构成组合逻辑电路的基本单元是门电路。组合逻辑电路的分析是通过已知逻辑电路的结构分析出电路实现的逻辑功能。组合逻辑电路分析的步骤为：根据已知逻辑电路的结构写出输出逻辑变量的表示式，将列写出的逻辑函数式化简并列写出真值表，再根据真值表中的数据分析电路的逻辑功能。组合逻辑电路的设计是根据已知逻辑命题分析并实现逻辑电路的连接。由于组合逻辑电路的分析和设计互为逆过程，所以组合逻辑电路的设计步骤为：分析已知的逻辑命题并对逻辑变量进行赋值，列出真值表，根据真值表列写出逻辑函数式并化简，再根据化简后的逻辑函数式画出逻辑电路图。

常用的组合逻辑电路有加法器、编码器、译码器和数据选择器，这些常用的逻辑电路可以由门电路构成，也可以由集成器件构成。

习　题　10

10.1　将下列十进制数转化为二进制数：

（1）43　（2）127　（3）254.25　（4）2.718

10.2　将下列二进制数转化为十进制数：

（1）10010111　（2）1101101　（3）0.01011111　（4）11.001

10.3　逻辑门电路如图10-23a所示，电路的输入信号波形如图10-23b所示，画出电路输出信号的波形。若将门电路转换为或门、与非门、或非门，分别画出电路输出信号的波形。

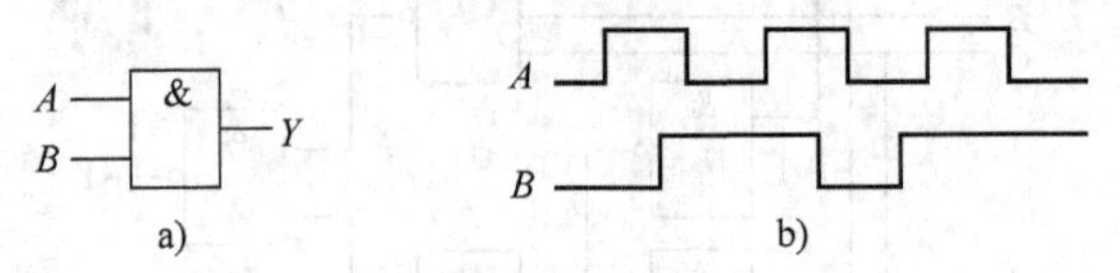

图 10-23　习题 10.3 电路

10.4　逻辑门电路如图 10-24a 所示，电路输入信号波形如图 10-24b 所示，画出电路输出信号的波形。

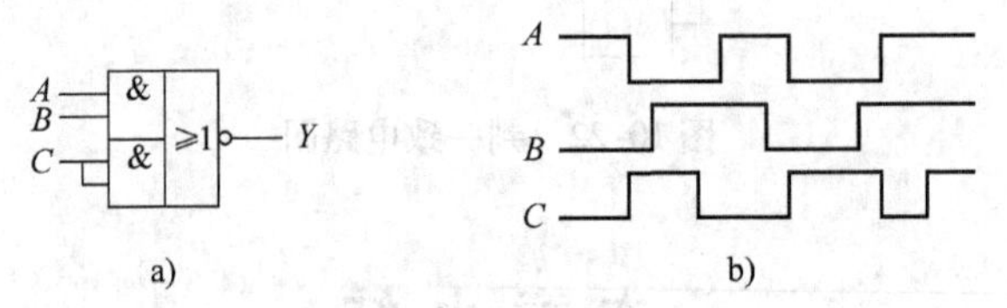

图 10-24　习题 10.4 电路

10.5　用逻辑代数的运算法则证明下列等式：

(1) $A+BC=(A+B)(A+C)$

(2) $AB+\bar{A}C+\bar{B}D+\bar{C}D=AB+\bar{A}C+D$

(3) $(AB+C)B=AB\bar{C}+\bar{A}BC+ABC$

(4) $A(\bar{A}+B)+B(B+C)+B=B$

10.6　用公式法化简下列逻辑函数：

(1) $Y=AB(BC+A)$

(2) $Y=\overline{\bar{A}BC}(B+\bar{C})$

(3) $Y=\bar{B}+ABC+\overline{AC}+\overline{AB}$

(4) $Y=A\bar{B}CD+ABD+A\bar{C}D$

10.7　用卡诺图将下列逻辑函数化为最简与或式：

(1) $Y=A\bar{B}+\bar{A}C+BC+\bar{C}D$

(2) $Y=\bar{A}\bar{B}+AC+\bar{B}C$

(3) $Y=A\bar{B}\bar{C}+\bar{A}\bar{B}+\bar{A}D+C+BD$

(4) $Y(A,B,C)=\sum(m_1,m_3,m_5,m_7)$

10.8　逻辑电路如图 10-25 所示，写出电路输出信号的逻辑函数式。

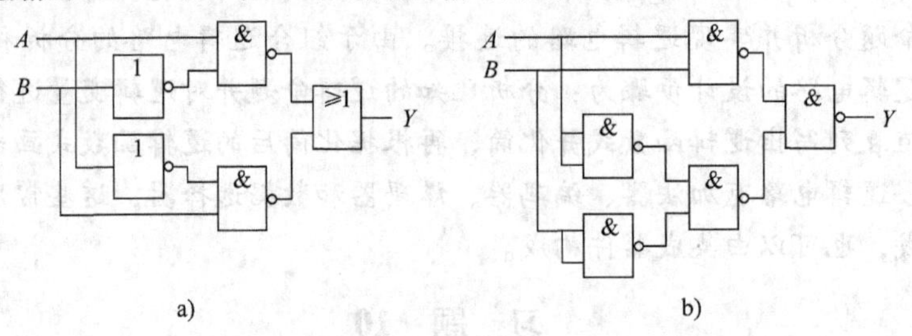

图 10-25　习题 10.8 电路

10.9　逻辑电路如图 10-26a 所示，电路输入信号波形如图 10-26b 所示，画出电路输出信号的波形。

10.10　逻辑电路如图 10-27a 所示，若电路的输入信号波形如图 10-27b 所示，试画出电路输出信号波形。

10.11　根据下列逻辑函数式，画出逻辑电路图。

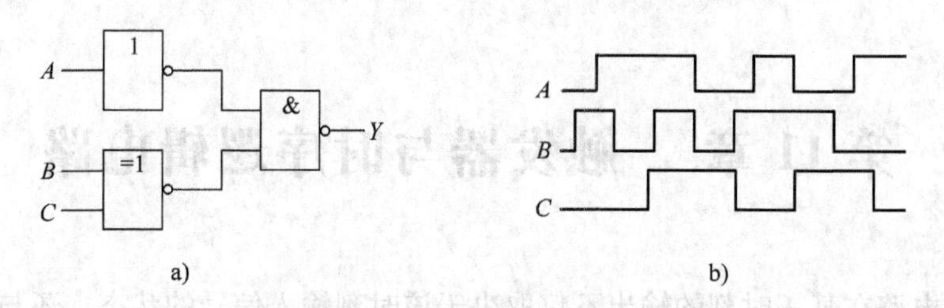

图 10-26　习题 10.9 电路

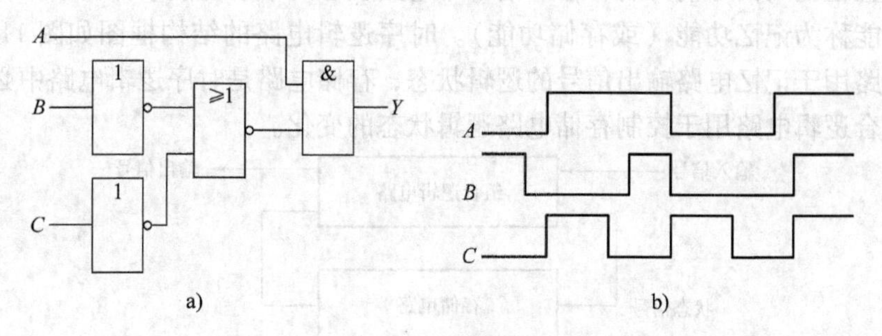

图 10-27　习题 10.10 电路

（1） $Y=(A+B)\overline{C}$

（2） $Y=A\overline{B}+\overline{CD}$

10.12　写出逻辑函数的与非表示式，并画出用与非门实现的逻辑电路图。

（1） $Y=(A+BC)(B+C)$

（2） $Y=\overline{A}BC+AC+B\overline{C}$

10.13　组合逻辑电路如图 10-28 所示，试分析该电路的逻辑功能。

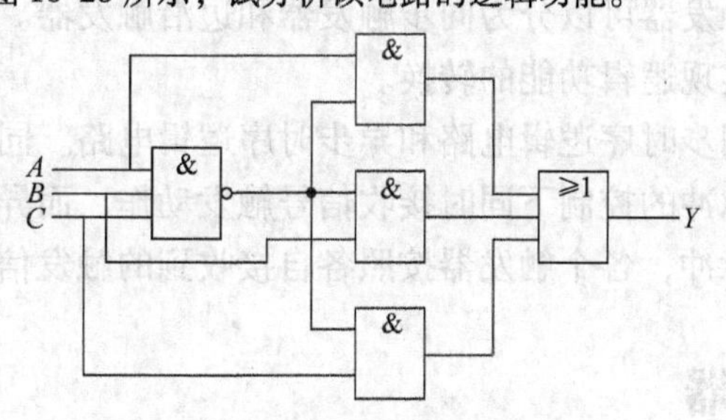

图 10-28　习题 10.13 电路

10.14　设计一个三输入端的奇偶校验电路，要求：当三个输入信号中有奇数个 1 时，电路的输出信号为高电平，不满足这个条件时，电路输出信号为低电平，画出逻辑电路。

10.15　设计一个交通路口红绿灯报警电路，要求：红灯、绿灯、黄灯只能单独点亮，当不满足这个条件时，报警指示灯点亮，画出用与非门构成的报警电路。

第 11 章　触发器与时序逻辑电路

时序逻辑电路在某一时刻的输出不仅取决于该时刻输入信号的状态，还与电路原有的状态有关，并且在输入信号消失后，输入信号对电路状态的影响还能够保留下来，时序逻辑电路的这个功能称为记忆功能（或存储功能）。时序逻辑电路的结构框图如图 11-1 所示，其中，存储电路用于记忆电路输出信号的逻辑状态，存储电路是时序逻辑电路中必不可少的电路器件，组合逻辑电路用于控制存储电路逻辑状态的变化。

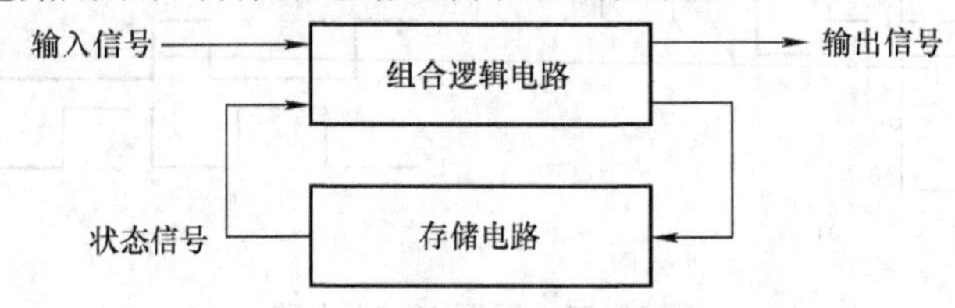

图 11-1　时序逻辑电路结构框图

时序逻辑电路中的基本电路器件是触发器，触发器能够接收、保持和输出二进制代码，一位触发器能够存储 1 位二进制代码，并将该二进制代码传输的信息记忆在触发器中。按照输出信号的工作状态，触发器可以分为双稳态触发器、单稳态触发器和无稳态触发器；按照输出信号的逻辑功能，触发器可以分为 RS 触发器、JK 触发器、D 触发器和 T 触发器；按照输出信号的触发时刻，触发器可以分为同步触发器和边沿触发器。利用转换控制电路可以在不同类型的触发器之间实现逻辑功能的转换。

时序逻辑电路分为同步时序逻辑电路和异步时序逻辑电路。同步时序逻辑电路中的所有触发器是在同一个时钟脉冲的控制下同时接收信号触发动作，而异步时序逻辑电路中的各个触发器没有统一的时钟脉冲，各个触发器按照各自接收到的触发信号触发动作。

11.1　双稳态触发器

双稳态触发器具有逻辑“0”和逻辑“1”两个稳定的输出状态，按照触发器实现的逻辑功能可以将双稳态触发器分为 RS 触发器、JK 触发器、D 触发器、T 触发器和 T′触发器，按照触发器的内部电路结构，可以将触发器分为同步型触发器、主从型触发器和维持阻塞型触发器。

11.1.1　基本 RS 触发器

1. 逻辑电路

基本 RS 触发器是所有触发器的基础，基本 RS 触发器由两个与非门（也可以使用两个或非门）交叉连接构成，由与非门构成的基本 RS 触发器的逻辑电路图和逻辑符号如图 11-2 所示。基本 RS 触发器有两个信号输入端，其中 G_1 门的输入端称为直接置 1 端（或直接置位端)，用字母 $\overline{S}_D$ 表示，G_2门的输入端称为直接置 0 端（或直接复位端)，用字母 $\overline{R}_D$ 表示。当 $\overline{S}_D$ 端和 $\overline{R}_D$ 端连接输入信号时，触发器将根据输入信号和触发器的初始状态来决定其输出的逻辑状态。

基本 RS 触发器有两个信号输出端，其中 G_1门的输出端是逻辑信号输出端，用字母 Q 表示，而 G_2门的输出端是逻辑非信号输出端，用字母 $\overline{Q}$ 表示，定义触发器两个输出端的逻辑状态总是相反。触发器的逻辑状态是由 Q 端的逻辑状态来表示，若触发器的输出状态为 $Q=1$、$\overline{Q}=0$，称为触发器处于逻辑“1”状态；若触发器的输出状态为 $Q=0$、$\overline{Q}=1$，则称为触发器处于逻辑“0”状态。

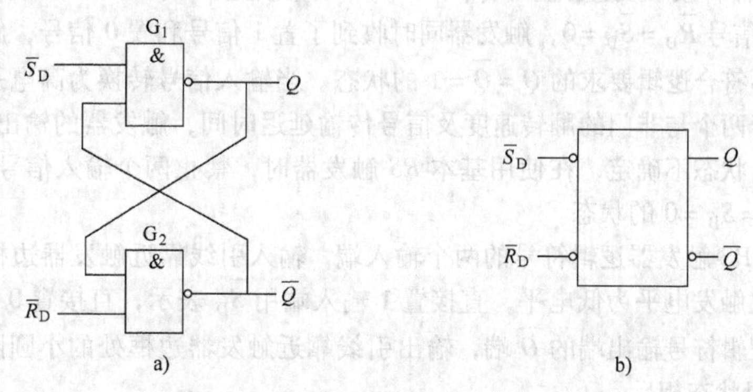

图 11-2　由与非门构成的基本 RS 触发器

a）逻辑电路　b）逻辑符号

2. 工作原理

设触发器的初始状态为“0”状态，有 $Q=0$、$\overline{Q}=1$，当输入信号的取值组合不同时，触发器的输出状态分别为：

1）当 $\overline{R}_D=0$、$\overline{S}_D=1$ 时，G_2 门保持原状态不变，有 $Q=\overline{\overline{S}_D\cdot\overline{Q}}=\overline{1\cdot1}=0$，$\overline{Q}=\overline{\overline{R}_D\cdot Q}=\overline{0\cdot0}=1$，触发器保持原有的 0 状态不变。

2）当 $\overline{R}_D=1$、$\overline{S}_D=0$ 时，G_1门先动作，有 $Q=\overline{\overline{S}_D\cdot\overline{Q}}=\overline{0\cdot0}=1$，$\overline{Q}=\overline{\overline{R}_D\cdot Q}=\overline{1\cdot1}=0$，触发器由 0 状态翻转为 1 状态。

3）当 $\overline{R}_D=1$、$\overline{S}_D=1$ 时，有 $Q=\overline{\overline{S}_D\cdot\overline{Q}}=\overline{1\cdot1}=0$，$\overline{Q}=\overline{\overline{R}_D\cdot Q}=\overline{1\cdot0}=1$，触发器保持原有的 0 状态不变。

设触发器的初始状态为“1”状态，有 $Q=1$、$\overline{Q}=0$，当输入信号的取值组合不同时，触发器的输出状态分别为：

1）当 $\overline{R}_D=0$、$\overline{S}_D=1$ 时，G_2门先动作，有 $\overline{Q}=\overline{\overline{R}_D\cdot Q}=\overline{0\cdot1}=1$，$Q=\overline{\overline{S}_D\cdot\overline{Q}}=\overline{1\cdot1}=0$，触发器由 1 状态翻转为 0 状态。

2）当 $\overline{R}_D=1$、$\overline{S}_D=0$ 时，G_1 门保持原状态不变，有 $Q=\overline{\overline{S}_D\cdot\overline{Q}}=\overline{0\cdot0}=1$，$\overline{Q}=\overline{\overline{R}_D\cdot Q}=\overline{1\cdot1}=0$，触发器保持原有的 1 状态不变。

3）当 $\overline{R}_D=1$、$\overline{S}_D=1$ 时，有 $Q=\overline{\overline{S}_D\cdot\overline{Q}}=\overline{1\cdot0}=1$，$\overline{Q}=\overline{\overline{R}_D\cdot Q}=\overline{1\cdot1}=0$，触发器保持原有的 1 状态不变。

定义触发器的初始状态用 Q^n 表示，触发器被触发后的次态用 Q^{n+1}表示。根据触发器的工作原理，可以看出基本 RS 触发器具有下述功能与特点：

1）当输入信号 $\overline{R}_D=\overline{S}_D=1$ 时，触发器将保持其初始状态不变，次状态 $Q^{n+1}=Q^n$。这表示在输入信号 $\overline{S}_D$ 和 $\overline{R}_D$ 均为高电平信号时，触发器不被触发，触发器具有保持功能，保持触发器的初始状态不变。

2）当输入信号 $\overline{R}_D=0$、$\overline{S}_D=1$ 时，触发器收到了置0信号，不管触发器的初始状态是什么，触发器的次状态 $Q^{n+1}=0$；当输入信号 $\overline{R}_D=1$、$\overline{S}_D=0$ 时，触发器收到了置1信号，不管触发器的初始状态是什么，触发器的次状态 $Q^{n+1}=1$。这表示基本RS触发器的有效触发信号是低电平信号，当触发器的置1端（$\overline{S}_D$ 端）收到置1信号或置0端（$\overline{R}_D$ 端）收到置0信号时，触发器将被触发直接置1（$Q^{n+1}=1$）或直接置0（$Q^{n+1}=0$）。

3）若输入信号 $\overline{R}_D=\overline{S}_D=0$，触发器同时收到了置1信号和置0信号，触发器中的两个与非门会出现不符合逻辑要求的 $Q=\overline{Q}=1$ 的状态。当输入信号转换为高电平后，触发器的输出状态取决于两个与非门的翻转速度及信号传输延迟时间，触发器的输出状态不能确定。为避免出现输出状态不确定，在使用基本 *RS* 触发器时，禁止两个输入信号同时为低电平，即禁止使用 $\overline{R}_D=\overline{S}_D=0$ 的状态。

4）在基本RS触发器逻辑符号的两个输入端，输入引线靠近触发器边框处的小圆圈表示触发器的有效触发电平为低电平，直接置1输入端用 $\overline{S}_D$ 表示，直接置0输入端用 $\overline{R}_D$ 表示。在触发器逻辑符号输出端的 $\overline{Q}$ 端，输出引线靠近触发器边框处的小圆圈表示触发器 $\overline{Q}$ 端与 Q 端的逻辑状态相反。

3. 逻辑功能

根据上述分析可以得到基本RS触发器的逻辑状态表，见表11-1。

表11-1 基本RS触发器的逻辑状态表

$\overline{S}_D$	$\overline{R}_D$	Q^n	Q^{n+1}	逻辑功能
0	0	0 1	不定	禁止使用
0	1	0 1	1	置1
1	0	0 1	0	置0
1	1	0 1	Q^n	保持

设基本RS触发器的初始状态为逻辑0状态，根据表11-1所示的逻辑功能，可以画出基本RS触发器在输入信号 $\overline{S}_D$ 和 $\overline{R}_D$ 作用下的输出信号波形，如图11-3所示。

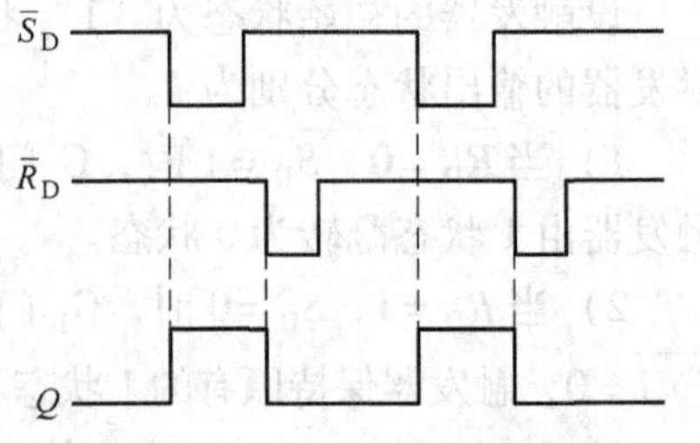

图11-3 基本RS触发器输出信号波形图

11.1.2 同步RS触发器

在逻辑信号处理时，经常需要电路中的触发器在同一时刻触发翻转，为此在电路中引入了一个控制信号，当控制信号到达时，电路中的触发器才能接收输入信号同步动作。电路中的控制信号称为时钟脉冲信号，用字母 *CP* 表示。同步RS触发器在电路结构中引入了时钟脉冲信号。

1. 电路结构

同步 RS 触发器的电路结构是在基本 RS 触发器的基础上增加了引导门 G_3 和 G_4，并且引入了时钟脉冲 *CP*，由与非门构成的同步 RS 触发器的逻辑电路图和逻辑符号如图 11-4 所示。

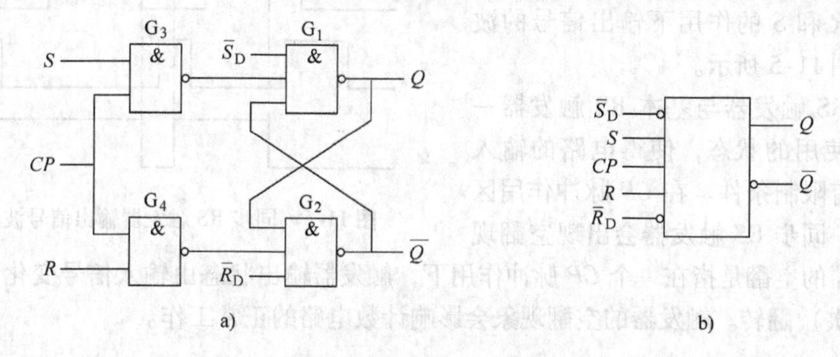

图 11-4　由与非门构成的同步 RS 触发器

a）逻辑电路图　b）逻辑符号

2. 工作原理

在图 11-4a 所示逻辑电路中，电路引入的时钟脉冲 *CP* 通过两个引导门连接到基本 RS 触发器，同时输入信号 *R* 和 *S* 也需要经过引导门才能传输给后级的基本 RS 触发器。当时钟脉冲 $CP=0$ 时，引导门 G_3 和 G_4 截止，两个引导门的输出均为逻辑 1 状态，不管输入信号 *R* 和 *S* 的状态如何，触发器收不到输入信号，触发器也就不会动作。当时钟脉冲 $CP=1$ 时，引导门 G_3 和 G_4 打开，引导门的输出状态由输入信号的逻辑状态决定，并且引导门的输出信号将传输给后级触发器，后级触发器将会按照接收到的信号触发动作。根据上述分析，同步 RS 触发器受时钟脉冲 *CP* 的控制，当 $CP=0$ 时，触发器进入保持状态不会动作；当 $CP=1$ 时，触发器才会按照输入信号的状态决定其输出状态。

在同步 RS 触发器的逻辑电路中设置了直接置位端 $\overline{S}_D$ 和直接复位端 $\overline{R}_D$，这两个输入端在触发器正常工作时均设置为逻辑 1 状态（即连接高电平）。如果需要在工作之初对触发器的初始状态进行设置，可以利用直接置位端和直接复位端，使触发器不经过时钟脉冲的控制直接置 1 或直接置 0。由于触发器正常工作时不使用直接置位和直接复位端，在画触发器的逻辑符号时，也可以不画出触发器的直接置位端和直接复位端。

3. 逻辑功能

根据时钟脉冲 *CP* 对触发器的控制和基本 RS 触发器的逻辑功能，可以得到同步 RS 触发器的逻辑状态表，如表 11-2 所示，同步 RS 触发器的有效触发信号是高电平信号。

表 11-2　同步 RS 触发器的逻辑状态表

S	R	Q^n	Q^{n+1}	逻辑功能
0	0	0 1	Q^n	保持
0	1	0 1	0	置 0
1	0	0 1	1	置 1
1	1	0 1	不定	禁止使用

设同步 RS 触发器的初始态为逻辑 0 状态，根据表 11-2 所示的逻辑功能，可以画出同步 RS 触发器在时钟脉冲 CP、输入信号 R 和 S 的作用下输出信号的波形图，如图 11-5 所示。

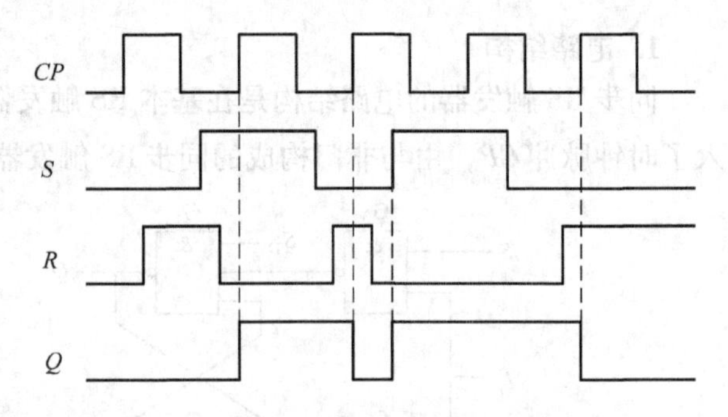

图 11-5 同步 RS 触发器输出信号波形图

同步 RS 触发器与基本 RS 触发器一样有禁止使用的状态，使得电路的输入信号设置有限制条件。在 CP 脉冲作用区间较宽时，同步 RS 触发器会出现空翻现象。触发器的空翻是指在一个 CP 脉冲作用下，触发器输出状态由输入信号变化而引起的两次（或多次）翻转。触发器的空翻现象会影响计数电路的正常工作。

11.1.3 主从 JK 触发器

主从 JK 触发器采用了具有存储作用的触发引导电路，由触发器构成的引导门可以使主从 JK 触发器不会出现空翻现象。

1. 电路组成

主从 JK 触发器的逻辑电路图和逻辑符号如图 11-6 所示。

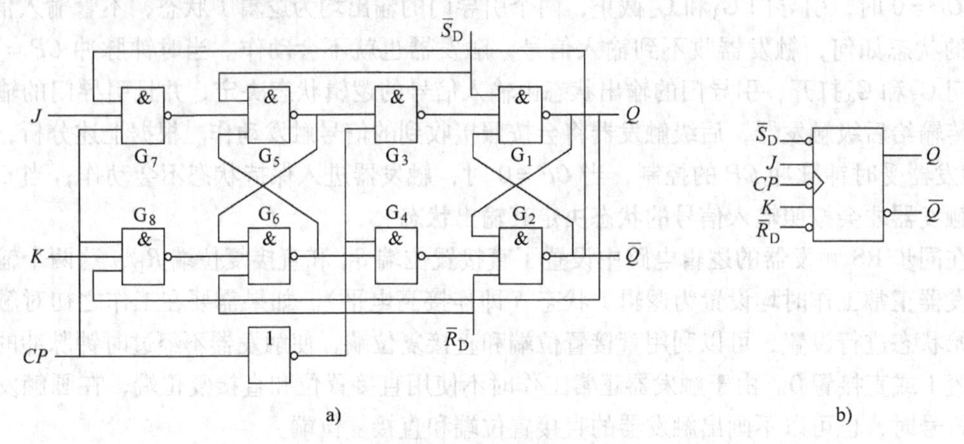

图 11-6 主从 JK 触发器

a）逻辑电路图 b）逻辑符号

主从 JK 触发器是由两个同步 RS 触发器构成，其中由与非门 G_1、G_2、G_3 和 G_4 构成的是从触发器，由与非门 G_5、G_6、G_7 和 G_8 构成的是主触发器，时钟脉冲 CP 经过一个非门分别连接到主触发器与从触发器的输入端，同时控制两个触发器的工作状态。

2. 工作原理

当时钟脉冲 $CP=1$ 时，主触发器打开接收输入的 J 信号与 K 信号，主触发器的输出状态将由输入信号的状态决定。CP 信号经过非门后传输给从触发器为 $\overline{CP}=0$，则从触发器被控制信号 $\overline{CP}$ 锁闭，其输出状态保持不变。当时钟脉冲 $CP=0$ 时，主触发器被时钟脉冲锁闭，其输出状态保持不变，而从触发器的控制信号为 $\overline{CP}=1$，控制信号打开了从触发器的引导门，使之接收由主触发器传输过来的输入信号，从触发器的输出状态将由主触发器传输来的信号决定。

主从 JK 触发器中的主触发器和从触发器分开接收输入信号，主触发器在 CP 脉冲到达时接收输入信号并允许输入信号出现多次翻转，主触发器的输出状态由输入信号在 CP 脉冲消失前的状态决定，而从触发器被 CP 脉冲封锁，其原状态保持不变。在 CP 脉冲消失（下降沿到达）时，主触发器被 CP 脉冲封锁，其输出状态保持不变，而从触发器打开并根据接收到的信号动作。主从 JK 触发器的电路结构使得触发器在一个 CP 脉冲的作用区间仅能翻转一次，并且是在 CP 脉冲的下降沿动作。主从 JK 触发器由输出端连接到输入端的两根反馈线使得触发器没有输出不定状态，在置 0 置 1 信号同时到达（J = K = 1）时，触发器的输出状态会出现翻转，有 $Q^{n+1}=\overline{Q}^{n}$。

由于主从 JK 触发器是在时钟脉冲的下降沿触发翻转，所以主从 JK 触发器也称为边沿触发器，边沿触发器使用 > 符号标注在触发器边框与 CP 脉冲连接处的内侧，而 CP 脉冲连接线靠近触发器边框处的小圆圈表示主从 JK 触发器是下降沿触发的触发器，如图 11-6b 所示。

3. 逻辑功能

根据主从 JK 触发器的工作原理，可以得到主从 JK 触发器的逻辑状态表，见表 11-3。

表 11-3　主从 JK 触发器的逻辑状态表

J	K	Q^n	Q^{n+1}	逻辑功能
0	0	0 1	Q^n	保持
0	1	0 1	0	置 0
1	0	0 1	1	置 1
1	1	0 1	$\overline{Q}^n$	翻转

设主从 JK 触发器的初始状态为逻辑 0 状态，在时钟脉冲 CP、输入信号 J 和 K 的作用下，主从 JK 触发器输出信号的波形如图 11-7 所示。

11.1.4　维持阻塞 D 触发器

维持阻塞 D 触发器也是边沿触发器，维持阻塞 D 触发器在一个 CP 脉冲作用区间也只能翻转一次。

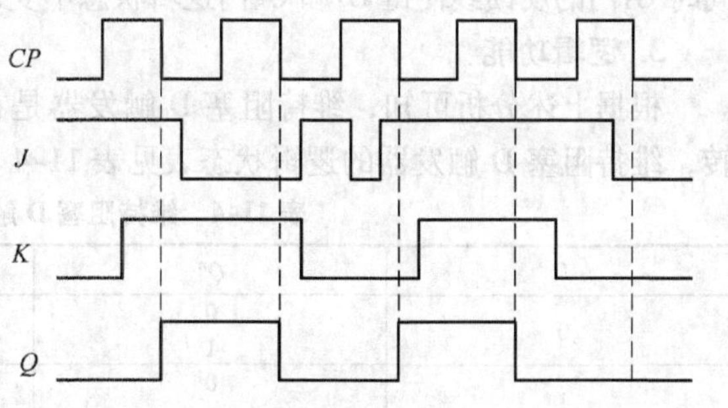

图 11-7　主从 JK 触发器输出信号波形图

1. 电路结构

维持阻塞 D 触发器由六个与非门构成，其中，G_1 和 G_2 门构成了基本 RS 触发器，G_3、G_4、G_5 和 G_6 门构成了触发器的引导门，维持阻塞 D 触发器的逻辑电路与逻辑符号如图 11-8 所示。

2. 工作原理

在时钟脉冲 $CP=0$ 时，CP 脉冲封锁了引导门中的 G_3 和 G_4 门，使得这两个门的输出状态均为逻辑 1 状态，后级的基本 RS 触发器就进入了保持功能，触发器的输出状态维持不变。在时钟脉冲 $CP=1$ 时，引导门中的 G_3 和 G_4 门打开，接收输入信号并向后级电路传输，这时触发器的输出状态与输入信号的状态有关。

（1）设输入信号 $D=0$

在 CP 脉冲到达前，引导门中 G_3、G_4 和 G_6 门的输出均为逻辑 1 状态，而 G_5 门的输出是

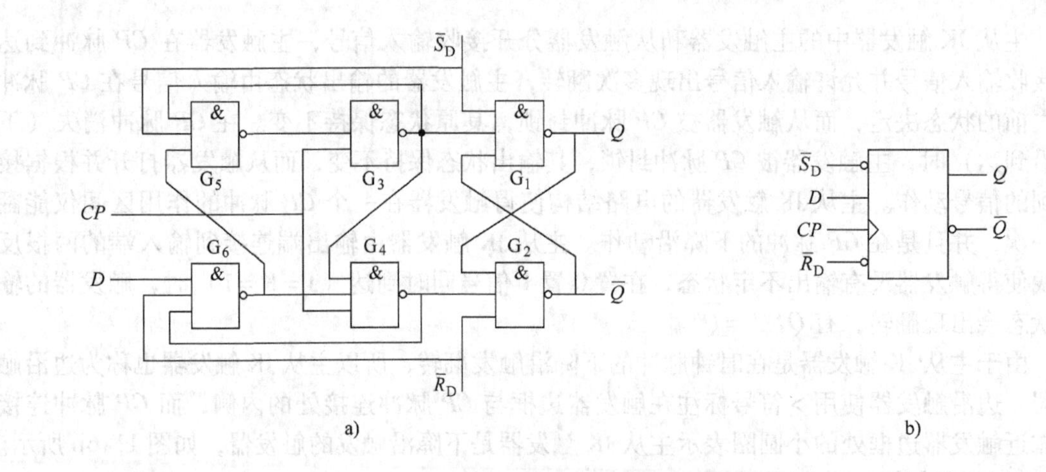

图 11-8 维持阻塞 D 触发器

a) 逻辑电路图 b) 逻辑符号

逻辑 0 状态。当 CP 脉冲的上升沿到达时，G_3、G_5 和 G_6 门保持原有的逻辑状态不变，而 G_4 门的输出由逻辑 1 状态跃变为逻辑 0 状态。G_4 门输出状态的跃变使得触发器置 0，同时 G_4 门的反馈线也封锁了 G_6 门的输入端，在 CP 脉冲的作用区间，不论输入的 D 信号如何变化，G_6 门的逻辑状态不会改变，触发器输出的逻辑 0 状态也就不会改变。

（2）设输入信号 $D=1$

在 CP 脉冲到达前，引导门中的 G_3、G_4 和 G_5 门的逻辑状态均为逻辑 1 状态，而 G_6 门的逻辑状态为逻辑 0 状态。当 CP 脉冲的上升沿到达时，G_3 门的逻辑状态由逻辑 1 状态跃变为逻辑 0 状态，而 G_4、G_5 和 G_6 门保持原有的逻辑状态不变。G_3 门的逻辑状态的跃变使得触发器置 1，同时 G_3 门的反馈线使得 G_4 和 G_5 门逻辑状态不变，触发器的逻辑状态也就不会改变。

3. 逻辑功能

根据上述分析可知，维持阻塞 D 触发器是在时钟脉冲 CP 由 0 转为 1 的上升沿触发翻转，维持阻塞 D 触发器的逻辑状态表见表 11-4。

表 11-4 维持阻塞 D 触发器的逻辑状态表

D	Q^n	Q^{n+1}	逻辑功能
0	0 1	0	置 0
1	0 1	1	置 1

维持阻塞 D 触发器的初始状态为逻辑 0 状态，在时钟脉冲 CP 和输入 D 信号作用下，维持阻塞 D 触发器输出信号的波形如图 11-9 所示。

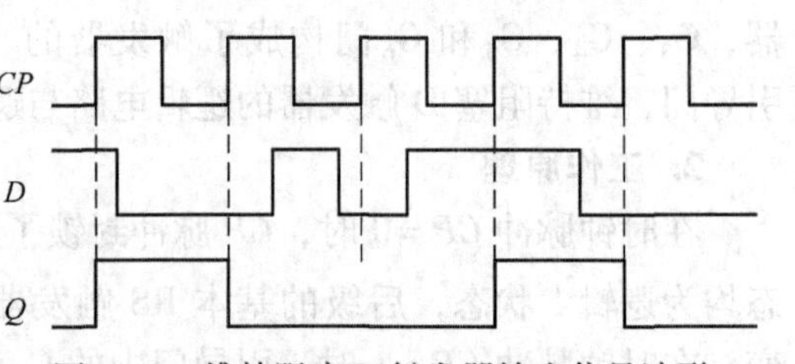

图 11-9 维持阻塞 D 触发器输出信号波形

11.1.5 T 触发器和 T′触发器

1. T 触发器

T 触发器是逻辑电路常用的逻辑器件，T 触发器可以在 CP 脉冲控制下根据输入信号状态对触发器的输出状态进行保持和翻转。

若输入信号 $T=0$，当 CP 脉冲到达时，T触发器的输出状态将保持不变，有 $Q^{n+1}=Q^n$；若输入信号 $T=1$，当 CP 脉冲到达时，触发器的输出状态将翻转一次，有 $Q^{n+1}=\overline{Q}^n$。T触发器的逻辑符号如图11-10所示，T触发器的逻辑状态见表11-5。

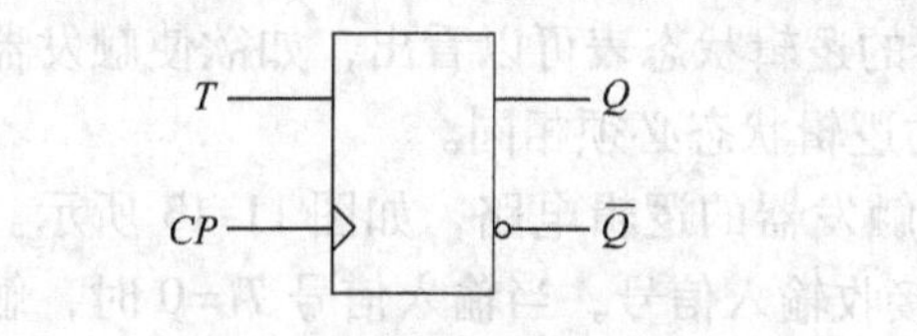

图11-10 T触发器的逻辑符号

表11-5 T触发器的逻辑状态表

T	Q^n	Q^{n+1}	逻辑功能
0	0	Q^n	保持
	1		
1	0	$\overline{Q}^n$	翻转
	1		

2. T′触发器

若将T触发器的输入信号 T 连接到高电平，使得 $T=1$，这时的T触发器就转换成为T′触发器。T′触发器仅具有翻转逻辑功能，每接收到一个 CP 脉冲，触发器的输出状态就翻转一次，有 $Q^{n+1}=\overline{Q}^n$。设T触发和T′触发器的初始状态为逻辑0状态，在时钟脉冲 CP 和输入信号作用下，触发器的输出信号波形如图11-11所示。

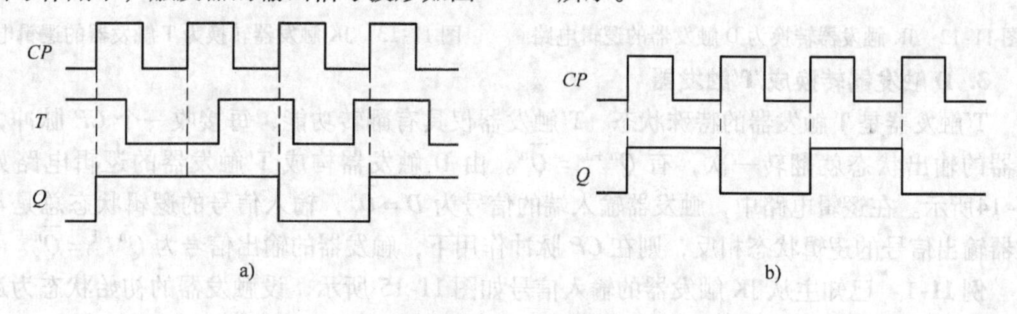

图11-11 T触发器与T′触发器输出信号波形
a）T触发器的输出信号波形 b）T′触发器的输出信号波形

*11.1.6 触发器逻辑功能的转换

不同类型的触发器具有不同的逻辑功能，在实际的工程应用中，通过改接触发器连接线和增加控制电路的方法可以进行触发器逻辑功能的转换，以减少在实际电路中使用的触发器种类。

1. JK触发器转换成D触发器

JK触发器具有保持、置0、置1和翻转的逻辑功能，而D触发器仅具有置0和置1的功能，如欲将JK触发器转换为D触发器，需要将JK触发器保持和翻转的逻辑功能消除，保留JK触发器置0和置1的逻辑功能，由此JK触发器即可实现D触发器的逻辑功能。由表11-3所示JK触发器的逻辑状态可以看出，当JK触发器两个输入信号的逻辑状态相反时，触发器就可以实现置0和置1的逻辑功能。

根据上述分析可以画出JK触发器转换为D触发器的逻辑电路，如图11-12所示。在图示电路中，JK触发器两个输入端之间连接的非门使得触发器两个输入信号的逻辑状态总是相反。当输入信号 $D=0$ 时，触发器接收到的信号为 $J=0$、$K=1$，触发器置0，输出信号为 $Q^{n+1}=0$；当输入信号 $D=1$ 时，触发器接收到的信号为 $J=1$、$K=0$，触发器置1，输出信

号为 $Q^{n+1}=1$，JK 触发器实现了 D 触发器的逻辑功能。

2. JK 触发器转换成 T 触发器

T 触发器的逻辑功能为：当输入信号 $T=0$ 时，触发器保持其原状态不变；当输入信号 $T=1$ 时，触发器的输出状态翻转。由 JK 触发器的逻辑状态表可以看出，如欲使触发器实现保持和翻转的逻辑功能，触发器两个输入信号的逻辑状态必须相同。

根据上述分析可以画出 JK 触发器转换为 T 触发器的逻辑电路，如图 11-13 所示。在电路中，JK 触发器的两个输入端连接在一起同时接收输入信号，当输入信号 $T=0$ 时，触发器接收到的信号为 $J=K=0$，触发器进入保持状态，其输出信号 $Q^{n+1}=Q^n$；当输入信号 $T=1$ 时，触发器接收到的信号为 $J=K=1$，触发器进入翻转状态，其输出信号 $Q^{n+1}=\overline{Q}^n$，JK 触发器实现了 T 触发器的逻辑功能。

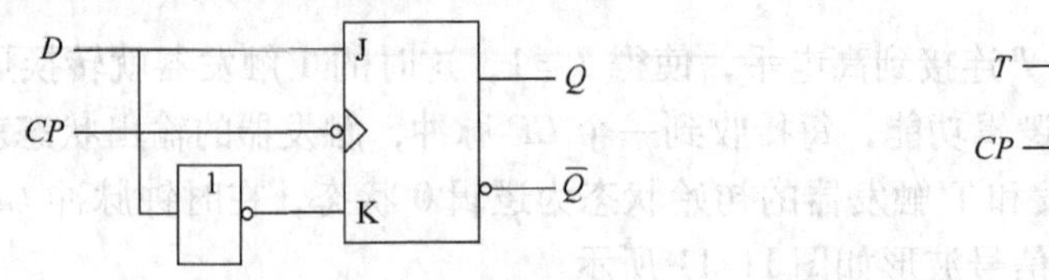

图 11-12 JK 触发器转换为 D 触发器的逻辑电路

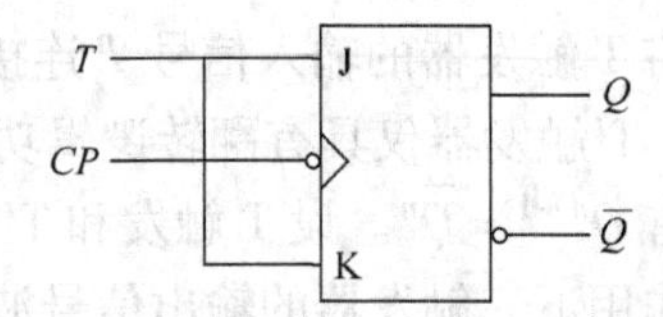

图 11-13 JK 触发器转换为 T 触发器的逻辑电路

3. D 触发器转换成 T′触发器

T′触发器是 T 触发器的特殊状态，T′触发器仅具有翻转功能，每接收一个 CP 脉冲，触发器的输出状态就翻转一次，有 $Q^{n+1}=\overline{Q}^n$。由 D 触发器构成 T′触发器的逻辑电路如图 11-14所示。在逻辑电路中，触发器输入端的信号为 $D=\overline{Q}^n$，输入信号的逻辑状态总是与触发器输出信号的逻辑状态相反，则在 CP 脉冲作用下，触发器的输出信号为 $Q^{n+1}=\overline{Q}^n$。

例 11-1 已知主从 JK 触发器的输入信号如图 11-15 所示，设触发器的初始状态为逻辑 0 状态，画出触发器输出信号的波形。

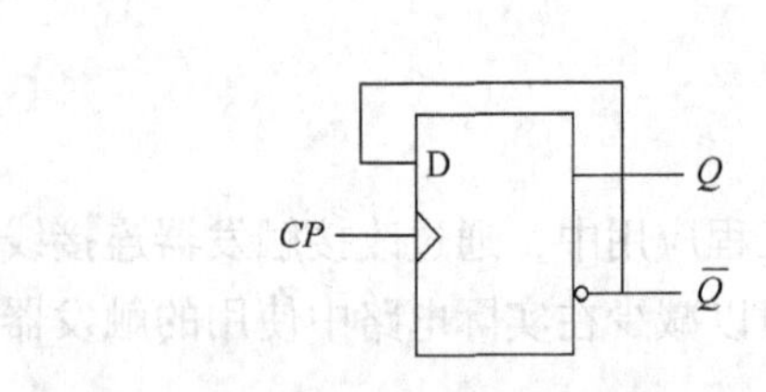

图 11-14 D 触发器转换为 T′触发器的逻辑电路

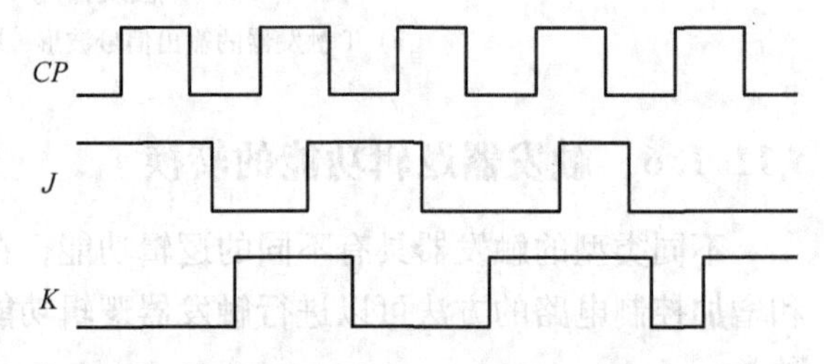

图 11-15 例 11-1 输入信号波形图

解：主从 JK 触发器是在时钟脉冲 CP 的下降沿触发，根据表 11-3 所示主从 JK 触发器的逻辑功能，可以画出在输入信号作用下触发器输出信号的波形，如图 11-16 所示。

例 11-2 由 D 触发器构成的逻辑电路和输入信号波形如图 11-17 所示，设触发器的初始状态为逻辑 0 状态，画出电路输出信号的波形。

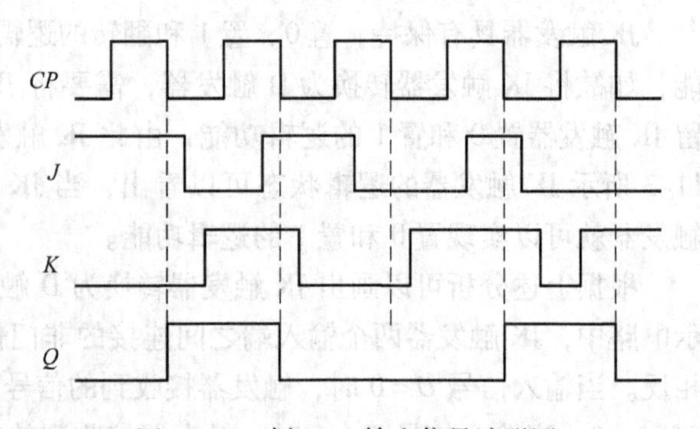

图 11-16 例 11-1 输出信号波形图

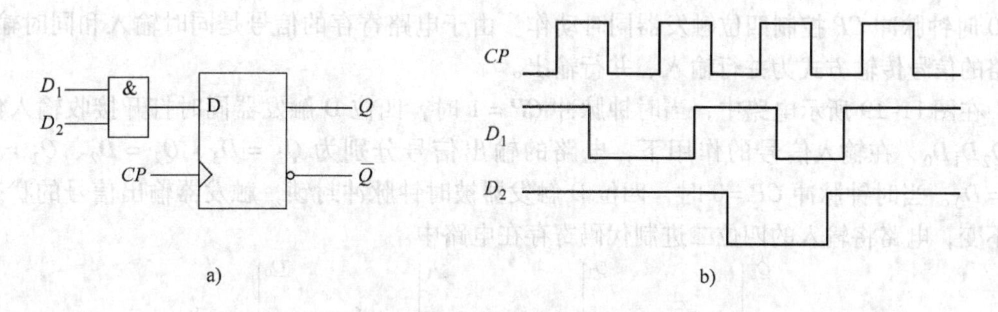

图 11-17　例 11-2 电路

a）逻辑电路图　b）输入信号波形

解：在图示的逻辑电路中，输入信号 D_1 和 D_2 经过与门后再传输给 D 触发器，同时 D 触发器是在 CP 脉冲的上升沿触发动作。根据表 11-4 所示 D 触发器的逻辑功能，可以画出电路输出信号的波形，如图 11-18 所示。

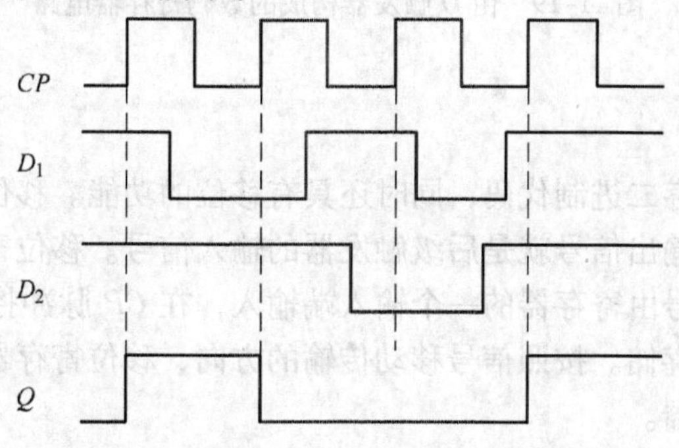

图 11-18　例 11-2 输出信号波形图

11.2　寄存器

寄存器是暂时存放运算数据和运算结果的时序逻辑电路，寄存器电路使用的基本器件是触发器。一位触发器可以寄存一位二进制代码，如果需要寄存 N 位二进制代码，就需要在寄存器中使用 N 位触发器。在时序逻辑电路中，使用数码寄存器进行二进制代码的逻辑运算和存储，使用移位寄存器进行数据传输方式的转换。

在寄存器电路中，信号的传输方式可以是并行传输，也可以是串行传输。并行传输是指寄存器的输入端（或输出端）同时收到输入信号（或同时取出输出信号）；串行传输是指寄存器的输入信号是由一个输入端逐位输入，或其输出信号是由一个输出端逐位输出。

11.2.1　数码寄存器

数码寄存器可以存储二进制代码，在数码寄存器工作前，要先利用直接复位信号 $\overline{R}_D$ 将寄存器中所有的触发器清零，使寄存器的初始状态为零状态，在图11-19所示由四位 D 触发器构成的四位数码寄存器的逻辑电路中，四位触发器的输入端分别连接输入信号 $D_3D_2D_1D_0$，四位触发器的输出信号为 $Q_3Q_2Q_1Q_0$，清零信号使电路的初始状态 $Q_3Q_2Q_1Q_0=$

0000时钟脉冲 CP 控制四位触发器同时动作。由于电路寄存的信号是同时输入和同时输出，电路的信号传输方式为并行输入、并行输出。

在图11-19所示电路中，当时钟脉冲 $CP=1$ 时，四位D触发器同时打开接收输入信号 $D_3D_2D_1D_0$，在输入信号的作用下，电路的输出信号分别为 $Q_3=D_3$、$Q_2=D_2$、$Q_1=D_1$、$Q_0=D_0$。当时钟脉冲 $CP=0$ 时，四位D触发器被时钟脉冲封锁，触发器输出信号的状态保持不变，电路将输入的四位二进制代码寄存在电路中。

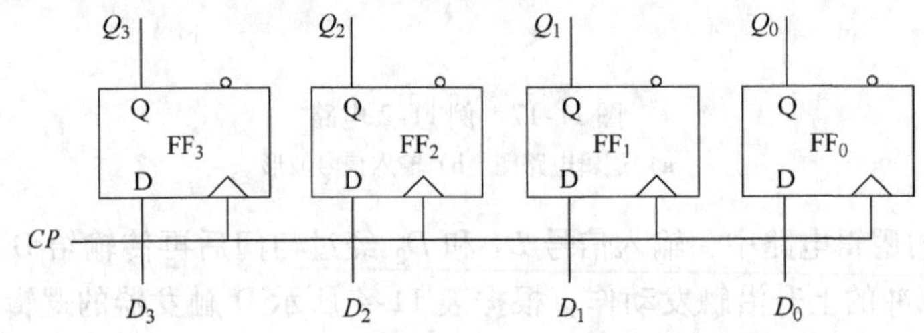

图11-19　由D触发器构成的数码寄存器电路

11.2.2　移位寄存器

移位寄存器可以储存二进制代码，同时还具有移位的功能。移位寄存器中的触发器是串联结构，前级触发器的输出信号就是后级触发器的输入信号。移位寄存器的输入信号采用串行输入的方式，输入信号由寄存器的一个输入端输入，在 CP 脉冲控制下逐位传输给寄存器中的下一位触发器进行存储。按照信号移动传输的方向，移位寄存器分为左移寄存器、右移寄存器和双向移位寄存器。

图11-20所示为由D触发器构成的四位移位寄存器的逻辑电路，电路中的输入信号采用串行输入，输出信号可以并行输出，也可以串行输出。同样，在移位寄存器工作前也要利用直接复位信号 $\overline{R}_D$ 进行寄存器的清零操作，使得寄存器的初始状态为零状态，有 $Q_3Q_2Q_1Q_0=0000$。

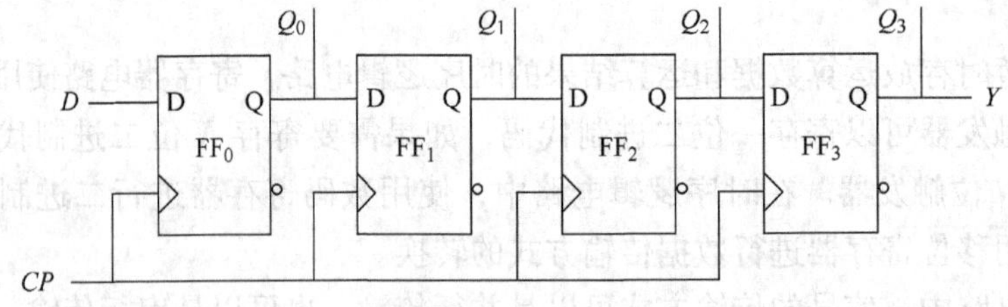

图11-20　移位寄存器

设寄存器待寄存的二进制代码为 $D_3D_2D_1D_0$，寄存器的信号传输是由高位信号开始移入寄存。当第一个 CP 脉冲到达时，第一个输入信号 D_3 由寄存器的输入端传输给第一级触发器，使得该触发器的输出信号转换为 $Q_0=D_3$，而电路中其他各级触发器由前级触发器收到的输入信号均为逻辑0，则各级触发器的输出状态不变，电路的输出信号为 $Q_3Q_2Q_1Q_0=000D_3$，这相当于寄存器里寄存的代码移动了一位。当第二个 CP 脉冲到达时，第一级触发器收到第二个输入信号 D_2，有 $Q_0=D_2$，而第二级触发器收到第一级触发器输出的信号 D_3，有 $Q_1=D_3$，后面两级触发器的输入仍为逻辑0，后面两级触发器输出状态不变，电路的输

出信号为 $Q_3Q_2Q_1Q_0=00D_3D_2$，二进制代码又移动寄存了一位。同理，当第三个 CP 脉冲到达时，第三个输入信号 D_1 输入寄存器，电路中的前三级触发器按照输入信号动作，使得电路的输出信号为 $Q_3Q_2Q_1Q_0=0D_3D_2D_1$。当第四个 CP 脉冲到达时，第四个输入信号 D_0 输入寄存器，电路中的四个触发器同时收到信号动作，电路的输出信号为 $Q_3Q_2Q_1Q_0=D_3D_2D_1D_0$，电路将串行输入的四个二进制代码寄存在寄存器中。图 11-20 所示的移位寄存器电路实现了二进制代码的串行输入—并行输出的转换。

若四位移位寄存器准备寄存的二进制代码为 1011，按照移位寄存器的工作原理，在四个 CP 脉冲的作用下，四位二进制代码 1011 就可以移入并储存在移位寄存器中，四位二进制代码的移位储存逻辑状态见表 11-6。

表 11-6　四位移位寄存器的移位储存逻辑状态表

CP	D	Q_3	Q_2	Q_1	Q_0
0	0	0	0	0	0
1	1	0	0	0	1
2	0	0	0	1	0
3	1	0	1	0	1
4	1	1	0	1	1

移位寄存器可以将数据单向右移或单向左移，还可以将数据双向移位，74LS194 芯片就是集成四位双向移位寄存器。

11.3　计数器

计数器是用于累计和寄存输入脉冲个数的逻辑器件，计数器还可以用于进行定时和逻辑运算。计数器的类型有多种，按照计数进位的方式，计数器可以分为二进制计数器和非二进制计数器；按照计数脉冲输入的方式，计数器可以分为同步计数器和异步计数器；按照计数增减的方式，计数器可以分为加法计数器、减法计数器和可逆计数器。计数器在时序逻辑电路中有广泛的应用。

11.3.1　二进制计数器

二进制计数器可以实现对二进制数码的累计，二进制数码的进位原则是逢二进位。在计数器工作前，应当使用直接复位信号 $\overline{R}_D$ 让计数器复位，使计数器的初始状态为零状态。

由 JK 触发器构成四位异步二进制计数器的逻辑电路如图 11-21 所示，电路中的每个触发器可以用来表示一位二进制数。当 JK 触发器的两个信号输入端均连接高电平（有 $J=K=1$）时，触发器每收到一个时钟脉冲，其输出状态就翻转一次，有 $Q^{n+1}=\overline{Q}^n$。同时，输出信号传输给下一级触发器作为时钟脉冲信号。由于电路的计数脉冲信号连接在第一级触发器的 CP 端，同时，低位触发器的输出信号就是高位触发器的时钟脉冲信号，则各位触发器不是同时被触发翻转，这种电路工作方式称为异步工作方式。

设图 11-21 所示计数电路的初始态为 $Q_3Q_2Q_1Q_0=0000$，图中各位触发器在时钟脉冲 CP 的下降沿翻转。当第一个时钟脉冲 CP 的下降沿到达时，第一级触发器 FF_0 的输出状态翻转，有 $Q_0=1$，而后级各触发器没有收到触发信号，后级触发器保持初始状态不变，计数器的输

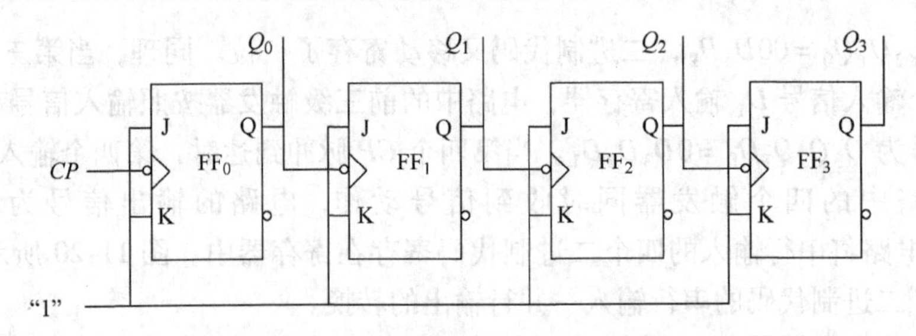

图 11-21　四位异步二进制计数器

出信号由初始的零状态转换为 $Q_3Q_2Q_1Q_0=0001$。当第二个时钟脉冲 CP 的下降沿到达时，第一级触发器 FF_0 的输出状态翻转，有 $Q_0=0$，而第一级触发器的输出信号 Q_0 就是第二级触发器的时钟脉冲信号 CP，当 Q_0 信号由逻辑 1 跃变为逻辑 0 时，第二个触发器 FF_1 的输出状态翻转，有 $Q_1=1$，而后级触发器保持初始状态不变，计数器的输出信号转变为 $Q_3Q_2Q_1Q_0=0010$。按照上述分析，第一级触发器每收到一个时钟脉冲就翻转一次，而后级触发器只有当前级触发器的输出状态由逻辑 1 翻转为逻辑 0 时才会被触发翻转，这样随着时钟脉冲 CP 的连续输入，电路实现了对输入二进制信号的累计。四位异步二进制计数器的逻辑状态见表 11-7，计数器的输出信号波形如图 11-22 所示。

表 11-7　四位异步二进制计数器的逻辑状态表

计数脉冲 CP	Q_3	Q_2	Q_1	Q_0
0	0	0	0	0
1	0	0	0	1
2	0	0	1	0
3	0	0	1	1
4	0	1	0	0
5	0	1	0	1
6	0	1	1	0
7	0	1	1	1
8	1	0	0	0
9	1	0	0	1
10	1	0	1	0
11	1	0	1	1
12	1	1	0	0
13	1	1	0	1
14	1	1	1	0
15	1	1	1	1
16	0	0	0	0

11.3.2　十进制计数器

十进制计数器需要有十个计数状态，为满足这个条件，十进制计数电路中需要使用四个

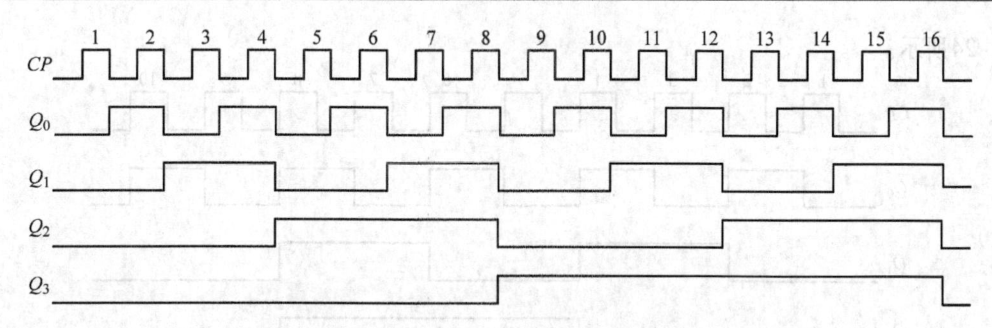

图 11-22　四位异步二进制计数器输出信号波形

触发器。由表 11-7 可知，四个触发器构成的计数电路具有 16 个逻辑状态，为使十进制计数电路能够实现逢十进位的功能，就需要在四位二进制计数器的基础上对逻辑电路进行修改，增加由门电路构成的控制电路，使得计数器在计数过程中仅保留由 0000 到 1001 这十个表示十进制数 0 ~ 9 的计数状态，去除由 1010 到 1111 这六个不用的计数状态，在第十个计数脉冲到达时，计数器的输出状态恢复为零状态，以实现逢十进位的计数规则。由 JK 触发器构成的异步十进制计数器如图 11-23 所示。

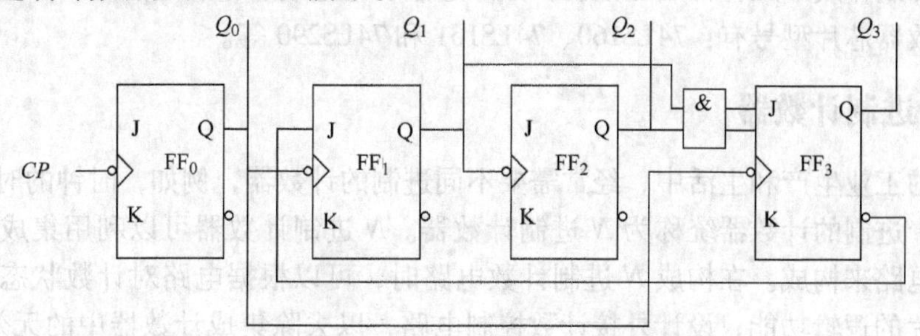

图 11-23　异步十进制计数器

在图 11-23 所示的计数电路中，在高位触发器 FF_3 触发翻转前，低三位触发器按照三位二进制计数电路的计数规则正常计数，计数器的输出状态由初始状态 $Q_3Q_2Q_1Q_0=0000$ 开始，对输入的计数脉冲进行累计。由于高位触发器 FF_3 的 J 输入端信号为 $J_3=Q_2Q_1$，只要 Q_2 和 Q_1 中有一个是逻辑 0，触发器 FF_3 就处于置 0 工作状态，触发器 FF_3 的输出信号 $Q_3=0$。当第七个 CP 脉冲到达时，三个低位触发器的输出状态均为逻辑 1，高位触发器 FF_3 的 J 输入端信号为 $J_3=Q_2Q_1=1\cdot1=1$，触发器 FF_3 处于准备翻转工作状态。当第八个 CP 脉冲到达时，三个低位触发器的输出状态均跃变为逻辑 0，而 Q_0 的跃变使得高位触发器 FF_3 动作，其输出状态由逻辑 0 翻转为逻辑 1。高位触发器 FF_3 的翻转给低位触发器 FF_1 的 J 输入端传递了置 0 信号，有 $J_1=\overline{Q}_3=0$，触发器 FF_1 也处于准备置 0 工作状态，计数器的输出信号为 $Q_3Q_2Q_1Q_0=1000$。由于计数器的输出状态，有 $J_3=Q_2Q_1=0\cdot0=0$，触发器 FF_3 也处于准备置 0 状态。当第九个 CP 脉冲到达时，触发器 FF_0 翻转为逻辑 1，其余三个触发器没有收到触发信号，触发器保持原状态不变，计数器的输出信号为 $Q_3Q_2Q_1Q_0=1001$。当第十个 CP 脉冲到达时，触发器 FF_0 翻转为逻辑 0，并传输给高位触发器 FF_1 和 FF_3 触发信号，其中触发器 FF_1 在置 0 信号作用下维持原来的逻辑 0 状态不变，而触发器 FF_3 按照收到的置 0 信号翻转为逻辑 0 状态，则计数器在第十个 CP 脉冲作用下，输出状态翻转为计数的起始状态 $Q_3Q_2Q_1Q_0=0000$，完成了一次十进制的计数过程。异步十进制加法计数器输出信号波形如

图11-24所示。

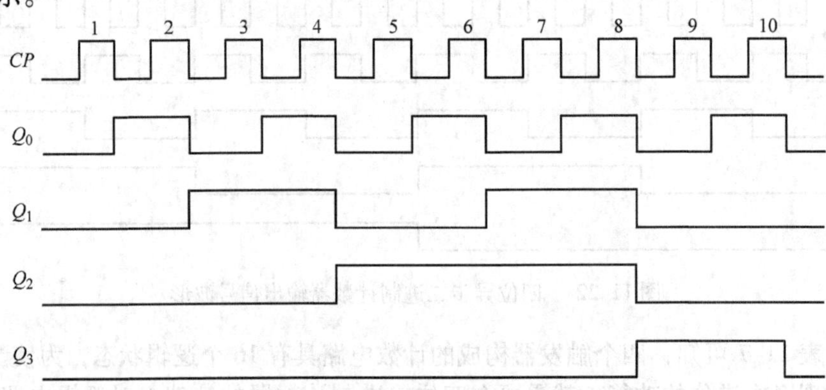

图 11-24 异步十进制加法计数器输出信号波形

在制作半导体器件时，将计数电路所有的逻辑器件和引线集成制作在同一芯片上就构成了集成计数器，集成计数器芯片具有体积小、外接引线少、使用方便的特点。集成计数器芯片的类型通常制作成了几种常用的数制，如二进制、十进制和十六进制，实际应用中经常使用的集成计数器芯片型号有：74LS160、74LS161 和 74LS290 等。

11.3.3 *N* 进制计数器

在实际的工业生产和生活中，经常需要不同进制的计数器，例如，时钟的时、分、秒关系，这种非十进制的计数器统称为 *N* 进制计数器。*N* 进制计数器可以利用集成计数器和外接计数控制电路来构成。在构成 *N* 进制计数电路时，可以根据电路对计数状态的要求和集成计数器芯片的逻辑功能，设计外接计数控制电路，以去除集成计数器中的无效计数状态。集成计数器中通常设置有直接清零端和直接置数端，*N* 进制计数器的设置方法也就分为直接清零法和直接置数法。

清零法适用于设置了直接清零端的集成计数器芯片。在计数电路工作时，当计数状态达到了设计要求时，计数控制电路产生一个清零信号传输给集成计数器的直接清零端，计数器将中止计数，跳过无效计数状态，返回到计数器的初始计数状态，计数器的输出信号全部归为零状态。

置数法适用于设置了直接置数端的集成计数器芯片。在计数电路工作时，当计数状态达到了设计要求时，计数控制电路产生一个置数信号传输给集成计数器的直接置数端，该信号打开了芯片中的置数信号传输路径，预先连接在芯片置数信号输入端的置数信号将直接传输到芯片的输出端，使计数器的输出状态转为电路预先设置的状态。计数器芯片的直接置数功能同样可以使得计数电路跳过无效计数状态，返回到计数器的初始计数状态。

例 11-3 利用 74LS290 芯片，采用直接清零法设计一个七进制计数电路。

解：74LS290 芯片是异步二－五－十进制计数器，74LS290 芯片的外引线如图 11-25 所示。在芯片的外引线中，$S_{9(1)}$ 和 $S_{9(2)}$ 端是直接置 9 信号输入端、$Q_3 \sim Q_0$ 端是计数信号输出端、CP_0 和 CP_1 是时钟脉冲输入端、$R_{0(1)}$ 和 $R_{0(2)}$ 端是直接清零信号输入端。74LS290 芯片的逻辑功能见表 11-8。

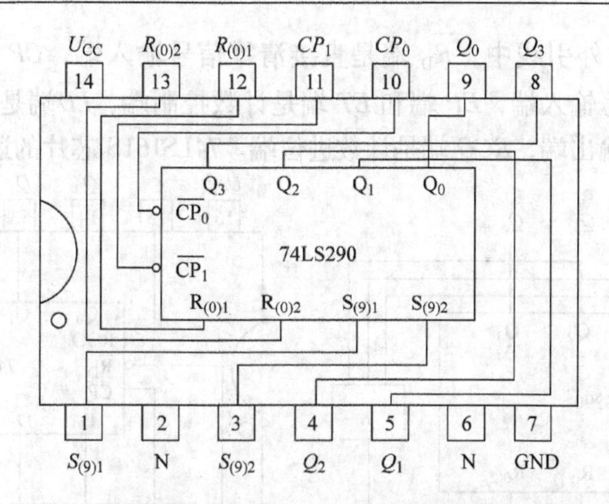

图 11-25　74LS290 芯片的外引线图

表 11-8　74LS290 逻辑功能

$R_{0(1)}$	$R_{0(2)}$	$S_{9(1)}$	$S_{9(2)}$	Q_3	Q_2	Q_1	Q_0
1	1	0	×	0	0	0	0
		×	0				
×	×	1	1	1	0	0	1
×	0	×	0			计数	
0	×	0	×			计数	
0	×	×	0			计数	
×	0	0	×			计数	

74LS290 芯片具有二－五－十进制计数功能：

1）将计数脉冲连接到 CP_0 端，由计数器的 Q_0 端输出，计数器可以实现二进制计数。

2）将计数脉冲连接到 CP_1 端，由计数器的 $Q_3Q_2Q_1$ 端输出，计数器可以实现五进制计数。

3）将计数脉冲连接到 CP_0 端，再将 Q_0 端连接到 CP_1 端，由计数器的 $Q_3Q_2Q_1Q_0$ 端输出，计数器可以实现十进制计数。

题目要求设计一个七进制计数器。设电路计数的初始计数代码为 0000，则七进制计数所需的七个计数状态对应的二进制代码为 0000～0111，其中 0111 是过渡状态。将 74LS290 芯片按照十进制计数电路连接，并且将计数器的输出端 Q_2、Q_1 和 Q_0 连接到与门的输入端，再将与门的输出端连接到计数器芯片的直接清零端 $R_{0(1)}$ 和 $R_{0(2)}$。当电路开始计数时，计数器的输出状态由 0000 开始进行计数，当计数器的输出状态达到 0111 时，这组计数代码使得与门的输出转为高电平，作为清零信号使计数器清零，计数器的输出状态瞬间转变为 0000。在计数器直接清零的过程中，计数器芯片输出状态中的 0111 代码只是在极短的瞬间出现，显示器不显示，在计数器的稳定状态循环中没有这组代码。由 74LS290 芯片构成的七进制计数器电路如图 11-26 所示。

例 11-4　利用 74LS161 芯片设计一个十进制计数器。

解：74LS161 芯片是四位同步二进制（十六进制）计数器，74LS161 芯片的外引线如图

11-27 所示。在芯片的外引线中，$\overline{R}_D$ 端是直接清零信号输入端，CP 端是时钟信号输入端，$D_3 \sim D_0$ 端是预置数信号输入端，EP 端和 ET 端是计数控制端，$\overline{LD}$端是直接置位信号输入端，$Q_3 \sim Q_0$ 端是计数信号输出端，RCO 端是计数进位端。74LS161S 芯片的逻辑功能见表 11-9。

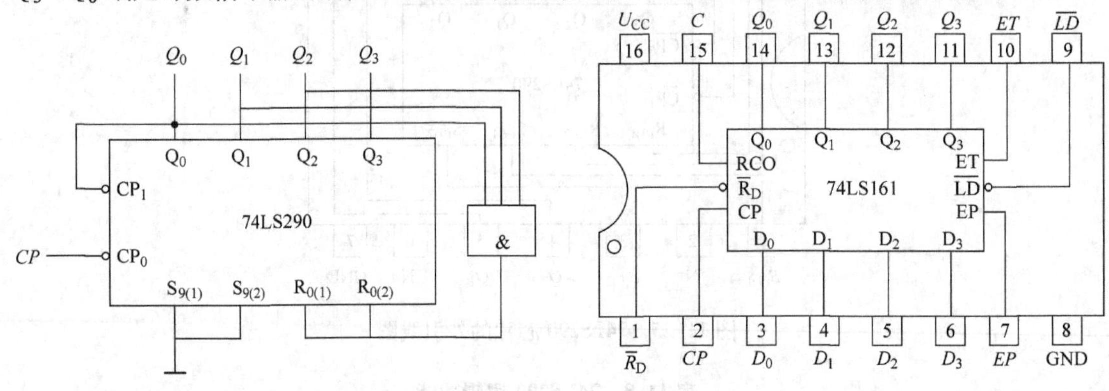

图 11-26 由 74LS290 芯片构成的七进制计数器　　图 11-27 74LS161 芯片的外引线图

表 11-9 74LS161 逻辑功能

输入									输出			
CP	$\overline{R}_D$	$\overline{LD}$	EP	ET	D_3	D_2	D_1	D_0	Q_3	Q_2	Q_1	Q_0
×	0	×	×	×		×			0	0	0	0
↑	1	0	×	×	d_3	d_2	d_1	d_0	d_3	d_2	d_1	d_0
↑	1	1	1	1		×				计数		
×	1	1	0	×		×				保持		
×	1	1	×	0		×				保持		

74LS161 芯片有十六个计数状态，在构成十进制计数器时需要为芯片设置计数控制电路，使计数器跳过无效计数状态。若计数器使用了二进制代码 0000 ~ 1001 这十个计数状态，当采用直接清零法时，代码 1010 就是计数器的清零信号。连接电路时，将计数器的输出信号端 Q_3 和 Q_1 经过与非门连接到直接清零端$\overline{R}_D$，当清零信号 1010 到达时，与非门的输出信号翻转，使得$\overline{R}_D=0$，计数器将清零返回到初始计数状态。由 74LS161 芯片构成的十进制计数电路如图 11-28 所示。

例 11-5 利用 74LS161 芯片设计一个计数器，使其计数状态为二进制数 1001 ~ 1111。

解：由于设计要求计数电路使用的计数状态为 1001 ~ 1111，所以在计数器工作时，外接控制电路应当控制计数器跳过 0000 ~ 1000 的无效计数状态，采用直接置数法可以实现设计电路。

令 74LS161 芯片的预置数信号为 $D_3D_2D_1D_0=1001$，将计数器的进位信号 RCO 经非门后连接在芯片的直接置数端$\overline{LD}$上作为置数信号。当计数器计数达到 $Q_3Q_2Q_1Q_0=1111$ 时，进位信号 $RCO=1$，经过非门后使得$\overline{LD}=0$，预先连接在置数信号输入端的置数信号 1001 将传输给计数器。由于计数器的直接置数功能是在 CP 脉冲的上升沿有效，所以计数器的 1111 状态是正常计数状态，直到下一个 CP 脉冲的上升沿到达时，计数器的输出状态才会由 1111 跃变为 1001，计数器完成一轮计数。满足设计要求的计数电路如图 11-29 所示。

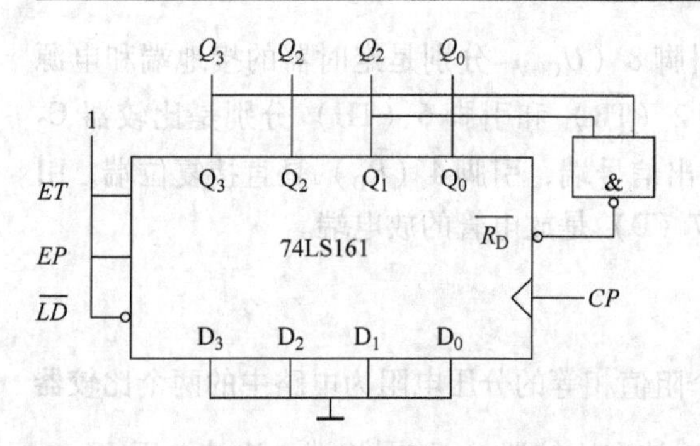

图11-28　由74LS161芯片构成的十进制计数器

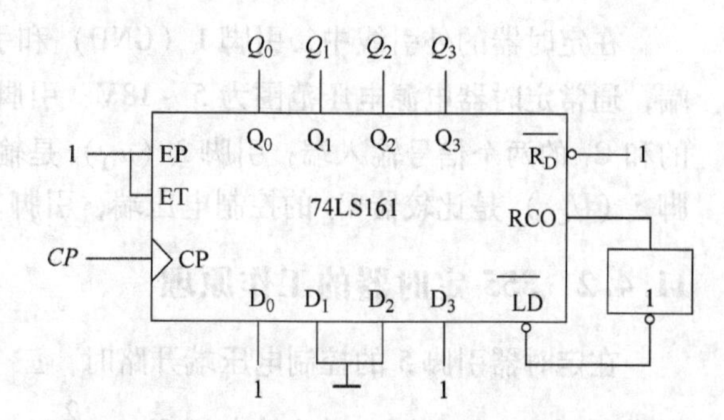

图11-29　由74LS161芯片构成的设计电路

11.4　555定时器

555定时器是一种广泛应用的集成电路，由555定时器构成的电子电路可以方便地应用在自动控制和波形变换等领域。TTL型555定时器具有较大的驱动能力，CMOS型555定时器具有功耗较低的特点。

11.4.1　555定时器的内部结构

555定时器的内部是由数字电路与模拟电路结合构成，TTL型CB555定时器的内部电路结构如图11-30a所示。在定时器的内部电路中，三个5kΩ的分压电阻为电压比较器提供基准电压，两个电压比较器C_1和C_2为基本RS触发器提供输入信号，基本RS触发器控制放电管VT的工作状态。

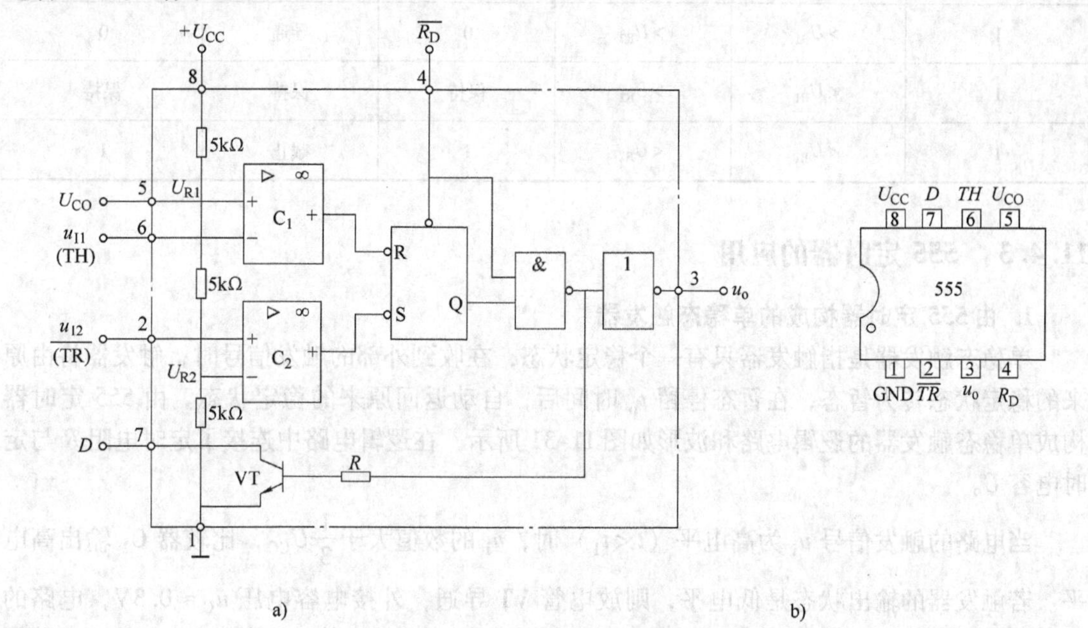

图11-30　CB555定时器

a）内部电路结构　b）555定时器的外引线图

在定时器的外引线中，引脚 1（GND）和引脚 8（U_{CC}）分别是定时器的接地端和电源端，通常定时器电源电压范围为 5 ~ 18V；引脚 2（$\overline{TR}$）和引脚 6（TH）分别是比较器 C_2 的和 C_1 的两个信号输入端；引脚 3（u_O）是输出信号端，引脚 4（$\overline{R}_D$）是直接复位端，引脚 5（U_{CO}）是比较器 C_1 的控制电压端，引脚 7（D）是放电管的放电端。

11.4.2　555 定时器的工作原理

在定时器引脚 5 的控制电压端开路时，三个阻值相等的分压电阻为电路中的两个比较器提供了两个比较电压，设比较电压 $U_{R1}=\frac{2}{3}U_{CC}$连接在比较器 C_1 的同相端，比较电压 $U_{R2}=\frac{1}{3}U_{CC}$连接在比较器 C_2 的反相端。需要说明的是，若引脚 5 的控制电压端开路，外部的干扰会对定时器的工作状态产生影响，为避免引入干扰信号，应当在引脚 5 处连接 0.01μF 电容器接地；若在引脚 5 的控制电压端外接了控制电压 U_{CO}，则两个比较器的比较电压将改变为 $U_{R1}=U_{CO}$、$U_{R2}=\frac{1}{2}U_{CO}$。

555 定时器有两个输入信号 u_{I1} 和 u_{I2}，这两个输入信号分别与电路中的两个比较电压 U_{R1} 和 U_{R2}进行比较，以决定两个比较器的输出状态，决定基本 RS 触发器 Q 端的状态和放电管 VT 的工作状态，进而决定定时器输出电压 u_O 的状态。555 定时器的逻辑功能见表 11-10。

表 11-10　555 定时器的功能表

$\overline{R}_D$	u_{I1}	u_{I2}	Q	放电管 VT	u_O
0	×	×	×	导通	0
1	$>U_{R1}$	$>U_{R2}$	0	导通	0
1	$<U_{R1}$	$>U_{R2}$	保持	保持	保持
1	$<U_{R1}$	$<U_{R2}$	1	截止	1

11.4.3　555 定时器的应用

1. 由 555 定时器构成的单稳态触发器

单稳态触发器是指触发器只有一个稳定状态，在收到外部的触发信号时，触发器将由原来的稳定状态转为暂态，在暂态停留 t_p 时间后，自动返回原来的稳定状态。由 555 定时器构成单稳态触发器的逻辑电路和波形如图 11-31 所示，在逻辑电路中连接了定时电阻 R 与定时电容 C。

当电路的触发信号 u_i 为高电平（$t<t_1$）时，u_i 的数值大于$\frac{1}{3}U_{CC}$，比较器 C_2 输出高电平。若触发器的输出状态是低电平，则放电管 VT 导通，外接电容电压 $u_C\approx0.3V$，电路的输出电压 u_O 为低电平；若触发器的输出状态是高电平，则放电管 VT 截止，电源通过电阻 R 给外接电容 C 充电，当电容电压 u_C 高于$\frac{2}{3}U_{CC}$时，触发器的输出状态翻转为低电平，同理，

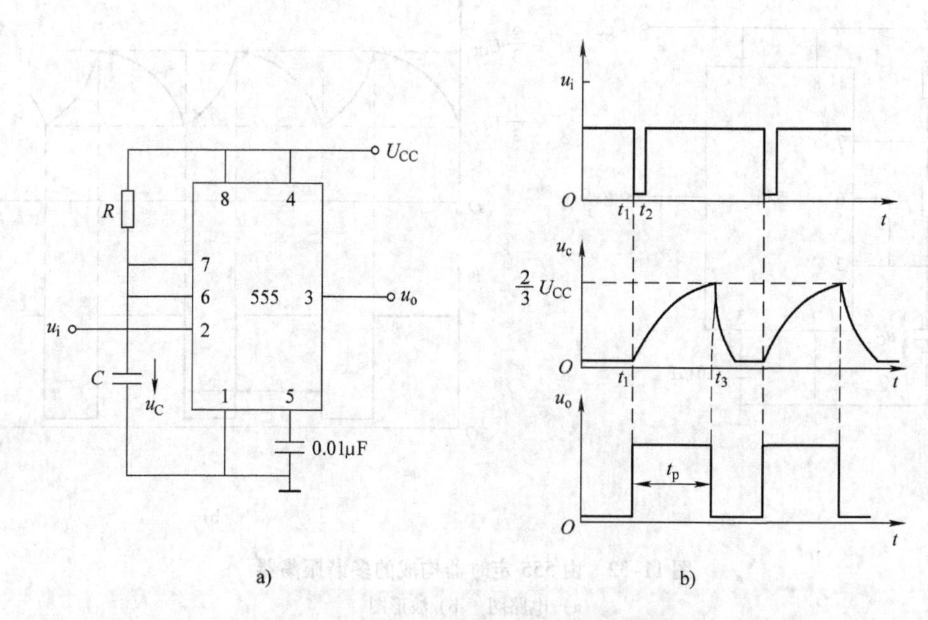

图 11-31　由 555 定时器构成的单稳态触发器

a）逻辑电路　b）输出信号波形

电路的输出电压 u_O 为低电平，单稳态触发器处于稳定状态。

当电路的触发信号为低电平（$t_1 < t < t_2$）时，u_i 的数值小于$\frac{1}{3}U_{CC}$，比较器 C_2 输出低电平，触发器的输出状态翻转为高电平，使得放电管 VT 截止，同时电路的输出电压 u_O 跃变为高电平。由于触发信号 u_i 是窄脉宽的负脉冲信号，当负脉冲信号消失后，u_i 的数值会恢复为大于$\frac{1}{3}U_{CC}$。在触发信号作用下，截止的放电管 VT 使得电源 U_{CC} 给外接电容 C 充电，当电容电压 u_C 上升到略高于$\frac{2}{3}U_{CC}$（$t = t_3$）时，触发器的输出状态翻转为低电平，放电管 VT 导通，电路的输出电压 u_O 恢复为低电平，同时电容器迅速放电。由 555 定时器构成的单稳态触发器的输出波形如图 11-31b 所示。

单稳态触发器在触发脉冲的作用下输出正矩形脉冲 u_O，矩形脉冲的宽度

$$t_p = RC\ln 3 = 1.1RC \tag{11-1}$$

式（11-1）表示，输出信号 u_O 的脉宽 t_p 和定时电阻 R 和定时电容 C 的数值大小有关，调节 R 与 C 的数值，就可以改变输出信号 u_O 的脉宽。

2. 由 555 定时器构成的多谐振荡器

多谐振荡器是指无稳态振荡电路。当电路连接电源后，不需要外接触发信号，电路的输出状态可以自动转换，对外输出一系列矩形脉冲信号。由 555 定时器构成的多谐振荡器电路如图 11-32a 所示，电路中的外接元件 R_1、R_2 和 C 是电路的定时元件。在图示电路中，引脚 7 连接着定时器内部的放电管 VT，当放电管 VT 导通时，芯片的引脚 7 对地短路，外接电容 C 通过电阻 R_2 经由放电管 VT 放电；当放电管 VT 截止时，电源 U_{CC}通过 R_1、R_2 电阻对电容器 C 充电。

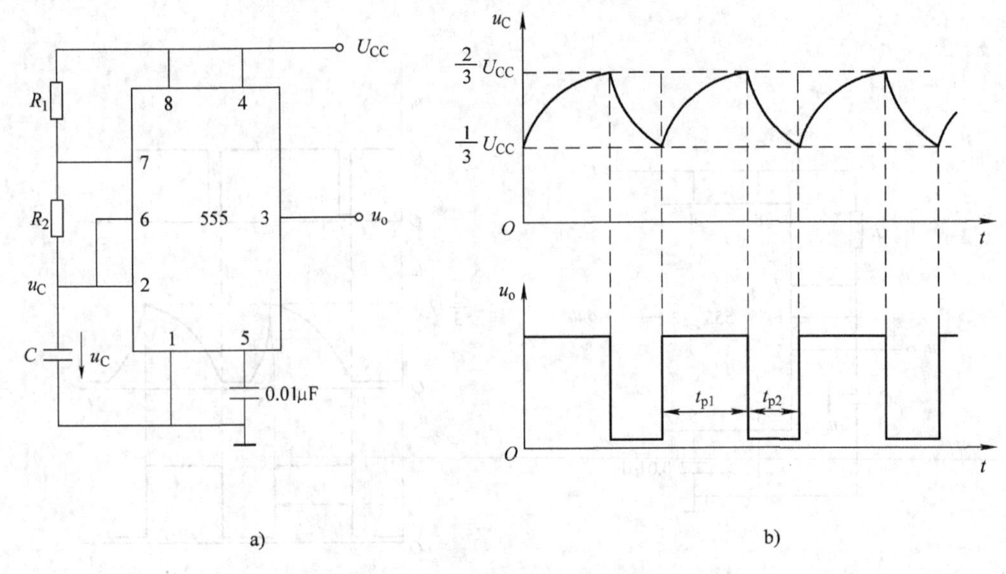

图 11-32　由 555 定时器构成的多谐振荡器

a）电路图　b）波形图

设振荡电路接通电源前，外接电容上的电压 $u_C = 0$，则引脚 2 和引脚 6 的电压也是零值，这时放电管 VT 截止，定时器输出信号 u_O 为高电平。给振荡电路连接工作电源 U_{CC}，电源通过电阻 R_1 和 R_2 对电容 C 充电，电容电压 u_C 按照指数规律上升，当电容电压 u_C 的数值上升到 $u_C = \frac{2}{3}U_{CC}$时，定时器引脚 6 的电压 $u_{I1} > \frac{2}{3}U_{CC}$，引脚 2 的电压 $u_{I2} > \frac{1}{3}U_{CC}$，定时器内部的放电管 VT 导通，定时器的输出信号 u_O 转换为低电平。同时，外接电容 C 通过 R_2 电阻和放电管 VT 放电，电容电压 u_C 开始下降。当定时器引脚 6 和引脚 2 的电压随电容电压 u_C 下降到 $u_C = \frac{1}{3}U_{CC}$时，定时器中的放电管 VT 截止，定时器的输出信号 u_O 转换为高电平，同时电压再次开始对电容 C 充电。

电容 C 的充放电过程周而复始，定时器的输出信号 u_O 也就跟随电容电压 u_C 的变化在高电平和低电平之间转换，电路建立了稳定的振荡输出。在电路进入稳定状态后，输出信号 u_O 的波形如图 11-32b 所示，图中 t_{p1} 是电容器充电的时间，也是输出信号 u_O 的正脉冲脉宽；t_{p2} 是电容器放电的时间，也是输出信号 u_O 的负脉冲脉宽。在多谐振荡器中，电容器的充放电时间分别为

$$t_{p1} \approx (R_1 + R_2)C\ln 2 = 0.7(R_1 + R_2)C$$

$$t_{p2} \approx R_2 \ln 2 = 0.7R_2 C$$

则多谐振荡器输出信号 u_O 的周期和频率分别为

$$T = t_{p1} + t_{p2} = 0.7(R_1 + 2R_2)C \tag{11-2}$$

$$f = \frac{1}{T} = \frac{1.43}{(R_1 + R_2)C} \tag{11-3}$$

* 11.5　模拟量与数字量的转换

在自动控制系统中，传感器采集到的信号通常是连续变化的物理量，例如温度、速度和压力等，这些模拟信号需要转换为数字信号传输给数字电路进行信号的分析和处理，处理后的信号需要转换为模拟信号以驱动执行机构动作，实现对系统的自动控制。将模拟量转换为数字量的过程称为模/数转换，用A/D表示；将数字量转换为模拟量的过程称为数/模转换，用D/A表示；实现模拟量与数字量相互转换的电路称为模/数（数/模）转换器，用ADC（DAC）表示。转换器电路也是模拟电路与数字电路之间的接口电路。

11.5.1　D/A转换

1. D/A转换电路的性能指标

D/A转换电路的性能指标包括分辨率和转换精度等。分辨率定义为转换器能够分辨的最小输出电压与最大输出电压之比。对于一个n位的D/A转换器，分辨率也可以表示为：

$$\text{分辨率}=\frac{U_{\min}}{U_{\max}}=\frac{1}{2^n-1}\approx\frac{1}{2^n}\times 100\% \tag{11-4}$$

由上式可以看出，转换器的分辨率与转换器的数据位数有关，在输出电压的最大值一定时，转换器的输入数据位数越高，其分辨率也就越高。例如，一个十位D/A转换器可以输出的最小电压数值为$\frac{U_{\max}}{2^{10}}=\frac{U_{\max}}{1024}\approx U_{\max}\times 0.1\%$，而一个八位D/A转换器可以输出的最小电压为$\frac{U_{\max}}{2^4}=\frac{U_{\max}}{256}\approx U_{\max}\times 4\%$。

转换精度定义为转换器实际输出模拟量与理论计算输出模拟量之差。转换器的实际输出量与理论计算输出量的差值是由转换过程中的误差引起，一个D/A转换器的实际输出模拟的数值越接近其理论计算输出模拟量的数值，转换器的转换精度就越高。

2. D/A转换器的工作原理

D/A转换器用于将输入的二进制代码转换为以电压或电流形式表示的模拟信号输出，D/A转换器的主要工作原理如图11-33所示。在转换器的信号转换过程中，数据锁存器用于暂存输入的二进制代码；模拟电子开关在二进制代码控制下将基准电压连接到电阻译码网络；电阻译码网络将输入的二进制代码转变为电流信号；运放电路将电流信号求和后转换成模拟电压信号输出。在完成D/A转换后，转换器输出模拟电压u_o的数值大小正比于输入的二进制代码，并且与电路中基准电压U_R的数值大小有关。

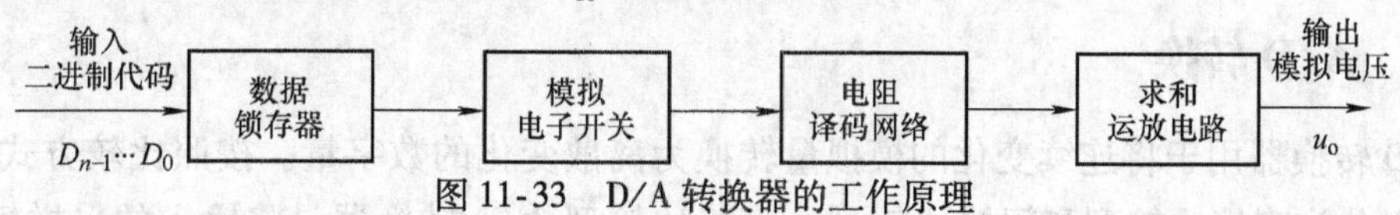

图11-33　D/A转换器的工作原理

3. 权电阻网络D/A转换器

权电阻网络D/A转换器是常用的数/模转换器，转换器电路由$R\sim 2^{n-1}R$组成的权电阻网络、$S_0\sim S_{n-1}$组成的电子开关、反相比例放大器和基准电压U_R构成。电路的输入信号为二进制代码$D_0\sim D_{n-1}$，输入信号控制电路中电子开关的动作，当输入信号$D=0$时，电子开关连接地线；当输入信号 $D=1$ 时，电子开关连接到基准电压 U_R。四位（$n=4$）权电阻网络 D/A 转换器电路如图 11-34 所示。

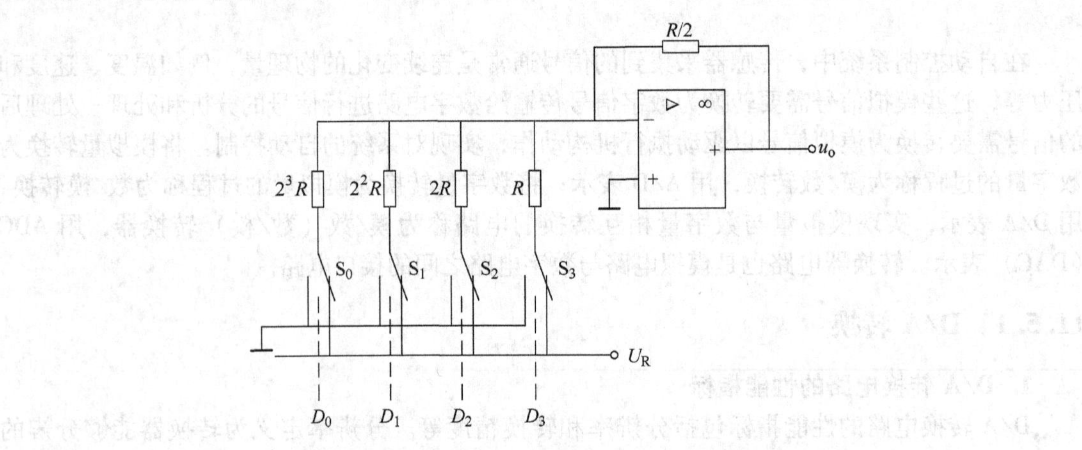

图 11-34　四位权电阻网络 D/A 转换器

当输入的二进制代码取值为 $D=1$ 时，与其对应的电子开关 S 将连接基准电压 U_R，U_R 作为信号源在与之对应的权电阻中产生信号电流，经反相比例电路叠加并放大后产生输出电压 u_o。根据叠加原理和反相比例运算电路的特性，图示四位权电阻网络 D/A 转换器，在运放电路的反馈电阻为 $R_f=\frac{R}{2}$时，转换器输出电压的表示式为

$$u_o=-\frac{U_R}{2^4}\sum_{i=0}^{3}2^i d_i \tag{11-5}$$

式（11-5）表示，权电阻网络可以把输入的二进制数字信号按照权位转换为模拟的电流信号传输给运算放大电路，运算放大电路将输入的模拟电流信号转换为模拟电压信号输出，并且输出的模拟电压数值正比于输入的二进制数字。权电阻网络转换电路实现了把二进制数转换为模拟量的功能，权电阻网络可以有不同结构，也就构成了不同的 D/A 转换器。

例 11-6　四位权电阻网络 D/A 转换器电路如图 11-34 所示，电路的基准电压 $U_R=-10V$，电路输入的二进制代码为 $D_3D_2D_1D_0=1101$，计算电路输出电压的数值。

解：按照式（11-5）有

$$u_o=-\frac{U_R}{2^4}\sum_{i=0}^{3}2^i d_i=-\frac{-10V}{2^4}\times(2^3\times1+2^2\times1+2^1\times0+2^0\times1)=8.13V$$

11.5.2　A/D 转换

A/D 转换器用于将连续变化的模拟量转换为离散变化的数字量。按照比较方式 A/D 转换器可以分为直接比较型和间接比较型，直接比较型 A/D 转换器是将输入的采样模拟量直接与作为标准的基准电压进行比较，获得可以按照数字编码的离散量或直接得到数字量；间接比较型 A/D 转换器是将输入的采样模拟量和基准电压都转换为中间物理量，然后再进行比较并将比较得到的结果进行数字编码。

A/D 转换器的工作原理如图 11-35 所示。其中采样过程是在采样脉冲控制下对连续变化的模拟信号进行周期性采样测量，通常采样脉冲的频率越高，采样测量的点越多，信号转换的精度也就越高。保持过程是利用保持电路将采样得到的采样值脉冲进行展宽并保持信号稳定，经过采样保持后的模拟信号转换为一系列离散的模拟信号。量化过程是将离散模拟信号的幅值按照量化单位取整的过程，在这个过程中，量化单位级数越多，与输入模拟量对应的数字量的位数就越多。编码过程是将量化后的采样值用二进制代码表示。经过这四个转换过程，输入的模拟量信号就转换为用二进制代码表示的数字信号。

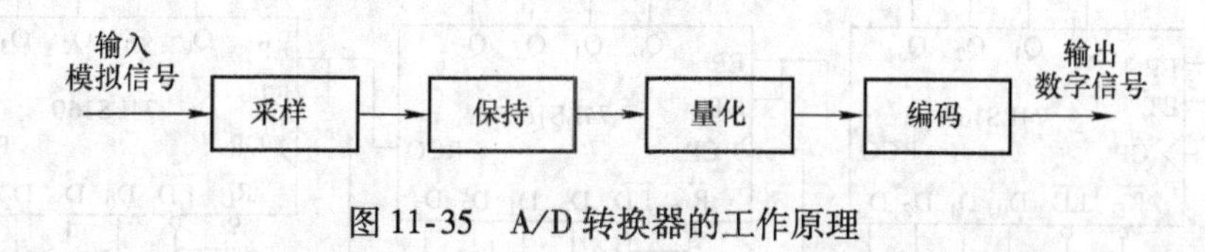

图 11-35　A/D 转换器的工作原理

逐次逼近型 A/D 转换器是常用的 A/D 转换器。逐次逼近型 A/D 转换器是由 D/A 转换器、N 位逐次逼近寄存器、电压比较器和顺序脉冲发生器构成，其数据转换过程的原理框图如图 11-36 所示。

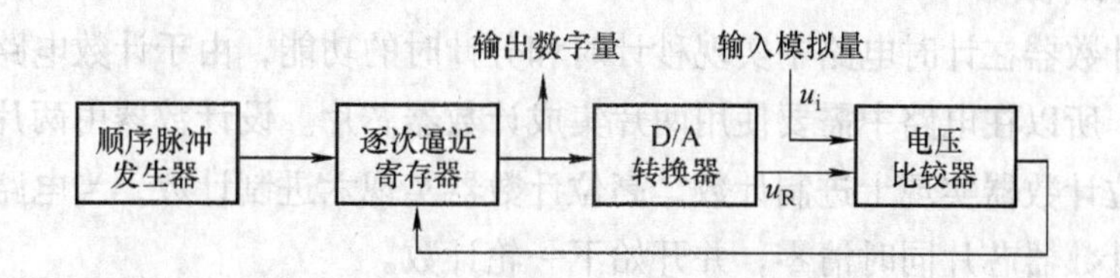

图 11-36　逐次逼近型 A/D 转换器的数据转换过程原理

进行 A/D 转换时，顺序脉冲先将 N 位寄存器的最高数位置 1，即使寄存器输出二进制代码的最高数位为 1，其余数位为 0。这组代码经 D/A 转换器转换为比较信号 u_R 与电路输入的模拟信号 u_i 进行比较，若比较电压 $u_R < u_i$ 时，寄存器将保留此数位的信号；若比较电压 $u_R > u_i$，则寄存器将该数位的代码置 0。在顺序脉冲的控制下，寄存器依次由高位到低位逐步增加数字量，比较电路按照同样的比较方式逐位进行比较，直至寄存器的最后一位数码为止。比较完成后寄存在寄存器中的数码就是与输入模拟信号相对应的二进制代码。逐次逼近型 A/D 转换器的转换精度高、转换速度快，并且转换器可以方便地与微机接口，所以逐次逼近型 A/D 转换器的应用非常广泛。

*11.6　时序逻辑电路的应用举例

1. 分频器

分频器用于将输入信号的频率进行衰减。例如，计时电路需要 $f = 1\text{Hz}$ 的标准脉冲信号，而电路输入信号的频率为 $f = 1\text{kHz}$，这时就需要利用分频器对输入信号的频率进行衰减。由于十进制计数器具有逢十进位的功能，若将低位计数器的进位信号作为高位计数器的计数脉冲信号，则高位计数器输出信号的频率将是低位计数器输入信号频率的 1/10，所以十进制计数器也称为十分频器。

设输入信号的频率为$f=1\text{kHz}$，利用74LS160芯片设计一个分频电路，将输入信号的频率衰减为$f=1\text{Hz}$的脉冲信号。74LS160芯片为十进制集成计数器芯片，为将输入信号频率由$f=1\text{kHz}$衰减到$f=1\text{Hz}$，需要连接三级十分频电路，由74LS160芯片构成的分频电路如图11-37所示。

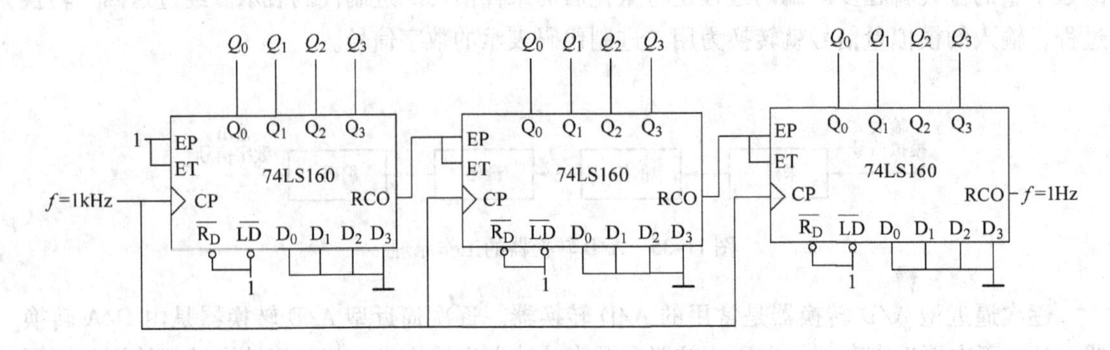

图11-37　由74LS160芯片构成的分频电路

2. 六十进制计数器

六十进制计数器在计时电路中实现秒计时和分计时的功能，由于计数电路分为个位和十位两部分计数，所以在电路中需要使用两片集成计数器芯片。设计数器由两片74LS290芯片构成，其中低位计数器实现十进制计数，高位计数器实现六进制计数，当电路计数达到数字六十时，两个计数器芯片同时清零，并开始下一轮计数。

在连接计数电路时，两片74LS290芯片均应按照十进制计数方式连接芯片的CP_0和CP_1端。由于74LS290芯片是在计数脉冲CP的下降沿触发计数，所以可以利用低位计数器的Q_3信号作为进位信号。将低位计数器的Q_3端连接到高位计数器的CP_0端，当低位计数器输出$Q_3=1$时，高电平不会触发高位计数器动作，当低位计数器完成一轮十进制计数返回初始状态时，$Q_3=0$的信号将会触发高位计数器动作计数一次。由74LS290芯片构成的六十进制计数电路如图11-38所示。

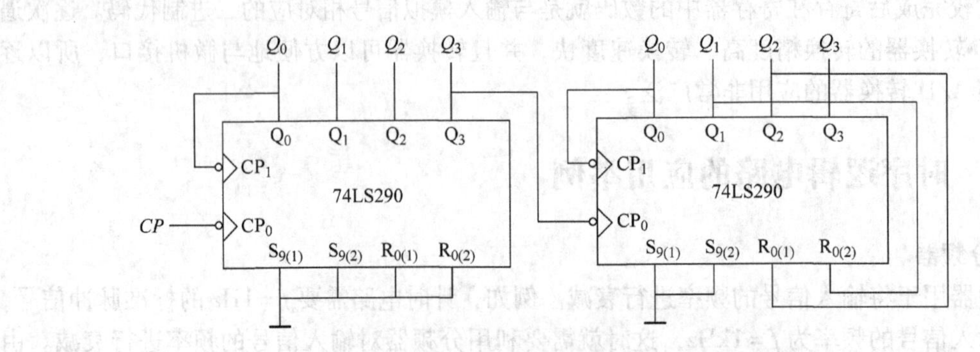

图11-38　由74LS290芯片构成的六十进制计数电路

3. 多路数据选择电路

多路数据选择电路应用于数据传输方式的转换，当有多路数据同时输入时，数据选择电路利用扫描控制电路发出的控制信号，使得电路在每个扫描控制信号作用下仅输出一路数据，因此，数据选择电路可将以并行方式输入的多路数据转换为以串行方式逐个输出。多路数据选择电路由扫描控制器与数据选择器构成，其中扫描控制器是由计数器构成，其输出信号作为控制信号连接在数据选择器的地址端和使能端，控制数据选择器的工作状态，使数据选择器按照控制信号的顺序对输入信号进行选择性输出。以十六位数据选择器为例，数据选择器同时输入了十六位数字信号，在扫描控制电路的控制下，选择器将十六位信号转换为串行输出，十六位数据选择电路如图 11-39 所示。

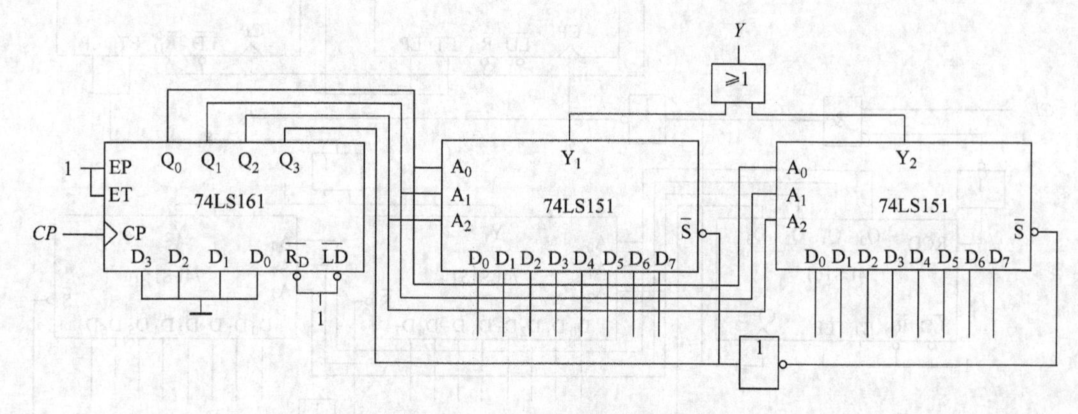

图 11-39　十六位数据选择电路

在图示电路中，两片 74LS151（8 选 1 数据选择器）芯片构成了十六位数据选择器，在两个芯片的输入端同时接收十六位并行输入的信号，电路中的一片 74LS161（16 进制计数器）芯片构成了扫描控制电路，74LS161 芯片的低三位输出信号 Q_2、Q_1 和 Q_0 连接在 74LS151 芯片的地址端 A_2、A_1 和 A_0 端，作为数据选择器的地址代码控制数据选择器的输出，74LS161 芯片的高位输出信号 Q_3 连接在 74LS151 芯片的 $\overline{S}$ 端，作为数据选择器的使能信号控制两片 8 选 1 数据选择器的工作状态。当扫描控制电路动态检测并传输第一片数据选择器接收的信号时，使能信号 Q_3 经过一个非门后封锁住第二片数据选择器使其不工作。当第一片数据选择器接收的八位输入信号传输完成后，使能信号 Q_3 由低电平跃变为高电平，封锁第一片数据选择器使其不工作，同时，Q_3 打开了第二片数据选择器使其开始对接收的八位输入信号进行传输。由此数据选择电路将并行输入的十六位信号按照扫描控制电路设定的顺序转换为逐个输出的串行信号。

利用十六位数据选择器可以构成十六位表决显示电路，在如图 11-39 所示电路的基础上增加计票统计电路、显示译码电路和数码显示电路，就可以实现对十六人表决结果的统计与显示。如图 11-40 所示为十六位表决显示电路，电路中的十六位数据选择电路将并行输入的十六个表决结果转换为串行方式传输给计票统计电路，计票统计电路对投赞成票的票数进行累计并传输给译码显示电路，数码管将最终计票结果显示出来。

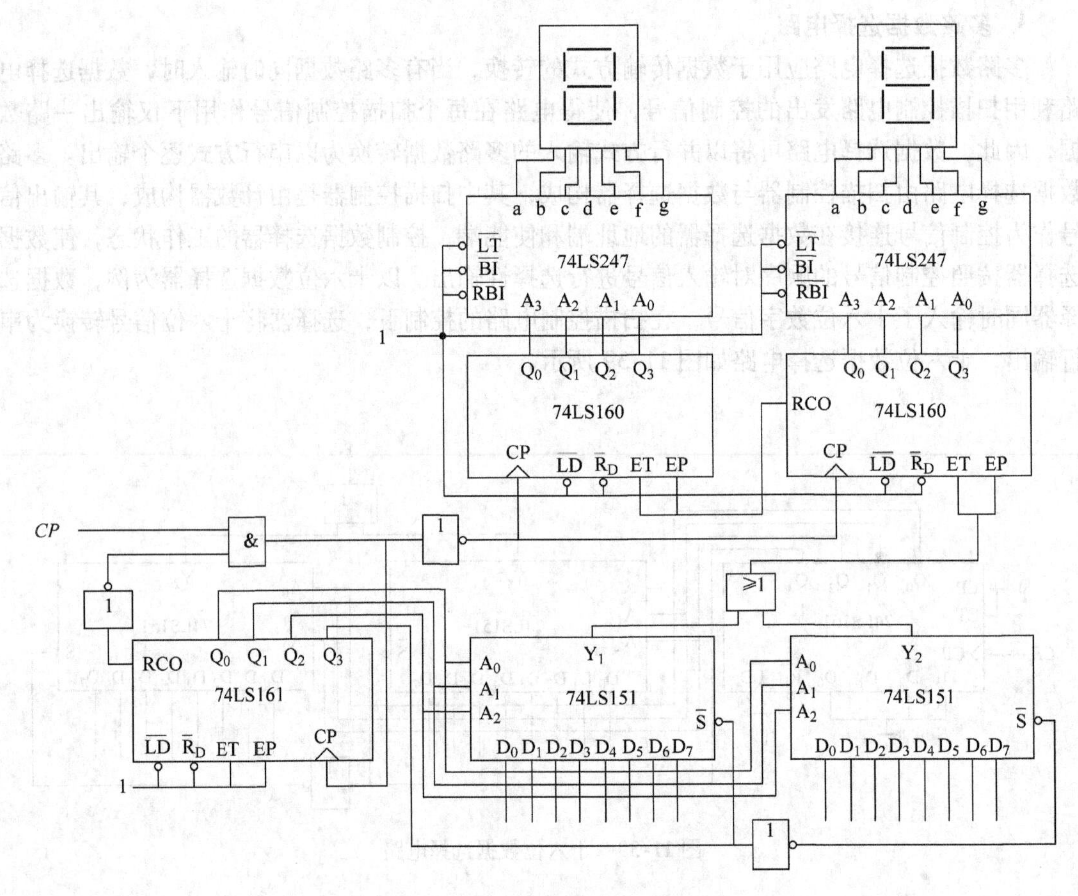

图 11-40 十六位表决显示电路

本章小结

触发器是时序逻辑电路的基本电路元件，触发器中的基本逻辑单元是基本 RS 触发器。在时序逻辑电路中，需要电路中的多个触发器同步动作，并且要防止触发器出现空翻现象。在改进后的触发器中，时钟脉冲 *CP* 将控制电路中的多个触发器同步动作；边沿触发器中的引导电路将触发器的状态翻转控制在时钟脉冲的上升沿或下降沿，并且在一个时钟脉冲作用期间触发器的输出状态仅翻转一次。主从 JK 触发器在时钟脉冲 *CP* 的下降沿动作，而维持阻塞 D 触发器在时钟脉冲 *CP* 的上升沿动作。

按照触发器的逻辑功能可以将触发器分为：RS 触发器、D 触发器、JK 触发器、T 触发器和 T′触发器，不同类型的触发器具有不同的逻辑功能。利用外接控制电路，可以在不同类型的触发器之间进行逻辑功能的转换。在时序逻辑电路中使用较多的是 JK 触发器和 D 触发器。

寄存器是用于存储二进制代码的逻辑器件，寄存器可以接收、储存、输出和清除二进制代码。按照寄存器输入—输出信号的传输方式，寄存器的信号传输方式可以分为并行传输方式和串行传输方式。

按照计数脉冲的引入方式，计数器可以分为同步计数器和异步计数器；按照计数模长，计数器可以分为二进制、十进制及 N 进制计数器；按照计数值的增减方式，计数器可以分为加法计数器、减法计数器及可逆计数器。计数器可以用于构成数字钟电路，还可以构成频率分配电路。

555 定时器是一种常用的集成器件，通过连接外部控制电路，由 555 定时器构成的多谐振荡器和单稳态触发器可以用作波形发生电路。

A/D 转换器是将模拟量转换为数字量的电路，通过 A/D 转换器可以将测量仪器得到的测量数据转换为二进制代码，传输给数字电路进行数据的分析和处理。D/A 转换器是将数字量转换为模拟量的电路，通过 D/A 转换器，可以将数字电路处理后的信号转换为模拟量，驱动电路中的执行机构动作，以实现系统的自动控制。

在利用集成计数器芯片实现 N 进制计数电路时，可以利用外接计数控制电路产生控制信号，对集成计数器芯片进行直接清零控制，或进行直接置数控制，以实现电路的 N 进制计数。

习　题　11

11.1　单项选择题

(1) 触发器逻辑功能的基本特点是（　）。

A. 和门电路一样　　B. 有记忆功能　　C. 无记忆功能

(2) 当基本 RS 触发器的两个输入信号为 $\bar{R}_D=0$、$\bar{S}_D=0$ 时，触发器输出信号的逻辑状态是（　）。

A. $Q=1$、$\bar{Q}=0$　　B. $Q=0$、$\bar{Q}=1$　　C. $Q^{n+1}=Q^n$　　D. Q^{n+1} 的状态不定

(3) 边沿触发器的触发动作时刻是在（　）。

A. 在 CP 脉冲的上升沿或下降沿　　B. 在 CP 脉冲作用期间　　C. 与 CP 脉冲无关

(4) 若要求主从 JK 触发器的输出状态为 $Q^{n+1}=\overline{Q^n}$，触发器的输入信号应当为（　）。

A. $J=K=1$　　B. $J=K=0$　　C. $J=0$、$K=1$　　D. $J=1$、$K=0$

(5) 储存 8 位二进制信息需要（　）个触发器。

A. 2　　B. 4　　C. 6　　D. 8

(6) 若 JK 触发器的输入信号为 $J=K$，则触发器可以实现（　）触发器的逻辑功能。

A. RS 触发器　　B. D 触发器　　C. T 触发器　　D. T′触发器

(7) 若需要将 JK 触发器转换为 D 触发器，触发器的输入信号应当为（　）。

A. $J=D$、$K=\bar{D}$　　B. $J=\bar{D}$、$K=D$　　C. $J=K=D$　　D. $J=K=\bar{D}$

(8) 一个四位移位寄存器的初始状态为 0000，如果串行输入的信号为 1011，经过三个 CP 脉冲后，寄存器的输出状态为（　）。

A. 0111　　B. 1101　　C. 0101　　D. 1010

(9) N 进制计数器由初始状态开始计数后，当输入计数脉冲 CP 的个数为（　）个时，计数器输出信号的逻辑状态将返回其初始状态。

A. $n-1$　　B. $n+1$　　C. n

(10) 利用多谐振荡器可以获得（　）信号。

A. 正弦波　　B. 三角波　　C. 矩形脉冲　　D. 锯齿波

11.2　设同步 RS 触发器的初始状态为 $Q=0$，触发器输入信号的波形如图 11-41 所示，画出触发器输出信号 Q 和 $\bar{Q}$ 的波形。

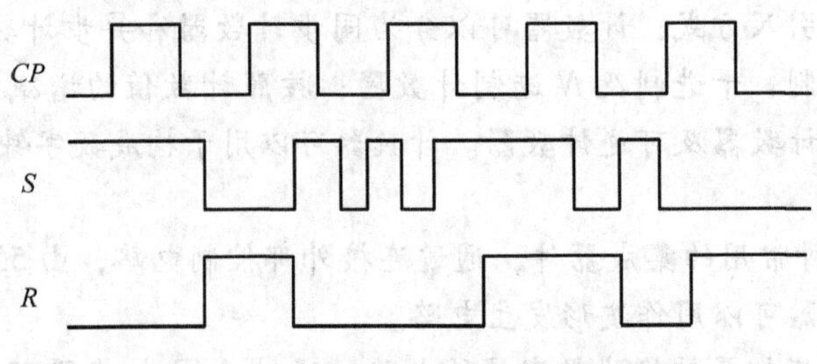

图 11-41　习题 11.2 输入信号波形图

11.3　已知主从 JK 触发器输入信号的波形如图 11-42 所示，设触发器的初始状态 $Q=0$，画出触发器输出信号 Q 的波形。

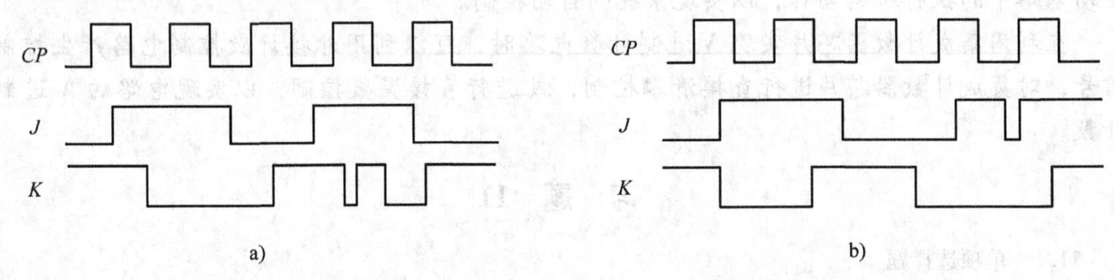

图 11-42　习题 11.3 输入信号波形图

11.4　设图 11-43 所示各触发器的初始状态均为 $Q=0$，在 CP 脉冲作用下，画出各触发器输出信号 Q 的波形。

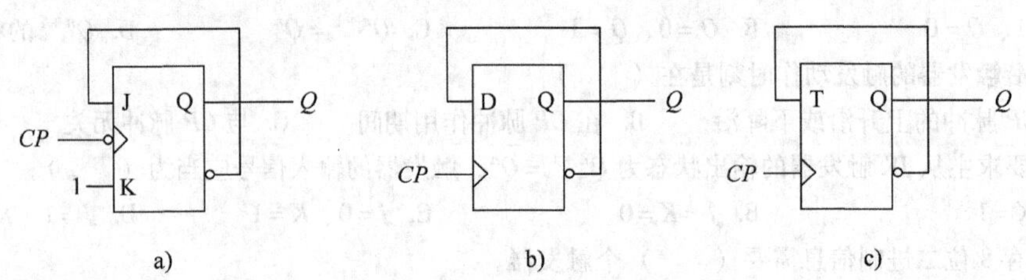

图 11-43　习题 11.4 电路图

11.5　由主从 JK 触发器构成的逻辑电路和输入信号波形如图 11-44 所示，设触发器的初始状态为 $Q=0$，画出触发器输出信号的波形。

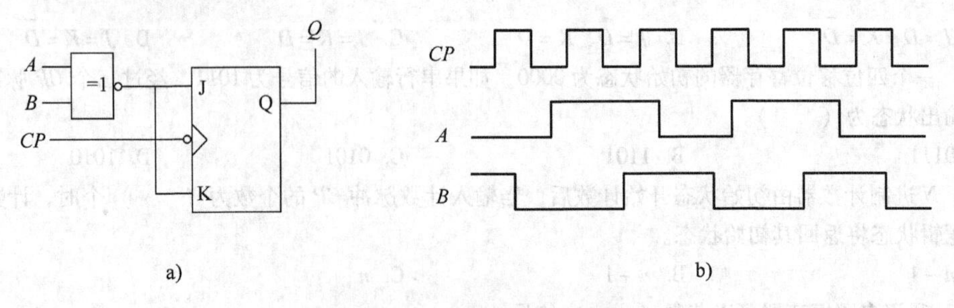

图 11-44　习题 11.5 电路图

a）电路图　b）输入信号波形图

11.6　电路如图 11-45 所示，设电路中两个触发器的初始状态为 $Q_1=Q_2=0$，画出在时钟脉冲 CP 与输入信号的作用下，电路输出信号 Q_1 和 Q_2 的波形。

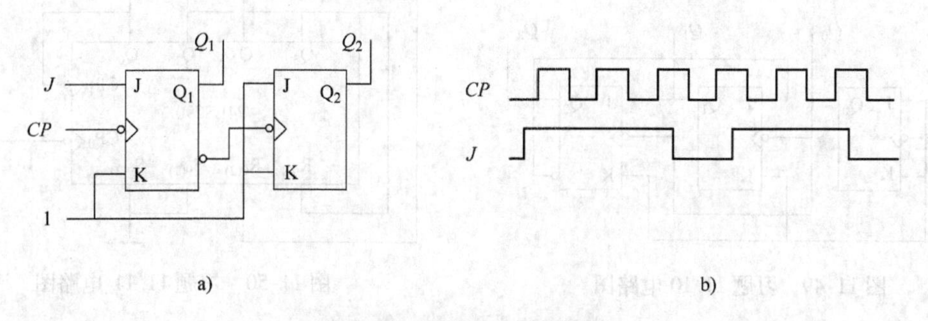

图 11-45　习题 11.6 电路图

a）电路图　b）输入信号波形图

11.7　时序逻辑电路与输入信号波形如图 11-46 所示，设电路中两个触发器的初始状态 $Q_1 = Q_2 = 0$，画出电路在输入信号作用下，输出信号 Q_1 和 Q_2 的波形。

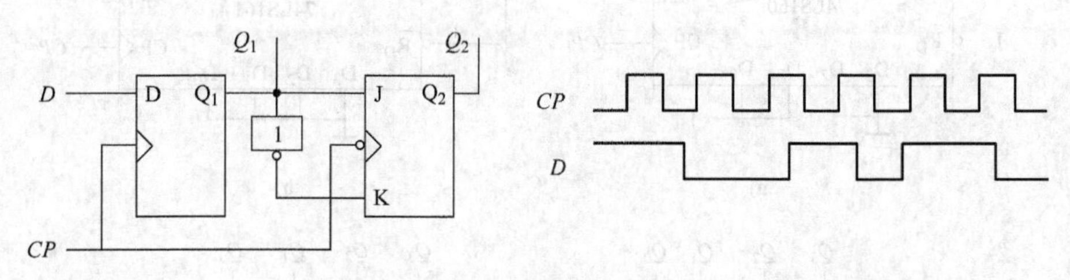

图 11-46　习题 11.7 电路图

11.8　电路如图 11-47 所示，设电路中两个触发器的初始状态为 $Q_1 = Q_2 = 0$，画出在时钟脉冲 *CP* 作用下，电路输出信号 Q_1 和 Q_2 的波形。

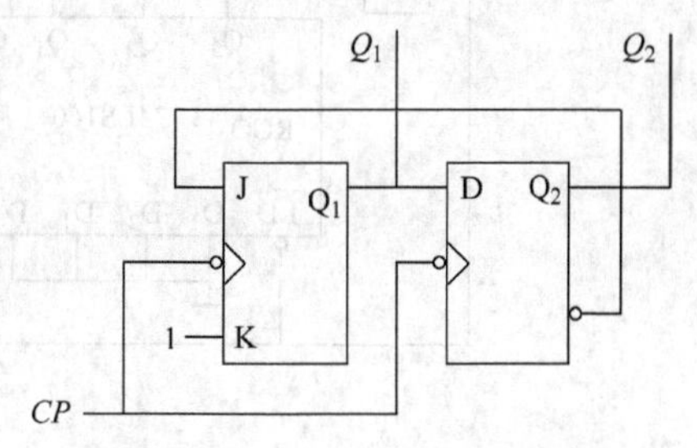

图 11-47　习题 11.8 电路图

11.9　由 D 触发器构成的时序逻辑电路如图 11-48 所示，设电路中各触发器的初始状态为逻辑 0 状态，画出电路在时钟脉冲 *CP* 作用下输出信号 $Q_2Q_1Q_0$ 的波形，并简要说明电路的逻辑功能。

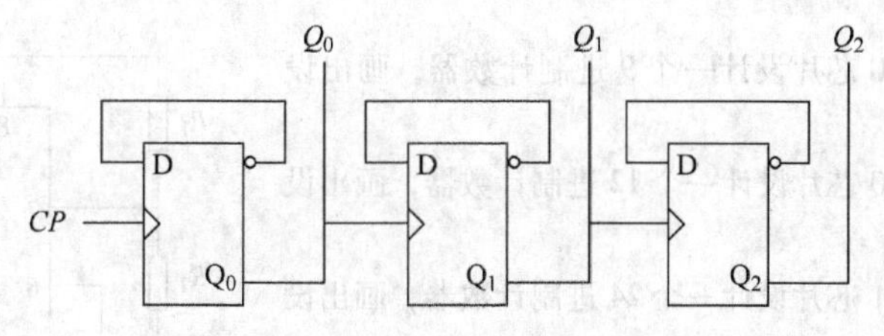

图 11-48　习题 11.9 电路图

11.10　由 JK 触发器构成的时序逻辑电路如图 11-49 所示，设电路中各触发器的初始状态均为逻辑 0 状态，画出电路在时钟脉冲 *CP* 作用下输出信号 $Q_2Q_1Q_0$ 的波形，并简要说明电路的逻辑功能。

11.11　图 11-50 所示为由 74LS290 芯片连接成的逻辑电路，分析电路实现的逻辑功能。

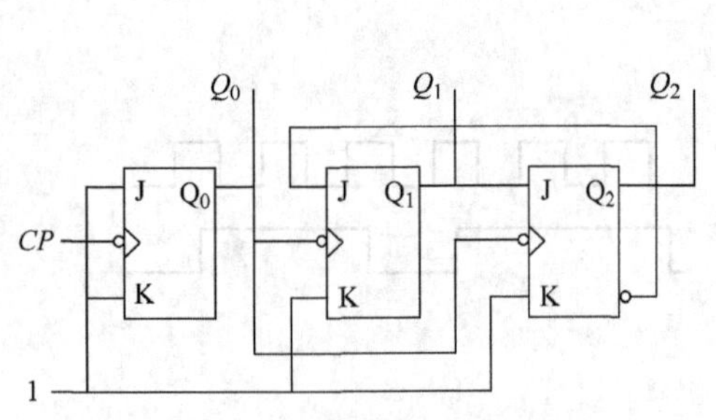

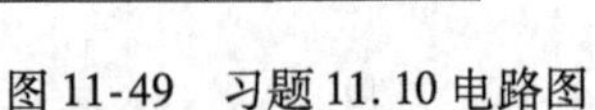
图 11-49　习题 11.10 电路图

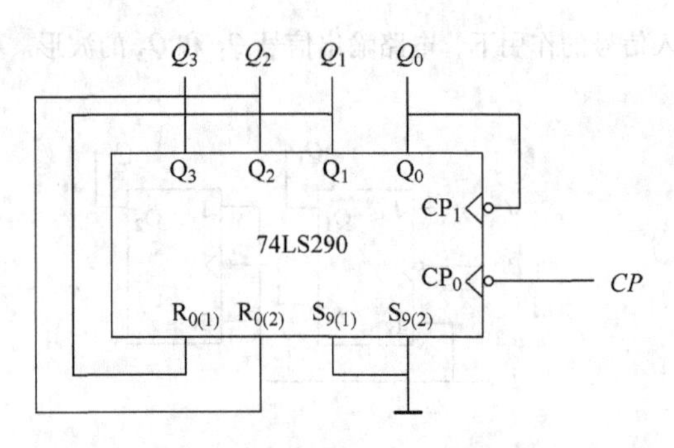

图 11-50　习题 11.11 电路图

11.12　试分析如图 11-51 所示电路分别为几进制计数电路。

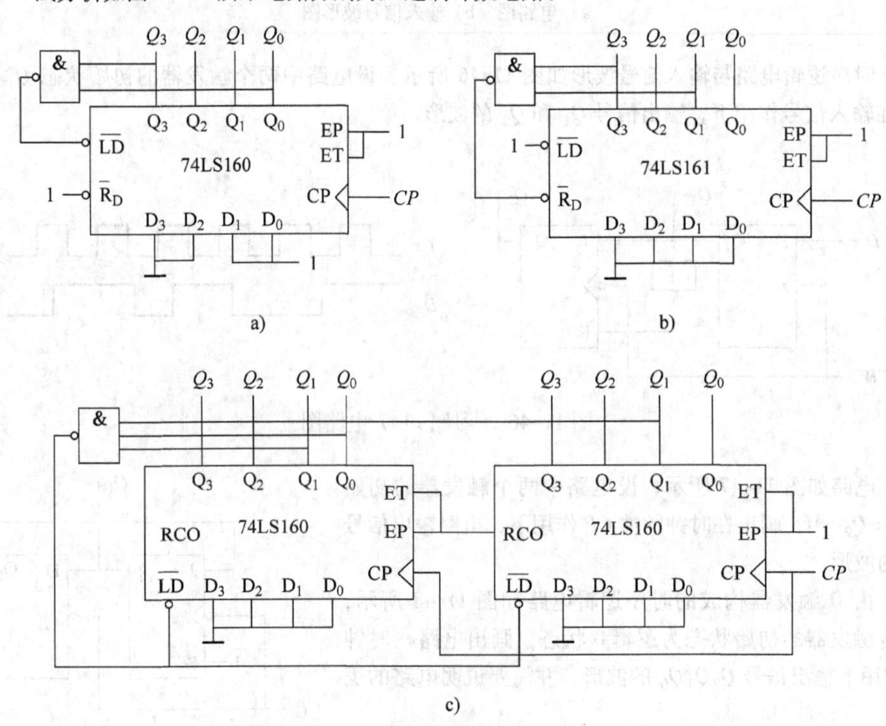

图 11-51　习题 11.12 电路图

11.13　利用 74LS290 芯片设计一个 9 进制计数器，画出设计电路图。

11.14　利用 74LS160 芯片设计一个 12 进制计数器，画出设计电路图。

11.15　利用 74LS161 芯片设计一个 24 进制计数器，画出设计电路图。

11.16　图 11-52 所示电路为由 555 定时器构成的多谐振荡器电路，画出电路中电容电压 u_c 和输出电压 u_o 的波形，写出输出信号周期的计算式。

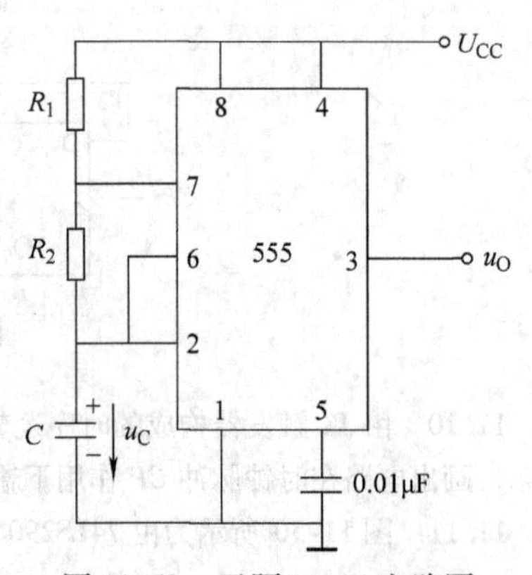

图 11-52　习题 11.16 电路图

第 12 章　异步电动机

电动机广泛应用于工业生产中，电动机可以将电源提供的电能转换为机械能来驱动机械装置运转，电动机的驱动力来自其内部的电磁转换过程，交流铁心线圈是它的基本结构。

12.1　交流铁心线圈

交流铁心线圈的结构如图 12-1 所示，当线圈的两个接线端连接到正弦交流电源上时，在电源电压 u 的作用下，线圈中将会流过励磁电流 i，在线圈磁动势 iN 的作用下，线圈中将会产生磁通，磁通中的大部分将沿着线圈中的铁心构成闭合磁路，这部分磁通称为主磁通，用字母 ϕ 表示，磁通中很少量的部分沿着线圈与铁心之间的空气隙构成闭合通路，这部分磁通称为漏磁通，用字母 ϕ_σ 表示。由于线圈中放置的铁心是铁磁材料，铁磁材料的磁导率为非线性参数，所以由沿铁心闭合的主磁通所形成的电磁参数均为非线性参数。同理，由于空气的磁导率是常数，则经过空气隙闭合的漏磁通所形成的电磁参数均为线性参数，即由漏磁通形成的电磁参数是常数。

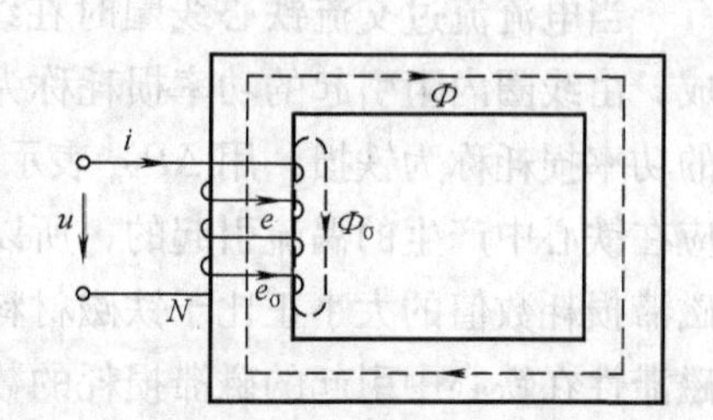

图 12-1　交流铁心线圈

12.1.1　铁心线圈的电压－电流关系

在如图 12-1 所示的交流铁心线圈电路中，变化的电源电压 u 在线圈中产生变化的励磁电流 i，而变化的励磁电流 i 产生变化的磁场，磁场中的主磁通 ϕ 沿铁心闭合并产生主磁感应电动势 e，磁场中的漏磁通 ϕ_σ 沿空气隙闭合并产生漏磁感应电动势 e_σ。根据电磁感应定律，变化磁场的磁通在线圈中产生的感应电动势为

$$e = -N\frac{\mathrm{d}\phi}{\mathrm{d}t}$$

设线圈的主磁通为 $\phi = \Phi_\mathrm{m}\sin\omega t$，则线圈的主磁感应电动势

$$e = -N\frac{\mathrm{d}\phi}{\mathrm{d}t} = -N\frac{\mathrm{d}(\Phi_\mathrm{m}\sin\omega t)}{\mathrm{d}t} = -N\omega\Phi_\mathrm{m}\cos\omega t = 2\pi fN\Phi_\mathrm{m}\sin(\omega t - 90°) = E_\mathrm{m}\sin(\omega t - 90°)$$

主磁感应电动势的有效值为

$$E = \frac{E_\mathrm{m}}{\sqrt{2}} = \frac{2\pi fN\Phi_\mathrm{m}}{\sqrt{2}} = 4.44fN\Phi_\mathrm{m}$$

式中，N 为线圈匝数；f 为电源频率；Φ_m 为磁通最大值。

考虑线圈的内阻 R 及漏磁感应电动势 e_σ 的影响，交流铁心线圈的回路电压方程可以用相量表示为

$$\dot{U} = \dot{I}R + (-\dot{E}) + (-\dot{E}_\sigma)$$

由于线圈内阻 R 的数值很小，同时漏磁感应电动势 $\dot{E}_\sigma$ 的数值也远小于主磁感应电动势 $\dot{E}$ 的数值，忽略这两部分微小参数的影响，交流铁心线圈的回路电压方程可以表示为

$$\dot{U} \approx \dot{E}$$

即在交流铁心线圈中，主磁感应电动势的数值与电源电压的数值近似相等，其有效值为

$$U \approx E = 4.44fN\Phi_m \tag{12-1}$$

由式（12-1）可以看出，铁心中主磁通的最大值 Φ_m 与电源电压有关，当电源电压 U、电源频率 f、线圈匝数 N 确定时，线圈中主磁通的数值就是定值。

12.1.2　铁心线圈的功率损耗

当电流流过交流铁心线圈时在线圈中将会产生功率损耗，线圈的功率损耗由两部分构成，由线圈内阻引起的功率损耗称为线圈的铜损，用 ΔP_{Cu} 表示；由线圈中放置的铁心产生的功率损耗称为铁损，用 ΔP_{Fe} 表示。由于铁损是由构成铁心的铁磁材料的磁滞性及电磁感应在铁心中产生的涡流引起的，所以铁损分为磁滞损耗与涡流损耗两部分。在铁磁材料中，磁滞损耗数值的大小正比于铁磁材料磁滞回线的面积，磁滞回线的面积越大，由铁磁材料的磁滞性在铁心中引起的磁滞损耗的数值就越大。在铁心中，涡流损耗数值的大小正比于在铁心中流动的涡流数值，铁心的体积越大，涡流流动的路径越大，铁心中流动的涡流数值就越大，由此产生的涡流损耗的数值就越大。

减小线圈的铁损就要减小铁心中的磁滞损耗与涡流损耗。为了减小铁心中的磁滞损耗，在制作线圈铁心时应当选用磁滞回线面积较小的软磁材料，电气设备中经常使用软磁材料硅钢来制作线圈的铁心。为了减小铁心中的涡流损耗，可以采取减小铁心体积的方法，将制作铁心的硅钢以片状相互绝缘叠放在一起，每片硅钢的体积减小将会使得在硅钢片中流动的涡流数值减小，同时硅钢中含有的杂质硅也会增大硅钢片中的等效电阻，同样可以减小铁心中的涡流。考虑到铁心线圈的铜损与铁损，交流铁心线圈的功率损耗可以表示为

$$P = UI\cos\varphi = \Delta P_{Cu} + \Delta P_{Fe} = I^2R + \Delta P_{Fe}$$

12.1.3　铁心线圈的等效电路

在交流铁心线圈中，电路参数和磁路参数同时存在，进行电路分析时，若同时考虑电路参数与磁路参数的影响将会使交流铁心线圈的电路分析变得比较复杂。按照等效电路的概念，如果能够保持电路端口处的电压、电流、功率及各参量之间的相位关系不变，可以将交流铁心线圈电路等效转换为一个不含铁心的交流电路，转换后的电路称为交流铁心线圈的等效电路。

图 12-2 画出了交流铁心线圈的等效电路，在电路中 R 是线圈的内阻，R_0 是铁心中与铁损相对应的等效电阻，X_σ 是由漏磁通产生的漏磁感抗，X_0 是铁心中与能量储放相对应的等效感抗，做了这样的等效转换后，交流铁心线圈电路就可以用电路参数表示，铁心线圈的电路分析就可以简便一些。

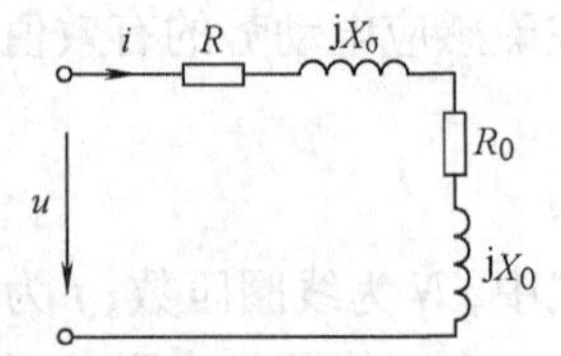

图 12-2　铁心线圈等效电路

12.2　变压器

变压器的基本结构包括：变压器铁心、一次绕组（原边绕组、初级绕组）和二次绕组（副边绕组、次级绕组），一次和二次绕组的匝数分别为 N_1 与 N_2，变压器的电路原理如图12-3所示。

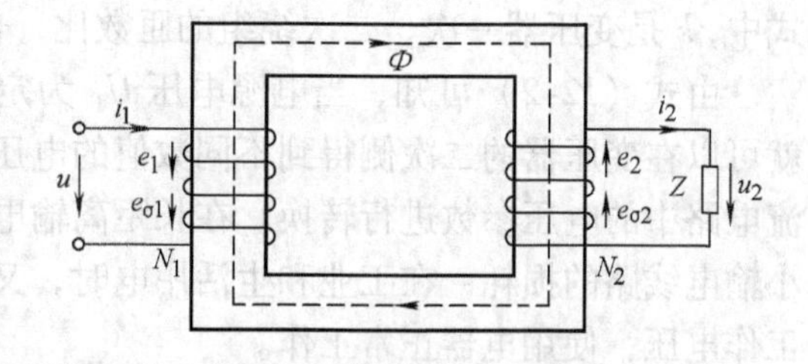

图 12-3　变压器原理图

12.2.1　变压器的电磁关系

当变压器的一次绕组中接通交流电源时，在电源电压 u_1 的作用下，一次绕组中将会流过励磁电流 i_1，由一次绕组磁动势 i_1N_1 产生的主磁通 ϕ 沿铁心闭合，并在一次绕组中产生主磁感应电动势 e，同时漏磁通 $\phi_{\sigma1}$ 沿一次绕组与铁心中的空气隙闭合，并产生漏磁感应电动势 $e_{\sigma1}$。当铁心中的主磁通穿过变压器的二次绕组时，将会在二次绕组中产生主磁感应电动势 e_2。若变压器的二次绕组为闭合回路，在主磁感应电动势 e_2 的作用下，二次绕组中将会有电流 i_2 流过，由二次绕组磁动势 i_2N_2 产生的主磁通也会沿着铁心闭合，并且在二次绕组中产生漏磁感应电动势 $e_{\sigma2}$。这表示变压器铁心中的主磁通 ϕ 是由变压器一次绕组和二次绕组的磁动势共同作用产生的，其电磁关系可以用图 12-4 表示。

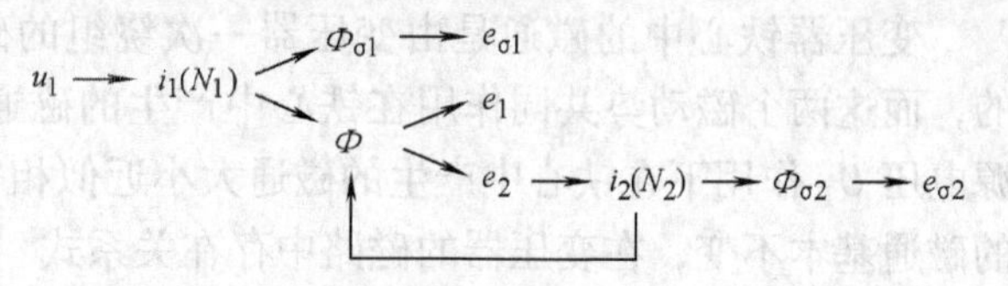

图 12-4　变压器的电磁关系

与交流铁心线圈的电压－电流关系一样，在变压器的一次、二次绕组中分别有由主磁通产生的主磁感应电动势 e_1、e_2，由漏磁通产生的漏磁感应电动势 $e_{\sigma1}$、$e_{\sigma2}$，一次、二次绕组也具有各自的线圈内阻 R_1 和 R_2，所以变压器一次、二次绕组回路电压方程的相量表示式为

$$\dot{U}_1 = R_1\dot{I}_1 + (-\dot{E}_{\sigma1}) + (-\dot{E}_1) = R_1\dot{I}_1 + jX_{\sigma1}\dot{I}_1 + (-\dot{E}_1)$$

$$\dot{E}_2 = R_2\dot{I}_2 + (-\dot{E}_{\sigma2}) + \dot{U}_2 = R_2\dot{I}_2 + jX_{\sigma2}\dot{I}_2 + \dot{U}_2$$

式中，$X_{\sigma1}$、$X_{\sigma2}$ 分别为一次绕组和二次绕组的漏磁感抗。

12.2.2　变压器的电压变换

在变压器的一次、二次绕组中，数值很小的线圈内阻 R 与漏磁感抗对电路产生的影响很小，在电路分析时可以忽略不计。忽略了线圈内阻与漏磁感抗后，变压器一次、二次绕组的回路电压方程可以简化为

$$\dot{U}_1 \approx -\dot{E}_1$$

$$\dot{E}_2 \approx \dot{U}_2$$

结合式（12-1），上式可以转换为

$$U_1 \approx E_1 = 4.44fN_1\Phi_m$$

$$U_2 \approx E_2 = 4.44fN_2\Phi_m$$

由此可见，在变压器一次、二次绕组的匝数与变压器一次、二次绕组的端电压之间存在以下

关系

$$\frac{U_1}{U_2} \approx \frac{E_1}{E_2} = \frac{N_1}{N_2} = k \tag{12-2}$$

式中，k 是变压器一次、二次绕组的匝数比，也称为变压器的变比。

由式（12-2）可知，当电源电压 U_1 为定值时，改变变压器一次、二次绕组的匝数比，就可以在变压器的二次侧得到不同数值的电压 U_2。利用变压器的这一特性可以方便的对交流电路中的电压参数进行转换。在长距离输电时，可以利用变压器将传输电压数值升高以减小输电线路的损耗；在工业和生活用电时，又可以利用变压器将电网电压降为用电器的额定工作电压，使用电器正常工作。

12.2.3　变压器的电流变换

除了电压变换外，变压器还可以对电路中的电流参数进行转换。由式（12-1）可知，当电源电压 U_1 为定值时，铁心中磁通的最大值 $\Phi_m \approx U_1/4.44fN_1$。由此可知，在变压器一次绕组的匝数 N_1、电源频率 f 的数值一定时，铁心中磁通的数值与电源电压 U_1 的数值大小有关，如果电源电压 U_1 的数值不变，铁心中磁通的最大值 Φ_m 也就不变。

变压器铁心中的磁通是由变压器一次绕组的磁动势与二次绕组的磁动势共同作用产生的，而这两个磁动势共同作用在铁心中产生的磁通与变压器空载（二次绕组开路）时在电源电压 U_1 作用下在铁心中产生的磁通大小近似相等，即变压器正常工作时和空载时铁心中的磁通基本不变，在变压器的磁路中存在关系式

$$N_1\dot{I}_0 \approx N_1\dot{I}_1 + N_2\dot{I}_2$$

式中，$\dot{I}_0$ 为变压器空载时一次绕组中的空载励磁电流，$\dot{I}_1$ 与 $\dot{I}_2$ 为变压器正常工作时一次、二次绕组中的电流，其中 $\dot{I}_0$ 的数值较小，约在 $\dot{I}_1$ 数值的 10% 以内，当忽略空载励磁电流 $\dot{I}_0$ 的影响时，上式可以转换为

$$N_1\dot{I}_1 \approx -N_2\dot{I}_2$$

这个关系式说明：第一，变压器一次绕组的磁动势与二次绕组的磁动势相位相反，即变压器一次绕组的磁动势是励磁磁动势，而变压器二次绕组的磁动势是去磁磁动势。当变压器正常工作时，向负载提供电能的二次绕组中电流 $\dot{I}_2$ 的数值越大，二次绕组的去磁效应也越大，在电源电压 U_1 没有改变时，铁心中的磁通不能改变，所以变压器一次绕组的励磁电流 $\dot{I}_1$ 将随着二次绕组电流 $\dot{I}_2$ 的增加而增加，以保持铁心中的磁通不变。第二，由磁动势的关系式可以得到变压器一次、二次绕组中的电流与一次、二次绕组匝数之间的关系为

$$\frac{I_1}{I_2} \approx \frac{N_2}{N_1} = \frac{1}{k} \tag{12-3}$$

式（12-3）表示，在变压器中，一次绕组中的电流数值与二次绕组中的电流数值的比值近似等于变压器变比的倒数。

在单相变压器中，由变压器的电压－电流变换关系可以写出变压器一次侧和二次侧的功率，当变压器一次侧、二次侧的电压、电流均为额定值时，变压器二次侧的额定视在功率（额定容量）s_N 为

$$s_{N2} = I_{2N}U_{2N} \approx kI_{1N}\frac{U_{1N}}{k} = I_{1N}U_{1N} = s_{N1} \tag{12-4}$$

式（12-4）表示，变压器二次侧输出的功率与一次侧得到的功率近似相等，变压器把从电源取来的功率几乎全部传输给负载，而变压器自身的功率损耗很小，变压器具有较高的能量转换率。

12.2.4　变压器的阻抗变换

变压器还可以进行负载的阻抗变换，如图 12-5a 所示为包含变压器的电路图，图中画出了变压器的图形符号，由于变压器二次回路与一次回路之间存在电磁耦合，含变压器电路的分析过程相对复杂。如图 12-5b 所示为利用变压器进行阻抗变换后的等效电路，图中将变压器及二次回路中的负载变换为等效负载，在进行电路分析时，只需要考虑变换后电路中的等效负载即可，电路的分析过程要简便一些。

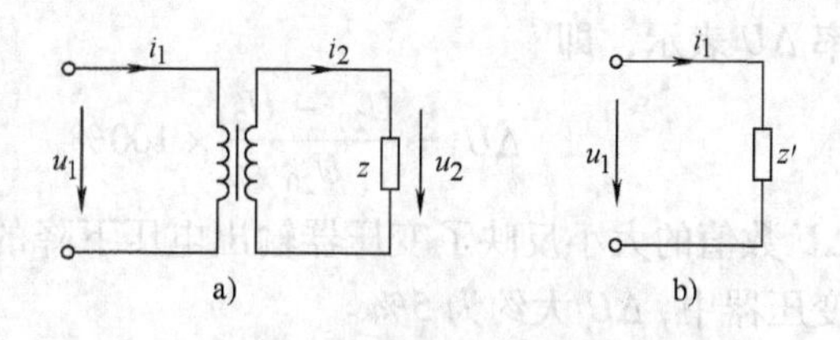

图 12-5　变压器的阻抗变换
a）原电路图　b）等效变换后电路图

在保证电路的变换是等效变换的条件下，可以推导出等效阻抗的计算公式。设变压器二次侧阻抗的模值为 z，等效变换后电路等效阻抗的模值为 z'，利用式（12-2）与式（12-3）有

$$z' = \frac{U_1}{I_1} = \frac{\frac{N_1}{N_2}U_2}{\frac{N_2}{N_1}I_2} = \left(\frac{N_1}{N_2}\right)^2 \frac{U_2}{I_2} = k^2 z$$

由此可见，经过阻抗变换后电路的等效阻抗模值为

$$z' = k^2 z \tag{12-5}$$

式（12-5）表示，当变压器的变比 k 取不同数值时，折算到变压器一次侧的等效阻抗模值 z' 的数值就不同，适当选择变压器的变比，可以将变压器二次侧负载的阻抗数值变换为变压器一次侧电路所需要的阻抗数值，这种做法通常称为阻抗匹配，阻抗匹配常用于获得电路的最大输出功率。

例 12-1　一台单相变压器，已知 $N_1 = 300$，$N_2 = 100$，信号源电动势 $E = 6\text{V}$，信号源内阻 $R_0 = 56\Omega$，当负载电阻 $R = 8\Omega$ 时，计算信号源的输出功率。

解：根据式（12-5）将负载电阻由变压器的二次侧折算到变压器一次侧，有

$$R' = k^2 R = \left(\frac{300}{100}\right)^2 \times 8\Omega = 72\Omega$$

负载上的电压为

$$U_{R'} = \frac{R'}{R_0 + R'}E = \frac{72\Omega}{56\Omega + 72\Omega} \times 6\text{V} = 3.38\text{V}$$

信号源输出的功率为

$$P = \frac{U_{R'}^2}{R'} = \frac{(3.38\text{V})^2}{72\Omega} = 158.67\text{mW}$$

12.2.5　变压器的外特性

变压器的输出特性如图 12-6 所示，图中 U_{20} 是变压器二次侧开路时二次侧输出电压的

最大值。由变压器的外特性曲线可以看出，当变压器二次侧输出电流 I_2 的数值增大时，变压器二次绕组中的压降损耗也随之增大，变压器二次侧输出电压 U_2 的数值将会出现下降。

变压器二次侧输出电压 U_2 的下降与变压器二次侧负载的功率因数 $\cos\varphi_2$ 有关，$\cos\varphi_2$ 的数值越小，U_2 数值下降的就越多。通常将变压器输出电压 U_2 下降的程度用电压变化率 ΔU 表示，即

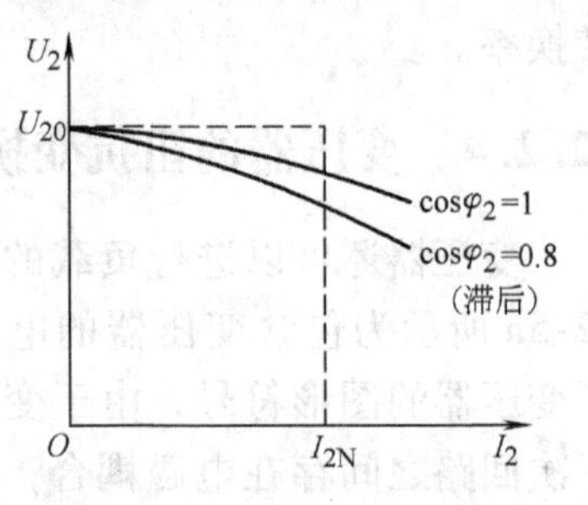

图 12-6　变压器的外特性

$$\Delta U = \frac{U_{20} - U_2}{U_{20}} \times 100\%$$

ΔU 数值的大小反映了变压器输出电压下降的多少，在普通变压器中，ΔU 大约为 5%。

12.2.6　特种变压器

工业常用的特种变压器有自耦变压器和电流互感器。自耦变压器的二次绕组是一次绕组的一部分，二次绕组与变压器的调压手柄连接在一起，旋转调压手柄就可以改变二次绕组的匝数，从而改变变压器的变比 k，改变自耦变压器输出电压的数值。自耦变压器的电路结构如图 12-7 所示，自耦变压器同样满足变压器的三种变换关系。

电流互感器的电路结构如图 12-8a 所示。电流互感器一次绕组的匝数远小于二次绕组的匝数（在测流钳中仅有一匝），有 $N_1 \ll N_2$，则电流互感器的变比 $k \ll 1$。根据变压器电流变换的关系，电流互感器二次绕组中的电流为 $I_2 = N_1 I_1 / N_2 = kI_1 \ll I_1$，电流互感器将大容量电气设备中流过数值较大的工作电流转换为数值较小电流表量程能够测量的电流，测量后的数值在与互感器二次绕组串接的电流表中显示出来。

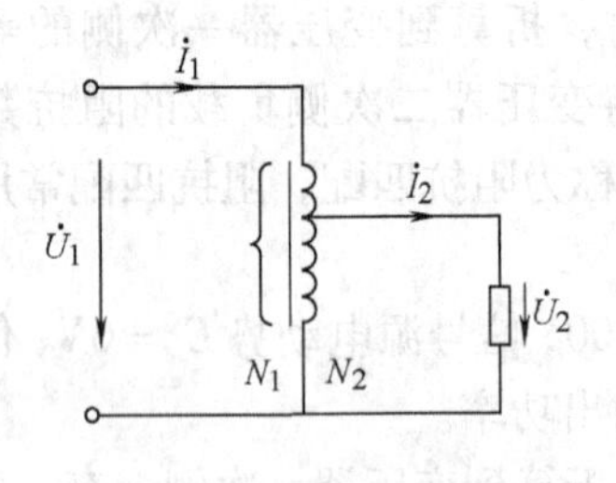

图 12-7　自耦变压器

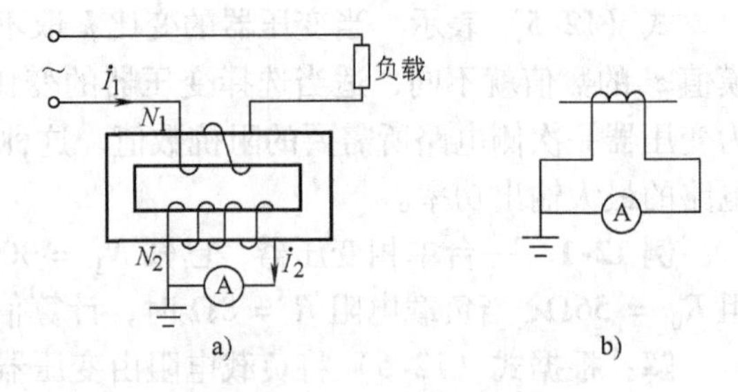

图 12-8　电流互感器原理图与电路符号

a) 原理图　b) 电路符号

在电流互感器应用中应当注意，电流互感器的一次侧电流是大容量电气设备的工作电流，这个电流数值较大并且在电气设备正常工作时不会改变。如果电流互感器在使用过程中出现二次绕组断路的现象，则二次绕组中的电流为零，二次绕组的去磁磁动势消失，一次绕组中数值较大的电流会在一次绕组中产生数值很大的励磁磁动势，这时铁心中的磁通会达到磁饱和状态，铁心中的铁损增大，铁心发热有可能烧坏绝缘，同时铁心中饱和磁通过零点时的变化率极大，会在二次绕组两端中产生一个数值很高的脉冲型感应电压，这个具有脉冲峰值特点的高电压会危及人身安全和损坏电气设备。所以为了安全用电，使用时电流互感器的

二次绕组不允许断开，其一端一定要接地。

12.3　三相异步电动机的结构与转动原理

电动机广泛的应用于工业生产中，电动机能够将电能转换为机械能驱动机械装置转动，电动机按照其使用的电源分为直流电动机与交流电动机，在交流电动机中大量使用的是三相交流异步电动机。

12.3.1　电动机结构

三相异步电动机的结构由定子与转子两大部分构成。电动机的定子部分包括：机座、定子铁心和定子线圈，其中电动机的机座由铸铁制成，用螺栓固定在水泥基座上；定子铁心由硅钢片叠成，在定子铁心的内圆周表面冲槽，用来放置定子线圈。三相异步电动机的定子线圈有三组，三组线圈的匝数相同、绕向一致，三组线圈按照 120°空间角放置在定子铁心的下线槽中。三组定子线圈的始端用 A、B、C 端（或 U_1、V_1、W_1端）表示，三组线圈的末端用 X、Y、Z 端（或 U_2、V_2、W_2端）表示。在三相异步电动机工作时，其定子线圈可以采用星形联结，也可以采用三角形联结。

三相异步电动机的转子部分包括：转轴、转子铁心和转子线圈，其中转子铁心安装在转轴上，转子铁心也是由硅钢片叠成，在转子铁心的外圆周表面冲槽，槽内放置转子线圈。三相异步电动机按照其转子线圈的制作方法分为两种：笼型异步电动机与绕线转子异步电动机。笼型异步电动机在转子铁心的下线槽中放置铜条，两端用短路环连接（或由铸铝的方式制作），这样制作的转子线圈为笼型结构，并且制作方法简单。绕线转子异步电动机的转子线圈与定子线圈一样也是三组，三组线圈放置在转子铁心的下线槽中。这三组转子线圈采用星形联结，其三个末端连接在一起，三个始端分别与安装在转轴上的三个滑环相连接，通过与滑环压接的碳刷引出到电动机的外接线柱。也就是说，绕线转子异步电动机的转子电路通过滑环与碳刷可以连接到外电路，操作人员可以在外电路改变电动机转子电路的参数，用这种方法来调节电动机的运行状态。

12.3.2　电动机转动原理

根据电磁感应定律，磁场对磁场中的带电导体会产生作用力。把一组线圈放在沿顺时针方向转动的磁场中，当磁场开始旋转时，线圈将因切割磁力线而产生感应电动势，当线圈为闭合通路时，线圈中的感应电动势将在线圈中产生感生电流，根据右手定则可以确定线圈中感生电流的方向，如图 12-9 所示。确定了感生电流的方向后，由左手定则可以确定载流导体在磁场中所受到电磁力 F 的方向，线圈将在电磁力所产生的电磁转矩驱动下开始沿磁场旋转的方向转动。

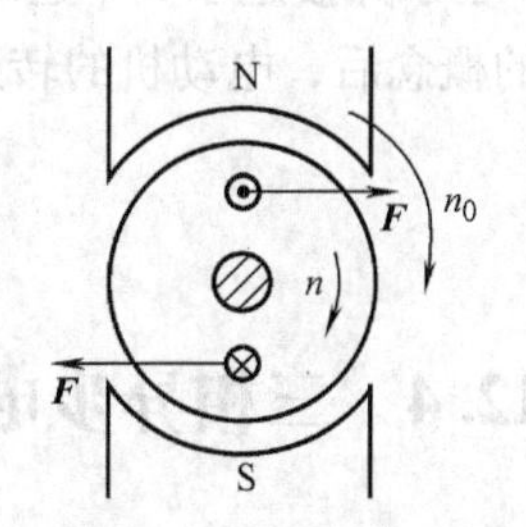

图 12-9　转动原理

通过前面的分析可以知道，转动的磁场可以驱动磁场中的线圈跟随磁场一起转动，并且线圈转动的方向与磁场转动的方向一致。如果希望线圈改变转动方向，就应当让磁场改变转动方向。

在三相异步电动机的内部就有这样一个旋转的磁场。电动机的三组定子线圈相隔 120° 空间角下线，三相交流电源为定子线圈输入了相位差为 120° 的对称三相电流，当最大值到达时间相差 120° 相位角的三相对称电流流过空间角相差 120° 的三组定子线圈时，就会在电动机的内部产生一个旋转的磁场，这个磁场将驱动电动机的转子沿磁场旋转方向转动。如果希望电动机的转子改变转动方向，在外电路改变电动机定子电路的相序就可以改变电动机内部旋转磁场的转动方向。

三相异步电动机定子线圈的下线方式影响电动机内部旋转磁场的磁极个数，不同的下线方式可以得到不同磁极数的旋转磁场，电动机的磁极对数用字母 p 表示，由磁极对数的定义有

$$p = \frac{\text{磁极数}}{2} \tag{12-6}$$

电动机中旋转磁场的转速称为同步转速，用字母 n_0 表示，同步转速的数值与磁场的磁极对数有关，两者之间的关系式为

$$n_0 = \frac{60f_1}{p} \tag{12-7}$$

式（12-7）表明，在电动机中，旋转磁场的磁极数越多，磁极对数就越大，磁场的同步转速就越低。对应不同磁极对数的电动机，旋转磁场的同步转速见表 12-1。

表 12-1　三相异步电动机磁极对数与同步转速之间的关系

磁极对数 p	1	2	3	4
同步转速 n_0(r/min)	3000	1500	1000	750

电动机转子的转速用字母 n 表示，电动机转子的转速小于接近于同步转速，有 $n < n_0$。定义电动机的同步转速与转速的相对变化率为电动机的转差率，用字母 s 表示，即

$$s = \frac{n_0 - n}{n_0} \tag{12-8}$$

在电动机起动的瞬间，转子转速 $n = 0$，电动机转子与旋转磁场之间的转速差 $\Delta n = n_0 - n$ 数值最大，转差率 s 的数值也最大，有 $s_{max} = 1$。当电动机在额定工作状态下运行时，转子转速 n 小于并接近于 n_0，这时电动机转差率 s 的数值就很小，通常约为 1% ~9%。建立了转差率的概念后，电动机的转速也可以表示为

$$n = (1 - s)n_0 = (1 - s)\frac{60f_1}{p} \tag{12-9}$$

12.4　三相异步电动机的电磁转矩与机械特性

12.4.1　电动机的电磁转矩

电动机是利用载流导体在磁场中受力的原理工作的，所以电动机驱动转矩的大小正比于与磁场的强度，正比于转子电路的电流数值，由此可以写出电动机电磁转矩 T 的定义式

$$T = K\Phi I_2 \cos\varphi_2 \tag{12-10}$$

式（12-10）中，K 为电动机的结构常数；Φ 为磁场的每极磁通；I_2 是电动机的转子电流；$\cos\varphi_2$ 是转子电路的功率因数。

式（12-10）表示，电动机内部的磁场越强，驱动转矩的数值就越大；电动机转子电流的数值越大，驱动转矩的数值越大。由于式（12-10）中的参数是磁路和电动机转子电路的参数，不方便进行电动机电路的分析，应用式（12-1）与欧姆定律，可以将电动机的电磁转矩定义式转换为

$$T = K\frac{sR_2U_1^2}{R_2^2 + (sX_{20})^2} \tag{12-11}$$

式（12-11）中，K 是常数项；R_2 是转子线圈的内阻；X_{20} 是在 $n = 0$ 时的转子感抗；s 是电动机的转差率；U_1 是电动机的电源电压。

由式（12-11）可知，电动机电磁转矩的大小正比于电源电压 U_1 的二次方，当电源输出的端电压 U_1 下降时，电动机的驱动转矩 T 将随之下降，并且下降的更多。

12.4.2　电动机的机械特性

电动机的机械特性是指电动机的 $n = f(T)$ 特性，三相异步电动机的机械特性曲线如图 12-10 所示，曲线反映了当电动机的转速与电磁转矩之间的关系。

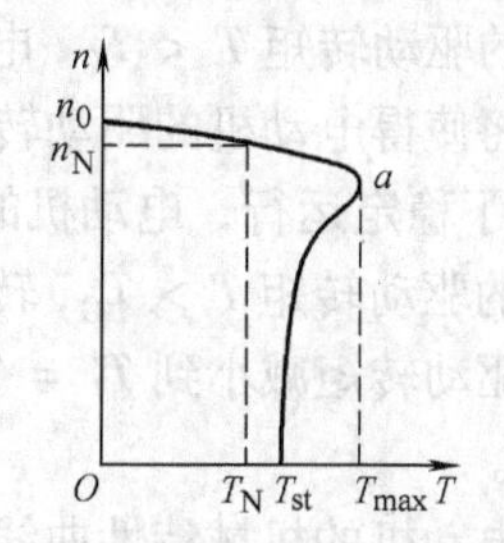

图 12-10　异步电动机的机械特性曲线

在电动机的机械特性中，T_{st} 是在电动机起动（$n=0$）时的驱动转矩，称为起动转矩。在电动机起动时，电动机的转子线圈切割磁力线的速度最大，转子电路感生电流 I_2 的数值最大，但是这时转子电路的功率因数 $\cos\varphi_2$ 的数值却很小，由式（12-10）可知，电动机的起动转矩 T_{st} 数值并不大，如图 12-10 所示。机械特性中的 T_{max} 是在电源电压 U_1 的数值一定时电动机能够输出的最大转矩。特性曲线中的 T_N 是电动机转轴上输出的额定转矩，电动机的额定转矩是指电动机转轴上带有额定负载、转子转速为额定转速 n_N、电动机的输出功率为额定功率 P_N 时的驱动转矩，电动机的额定转矩可以表示为

$$T_N = 9550\frac{P_N}{n_N} \tag{12-12}$$

式（12-12）中，P_N 的单位是 kW；n_N 的单位是 r/min；T_N 的单位是 N·m。

应用式（12-12）可以方便地计算出电动机的额定转矩，这也是电动机在长期、安全工作时输出的转矩。

定义电动机最大转矩 T_{max} 与额定转矩 T_N 的比值为电动机的过载系数，过载系数用字母 λ 表示，按照过载系数的定义有

$$\lambda = \frac{T_{max}}{T_N} \tag{12-13}$$

电动机的过载系数反映了电动机的抗过载能力，过载系数越大，电动机的抗过载能力越强。电动机过载系数的选配要考虑电动机转轴上所带的负荷，如果电动机所带的负载是固定负载，电动机过载系数的数值可以选配的小一些，通常三相异步电动机的过载系数约为

1.8～2.2。如果电动机所带的负载是可变负载，为使电动机工作稳定，过载系数的数值应当选配的大一些，例如，装配在起重机上的电动机过载系数的数值就选取的比较大。

12.4.3　电动机的工作区

电动机的机械特性曲线分为两部分，由起动转矩 T_{st} 到最大转矩 T_{max}（a 点）之间的曲线是电动机的不稳定工作区，在这个区间电动机不能建立稳定工作状态。假设电动机转轴上带有阻转矩为 T_C 的负载运行在不稳定工作区，如果转轴上的阻转矩 T_C 增大，使得电动机的驱动转矩 $T < T_C$，这时电动机的动力小而阻力大，电动机的转速 n 将开始下降。在如图 12-10 所示机械特性的不稳定工作区，转速 n 的下降将使得电动机的驱动转矩 T 随之下降，直至电动机停车。反之，如果转轴上的阻转矩 T_C 减小，使得驱动转矩 $T > T_C$，电动机的阻力小而动力大，电动机的转速 n 将开始上升。同样在不稳定工作区，转速 n 的上升将使得电动机的驱动转矩 T 随之上升，直至驱动转矩 T 越过最大转矩 T_{max} 进入稳定工作区，电动机在比较高的转速下建立稳定运行，即电动机不能在不稳定工作区运行。

电动机的机械特性曲线中由最大转矩 T_{max}（a 点）到电动机的同步转速 n_0 之间的曲线是电动机的稳定工作区。当电动机工作在稳定工作区时，如果电动机转轴上的阻转矩 T_C 增大，电动机的驱动转矩 $T < T_C$，电动机的转速 n 将开始下降。在特性曲线的稳定工作区，转速 n 的下降将使得电动机的驱动转矩 T 增大，当驱动转矩 T 增大到 $T' = T_C$ 时，电动机将在新的转速 n' 下稳定运行，电动机的新转速 $n' < n$。反之，如果电动机转轴上的阻转矩 T_C 减小，电动机的驱动转矩 $T > T_C$，转速 n 将开始上升。转速 n 的上升将使得电动机的驱动转矩 T 减小，当驱动转矩减小到 $T' = T_C$ 时，电动机也将在新转速 n' 下稳定运行，电动机的新转速 $n' > n$。

由电动机的机械特性曲线可以看出，稳定工作时电动机的转速比较高，当电动机的驱动转矩跟随阻转矩的变化而变化时，电动机的转速仅在很小范围内变化，也就是说在机械特性曲线的稳定工作区中，电动机的转速差 Δn 数值比较小，曲线比较平直，表现为机械特性曲线为硬特性曲线。

12.4.4　转子回路电阻 R_2 与电源电压 U_1 对驱动转矩的影响

由式（12-11）可知，能够影响电动机驱动转矩的电路参数还有转子回路电阻 R_2 与电源电压 U_1，图 12-11 所示为电动机的驱动转矩 T 与转子电阻 R_2 之间的关系。由图 12-11 所示曲线中可以看出，当转子电路的电阻 R_2 增大到 $R'_2 > R_2$ 时，电动机机械特性曲线的形状发生变化，表示稳定工作区的曲线向下方倾斜变的更陡一些，这种形状的机械特性曲线称为软特性曲线。若电动机的机械特性曲线是软特性曲线，当电动机的驱动转矩随着负载转矩的变化而变化时，电动机的转速将出现明显变化，转速差 Δn 的数值变大。与电动机的机械特性为硬特性时相比，在软特性时电动机的起动转矩数值将会增大。

由式（12-11）可知，电动机的驱动转矩 T 正比于电源电压 U_1，当电源电压下降时，电动机的驱动转矩也将明显下降，图 12-12 所示为电动机的驱动转矩 T 与电源电压 U_1 之间的关系。在电动机正常工作时，若电源电压 U_1 下降到 $U'_1 < U_1$，电动机的最大转矩 T_{max} 将随之下降，机械特性曲线向纵轴方向左移。如果电动机工作在最大转矩的附近，那么电源电压 U_1 的下降将会使得电动机的驱动转矩 T 小于阻转矩 T_C，电动机带不动负载而停转，这种现

象称为闷车。当电动机发生闷车时，定子线圈中的电流数值最大，长时间流过大电流会烧坏电动机的线圈。所以，在设定电动机的额定转矩时，应当考虑电源电压波动对驱动转矩的影响及电动机的过载能力，不能让电动机的额定转矩 T_N 接近其最大转矩 T_{max}。

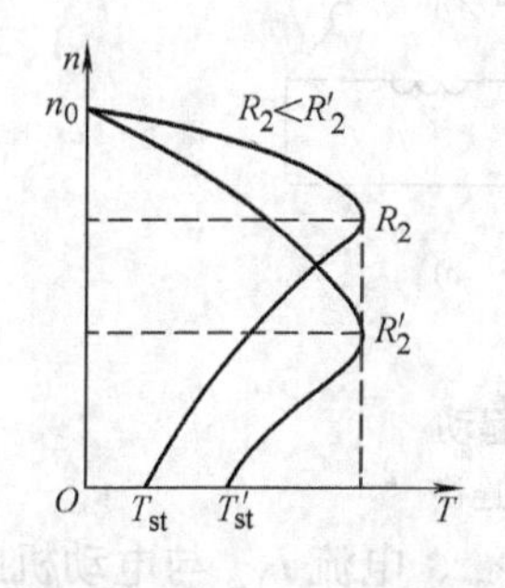

图 12-11 T 与 R_2 的关系

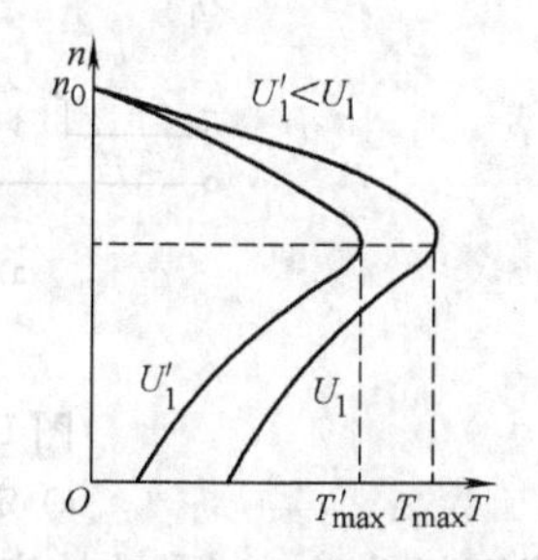

图 12-12 T 与 U_1 的关系

12.5 三相异步电动机的使用

12.5.1 电动机的起动

三相异步电动机定子线圈旋转磁场的转速为 n_0，在电动机起动的瞬间，其转子的转速 $n=0$，则定子旋转磁场与转子线圈之间的转差 $\Delta n = n_0 - n = n_0$，这表示在电动机起动的瞬间，转子线圈切割磁力线的速度最大，转子电路中感生电流 I_2 的数值也最大。与变压器中的电磁耦合原理一样，当电动机转子线圈的电流数值最大时，定子线圈的电流也将达到最大值，即在电动机起动的瞬时，定子线圈中将会流过一个数值较大的起动电流 I_{st}。电动机起动电流 I_{st} 与额定电流 I_N 之间的关系为 $I_{st} = (4 \sim 7)I_N$，这表示 I_{st} 是一个数值比较大的冲击电流。当电动机转子转动起来后，随着转子与定子旋转磁场之间的转差 Δn 减小，这个冲击电流的数值也将逐渐减小，直至电动机正常工作。但电动机的起动电流太大会使起动时功耗增大，同时电动机起动时的冲击电流也会引起电网电压的瞬间下降，这种瞬间的电压下降将影响电网中的其他用电器的正常工作。

降低电动机起动的起动电流需要采用一定的方式，笼型异步电动机通常采用降压起动。降压起动是指：在电动机起动时，降低电动机定子线圈的工作电压，从而降低电动机的起动电流，待电动机起动完成后再恢复电动机的正常工作电压。电动机的降压起动有Y-△（星形-三角形）换接起动和自耦变压器降压起动两种类型。

定子绕组采用△（三角形）连接的笼型异步电动机可以采用Y-△换接起动。在电动机起动时，将电动机的定子绕组由△形联结改接为Y形联结，定子每相绕组上的电压就由电源的线电压降低为电源的相电压，定子绕组中流过的电流也就跟着降低了。如图 12-13 所示为电动机定子绕组Y-△换接起动时的电路接线图，设电源的线电压为 U_l，在电动机正常起动时，△联结的定子每相绕组上的电压 $U_{\Delta\varphi}$、电流 $I_{\Delta\varphi}$ 与电动机的起动电流 $I_{\Delta st}$ 分别为

$$U_{\Delta\varphi} = U_l \qquad I_{\Delta\varphi} = \frac{U_{\Delta\varphi}}{z} = \frac{U_l}{z} \qquad I_{\Delta st} = \sqrt{3}I_{\Delta\varphi} = \sqrt{3}\frac{U_l}{z}$$

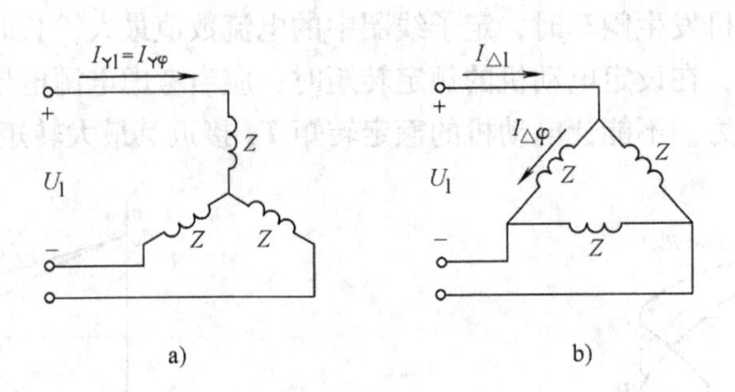

图 12-13　电动机的Y－△换接起动

a）定子线圈Y连接　b）定子线圈△连接

当电动机降压起动时，Y联结的定子每相绕组上的电压 $U_{\curlyvee\varphi}$ 、电流 $I_{\curlyvee\varphi}$ 与电动机的起动电流 $I_{\curlyvee\mathrm{st}}$ 分别为

$$U_{\curlyvee\varphi}=\frac{U_l}{\sqrt{3}}\qquad I_{\curlyvee\varphi}=\frac{U_{\curlyvee\varphi}}{z}=\frac{U_l}{\sqrt{3}z}=\frac{1}{\sqrt{3}}\frac{U_l}{z}\qquad I_{\curlyvee\mathrm{st}}=I_{\curlyvee\varphi}=\frac{1}{\sqrt{3}}\frac{U_l}{z}$$

比较Y起动与△起动这两种起动方式下电动机的起动电流有

$$\frac{I_{\curlyvee\mathrm{st}}}{I_{\triangle\mathrm{st}}}=\frac{U_l/\sqrt{3}z}{\sqrt{3}U_l/z}=\frac{1}{3}$$

上式表示采用Y－△换接起动可以使电动机的起动电流降低为原值的 1/3，即

$$I_{\curlyvee\mathrm{st}}=\frac{1}{3}I_{\triangle\mathrm{st}}\tag{12-14}$$

在Y－△换接起动时，电动机定子绕组的电压由电源的线电压降低为相电压，由式(12-11) 可知，当电源电压降低为原值的 $1/\sqrt{3}$时，电动机的驱动转矩也将降低为原值的 $(1/\sqrt{3})^2=1/3$，即

$$T_{\curlyvee\mathrm{st}}=\frac{1}{3}T_{\triangle\mathrm{st}}\tag{12-15}$$

若电动机转轴上所带的负载转矩大于Y－△换接起动后的起动转矩，电动机将不能直接带载起动，可以让电动机先空载起动，然后再让电动机带载运行。

定子绕组是Y形联结的笼型异步电动机可以采用自耦变压器降压起动。将三相交流电源连接到三相自耦变压器的一次绕组，将电动机的三组定子线圈连接到三相自耦变压器的二次绕组，在电动机起动时，调节自耦变压器的调压手柄，降低电动机定子绕组的端电压以减小起动电流，待电动机起动完成后，调节自耦变压器的调压手柄使电动机定子绕组的端电压恢复到额定数值，电动机进入正常工作状态。同Y－△换接起动一样，自耦变压器降压起动在降低起动电流的同时也会降低电动机的起动转矩，若电动机的负载转矩较大时，电动机也应空载起动。

绕线转子异步电动机采用串联起动电阻的方式减小起动电流。在绕线转子异步电动机起动时，通过安装在电动机转轴上的三个滑环将起动电阻 R'_2 连接到电动机的转子电路中，使转子电路的总电阻增大为 $R_2+R'_2$ 。在转子电路端电压不变的条件下，增大的转子电阻将使得转子电流 I_2 的数值下降，电动机的起动电流 I_{st} 也随之下降。由于串接在转子电路中的起动电阻 R'_2 增大了转子电路的电阻值，如图 12-11 所示，起动电阻 R'_2 在降低电动机起动电流的同时增大了电动机的起动转矩，但是起动电阻 R'_2 的阻值不能太大，如果 R'_2 的阻值太大超过了一定的范围，电动机的转子电流 I_2 下降的太多，将会使得电动机的起动转矩开始减小。

电动机起动时的起动转矩 T_{st} 数值较小，当电动机的额定转矩大于电动机的起动转矩时（$T_N > T_{st}$），电动机将不能直接起动，通常是让电动机不带负载在空载状态下先起动，然后再通过传动装置将电动机与负载连接起来。

12.5.2　电动机的调速

由式（12-9）可知，电动机的转速为 $n = (1-s)n_0 = (1-s)60f_1/p$，由此可见，电动机的转速与电源频率 f_1、电动机磁极对数 p 与转差率 s 有关，因此电动机转速的调节可以分为变频调速、变极调速与变转差率调速。

变频调速调节的参数是电源频率 f_1，这种调速方式可以实现电动机的无级调速，随着电源频率的改变，电动机输出的转速可以平滑调节。变频调速需要为电动机配备一个变频电源，变频电源可以将频率为50Hz的工业电网供电变换为频率可调的交流电源，变频电源使得电动机变频调速的成本较高。

笼型异步电动机采用变极调速，在制作电动机的三相定子线圈时，将每相线圈分成两部分分别下线，当这两部分线圈是串联连接时，定子绕组是△联结，电动机的磁极对数 $p = 2$，同步转速 $n_0 = 1500\text{r/min}$；而当这两部分线圈反向并联连接时，定子绕组是双Y形联结，电动机的磁极对数 $p = 1$，同步转速 $n_0 = 3000\text{r/min}$。变极调速是通过改变电动机定子线圈的下线与连接方式来改变旋转磁场的磁极对数，进而改变旋转磁场的同步转速，改变电动机的转速。电动机的变极调速是有级调速，电动机的转速只能在几个转速等级上变化，不能停留在两级转速之间，同时这种调速方式也会使电动机定子线圈的下线方式变得较为复杂。

绕线转子异步电动机采用变转差率调速，从外电路为电动机的转子电路串接一个调速电阻 R''_2，当调节 R''_2 电阻的阻值使其增加时，转子电路的电流 I_2 将会减小，电动机转轴上的驱动转矩 T 开始下降并小于负载的阻转矩 T_C，电动机的转速 n 出现下降，转差率 s 上升，驱动转矩 T 开始回升。当电动机的驱动转矩与阻转矩之间达到新的平衡后，电动机将在新的转速下运行，新转速 $n' < n$。变转差率调速是平滑调速，由于电动机转子电路串接的调速电阻 R''_2 数值不能太大，所以变转差率调速的调速范围较小。

12.5.3　电动机的制动

大部分电动机不采用专门的制动措施，电动机断电后，转子在惯性的作用下继续转动一会儿，然后自动停止。但是有些电动机要求在断电后转子尽快停止转动，这就需要对电动机采取制动措施，电动机的制动方法有能耗制动与反接制动。

能耗制动是在电动机切断交流电源的同时在定子线圈中连接直流电源，直流电源在定子线圈中产生的磁场是恒定磁场，恒定磁场对仍在旋转的转子产生的力矩与转子转动的方向相反，也就是说恒定磁场对转子产生了制动转矩阻止转子继续转动，转子中的动能被迅速消耗掉，转子的转速降低直至电动机停止转动。

反接制动是在电动机停车时将电动机三条供电线中的任意两条换接位置，使得电动机中的旋转磁场改变方向，反向旋转的磁场对电动机转子产生的力矩是阻力矩，阻力矩将使电动机转子的转速降低直至停止。电动机在采用反接制动时需要注意两点：第一，当电动机的转速下降到 $n \approx 0$ 时，应及时切断电动机的电源，否则电动机将开始反向运转。第二，在电动机旋转磁场转变方向的瞬间，电动机的转子与旋转磁场之间的转差 $\Delta n = n - (-n_0) = n + n_0 >> n$，这时转子切割磁力线的速度很快，转子中感生电流的数值较大，与之对应的定子电流的数值也比较大，所以大功率电动机在反接制动时必须在电动机的定子电路（笼型异步电动机）或转子电路（绕线转子异步电动机）中连接限流电阻。

在电动机的运行过程中，若施加在转轴上的外力作用使电动机的转速 n 大于旋转磁场的同步转速 n_0，例如，电动机牵引的重物快速下落带动电动机的转子加速旋转，使得电动机出现 $n > n_0$，这时的电动机将由电动运行状态进入了发电运行状态。工作在发电运行状态下的电动机，其定子磁场对转子产生的转矩不是驱动转矩，而是制动转矩，这个制动转矩将减小转子的转速同时将重物的位能转换为电能反馈回电网中去。电动机的这种工作方式称为发电反馈制动，发电反馈制动仅表示当电动机工作在发电运行状态时，电动机中的旋转磁场传输给转子的转矩是制动转矩，发电反馈制动可以降低转子的转速，但不能使电动机停止转动。

12.6　三相异步电动机的铭牌数据

电动机的铭牌中标出了电动机的主要技术参数，某异步电动机的铭牌数据见表 12-2。在电动机的铭牌数据中，电动机型号的最后一位数字是电动机旋转磁场的磁极数，电动机的磁极对数 p = 磁极数/2。铭牌中标出的电压、电流及转速是电动机在额定运行状态下定子线圈的线电压、线电流及转轴输出的转速。电动机的工作方式是指电动机工作在连续工作状态下或是工作在频繁起动状态下，电动机在频繁起动时起动电流将会在电动机中产生较多的热量，采用连续工作方式的电动机不能应用在频繁起动工作状态。

表 12-2　某异步电动机的铭牌数据

三相异步电动机铭牌		
型号　Y132M－4	功　率　7.5kW	频　率　50Hz
电压　380V	电　流　15.4 A	接　法　△
转速　1440 r/min	绝缘等级　B	工作方式　连续
年　月　编号	×× 电动机厂	

电动机的绝缘等级是指电动机绕组所使用绝缘材料的耐热等级，这个耐热等级是按照电动机绝缘结构中最热点在使用时的最高允许温度来分级的，不同绝缘等级的电动机在工作时的最高允许温度不同，表 12-3 中列出了不同绝缘等级的电动机所允许的最高工作温度。

表 12-3　不同绝缘等级电动机所允许的最高工作温度

绝缘等级	A	E	B	F
最高允许温度（℃）	105	120	130	155

电动机的接法是指电动机定子线圈与三相电源的联结方式。在电动机的接线盒中有三组定子线圈的六个接线柱，六个接线柱排列成两行。设三组定子线圈的始端为 A、B、C 端，末端为 X、Y、Z 端，则接线盒上面一行的接线柱连接了定子绕组的三个末端，排列顺序为

Z、X、Y，下面一行的接线柱连接了定子绕组的三个始端，排列顺序为A、B、C。接线柱的这种排列顺序可以方便地将定子绕组联结为星形或三角形，两种接线方式如图12-14所示。

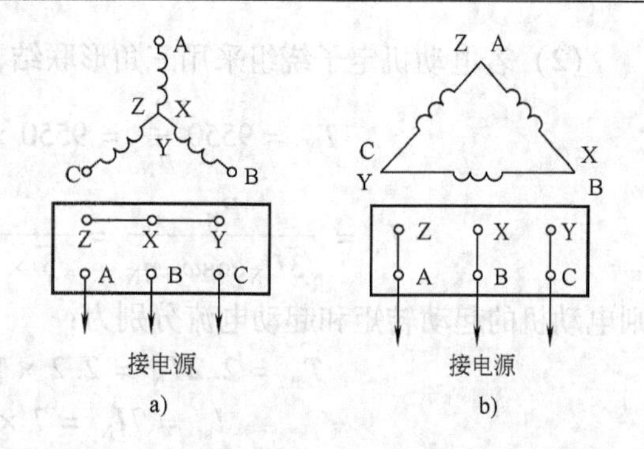

图12-14 电动机定子绕组的星形联结与三角形联结
a）星形联结 b）三角形联结

电动机铭牌上标出的功率 P_N 是指电动机在额定运行状态下转轴上输出的额定机械功率。电动机转轴上输出的额定功率 P_N 与电动机自身损耗功率 ΔP 之和是电动机的输入功率 P_1，定义电动机的效率 η 为电动机输出功率与输入功率的比值，即

$$\eta = \frac{P_N}{P_N + \Delta P} = \frac{P_N}{P_1} \times 100\% \tag{12-16}$$

通常笼型异步电动机在额定状态下运行时的效率约为70%～90%。设电动机的功率因数为 $\cos\varphi$，电动机的额定电压为 U_N、额定电流为 I_N，在额定运行状态下，电动机的输入功率 $P_1 = \sqrt{3}U_N I_N \cos\varphi$，则电动机的额定电流为

$$I_N = \frac{P_1}{\sqrt{3}U_N \cos\varphi} = \frac{P_N}{\sqrt{3}U_N \eta \cos\varphi} \tag{12-17}$$

例12-2 电动机的铭牌数据见表12-2，计算：①电动机的极对数和额定转矩；②当过载系数 $\lambda = 1.9$ 时，计算电动机的最大转矩。

解：由电动机型号的最后一位可知该电动机的磁极数为4，则电动机的极对数

$$p = \frac{4}{2} = 2$$

由式（12-12）可以计算电动机的额定转矩为

$$T_N = 9550\frac{P_N}{n_N} = 9550\frac{7.5\text{kW}}{1440\text{r/min}} = 49.74\text{N}\cdot\text{m}$$

由式（12-13）可以计算电动机的最大转矩为

$$T_{max} = \lambda T_N = 1.9 \times 49.74\text{N}\cdot\text{m} = 94.51\text{N}\cdot\text{m}$$

例12-3 一台Y100L1－4型异步电动机的技术数据为：$P_N = 2.2\text{kW}$，$U_N = 380\text{V}$，$I_N = 5\text{A}$，$n_N = 1420\text{r/min}$，$\eta_N = 81\%$，$\cos\varphi_N = 82\%$，$I_{st}/I_N = 7$，$I_{st}/I_N = 2.2$，$\lambda = 2.2$，(1) 若电源的线电压为220V，电动机定子绕组应当如何连接？这时电动机的额定功率和额定转速是多少？(2) 若电动机在条件（1）下运行，计算电动机的 T_{st} 和 I_{st}；若电动机定子绕组采用Y形联结，再计算电动机的 T_{st} 和 I_{st}。

解：(1) Y系列异步电动机的额定电压为380V，当电动机的额定功率 $P_N \leqslant 3\text{kW}$ 时，定子绕组应当采用星形联结，当电动机的额定功率 $P_N \geqslant 4\text{kW}$ 时，定子绕组应当采用三角形联结。题中电动机的额定功率为 $2.2\text{kW} < 3\text{kW}$，定子绕组本应当采用星形联结，但是电源的线电压为220V，与电动机定子每相绕组的额定电压相同，所以这时电动机的定子绕组应当采用三角形联结。由于电动机定子绕组的额定电压没有改变，所以电动机的额定功率和额定转速仍为原来的数值，不会改变。

（2）若电动机定子绕组采用三角形联结，电动机的额定转矩和额定电流分别为：

$$T_{\mathrm{N}} = 9550\frac{P_{\mathrm{N}}}{n_{\mathrm{N}}} = 9550 \times \frac{2.2\mathrm{kW}}{1420\mathrm{r/min}} = 14.8\mathrm{N \cdot m}$$

$$I_{\mathrm{N}} = \frac{P_{\mathrm{N}}}{\sqrt{3}U_{\mathrm{N}}\cos\varphi_{\mathrm{N}}\eta_{\mathrm{N}}} = \frac{2.2 \times 10^3\mathrm{W}}{\sqrt{3} \times 220\mathrm{V} \times 0.81 \times 0.82} = 8.69\mathrm{A}$$

则电动机的起动转矩和起动电流分别为：

$$T_{\mathrm{st}} = 2.2T_{\mathrm{N}} = 2.2 \times 14.8\mathrm{N \cdot m} = 32.56\mathrm{N \cdot m}$$

$$I_{\mathrm{st}} = 7I_{\mathrm{N}} = 7 \times 8.69\mathrm{A} = 60.83\mathrm{A}$$

若电动机的定子绕组采用星形联结，电动机的起动转矩和起动电流分别为

$$T_{\mathrm{st}\curlyvee} = \frac{1}{3}T_{\mathrm{st}\triangle} = \frac{1}{3} \times 32.56\mathrm{N \cdot m} = 10.85\mathrm{N \cdot m}$$

$$I_{\mathrm{st}\curlyvee} = \frac{1}{3}I_{\mathrm{st}\triangle} = \frac{1}{3} \times 60.83\mathrm{A} = 20.28\mathrm{A}$$

*12.7　单相异步电动机

12.7.1　单相异步电动机的工作原理

单相异步电动机通常应用于小功率电动工具和家用电器中。单相异步电动机的工作电源是单相交流电，电动机的定子绕组只有一组，当单相交流电通过定子绕组时，在电动机内部产生的磁场是一个按照正弦规律变化的脉动磁场。

脉动磁场的脉动规律与正弦电压的变化规律相同，当正弦电压的数值降低时，脉动磁场的强度也降低；当正弦电压的数值升高时，脉动磁场的强度也随之升高；当正弦电压的数值达到最大值时，脉动磁场的强度也达到最大值；当正弦电压改变方向时，脉动磁场也随之改变方向。应用数学方法可以将这个按照正弦规律脉动的磁场等效分解为两个数值大小相同、旋转方向相反的旋转磁场，当电动机在起动状态时，电动机的转子的转速 $n = 0$，两个旋转磁场对转子的驱动力矩大小相等、方向相反，其作用相互抵消，电动机没有起动转矩。如果有外力使电动机的转子转动起来，电动机的转速 $n \neq 0$，转子电流 I_2 与定子磁场的相互作用破坏了两个旋转磁场之间的平衡关系，转子将跟随驱动力矩大的那个旋转磁场的方向转动。这表示，单相异步电动机可以正常运转，但是在起动时，单相异步电动机没有起动转矩，其 $T_{\mathrm{st}} = 0$。

为了使单相异步电动机能够正常起动，需要为单相异步电动机增加起动电路，常用的起动方式是电容分相式起动。电容分相式异步电动机的定子绕组是两组，一组是电动机的工作绕组（A 线圈），另一组是电动机的起动绕组（B 线圈），在起动绕组电路中串接了起动电容器 C，两组绕组在电动机定子铁心中相隔 90°空间角下线，电容分相式电动机的定子电路如图 12-15a 所示。

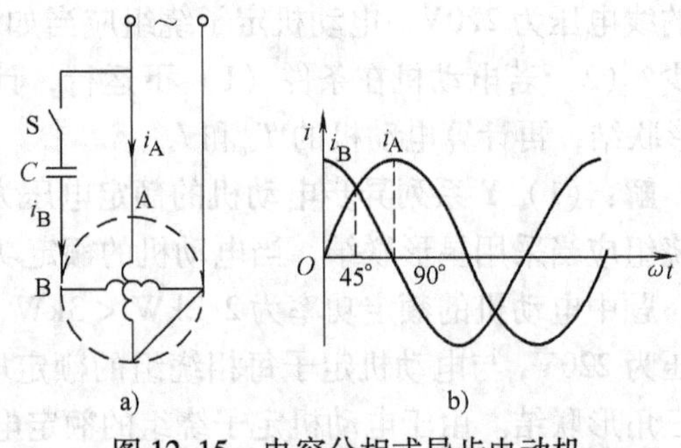

图 12-15　电容分相式异步电动机

a）电动机定子电路　b）定子线圈电流

当电动机的定子绕组与工作电源接通时，由于电容器的分相作用，起动绕组中流过的电流 i_B 与工作绕组中流过的电流 i_A 在相位上相差近90°的相位角，这个相位差打破了工作绕组中两个旋转磁场的平衡状态，使电动机的转子获得起动转矩，电动机可以正常起动。

由于起动绕组仅用于单相异步电动机的起动时刻，在电动机正常运转时起动绕组要消耗电能，所以按照电动机正常运转时带有或是不带起动绕组，电容分相式异步电动机分为电容起动式电动机与电容运转式电动机两种类型。电容起动式电动机，当电动机的转子转动起来，转子转速接近电动机的额定转速后，借助离心力或继电器使开关S动作，切断电动机的起动绕组电路。而电容运转式电动机，在电动机起动后起动绕组仍然保留在电路中，电动机带着起动绕组工作。

12.7.2　三相异步电动机的缺相运行

三相异步电动机的缺相运行是指：三相异步电动机的三根电源连接线由于某种原因断开了一根，使得三相异步电动机的供电系统从三相交流电源转变成了单相交流电源，缺相运行的三相异步电动机与单相异步电动机相似，所以三相异步电动机的缺相运行也称为三相异步电动机的单相运行。

三相异步电动机在运行时出现缺相，电动机仍然可以继续转动，但是电动机中原本由三相电源提供的电能，在缺相时将由单相电源提供，如果电动机转轴上带的负载不变，那么电动机的两根电源线中流过的电流必定大于电动机的额定工作电流，使电动机工作在过载状态，过载时间长了，电动机会被烧坏。

三相异步电动机在运行时缺相一般不易发现，但是缺相后的三相异步电动机起动转矩 $T_{st}=0$，当处在缺相状态的三相异步电动机起动时，可以听到电动机中有嗡嗡响的电流声，但电动机就是不能起动，如果电动机长时间不能起动，数值很大的起动电流会烧坏电动机，这时应当切断电动机的电源，检查并排除电路的故障。

本章小结

变压器由一次绕组、二次绕组和变压器铁心三部分构成，变压器的一次绕组将电源送来的电能通过电磁耦合方式传输给变压器二次侧连接的负载，变压器自身损耗的能量很少。变压器一次绕组与二次绕组的匝数比称为变压器的变比，定义变压器的变比 $k=N_1/N_2$，适当选择变压器的一次绕组匝数 N_1 和二次绕组匝数 N_2，就可以改变变压器的变比。

变压器的二次侧电压 U_2 与变压器一次侧电压 U_1 之间的关系为 $U_2=U_1/k$，变压器的二次侧电流 I_2 与一次侧电流 I_1 之间的关系为 $I_2=kI_1$，变压器二次侧的阻抗折算到一次侧时，有 $z'=k^2z$。利用变压器的这三个特点，可以将数值较高的电源电压变换为负载正常工作所需的额定电压，使负载正常工作；可以将大功率电气设备中流过的电流变换为数值较小的电流，使测量仪表可以正常工作；可以改变电子电路的负载以实现电路的阻抗匹配，使负载上获得最大输出功率。

三相异步电动机按照其转子的结构可以分为笼型异步电动机与绕线转子异步电动机。笼型异步电动机制作工艺简单、运行平稳、工作可靠、使用方便，是工业生产中应用最多的电动机，但笼型异步电动机调速困难，电动机只能在几个速度级别上运行。绕线转子异步电动机的转子结构相对复杂，但其转子电路可以通过安装在转轴上的滑环与外电路连接，操作人员可以从外电路改变电动机的转子电路参数，从而改变电动机的输出特性，尽管绕线转子异步电动机的价格较高，但其良好的调速性能及较大的起动转矩仍使绕线转子异步电动机应用在有特殊要求的工作场所。

当三相异步电动机转轴上带有额定负载时，电动机转轴上输出的额定转矩、最大转矩及电动机的额定电流分别为

$$T_{\mathrm{N}} = 9550\frac{P_{\mathrm{N}}}{n_{\mathrm{N}}} \qquad T_{\max} = \lambda T_{\mathrm{N}} \qquad I_{\mathrm{N}} = \frac{P_{\mathrm{N}}}{\sqrt{3}U_{\mathrm{N}}\eta\cos\varphi}$$

当笼型异步电动机采用Y－△换接起动时，电动机的起动电流与起动转矩是电动机直接起动时的起动电流与起动转矩的1/3，即

$$I_{\mathrm{Y st}} = \frac{I_{\mathrm{st}}}{3} \qquad T_{\mathrm{Y st}} = \frac{T_{\mathrm{st}}}{3}$$

根据上述表示式就可以确定电动机的起动转矩与起动电流的数值。

习　题　12

12.1　将一个铁心线圈连接在直流电源上，测得线圈电阻 $R = 2.1\Omega$，再将线圈连接到交流电源上，在电源电压 $U = 120\mathrm{V}$ 时，测得电流 $I = 1.8\mathrm{A}$，功率 $P = 60\mathrm{W}$，计算线圈的铜损与铁损。

12.2　一台单相照明变压器，已知 $s_{\mathrm{N}} = 10\mathrm{kV\cdot A}$，$U_{1\mathrm{N}}/U_{2\mathrm{N}} = 3300\mathrm{V}/220\mathrm{V}$，负载为220V、40W的白炽灯，当电路中连接了150个白炽灯时，计算变压器一次侧电流 I_1 的数值；当变压器工作在额定状态下时，计算变压器二次侧的额定电流及二次侧能够连接的白炽灯个数。

12.3　两个线圈套在同一根铁心上，如图12-16所示，两个线圈的始端为1端与3端，两个线圈的末端为2端与4端，两个线圈的额定电压均为110V。当电源电压为110V时，将1端与2端连接到110V电源上，这时在第二个线圈的3端与4端之间会出现什么现象？两个线圈应当如何连接？如果电源电压为220V，将2端与4端连接起来，把1端与3端连接到电源上，这时电路会出现什么现象？这种现象会给线圈带来什么样的影响？

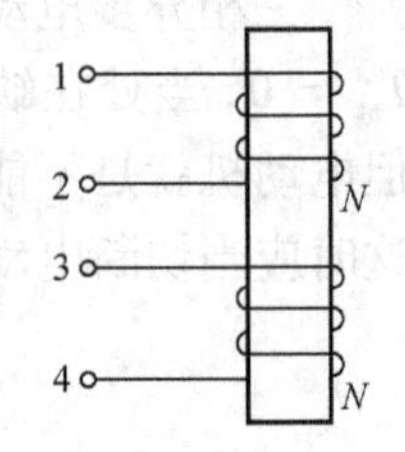

图12-16　习题12.3电路图

12.4　一台单相变压器，负载为8Ω电阻，信号源电动势为3V，信号源内阻为50Ω，当变压器一次、二次绕组的匝数比为400/200时，计算信号源输出的功率。

12.5　三相异步电动机在空载与满载两种状态下起动，电机的起动电流、起动转矩、起动时间是否一样？

12.6　由于增大电动机转子电路的电阻值可以增加电动机的起动转矩，所以与绕线转子异步电动机串联的起动电阻越大，起动转矩就越大，这种说法是否正确？

12.7　某台Y132－4型电动机的额定功率 $P = 5.5\mathrm{kW}$，额定转差率 $s_{\mathrm{N}} = 0.03$，电源频率 $f = 50\mathrm{Hz}$，计算电机的同步转速 n_0、额定转速 n 及额定转矩 T_{N}。

12.8　一台三相异步电动机的技术数据见表12-4：

表12-4　习题12.8表

P_{N}/kW	n_{N}/(r/min)	U_{N}/V	η_{N}/%	接法	$\cos\varphi$	$I_{\mathrm{st}}/I_{\mathrm{N}}$	$T_{\mathrm{st}}/T_{\mathrm{N}}$	$T_{\max}/T_{\mathrm{N}}$
10.0	1460	380	88.0	△	0.85	7	1.8	2.0

计算：1. 电机的磁极对数、额定转差率、额定转矩、最大转矩。

2. 电机直接起动时的起动电流、起动转矩。

3. 电机在Y－△换接起动时的起动电流、起动转矩。

4. 当负载转矩为电机额定转矩的70%和30%时，能否采用Y－△换接起动？

12.9　已知Y112M－2型三相异步电动机的技术数据如下：

P_N/kW	n_N/（r/min）	U_N/V	η_N/%	接法	$\cos\varphi$	I_{st}/I_N	T_{st}/T_N
4	2890	380	85.5	△	0.87	7	2.0

试求电动机的额定电流、额定转矩、起动电流和起动转矩；若电动机能够输出的最大转矩为29.1N·m，求解电动机的过载系数。

第 13 章　继电－接触控制系统

继电－接触控制系统应用在工作电流数值较大电力设备的运行控制中，继电－接触控制系统使用了各种不同功能的控制电器，这些控制电器按照系统运行的设计要求对电力设备的能量传输进行分配，并控制电力设备的运行状态，本章介绍几种常用控制电器及电动机的控制电路。

13.1　常用控制电器

13.1.1　手动开关

控制电器中常见的手动开关有：刀开关、按钮及组合开关。刀开关由定刀座、动刀片及与动刀片相连接的操作手柄构成，当外力推动手柄动作时，手柄带动动刀片移动到定刀座（或离开定刀座）以接通（或切断）电路，三相刀开关在电路图中的图形和文字符号如图 13-1 所示。三相刀开关常用作工作场所的电源隔离开关，也可用于控制小容量电动机的直接起动和停止。

在按钮的内部，配备了手按装置的连动杆连接了两对触点，在无外力作用时呈现断开状态的触点称为常开触点（或动合触点），而在无外力作用时呈现闭合状态的触点称为常闭触点（或动断触点），按钮在电路图中的图形和文字符号如图 13-2 所示。当外力作用于按钮

图 13-1　三相刀开关的图形与文字符号　　图 13-2　按钮的图形与文字符号

时，按钮中的连动杆动作带动常开触点闭合、常闭触点断开；当外力消失时，按钮内部的弹簧使连动杆复位，连动杆带动常开触点断开、常闭触点闭合。在电动机的控制电路中，按钮用作电动机的起动与停止开关。

组合开关的内部有三对静触片、三个动触片和一个转动手柄，如图 13-3a 所示，组合开关的三对静触片连接在开关外表面的接线柱上，三个动触片与转动手柄连接在一起。当外力转动手柄时，手柄带动动触片动作，就可以同时接通或切断组合开关的三对触点，图 13-3b 所示为组合开关在电路图中

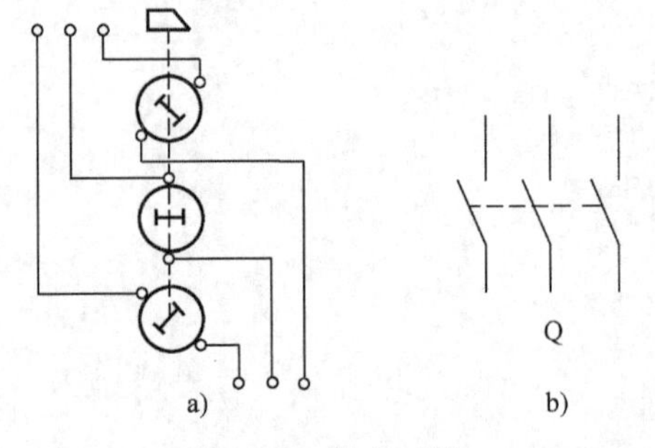

图 13-3　组合开关
a）内部结构　b）图形与文字符号

的图形与文字符号。组合开关可以用作电动机的起动和停止开关，在为电动机控制系统选配组合开关时，组合开关触点的额定工作电流应当与电动机的额定工作电流一致。

13.1.2　接触器与继电器

接触器是自动控制电器，接触器的触点是否动作是由接触器线圈是否通电来控制。按照使用的电源种类不同，接触器分为交流接触器与直流接触器两类。交流接触器由定铁心、衔铁（动铁心）、接触器线圈与接触器触点构成，如图 13-4a 所示。当安装在定铁心上的线圈接通电源后，线圈中的电流使得定铁心转变为电磁铁吸引衔铁向下移动，与衔铁连接在一起的接触器触点将同时动作，其常开触点闭合、常闭触点断开。当接触器的线圈断电后，定铁心中的电磁吸力消失，在复位弹簧的作用下，衔铁向上移动复位，带动相应的触点动作，使接触器的触点恢复为原始状态，即常开触点断开、常闭触点闭合。

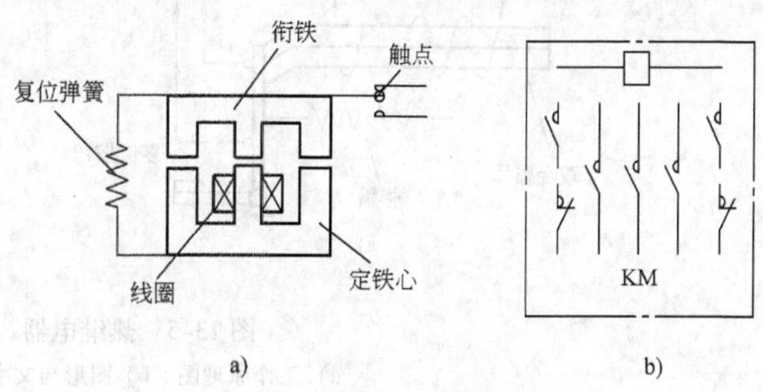

图 13-4　接触器

a）内部结构　b）图形与文字符号

在交流接触器中，接触器的衔铁上带有七对触点，其中有三对是主触点，四对是辅助触点，如图 13-4b 所示。接触器主触点的电气强度较大，允许流过的电流数值也比较大，接触器的主触点使用在工作电流数值较大的电动机主电路中作为电动机的实际供电开关，只有当这三对主触点闭合，电动机的主电路才能接通电源开始工作。接触器的四对辅助触点中有两对是常开触点（动合触点），两对是常闭触点（动断触点）。辅助触点的电气强度低于主触点，辅助触点中允许流过的电流数值较小，辅助触点仅能使用于电动机的控制电路，不能使用在电动机的主电路中。在为电动机控制电路选配交流接触器时，应注意接触器线圈的额定工作电压及接触器主触点额定电流的数值。

继电器与接触器的结构相似，工作原理也相同。与接触器不相同的是，继电器的触点对数多于接触器的触点对数，并且在继电器的触点中没有主触点与辅助触点的差别，继电器中各触点的电气强度相同，允许流过的电流数值较小，继电器的触点均使用在电动机的控制电路中。在为电气控制系统选配继电器时，应注意继电器线圈的额定工作电压与继电器的触点对数。

13.1.3　热继电器

热继电器是由热元件与动作触点两部分构成。热继电器的热元件是一段双金属片，双金属片微微向下弯曲，下层金属的热膨胀系数大于上层金属的热膨胀系数。工作时热继电器的热元件连接在电动机的主电路中，电动机正常运转时，电动机主电路电流产生的热量不会使热元件动作。当电动机出现过载运行时，电动机主电路中流过的电流数值大于电动机的正常工作电流，主电路连接线过热，与主电路连接在一起的双金属片受热开始向上弯曲，当双金属片弯曲到一定程度时，连接在电动机控制电路中的热继电器常闭触点将脱扣断开，切断控制电路，使电动机停车。脱扣后的热继电器是手动复位，热继电器的工作原理图及其在电路图中的图形与文字符号如图 13-5 所示。需要说明的是，热继电器热元件的受热弯曲和常闭触点的断开之间存在时间差。

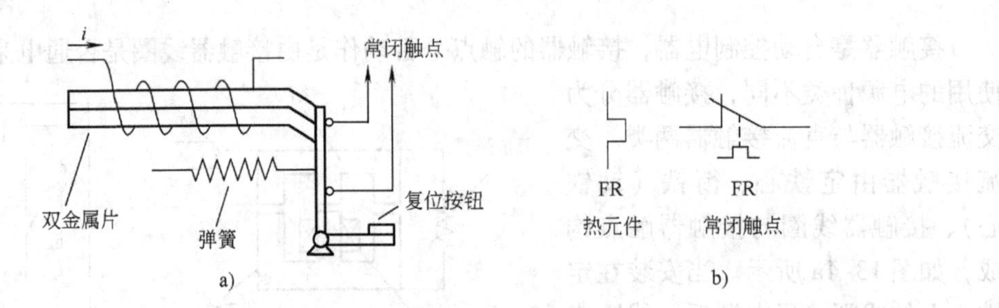

图 13-5　热继电器

a）工作原理图　b）图形与文字符号

热继电器的工作电流称为整定电流，当电动机主电路中流过的电流大于热继电器整定电流的 20% 时，热元件将会在 20 分钟内动作，切断电动机的控制电路。这种工作方式可以使热继电器不会因电动机起动时的瞬时冲击电流而动作，电动机出现短时过载时热继电器也不会动作，以避免电动机出现不必要的停车。在为电动机控制电路选配热继电器时，可以选取整定电流与电动机的额定工作电流数值大致相同的热继电器。

13.1.4　行程开关

行程开关的结构与按钮相似，也是由连动杆控制两对触点，一对是常开触点，另一对是常闭触点。与按钮不同的是，行程开关的动作是由外力控制，外力撞击或压下行程开关的连动杆，连动杆将带动行程开关的触点动作，使常开触点闭合、常闭触点断开；当外力消失时，连动杆带动行程开关的触点复位。在电气控制系统中，行程开关用于运动部件的行程控制和终端保护，行程开关在电路图中的图形与文字符号如图 13-6 所示。

13.1.5　熔断器

熔断器俗称保险丝。熔断器中的熔体（熔片或熔丝）由易熔合金制成，当电路中出现短路故障或严重过载时，流过电路的电流数值将远远大于电路的正常工作电流，这个数值很大的短路电流将会使熔断器中的熔体瞬间熔断，切断电路与电源的连接，保护电器设备不损坏。熔断器在电路图中的图形与文字符号如图 13-7 所示。

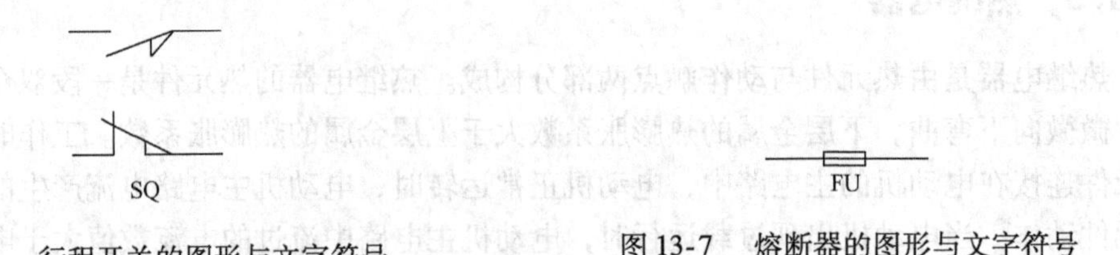

图 13-6　行程开关的图形与文字符号　　　　图 13-7　熔断器的图形与文字符号

熔断器用于电路的短路保护。在电动机的运行控制中，电动机的起动电流数值较大，为了不让电动机的起动电流将熔断器中的熔体熔融，应当选取熔断器的额定电流大于电动机的额定工作电流，一般情况下采用

$$熔断器额定电流 \geqslant \frac{电机起动电流}{2.5}$$

当电动机工作在频繁起动状态时，可以采用

$$熔断器额定电流 \geqslant \frac{电机起动电流}{1.6 \sim 2}$$

13.2　电动机控制电路

电动机的运行控制电路由两部分组成，第一部分是电动机的主电路，正常工作时电动机主电路流过的电流数值比较大，配备在电动机主电路中的电器元件均应允许通过数值比较大的电流，如接触器的主触点与主电路中的熔断器。电动机电路的第二部分是电动机的控制电路，控制电路的电源是三相交流电源的线电压，控制电路连接控制电器的线圈和触点，控制电路中流过的电流数值较小，并且认为控制电器处于闭合状态的触点为短路状态。

13.2.1　电动机的保护

为保障电动机安全运行，在电动机控制电路中需要加入相应的保护措施，当电动机出现故障时，这些保护措施应发挥保护作用，及时切断电动机的主电路或控制电路，以防故障引起人身伤害或电器设备的损坏。

电动机保护的第一项是短路保护，当电动机电路出现短路故障时，电动机的主电路应当迅速断开，以免过大的短路电流烧毁电动机的定子绕组。执行电动机短路保护的电器是熔断器，在电动机主电路的三根连接线中均应当连接熔断器。电动机保护的第二项是过载保护，当电动机处于过载状态时，过大的过载电流产生的热量会在电动机内部积累并使电动机过热，长时间过载会烧毁电动机的定子线圈。执行电动机过载保护的电器是热继电器，在电动机主电路的三根连接线上最少应连接两个热继电器的热元件。

电动机保护的第三项是失压（或零压）保护，失压是指电动机的电源突然断电使电动机丢失电压（或电压为零），失压后的电动机将自动停止运转。失压保护要求当供电系统恢复正常重新为电动机供电时，电动机不能自行起动，以免电动机的突然起动引发意外造成人身安全事故或电器设备损坏。执行电动机失压保护的电器是接触器。

13.2.2　电动机的主电路与控制电路

电动机主电路的电器元件包括：刀开关（或组合开关）Q、主电路熔断器 FU、接触器 KM 的主触点、热继电器 FR 的热元件及电动机 M。电动机的控制电路的电器元件包括：停止按钮SB_1、起动按钮SB_2、接触器 KM 的线圈和常开触点、以及热继电器 FR 的常闭触点。单向运转电动机控制电路的原理图如图 13-8 所示。

在电动机控制电路中，刀开关 Q 是隔离开关，闭合刀开关只能让整个电动机控制系统进入准备状态，但是电动机不会起动。熔断器 FU 为电动机控制系统提供短路保护，当 FU

熔断时，电动机的主电路与控制电路同时断电。热继电器 FR 为电动机提供过载保护，当电动机出现过载且过载时间较长时，热元件 FR 将动作断开串联在接触器线圈后面的热继电器常闭触点 FR，使电动机的控制电路断电，电动机停转。接触器 KM 的三个主触点是电动机的实际控制开关，只有当接触器的线圈 KM 通电后，接触器的主触点 KM 才会闭合，电动机 M 才会通电运转。

图 13-8 为电动机控制电路的原理图，图中画出的是实际控制电器的结构，用控制电器的图形与文字符号替代原理图中控制电器的结构，单向运转电动机控制电路如图 13-9 所示，图中左侧是电动机的主电路，右侧是电动机的控制电路，控制电路连接在三相电源的两根相线之间。

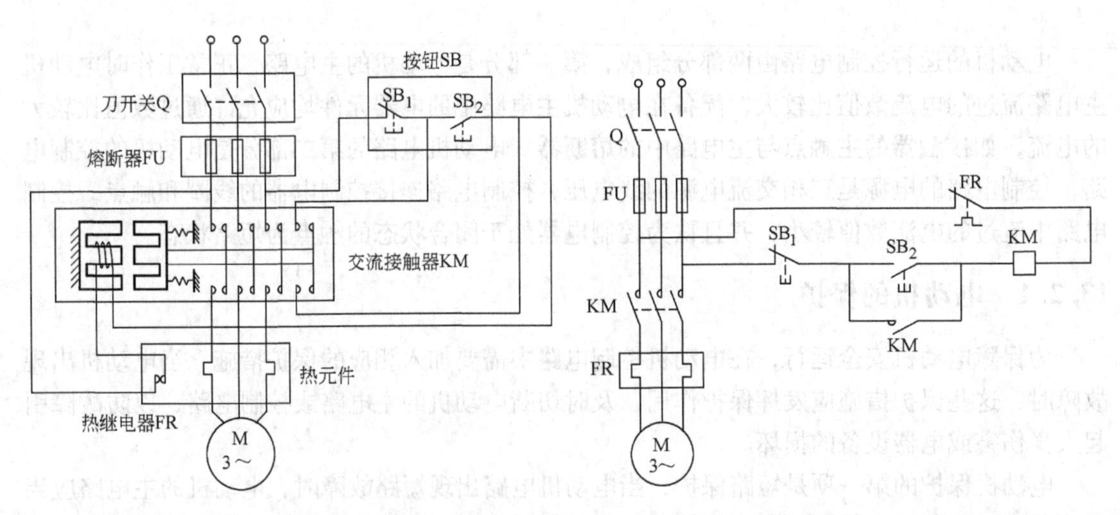

图 13-8 单向运转电动机控制电路原理图　　图 13-9 单向运转电动机控制电路图

在图 13-9 中，电动机的起动按钮SB_2 的初始状态为断开，停止按钮SB_1 与热继电器常闭触点 FR 的初始状态均为闭合，接触器 KM 的线圈不通电，电动机不会运转。按下SB_2，KM 的线圈通电，连接在电动机主电路中的三个 KM 主触点闭合，电动机开始正常运转。同时与SB_2 并联的 KM 辅助触点也闭合，当SB_2 上的外力消失触点复位断开后，KM 的辅助触点将继续为接触器线圈供电，使电动机连续运转。所以与起动按钮并联的 KM 常开触点也称为电动机的自锁触点，自锁触点用来保持电动机能够连续运转。

如果在电动机的控制电路中不连接自锁触点，电动机的运行状态将由起动按钮控制。按下SB_2，接触器线圈通电，主电路中 KM 的三个主触点闭合，电动机开始转动；松开SB_2，接触器线圈断电，主电路中 KM 的三个主触点断开，电动机停止转动。电动机的这种控制方式称为点动控制。

电动机的自锁触点除了构成电动机的连续运转电路外，还具有电动机的失压保护作用。当供电系统停电使电动机失压停转时，接触器的常开触点全部断开复位，当供电系统恢复正常供电时，由于自锁触点是断开状态，接触器线圈与电源之间没有通路，只要没有再次按下电动机的起动按钮，电动机就不会自行起动。

13.2.3　电动机的顺序控制

如果在电动机的运转系统中有两个或两个以上的电动机，并且系统对多个电动机的起动（或停止）有顺序方面的要求时称为电动机的顺序控制。电动机的顺序控制由接触器（或继电器）来完成，将接触器的触点按照系统的运转要求连接在电动机的控制电路中就可以实现电动机的顺序控制。

例 13-1　有两台电动机工作时均单向连续运转，其中接触器KM_1 控制电动机 M_1，接触器KM_2 控制电动机 M_2，要求起动时 M_2 先起动、M_1 才能起动；停车时 M_1 先停车、M_2 才能停车，画出控制电路。

解：已知接触器KM_1 控制电动机 M_1，接触器KM_2 控制电动机 M_2，先画出两台电动机单向连续运转控制电路图。按照题意要求，起动时电动机 M_2 先起动，然后电动机 M_1 才能起动，即接触器KM_2 线圈没有通电时，KM_1 线圈不能通电。为实现这个要求应当在KM_1 线圈的控制电路中串联一个由接触器KM_2 控制的常开触点，这个KM_2 常开触点不闭合，接触器KM_1 的线圈就不能通电，电动机 M_1 也就不能起动。

按照题意要求，停车时电动机 M_1 先停车，然后电动机 M_2 才能停车，即接触器KM_1 线圈还通电的时候，电动机 M_2 的停止按钮SB_3 应当不起作用。为实现这个要求应当在按钮SB_3 两端并联一个由接触器KM_1 控制的常开触点。在KM_1 线圈通电时，这个KM_1 的常开触点就是闭合状态，即使按下停止按钮SB_3，接触器KM_2 的线圈仍然通电，电动机 M_2 不会停车。除非先按下电动机 M_1 的停止按钮SB_1，让电动机 M_1 先停车，接触器KM_1 线圈断电，与SB_3 按钮并联的KM_1 常开触点断开，这时电动机 M_2 的停止按钮才能恢复正常功能，让电动机 M_2 停车。满足题意要求的电动机控制电路如图 13-10 所示。

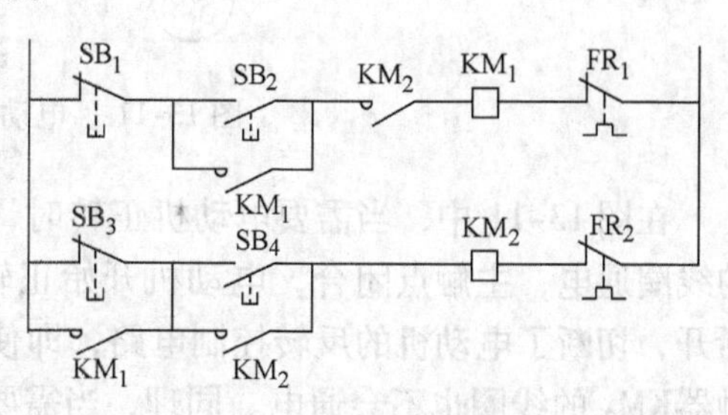

图 13-10　例 13-1 的电动机顺序控制电路

13.3　电动机的正、反转控制

在电动机驱动机械装置转动时，除了要求电动机可以连续转动外，还希望电动机可以正向转动或反向转动，这就是电动机的正、反转控制。由电动机的转动原理可以知道，电动机的转子是跟随电动机内部的旋转磁场方向转动的，如果希望电动机的转子反转，改变电动机主电路三相电源的相序就可以改变旋转磁场的转动方向，从而使电动机反转。所以电动机的正、反转控制就是利用控制电器改变电动机供电线路相序的电路。

电动机的正、反转控制电路需要两个接触器，设接触器KM_1 控制电动机的正转电路，接触器KM_2 控制电动机的反转电路，其中正转电路按电源的正常相序连接电动机定子的三相线圈，连接反转电路时需要在电动机的主电路中任意掉换两根电源线即可。由于反转接触器改接了电源相序，当接触器KM_1 和KM_2 的主触点同时闭合时，将会使电动机主电路中的两根电源线短接，造成电路出现短路故障。所以在电动机的正、反转控制中要求：控制电路必须保证电动机的正转接触器KM_1与反转接触器KM_2不能同时通电，即接触器KM_1的线圈通电时，接触器KM_2的线圈绝对不能通电；同样KM_2线圈通电时，KM_1线圈绝对不能通电，实现这个要求的电路称为互锁电路。图 13-11 所示为电动机的正、反转控制电路。

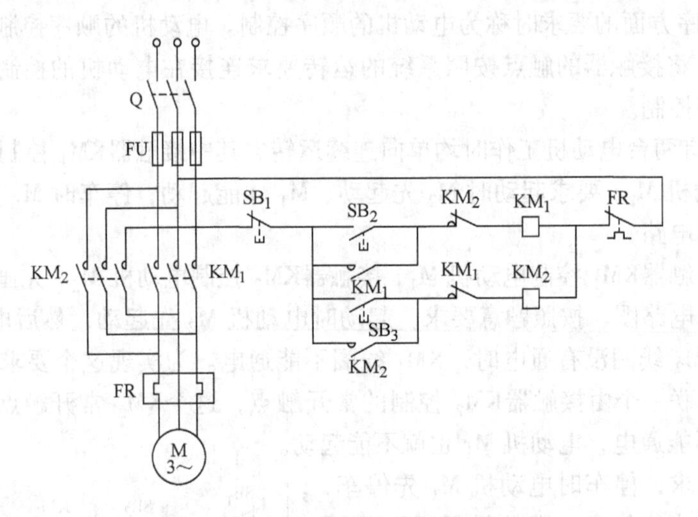

图 13-11　电动机的正、反转控制电路

在图 13-11 中，当需要电动机正转时，按下电动机正转起动按钮SB_2，正转接触器KM_1的线圈通电，主触点闭合，电动机开始正转，同时与反转接触器线圈串联的常闭触点KM_1断开，切断了电动机的反转控制电路，即使在电动机正转时按下反转起动按钮SB_3，反转接触器KM_2的线圈也不会通电。同理，当需要电动机反转时，按下反转起动按钮SB_3，反转接触器KM_2的线圈通电、主触点闭合，电动机开始反转，同时与正转接触器线圈串联的常闭触点KM_2断开，即使在电动机反转时按下了正转起动按钮SB_2，正转接触器线圈也不会通电。与正转接触器线圈串联的常闭触点KM_2和与反转接触器线圈串联的常闭触点KM_1实现了电路的互锁功能。

在图 13-11 中，与正转接触器线圈串联的常闭触点KM_2和与反转接触器线圈串联的常闭触点KM_1称为电路的互锁触点，互锁触点实现了正转接触器与反转接触器不能同时通电的互锁功能，由于图示电路的互锁是由接触器实现的，所以这种互锁方式称为电气互锁。若电动机的正、反转控制电路采用了电气互锁，在电动机正转时反转起动按钮不起作用，当需要电动机反转时，必须先按下停止按钮让电动机停车，然后再按下反转起动按钮使电动机反转，反之也是这样。如果在电动机正转时按下反转起动按钮就可以让电动机直接进入反转，就需要对图 13-11 所示的控制电路进行改进，改进后的控制电路如图 13-12 所示。

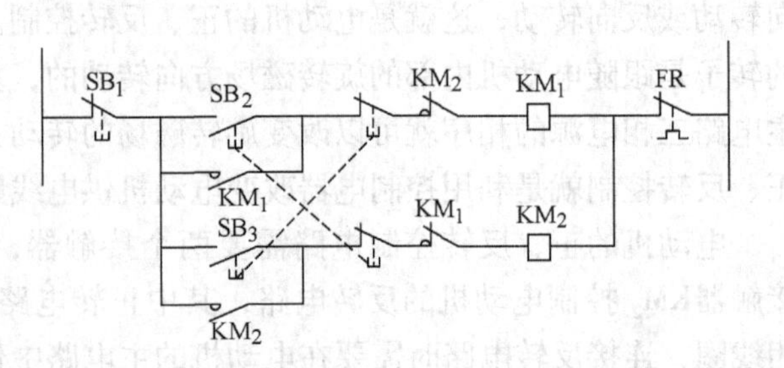

图 13-12　电动机的正、反转控制电路

图 13-12 所示电路中，在电动机的正转控制电路和反转控制电路中均使用了复式按钮，复式按钮的常开触点用作电动机的起动按钮，复式按钮的常闭触

点分别与正转接触器线圈和反转接触器线圈串接。设电动机原本为正向运转，按下反转起动按钮SB_3，复式按钮中的连动杆带动与正转接触器线圈串联的常闭触点断开，使正转接触器KM_1的线圈断电，KM_1的自锁触点断开、互锁触点闭合、主触点断开。同时，SB_3的常开触点闭合，反转接触器KM_2线圈通电，KM_2的自锁触点闭合、互锁触点断开、主触点闭合，电动机由原来的正向运转状态直接进入了反向运转状态。这样的电路连接方式实现了电路的互锁，并简化了电动机的正反转控制，由于这种互锁方式是由按钮实现的，所以也称为机械互锁。

13.4　行程控制

行程控制是指对沿轨道运动的部件进行运动行程的控制，行程控制使用的控制电器是行程开关，行程开关分别安装在运动轨道的起点与终点，当电动机驱动运动部件运动到行程开关所在的位置时，运动部件压下（或撞击）行程开关，行程开关的相应触点动作，切断（或接通）电动机的控制电路，实现对运动部件运动行程的控制。

图 13-13 所示为运动部件前进到达终点后自动停止的电动机控制电路。在图示电路中，按下电动机的正转起动按钮SB_2，电动机正转带动运动部件前进，当运动部件到达到运动行程的终点时撞击行程开关 SQ，使串联在电动机正转控制电路中 SQ 的常闭触点断开，正转接触器KM_1的线圈断电，电动机停车，运动部件停止在终点位置。

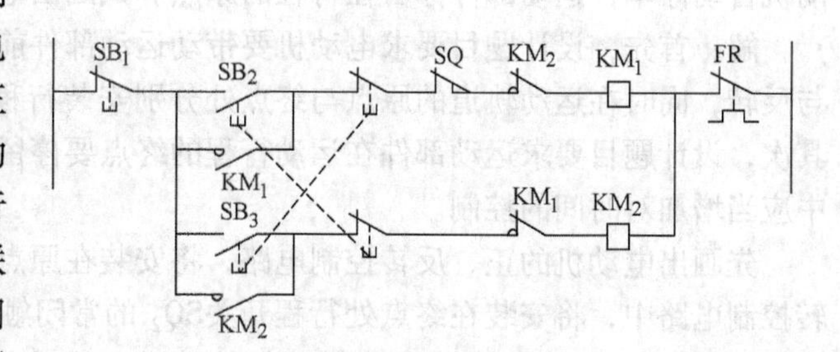

图 13-13　行程控制电路

行程开关还可以用作运动部件的终端保护。在运动部件运动轨道的两个终端分别安装行程开关，在运动部件正常运动时，其运动行程不会到达运动轨道的终端，用作终端保护的两个行程开关不会动作。当运动部件的控制电路出现故障，运动部件在到达行程终点应当停止而没有停止继续向前运动时，运动部件到达轨道的终端将撞击用作终端保护的行程开关，行程开关将切断电动机的控制电路，使运动部件停止运动。

*13.5　时间控制

电动机的时间控制使用的是时间继电器。时间继电器由继电器与延时装置两部分构成，其中延时装置使的继电器触点的动作时间延后于继电器线圈的通电时间，即时间继电器的触点是在继电器线圈通电经过一段时间后才会动作。不同结构的延时装置使继电器触点延时动作的时间长度不一样，普通的时间继电器触点延时动作的时间是几分钟到十几分钟，数字式时间继电器触点的延时动作时间可以是几个小时到十几个小时。

按照继电器触点是在继电器线圈通电时延时还是在继电器线圈断电时延时，时间继电器分为：通电延时继电器、断电延时继电器与通断均延时继电器，图 13-14 所示为通电延时继电器触点、断电延时继电器触点及时间继电器线圈在电路图中的图形与文字符号。通电延时继电器与断电延时继电器的触点动作均为单方向延时，即当通电延时继电器的线圈通电时，继电器的触点延时动作；而当通电延时继电器的线圈断电时，继电器的触点将瞬时动作，没有延时功能。例如，图 13-14a 所示的常开触点，在继电器线圈通电后将延迟一段时间后才会闭合；而当继电器线圈断电时，这个触点将瞬时断开，所以这个触点也称为延时闭合的动合触点。图 13-14b 所示的常开触点，在继电器线圈通电时瞬时就闭合，而当继电器线圈断电时，这个触点将延迟一段时间后才会断开，所以这个触点也称为延时断开的动断触点。有了时间继电器，就可以在电动机的运行过程中加入时间控制方面的要求。

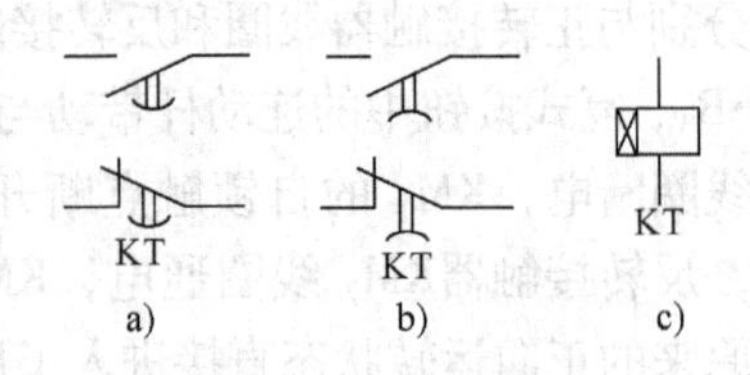

图 13-14　时间继电器
a）延时闭合的动合触点
b）延时断开的动断触点
c）继电器线圈

例 13-2　一台电动机带动运动部件，要求：电动机带动运动部件前进，当运动部件到达终点后电动机停车，运动部件在终点停留一段时间后自行返回，当运动部件回到原点后电动机自动停车，运动部件停留在行程的原点。试画出电动机的控制电路图。

解：首先，设计题目要求电动机要带动运动部件前进与后退，所以电动机应当可以正转与反转，同时在运动轨道的原点与终点处分别安装行程开关，以控制运动部件的运动行程。其次，设计题目要求运动部件在运动行程的终点要停留一段时间，所以在电动机的控制电路中应当增加对时间的控制。

先画出电动机的正、反转控制电路，将安装在原点处行程开关SQ_1的常闭触点串联在反转控制电路中，将安装在终点处行程开关SQ_2的常闭触点串联在正转控制电路中。按下正转起动按钮SB_2，电动机正转带动运动部件前进，运动部件到达终点后将撞击行程开关SQ_2，SQ_2的常闭触点断开切断正转控制电路，使电动机停车，运动部件将停留在终点位置。

设计题目要求运动部件在终点停留一段时间后要自行返回，所以行程开关SQ_2除了让运动部件停止前进后还应当连接时间继电器。将SQ_2的常开触点与时间继电器 KT 的线圈串联，KT 线圈通电后经过一段延时，时间继电 KT 器与反转起动按钮关联的常开触点闭合，接通电动机的反转控制电路，使电动机反转带动运动部件返回原点，运动部件到达原点后撞击安装在原点处的行程开关SQ_1，SQ_1的常闭触点断开切断电动机的反转控制电路，使电动机停车，运动部件将停留在原点位置。

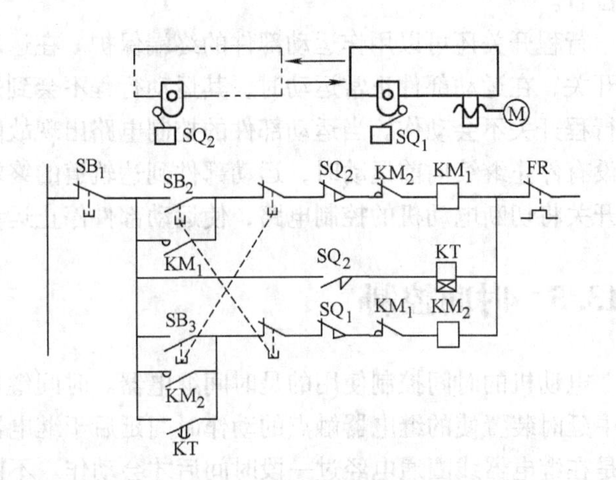

图 13-15　例 13-2 的电动机控制电路

按照上述分析即可画出符合题目要求的电动机控制电路，如图 13-15 所示。

本章小结

本章介绍了电动机的继电－接触控制系统，由于继电－接触控制系统是有触点控制系统，在为控制系统选配电器元件时，额定电流将是要重点考虑的参数。工业应用的电动机需要设置短路保护、过载保护及失压保护，熔断器负责电动机的短路保护，热继电器负责电动机的过载保护，接触器负责电动机的失压保护，如果电动机驱动运动部件沿轨道运动，行程开关负责运动部件的终端保护。电动机的这些保护措施可以保护电动机及由电动机驱动的运动部件，在电路出现故障时，使电动机不会因故障而被烧毁或引起人身伤害及电器设备的损坏。

在电动机控制电路中，按钮用于手动控制电动机的起动与停车，接触器是电动机主电路的实际供电开关。在接触器的线圈没有通电时，接触器的常开触点在断开状态、常闭触点在闭合状态；当接触器与电源接通，有电流流过接触器线圈时，接触器的常开触点瞬时闭合、常闭触点瞬时断开。行程开关用于控制由电动机驱动运动部件的运动行程，行程开关的种类较多，电路应用时可以根据运动部件的实际需要选择合适的行程开关。与普通继电器不同，时间继电器中带有延时装置，当时间继电器的线圈通电（或断电）时，时间继电器的触点将会延迟一段时间后动作。通电延时继电器的触点在通电时延时动作，在断电时瞬时动作；断电延时继电器的触点在通电时瞬时动作，在断电时延时动作。在设计电动机的时间控制电路时应根据电路的时间要求选择合适的时间继电器。

电动机运转状态的控制可以分为：顺序控制、正反转控制、行程控制及时间控制，在设计电动机控制电路时，应当根据设计要求在电动机单向运转控制电路或电动机正反转控制电路中增加控制电器，以达到设计电路的要求。

习　题　13

13.1　要求能够在两处控制同一台电动机的起动与停车，试画出电动机控制电路图（设电动机单向连续运转）。

13.2　要求某台电动机能够实现点动控制和单向连续运转控制，试画出电动机的控制电路图。

13.3　指出图13-16中电动机主电路及控制电路中的错误及错误对电动机运行状态的影响。

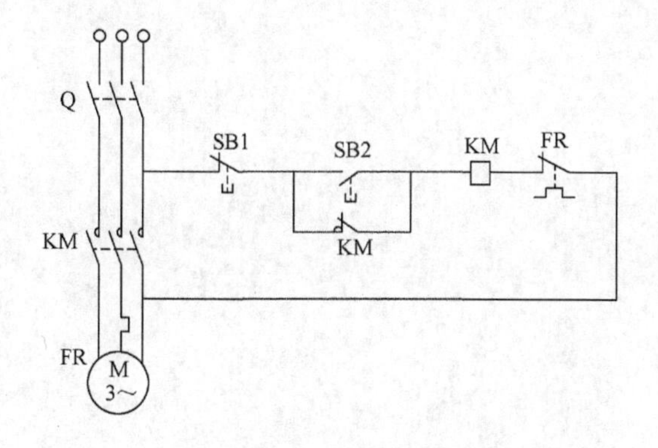

图13-16　习题13.3电路图

13.4　有三台电动机 M_1、M_2、M_3，三台电动机均为单向连续运转，要求：起动时，电动机 M_1 先起动，M_2 再起动，M_3 最后起动；停止时，电动机 M_3 先停车，M_2 再停车，M_1 最后停车，试画出电动机的控制电路图。

13.5　电动机驱动运动部件由行程的原点出发，到达行程的终点后立即返回，回到原点后电动机自动停车，运动部件停留在原点，试画出电动机的控制电路图。

13.6　在上题中，如果运动部件在原点停留一段时间后，自动开始进行下一轮行程，试画出电动机的控制电路图。

13.7　图 13-17 所示控制电路为电动机的Y－△换接起动控制电路，试分析电路的工作原理。

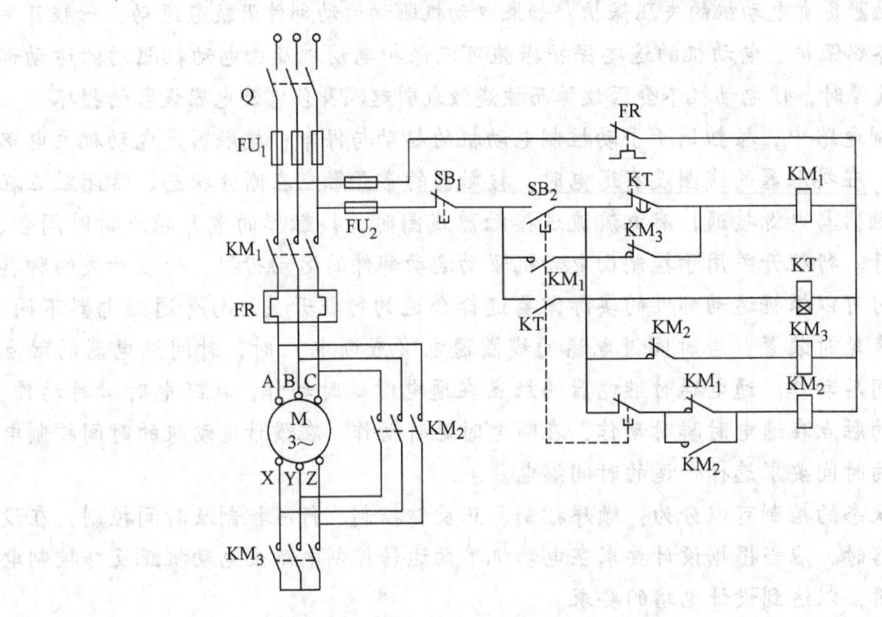

图 13-17　电动机Y－△换接起动控制电路

附　　录

附录A　半导体器件命名方法

第一部分		第二部分		第三部分		第四部分	第五部分
用阿拉伯数字表示器件的电极数目		用汉语拼音字母表示器件的材料和极性		用汉语拼音字母表示器件的类别		用阿拉伯数字表示序号	用汉语拼音字母表示规格号
符号	意义	符号	意义	符号	意义		
2	二极管	A	N型，锗材料	P	小信号管		
		B	P型，锗材料	V	混频检波器		
		C	N型，硅材料	W	电压调整管和电压基准管		
		D	P型，硅材料	C	变容管		
3	晶体管（三极管）	A	PNP型，锗材料	Z	整流管		
		B	NPN型，锗材料	L	整流堆		
		C	PNP型，硅材料	S	隧道管		
		D	NPN型，硅材料	K	开关管		
				U	光电管		
		E	化合物材料	X	低频小功率晶体管（截止频率＜3MHz，耗散功率＜1W）		
				G	高频小功率晶体管（截止频率≥3MHz，耗散功率＜1W）		
				D	低频大功率晶体管（截止频率＜3MHz，耗散功率≥1W）		
				A	高频大功率晶体管（截止频率≥3MHz，耗散功率≥1W）		
				O	MOS场效应晶体管		
				J	结型场效应晶体管		
				T	晶体闸流管		

示例

3　A　G　1　B

- B — 规格号
- 1 — 序号
- G — 高频小功率晶体管
- A — PNP型，锗材料
- 3 — 晶体管(三极管)

附录B　部分半导体器件主要参数

1. 部分二极管的主要参数

类型	参数名称 / 型号	最大整流电流 I_{FM}/mA	最大正向电流 I_{FM}/mA	最大反向工作电压 U_{DRM}/V	反向击穿电压 U_{BR}/V	最高工作频率 f_M/MHz	反向恢复时间 t_r/ns
普通二极管	2AP1	16		20	40	150	
	2AP7	12		100	150	150	
	2AP11	25		10		40	
	2CP1	500		100		3kHz	
	2CP10	100		25		50kHz	
	2CP20	100		600		50kHz	
整流二极管	2CZ11A	1000		100			
	2CZ11H	1000		800			
	2CZ12A	3000		50			
	2CZ12G	3000		600			
开关二极管	2AK1		150	10	30		≤200
	2AK5		200	40	60		≤150
	2AK14		250	50	70		≤150
	2CK70A～E		10	A－20	A－30		≤3
				B－30	B－45		
	2CK72A～E		30	C－40	C－60		≤4
				D－50	D－75		
	2CK76A～D		200	E－60	E－90		≤5

2. 部分稳压管的主要参数

参数名称 / 型号	稳定电压 U_Z/V	稳定电流 I_Z/mA	最大稳定电流 I_{ZM}/mA	动态电阻 r_Z/Ω	电压温度系数 a_{uZ}/（%/℃）	最大耗散功率 P_{ZM}/W
2CW51	2.5～3.5		71	≤60	≥－0.09	
2CW52	3.2～4.5		55	≤70	≥－0.08	
2CW53	4.0～5.8	10	41	≤50	－0.06～0.04	0.25
2CW54	5.5～6.5		38	≤30	－0.03～0.05	
2CW56	7.0～8.8		27	≤15	≤0.07	
2CW57	8.5～9.5		26	≤20	≤0.08	
2CW59	10.0～11.8	5	20	≤30	≤0.09	0.25
2CW60	11.5～12.5		19	≤40		
2CW103	4.0～5.8	50	165	≤20	－0.06～0.04	1
2CW110	11.5～12.5	20	76	≤20	≤0.09	1
2CW113	16.0～19.0	10	52	≤40	≤0.11	1
2DW1A	5	30	240	≤20	－0.06～0.04	1
2DW6C	15	30	70	≤8	≤0.1	1
2DW7C	6.1～6.5	10	30	≤10	0.05	0.2

3. 部分晶体管主要参数

	参数符号	单位	测试条件	型号			
				3DG100A	3DG100B	3DG100C	3DG100D
直流参数	I_{CBO}	μA	$U_{CB}=10V$	≤0.1	≤0.1	≤0.1	≤0.1
	I_{EBO}	μA	$U_{EB}=1.5V$	≤0.1	≤0.1	≤0.1	≤0.1
	I_{CEO}	μA	$U_{CE}=10V$	≤0.1	≤0.1	≤0.1	≤0.1
	$U_{BE(sat)}$	V	$I_B=1mA$ $I_C=10mA$	≤1.1	≤1.1	≤1.1	≤1.1
	h_{FE} (β)		$U_{CB}=10V$ $I_C=3mA$	≥30	≥30	≥30	≥30
交流参数	f_T	MHz	$U_{CE}=10V$ $I_C=3mA$ $f=30MHz$	≥150	≥150	≥300	≥300
	G_P	dB	$U_{CB}=10V$ $I_C=3mA$ $f=100MHz$	≥7	≥7	≥7	≥7
	G_{ab}	pF	$U_{CB}=10V$ $I_C=3mA$ $f=5MHz$	≤4	≤3	≤3	≤3
极限参数	$U_{(BR)CBO}$	V	$I_C=100\mu A$	≥30	≥40	≥30	≥40
	$U_{(BR)CEO}$	V	$I_C=200\mu A$	≥20	≥30	≥20	≥30
	$U_{(BR)EBO}$	V	$I_C=100\mu A$	≥4	≥4	≥4	≥4
	I_{CM}	mA		20	20	20	20
	P_{CM}	mW		100	100	100	100
	T_{jM}	℃		150	150	150	150

4. 部分绝缘栅场效应晶体管主要参数

参数	符号	单位	型号			
			3DO4	3DO2(高频管)	3DO6(开关管)	3CO1(开关管)
饱和漏极电流	I_{DSS}	μA	0.5×10^3 ~ 15×10^3		≤1	≤1
栅源夹断电压	$U_{GS(off)}$	V	≤|-9|			
开启电压	$U_{GS(th)}$	V			≤5	-2 ~ -8
栅源绝缘电阻	R_{GS}	Ω	$\geq10^9$	$\geq10^9$	$\geq10^9$	$\geq10^9$
共源小信号低频跨导	g_m	μA/V	≥2000	≥4000	≥2000	≥500
最高振荡频率	f_M	MHz	≥300	≥1000		
最高漏源电压	$U_{DS(BR)}$	V	20	12	20	
最高栅源电压	$U_{GS(BR)}$	V	≥20	≥20	≥20	≥20
最大消耗功率	P_{DM}	mW	100	100	100	100

5. 部分集成运算放大器主要技术指标

参数 \ 类型与型号	通用型 CF741	高速型 CF715	高阻型 CF3140	高精度型 CF7650	低功耗型 CF253
电源电压/V	±15	±15	±15	±5	±36 或 ±18
开环差模增益/dB	106	90	100	134	90
输入失调电压/mV	1	2	5	$\pm7\times10^{-4}$	1
输入失调电流/nA	20	70	5×10^{-4}	5×10^{-4}	50
输入偏置电流/nA	80	400	10^{-2}	1.5×10^{-3}	20
最大共模输入电压/V	±15	±12	−15.5 ~ +12.5	−5.2 ~ +2.6	±13.5
最大差模输入电压/V	±30	±15	±8	130	±30
共模抑制比/dB	90	92	90	10^{6}	100
差模输入电阻/MΩ	2	1	1.5×10^{6}		6

附录C 半导体集成器件型号命名与分类

1. 半导体集成器件型号命名方法

第0部分		第1部分		第2部分	第3部分		第4部分	
用字母表示器件符合国家标准		用字母表示器件类型		用数字表示器件系列和品种代号	用字母表示器件的工作温度范围		用字母表示器件的封装	
符号	意义	符号	意义		符号	意义	符号	意义
C	符合国家标准	T	TTL		C	0~70°C	F	全密封陶瓷扁平
		H	HTL		G	−25~70°C	B	塑料扁平
		E	ECL		L	−25~85°C	H	黑瓷扁平
		C	CMOS		E	−40~85°C	D	陶瓷双列直插
		M	存储器		R	−55~85°C	J	黑瓷双列直插
		F	线性放大器		M	−55~125°C	P	塑料双列直插
		W	稳压器				S	塑料单列直插
		B	非线性电路				K	金属菱形
		J	接口电路				T	金属圆形
		AD	A/D 转换器				C	陶瓷片状载体
		DA	D/A 转换器				E	塑料片状载体
							G	网格阵列

示例 C F 741 C T

- T —— 金属圆形封装
- C —— 工作温度为0~70°C
- 741 —— 通用型运算放大器
- F —— 线性放大器
- C —— 符合国家标准

2. 数字集成电路各系列型号分类表

系列	子系列	名 称	国际标准	国际型号	速度/ns-功耗/mW
TTL	TTL	标准 TTL 系列	CT1000	54/74×××	10-10
	HTTL	高速 TTL 系列	CT2000	54/74H×××	6-12
	STTL	肖特基 TTL 系列	CT3000	54/74S×××	3-19
	LSTTL	低功耗肖特基 TTL 系列	CT4000	54/74LS×××	9.5-2
	ALSTTL	先进低功耗肖特基 TTL 系列		54/74ALS×××	4-1
MOS	PMOS	P 沟道场效应晶体管系列			
	NMOS	N 沟道场效应晶体管系列			
	CMOS	互补场效应晶体管系列	CC4000		125-0.00125
	HCMOS	高速 CMOS 系列			8-2.5
	HCMOST	与 TTL 兼容的 HC 系列			8-2.5

附录 D　常用集成芯片引脚图

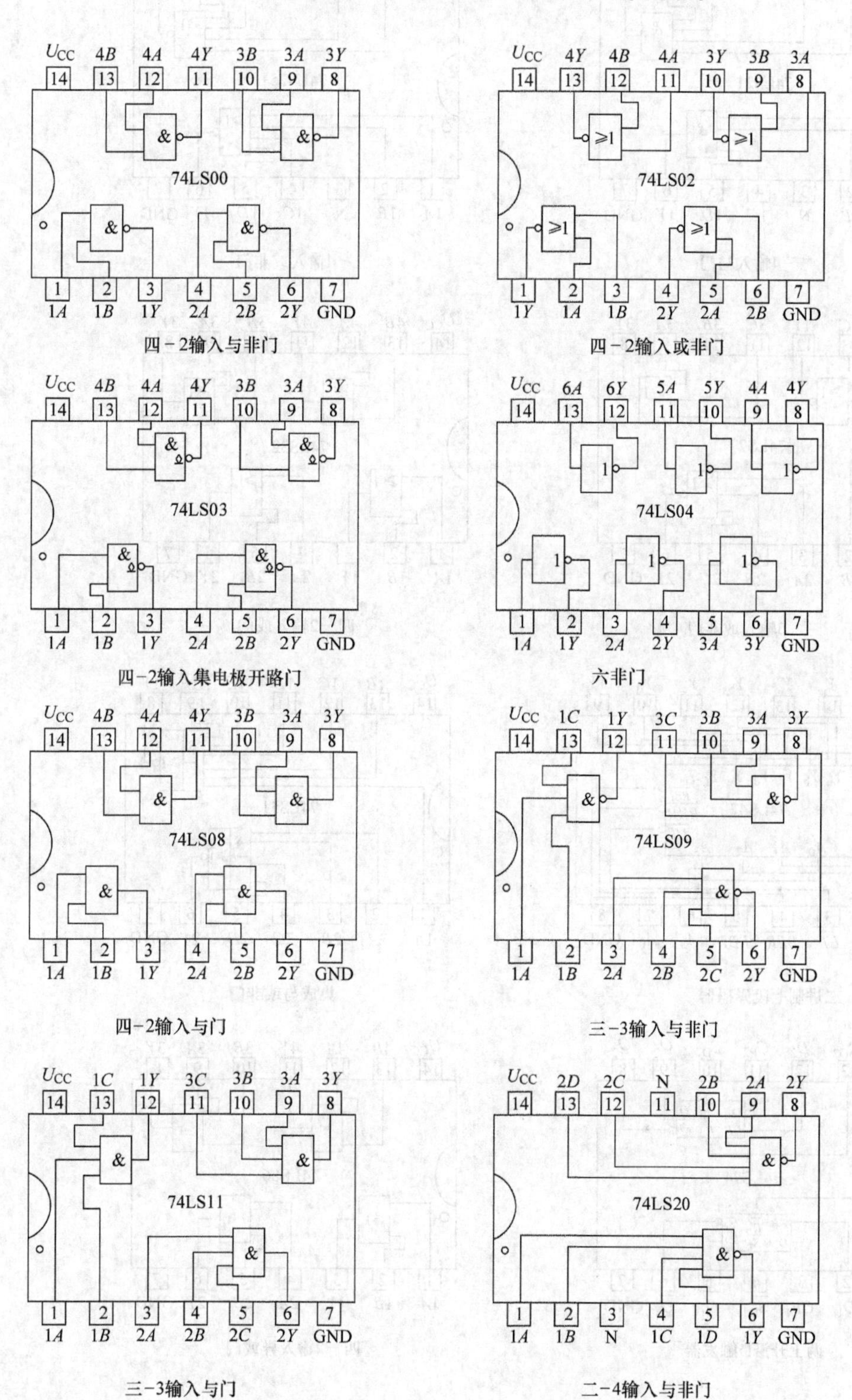

四-2输入与非门

四-2输入或非门

四-2输入集电极开路门

六非门

四-2输入与门

三-3输入与非门

三-3输入与门

二-4输入与非门

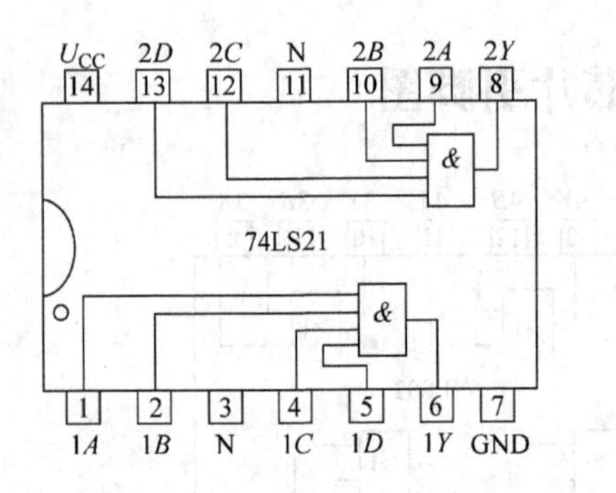

二－4输入与门

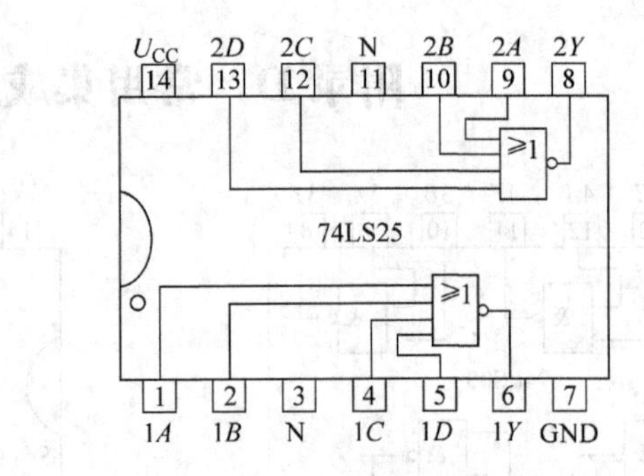

二－4输入或非门

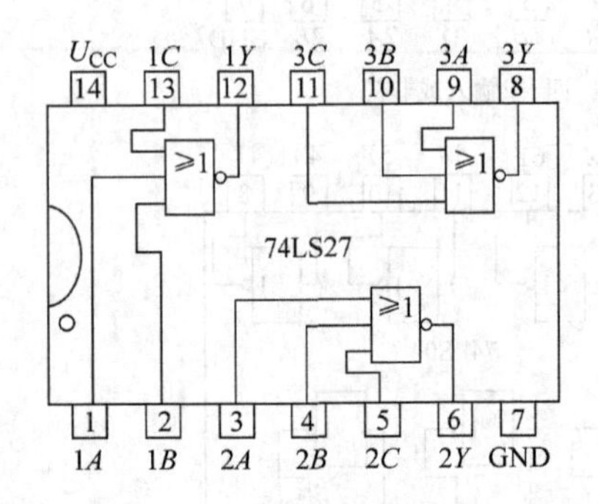

三－3输入或非门

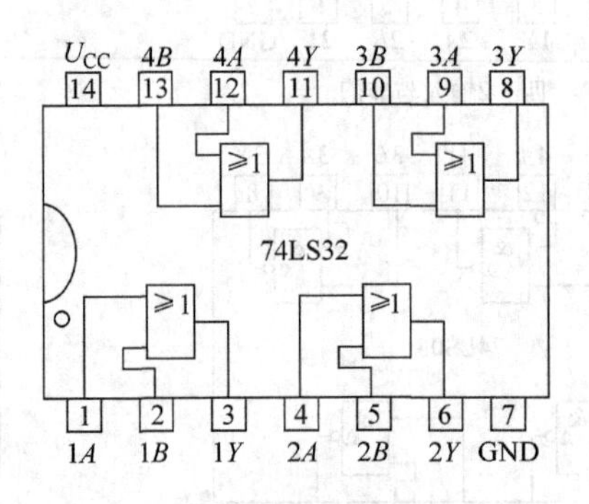

四－2输入或门

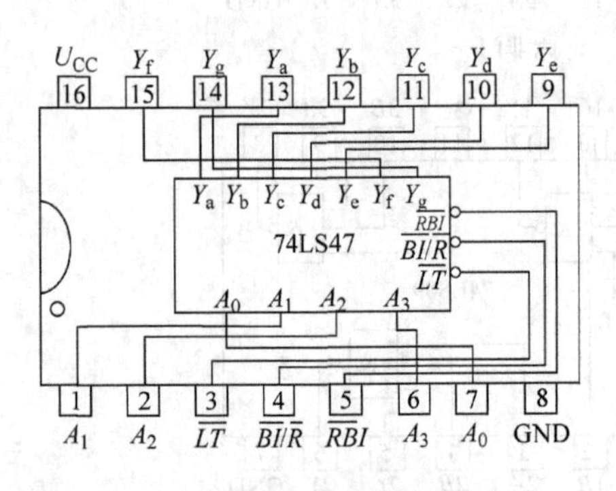

二进制七段译码器

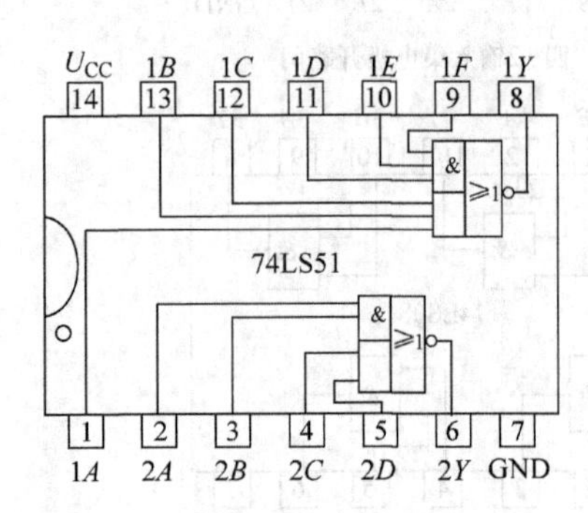

集成与或非门

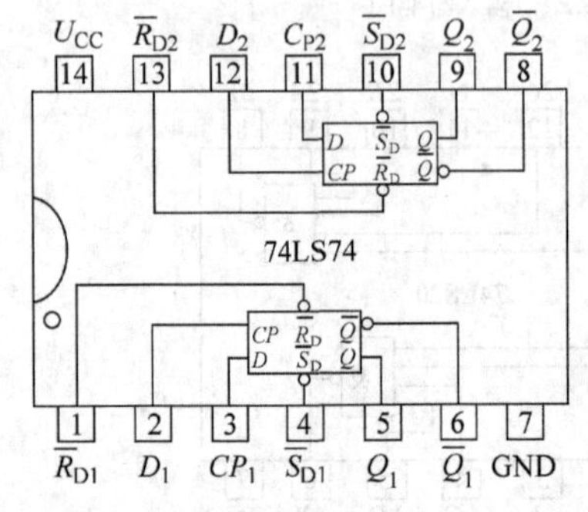

两上升沿D触发器

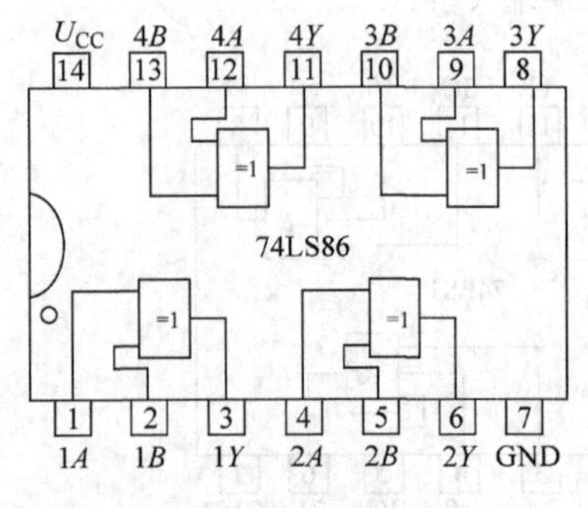

四－2输入异或门

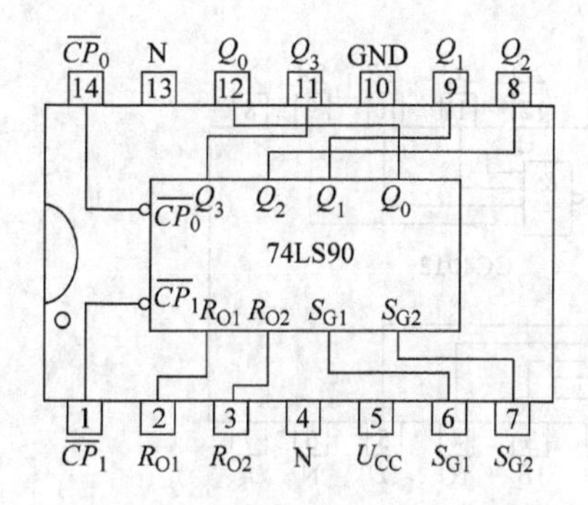

异步十进制加法计数器

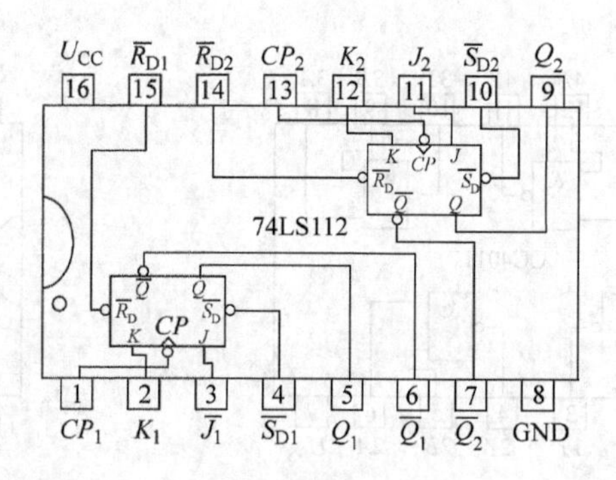

两下降沿JK触发器

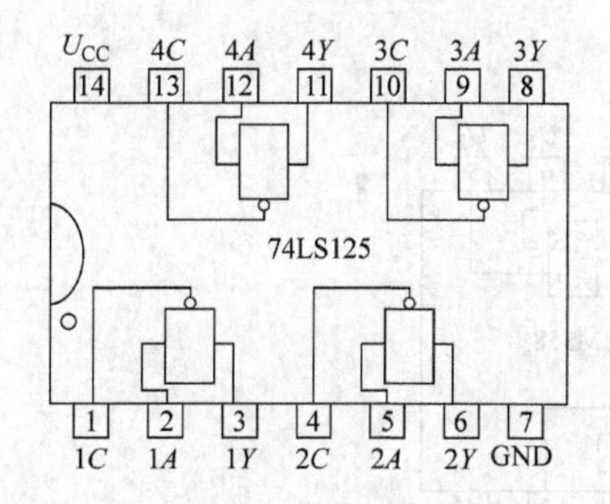

三态输出四总线同相缓冲器

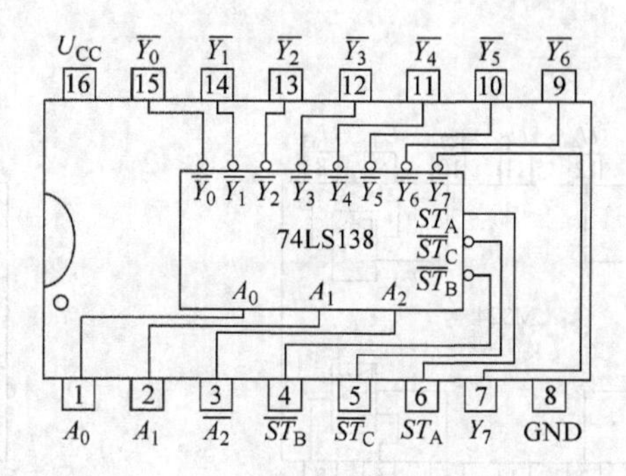

3线－8线译码器

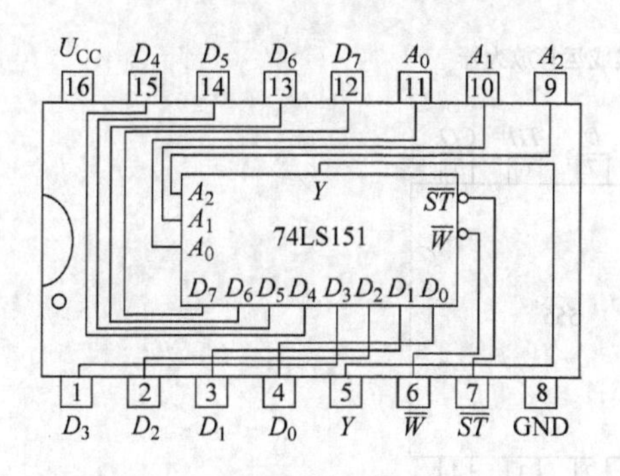

8选1数据选择器

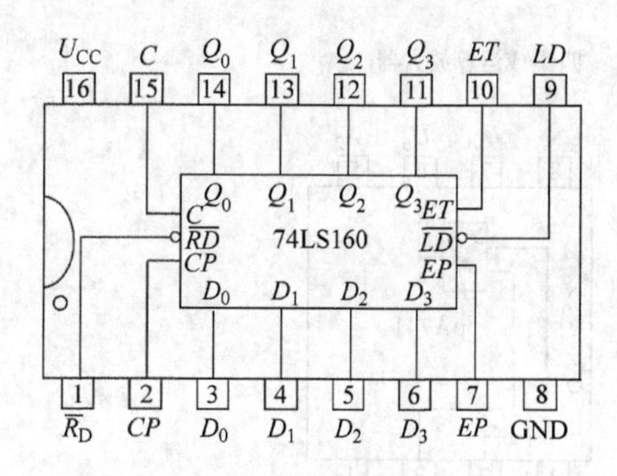

同步十进制计数器

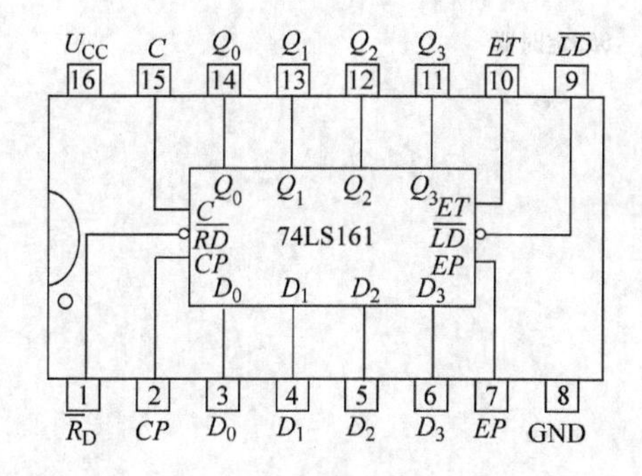

同步十六进制计数器

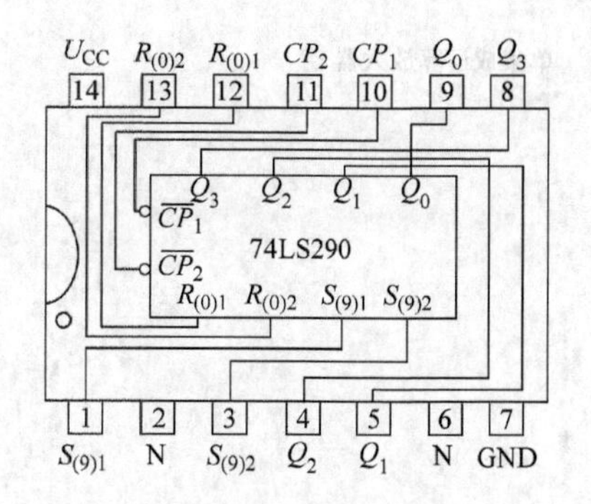

二－五－十进制计数器

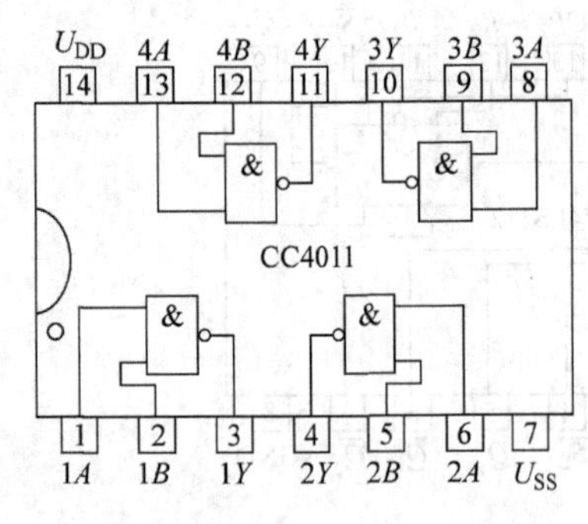

四－2输入与非门

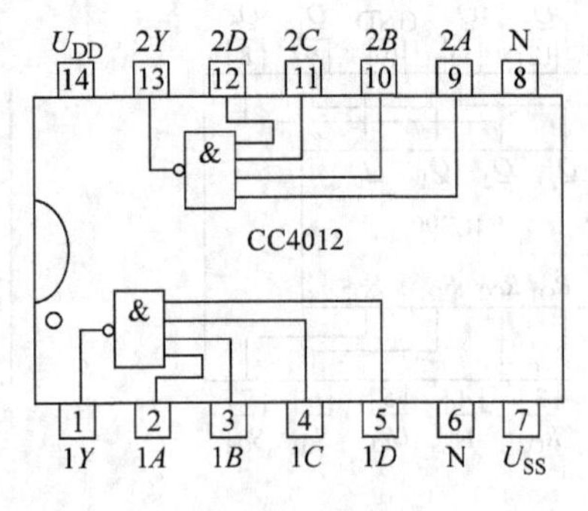

二－4输入与非门

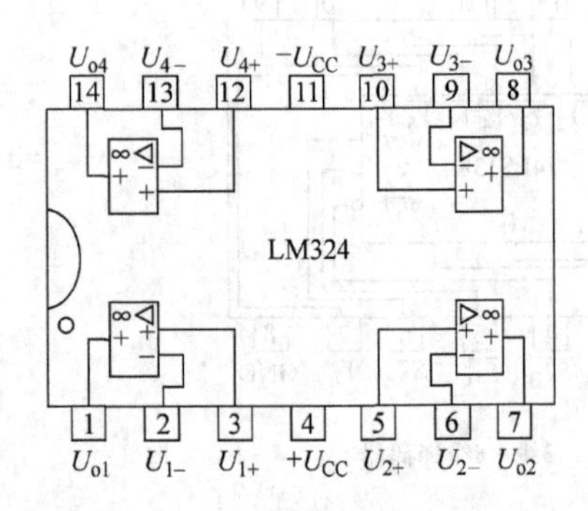

四集成运算放大器

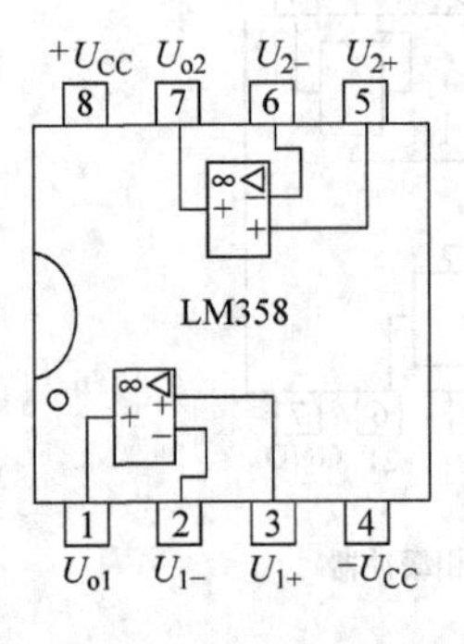

双集成运算放大器

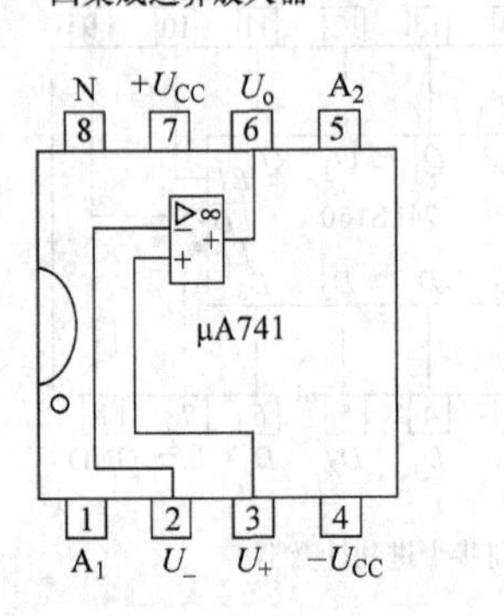

单集成运算放大器

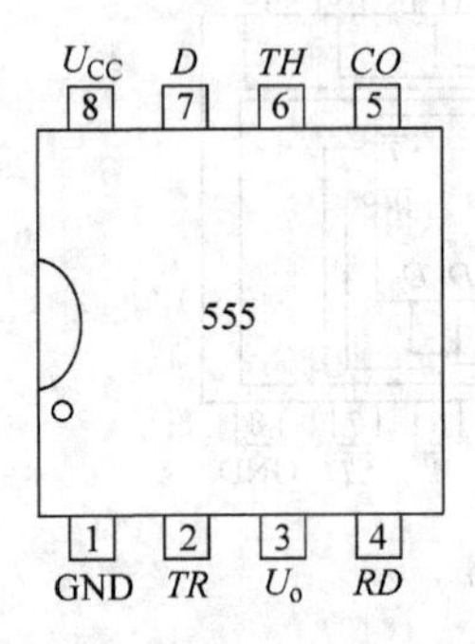

555定时器

习题参考答案

第1章

1.1　−24W，24W
1.2　31.6mA，15.8V，52.7mA，19V；31.6mA，0.5W，0.36W；15.8V，0.5W，0.69W
1.3　72.3Ω，0.5W
1.4　0.4A，100V
1.5　10V，8Ω
1.6　−6V，1A
1.7　16W，27W，8W，−51W
1.8　10.49W，3.79W，4.37W，−18.7W
1.9　14.2Ω
1.10　0.5A
1.11　0.28A，1.1V
1.12　1A，0.33A，0.67A，10V
1.13　5V
1.14　0.24A
1.15　14.4V，9.6V；6V

第2章

2.1　−9.1V
2.2　−0.2A
2.3　2A
2.4　0.61A，−0.19A，0.41A
2.5　0.5A
2.6　−0.2A
2.7　25V
2.8　38V，28Ω
2.9　14V，8Ω；2A，8Ω
2.10　1A
2.11　1V
2.12　0.25A
2.13　−1.46A
2.14　4V
2.15　0.5A
2.16　1A
2.17　2A

2.18　1mA

第3章

3.1　$20\sqrt{2}$V，50Hz，30°；$10\sqrt{2}$V，50Hz，0°，30°

3.2　$u=5\sqrt{2}\sin(\omega t+126.87°)$V，$i=2.24\sqrt{2}\sin(\omega t-26.5°)$A

3.4　0.79V；3.19V

3.6　12.5Ω，57.6mH

3.7　45°；−45°

3.8　0.5，3.1Ω，5.4Ω

3.9　0.1A，15V，7.1V，0.5W，0.5var

3.10　$i_R=\sqrt{2}\sin\omega t$A，$i_L=\sqrt{2}\sin(\omega t-90°)$A，$i_C=0.1\sqrt{2}\sin(\omega t+90°)$A，$i=1.35\sqrt{2}\sin(\omega t-42°)$A

3.11　$6.96\angle-21°\Omega$

3.12　$11.88\angle8.13°\Omega$

3.13　$i=0.39\sqrt{2}\sin(\omega t+82.2°)$A，$i_L=0.4\sqrt{2}\sin(\omega t-23.13°)$A，$i_C=0.63\sqrt{2}\sin(\omega t+120°)$A，48W

3.14　9.28A，26.3V，255W

3.15　$0.5\angle0°$A，$2\angle90°$A，$2\angle-53.13°$A，$1.75\angle13.2°$A

3.16　25Ω，8.66mH，112.5W，194.86VAr

3.17　10Ω，62.4mH

3.18　1.25Ω，1.67Ω

3.19　$\sqrt{2}\angle0°$A，$20.25\angle12.1°$V

3.20　$i=5.1\sqrt{2}\sin(\omega t+71.56°)$A

3.21　0.031μF，2mA，250mV

3.22　2A，0.8；2.5A，142.6Hz

3.23　263μF

第4章

4.1　220V，11A，11A

4.2　19A，32.9A

4.3　4.54A，0A；4.54A，4.55A

4.4　22A，8.68kW，11.58kvar

4.5　22A，22A，22A，31A

4.6　44A，22A，31.1A，35.7A；17.4kW，10.64kvar；37.56A，30.4A，27.8A

4.7　7.98A，星形联结，27.6Ω

4.8　27.78Ω，15.37Ω

4.9　0.27A，0.27A，0.54A，0.36A

第5章

5.3　0，1.5A；1.5A，3A

5.4　2A，4V，3A，1A，2A

5.5　6A，-36V，-3A，-12V

5.6　$20(1-e^{-20t})$V

5.7　$30e^{-10t}$V，$-3e^{-10t}$mA

5.8　$10(1-e^{-50t})$V，$5e^{-50t}$mA

5.9　$12.5(1-e^{-100t})$V，$3.1+3.12e^{-100t}$mA，$3.1e^{-100t}$mA

5.10　$16e^{-10^3 t}$V，$-0.4e^{-10^3 t}$A，$0.24e^{-10^3 t}$A

5.11　$-5+15e^{-10t}$V

5.12　$20+40e^{-2t}$V，$0.67+0.53e^{-2t}$mA，$-0.8e^{-2t}$mA

5.13　$10(1-e^{-2\times10^6 t})$V，$10e^{-3\times10^6(t-4\mu s)}$V

5.14　0.15s

5.15　$20.1e^{-8(t-0.1)}$V

5.16　$16e^{-10t}$V

5.18　$4e^{-10t}$A，$-40e^{-10t}$V

5.19　$3.91(1-e^{-208t})$A，$54.1e^{-208t}$V

第6章

6.2　1.3V，0V，-2V，1.3V，2V，-1.3V

6.5　0V，6mA，3mA，3mA；0V，6mA，0mA，6mA；3V，4.5mA，2.25mA，2.25mA；0V，6mA，6mA，0mA

6.7　1.4V，6.7V，8.7V，14V；0.7V，6V

6.11　20V

6.12　27V，9V；2.7mA，0.09mA；84.85V，28.28V

6.13　0.14A，0.31A，24.4V，0.22A

第7章

7.1　c极、b极、e极，PNP锗管

7.2　c极、b极、e极，NPN管50

7.3　饱和状态，截止状态

7.4　第二个晶体管

7.5　晶体管饱和，交流输入短路，无放大作用；偏流为零，无放大作用；发射结反偏，集电结正偏，无放大作用

7.6　饱和状态

7.7　6V，2mA，3V

7.8　300kΩ；-116.3，0.86kΩ，3kΩ

7.9　7.5V，1mA；-49，1.1kΩ，3kΩ

7.10　6.6V，1mA；-3.1，9.42kΩ，2kΩ

7.11　6V，1.5mA；0.99，72.2kΩ，32.7Ω；0.79V

7.12　4.56V，0.91mA，6.6V，1mA；-63.4，47.5kΩ，3kΩ

7.13　6V，0.6mA；-48.88，6.8kΩ，20kΩ；-36.7，6.8kΩ，10kΩ

7.14　4.3V，0.5mA，-55.66，-0.14，397.6，7.7kΩ，15kΩ

7.16　-3.89，2MΩ，10kΩ

第8章

8.1 20；0.1V，99mV，1mV

8.2 单级交直流电压串联负反馈

8.3 图a：引入四种类型反馈，第一级直流电流串联负反馈，第一级交直流电流串联负反馈，第二级直流电流串联负反馈，级间交流电压串联负反馈；图b：引入三种类型反馈，第一级交直流电流串联负反馈，第二级交直流电流串联负反馈，级间交直流电流串联正反馈

8.5 电压串联负反馈

8.6 6.3V，1.4mA；−91

8.7 交直流电压串联负反馈

8.10 可以起振；不能起振，晶体管截止

8.11 负反馈，不能起振；负反馈，不能起振

第9章

9.8 $-2u_{i1}-u_{i2}+4u_{i3}$，$-10u_{i1}+10u_{i2}+u_{i3}$，$-10u_{i1}+10u_{i2}$，$-10u_{i1}-10u_{i2}+7u_{i3}+14u_{i4}$

9.9 $-4u_{i1}+5u_{i2}$

9.11 $-\left(1+\dfrac{R_5}{R_4}\right)u_i$

9.12 $-\left(\dfrac{R_2}{R_1}+\dfrac{C_1}{C_2}\right)u_i-R_2C_1\dfrac{du_i}{dt}-\dfrac{1}{R_1C_2}\int u_i dt$

9.14 $-0.5u_i-10\int u_i dt$

第10章

10.1 101011，1111111，11111110.01，10.10110111

10.2 151，109，037109375，3.125

10.6 AB，$AB+\overline{C}$，1，AD

10.7 $Y=A\overline{B}+C+D$，$Y=\overline{A}\,\overline{B}+AC$，$Y=\overline{B}+C+D$，$Y(A, B, C)=C$

10.8 $A\oplus B$，$A\odot B$

第11章

11.1 b，d，a，a，d. c. a. c，c. c.

11.9 异步八进制减法计数器

11.10 异步六进制计数器

11.11 六进制计数器

11.12 $M=7$，$M=11$，$M=36$

11.16 $T=t_{p1}+t_{p2}\approx 0.7(2R_2+R_1)C$

第12章

12.1 6.8W，53.2W

12.2 1.82A；45.45A，250

12.4 42.8mW

12.7 1500r/min, 1455r/min, 36.1N · m

12.8 2, 0.027, 65.4N · m, 130.8N · m, 142.2A, 117.7N · m, 47.4A, 39.2N · m; 不能, 可以

12.9 8.17A, 13.2N · m, 57.2A, 26.4N · m, 2.2

参考文献

[1] 秦增煌. 电工学 [M]. 6版. 北京: 高等教育出版社, 2004.
[2] 康华光. 电子技术基础（模拟部分）[M]. 4版. 北京: 高等教育出版社, 1999.
[3] 康华光. 电子技术基础（数字部分）[M]. 5版. 北京: 高等教育出版社, 2006.
[4] 阎石. 数字电子技术基础 [M]. 4版. 北京: 高等教育出版社, 1998.
[5] 唐介. 电工学 [M]. 2版. 北京: 高等教育出版社, 2005.
[6] 孙骆生. 电工学基本教程 [M]. 4版. 北京: 高等教育出版社, 2008.
[7] 华成英, 童诗白. 模拟电子技术基础 [M]. 北京: 高等教育出版社, 2006.
[8] 董毅. 电路与电子技术 [M]. 北京: 机械工业出版社, 2008.
[9] 霍罗威茨, 等. 电子学 [M]. 2版. 吴利民, 等译. 北京: 电子工业出版社, 2005.
[10] 尼尔森, 等. 电路 [M]. 周玉昆, 等译. 北京: 电子工业出版社, 2005.
[11] 弗洛伊德. 电路原理 [M]. 罗为兄, 等译. 北京: 电子工业出版社, 2005.
[12] 刘全忠, 等. 电工学 [M]. 2版. 北京: 高等教育出版社, 2004.
[13] 陈大钦. 模拟电子技术基础问答（例题·试题）[M]. 2版. 武汉: 华中科技大学出版社, 2005.
[14] 唐竞新. 数字电子电路 [M]. 北京: 清华大学出版社, 2003.
[15] 靳孝峰. 数字电子技术 [M]. 北京: 北京航空航天大学出版社, 2007.
[16] 张企民. 模拟电子技术解题题典 [M]. 西安: 西北工业大学出版社, 2002.
[17] 高吉祥. 数字电子技术学习辅导及习题详解 [M]. 北京: 电子工业出版社, 2005.